高职高专“十二五”规划教材

机床夹具设计与应用

第二版

柳青松　主编
李荣兵　王家珂　徐永军　副主编
游文明　主审

化学工业出版社
·北京·

本书以工作过程为导向，以工作任务为基础，以学生为中心，以典型零件为载体设计了知识负载，实现理论知识与实践知识的结合，职业技能与职业态度、情感的结合。

本书的主要内容有零件的定位、零件的夹紧、专用夹具设计方法以及典型车床夹具、钻床夹具、铣床夹具、镗床夹具、组合机床夹具的设计与应用等，适应“教、学、做”合一的教学模式改革的需要。

本书可供应用技术大学、高职高专机械设计与制造、机械制造及其自动化、模具设计与制造、机电一体化及数控技术等机械类专业教学用书，亦可作为相近专业的师生和从事相关工作的工程技术人员的参考书。

图书在版编目（CIP）数据

机床夹具设计与应用/柳青松主编．—2版．—北京：化学工业出版社，2014.9（2018.3重印）

高职高专“十二五”规划教材

ISBN 978-7-122-21493-5

Ⅰ.①机…　Ⅱ.①柳…　Ⅲ.①机床夹具-设计-高等职业教育-教材　Ⅳ.①TG750.2

中国版本图书馆CIP数据核字（2014）第172281号

责任编辑：高　钰　　　　装帧设计：刘丽华

责任校对：宋　玮

出版发行：化学工业出版社（北京市东城区青年湖南街13号　邮政编码100011）

印　　装：三河市延风印装有限公司

787mm×1092mm　1/16　印张20¾　字数523千字　2018年3月北京第2版第3次印刷

购书咨询：010-64518888（传真：010-64519686）　售后服务：010-64518899

网　　址：http：//www.cip.com.cn

凡购买本书，如有缺损质量问题，本社销售中心负责调换。

定　　价：39.00元

前　言

本教材是根据机械类专业的人才培养目标，以职业岗位工作过程为依据，以职业岗位基本能力为任务，以生产企业典型零件加工工艺手段为实施载体，参考《国家职业资格标准》，依据高职教育规律和学生认知规律，采用学习情境、学习任务等形式组织编写。着力提升学生的职业能力、方法能力和社会能力，进一步提高学生的职业技能与素养。本教材2013年被江苏省教育厅遴选为“十二五”江苏省高等学校重点教材（编号：2013-1-032）。

本教材的修订是在总结教学实践经验的基础上，基于工装设计员岗位的工作要求，着重体现工装设计员岗位所要求的专业知识、操作技能和工作规范，根据制造行业企业生产技术的新发展，调整教学项目和任务。

此次主要修订内容如下：

一、编写方法上进行调整。

1. 将全书概括为上、中、下三个篇章。

上篇（基础篇）包括零件的定位、零件的夹紧两个情境；中篇（方法篇）为专用夹具设计方法；下篇（应用篇）为具体的应用情境，包含着常用的车铣刨钳设计情境，同时还包含着组合夹具、数控机床夹具等学习情境。

2. 每个情境增加了学习任务单、知识分布网络、注意、知识链接、知识拓展等内容。

① 学习任务单：以学习目标、工作任务、教学重点、教学难点、教学方法建议、选用案例、教学设施、设备及工具、考核与评价以及参考学时等归纳出了每个情境的学习任务单，方便了教学。

② 知识分布网络：以“知识分布网络”作为每个学习任务的开始，概括归纳出本任务的知识技能要点，方便学习者研读与提升。

③ 注意：以“注意”事项为内容，概括了每个知识技能点精髓以及与相关知识的区别与联系。

④ 知识链接：以“知识链接”方法，解决了学习者已研读或正在研读的知识技能。

⑤ 知识拓展：介绍了相关技能在《国家职业资格标准》以及相关行业的表述方式，拉近了实际工作岗位与学习岗位之间的距离，提升了学习者学习的源动力。

二、凝练课后思考题：提炼精简了部分课后思考题，以利于学习者总结归纳相关问题。每个情境的课后思考题比上版的均有所减少，但需要考核的知识技能点并没有减少。

三、修疑补漏，完善了本教材。

① 根据本教材使用分析，结合企业对知识技能的需求，增加了组合夹具等教学环节。

② 按照编写方法，增加了编写方法中所罗列的内容。

③ 修正了第一版教材中的几处疑问。

本教材由扬州工业职业技术学院、徐州工业职业技术学院、南京化工职业技术学院与扬州力创机床有限公司、青岛银菲特精密机械有限公司合作完成。全书共分6个学习情境，情境1由柳青松、王树凤（扬州力创机床有限公司、高级工程师）、徐永军（南京化工职业技术学院、副教授）编写，情境2由李荣兵（徐州工业职业技术学院，副教授）、孙武装（青岛银菲特精密机械有限公司、高级工程师）、殷志碗编写，情境3由徐永军、柳青松、王家珂编写，情境4由王家珂、徐永军编写，情境5由王波、李荣兵编写，情境6由滕浩、殷志碗编写。由柳青松担任主编，李荣兵、王家珂、徐永军任副主编，扬州职业大学游文明教授担任主审。

限于编者的水平，疏漏和不妥之处恳请各位师生、读者以及同仁多提宝贵意见。

编者

2014年8月

第一版前言

高职教育，应建立以能力为中心的培养模式，树立“重能力又要重素质、重知识更要重技能”的育人理念。教学中不仅注重加强学生的能力培养，而且注重学生的素质教育；不仅重视传授知识，而且重视传授技能。本书以典型工作任务的工艺特点和机械类学生从事的工装设计工作为依据，按照工装设计员的工作过程要求，整合了机床夹具设计理论知识与实践知识，实现了课程内容的“教学做”合一的、以工作任务为引领的教学模式改革。全书共分为6个情境、13个工作任务，其内容为零件的定位、夹紧、夹具的设计方法与典型的车（钻、铣、镗）床夹具设计以及组合夹具应用等。突出了企业工装设计人员工作过程的具体特征，规划了每一个工作任务及其工作范例，使得教学具有可操作性和知识的迁移性。本书编写具有以下特点：

1. 归纳与综合，形成了完整的工作内容。根据企业工作岗位、工作任务构建了来源于生产实际、又高于生产实际的学习情境，形成了以工作过程为导向、具有工学结合特征的课程体系，具有明显的职业属性；保留了一定的学科知识点，对学生的知识迁移性具有很大的帮助。

2. 能力培养主线清晰，编排层次循序渐进。全书体现以能力为中心的培养模式，相关知识辅助，理论与实践联系紧密，突出运用。每一个情境、每一个工作任务都是在典型工作任务引领下，使得学生知道该工作任务要做什么、如何来做、需要学哪些知识点、如何综合应用等，同时又有大量范例供学生参考、练习，帮助学生掌握知识、学会应用，提高在校期间的动手能力。

3. 遵循学生的认知规律和职业成长规律撰编。情境1、情境2主要介绍机床夹具设计的基本知识，情境3对其又进行了综合，使得学生学会机床夹具设计全过程；情境4至情境6主要给学生介绍常用的典型机床夹具如何进行设计，自己又如何学习，以及产品试制期间需要的组合夹具装配方法。结合相关的提示与说明，以便帮助学生自主学习。每个情境和任务之后配有实例思考、独立实践及思考题，供学生自学和巩固。

4. 突出先进技术应用。组合夹具的应用主要是为众多企业开发产品或批试做准备，以缩短育人和用人的距离，更好地满足企业对人才知识的需要。

本书由扬州工业职业技术学院柳青松主编，并编写了情境1；徐州工业职业技术学院李荣兵任副主编，并编写了情境2；扬州工业职业技术学院叶贵清、王家珂、滕浩、王波分别编写了情境3、4、5、6。全书由扬州职业大学游文明教授主审。

本书可作为高职高专机械设计与制造、机械制造及其自动化、模具设计与制造、机电一体化及数控技术等机械类专业教学用书，亦可作为相近专业的师生和从事相关工作的工程技术人员的参考书。

由于编者水平有限，疏漏和不妥之处殷切希望学习者和各位同仁提出宝贵意见。

编者

2011年7月

目　录

中篇　方法篇

下篇　应用篇

课 程 导 航

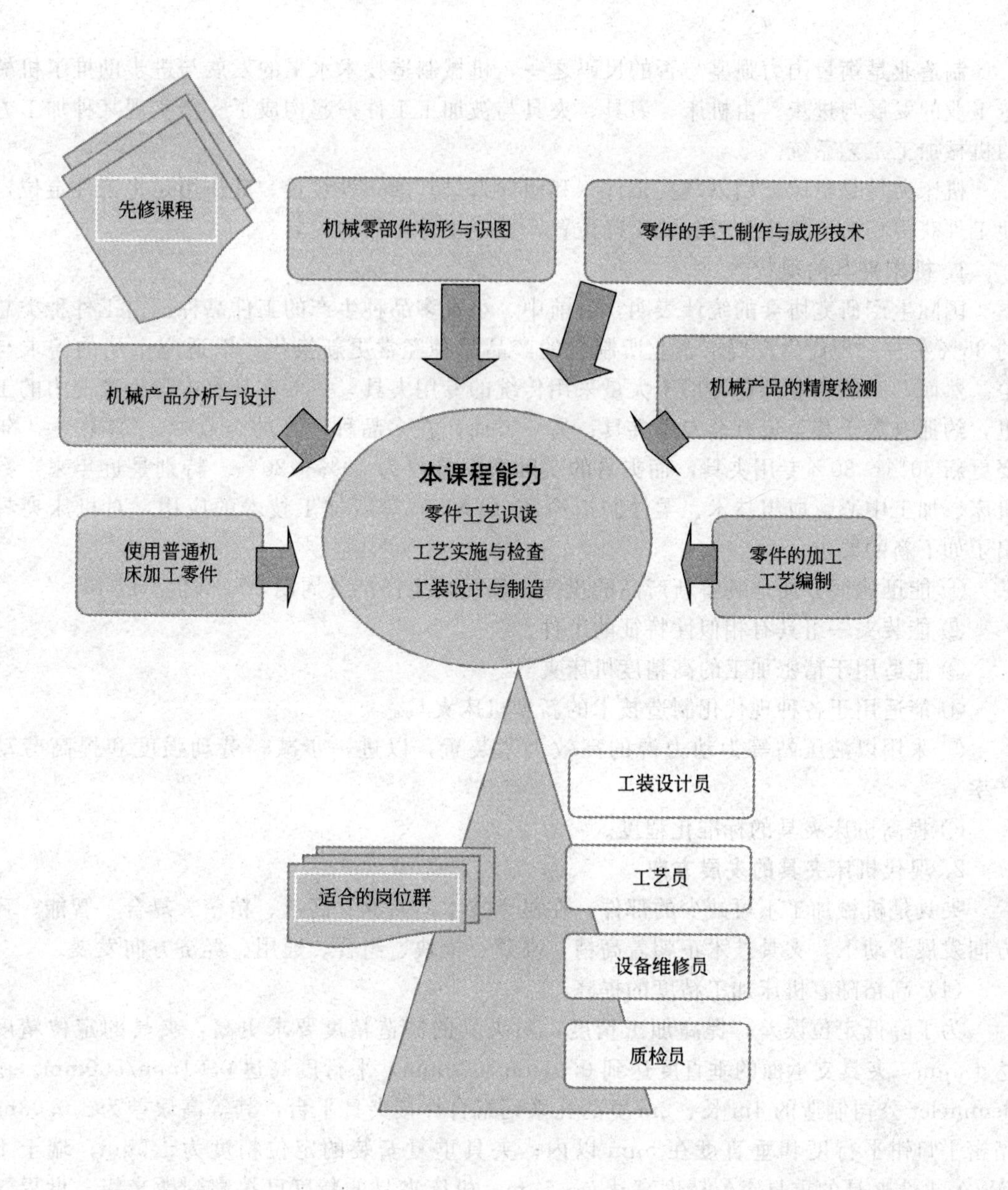

先修课程
机械零部件构形与识图
零件的手工制作与成形技术
机械产品分析与设计
机械产品的精度检测
本课程能力
零件工艺识读
工艺实施与检查
工装设计与制造
使用普通机床加工零件
零件的加工工艺编制
工装设计员
工艺员
设备维修员
质检员
适合的岗位群

课程导入

制造业是衡量国力强盛与否的尺码之一，机械制造技术水平的发展与进步助推了机械制造工业的发展与进步。由机床、刀具、夹具与被加工工件一起构成了一个实现某种加工方法的机械加工工艺系统。

机床夹具是机床上用以装夹工件（和引导刀具）的一种装置。其作用是将工件定位，以使工件获得相对于机床和刀具的正确位置，并把工件可靠地夹紧。

1. 机床夹具的现状

国际生产研究协会的统计表明，目前中、小批多品种生产的工件品种已占工件种类总数的85%左右。现代生产要求企业所制造的产品品种经常更新换代，以适应市场的需求与竞争。然而，一般企业都仍习惯于大量采用传统的专用夹具，一般在具有中等生产能力的工厂里，约拥有数千甚至近万套专用夹具；另一方面，在多品种生产的企业中，每隔3～4年就要更新50%～80%专用夹具，而夹具的实际磨损量仅为10%～20%。特别是近年来，数控机床、加工中心、成组技术、柔性制造系统（FMS）等新加工技术的应用，对机床夹具提出了如下新的要求。

① 能迅速而方便地装备新产品的投产，以缩短生产准备周期，降低生产成本。

② 能装夹一组具有相似性特征的工件。

③ 能适用于精密加工的高精度机床夹具。

④ 能适用于各种现代化制造技术的新型机床夹具。

⑤ 采用以液压站等为动力源的高效夹紧装置，以进一步减轻劳动强度和提高劳动生产率。

⑥ 提高机床夹具的标准化程度。

2. 现代机床夹具的发展方向

夹具是机械加工不可缺少的部件，在机床技术向高速、高效、精密、复合、智能、环保方向发展带动下，夹具技术正朝着高精、高效、模块、组合、通用、经济方向发展。

（1）高精随着机床加工精度的提高

为了降低定位误差，提高加工精度，对夹具的制造精度要求更高，夹具的定位精度可达±5μm，夹具支承面的垂直度达到0.01mm/300mm，平行度高达0.01mm/500mm。德国demmeler公司制造的4m长、2m宽的孔系列组合焊接夹具平台，其等高误差为±0.03mm；精密平口钳平行度和垂直度在5μm以内；夹具重复安装的定位精度为±5μm；瑞士EROWA柔性夹具的重复定位精度高达2～5μm。机床夹具的精度已提高到微米级。世界知名的夹具制造商都是精密机械制造企业。诚然，为了适应不同行业的需求和经济性，夹具有不同的型号以及不同档次的精度标准选择。

（2）高效为了提高机床的生产率

双面、四面和多件装夹的夹具产品越来越多。为了减少工件的安装时间，各种自动定心夹紧、精密平口钳、杠杆夹紧、凸轮夹紧、气动和液压夹紧等，快速夹紧功能部件不断地推陈出新。新型的电控永磁夹具，夹紧和松开工件只用1～2s，夹具结构简化，为机床进行多工位、多面和多件加工创造了条件。为了缩短在机床上安装与调试夹具的时间，瑞典 3R 夹具仅用 1min，即可完成线切割机床夹具的安装与调正。采用美国 Jergens 公司的球锁夹紧系统，1min 内就能将夹具定位和锁紧在机床工作台上，球锁装夹系统用于柔性生产线上更换夹具，起到缩短停机时间、提高生产效率的作用。

(3) 模块、组合夹具元件模块化是实现组合化的基础

利用模块化设计的系列化、标准化夹具元件，快速组装成各种夹具，已成为夹具技术开发的基点。省工、省时、节材、节能，体现在各种先进夹具系统的创新之中。模块化设计为夹具的计算机辅助设计与组装打下了基础。应用 CAD 技术，可建立元件库、典型夹具库、标准和用户使用档案库，进行夹具优化设计，为用户三维实体组装夹具。模拟仿真刀具的切削过程，既能为用户提供正确、合理的夹具与配套方案，又能积累使用经验，了解市场需求，不断改进和完善夹具系统。

(4) 通用、经济夹具的通用性直接影响其经济性

采用模块、组合式的夹具系统，一次性投资比较大。只有夹具系统的可重组性、可重构性及可扩展性功能强，应用范围广、通用性好、夹具利用率高、收回投资快，才能体现出经济性好。德国 demmeler 公司的孔系列组合焊接夹具，仅用品种、规格很少的配套元件，既能组装成多种多样的焊接夹具。元件的功能强，使得夹具的通用性好，元件少而精，配套的费用低，经济实用才有推广应用的价值。

同时，超精密加工技术的发展需要学习俄罗斯的经验。对于超精密加工技术来说，最大的需求就是国防军事工业。我国的超精密加工技术与国外，特别是美、俄等国家相比，落后较多，面临的最大任务是根据目前的需求如何在较短的时间内尽快提高超精密加工技术（包括设备及工艺）的水平，使之能够适应应用要求。美国、俄罗斯在超精密加工技术的研究上发展思路完全不同。美国充分利用其科技优势，研制了一系列先进的超精密加工设备和超精密检测仪器，利用这些先进的设备加工出高精度的零件。而俄罗斯则很少有非常先进的超精密加工设备，但是同样能够加工出所需的高精度零件，原因在于它掌握着先进的工艺。例如从有关资料分析俄罗斯研磨机的性能指标并不先进，甚至不如国内某些实验室设备，但是他们有自己独特的工装夹具以及研磨工艺，最终加工零件的精度及其稳定性却优于美国。所以根据我国的国情，盲目地靠引进先进设备和仪器只能受制于人，况且许多超精密加工设备仪器禁运。而在一定时期内要靠自行研制所有超精密加工设备和仪器也不现实，所以应该走俄罗斯的路子，即重视超精密加工工艺的研究。

3. 机床夹具与设备、工序、刀具的关系

练一练

请看图 0-1～图 0-5 以及表 0-1，思考并回答以下问题。

① 图 0-1～图 0-5 与表 0-1 之间有什么关系?

② 表 0-1 机械加工工序卡片在此的作用是什么?

③ 图 0-1 和图 0-2 的关系是什么?

④ 根据表 0-1，分析图 0-1～图 0-5 与图 0-6 的关系是什么?

⑤ 在实际生产中，是否一个工序中所需的定位与夹紧都必须按照表 0-1 的要求，按照图 0-1～图 0-5 顺序设计本工序的定位与夹紧方案及其元件。

4. 本课程的目的

本课程就是以以上这些问题为切入点，研究加工一个零件的某个工序所需要的夹具，导出该夹具与本工序中的工艺、刀具和机床的关系以及机床夹具设计的思路和方法；再以一些

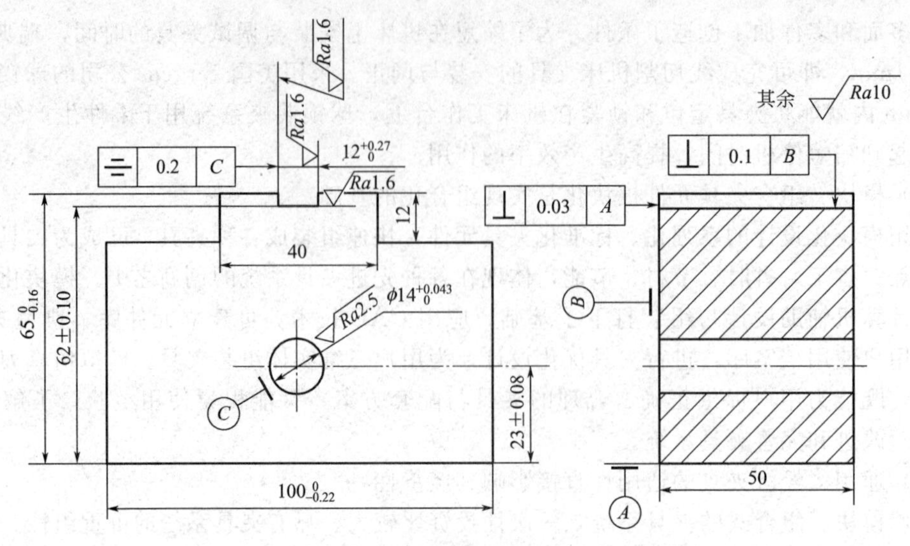

图 0-1 块状零件图

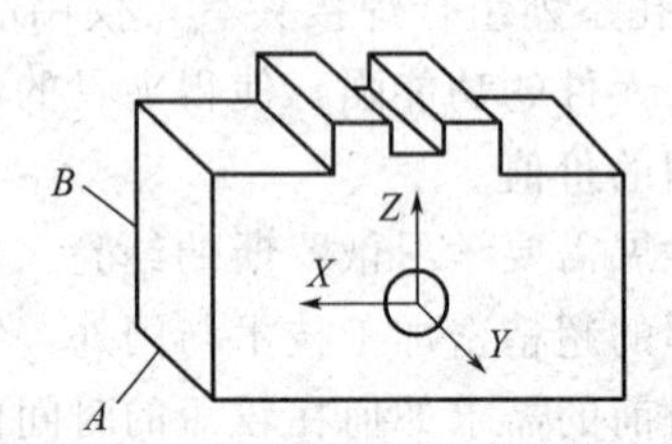

图 0-2 块状工件的坐标系

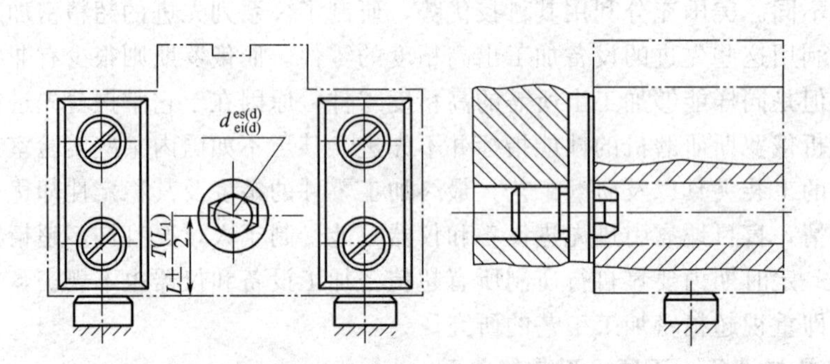

图 0-3 夹具定位元件的选择

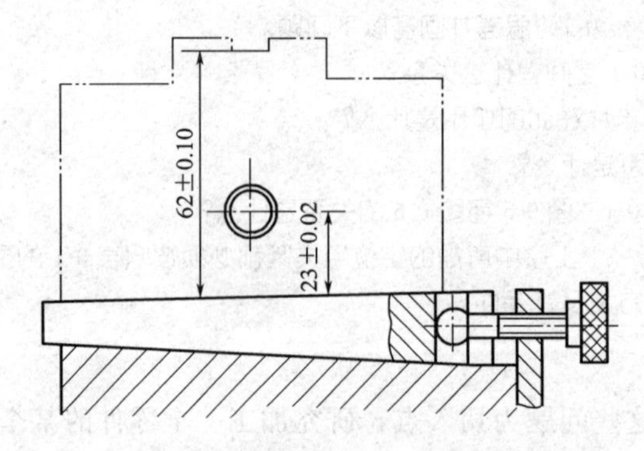

图 0-4 用短圆柱销的夹具定位方案简图

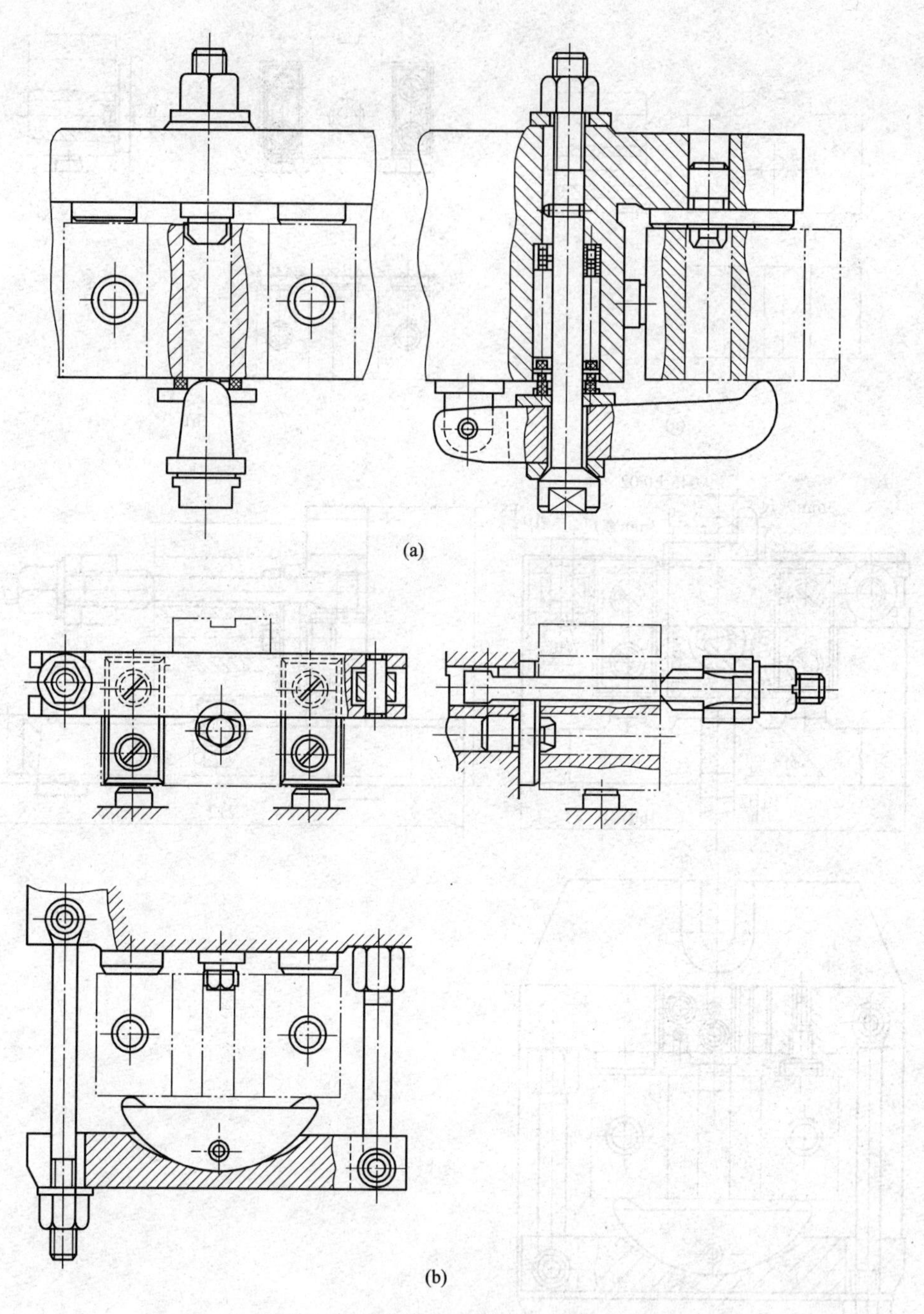

图 0-5 夹紧装置的两种结构方案

典型零件的工序为载体，介绍机床夹具设计与实施的具体应用。

生产工艺是通过对长期的生产实践的理论总结形成的，它来源于生产实践，服务于生产实践；机床夹具又是工艺系统的组成部分之一。为此机床夹具课程的学习，必须以工艺过程为主线，以加工设备操作为前提，以生产中各类常见典型轴类、盘类、套类、箱体类零件等典型零件为载体，按照学生认知规律和职业能力养成为线索，按照“实践—认识—实践”规律，紧密和生产实际相结合以加深对课程内容的理解，并在实践中又对所学知识的应用加以检验，通过实际工作任务，运用典型化的工艺方案知识，设计出某个工艺过程需要的工艺装

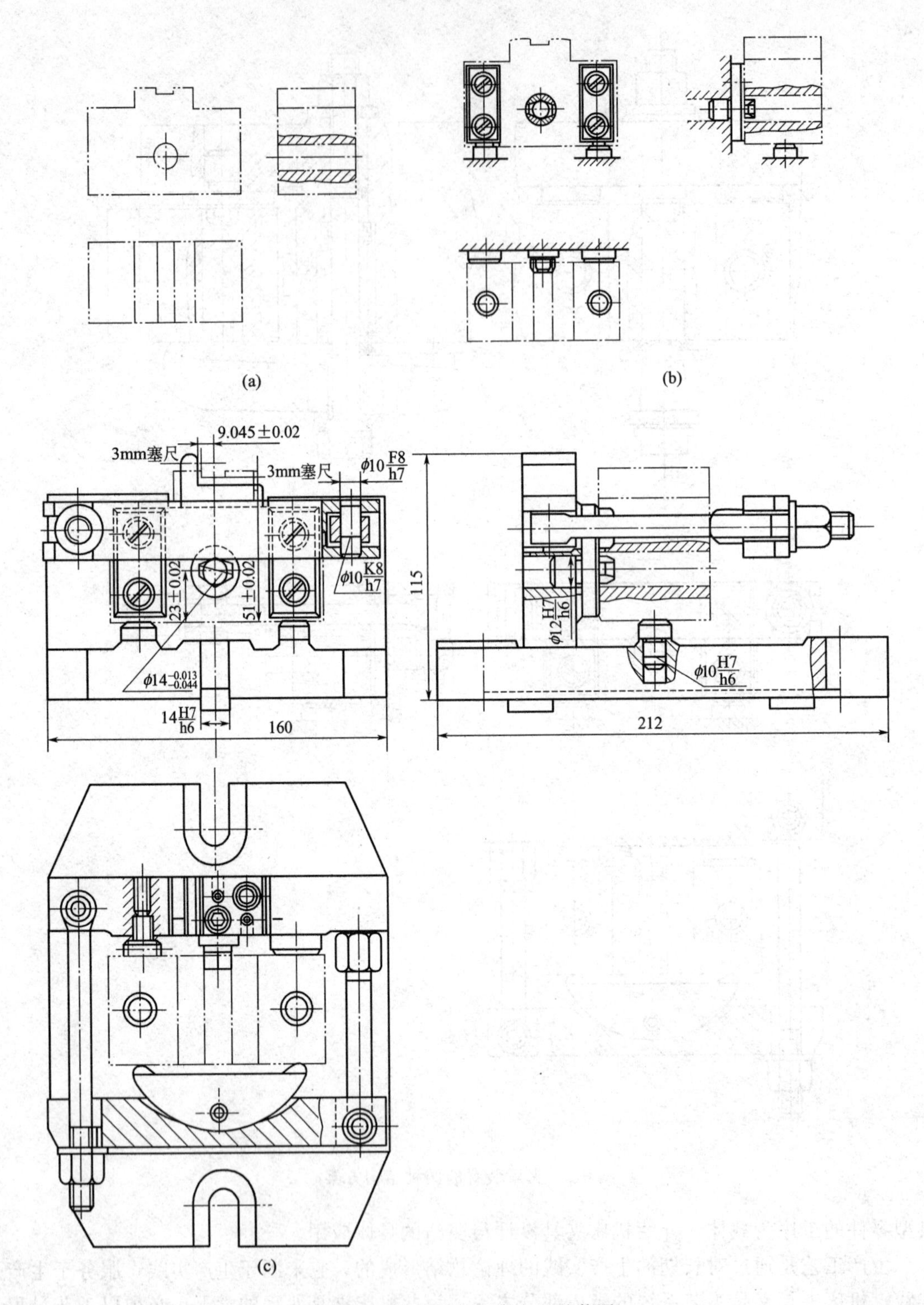

图 0-6　块状零件机床夹具总装图

备之一“机床夹具”，以此解决各类零件制造中的共性问题，促成学生对机械加工中所需常用典型机床夹具的掌握，进而在学习中更好地完成典型零件的工艺规程设计、工艺装备的设计制造任务，达到在“做”中学，学中“做”的目的。

表 0-1 机械加工工序卡片

(工厂名)	机械加工工序卡片	产品名称及型号	零件名称	零件图号	工序名称	工序号	第 6 页
			板块		铣槽	6	共 6 页

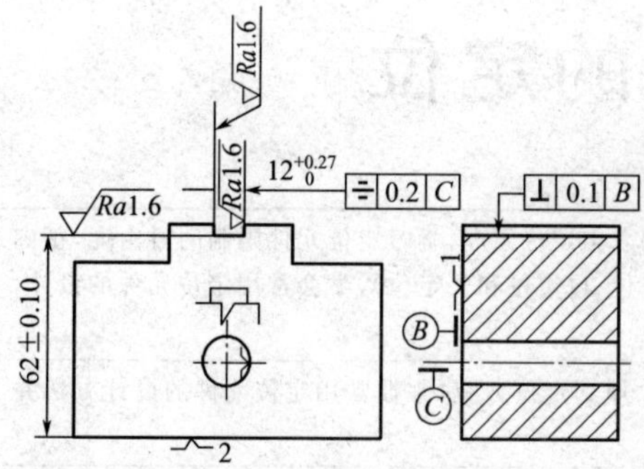

车间	工段	材料名称	材料牌号	力学性能
		钢	45	
同时加工件数	每料件数	技术等级	单件时间/min	准备-终结时间/min
1			1.69	
设备名称	设备型号	夹具名称	夹具编号	冷却液
卧式铣床	X61	铣夹具		
更改内容				

工步号	工步内容	计算数据/mm			走刀次数	切削用量				工时定额/min			刀具量具及辅助工具				
		直径或长度	走刀长度	单边余量		切削深度/mm	进给量/(mm/r)或(mm/min)	每分钟转数/(r/min)或(2L/min)	切削速度/(m/min)	基本时间	辅助时间	工作地点服务时间	工具号	名称	规格	编号	数量
1	铣 $12^{+0.27}_{0}$ 槽	50	86	3	1	3	1.8mm/r	80r/min	25.12	0.91	0.30	0.43		直齿三面刃铣刀	刀具直径100		1

编制		抄写		校对		审核		批准	

上篇　基础篇

情境 1　零件的定位

学习目标	掌握机床夹具的功用、分类与组成、理解六点定位原理，学习定位元件限制的自由度，正确使用工件的定位方式（完全定位、不完全定位、过定位和欠定位），学会常用定位元件的设计，熟悉定位误差的分析与计算
工作任务	根据零件工序加工要求，确定定位方式、规划定位方案，掌握常用定位元件的设计方法并对定位误差进行分析和计算
教学重点	定位的基本原理、定位方案
教学难点	定位方案、一面两孔定位以及定位误差分析
教学方法建议	现场参观、现场教学、多媒体教学
选用案例	以连杆零件铣槽工序的夹具为例，分析机床夹具的定位原理、定位元件的实现方法等
教学设施、设备及工具	多媒体教学系统、夹具实训室、实习车间
考核与评价	项目成果评价 50%，学习过程评价 40%，团队合作评价 10%
参考学时	20

? 想一想

图 1-1 是连杆镗孔夹具吗？

连杆零件是如何放置的？

该夹具是由哪些部分组成的？

工件、夹具与机床的关系又是如何？

夹具把工件、机床与刀具连接成了一个封闭的终结链环吗？

当工艺路线拟定后，要确定具体的每一道工序加工到何尺寸，零件如何装夹在机床上，要注意什么问题？每道工序的切削用量如何确定？工艺人员又如何设计工艺文件呢？……

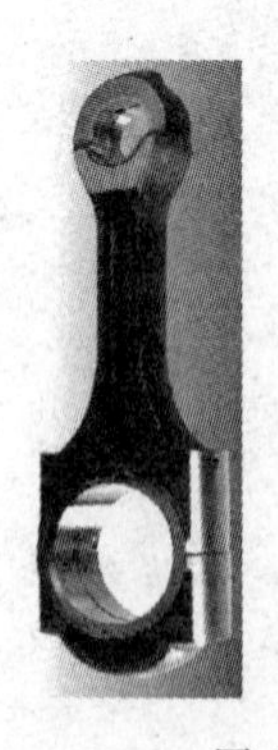

图 1-1　连杆镗孔夹具

“工欲善其事，必先利其器。”

工具（含夹具、刀具、量具与辅具等）是人类文明进步的标志，它随着现代制造技术与机械制造工艺自动化的发展时刻处在不断的革新之中，发挥着十分显著的功能。其中的机床夹具对零件的加工质量、生产率和生产成本有着直接的影响。因此，无论是在传统的制造系统还是现代制造系统中，夹具都是重要的工艺装备。

零件的加工离不开机床夹具，不同的工艺手段所使用的机床夹具具有不同的结构与作用，为此，人们在使用机床夹具的同时，也必须要掌握其原理与结构。

知识分布网络

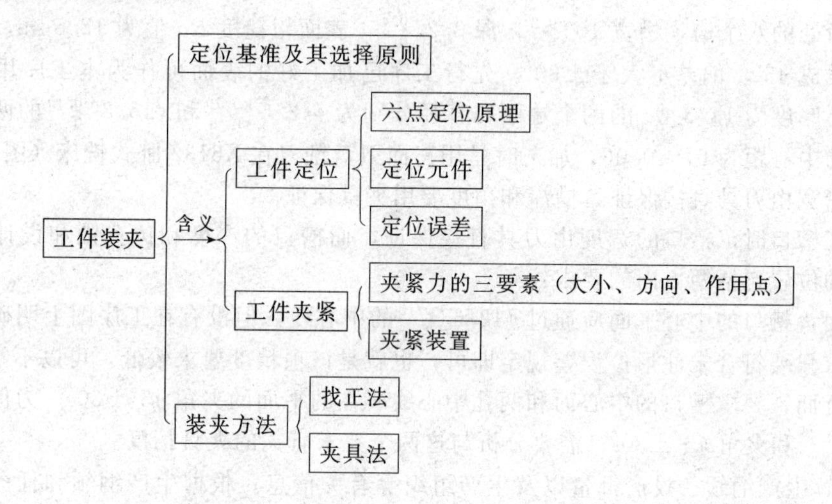

任务一　零件的定位

一、实例分析

1. 明确生产任务

如图 1-2 所示，本工序的任务是用三面刃盘铣刀在 X6132 卧式铣床上加工该连杆零件大端两端面处的八个槽。

加工要求：该工序要求铣工件两端面处的八个槽，槽宽 $10^{+0.2}_{0}$，深 $3.2^{+0.4}_{0}$，表面粗糙度 Ra 值为 12.5μm。槽的中心与两孔连线成 45°，偏差不大于±30′。工件材料为模锻 45 钢，成批生产，显然需要设计一套铣床夹具。

2. 工作过程分析

(1) 明确设计要求，认真调查研究，收集资料，确定定位基准　专用夹具设计是以机械加工工艺规程的工序卡片上所规定的定位基准、夹紧位置和工序要求作依据的。这些要求和生产批量等一起以设计任务书的形式下达给夹具设计员，工艺设计人员在获得夹具设计任务书之后，就应着手拟定专用夹具结构设计方案。在进行结构设计之前，必须明确设计要求，认真调查研究，收集资料，并做好下列准备工作。

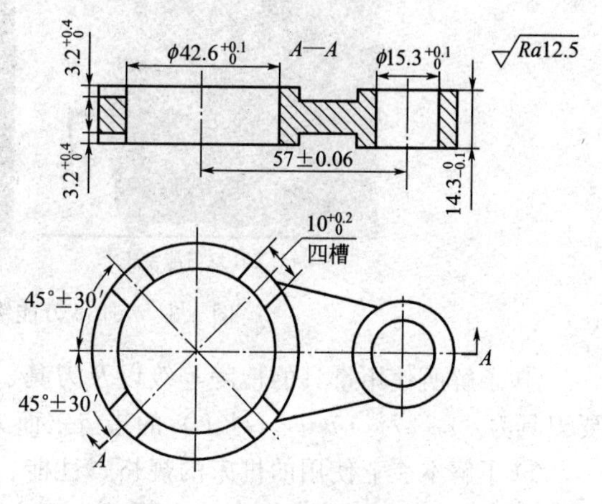

图 1-2　连杆零件铣槽工序图

① 仔细研究零件工作图、毛坯及其技术

条件。该连杆零件由连杆大头、杆身和连杆小头三部分组成，因为要承受拉、压和扭曲的多变负荷及高的疲劳强度要求，为此该零件选用 45 钢模锻件；除零件大端两端面处的八个槽未加工外，其余各表面均已加工完毕，加工零件大端两端面处的八个槽是该工件的最后一道工序，该工件要求大端两端面处的八个槽过中心。

图 1-2 所示为连杆的铣槽工序简图。工序图中已经注明：工件已加工过的大小孔 $\phi42.6^{+0.10}_{0}$ 和 $\phi15.3^{+0.10}_{0}$，两孔中心距为 57 ± 0.06，大、小头厚度均为 $14.3^{0}_{-0.10}$。现要求铣工件两端面处的八个槽，槽宽 $10^{+0.2}_{0}$，深 $3.2^{+0.4}_{0}$，表面粗糙度 Ra 值为 12.5μm。槽的中心与两孔连线成 45°，偏差不大于 $\pm30'$。先行工序已加工好的表面可作为本工序用的定位基准，那就是厚度为 $14.3^{0}_{-0.1}$ 的两个端面和直径分别为 $\phi42.6^{+0.10}_{0}$ 和 $\phi15.3^{+0.10}_{0}$ 的两个孔，此两基准孔的中心距为 57 ± 0.06，加工时是用三面刃盘铣刀在 X6132 卧式铣床（图 1-3）上进行。所以槽宽由刀具直接保证，槽深和角度要用夹具保证。

在加工槽口时，槽口的宽度由刀具直接保证，而槽口的深度和位置则和设计的夹具有关。槽口的位置包括两方面的要求：

一方面，槽口的中心平面应通过 $\phi42.6^{+0.10}_{0}$ 的中心线，但没有在工序图上明确提出，说明此项要求只要符合未注形位误差规定即可，也就是该项精度要求较低，可以不予考虑。

另一方面，要求槽口的中心面和两孔中心线所在的平面的夹角 $45°\pm30'$。为保证槽口的深度 $3.2^{+0.40}_{0}$ 和夹角 $45°\pm30'$，需要分析与这两个要求有关的夹具精度。

② 了解生产纲领、投产批量以及生产组织等有关信息。根据生产纲领和任务安排，该工件的加工为成批生产，为保证加工精度的一致性，提高生产效率，应设计成一套带有分度装置的铣床夹具。

③ 了解工件的工艺规程和本工序的具体技术要求，了解本工序的加工余量和切削用量的选择。该零件的加工工艺路线为：划加工线→粗铣大、小头两端面→钻、扩连杆大、小孔→大、小孔两端倒角→热处理→精铣大、小头两端面→半精镗大、小孔→粗铣大端槽口→半精铣大端槽口→去毛刺→喷砂处理→检验→入库。通过分析工艺路线安排和本工序的工序图纸，该工序每个面的两个槽分两次装夹、并分成粗精铣加工。选定的工序规定了该工件将在四次安装所构成的四个工位上加工完八个槽，每次安装的基准都用两个孔和一个端面，并在大孔端面上进行夹紧。

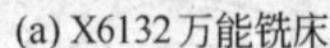

(a) X6132万能铣床

(b) 三面刃盘铣刀

图 1-3　X6132 万能铣床与三面刃盘铣刀

④ 了解所使用量具的精度等级以及刀具、辅助工具等的型号、规格。该工序加工所需要刀具为 $80\times27\times10(d\times D\times L)$ 的错齿三面刃铣刀。

⑤ 了解本企业使用的机床的规格、性能、主要技术参数、精度以及与夹具连接部分结构的联系尺寸等。根据工序加工的需要，可安排在 X6132 万能铣床完成本工序的加工任务。

⑥ 了解本企业制造和使用机床夹具的生产条件和技术状况。

⑦ 准备好设计夹具用的各种标准、工艺规定、典型夹具图册和有关夹具的设计指导资料等。

⑧ 收集国内外有关资料、制造同类型焦距的资料，汲取其中先进而又能结合本企业实际情况的合理部分。

(2) 拟定夹具的结构方案　在广泛收集和研究有关资料的基础上，再着手拟定夹具的结构方案，根据夹具设计的一般规则，该连杆零件铣槽专用夹具的结构方案包括以下几个方面：

① 确定定位方案；

② 确定夹紧方案；

③ 确定变更工位方案；

④ 确定刀具导向方案；

⑤ 确定对定方案；

⑥ 设计夹具体；

⑦ 绘制夹具装配图。

二、知识导航：机床夹具的有关知识

在机床上用来固定加工对象，使之占有正确加工位置的工艺装备，称机床夹具。机床夹具是工件与机床之间的一种连接装置。合理地设计机床夹具，对于保证工艺规程要求，实现机械加工的质量好、生产率高、成本低，具有重要的作用。

1. 机床夹具的组成

为了说明机床夹具的组成，下面首先介绍一套夹具。

【例 1-1】 加工如图 1-4 所示连杆盖的两个 A 平面和 B 平面，加工要求如图所示，生产类型为成批生产，在立式铣床上用立铣刀加工。

解：为了保证加工精度要求，需要限制工件的六个自由度。选用 D 平面及两个孔为定位基准。

图 1-5 就是为此工序设计的夹具。夹具体左右两端的 U 形豁口用来穿螺栓，以便将夹具紧固在机床工作台上。夹具体 12 下面装两个定向键 13，用来插入铣床工作台的 T 形槽中（定向键侧面与 T 形槽配合），起定向作用。夹具的对刀块 1 用来对刀，即用于使工件相对于刀具在垂直方向和水平方向保证应有的位置。夹具的定位板 11 和圆柱销 10、菱形销 2 是定位元件。在工件装夹时，将已加工好的两个孔分别套在两个定位销上，并使 D 面与夹具定位板贴紧，然后将压板 7 转移到工件上表面，拧紧螺母 4，用压板 7 压紧工件。该夹具定位板限制三个自由度，两个定位销也限制三个自由度。

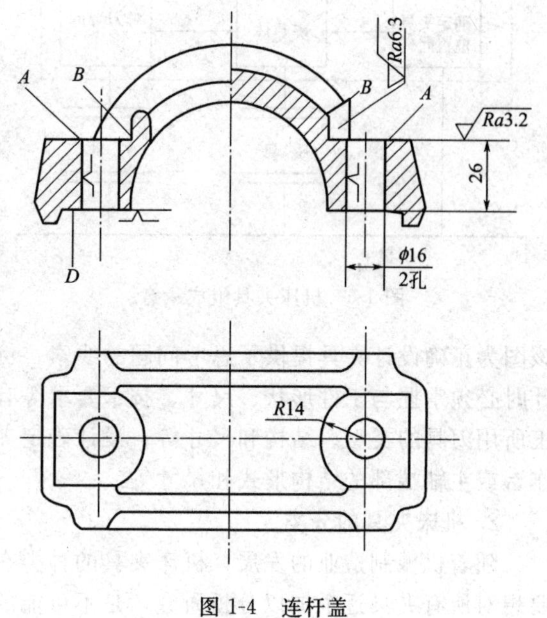

图 1-4　连杆盖

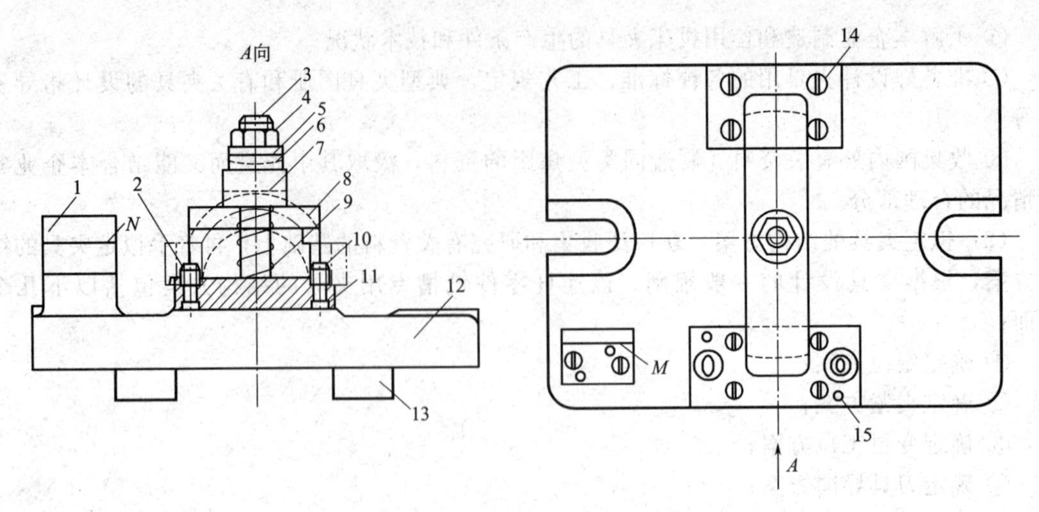

图 1-5　铣连杆盖凹台面的专用夹具

1—对刀块；2—菱形销；3—螺栓；4—螺母；5—球面垫圈；6—凹面垫圈；7—压板；8—支承板；9—弹簧；10—圆柱销；11—定位板；12—夹具体；13—夹具定向键；14—螺钉；15—销钉

以上分析得出，机床夹具由以下几部分组成。

(1) 定位元件　这是用来与工件定位基准接触，以便确定工件与机床、刀具的相对位置的夹具元件。

(2) 夹紧机构　也称为夹紧装置。它是用来夹紧工件，使其在切削力、重力、离心力等作用力下仍能牢固地紧靠在定位元件或其他支承上所用的机构。如图 1-5 上的压板、螺栓、弹簧、球面垫圈、凹面垫圈及螺母和图 1-6 上的夹紧装置。

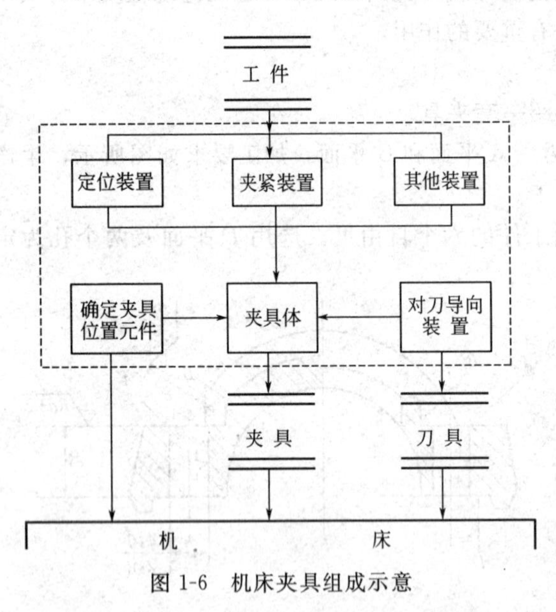

图 1-6　机床夹具组成示意

(3) 对刀元件和导向元件　铣床夹具具有对刀块和定向键，钻床夹具具有钻模套(导向套)。

(4) 夹具体　这是夹具的基础件，夹具的所有元件和机构都装在它上面。整个夹具通过夹具体与机床相连接。

(5) 其他元件和机构　例如，为了实现多工位的分度机构及锁紧装置，车床夹具的平衡锤等。

机床夹具的组成及各组成部分与工件、机床、刀具之间的联系，如图 1-6 所示。该图为正确设计夹具提供了思考问题的线索：例如定位、夹紧装置直接与工件有关，故在设计时必须掌握与工件形状、尺寸、技术要求等有关资料；在设计对刀导向元件时，应考虑加工所用刀具的类型、结构和尺寸等；设计确定夹具在机床上位置的元件时，则应依据机床工作台或主轴端部的结构形式和尺寸等。

2. 机床夹具的分类

随着机械制造业的发展，机床夹具的种类在不断地增加，出现了许多新颖的夹具，如果要想对所有夹具逐个加以分析研究，是不可能的。为了便于研究各种夹具的特征，找出规律性的内容，从而运用这些规律，有必要将夹具加以分类如下（图1-7）。

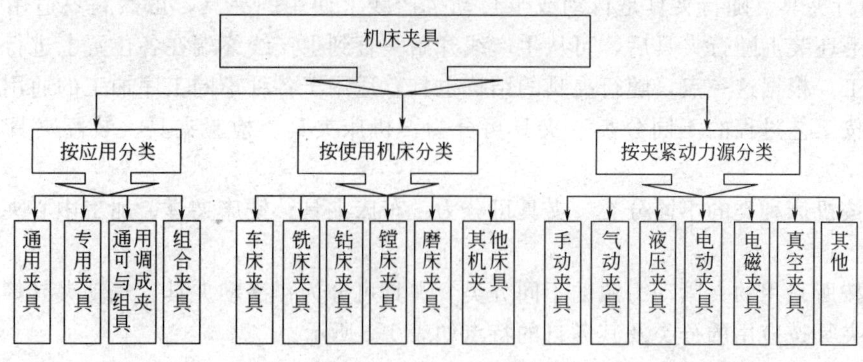

图1-7　机床夹具的分类

（1）按应用分类

① 通用夹具　是指已经标准化的、可用于一定范围内加工不同工件的夹具。如三爪自定心或四爪单动卡盘、机用虎钳、回转工作台、万能分度头、磁力工作台等。图1-8所示为通用夹具外形。这类夹具已作为机床附件，可充分发挥机床技术性能和扩大工艺范围。不论何种生产类型，都被广泛使用。

② 专用夹具　如本章所介绍的（图1-5）两套夹具都是专门为某种加工件某道工序设计制造的夹具。它一般在一定批量生产中应用，是本课程研究的主要对象。

③ 通用可调与成组夹具　这两类夹具结构相似。其共同点是：在加工完一种工件后，经过调整或更换个别元件，即可加工形状相似、尺寸相近或加工工艺相似的多种工件。在当前多品种小批量生产条件下，这两类夹具是改革工艺装备设计的一个发展方向。

(a) 短圆锥三爪自定心卡盘　(b) 短圆柱四爪单动卡盘　(c) 机用虎钳

(d) 回转工作台　(e) 万能分度头　(f) 磁力工作台

图1-8　通用夹具外形

④ 组合夹具　是指按某一工件的某道工序的加工要求，由一套事先准备好的通用的标准元件和部件组合成的夹具。这种夹具用完后可以拆卸存放，还可以多次反复使用，具有组

装迅速、周期短的特点，故特别适用于多品种、小批量或新产品试制。

⑤ 随行夹具　随行夹具是自动或半自动生产线上使用的夹具，虽然它只适用于某一种工件，但毛坯装上随行夹具后，可从生产线开始一直到生产线终端在各位置上进行各种不同工序的加工。根据这一点，随行夹具的结构也具有适用于各种不同工序加工的通用性。

(2) 按工艺过程的不同分类　夹具可分为：机床夹具、检验夹具、装配夹具、焊接夹具等。

(3) 按机床种类的不同分类　夹具可分为：车床夹具、铣床夹具、加工中心夹具、钻床夹具等。

(4) 按所采用的夹紧动力源的不同分类　夹具可分为：手动夹具、气动夹具等。

机床夹具按应用的分类及其各自的特点如表 1-1 所示。

表 1-1　机床夹具按应用的分类和各自的特点

分　类	特　点
通用夹具	通用性强，被广泛应用于单件小批量生产
专用夹具	专为某一工序设计，结构紧凑、操作方便、生产效率高、加工精度容易保证，适用于定型产品的成批和大量生产
组合夹具	由一套预先制造好的标准元件和合成组装而成的专用夹具
通用可调夹具	不对应特定的可加工对象，使用范围宽，通过适当的调整和更换夹具上的个别元件，即可用于加工形状尺寸和加工工艺相似的多种工件
成组夹具	专为某一组零件的成组加工而设计，加工对象明确，针对性强。通过调整可适应多种工艺及加工形状、尺寸

3. 机床专用夹具的功用

(1) 保证工件的加工精度　在成批、大量生产条件下通常所采用的不找正装夹加工中，工件加工表面相对于其他表面的位置精度主要是由夹具保证的。用该种方法（即完全用夹具）将工件定位，可以比较容易地获得精度，并使一批零件的加工精度稳定。

(2) 提高劳动生产率　使用机床夹具装夹工件，通常不需要划线和找正，这样可以减少辅助时间。此外，用机床夹具装夹工件，还容易实现多件加工、多工位加工，使基本时间与辅助时间重合，可以进一步缩短辅助时间，提高劳动生产率。

(3) 扩大机床的应用范围　在一些中小型工厂里，为了满足不同零件的加工要求，并且使各种机床的负荷能够比较均衡，常常需要以一种机床代替另一种机床来工作。这可以通过采用适当的夹具来实现。例如，在车床或铣床上采用镗模夹具，可以对箱体件进行镗孔，使车床、铣床具有某些镗床的功能。

(4) 减轻工人的劳动强度　夹具越先进，工人的劳动强度越小。采用气动夹具、液压夹具等，可以大大减轻工人的劳动强度。

4. 机床专用夹具应满足的基本要求

机床专用夹具设计是工艺准备的重要工作内容之一。在机床专用夹具设计中，除工件的定位和夹紧外，还有一些问题需要分析、考虑，如专用夹具的设计方法、步骤、工件在夹具中加工精度分析、夹具的经济性分析。机床专用夹具设计必须满足以下的基本要求。

(1) 保证工件的加工精度　保证工件的加工精度是机床夹具设计的根本目的。专用夹具应有合理的定位、夹紧方案，尤其对于精加工工序，应有合适的尺寸、公差和技术要求，并进行必要的精度分析，确保工件的尺寸公差、形位公差和表面质量等。

(2) 提高生产率　专用机床夹具的复杂程度及先进性应与工件的生产纲领相适应，根据工件的生产批量的大小进行合理的设置，以缩短辅助时间，提高生产率。

（3）工艺性好　专用机床夹具的结构应简单、合理，便于加工、装配、检验和维修。

（4）使用性好　专用机床夹具的操作应简便、省力，安全可靠、排屑方便，必要时可设置排屑装置。

（5）经济性好　应能保证专用夹具具有一定使用寿命和较低的夹具制造成本。适当提高夹具元件的通用化和标准化程度，以缩短专用夹具的制造周期，降低专用夹具成本。

专用夹具设计必须是上述几个方面达到辩证的统一，其中保证专用夹具质量是最基本要求。为了提高生产效率采用先进的结构和传动装置，往往会增加专用夹具的制造成本，但当工件的批量增加到一定数量时，由于数量的分摊、生产效率的提高，从而降低工件的生产成本。因此所设计的专用夹具的复杂程度和工作效率必须与生产规模相适应，才能使提高生产效率和经济性相统一。但是，任何技术方案都会有所侧重，如对于位置精度要求很高的加工，往往着眼于保证加工精度；对于位置精度要求不高而加工批量较大的情况，则侧重考虑提高专用夹具生产效率。

总之，在考虑上述几个因素的要求时，应在满足加工要求的前提下处理好几个因素的关系。

5. 专用机床夹具的制造、安装与调试

（1）机床专用夹具的制造　与任何产品一样，专用机床夹具的制造也应根据其设计要求，应用零件加工工艺和装配工艺理论，设计合理的工艺规程。由于专用机床夹具通称为单件生产，因此，一般采用集中原则组织生产，加工设备大部分采用较高精度的通用机床。这种集中属于技术集中而非设备集中，生产中技术性要求较高。对于要求较高的零件精度不采用互换原则，多为单件配做；夹具装配中多采用修配法、调整法保证精度要求。

（2）机床专用夹具的安装　专用机床夹具只有安装于机床上，并保证夹具整体相对于机床有个正确确定的位置后，才能使其使用有一个基本的保证。专用机床夹具的安装其本质是夹具的定位元件相对于机床成形运动有正确的位置与运动关系。通常，专用机床夹具按照其装配基准安装于机床工作台上或主轴上。有的夹具也借助找正基面或导向面保证于机床进给运动间的相互关系，并依次保证夹具的正确安装。

（3）专用机床夹具的调试　专用机床夹具装配安装好后，并不能马上投入使用进行零件加工，还需要对夹具进行一系列的调整试验。专用夹具的静态精度调整工作，包括刀具位置和行程的调整、零件尺寸的调整以及静态精度调试等。

夹具经过静态精度调试后，只有通过样试切削，根据加工后工件的精度，才可判断夹具使用的动态精度如何。样试时，将零件毛坯按要求在夹具上装夹，按照零件加工工艺规程对其进行切削验证。经检测试切零件加工精度，才可确定夹具是否符合要求。因此样试切削是专用机床夹具装夹后必须进行的一项工作，只有通过样试切削验证后，夹具方可投入使用。

夹具的调试与验证可以在工具车间进行，也可以在加工车间完成。而在加工车间调试验证，更符合加工过程的实际情况和现场的使用条件。

从以上分析可知，利用专用机床夹具装夹工件的方法进行零件加工时，实际上进行了以下三个方面的主要工作：

① 工件在专用夹具中的正确定位，是通过工件上的定位基准面和专用夹具上的定位元件的限位面接触（或相配合）而实现的。因此不再需要找正，便可将工件夹紧固定，也就是实现了工件的正确定位与合理夹紧。

② 由于专用夹具预先在机床上调整好位置（也有在加工过程中再找正的），因此，工件

通过夹具相对于机床就占有了正确的位置，也就是完成了夹具的正确安装。

③ 通过专用夹具上的对刀装置保证了工件相对于刀具的正确位置，即完成了专用夹具的正确调整与检验。

专用夹具的设计与使用的重点是保证工件的正确定位与合理夹紧。

6. 定位副及其基本要求

（1）定位副的构成　对于定位基准的概念，我们已经熟悉。现从夹具设计的观点来进一步阐明如下：当工件以回转表面（圆柱面、圆锥面、球面等）与夹具的定位元件接触（或配合）时，工件上的回转面称为定位基面，其轴线称为定位基准［图 1-9(a)］；与此对应，定位芯轴的圆柱面称为限位基面，芯轴的轴线称为限位基准。若工件以平面与定位元件接触时［图 1-9(b)］，工件上那个实际存在的面就是定位基面，它的理想状态（平面度误差为零）是定位基准。如果工件的定位基面是精加工过的，形状误差很小，可认为定位基面就是定位基准。同样，定位元件以平面限位时，若形状误差很小，也可以认为限位基面就是限位基准。从理论上说，定位基准与限位基准重合，而定位基面与限位基面接触。

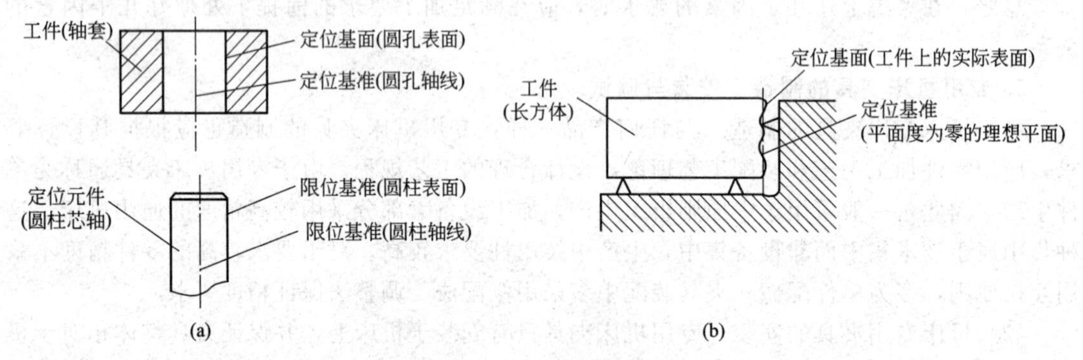

图 1-9　定位副的组成

为了简便，将定位基面与限位基面合称为定位副。当工件有几个定位基面时，限制自由度最多的定位基面称为主要定位基面，相应的限位基面称为主要限位基面。

（2）定位基面（基准）的选择原则　这个问题在工艺课程中已学过，在这里只从夹具设计角度出发强调概括如下。

① 尽量用精加工过的表面作为定位基面，并尽可能使定位基准与工序基准重合，以保证有足够的定位精度。

② 应使工件装夹方便、稳定，便于操作且变形最小。

③ 遵守基准统一原则，以减少夹具种类，提高各被加工表面的位置精度。

上述原则只是供夹具设计者参考，因为定位基面的选择是个较复杂的实践问题，必须在实际应用中根据具体生产条件作具体分析。

（3）对定位元件的基本要求　工件在夹具中定位时，一般并不是把工件的定位基面直接与夹具体接触，通常是放在定位元件上。故对定位元件提出以下基本要求。

① 限位基面有足够的精度，以适应加工要求。

② 有足够的强度和刚度，以免定位元件在使用中变形或损坏。

③ 耐磨性好。由于限位基面与工件定位基面频繁接触，导致磨损使定位精度下降，甚至要更换定位元件。为了延长定位元件使用寿命，限位基面应当热处理淬硬（硬度达 58～64HRC），以长期保持尺寸精度和位置精度。

④ 工艺性好，便于制造、装配和维修。

⑤ 限位基面应便于清除切屑。

(4) 定位符号和夹紧符号的标注　在选定定位基准及确定了夹紧力的方向和作用点后，应在工序图上标注定位符号和夹紧符号。定位符号和夹紧符号按照机械行业标准（JB/T 5061—1991），可参看附表1。图1-10所示为典型零件定位符号和夹紧符号的标注。

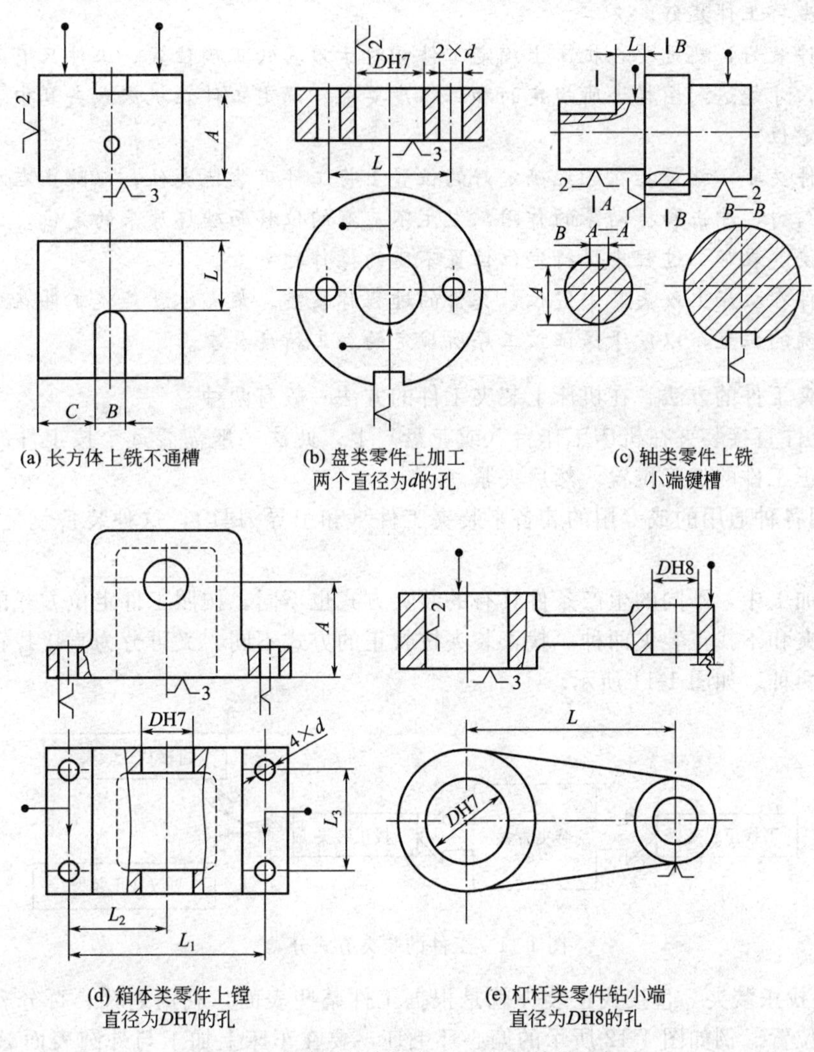

(a) 长方体上铣不通槽　(b) 盘类零件上加工两个直径为d的孔　(c) 轴类零件上铣小端键槽

(d) 箱体类零件上镗直径为$DH7$的孔　(e) 杠杆类零件钻小端直径为$DH8$的孔

图1-10　典型零件定位符号和夹紧符号的标注

7. 工件的装夹

(1) 工件装夹的概念　在机床上对工件进行加工时，为了保证加工表面相对于其他表面的尺寸和位置精度，首先需要使工件在机床上占有准确的位置，并在加工过程中承受各种力的作用而始终保持这一准确位置不变。前者称为工件的定位，后者称为工件的夹紧，整个过程统称为工件的装夹。在机床上装夹工件所使用的工艺装备称为机床夹具（以下简称夹具）。

定位和夹紧一般是指装夹工件先后（有时是同时）完成的两个动作，是两个不同的概念，具有不同的功用。定位是使工件占有正确的位置；夹紧是使工件保持定位的位置不变，它并不起定位作用。

由此可知，工件装夹的实质就是在机床上对工件进行定位和夹紧。工件装夹的目的则是通过定位和夹紧使工件在加工过程中始终保持其正确的加工位置，以保证达到该工序所规定的加工技术要求。

知识拓展　工件的定位与夹紧的另外几种表述方式

▲机械加工时，为了使工件能达到图样所规定的尺寸、形状和相互位置精度要求，在加工前必须首先将工件装好，夹牢。

▲把工件装好，就是要在机床上确定工件相对于刀具的正确位置。工件只有处在这一位置上被加工，才能达到图样上所规定的加工精度要求。确定工件在机床或夹具中占有正确位置的过程称定位。

▲把工件夹牢，就是指在已经确定好的位置上将工件可靠地夹住，以防止在加工时因受切削力、离心力、冲击和振动等的作用，发生不应有的位移而破坏原来的定位。工件定位后将其固定，使其在加工过程中保持定位位置不变的操作称夹紧。

▲将工件在机床上或夹具中定位、夹紧的过程称装夹。装夹也就是使工件在加工过程中始终保持正确的位置，以便于保证该工序所规定的加工精度要求。

(2) 装夹工件的方法　在机床上装夹工件的方法一般有两种。

1) 将工件直接装夹在机床工作台（或花盘）上。此法一般需要逐个按工件的某一表面或按划线找正工件的加工位置，然后夹紧。

2) 使用各种通用的或专用的装备来装夹工件（和引导刀具），这种装备就是机床夹具，简称夹具。

在机械加工中，不同的生产条件具有的装夹方式也不同。按照工件定位方式的不同，可分为找正装夹和不找正装夹两种。找正装夹按找正的方式不同，又可分为直接找正装夹和划线找正装夹两种。如图 1-11 所示。

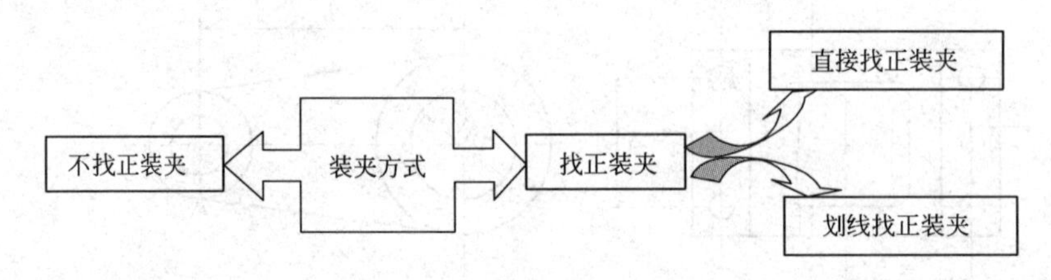

图 1-11　工件的装夹方式分类

① 直接找正装夹　直接找正装夹就是根据工件某些表面，利用划针、百分表或目测来找正工件的位置。例如图 1-12 所示的偏心环毛坯，要在车床上加工与外圆表面 A 同轴的孔 C 和 D；用直接找正法装夹，如图 1-13 所示。先将工件以较小的夹紧力装在车床四爪卡盘的某一位置上，然后用划针盘找正工件外脚表面 A，使其轴线与车床主轴回转轴线同轴（即目测划针与外圆表面 A 之间的间隙，在工件回转一周中，其值应变化很小或不变）之后将工件夹紧。这种方法是用工件的表面 A 作为找正装夹的依据，即为直接找正。其工艺特点是：

a. 装夹精度取决于工人的经验及所用的找正工具，一般误差在 0.1～0.5mm。如果是经验丰富的工人及采用比较精确的找正工具，其误差在 0.005～0.01mm。

b. 找正工件位置所需的时间长，生产率低。

c. 采用直接找正装夹，必须有技术较熟练的操作工人。另外，工件还必须具备可供找正的表面。

d. 直接找正的装夹方式，不需要专用夹具，所以在单件小批生产或修理、试制车间得

以应用；此外，对工件装夹精度要求很高（例如公差在0.005～0.01mm，或更小），采用专用夹具不能保证时，可采用精密量具进行直接找正。

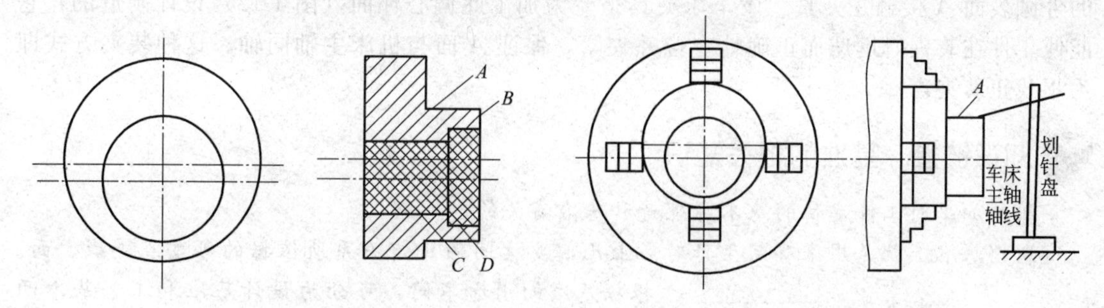

图1-12　偏心环毛坯　　图1-13　直接找正装夹

② 划线找正装夹　划线找正装夹是根据加工要求，先在工件上划好线，然后利用划针、百分表或目测按线找正工件位置的方法。如图1-14(a)所示，装夹工件前，先在工件端面B上划出一个与外圆表面A的同轴圆F。装夹工件时，用卡盘将工件轻夹（夹紧力小），然后用划针找正F圆。目测F圆确实与机床主轴轴线同轴，即可最后夹紧工件；图1-14(b)为找正矩形工件示意。这种方式的工艺特点如下。

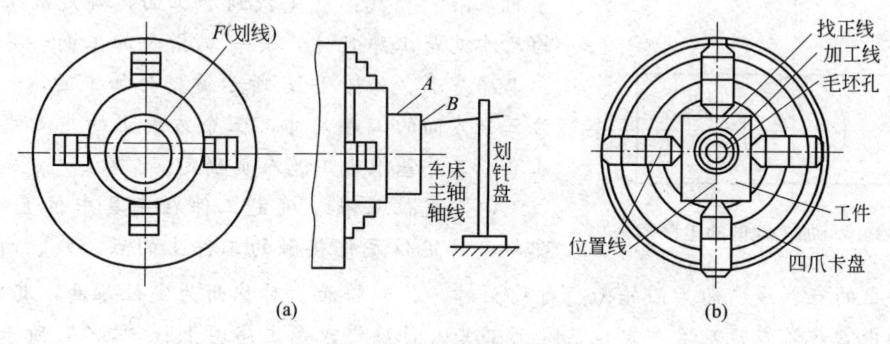

图1-14　划线找正装夹

a. 装夹精度比直接找正装夹低。主要因为除目测误差外，还增加了划线误差和冲中心眼的误差（需按中心眼划F线），这些误差累积起来就造成了装夹精度低。

b. 由于增加了划线工序，使工艺路线加长，而且划线要由技术熟练的工人来承担，耗费时间较长，所以既降低了生产率又增加了成本。

c. 装夹时是按照划好的线找正，比直接找正需要的时间短，故加工工序的生产率较高。

d. 划线找正的装夹方式，一般应用在单件小批生产或在加工大型零件时，或采用专用夹具（不找正）不经济或没有直接找正的表面时，当毛坯制造误差很大，表面粗糙，工件结构复杂（如箱体件），以致使用专用夹具装夹（不找正）不能保证加工表面有足够的余量或者余量不均匀，以及不能保证工件的加工面与不加工面之间的位置精度时，应采用划线找正装夹法。

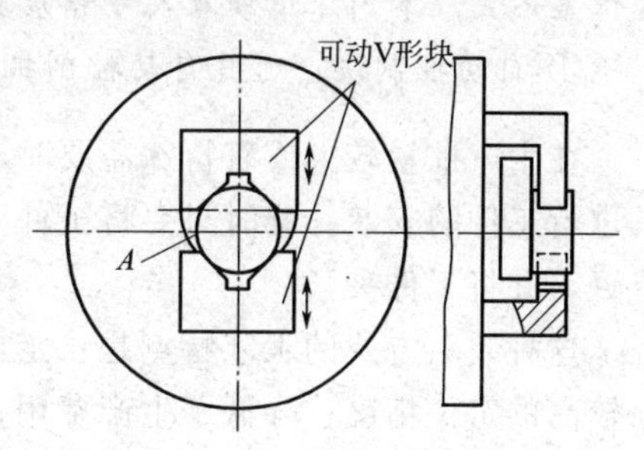

图1-15　不找正装夹

③ 不找正装夹　工件装夹时，不需任何找正，将工件装夹在夹具中，就能保证工件与机床、刀具间正确的相对位置，这种装夹方式称为不找正装夹。

如图1-15所示为用专用车床夹具进行不找正装夹

的示意。此夹具上有两个相对于车床主轴轴线可作径向等距移动的V形块（双V形块自动定心机构）。装夹时，将工件放在双V形块之间，使双V形块同时向心移动；V形块与工件的外圆表面A接触并夹紧。该车床夹具是专为加工此偏心环面（图1-12）设计制造的，它能使工件在装夹时迅速而正确地定位并夹紧，保证A面与机床主轴同轴。这种装夹方式即为不找正装夹。

知识链接 基准的相关知识

机械加工时工件定位的基本原理是和基准有关的。

所谓基准，就是用来确定生产对象上几何要素间的几何关系所依据的那些点、线、面。根据基准的用途不同，可分为设计基准和工艺基准两大类。

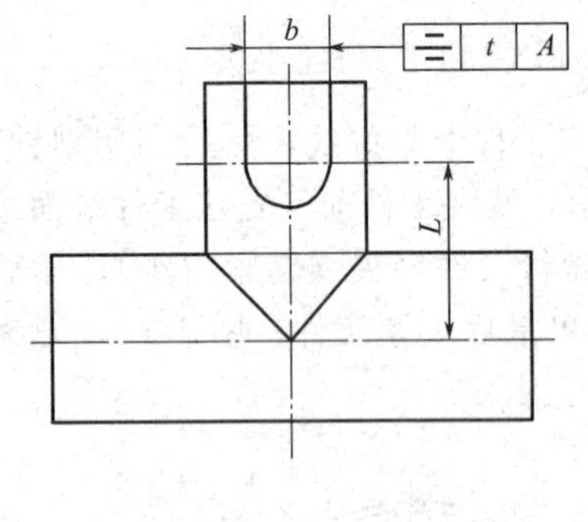

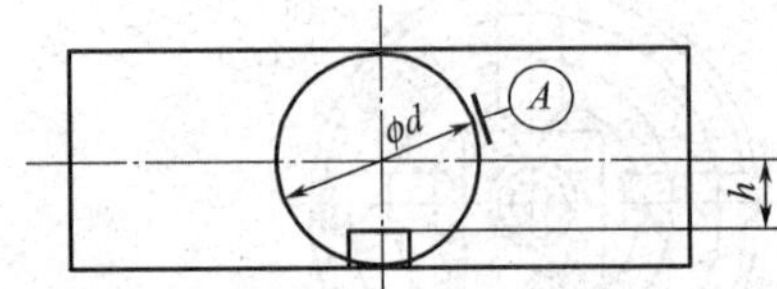

图1-16 加工键槽的工序图

(1) 基准 零件上用以确定其他点、线、面位置所依据的要素（点、线、面）。

(2) 设计基准 在零件图上用以确定点、线、面位置的基准。由产品设计人员确定。

(3) 工序基准 工序图上用以确定被加工表面位置的基准。查找：首先找到加工面，确定加工面位置的尺寸就是工序尺寸，其一端指向加工面，另一端指向工序基准。如图1-16所示键槽为加工面，h、L、⌯为三个方向的工序尺寸，三个方向上的中心线为工序基准。工序基准由工艺人员确定。

(4) 定位基准 确定工件在夹具中位置的基准，即与夹具定位元件接触的工件上的点、线、面。当接触的工件上的点、线、面为回转面、对称面时，称回转面、对称面为定位基面，其回转面、对称面的中心线称定位基准。定位基准由工艺人员确定，是工序图上标“⌵”所示的基准（定位基准的标注形式见附表1）。

(5) 对刀基准 确定刀具相对夹具（工件）位置的夹具上的基准，一般选与工件定位基准重合的夹具定位元件上的要素为对刀基准。

(6) 工件尺寸精度获得的方法

① 试切法：试切→测量→调刀，反复进行，达到要求，工件单件加工时用。

② 定尺寸刀具法：由刀具尺寸确定加工要素尺寸。

③ 调整法：事先调整好刀具与工件（夹具）的相对位置，在加工一批工件过程中，刀具位置不变。本门课中涉及尺寸精度获得的方法一般视为调整法。

④ 自动控制法：通过自动控制机床、刀具的运动，达到尺寸精度的方法。

在生产批量较大或有特殊需要时，常采用专门为某一零件的某一工序设计制造的专用夹具进行工件的安装。此时只要将工件安放在夹具中，即可确定工件与机床及刀具之间的正确位置，并将工件夹紧。

这种装夹方式的工艺特点是：定位精度由夹具保证，不用较高技术等级的工人，就能保证较高的定位精度；降低了生产费用；减轻了工人的劳动强度；提高了劳动生产率。因此，在成批、大量生产中得到了广泛的应用。

各种装夹方法的比较见表1-2。

表1-2　各种装夹方法的比较　　mm

项目	直接找正	划线找正	定位元件法
夹具类型	通用夹具		专用夹具或通用改造
生产率、成本	费时、成本较高、划线更甚		迅速方便、成本低
定位精度	取决于量仪精度、工人技术水平、方法是否得当		可达到0.01，较高且稳定
	一般不高，使用高精度量仪	一般不高于0.2～0.5	
	技术高，也可达到很高	与划线粗细等有关	
适用零件	形状简单、加工面少	形状复杂、加工面多、位置要求不高、大重件	
生产批量	单件小批量		大批大量

8. 夹具保证加工精度的原理

【例1-2】 图1-17所示为铣轴上键槽的工序图，试分析该机床夹具能否保证工序加工精度的要求。

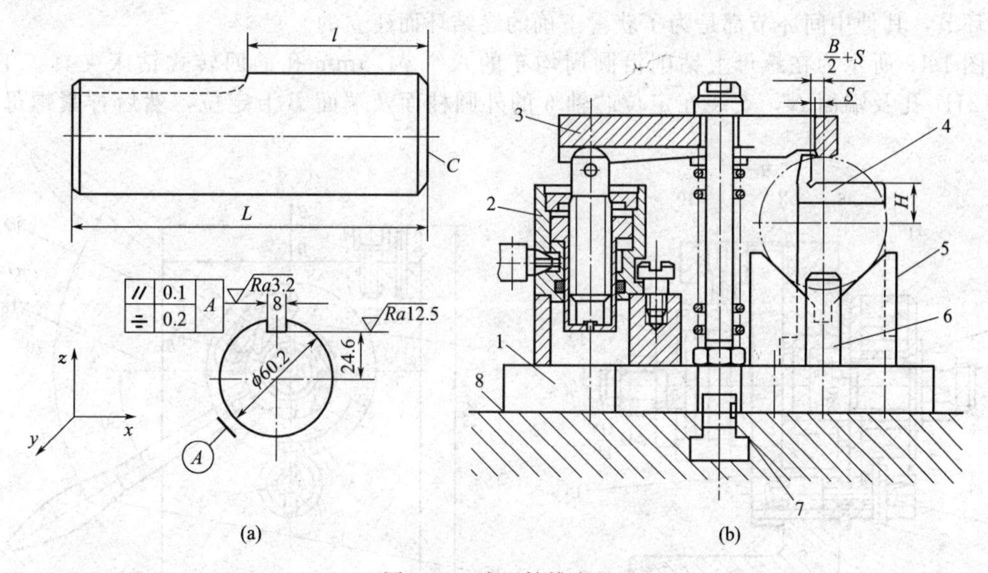

图1-17　液压铣槽夹具

1—夹具体；2—液压缸；3—压板；4—对刀块；5—V形块；6—圆柱销；7—定向键；8—铣床工作台

解： 图1-17(a) 所示为铣轴上键槽的工序图，工件以外圆柱 $\phi60.2$mm 和端面 C 为定位基面，在V形块5和圆柱销6上定位，用液压传动的压板3夹紧，所采用的夹具结构如图1-17(b) 所示。本工序加工中，键槽的技术要求能否保证取决于以下因素。

① 键槽的宽度 B（即尺寸8）和表面粗糙度，由铣刀保证。

② 夹具通过两个定向键7与铣床工作台8的T形槽配合，由于T形槽与机床导轨方向一致，而夹具上的V形块5的轴线（即工件的轴线）与底面及定向键的一侧面（称为夹具的安装基面）平行，因而能保证所加工键槽的侧面和槽底与其轴线平行，其公差在0.1mm以内。

③ 工件在V形块5上定位时，其轴线在V形块的对称中间平面上，而对刀块4的垂直工作面至V形块对称面的距离为 $B/2+S$（B 为铣刀宽，S 为塞尺厚），通过塞尺对刀，可

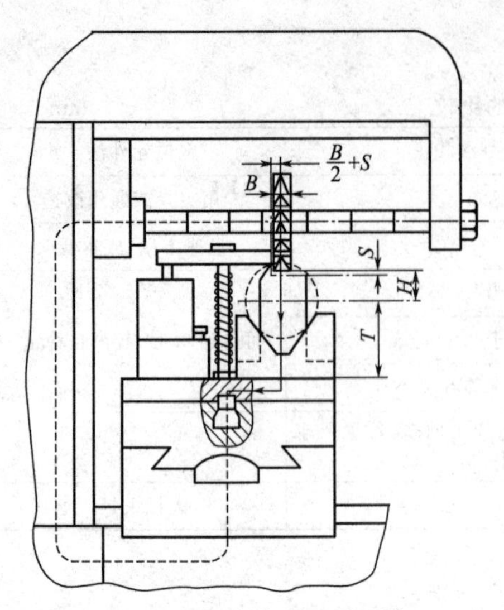

图 1-18 机械加工工艺系统

使铣刀和 V 形块间的对称面的对称度误差在 0.2mm 之内。

④ 对刀块的水平工作面至 V 形块轴线之距离 $H=24.6-S$，通过塞尺对刀，可使槽深的加工尺寸 24.6mm 得到保证。

⑤ 工件定位时，其端面 C 紧靠圆柱销 6，故槽长 l 可由铣床工作台上的行程挡铁来控制（图中未表示）。

这样，该夹具就使同批工件在夹具中有一致的正确装夹位置；而且夹具借对刀块将刀具调到加工面的位置上；加工时，夹具又借定向键和底面正确安装在机床上。换句话说，夹具把工件、机床与刀具连接成一个封闭的终结链环，称为机械加工工艺系统（简称工艺系统），见图 1-18 中虚线所示。在此系统中，各环节的连接必须具有一定的几何关系，其中工件与刀具的连接是工艺系统中的主要环节，其他中间环节都是为了获得正确的终结环而建立的。

图 1-19 所示为在螺母上钻削沿圆周均布的六个 $\phi4.5$mm 孔的回转式钻床夹具。工件以 $\phi42$H7 孔及端面 N，安装在定位芯轴 6 的外圆柱面及端面 B 上定位，然后拧紧螺母 12

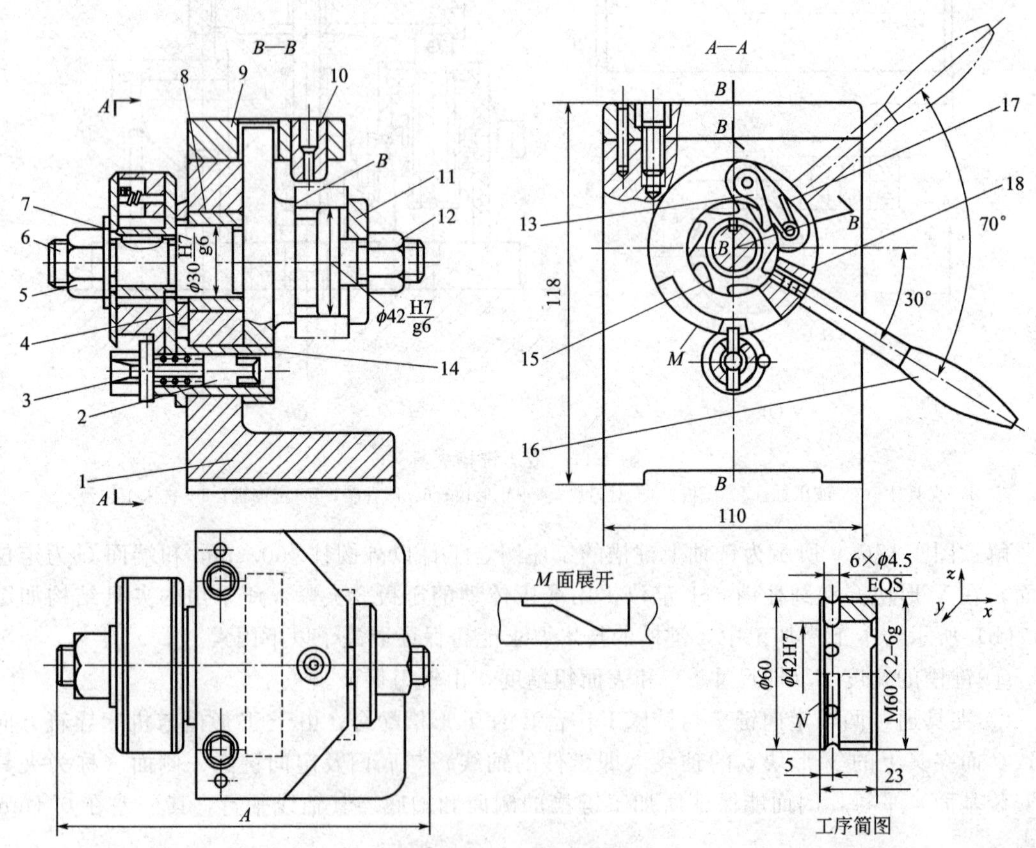

图 1-19 回转式钻床夹具

1—夹具体；2—对定销；3—圆柱销；4—垫块；5,12—螺母；6—芯轴；7—键；8—衬套；9—钻模板；10—钻套；11—开口垫圈；13—棘爪；14—分度盘；15—棘轮；16—手柄；17—扭簧；18—拨盘

通过开口垫圈11将工件夹紧，以保证工件已确定的位置在加工过程中不再发生变化。由于夹具在钻床上安装时，须保证钻床主轴与装在钻模板9上的钻套10同轴，这就确定了工件上被钻孔与刀具的相对位置。每钻完一个孔后，逆时针方向转动手柄16带动拨盘18转动，借拨盘的凹形斜面（见图中M面展开）将对定销2从分度盘14孔中拔出。再反转手柄16使拨盘顺时针转动，装在拨盘上的棘爪13推动棘轮15转动，经键7带动芯轴6转动，当下一个分度套转到与对定销对准时，对定销在弹簧作用下自动插入分度套中，就可加工第二个孔。依次再进行其余各孔的加工。可见，本工序的孔径尺寸由定尺寸刀具保证，孔的位置精度由夹具体及对刀装置保证，六孔的均布精度则由夹具的分度装置保证。

图1-20所示为在车床上使用的气动弹簧夹头，用于加工轴套类工件。夹具由定心套7插入车床主轴锥孔内，夹具体1固定在主轴箱端面上，其右端拧上齿轮螺套2。加工时，定心套7以及与它同轴相配合的弹簧夹头8和锥度套筒6将随车床主轴一起转动，而夹具体1、齿轮螺套2以及气压传动装置则固定不动，转动部分与固定部分之间的相对运动由推力轴承5隔开。当压缩空气通过脚踏配气阀进入气缸9的右腔时，活塞杆左移并通过齿条10带动齿轮螺套2作顺时针方向转动和轴向位移，通过推力轴承5使锥度套筒6向左移，迫使弹簧夹头上的三条弹性簧瓣收缩，使工件被夹紧，同时其轴线对准机床主轴回转中心。当压缩空气通过配气阀改变输送方向而进入气缸左腔时，齿轮螺套作逆时针方向转动及反向位移，则在顶杆3和弹簧4的作用下，使锥度套筒6退出，弹簧夹头就松开，故可以在不停机情况下装卸工件。这个夹具既保证加工精度，又节省了装卸工件的辅助时间。

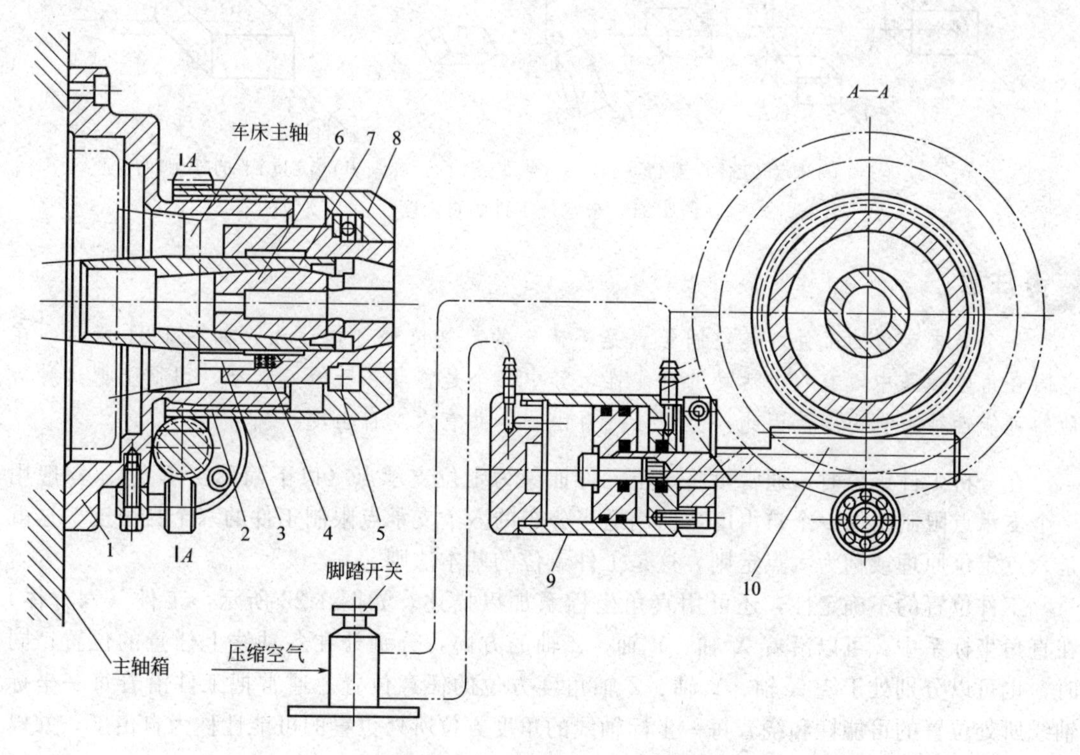

图1-20　气动弹簧夹头车床夹具

1—夹具体；2—齿轮螺套；3—顶杆；4—弹簧；5—推力轴承；6—锥度套筒；7—定心套；8—弹簧夹头；9—气缸；10—齿条

注意：

夹具保证加工精度的原理：夹具保证加工精度的原理是加工需要满足3个条件：①一批工件在夹具中占有正确的位置；②夹具在机床上的正确位置；③刀具相对于夹具的正确位置。因此，工件的定位是极为重要的一个环节。

综上分析可知，要保证工序加工的尺寸精度和相互位置精度，必须保证工艺系统各环节之间具有正确的几何关系。

9. **工件定位（机床夹具定位元件和装置的结构与选用）**

在拟定夹具设计方案时，首先必须考虑工件在夹具中怎样被正确定位？其次再考虑怎样被正确夹紧（在情境2中讨论）？这是两个密切相关的问题。

第一：工件定位的基本原理。

任何形状的工件在夹具中未定位前，都可以看成为在空间直角坐标系中的自由物体，如图1-21所示，它能沿 X、Y、Z 三坐标轴移动（用 $\vec{X}$、$\vec{Y}$、$\vec{Z}$ 表示）和绕这三坐标轴转动(用$\widehat{X}$、$\widehat{Y}$、$\widehat{Z}$表示)，这被称为工件具有六个自由度。要使工件在某方向上的位置确定，就必须限制工件在该方向上的自由度。如果要使工件在夹具中的位置完全确定，就需将它的六个自由度全部予以限制。因此，可以说工件定位的实质就是根据加工要求来限制其自由度。

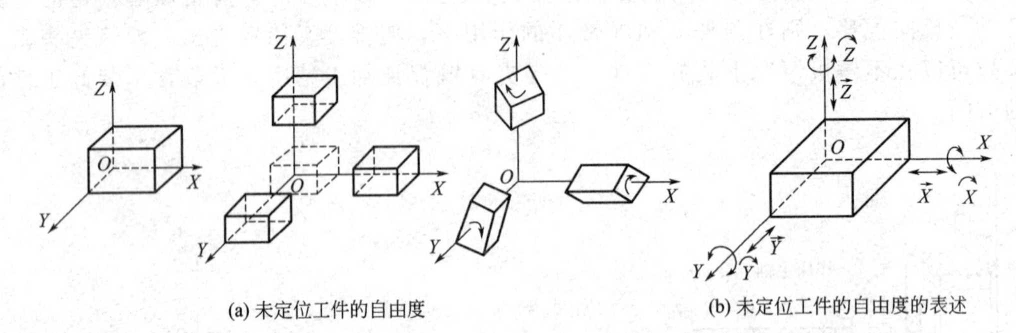

(a) 未定位工件的自由度　　(b) 未定位工件的自由度的表述

图1-21　未定位工件的自由度

注意：

一个尚未定位的工件，其空间位置是不确定的。其位置可描述为：如图1-21所示，在空间直角坐标系中，有六个活动的可能性，其中三个是移动、三个是转动。习惯上把这种活动的可能性称为自由度，因此，空间任一自由物体共有六个自由度。

在分析工件定位时，通常可将定位元件抽象为定位支承点（以下简称支承点）。一般用一个支承点限制工件一个自由度，而用适当分布的六个支承点限制工件的六个自由度，这就是六点定位原理或称为六点定则，这是工件定位的基本法则。

工件位置的不确定性，还可用直角坐标系加以描述。如图1-22所示，工件（六方体）在直角坐标系中，可以沿着 X 轴、Y 轴、Z 轴的方向，分别处在各轴线上任意的位置；同时，也可以分别处于绕 X 轴、Y 轴、Z 轴角度方位的任意位置。通常把工件沿着每一坐标轴线所处位置的可能性和绕着每一坐标轴线的角度方位所处位置的可能性称为自由度，并以符号 $\vec{X}$、$\vec{Y}$、$\vec{Z}$ 表示沿 X、Y、Z 轴的轴向位置自由度（简称轴向自由度）和以符号$\widehat{X}$、$\widehat{Y}$、$\widehat{Z}$分别表示绕 X、Y、Z 轴的角度方位的位置自由度（简称角向自由度）。因此，工件

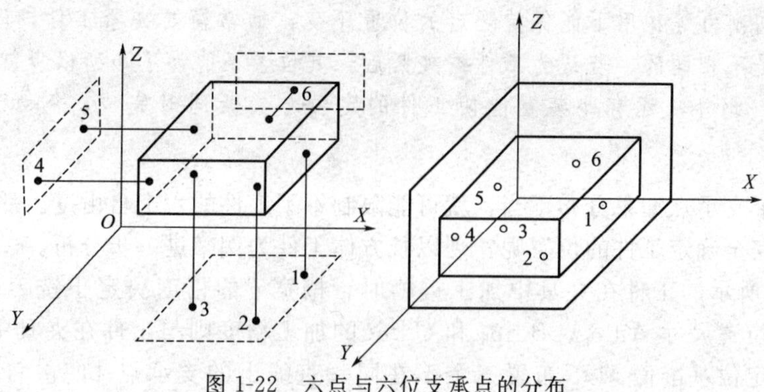

图 1-22　六点与六位支承点的分布

的自由度共有六个。

**注意：**

定位的任务，就是要设法限制工件的这种自由度。若工件的某一个自由度被限制，工件在这个方向或方位上的位置就确定了；若工件的六个自由度均被限制，工件在空间就将占有一个唯一确定的固定位置。

**注意：** 定位副接触与定位点联合作用效应

与定位点相接触的工件上的表面（上例中为平面，共三个），即为定位基面。由于定位是定位点与工件的定位基面相接触来实现的，二者一旦相脱离，定位作用就自然消失了，因此，不存在自由度相反方向的限制（定位）问题。同时，在分析定位作用时，不考虑力的影响，在外力（如夹紧力）作用下工件不能运动时，其所有的自由度不一定都已被限制。此外，所谓“几点定位”仅指某种定位方式中的数个定位点的综合作用，而非各定位点与被限制自由度之间成一一对应关系，即不是一个定位点限制一个自由度。

当工件的六个自由度都需要限制时，六个定位点如何合理地布置才能正确地限制工件的六个自由度呢？现以图 1-22 为例，在 XOY 坐标平面内，设置图示的三个定位点 1、2、3，当工件的底面与该三点接触时，则工件沿 Z 轴方向的轴向自由度和绕 X 轴、Y 轴角度方位的角向自由度就被限制，即限制 $\vec{Z}$、$\overset{\curvearrowright}{X}$、$\overset{\curvearrowright}{Y}$ 三个自由度；然后在 YOZ 坐标平面内，沿平行于 Y 的方向，设置两个定位点 4、5，当工件侧面与该两点相接触时，则工件沿 X 轴方向的轴向自由度和绕 Z 轴角度方位的角向自由度也被限制，即限制 $\vec{X}$、$\overset{\curvearrowright}{Z}$ 两个自由度；再在 XOZ 坐标平面内，设置一个定位点 6，当工件的另一侧面与该点相接触时，则工件沿 Y 轴方向的轴向自由度也被限制，即限制 $\vec{Y}$ 一个自由度。

**注意：**

① 工件的装夹包括定位和夹紧两个过程。工件在夹具中定位的任务是：使同一工序中的所有工件都能在夹具中占据正确的位置。一批工件在夹具中定位时，各个工件在夹具中占据的位置不可能完全一致，但各个工件的位置变动量必须控制在加工要求所允许的范围内。

将工件定位后的位置固定下来，称为夹紧。工件夹紧的任务是：使工件在切削力、离心力、惯性力和重力的作用下不离开已经占据的正确位置，以保证机械加工的正常进行。

② 定位与夹紧的关系。定位与夹紧是装夹工件的两个有联系的过程。在工件定位以后，

为了使工件在切削力等作用下能保持既定的位置不变，通常需要夹紧工件，即将工件紧固，因此它们之间是不相同的。若认为工件被夹紧后，其位置不能动了，所以也就定位了，这种理解是错误的。此外，还有些装置能使工件的定位与夹紧同时完成，例如三爪自定心卡盘等。

但是，六个支承点如果分布不当，就可能限制不了工件的六个自由度。那么支承点究竟怎样分布才能完全确定工件的位置呢？现以长方体工件为例来进一步分析。

如图 1-23 所示的工件在夹具中加工键槽时，槽宽 b 的精度决定于铣刀的选择和加工性质，但槽的位置尺寸 $A\pm\delta_a$、$B\pm\delta_b$ 和 $C\pm\delta_c$ 的加工精度则与工件在夹具中的定位有关。在工件的主要定位基准面 M 下布置三个不在同一直线上的支承点 1，它们限制了工件的 $\vec{Z}$、$\widehat{X}$、$\widehat{Y}$ 三个自由度，以保证加工尺寸 $A\pm\delta_a$。由于主要基面要承受较大的外力（如夹紧力、切削力等），故三个支承点连接起来所组成的三角形面积越大，工件就放得越稳，也就越容易保证定位精度。在工件的垂直侧面 N 上布置两个支承点 2，这两点的连线不能与主要定位基准垂直，且距离越远，限制自由度越有效，本例中限制工件的 $\vec{X}$、$\widehat{Z}$ 两个自由度，以保证尺寸 $B\pm\delta_b$。侧面 N 称为导向定位基面。在工件的正垂面 P 上布置一个支承点，可限制工件的 $\vec{Y}$ 自由度，P 面称为止推定位基准，它保证尺寸 $C\pm\delta_c$ 并要承受加工过程中的切削力和冲击等，因此可选工件上最窄小、与切削力方向相对应的表面作为止推定位基准。

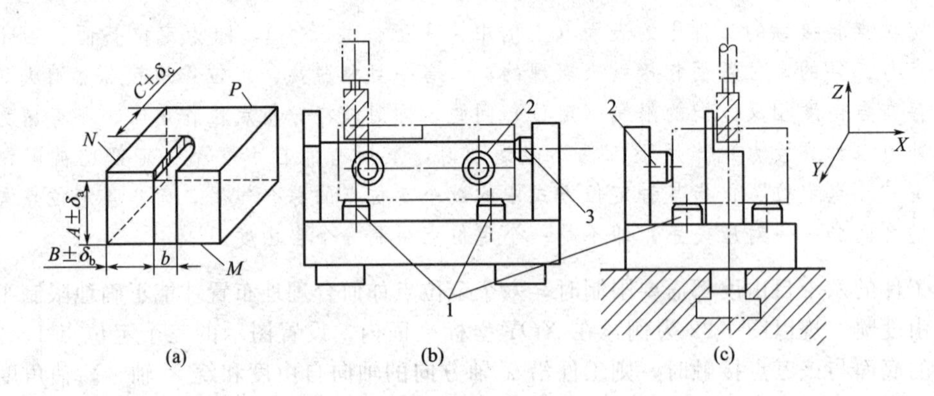

图 1-23　在夹具中铣键槽

上述六个支承点的分布是最典型的，即按“三、二、一”规律来完全限制工件的六个自由度，这种定位方式称为完全定位。

第二：常见定位元件所能限制的自由度。

注意：

应用六点定位原则应注意的五个主要问题。

① 支承点分布应适当，否则六个支承点限制不了工件的六个自由度。比如，底面上布置的三个支承点不能在一条直线上，且三个支承点所形成的三角形的面积越大越好；侧面上的两个支承点所形成的连线不能垂直于三点所形成的平面且两点的连线越长越好。

② 工件的定位是工件以定位面与夹具的定位元件的工作面保持接触或配合实现的。一旦工件定位面与定位元件工作面脱离接触或配合，就丧失了定位作用。

③ 工件定位后，还要用夹紧装置将工件紧固。因此要区分定位与夹紧的不同的概念。

④ 定位支撑点所限制的自由度名称，通常可按定位接触处的形态来确定，其特点如表1-3所示。注意，定位点分布应该符合几何学的观点。

表1-3　典型单一定位基准的定位特点

定位接触形态	限制自由度数	自由度类别	特　点
长圆锥面接触	5	三个沿坐标轴方向的自由度 两个绕坐标轴方向的自由度	
长圆柱面接触	4	两个沿坐标轴方向的自由度 两个绕坐标轴方向的自由度	作主要定位基准
大平面接触	3	一个沿坐标轴方向的自由度 两个绕坐标轴方向的自由度	
短圆柱面接触	2	两个沿坐标轴方向的自由度	
线接触	2	一个沿坐标轴方向的自由度 一个绕坐标轴方向的自由度	不作主要定位基准， 只能与主要基准组合定位
点接触	1	一个沿坐标轴方向的自由度 或绕坐标轴方向的自由度	

⑤ 有时定位点的数量及其布置不一定如表1-4所表述的那样明显直观，如自动定心定位就是这样。如图1-24所示为一个内孔为定位面的自动定心定位原理。工件的定位基准为中心要素圆的中心轴线。从一个截面上看［见图1-24(b)］，夹具有三个点与工件接触，但只有$\vec{X}$和$\vec{Z}$两个自由度被消除；该夹具采用两段各三个点即总共采用了六个接触点，只限制了工件长圆柱面的$\vec{X}$、$\vec{Z}$、$\overset{\frown}{X}$、$\overset{\frown}{Z}$四个自由度，因此在自动定心定位中应注意这个问题。

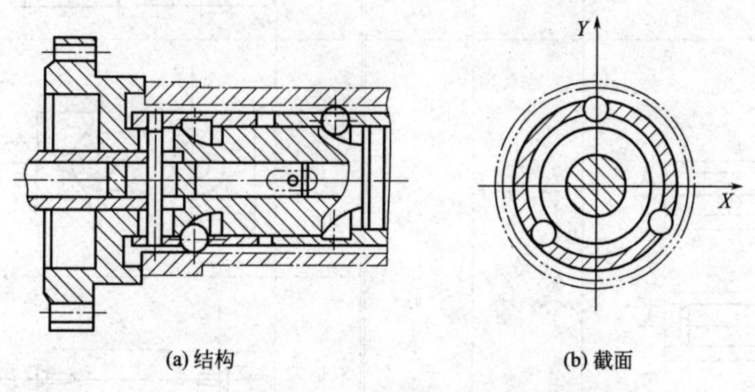

(a) 结构　　(b) 截面

图1-24　内孔为定位面的自动定心定位原理

表1-4　常用定位方式所限制的自由度

定位元件名称	定位方式	限制的自由度数	相当定位点数	定位元件名称	定位方式	限制的自由度数	相当定位点数
支承钉、支承板、支承平面	①支承钉或小平面 ②窄长支承板或相距较远的两支承钉所组成的平面 ③相距较远的两窄长支承板或三个支承钉所组成的平面	1 2 3	1 2 3	支承套	Z Z O X O X Y Y	短套 $\vec{X}$ $\vec{Y}$ 长套 $\vec{X}$ $\vec{Y}$ $\overset{\frown}{X}$ $\overset{\frown}{Y}$	2 4

续表

定位元件名称	定位方式	限制的自由度数	相当定位点数	定位元件名称	定位方式	限制的自由度数	相当定位点数
锥套	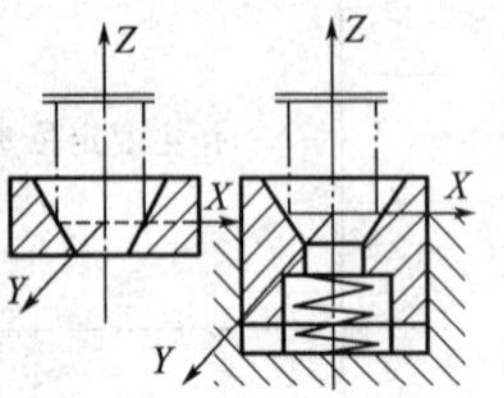	固定锥套 $\vec{X}$ $\vec{Y}$ $\vec{Z}$ 活动锥套 $\vec{X}$ $\vec{Y}$	3 2	锥销及锥度芯轴	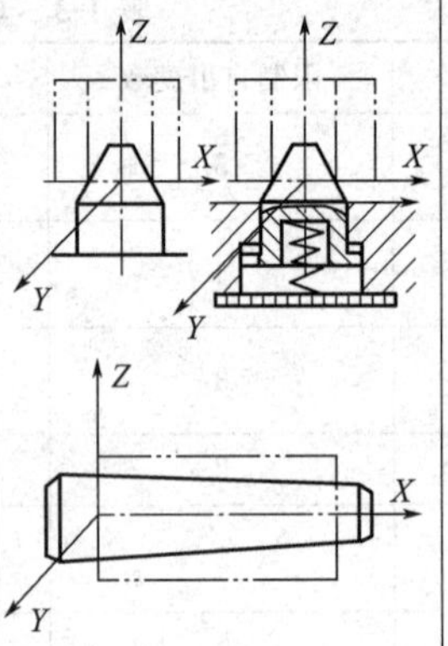	固定锥销 $\vec{X}$ $\vec{Y}$ $\vec{Z}$ 活动锥销 $\vec{X}$ $\vec{Y}$ 锥度芯轴 $\vec{X}$ $\vec{Y}$ $\vec{Z}$ $\overset{\frown}{Y}$ $\overset{\frown}{Z}$	3 2 5
短圆柱销与短削边销组合	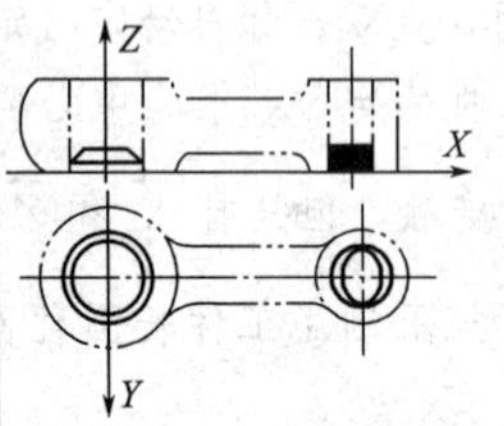	短圆柱销 $\vec{X}$ $\vec{Y}$ 削边销 $\overset{\frown}{Z}$	2 1	V形块	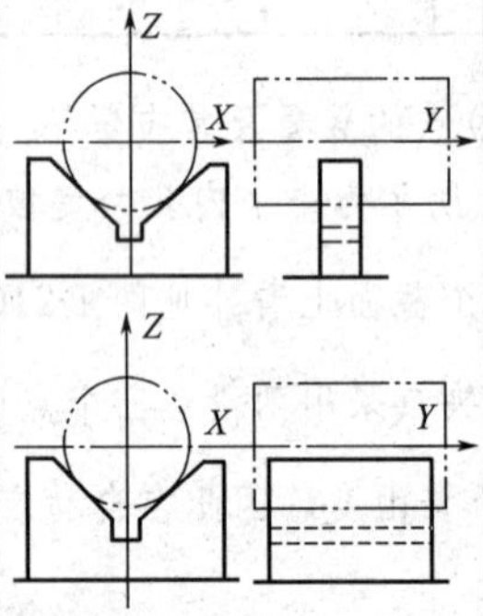	短V形块 $\vec{X}$ $\vec{Z}$ 长V形块 $\vec{X}$ $\vec{Z}$ $\overset{\frown}{X}$ $\overset{\frown}{Z}$	2 4
定位芯轴	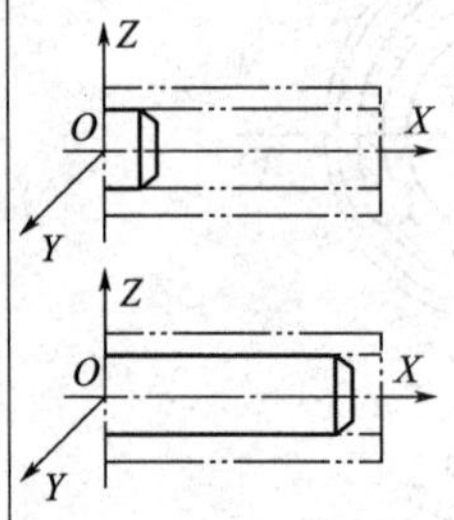	$\vec{Y}$ $\vec{Z}$ $\vec{Y}$ $\vec{Z}$ $\overset{\frown}{Y}$ $\overset{\frown}{Z}$	2 4	固定V形块与活动V形块组合	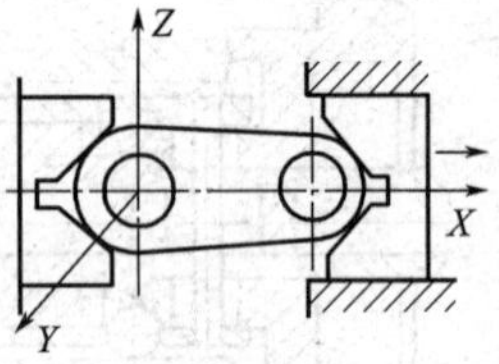	固定V形块 $\vec{X}$ $\vec{Z}$ 活动V形块 $\overset{\frown}{Y}$	2 1
				双顶尖	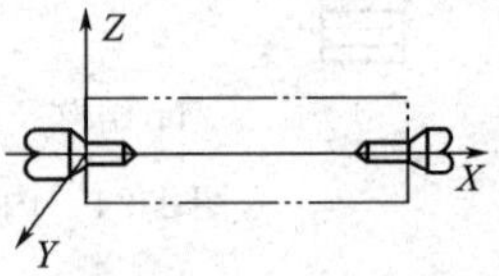	固定顶尖 $\vec{X}$ $\vec{Y}$ $\vec{Z}$ 活动顶尖 $\overset{\frown}{Y}$ $\overset{\frown}{Z}$	3 2

10. 限制工件自由度与加工要求的关系——定位方式表述

(1) 完全定位　工件的六个自由度完全被限制的定位称为完全定位。图 1-25 为不同外形的工件作完全定位的示例。

图 1-25(a) 中，工件的定位基面为底平面和两个侧平面，被加工面为具有三个坐标方向工序尺寸要求的不通槽，其工序尺寸：在 X 方向为 $S_{-\Delta s}$、$B_{-\Delta b}$，Y 方向为 $L_{-\Delta l}$，Z 方向为 $H_{-\Delta h}$。今采用处在同一平面上的三个支承钉 1、2、3 限制工件的 $\vec{Z}$、$\overset{\frown}{X}$、$\overset{\frown}{Y}$ 三个自由度，从而保证工序尺寸 $H_{-\Delta h}$ 的要求；采用两个支承钉 4、5 限制工件的 $\vec{X}$、$\overset{\frown}{Z}$ 两个自由度，从而保证工件尺寸 $S_{-\Delta s}$ 的要求（$B_{-\Delta b}$ 由刀具保证）；用支承钉 6 限制工件的 $\vec{Y}$ 自由度，从而保

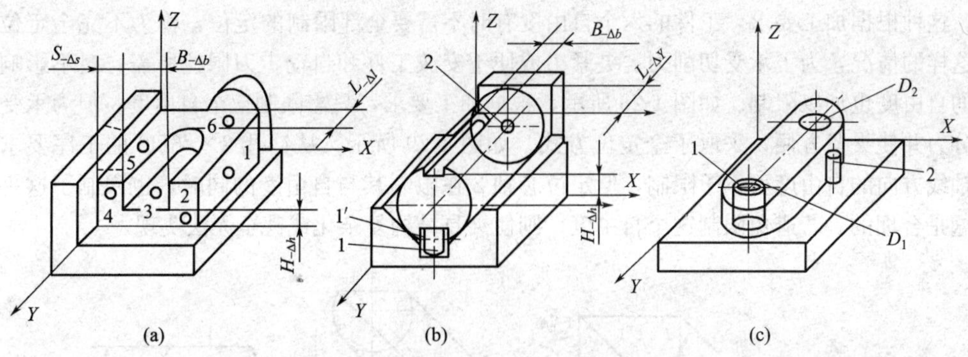

图 1-25　不同外形工件的完全定位示例

证工序尺寸 $L_{-\Delta l}$ 的要求。

图 1-25(b) 中，工件的定位基面为外圆柱面、键槽 1′侧面和后端面，被加工面为具有三个坐标方向工序尺寸要求的键槽，其工序尺寸：在 X 方向要求槽的中心面通过圆柱体的直径平面；Y 方向为 $L_{-\Delta l}$，Z 方向为 $H_{-\Delta h}$ 并要求该键槽与键槽 1′的夹角为 180°。今采用 V 形块和两个销子定位。工件以外圆柱表面与 V 形块工作面相接触，限制工件的 $\vec{X}$、$\vec{Z}$、$\overset{\frown}{X}$、$\overset{\frown}{Z}$ 四个自由度（这是四点定位的方式，其定位点的数目及分布是按被消除的自由度数去作具体推断的）；销 1 限制工件绕 Y 轴的角向自由度 $\overset{\frown}{Y}$；销 2 限制了工件的 $\vec{Y}$ 自由度。

图 1-25(c) 中，工件为一连杆，被加工面为孔 D_2。其定位方式是利用连杆的一个端面与夹具体表面相接触，限制工件的 $\vec{Z}$、$\overset{\frown}{X}$、$\overset{\frown}{Y}$ 三个自由度；利用孔 D_1 与夹具上的短圆柱销 1 相配合，限制了工件的 $\vec{X}$、$\vec{Y}$ 两个自由度；最后让连杆侧面与夹具上的销 2 相接触，限制了工件的 $\overset{\frown}{Z}$ 自由度。

(2) 不完全定位　在定位时，工件的六个自由度并非在任何情况下都要全部加以限制，一般只要求限制影响工件加工精度的那些自由度。例如在图 1-25(a) 和 (b) 中，若该两工件的被加工面均为通槽，则图 1-25(a) 中就可以取消销 6，图 1-25(b) 中就可以取消销 2 并分别按图 1-26(a) 和 (b) 的方式定位。此时，尽管工件被限制的自由度数变为 $\vec{X}$、$\vec{Z}$、$\overset{\frown}{X}$、$\overset{\frown}{Y}$、$\overset{\frown}{Z}$ 五个，但这并不影响工件的加工精度和要求，因此是合理的和允许的。此外，在图 1-25(b) 中，若被加工表面为通槽，而且工件上又无槽 1′以及 180°的夹角要求，则可按图 1-26(c) 的方式定位，其被限制的自由度数仅为 $\vec{X}$、$\vec{Z}$、$\overset{\frown}{X}$、$\overset{\frown}{Z}$ 四个。再如图 1-27 所示，三个形状各异的工件都要求加工平面，图 1-27(a) 只需限制 $\vec{Z}$、$\overset{\frown}{X}$、$\overset{\frown}{Y}$ 三个自由度；图 1-27(b) 只需限制 $\vec{Z}$、$\overset{\frown}{X}$ 两个自由度；图 1-27(c) 只需限制 $\vec{Z}$ 一个自由度既可满足加工

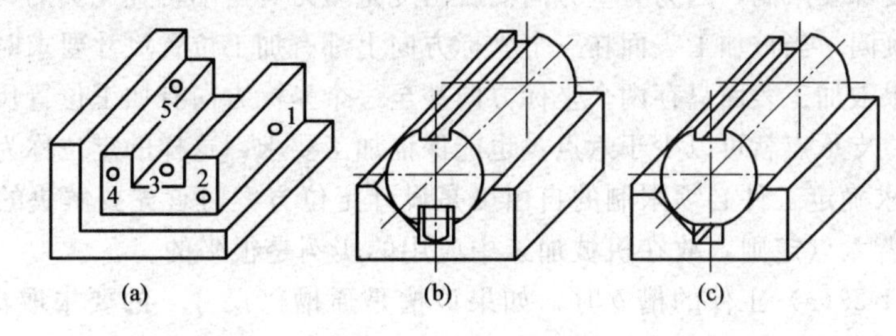

图 1-26　不完全定位示例

要求。这种根据加工要求，工件的六个自由度有时不需要全部限制的定位，称为不完全定位。但也有这样的情况，为了承受切削力、夹紧力或便于安放工件和自动走刀限位所需，对不影响加工要求的自由度也加以限制。如图 1-28 所示，根据加工要求，只需限制三个自由度，但为承受水平切削分力并使夹紧方便，采取了全定位方式。如图 1-29 所示，从钻孔 3×ϕ6H9 的工序要求，则沿孔轴线方向的自由度可不予限制，但定位芯轴 2 在限制其与自由度的同时，也限制了这一自由度，这是合理的，若避免限制这个自主度，则使夹具结构复杂化或甚至无法实现。

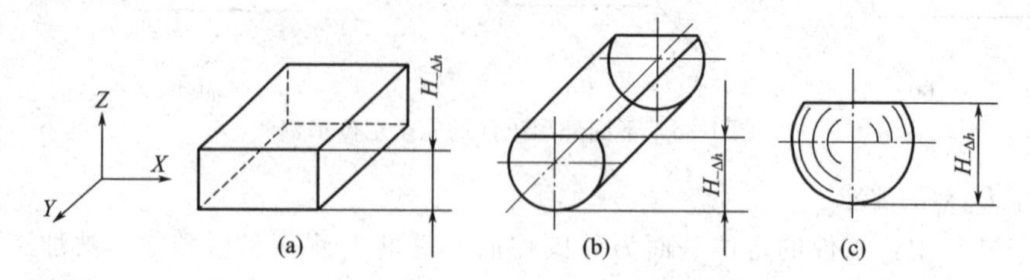

图 1-27　同一工序不同定位基准对自由度的限制

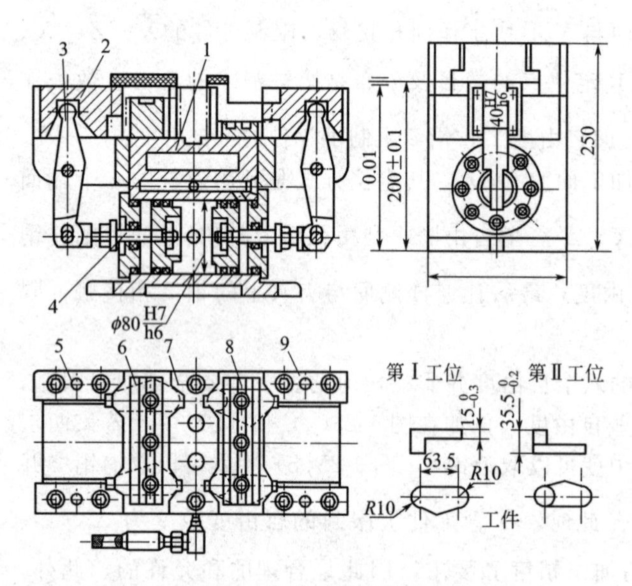

图 1-28　铣平面液压铣床夹具

1—夹具体；2—夹紧块（2 件）；3—杠杆（2 件）；4—活塞杆（2 件）；5～9—定位件

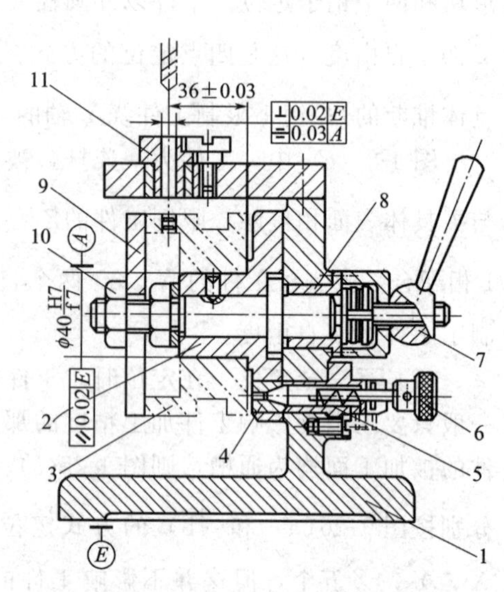

图 1-29　钻孔 3×ϕ6H9 等分孔钻床夹具

1—夹具体；2—定位芯轴；3—工件；4—定位衬套；5—对定销；6—手把；7—手柄；8—衬套；9—开口垫圈；10—螺母；11—钻套

工件在加工过程中，机床和刀具的运动轨迹是一定的。从保证加工精度要求来看，并不是工件的六个自由度都要限制，因为有些方向的自由度是与刀具运动轨迹无关的，这些自由度就不必限制。毫无疑问，当被加工表面在三个坐标方向上都有加工位置尺寸要求时，工件必须采用完全定位；如果被加工表面只存两个坐标方向甚至一个坐标方向有加工位置尺寸要求时，夹具中所布置的定位支承点就可以少于六点，也能保证加工要求，这样的定位称为不完全定位。

按照加工要求确定工件必须限制的自由度是设计定位方案时首先要解决的问题。不完全定位由于它不违背六点定则，故在机械加工中应用的实例是很多的。

例如加工图 1-23(a) 工件的槽 b 时，如果该槽是通槽（尺寸 c 的要求取消），则从理论分析，沿 y 方向的自由度可不必限制，即只需五点定位。但此时止推销 3 仍可以保留，因它实际上已不起定位作用，而只是为了承受切削力了。

又如用图 1-19 所示的钻床夹具钻 6×ϕ4.5 通孔时，对孔深无要求，孔的加工位置仅有在圆周上均布以及孔心距 N 面为 5mm 的要求，而对钻第一个孔在圆周方向并无特定位置要求，故对 $\widehat{X}$、$\vec{Z}$ 自由度也不必予以限制，仍属不完全定位。

再如图 1-20 所示的弹簧夹头车床夹具，在加工轴套类工件时，只限制了工件的三个移动和两个转动共五个自由度，也属于不完全定位。

综上所述，工件定位时需要限制的自由度数目，应由工序的加工要求而定，不影响加工要求的自由度可不加限制。若要求工件限制六个自由度，则为完全定位，否则为不完全定位，并且在具体夹具上，定位点及其作用是由定位元件体现的。有时（定心或定中定位）定位点数及其作用需要按被消除的自由度数去作具体的推断。究竟采用完全定位或是采用不完全定位，以及定位点的数目和分布方式如何，要视工件的定位基面形状的不同和工序加工要求的不同以及所采用定位元件形式的不同而有所不同（定位方式和元件在下节讨论）。通过工件的被加工面在三个坐标方向上都有尺寸要求或位置精度要求时，就要采用完全定位方式；否则，可以用不完全定位方式。在实际生产中，工件被限制的自由度数一般不少于三个。

表 1-4 列举了一些常用定位方式所限制的自由度，以作学习的参阅和分析。

欠定位和过定位都是违反定位原则而造成的非正常定位情况。

（3）欠定位　按工序的加工要术，工件应该限制的自由度而未予限制的定位，称为欠定位。在确定工件定位方案时，欠定位是绝对不允许的。例如图 1-25(b) 中，若不设防转定位销 1，工件绕 y 轴的角向自由度得不到限制，则无法保证键槽与槽 1′之间夹角 180°的工序要求，因此是不允许的（用找正法作补充定位者除外）。

（4）过定位　又称超定位或重复定位。在夹具中，当用一组定位表面（或工件）限制工件的自由度时，可能出现工件的同一自由度被数个定位点重复限制，这样的定位称为过定位。过定位会造成定位干涉、定位不稳、增大误差，使工件或定位元件产生受力变形，甚至出现部分工件装不进夹具的情况，因此应该尽量避免。但在精密加工和装配中，过定位有时是必要的。图 1-30(a) 为连杆定位的局部图。工件的定位基面为孔及其端面，今在夹具上若用长销和支承平面实现定位，此时，长销限制 $\vec{X}$、$\vec{Y}$、$\widehat{X}$、$\widehat{Y}$ 四个自由度，支承平面限制 $\vec{Z}$、$\widehat{X}$、$\widehat{Y}$ 三个自由度，其中 $\widehat{X}$、$\widehat{Y}$ 两个自由度被长销和支承平面重复限制，因此会出现干涉现象。由于工件孔与端面间、长销外圆与支承平面间必然存在着的垂直度误差，因此工件定位时，将出现两平面的不完全接触，若用夹紧力迫使其接触，则会造成销和连杆的弯曲变形，这是不允许的。

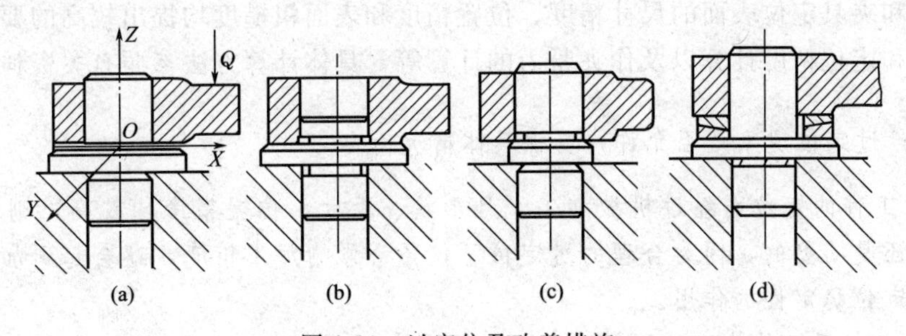

图 1-30　过定位及改善措施

如图 1-31 所示，箱体工件的定位基面为 V 形导轨面 1、2 和平导轨面 3 以及端面 4。夹具上用两个短圆柱 5、长支承板 6 和支承钉 7 实现定位。两个短圆柱 5 限制 $\vec{X}$、$\vec{Z}$、$\widehat{X}$、$\widehat{Z}$

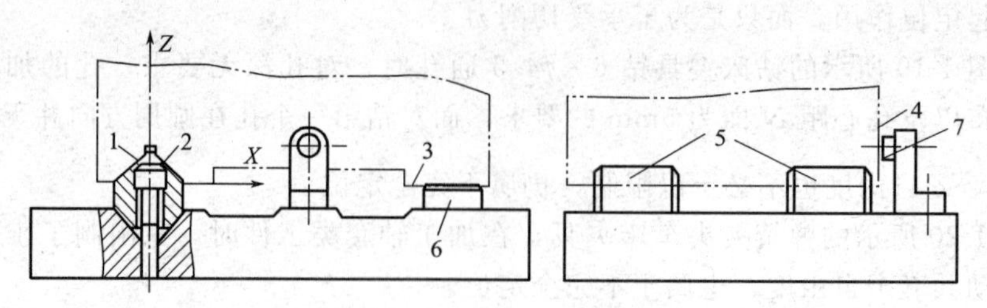

图 1-31 V形导轨面的定位

1,2—V形导轨面；3—平导轨面；4—端面；5—短圆柱；6—长支承板；7—支承钉

四个自由度；长支承板6限制$\overset{\frown}{X}$、$\overset{\frown}{Y}$两个自由度；支承钉7限制$\vec{Y}$自由度。其中$\vec{X}$被重复限制，在一定条件下这将引起工件与两个短圆柱销及长支承板接触不良而造成定位不稳及夹紧变形。

若要消除过定位，或是要减小因过定位引起的干涉，采取下述两种措施。

其一，是改变定位元件的结构，以消除被重复限制的自由度。例如图1-30(a) 所示的过定位，可按图1-30(b) 用短销代替长销，使它只限制$\vec{X}$、$\vec{Y}$自由度而消除了被重复限制的$\overset{\frown}{X}$、$\overset{\frown}{Y}$两个自由度；也可按图1-30(c) 以长销和小端面组合定位或是按图1-30(d) 以长销和浮动的球面垫圈组合定位，以使夹具上的支承端面只限制$\vec{Z}$一个自由度而对工件的$\overset{\frown}{X}$、$\overset{\frown}{Y}$不起限制作用。很显然，改变定位元件结构的目的，就是改过定位为不过定位。

其二，提高定位基面之间以及定位元件定位表面之间的位置精度，以减小或消除过定位引起的干涉。如图1-30(a) 中，若提高连杆孔与端面间以及长销与支承平面间的垂直度精度，使其定位后不影响各表面之间的良好接触；或销与孔之间的允许间隙足以补偿其垂直度误差值时，其过定位是允许的。又如图1-31中，若工件V形导轨面与平面导轨面经过加工，使其保证有足够高的尺寸精度和位置精度；并且夹具上经过装配后的短圆柱5与长支承板6的尺寸精度和位置精度也很高，以至一批工件定位之后各表面均能很好地接触。这样的过定位，不但不会产生不良后果，反会增加定位的稳定性，而且夹具结构也比较简单，因而是可取的。特别要强调的是：过定位若合理设计，就可起到确保定位精度、提高定位刚性和稳定性以及简化夹具结构的作用，因而已被广泛应用于精密的各种产品（如精密机床主轴、内燃机曲轴主轴颈等)、零部件组装以及夹（测）具上。

以上所述的过定位方法用于成批和大量生产的精密加工中。在具体设计时，首先要对工件定位基面和夹具定位表面的尺寸精度、位置精度和表面粗糙度均提出较高的要求，同时要作可装入性和定位精度计算以及作夹紧力的计算等。具体计算方法参照有关资料。

注意：过定位现象是否允许，要视具体情况而定

① 如果工件的定位面经过机械加工，且形状、尺寸、位置精度均较高，则过定位是允许的，有时还是必要的，因为合理的过定位不仅不会影响加工精度，还会起到加强工艺系统刚度和增强定位稳定性的作用。

② 反之，如果工件的定位面是毛坯面，或虽经过机械加工，但加工精度不高，这时过定位一般是不允许的，因为它可能造成定位不准确或不稳定，或发生定位干涉等情况。

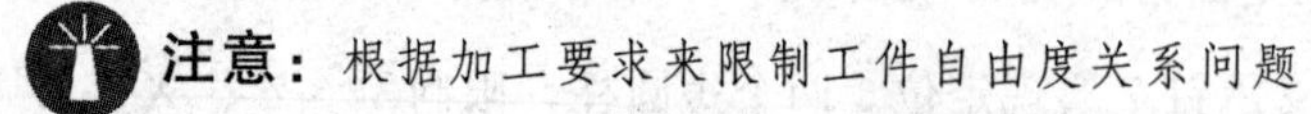

注意：根据加工要求来限制工件自由度关系问题

根据加工要求来限制工件自由度，务必注意以下几点。

① 不允许出现欠定位。即根据加工要求应予限制的自由度而未被限制，以致使工件定位的实际支承点数目少于理论上应予限制的自由度数，于是它的正确位置就无法保证。

② 一般情况下，限制自由度数目越多，夹具结构越复杂，故为了简化夹具结构，在保证工件加工工艺要求下，限制自由度数目应尽量少；但在任何情况下所限制的自由度数不得少于三个，否则工件定位就不会稳定，而支承点的布置取决于工件的形状。

③ 有时为了便于夹紧或合理安放工件，实际采用的支承点数目允许多于理论分析的支承点数，但一般不能重复限制同一自由度。

从上面几例分析知，一般情况下：

① 保证一个方向上的加工尺寸需要限制1～3个自由度；

② 保证两个方向上的加工尺寸需要限制4～5个自由度；

③ 保证三个方向上的加工尺寸需要限制6个自由度。

(5) 定位的稳定性　图1-25(a) 所示的定位中，工件上与三个定位点相接触并限制三个自由度的基面称为第一定位基面或主要定位面；与两个定位点接触并限制两个自由度的基面称为第二定位基面或导向定位面；与一个定位点接触并限制一个自由度的基面称为第三定位基面也称止推面或防转面。必须指出，三个定位面的定位是有先后次序之分的，并且后一个面的定位是以前一个定位面的定位为前提的，即没有第一定位面的定位，第二（和第三）定位面的定位是无意义的，依次类推。因此，第一定位面的定位是基本的、主要的。设计夹具时要选择工件上与三个以上定位点相接触并限制三个以上自由度的那种面为第一定位基面。

第一定位基面通常要承受较大的切削力和夹紧力，工件定位的稳定性也主要取决于它。因此，其面积应力求大些，并且与之相接触的三个（或三个以上）定位点分布，也需尽量远离和分散。如图1-32(a) 所示，这三点（或三点以上）所形成的支承三角形（或多边形）面积越大，工件定位的稳定性就越好；反之，如图1-32(b) 所示，三点（或数点）相距较近，以致外力稍微偏出此支承三角形（或多边形）面积以外，工件便会偏倾倒，因而其定位稳定性极差。同样，导向定位面上的两个定位点，在平行于 y 轴方向相距越远，其导向稳定性越好。至于第三定位面上的一个定位点起止推作用还是防转作用，要以它限制的是沿坐标轴线方向的轴向自由度还是限制绕坐标轴角度方位的角向自由度而定。如在图1-25(b) 中它起止推作用；在图1-25(c) 中起防转作用。防转定位点的配置，应尽量使它距工件定位孔中心（即转动中心）的距离加大，这样定位精度和稳定性就越高。

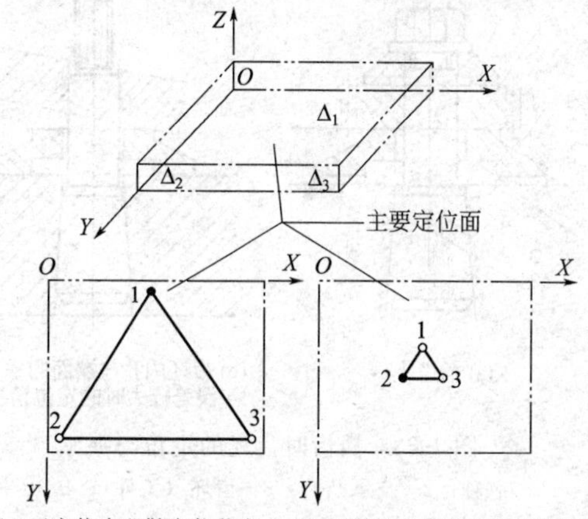

图1-32　同一定位平面内三个定位点配置方案比较

注意： 正确处理过定位

如果工件的某一个或几个自由度被两个定位元件重复限制，称为过定位。过定位将造成工件的位置无法确定，因此一般是不允许出现的。

图 1-33(a) 为插齿时常用的定位夹紧装置。齿坯（工件）3 以内孔在芯轴 1 上定位，限制 $\vec{X}$、$\vec{Y}$、$\widehat{X}$、$\widehat{Y}$ 四个自由度，又以端面在支承凸台 2 的定位端面上定位，它又限制了 $\vec{Z}$、$\widehat{X}$、$\widehat{Y}$ 三个自由度，其中 $\widehat{X}$、$\widehat{Y}$ 被重复限制了，是过定位。为了提高齿轮分度圆与内孔的同轴度，由于齿轮内孔与芯轴的配合间隙很小，当齿坯内孔与端面的垂直度误差较大时，工件的定位将出现图 1-33(b) 所示的情况，造成齿坯端面与支承凸台的端面实际只有一点接触。当夹紧后，不是芯轴变形就是齿坯变形，直接影响定位和加工精度。显然这种过定位是不允许的。

要消除或减少过定位引起的干涉有两种方法。

(1) 改善定位装置的结构　以图 1-33 来说明，若在齿坯下增加一对球面垫圈（图 1-34），就消除了重复限制的 X、Y 两个支承点所发生的干涉，避免了过定位。纵然齿坯内孔与端面的垂直度误差较大，工件或芯轴也不会在夹紧力的作用下变形。但此结构稍复杂，且定位刚度也差些。

(2) 提高定位表面的位置精度　如果上例中齿坯内孔和端面以及夹具芯轴和凸台定位端面两者的垂直度误差之和，小于或等于芯轴与齿坯内孔之间隙，则工件在夹具上定位时就不会出现图 1-34 的情况。由于定位表面的位置精度提高后，虽然理论分析仍属过定位，但其定位误差小，且夹具刚度好，因此这种过定位是可取的。实际上由于齿坯内孔与其端面都是在同一次装夹中车出，垂直度误差很小，故在插齿或滚齿夹具上都采用这种定位。

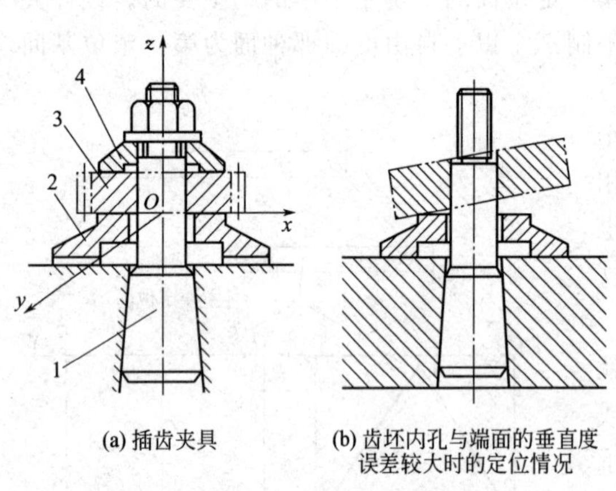

(a) 插齿夹具　　(b) 齿坯内孔与端面的垂直度误差较大时的定位情况

图 1-33　插齿时齿坯的定位与夹紧

1—芯轴；2—支承凸台；3—齿坯（工件）；4—压板

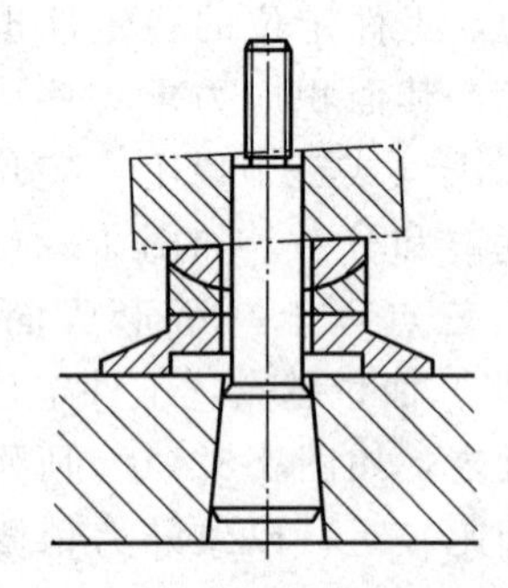

图 1-34　改善定位装置结构避免过定位

注意： 定位元件的合理布置与布置原则

(1) 定位元件的合理布置

要求：定位元件的布置应有利于提高工件定位精度和定位的稳定性。

(2) 定位元件的布置原则

① 工件平面上布置的三个定位支承钉应相互远离，且不能共线。

② 工件窄长面上布置的两个定位支承钉应相互远离，且连线不能垂直三个定位支承钉所在平面。

③ 防转支承钉应远离工件回转中心布置。

④ 承受切削力的定位支承钉应布置在正对切削力方向的工件平面上。

⑤ 工件重心应落在定位元件形成的稳定区域内。

三、实例思考

根据表1-4所提示限制工件的自由度，结合所知工艺知识，分析该工件所限制的自由度是保证该工序哪个尺寸需求的？

四、设计实例

根据工序加工要求确定限制工件自由度及选择定位元件的实例

在表1-5中，横向①、②、③三项目为已知条件，④、⑤、⑥三项目为训练答案。训练时可用纸挡去后三项目之一，确定项目①各工件的有关答案。

表1-5　根据加工要求确定限制工件自由度及选择定位元件

①工序简图	②加工技术要求	③机床与刀具		④必须限制的自由度	⑤应选用的定位元件	⑥各元件分别限制的自由度
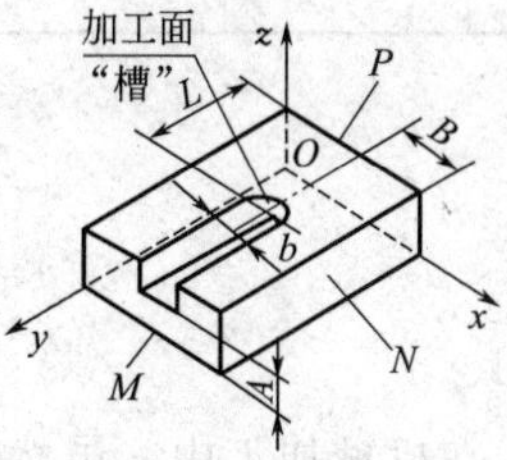 加工面“槽” L P O B b z y x M N A	①尺寸 A、B、L ②槽侧面与 N 面的平行度 ③槽底面与 M 面的平行度	立式铣床、立铣刀（定径 b）		$\vec{X}$、$\vec{Y}$、$\vec{Z}$ $\overset{\frown}{X}$、$\overset{\frown}{Y}$、$\overset{\frown}{Z}$	M 面3个支承钉	$\vec{Z}$、$\overset{\frown}{X}$、$\overset{\frown}{Y}$
					N 面2个支承钉	$\vec{X}$、$\overset{\frown}{Z}$
					P 面止推支承钉	$\vec{Y}$
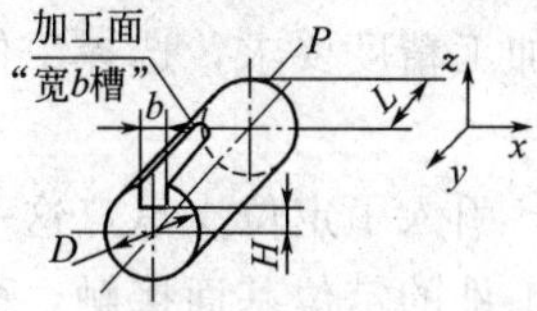 加工面“宽b槽” P b L z x y D H	①尺寸 H、L ②槽与圆柱轴线平行且对称	立式铣床、立铣刀（定径 b）		$\vec{X}$、$\vec{Y}$、$\vec{Z}$ $\overset{\frown}{X}$、$\overset{\frown}{Z}$	长V形块	$\vec{X}$、$\vec{Z}$、$\overset{\frown}{X}$、$\overset{\frown}{Z}$
					P 面设圆柱止推支承钉	$\vec{Y}$
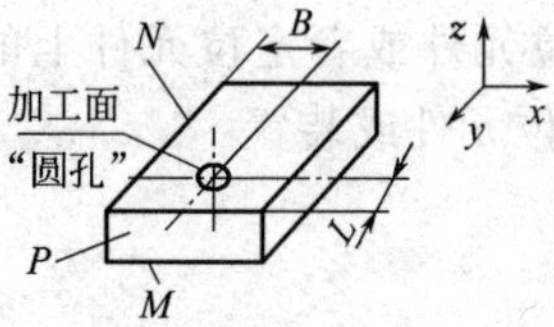 N B 加工面“圆孔” z x y L P M	①尺寸 B、L ②孔轴线垂直于 M 面 ③不通孔要求保证孔深	立式钻床、钻头（定径）	通孔	$\vec{X}$、$\vec{Y}$ $\overset{\frown}{X}$、$\overset{\frown}{Y}$、$\overset{\frown}{Z}$	M 面3个支承钉	$\vec{Z}$、$\overset{\frown}{X}$、$\overset{\frown}{Y}$
					N 面2个支承钉	$\vec{X}$、$\overset{\frown}{Z}$
			不通孔	$\vec{X}$、$\vec{Y}$、$\vec{Z}$ $\overset{\frown}{X}$、$\overset{\frown}{Y}$、$\overset{\frown}{Z}$	P 面1个支承钉	$\vec{Y}$
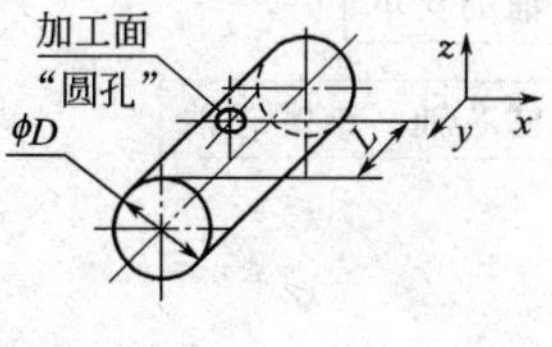 加工面“圆孔” ϕD z y x L	①尺寸 L ②加工孔轴线与 D 的轴线垂直并相交 ③不通孔保持孔深	立式钻床、钻头（定径）	通孔	$\vec{X}$、$\vec{Y}$、$\overset{\frown}{X}$、$\overset{\frown}{Z}$	长V形块	$\vec{X}$、$\vec{Z}$、$\overset{\frown}{X}$
			不通孔	$\vec{X}$、$\vec{Y}$、$\vec{Z}$ $\overset{\frown}{X}$、$\overset{\frown}{Z}$	止推销	$\overset{\frown}{Z}$、$\vec{Y}$
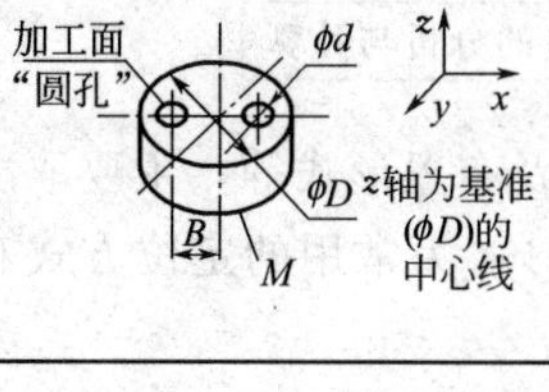 加工面“圆孔” ϕd z y x ϕD B M z轴为基准(ϕD)的中心线	①尺寸 B ②孔 d 轴线与底面 M 垂直 ③两孔 d 轴线与 ϕD 轴线对称	立式钻床、钻头（定径 d）	通孔	$\vec{X}$、$\vec{Y}$ $\overset{\frown}{X}$、$\overset{\frown}{Y}$	支承板 短V形块	$\overset{\frown}{X}$、$\overset{\frown}{Y}$、$\vec{Z}$ $\vec{X}$、$\vec{Y}$
			不通孔	X、Y、Z $\overset{\frown}{X}$、$\overset{\frown}{Y}$		

续表

①工序简图	②加工技术要求	③机床与刀具	④必须限制的自由度	⑤应选用的定位元件	⑥各元件分别限制的自由度
加工面“外圆柱及凸肩” ϕD z y x L ϕd y轴为基准(ϕD)的中心线	①加工面 ϕd 对基准面 ϕD 须同轴 ②尺寸 L	车床	$\overrightarrow{X}$、$\overrightarrow{Y}$、$\overrightarrow{Z}$ $\overset{\frown}{X}$、$\overset{\frown}{Z}$	弹性筒夹（端面有限位）	$\overrightarrow{X}$、$\overrightarrow{Y}$、$\overrightarrow{Z}$ $\overset{\frown}{X}$、$\overset{\frown}{Z}$
$6\times\phi4.5$ EQS z y x $\phi60$ $\phi42H7$ $M60\times2-6g$ N 5 23	①$\phi4.5$ 六孔均布 ②六孔轴线与 N 面平行且与 $\phi42H7$ 轴线垂直相交	立式钻床、$\phi4.5$ 钻头	$\overrightarrow{X}$、$\overrightarrow{Y}$ $\overset{\frown}{Y}$、$\overset{\frown}{Z}$	芯轴端面	$\overrightarrow{X}$、$\overset{\frown}{Y}$、$\overset{\frown}{Z}$
				芯轴外圆面	$\overset{\frown}{Y}$、$\overset{\frown}{Z}$

任务二 常用定位元件的选用

工件在夹具中定位，主要是通过各种类型的定位元件来实现的。在机械加工中，虽然被加工工件的种类繁多和形状各异，但从它们的基本结构来看，不外乎是由平面、圆柱面、圆锥面及各种成形表面所组成的。所以可根据各自的结构特点和工序加工精度要求，选择工件的平面、圆柱面、圆锥面或它们之间的组合表面作为定位基准。

同时，在分析工件定位原理时，为了简化问题、便于理论分析，引入了定位支承点这一概念。但是工件在夹具中实际定位时，是不能以理论上的“点”与工件的定位基面接触，而必须把支承点转化为具有一定结构、实在的定位元件（限位基面）来和定位基面相接触（或配合）。为此，应主要解决两个问题：①定位支承点如何转化为定位元件或者定位元件上的限位基面如何转化成支承点？②掌握常用的定位方法及其选用的定位元件或装置。

知识分布网络

常用的定位元件
- 工件以平面定位的元件：固定支承、可调支承、自位支承、辅助支承
- 工件以圆孔表面定位的元件：圆柱销、菱形销、圆锥销、圆柱芯轴、锥度芯轴
- 工件以外圆表面定位的元件：V形块、定位套
- 组合定位：圆孔面与端面组合定位、一面两孔组合定位
- 常用定位元件的结构特点、所能限制的自由度以及定位误差的分析与计算

定位方法和定位元件的选择包括定位元件的结构、形状、尺寸及布置形式等，主要取决于工件的加工要求、工件的定位基准和外力的作用状况等因素。表1-4为常用的定位方式和定位元件所能限制的工件自由度。

为此在夹具设计中可根据需要选用各种类型的定位元件。

一、工件以平面定位时的定位元件设计

知识分布网络

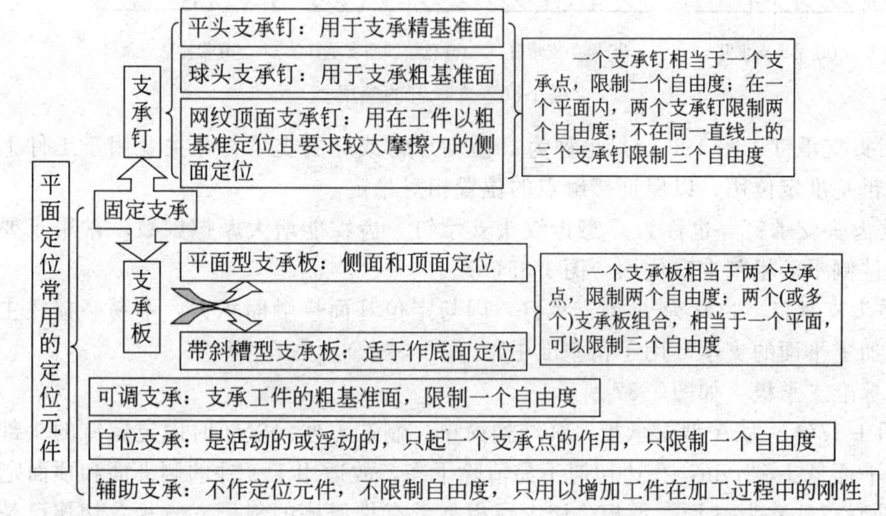

工件以平面作为定位基准时，所用的定位元件一般可分为主要支承和辅助支承两类。主要支承用来限制工件的自由度，具有独立定位的作用；辅助支承用来加强工件的支承刚性，不起限制工件自由度的作用。在夹具设计中常用的平面定位元件有固定支承、可调支承、自位支承以及辅助支承等。在工件定位时，前三者为主要支承，起定位作用。

1. 固定支承

在夹具体上，支承点的位置固定不变的定位元件称为固定支承，主要有各种支承钉和支承板，如图1-35、图1-36所示。

(1) 标准固定支承钉（GB/T 2226—1991）　如图1-35所示，在使用过程中，三种类型的支承钉都是固定不动的，其应用实例如图1-36所示。

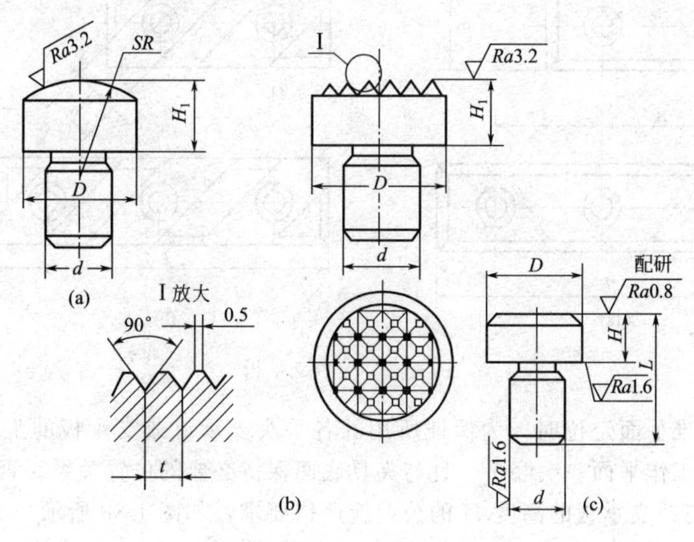

图1-35　固定支承钉

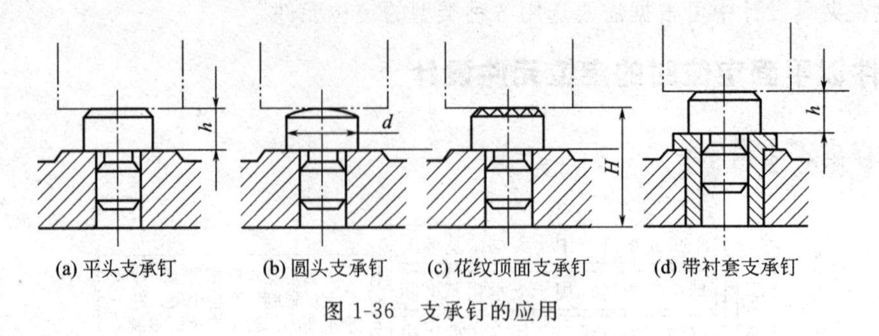

图 1-36　支承钉的应用

① 圆头支承钉　图 1-35(a) 也称为 B 型支承钉或球头支承钉，主要用于工件上未经加工平面的粗基准定位用，以保证接触点的位置相对稳定。

② 锯齿头支承钉　也称为 C 型齿纹头支承钉，齿纹能增大摩擦因数，常用于要求摩擦力大的工件侧平面粗基准定位用［图 1-35(b)］。

③ 平头支承钉　也称为 A 型支承钉，因与定位基面接触面积大，不易磨损，主要用于工件上已加工平面的支承（用于精基准中）［图 1-35(c)］。

(2) 标准支承板　如图 1-37 所示。

① 图 1-37(a) 为 A 型支承板，其结构简单、制造方便。安装时固定螺钉的头部比支承板的定位平面低 1～2mm，孔边切屑不易清除干净，故适用于工件的侧平面和顶面定位。

② 图 1-37(b) 为 B 型支承板：该支承板是带有排屑槽的斜槽支承板，切屑已清除，适用于底面定位（精基准定位用）。

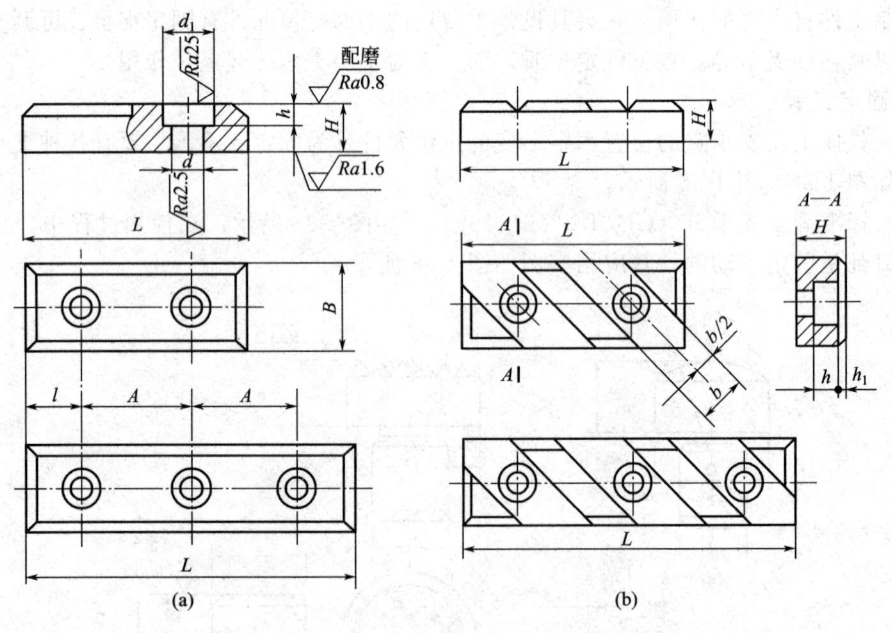

图 1-37　定位支承板

工件以精基准平面定位时，为保证所用的各平头支承钉或支承板的工作面等高，装配后，需将它们的工作平面一次磨平，且与夹具底面保持必要的位置关系。否则，对夹具体的高度 H_1 及支承钉或支承板的高度 H 的公差应严格要求，如图 1-38 所示。

支承板一般以 2～3 个 M6～M12 的螺钉紧固在夹具体上。在受力较大或支承板有移动

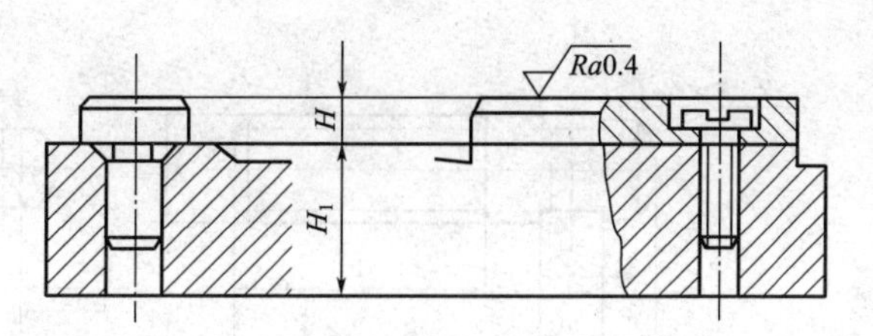

图 1-38　支承的等高要求

趋势时，应增加圆锥销或将支承板嵌入夹具体槽内。

知识链接

① 三种支承钉（GB/T 2226—1991）可查阅有关资料，其材料均采用 T8 钢棒淬火硬度 55～60HRC，表面应进行防锈处理。

② 三种支承钉与夹具体的配合关系为：可用过盈配合 H7/r6 或过渡配合 H7/n6 直接压入夹具体中。当支承钉需要经常更换时，应加衬套，见图 1-36(d)；衬套外径与夹具体用 H7/n6 配合，衬套内径与支承钉用 H7/h6 配合。

③ 支承板（GB/T 2236—1991）可查阅有关资料，其材料均采用 T8 钢棒淬火硬度 55～60HRC，或用 20 钢、20Cr 钢经渗碳淬硬，其表面应进行防锈处理。

④ 支承钉与支承板已经标准化，设计时请参阅《机床夹具零件与部件》手册。

⑤ 工件以平面定位，除采用支承钉和支承板外，当工件定位基准面尺寸较小或刚性较差时，可在断续平面上定位或把定位元件设计成与工件相适应的平面。

2. 可调支承

可调支承又称为调节支承。在工件定位过程中，夹具体上支承钉的高度（支承点的位置）需要手动来调节的定位元件（支承）称为可调支承，如图 1-39 所示；其应用如图 1-40～图 1-42 所示。可调支承的结构已经标准化。它们的组成均采用螺钉、螺母形式，并通过螺钉与螺母的相对运动来实现支承点位置的调节。当支承点高度调整好以后，必须通过锁紧螺母锁紧。

图 1-39 所示调节支承（GB/T 2230—1991）、圆柱头调节支承 GB/T 2229—1991）、六角头调节支承（GB/T 2227—1991）属于支承高度可调节的支承，以保证工序有足够和均匀的加工余量。可调支承主要用于以下三种情况。

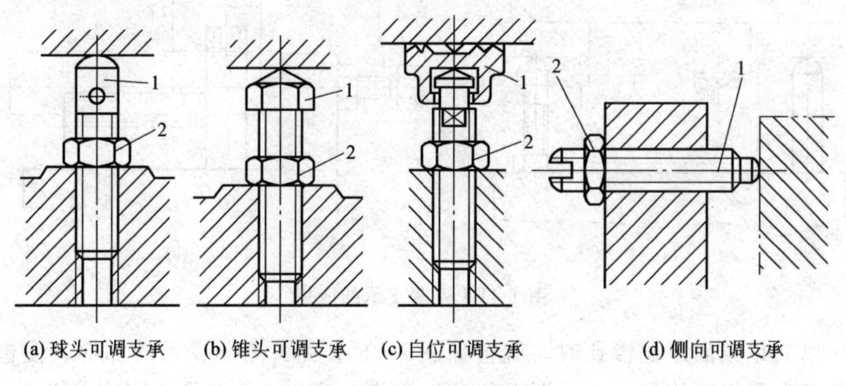

图 1-39　可调支承示例

1—支承钉；2—锁紧螺母

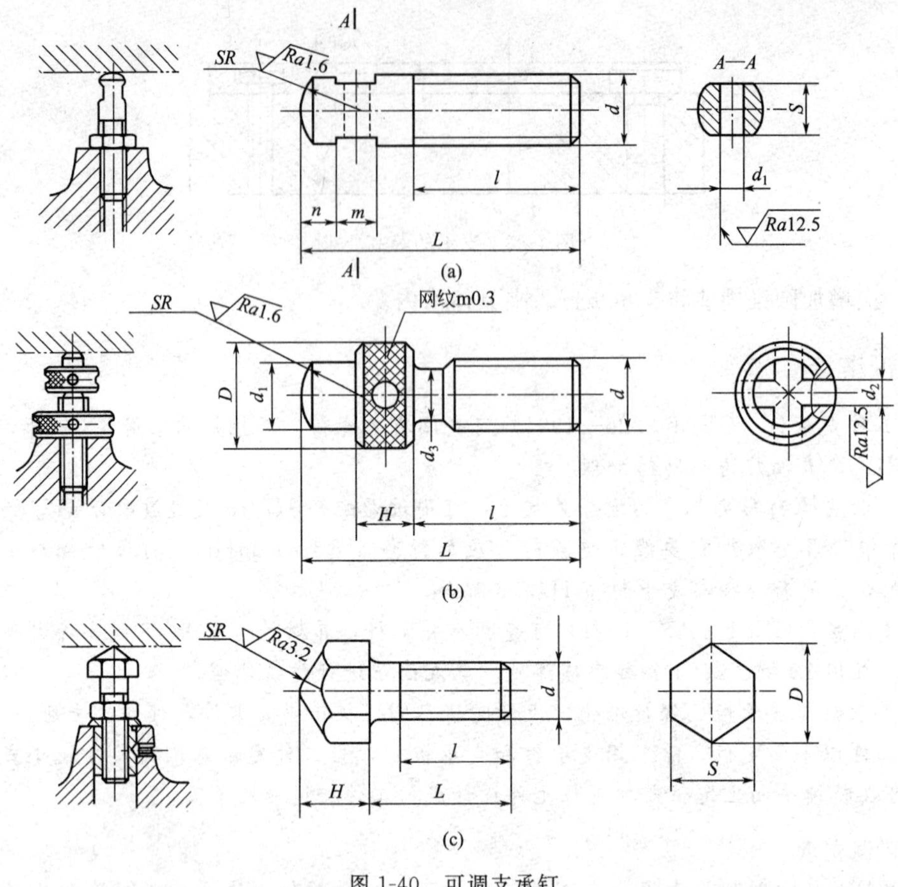

图 1-40　可调支承钉

① 工件的定位安装基面是毛坯面时，至少应设置一只可调支承。当毛坯精度不高，而又以粗基准定位时，若采用固定支承，由于毛皮尺寸不稳定，将引起工件上要加工表面的加工余量发生较大的变化，影响加工精度。例如图 1-41 所示的箱体零件，第一道工序是铣顶面。这时，以未经加工的箱体底面作为粗基准来定位。由于毛坯质量不高，因此对于不同批毛坯而言，其底面至毛坯孔中心尺寸 L 发生的变化量 ΔL 很大，使加工出来的各批零件，其顶面到毛坯中心孔的距离发生由 H_1 到 H_2 的变化。其中：$H_2-H_1=\Delta L$。

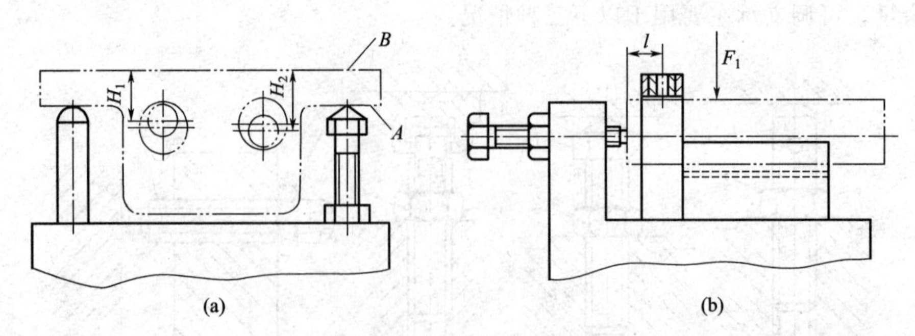

图 1-41　可调支承的应用

这样，以后以顶面定位镗孔时，就会像图 1-41 中实线孔所表示的那样，使镗孔余量偏在一边，加工余量极不均匀。更为严重的是，使单边没有加工余量。因此，必须按毛坯的孔心位置划出顶面加工线，然后根据这一划线的线痕找正，并调节与箱体底面相接触的可调支承，使其高度调节到找正位置，使可调支承的高度，大体满足同批毛坯的定位要求。当毛坯质量极差时，则同批毛坯每一件均需划线、找正、调节，这样方可实现正确定位，以保证后续工序的加工余量均匀。因 H 有 ΔL 误差，当工件第一道工序以图示下平面定位加工上平面，然后第二道工序再以上平面定位加工孔，出现余量不均，影响加工孔的表面质量。若第一道工序用可调支承钉定位，保证 H 有足够精度，再加工孔时，就能保证余量均匀，从而可保证加工孔表面的质量。

图 1-41(a) 中工件为砂型铸件，加工过程中，一般先铣 B 面，再以 B 面定位镗双孔。为了保证镗孔工序有足够和均匀的余量，最好先以毛坯孔为粗基准定位，但装夹不太方便。此时可将 A 面置于可调支承上，通过调整调节支承的高度来保证 B 面与两毛坯孔中心的距离尺寸 H_1、H_2，对于毛坯比较准确的小型工件，有时每批仅调整一次，这样对于一批工件来说，可调支承即相当于固定支承。

② 工件置入夹具后，需按划线来校正位置。

③ 在小批量生产中，利用同一夹具来加工形状相同而尺寸不同的工件时（如图 1-42、图 1-43 所示），所有的支承均设置成可调支承。

如图 1-42 所示，在成组可调夹具中用图 1-42(b) 所示夹具加工图 1-42(a) 所示工件，因 L 不同，定位右侧支承用可调支承钉，问题方可解决。

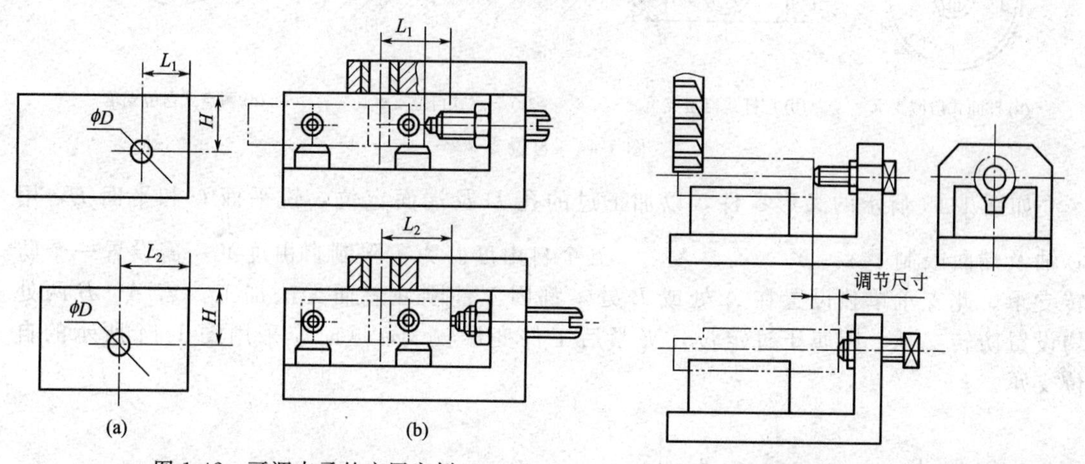

图 1-42　可调支承的应用实例

图 1-43　使用可调支承加工不同尺寸的零件

在同一夹具上加工形状相似而尺寸不等的工件时，也常采用可调支承。如图 1-41(b) 所示，在轴上钻径向孔。对于孔至端面的距离不等的几种工件，只要调整支承钉的伸出长度，该夹具便都可适用。

可调支承在调节后必须用螺母锁紧，以防松动。

注意：① 可调支承应在同一批工件加工前进行调整，这样在同一批工件加工过程中，它的作用就相当于固定支承了，即可调支承一般只对一批毛坯调整一次。

② 由于可调支承均可以用作辅助支承，因此也可以认为是辅助支承中的一类。

③ 针对固定支承钉、支承板和可调支承定位元件而言，小平面（1 个支承钉）限制 1 个自由度；窄长平面（2 个支承钉）限制 2 个自由度；大平面（3 个支承钉）限制 3 个自由度。

④ 可调支承与固定支承的区别是：可调支承的顶端有一个调整范围，调整好后用螺母锁紧。当工件的定位基面形状复杂，各批毛坯尺寸、形状有变化时，多采用这类支承。

3. **自位支承**

自位支承又称为浮动支承。在工作过程中，能自动调整位置的支承称为自位支承，或浮动支承。它是随工件定位基准的变化而自动与之适应的，一般只限制一个自由度，即一点定位。如图 1-44 所示。

图 1-44(a) 为球面式自位支承，与工件三点接触；图 1-44(b) 为杠杆式自位支承，与工件两点式接触；图 1-44(c) 为三点式自位支承，图 1-44(d) 为两点式自位支承。由于自位支承是动的，支承点的位置随着工件定位基面的不同而自动调节，定位基面压下其中一点，其余点便上升，直至各点都与工件接触。接触点数的增加，提高了工件的装夹刚度和稳定性。

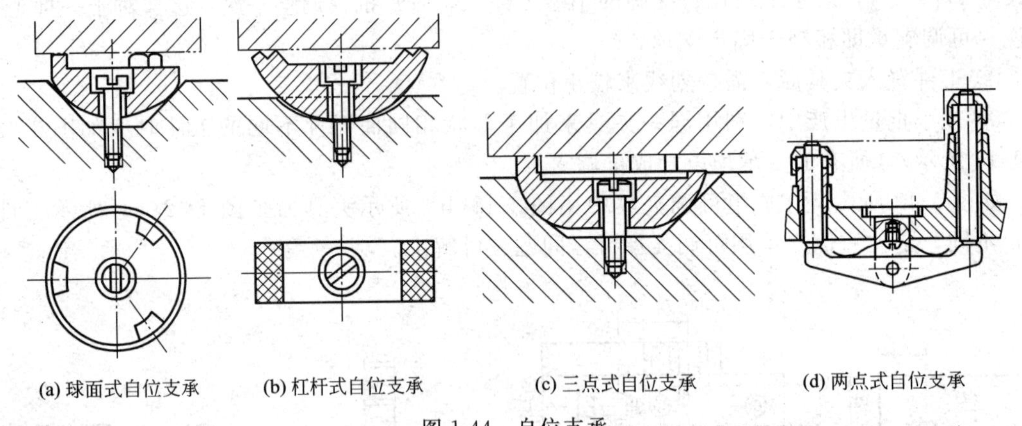

(a) 球面式自位支承　(b) 杠杆式自位支承　(c) 三点式自位支承　(d) 两点式自位支承

图 1-44　自位支承

如图 1-45 所示的叉形零件，以加工过的孔 D 及端面定位，铣平面 C 和平面 E，用芯轴及端面限制了$\vec{X}$、$\vec{Y}$、$\vec{Z}$、$\widehat{X}$、$\widehat{Z}$五个自由度。为了限制自由度$\widehat{Y}$，需设置一个防转支承。此支承单独设置在 A 处或 B 处，都因工件刚性差而无法加工。若 A、B 两处均设置防转支承，则属于过定位，夹紧后工件变形较大，这时应采用图 1-44 所示的自位支承。

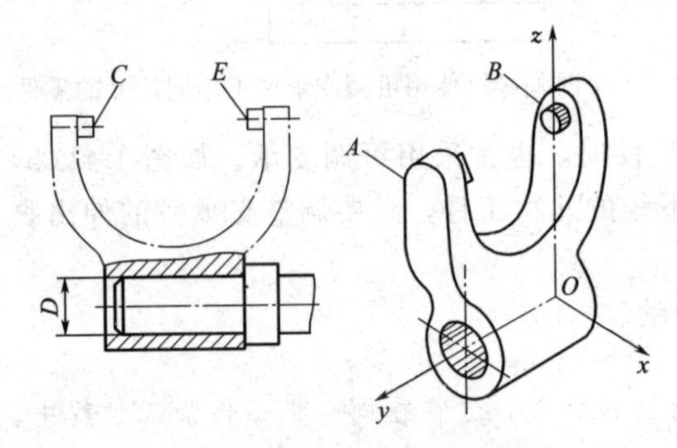

图 1-45　自位支承的应用

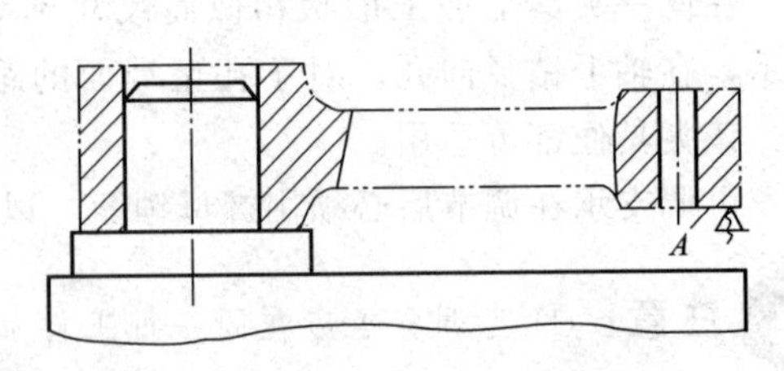

图 1-46　辅助支承提高工件的刚性

自位支承的工作特点是：由于自位支承是活动的，支承点的位置能随着工件定位基面的位置不同而自动调节，定位基面压下其中一点，其余点便上升，直至各点都与工件接触。由于接触点数的增多，提高了工件的装夹刚度和稳定性，但是一个自位支承实质上仍相当于一个固定支承（只起一个定位支承钉的作用），只限制工件的一个自由度。

自位支承适用于工件以毛坯面定位或刚性不足的场合。

4. 辅助支承

辅助支承是用来提高工件的装夹刚度和稳定性的。一般在工件定位后与工件接触。然后锁紧，不起定位作用。

如图1-46所示连杆，其小头端面与大头端面不在一个平面上，若以端面定位，就会出现不稳定的现象。失以左端大孔及其端面定位，钻右端小孔。若右端不设支承，工件装夹后，右边为一悬臂，刚性差。若在小头端面设置固定支承，属过定位，有可能破坏左端的定位。在这种情况下，宜在右端设置辅助支承。工件定位夹紧后，使辅助支承与工件接触并固定下来，以承受切削力。

(1) 螺旋式辅助支承　如图1-47(a) 所示，螺旋式辅助支承的结构与可调支承相近，但操作过程不同，前者工件定位后再接触工件，不起定位作用，后者调整后与固定支承一样起定位作用。

(2) 自位式辅助支承　如图1-47(b) 所示，弹簧1推动滑柱2与工件接触，用顶柱3锁紧，弹簧力应能推动滑柱上升，但不可顶起工件。

(3) 推引式辅助支承　如图1-47(c) 所示，工件定位后，推动手轮4使滑销6与工件接触，然后转动手轮4使斜楔5开槽部分胀开而锁紧。推引式辅助支承主要用于大型工件。

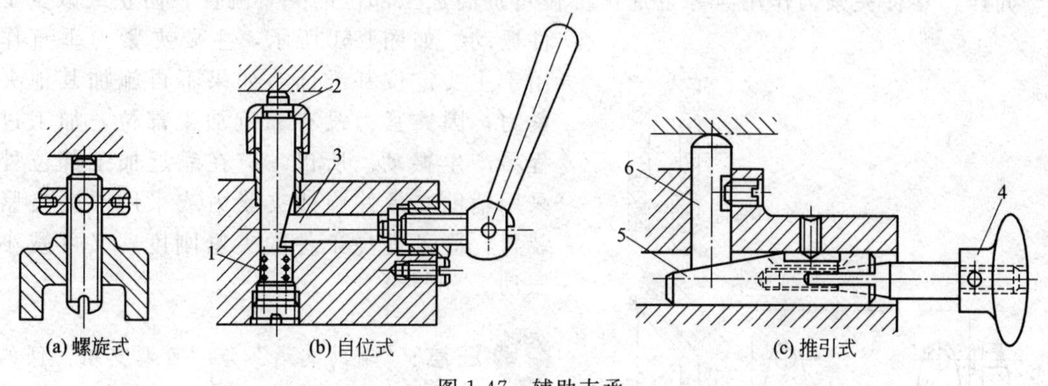

图1-47　辅助支承

1—弹簧；2—滑柱；3—顶柱；4—手轮；5—斜楔；6—滑销

(4) 辅助支承一般使用的场合

① 起预定位作用　如图1-48所示，当工件的重心越出主要支承所形成的稳定区域时，工件重心锁在一端便会下垂，而使另一端向上翘起，于是工件上的定位基准脱离定位元件。为了避免出现这种情况，再将工件放在定位元件上时，能基本上接近其正确定位位置，这时应在工件重心所在部位下方设置辅助支承，以实现预定位。

② 提高夹具工作稳定性　如图1-49所示，在壳体零件1的大头端面上，需要沿圆周钻一组紧固用的通孔。这时，工件是以其小端的中央孔和小头端面作为定位基准，而由夹具上的定位销2和支承盘3来定位。由于小头端面太小、工件又高，钻孔位置离开工件中心又远，因此受钻削力后定位很不稳定。为了提高工件定位稳定性，需要在图示位置相应处增设三个均匀分布的辅助支承4。在工件从夹具上卸下前先要把辅助支承调低，工件每次定位夹紧后又需要予以调节，使辅助支承顶部刚好与工件表面接触。

③ 提高工件的刚性　如图1-46所示，连杆以内孔及端面定位，加工右端小孔。若右端不设支承，工件装夹好后，右端为一悬臂梁，刚性差。若在右端 A 处设置固定支承，属不可用重复定位，有可能破坏左端的定位。于是在右端设置辅助支承。工件定位时，辅助支承是浮动的（或可调的），待工件夹紧后再固定下来，提高工件的刚性，以承受切削力。

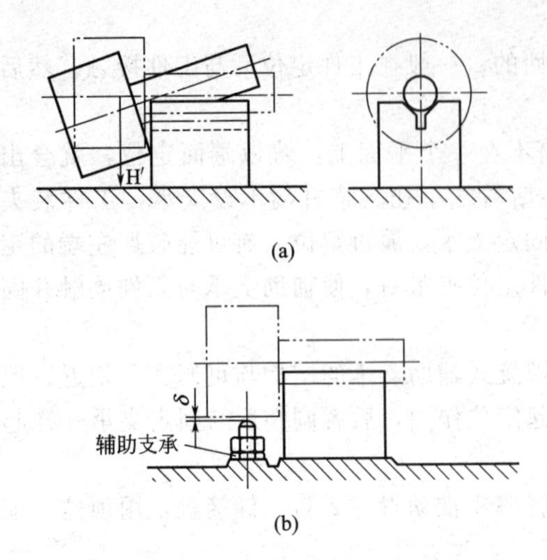

图 1-48 辅助支承起预定位作用

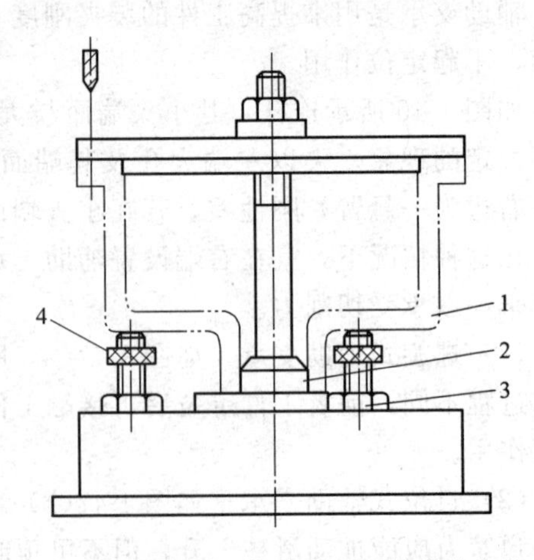

图 1-49 辅助支承提高夹具工作的稳定性

1—壳体零件；2—定位销；3—支承盘；4—辅助支承

同样，零件夹紧力作用点靠近加工部位可提高加工部位的夹紧刚性，防止或减少工件振动。如图1-50所示，主要夹紧力垂直作用于主要定位基准面，如果不再施加其他夹紧力，因夹紧力没有靠近加工部位，加工过程易产生振动。所以，应在靠近加工部位处采用辅助支承并施加夹紧力或采用浮动夹紧装置，既可提高工件的夹紧刚度，又可减小振动。

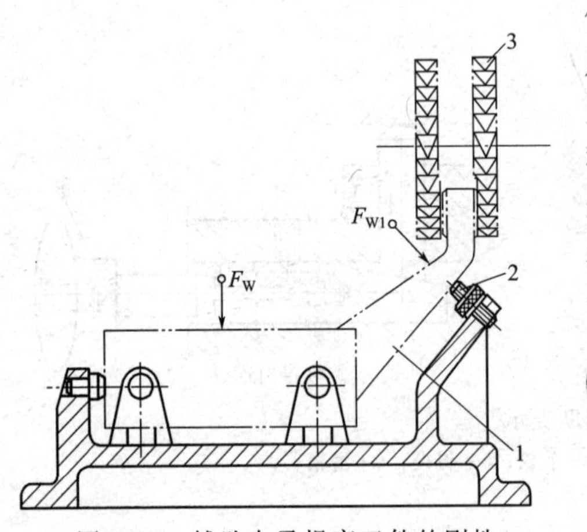

图 1-50 辅助支承提高工件的刚性

1—工件；2—辅助支承；3—铣刀

注意：“辅助支承”与“可调支承”间的区别

辅助支承是在工件定位后才参与支承的元件，其高度是由工件确定的，因此它不起定位作用，但辅助支承锁紧后就能成为固定支承，能承受切削力。

辅助支承主要用来在加工过程中加强被加工部位的刚度和提高工作的稳定性，通过增加一些接触点防止工件在加工中变形，但又不影响原来的定位。

想一想

以上介绍的各定位元件分别对工件限制几个自由度？限制什么自由度？

二、工件以圆孔表面定位时的定位元件设计

工件以圆孔定位属于中心定位，定位基面为圆孔或圆锥孔的内表面，定位基准为圆孔或圆锥的中心线（中心要素），通常要求内孔（或内锥孔）基准面有较高的精度，在夹具设计中常采用的定位元件有圆柱销、菱形销、圆锥销、圆柱芯轴和锥度芯轴等，常用的定位方法和定位元件如下。

知识分布网络

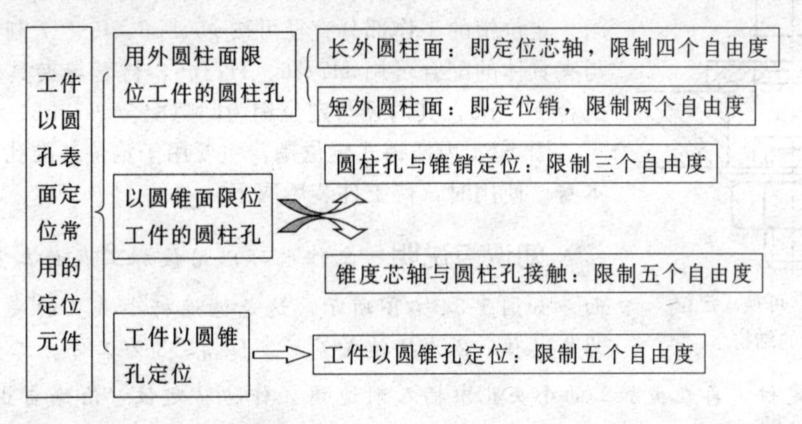

1. 用外圆柱面限位工件的圆柱孔

若工件以圆柱孔作定位基面，则夹具用外圆柱面作限位基面。如果采用长外圆柱面作定位元件，则限制工件的四个自由度；如采用短外圆柱面，则限制两个自由度。前者的定位元件常用定位芯轴，后者常用定位销。

(1) 圆柱定位销　圆柱定位销（以下简称为定位销）有固定式（GB/T 2203—1991）、可换式（GB/T 2204—1991）和插销式。图1-51为固定式定位销，A型称圆柱销，B型称菱形销。直接用过盈配合装在夹具体上。夹具体上应有沉孔，使定位销的圆角部分沉入孔内以免影响定位。为了便于定位销的更换，可采用可换式定位销（见图1-52）。

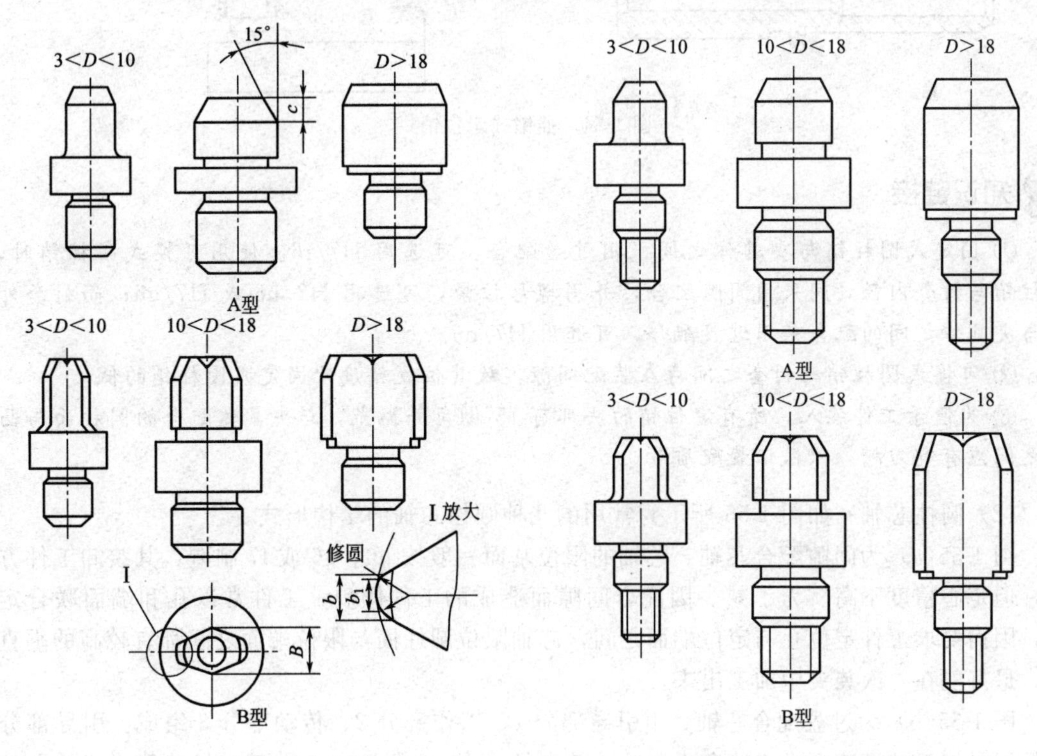

图1-51　固定式定位销　　图1-52　可换式定位销

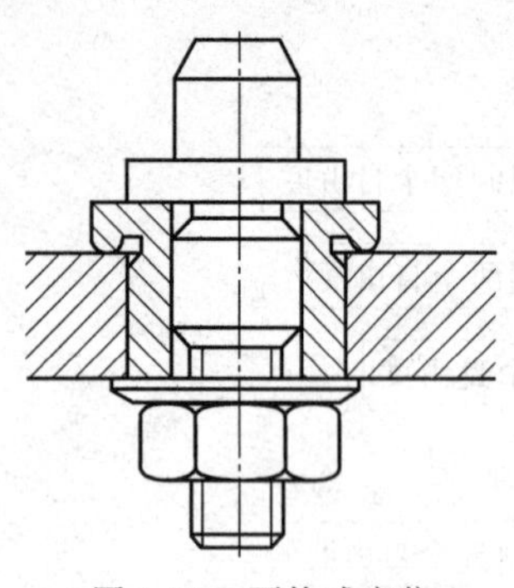

图 1-53　可换式定位销的结构

其结构形式采用图 1-53 所示的带衬套的结构形式，并用螺母拉紧以承受径向力和轴向力。

定位销的工作部分直径可按 g5、g6、f6、f7 制造，定位销与夹具体的配合可用 H7/r6、H7/n6，衬套与夹具体选用过渡配合 H7/n6，其内径与定位销为间隙配合 H7/h6、H7/h5。

图 1-54 为插销式定位销，主要用于定位基准孔是加工表面本身。使用时，待工件装后取下。

知识点说明　工件也可以用被加工表面本身作定位基面。如图 1-54 右图所示，这是镗连杆小头孔的夹具，其中 1 为夹具体、2 为插销式菱形定位销、3 为工件。工件先以大头孔和端平面定位，再在被加工的小头孔中插入削边销 2 作防转定位（消除自由度为 $\widehat{X}$）。定位以后，在 W 处用浮动夹紧装置夹紧，然后拔除定位插销 2，伸入镗杆对小头孔进行加工。采用这种定位方式的目的是使小头孔双边获得较均匀的加工余量，以改善切削条件和保证加工要求。

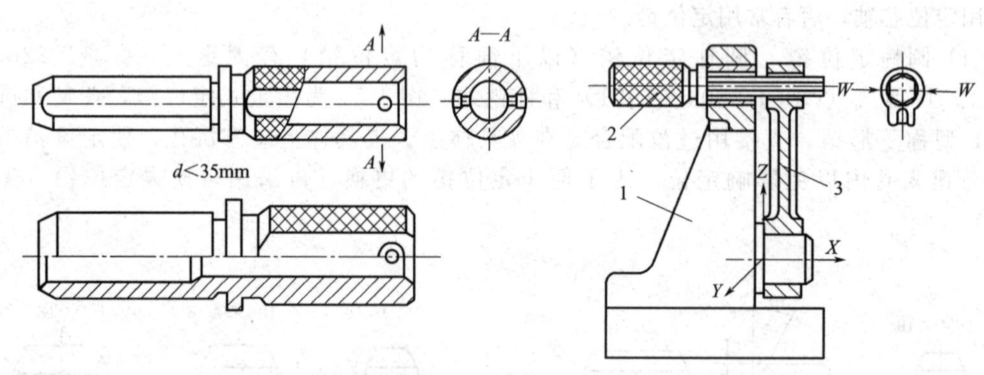

图 1-54　插销式定位销

知识链接

① 固定式圆柱销与夹具体之间采用过盈配合，可选用 H7/r6。使用可换式圆柱销时，圆柱销与衬套内径之间采用间隙配合，并用螺母拉紧，可选用 H7/h6 或 H7/g6；而衬套外径与夹具体之间的配合采用过渡配合，可选用 H7/n6。

② 可换式圆柱销与衬套之间存在装配间隙，故其位置精度比固定式圆柱销的低。

③ 为便于工件装入，所有定位销的头部有 15°倒角并抛光，与夹具体配合的圆柱面与凸肩之间应有空刀槽，以保证装配质量。

(2) 圆柱芯轴　如图 1-55 所示为常用的几种圆柱芯轴的结构形式。

图 1-55(a) 为间隙配合芯轴。芯轴的限位基面一般按 h6、g6 或 f7 制造，其装卸工件方便，但定心精度不高。为了减少因配合间隙而造成的工件倾斜，工件常以孔和端面联合定位，因而要求工件定位孔与定位端面之间，芯轴限位圆柱面与限位端面之间都有较高的垂直度，最好能在一次装夹中加工出来。

图 1-55(b) 为过盈配合芯轴，由引导部分 1、工作部分 2、传动部分 3 组成。引导部分的作用是使工件迅速而准确地套入芯轴，其直径 d_3 按 e8 制造，d_3 的基本尺寸等于工件孔的

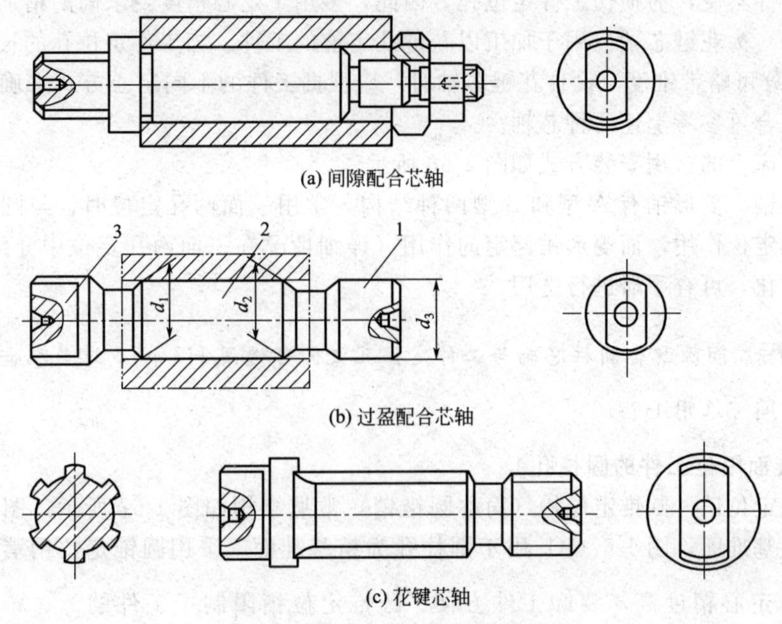

(a) 间隙配合芯轴

(b) 过盈配合芯轴

(c) 花键芯轴

图 1-55　常用圆柱芯轴的结构形式

1—引导部分；2—工作部分；3—传动部分

最小极限尺寸，其长度约为工件定位孔长度的一半。工作部分的直径按 r6 制造，其基本尺寸等于孔的最大极限尺寸。当工件定位孔的长度与直径之比 $L/d>1$ 时，芯轴的工作部分应略带锥度，这时，直径 d_1 按 r6 制造，其基本尺寸等于孔的最大极限尺寸，直径 d_2 按 h6 制造，其基本尺寸等于孔的最小极限尺寸。这种芯轴制造简单、定心准确、不用另设夹紧装

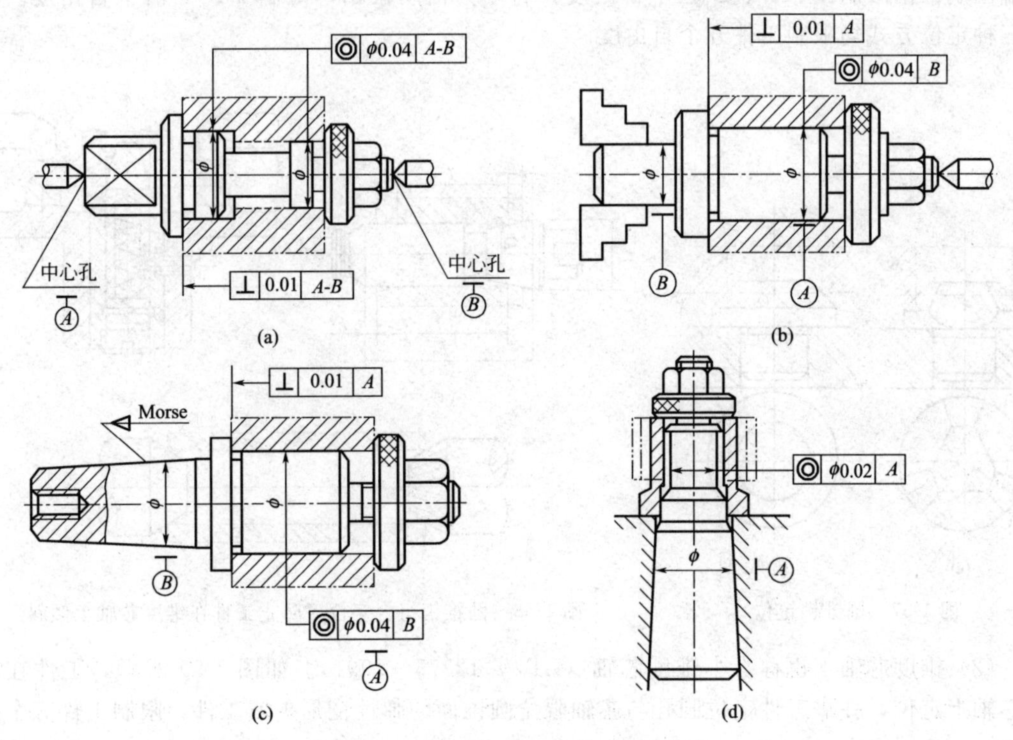

(a)　(b)　(c)　(d)

图 1-56　芯轴在机床上的常用安装方式

置，但装卸工件不便，易损伤工件定位孔，因此，多用于定心精度要求高的精加工。

图 1-55(c) 为花键芯轴，用于加工以花键孔定位的工件。当工件定位孔的长径比 $L/d>1$ 时，工作部分可略带锥度。设计花键芯轴时，应根据工件的不同定心方式来确定定位芯轴的结构，其配合可参考上述两种芯轴。

芯轴在机床上的常用安装方式如图 1-56 所示。

(3) 菱形销　菱形销有 A 型和 B 型两种结构，常用一面两孔定位时，与圆柱销配合使用，圆柱销起定位作用，而菱形销起定向作用（详细情况在一面两孔定位中介绍）。其结构尺寸已经标准化，可查手册进行选用。

知识链接　间隙配合圆柱芯轴与工件定位孔之间可选用 H7/g6，过盈配合圆柱芯轴与工件定位孔之间可选用 H7/r6。

2. 以圆锥面限位工件的圆柱孔

(1) 圆锥定位销　圆锥定位销（简称圆锥销）常见结构如图 1-57 所示。图 1-57(a) 用于圆柱孔为粗基准面，图 1-57(b) 用于圆柱孔为精基准面。采用圆锥定位销消除了孔与销之间的间隙，定心精度高，装卸工件方便。圆锥定位销限制了工件的 $\vec{X}$、$\vec{Y}$、$\vec{Z}$ 三个自由度。

工件在单个圆锥销上定位容易倾斜，为此，圆锥销一般与其他定位元件组合定位，如图 1-58 所示。图 1-58(a) 为圆锥-圆柱组合芯轴，锥度部分使工件准确定心，圆柱部分可减少工件倾斜。图 1-58(b) 以工件底面作主要定位基面，采用活动圆锥销，只限制 $\vec{X}$、$\vec{Y}$ 两个自由度，即使工件的孔径变化较大，也能准确定位。图 1-58(c) 为工件在双圆锥销上定位，左端固定锥销限制 $\vec{X}$、$\vec{Y}$、$\vec{Z}$ 三个自由度，右端为活动锥销，限制 $\widehat{Y}$、$\widehat{Z}$ 两个自由度。以上三种定位方式均限制工件五个自由度。

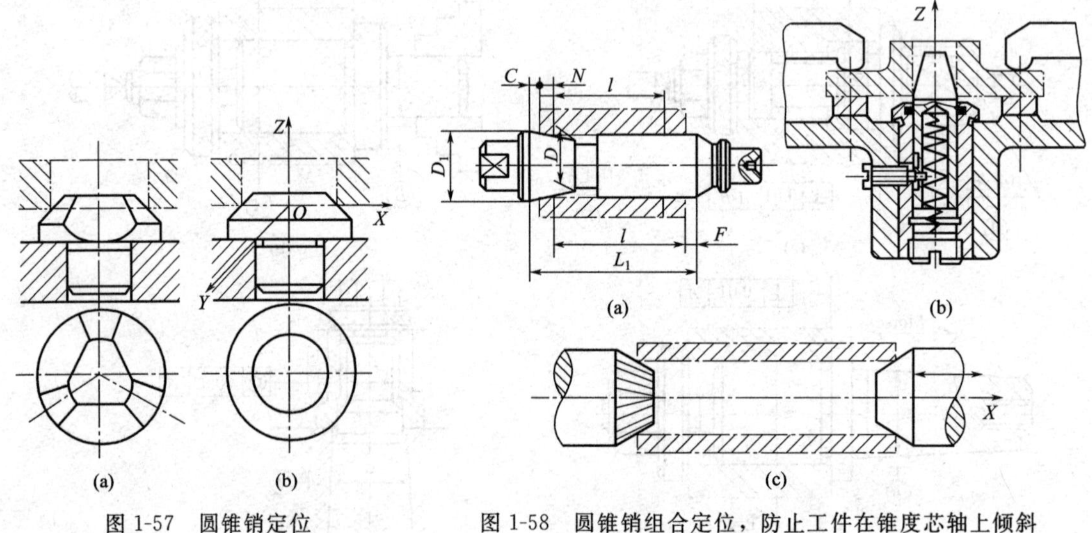

图 1-57　圆锥销定位　　　图 1-58　圆锥销组合定位，防止工件在锥度芯轴上倾斜

(2) 锥度芯轴　也称为小锥度芯轴（GB/T 12875—1991）。如图 1-59 所示，工件在锥度芯轴上定位，并靠工件定位圆孔与芯轴限位圆锥面的弹性变形夹紧工件，限制工件五个自由度。

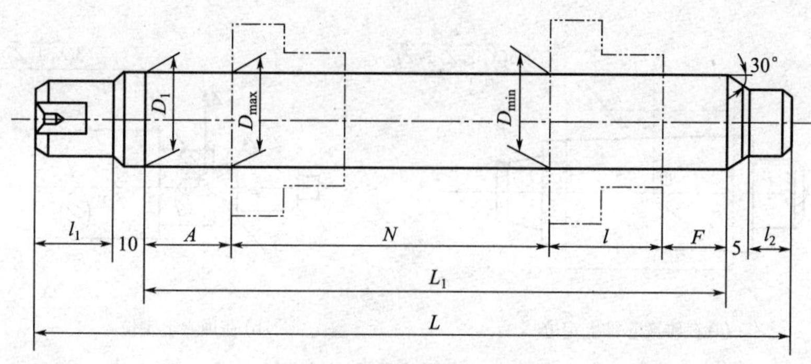

图 1-59　用锥度芯轴定位

这种定位方式的定心精度较高，可达到 $\phi0.01\sim0.005$mm。但其缺点是工件的轴向位移误差较大，工件在芯轴上的轴向位置视工件定位基准孔的实际尺寸和芯轴工作表面的锥度 C 而定；另一缺点是工件易倾斜。为克服上述缺点，常采取以下措施：①当基准孔的长径比 $l/D>1.5$ 时可采用图 1-58(a) 所示的圆锥-圆柱组合芯轴；②减小锥度 C，使定位副的实际接触长度增加，以减少工件倾斜，或采用图 1-58(b) 的组合定位。

锥度芯轴的结构尺寸按表 1-6 计算；芯轴锥度见表 1-7。具体设计可查阅 GB/T 12875—1991。

表 1-6　锥度芯轴的尺寸计算

计算项目	计算公式及数据	说明
芯轴大端直径	$D_1=D_{max}+(0.01\sim0.02)$	D——工件孔的基本尺寸 D_{max}——工件孔的最大极限尺寸 D_{min}——工件孔的最小极限尺寸 δ_D——工件孔的公差 F——工件孔的长度 l_1——芯轴传动部分的长度 当 $L/D>8$ 时，应分组设计芯轴；其结构尺寸见图 1-59
芯轴大端公差	$\delta_{D_1}=0.01\sim0.005$	
保险圆锥面长度	$A=(D_1-D_{max})/C$	
导向锥面长度	$F=(0.3\sim0.5)D$	
左端圆柱长度	$l_1=20\sim40$	
右端圆柱长度	$l_2=10\sim15$	
工件轴向位置的变动范围	$N=(D_{max}-D_{min})/C=\delta_D/C$	
芯轴总长度	$L=A+N+l+F+l_1+l_2+15$	

表 1-7　高精度芯轴锥度推荐值

基准孔直径 D/mm	8～25	25～50	50～70	70～80	80～100	>100
锥度 C	$0.01/2.5D$	$0.01/2D$	$0.01/1.5D$	$0.01/1.25D$	$0.01/D$	$0.01/100$

芯轴的长径比 L/D 一般小于 8。在保证定位精度要求和夹紧可靠的前提下，应尽量缩短芯轴长度，以提高刚性。当 L 过长时，可将基准孔按公差范围分成 2～3 组，芯轴也相应制造 2～3 根。

3. 工件以圆锥孔定位

在加工轴类零件或某些要求内外轴线有同轴度的精密定心工件时，常以工件的圆锥孔作定位基面（图 1-60）。这类定位元件往往也采用圆锥面作限位基面，如图 1-60(a) 所示把圆锥孔安装在锥度芯轴上定位，由于其接触面较长，故相当于五个定位支承点，限制 $\vec{X}$、$\vec{Y}$、$\vec{Z}$、$\widehat{Y}$ 和 $\widehat{Z}$ 五个自由度。图 1-60(b) 所示为车削、磨削中常用的用 60°顶尖定位工件的中心孔，它相当于三个支承点，限制三个移动自由度。两顶尖定位是芯轴和较细长工件最常用的定位方法，共限制工件的五个自由度。

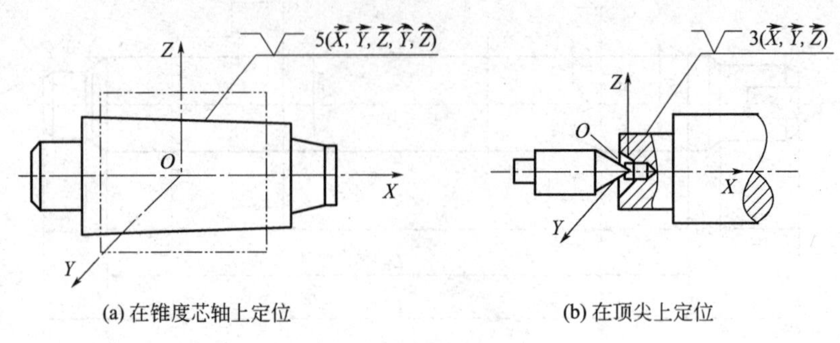

(a) 在锥度芯轴上定位　　(b) 在顶尖上定位

图 1-60　圆锥孔定位分析

三、工件以外圆柱表面定位时的定位元件设计

在夹具设计中常用于外圆表面的定位元件有定位套、支承和 V 形块等。各种定位套对工件外圆表面主要实现定心定位，支承实现对外圆表面的支承定位，V 形块则实现对外圆表面的定心对中作用。

知识分布网络

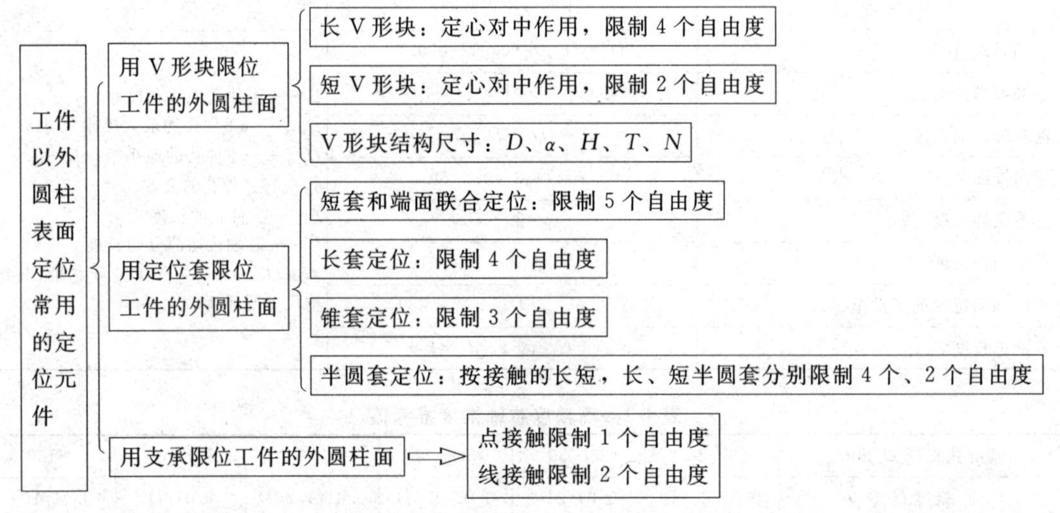

1. 用 V 形块限位工件的外圆柱面

V 形块是常用于外圆柱表面定位的元件，不论作为定位基面的外圆柱面是否经过加工或者是否完整，都可选用 V 形块定位［见图 1-61(a)、(b)］。这种方法的突出优点是对中性好，即定位基准始终处在 V 形块两斜面的对称中间面上，且不受基准外圆直径误差的影响。但其轴线位置可能沿对称面上下变动。V 形块一般限制工件四个自由度［接触线较长时，见图 1-61(c)］或限制两个自由度［接触线较短时，见图 1-61(d)］。

图 1-62 为常见的 V 形块结构形式。图 1-62(a) 用于较短的精基准面定位；图 1-62(b) 所示的一对短的 V 形块组合紧固在夹具体上代替整体式 V 形块，用于较长的粗基准面和阶梯定位；图 1-62(c) 用于两段精基准面相距较远的场合。V 形块不一定要做成整体钢件，如工件定位基面直径很大时，则选用如图 1-62(d) 所示的铸铁底座镶有淬硬钢垫或硬质合金板的 V 形块。V 形块的工作角度 α 有 60°、90°、120°三种，最常用的是 90°。中小型尺寸 V

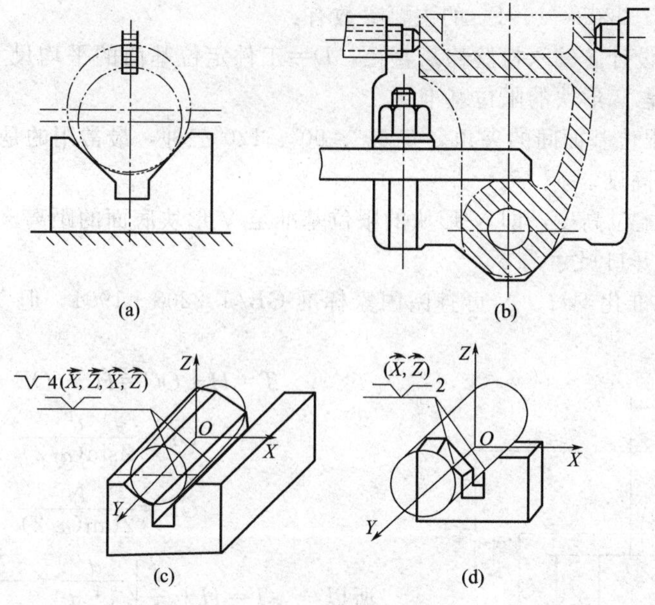

图 1-61　V 形块的应用

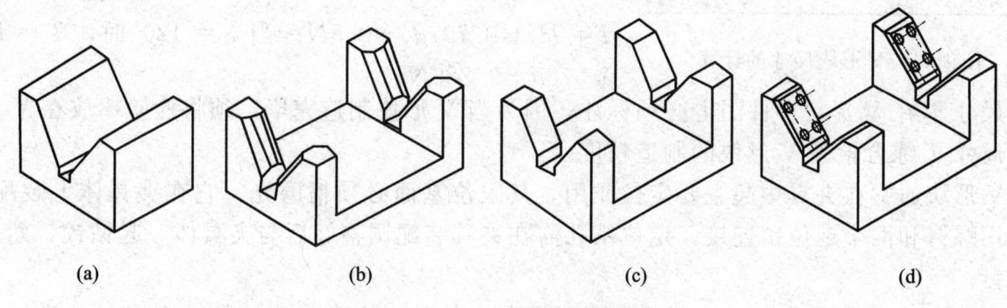

图 1-62　V 形块的结构形式

形块材料，选用 20 钢，渗碳淬火硬度为 58～63HRC。大尺寸 V 形块可选 T8A、T12A 或 CrMn，淬火至同样硬度 58～63HRC。

设计 V 形块时，90°V 形块的结构和尺寸已标准化，可查阅有关国家标准。对于非标准的 V 形块可按图 1-63 进行有关尺寸的计算。

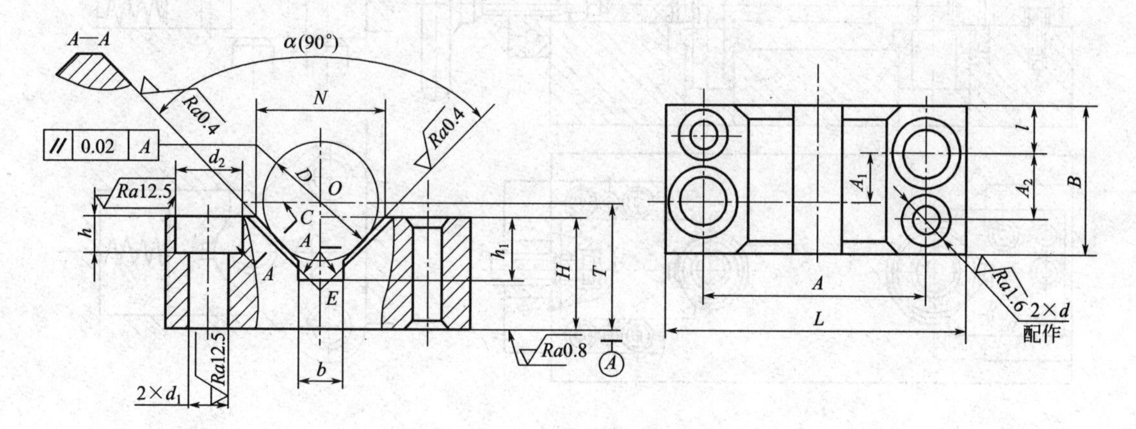

图 1-63　V 形块的结构尺寸

V形块（GB/T 2208—1991）的主要参数有：

D：V形块的设计芯轴（检验棒）直径，D=工件定位基面的平均尺寸（即工件定位基面直径），其轴线是V形块的限位基准。

α：V形块两限位基面间的夹角。有60°、90°、120°三种，最常用的是90°。

H：V形块的高度。

T：V形块的定位高度，即V形块的限位基准至V形块底面的距离。

N：V形块的开口尺寸。

V形块已经标准化，H、N可查阅国家标准GB/T 2208—1991，但T必须计算。由图1-64可知

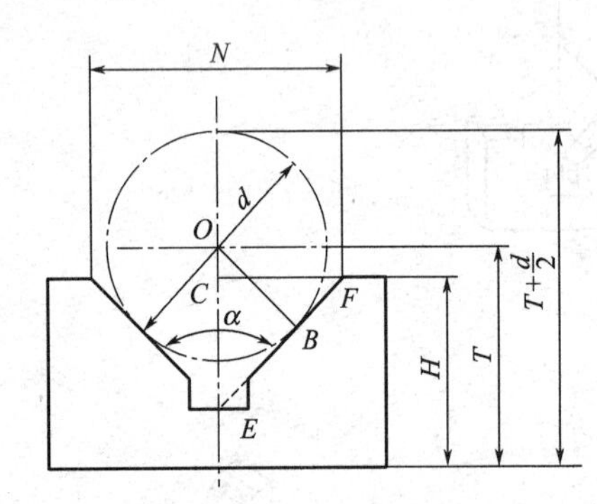

图1-64 V形块尺寸的计算

$$T=H+OC=H+(OE-CE)$$

$$OE=\frac{d}{2\sin(\alpha/2)}$$

$$CE=\frac{N}{2\tan(\alpha/2)}$$

所以 $$T=H+\frac{1}{2}\left(\frac{d}{\sin\frac{\alpha}{2}}-\frac{N}{\tan\frac{\alpha}{2}}\right)$$

当$\alpha=60°$时，$T=H+d-0.867N$；当$\alpha=90°$时，$T=H+0.707d-0.5N$；当$\alpha=120°$时，$T=H+0.578d-0.289N$。

尺寸T在V形块零件图上必须标注，因为当V形块制造完毕，须将检验棒放在V形块上按尺寸T综合检验V形块的制造精度。

V形块通常在夹具中起主要定位作用，其限位基面必须精磨光。它在夹具体上装配时，一般用螺钉和两个定位销连接。定位销孔需在夹具装配调整好后与夹具体一起钻铰，然后打入销钉。

有些夹具还采用活动的V形块，它只限制工件的一个自由度。如图1-65(a) 为加工连杆孔的定位方式，此时活动V形块只限制一个转动自由度，以补偿因毛坯尺寸变化而对定位的影响，同时还兼有夹紧的作用。图1-65(b) 的活动V形块在弹簧作用下只限制一个移

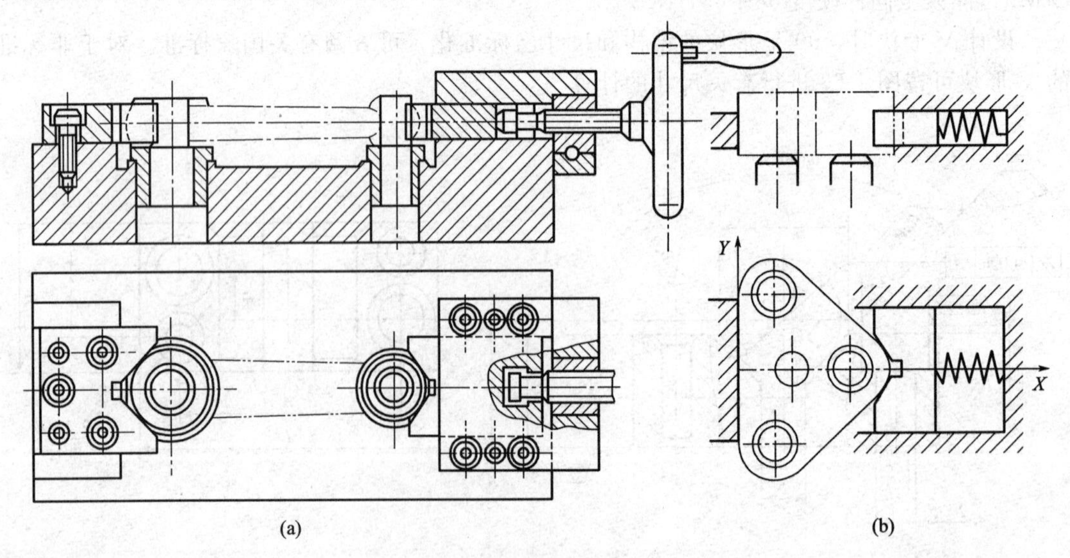

图1-65 活动V形块的应用（一）

动自由度，也兼有夹紧作用。同样，图 1-66 所示的活动 V 形块对工件限制了一个自由度，并对工件起夹紧作用。

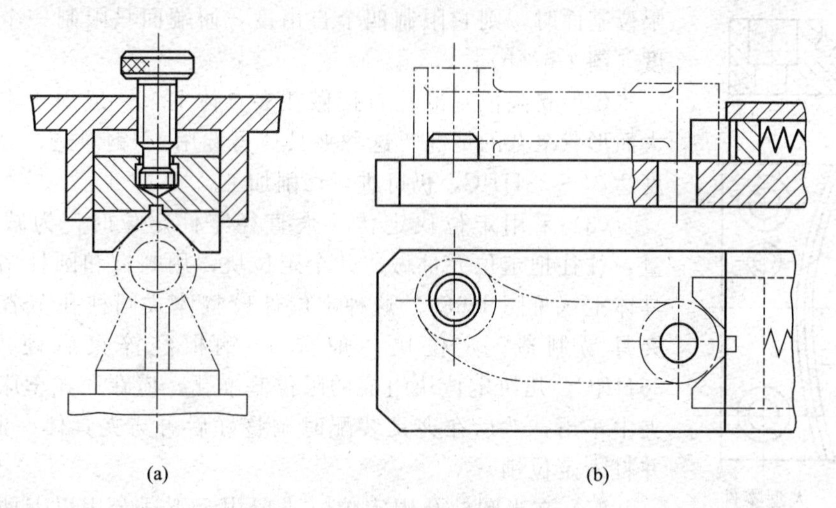

图 1-66　活动 V 形块的应用（二）

2. **在圆孔中定位**

工件以外圆柱面在定位套中定位，是把工件的精基准面插于定位套中。图 1-67 所示为定位套的几种类型。在圆孔中定位，使用的定位元件有定位套、半圆套和锥套等。其内孔轴线是限位基准，内孔面是限位基面（参见图 1-9 定位副的组成）。为了限制工件沿轴向的自由度，常与端面联合定位。图 1-67(a) 所示为为短定位套，定位时接触线较短，限制工件的 2 个移动自由度；图 1-67(b) 所示为为长定位套，定位时接触线较长，限制工件的四个自由度；图 1-71 所示为锥面定位套，和锥面销对工件圆孔定位一样，限制三个自由度；在夹具设计中，为了装卸工件方便，也可采用如图 1-67(c) 所示的半圆套对工件外圆表面进行定心定位。根据半圆套与工件定位表面接触的长短，将分别限制四个或两个自由度。各种类型定位套和定位销一样，也可根据被加工工件批量和工序加工精度要求，设计成为固定式和可换式的。同样，固定式定位套在夹具中可获得较高的位置定位精度。

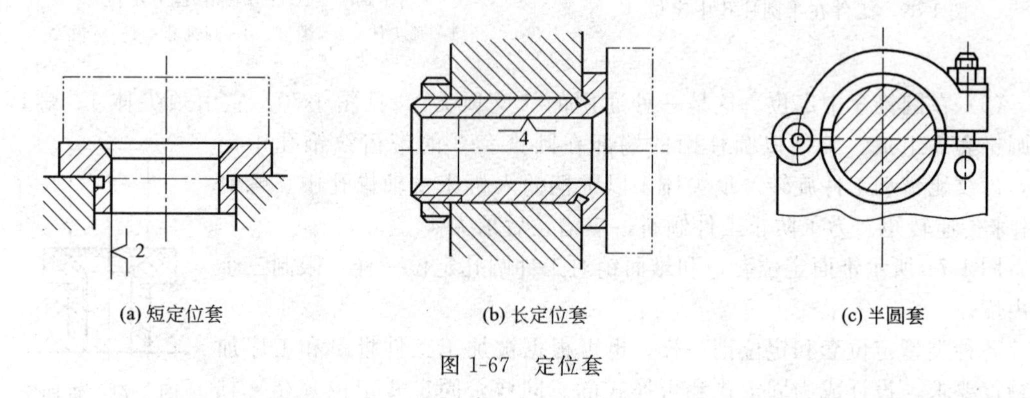

(a) 短定位套　　(b) 长定位套　　(c) 半圆套

图 1-67　定位套

(1) 采用定位衬套　定位衬套单独制造，它与夹具体连接。衬套结构见图 1-67，材料用 20 钢、经渗碳淬火，硬度达 55～60HRC。这种定位元件结构简单，但定位基准轴线可能产生径向位移和倾斜。为了保证轴向定位精度，基准孔常与端面联合定位，此时共限制工件

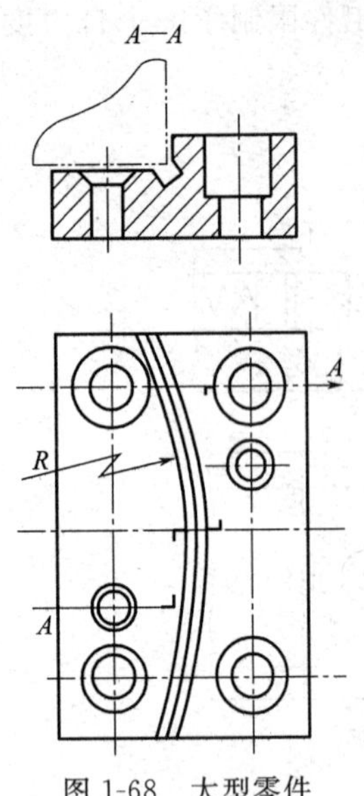

图 1-68　大型零件用的定位块

五个自由度；如果把端面作为主要限位基面时，端面可限制三个自由度，定位孔限制两个自由度［图 1-67(a)］；若以定位孔作主要限位基面时，则它限制四个自由度，而端面只限制一个移动自由度［图 1-67(b)］。

(2) 将限位基准孔直接做在夹具体上　一般用于本体尺寸不大而形状复杂的情况。这种夹具体可选用 45 钢锻造，经淬火后硬度达 33～38HRC，仍可进行切削加工。

(3) 采用定位块定位　大直径零件定位时，为减轻夹具质量，往往把定位元件做成几个定位块，用螺钉和圆柱销安装在夹具体上（见图 1-68）。这种定位件较整体式圆柱孔节省材料，使夹具易制造。定位块一般选 45 钢板经淬火后硬度达 30～35HRC。几块定位块组成的限位基准孔，应在立式车床上一次装夹中车出，然后在夹具装配时调整好后再与夹具体一起钻铰孔，并打入定位销。

(4) 在半圆柱孔中定位　主要用于不适合用以上两种定位件的大型轴类零件定位。半圆柱孔是把一个整圆柱分为两半（见图 1-69），其下半圆柱孔固定在夹具体上，上半孔装在可卸式铰链结构的盖上。使下半孔起限位作用，上半孔只起夹紧作用，其夹紧力均匀分布在基准圆柱面上。一般这种定位件的两半孔都不直接做在夹具体上，而用铜套制造（好比轴承衬）或用 45 钢淬硬至 35HRC 左右。衬套与本体及盖的配合为 H7/n6 或 H7/h6，以保证密合。为保证夹紧可靠，必须在两半孔间留有间隙 t；下半孔的最小直径应取工件定位基准面的最大直径。

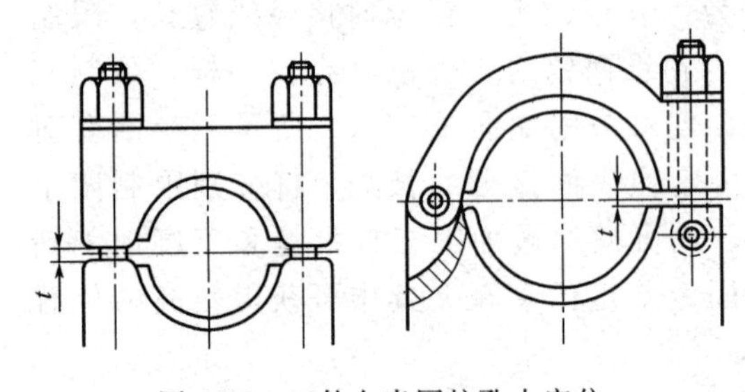

图 1-69　工件在半圆柱孔中定位

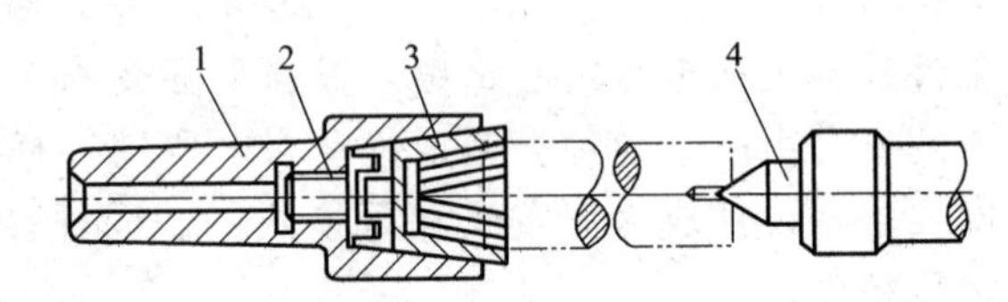

图 1-70　工件在圆锥套中定位

1—顶尖体；2—螺钉；3—圆锥套；4—后顶尖

(5) 在圆锥套中定位　这是一种通用的“反顶尖”，见图 1-70。它由顶尖体 1、螺钉 2 和圆锥套 3 组成。工件以圆柱面的端部在圆锥套 3 的带齿纹锥孔中定位，齿纹能带动工件旋转。顶尖体 1 以锥柄插入机床主轴锥孔中，螺钉 2 用来传递转矩。为了防止工件倾斜，应增设后顶尖 4。

图 1-71 所示锥面定位套，和锥面销对工件圆孔定位一样，限制三个自由度。

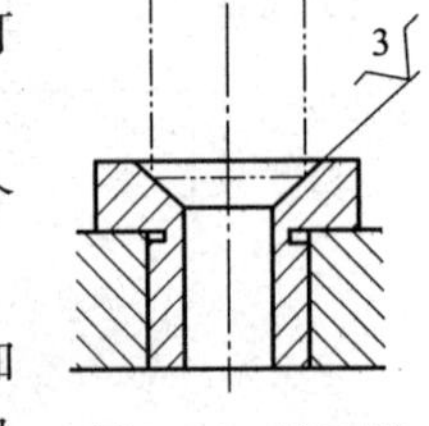

图 1-71　锥面定位套

各种类型定位套和定位销一样，也可根据被加工工件批量和工序加工精度要求，设计成为固定式和可换式的。同样，固定式定位套在夹具中可获得较高的位置定位精度。

(6) 支承定位　如图 1-72 所示。一般定位基准为接触的点、线，也可认为是中心线。点接触限制 1 个自由度、线接触限制 2 个自由度。

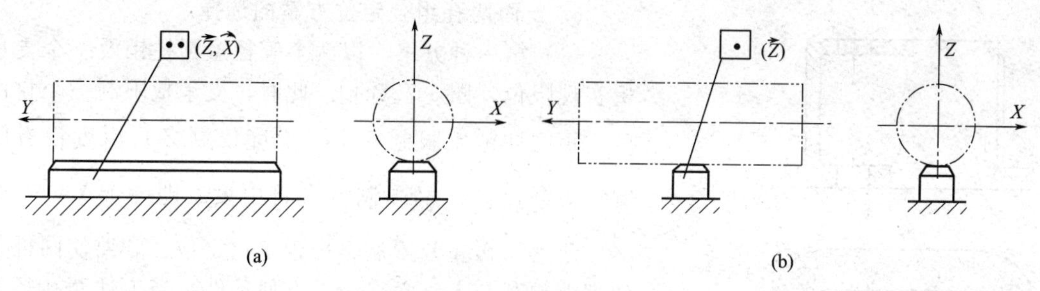

图 1-72　支承定位分析

四、工件以组合表面定位时的定位元件设计

如果工件以两个或两个以上表面作定位基面，夹具定位元件也必须相应地以组合表面限位，这就是组合定位方式。实际上前面所述的定位方法中，如内圆柱孔与端面联合限位、圆锥与圆柱组合芯轴，以及长方体工件的定位等，都属于一般的组合定位。工件往往需要利用平面、外圆、内孔等表面进行组合定位来确保工件在夹具中的正确加工位置。在组合定位中，要区分各基准面的主次关系。一般情况下，限制自由度数多的定位表面为主要定位基准面。常用的几种组合定位形式如下。

1. 圆孔面与端面组合定位形式

这种组合定位形式以工件表面与定位元件表面接触的大小可分为：大端面短芯轴定位和小端面长芯轴定位。前者以大端面为主定位面，后者以内孔为主定位面，如图 1-73(a)、(b) 所示。当孔和端面的垂直度误差较大时，在端面处可加一球面垫圈作自位支承，以消除定位影响，如图 1-73(c) 所示。

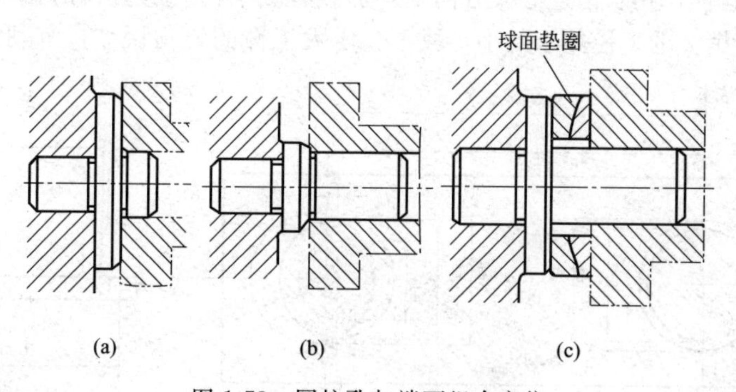

图 1-73　圆柱孔与端面组合定位

2. 一面两孔组合定位形式

对于箱体、盖板等类型零件，既有平面，又有很多内孔，故它们的加工常用一面两孔来组合定位，这样可以在一次装夹中加工尽量多的工件表面，实现基准统一，有利于保证工件各表面之间的相互位置精度。

图 1-74 为插床变速箱体简图，需在镗孔夹具上完成镗五列平行孔系。工件以底面 A 及两个轴线互相平行且垂直于底面的 $2\times D$ 孔作为定位基面，这种组合定位方式，在加工箱体、杠杆、盖板、气缸体等零件时应用很普遍。工件上的双孔可以是结构上原有的，也可以为定位需要专门设计的工艺孔。本例以原有的螺钉孔经铰削后作为定位基准。

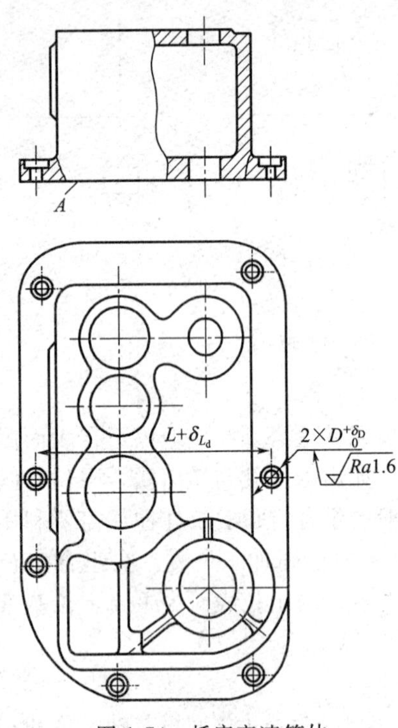

图 1-74 插床变速箱体

3. 一面两孔组合定位方案的选择

(1) 第一种方案 以两个等径短圆柱销及一个支承板实现限位［图 1-75(c)］。此时，支承板限制三个自由度，短圆柱销 1 限制两个自由度仅剩 $\overset{\frown}{Z}$ 自由度没有限制。短圆柱销 2 又限制两个自由度，即一个 $\vec{X}$、一个 $\overset{\frown}{Z}$。于是 $\vec{X}$ 被重复限制，出现了过定位。若要使同批工件都能顺利装入，必须满足下列条件：当工件两孔径为最小（$D_{1\min}$，$D_{2\min}$）、夹具两销直径为最大（$d_{1\max}$、$d_{2\max}$）、孔心距为最大（$L+\delta_{L_D}$）、销心距为最小（$L-\delta_{L_d}$），或者孔心距为最小（$L-\delta_{L_D}$）、销心距为最大（$L+\delta_{L_d}$）时，且 D_1 与 d_1、D_2 与 d_2 之间仍有最小间隙 $x_{1\min}$、$x_{2\min}$ 存在。否则工件在上述极端情况下，根本无法装进夹具，如图 1-75(a)、(b) 所示，这就是过定位引起的后果。为此夹具不能采用等径的双销，而必须减小销 2 的直径至 $d_{2\max}$，但这样使销 2 与孔的间隙 x_2 增大，从而导致转角误差 Δ_α（也称角位移误差）增大，定位精度降低。

(2) 第二种方案 以一个短圆柱销和一个削边销及一个支承板限位。从图 1-75 中看出，为使工件的孔心距在极端情况下能装到双销上，若不减小短销 2 的直径，而采取改变短销 2 的形状，把销 2 碰到孔壁的部分削去，只保留一部分圆柱面（见图 1-76）。这样，在双销连心线方向上，仍具有减小销 2 的直径的作用。但在垂直于连心线方向上，由于销 2 的直径并未减小，故不会增大工件的转角误差，有利于保证定位精度。

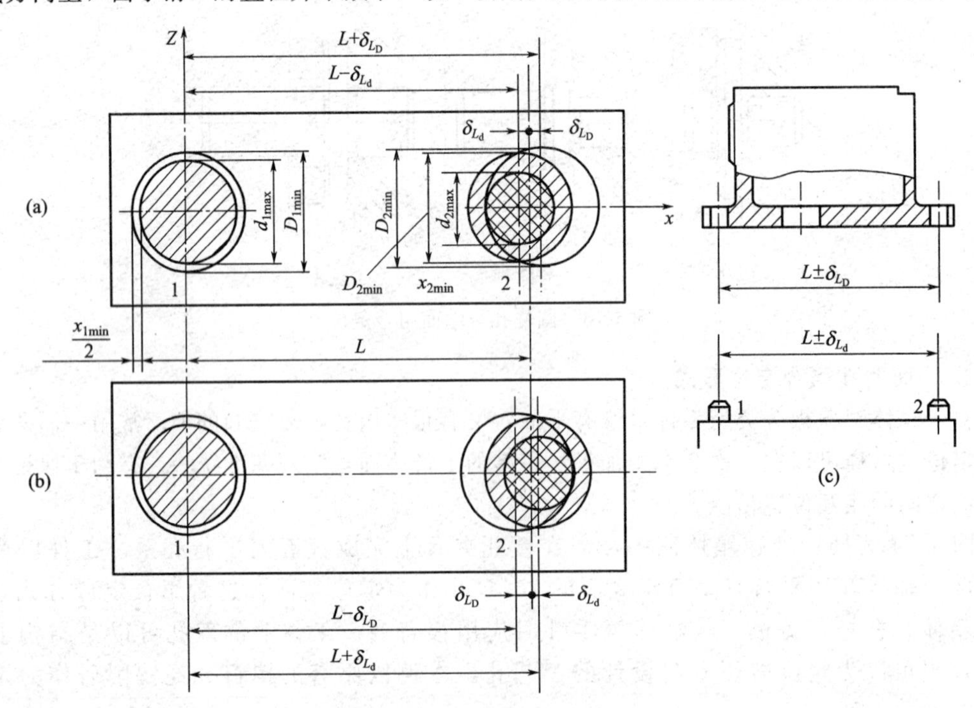

图 1-75 一面两孔定位分析

为保证削边销的强度，一般采用菱形结构［故也称为菱形销，见图1-77(a)～(c)］，削边宽度部分b_1可修圆直b［图1-77(d)］。

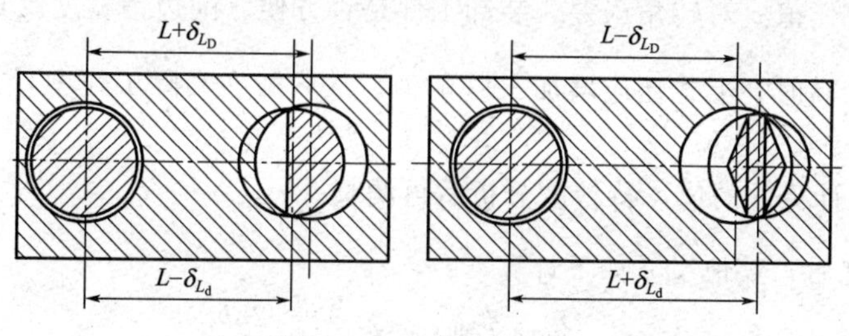

图1-76　削边销的形成

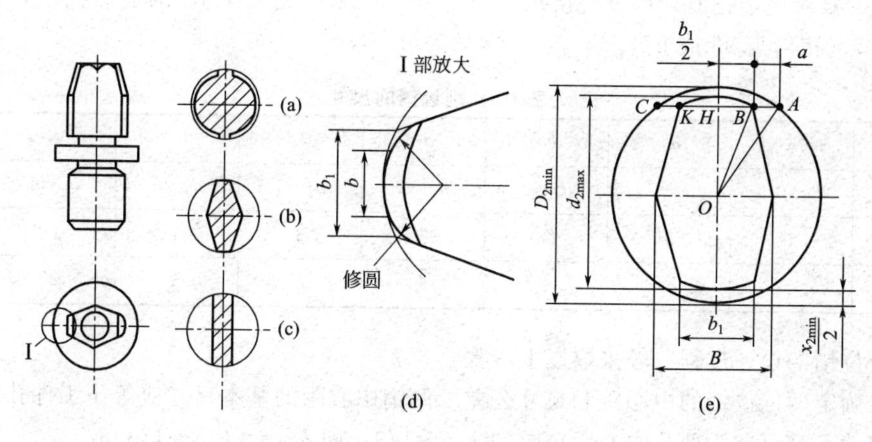

图1-77　削边销的结构和尺寸

必须指出，装配削边销时应使其长轴垂直于双销孔连心线。为了装卸工件方便，可使削边销高度略低于圆柱销3～5mm，防止卡住现象（图1-78）。定位元件主要有一个大支承板（起主要定位作用）、两个轴线与该板垂直的定位销组成，而此两个定位销一个为圆柱销、一个为菱形销，如图1-78所示。在这种组合定位中，大支承板限制了工件三个自由度，圆柱销限制两个自由度，菱形销起防转作用，限制一个旋转自由度。菱形销在设计和装配时，其长轴方向应与两销中心连线垂直，正确选择其直径的基本尺寸和削边后圆柱部分的宽度b。标准菱形定位销的结构尺寸如图1-77所示，在夹具设计时可按表1-8所列数值直接选取。

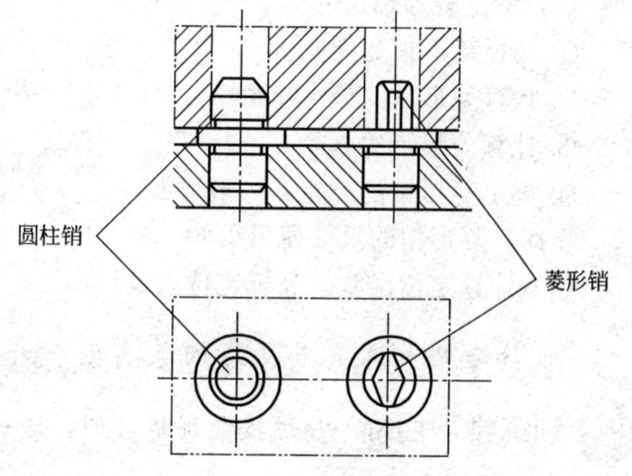

图1-78　一面两孔组合定位

4. 削边销尺寸的确定

由图1-77(e)可知，若要求销孔能套入削边销，则削边销的最大直径$d_{2max}=D_{2min}-X_{2min}$。$AB$和$CK$应能补偿孔心距误差$\pm\delta_{L_D}$和销心距误差$\pm\delta_{L_d}$之和，为安装方便补偿值$a$可按下式计算

$$AB=CK=a=\frac{\delta_{L_D}+\delta_{L_d}}{2}$$

必须指出，补偿值 a 对转角误差、装卸工件是否方便、削边销宽度及其使用寿命都有影响。若加工精度较高时，上式还应增加$\frac{x_{2\min}}{2}$的值。故一般在实际工作中，只需先按式 $AB=CK=a=\frac{\delta_{L_D}+\delta_{L_d}}{2}$计算 a 的值，待精度分析后再调整。

在确定补偿之后，其他尺寸如下计算

$$b_1=\frac{D_{2\min}X_{2\min}}{2a} 或 X_{2\min}=\frac{2ab_1}{D_{2\min}}$$

当采用修圆削边销时，以 b 替换 b_1。尺寸 b_1、b 及 B 见表 1-8。削边销直径的公差带取 IT6 或 IT7（相当于 h6 或 h7）。

表 1-8 削边销的尺寸 mm

d_2	$3<d\leqslant6$	$6<d_2\leqslant8$	$8<d_2\leqslant20$	$20<d_2\leqslant25$	$25<d_2\leqslant32$	$32<d_2\leqslant40$	$40<d_2\leqslant50$	>50
B	$d_2-0.5$	d_2-1	d_2-2	d_2-3	d_2-4	d_2-5	d_2-6	—
b	1	2	3	3	3	4	5	—
b_1	2	3	4	5	5	6	8	14

两定位销的设计过程一般采取以下步骤。

（1）确定两定位销的中心距和尺寸公差　两销中心距的基本尺寸应等于工件孔心距的平均尺寸，其公差为两孔中心距公差的 1/5～1/3，即 $\delta_{L_d}=(1/5\sim1/3)\delta_{L_D}$。

（2）确定圆柱销尺寸及公差　圆柱销直径的基本尺寸 d_1 应等于与之配合的工件孔的最小极限尺寸（$D_{1\min}$），公差取 g6 或 f7（圆柱销直径的基本尺寸等于孔的最小尺寸）。

（3）确定菱形销尺寸

① 选择菱形销宽度 b。

② 计算菱形销的最小间隙 $X_{2\min}$：$X_{2\min}=b$（两孔公差＋两销公差）/孔的最小尺寸。

③ 计算菱形销的直径 d：$d=D_{2\min}-X_{\min}$。

④ 确定菱形销的公差：一般取 h6。

至此，菱形销的尺寸便可得知。

（4）计算定位误差，分析定位质量。

设计专用机床夹具技能训练实例——定位元件菱形销的设计训练

训练学习目标　通过技能训练实例，进一步提高对工件定位元件——菱形销的分析能力和设计能力。

【训练 1-1】 根据工序加工要求确定菱形销定位元件设计的实例

图 1-79(a) 为连杆盖四个 ϕ3mm 定位销孔的工序图。其定位方式如图 1-79(b) 所示，工件以平面 A 及直径为 $\phi12^{+0.027}_{0}$ mm 的两个螺栓孔定位，夹具采用一面两销的定位方式。现设计双销中心距及偏差、两销的基本尺寸及偏差。

解：（1）确定两定位销的中心距　两定位销的中心距的基本尺寸应等于工件两定位孔中

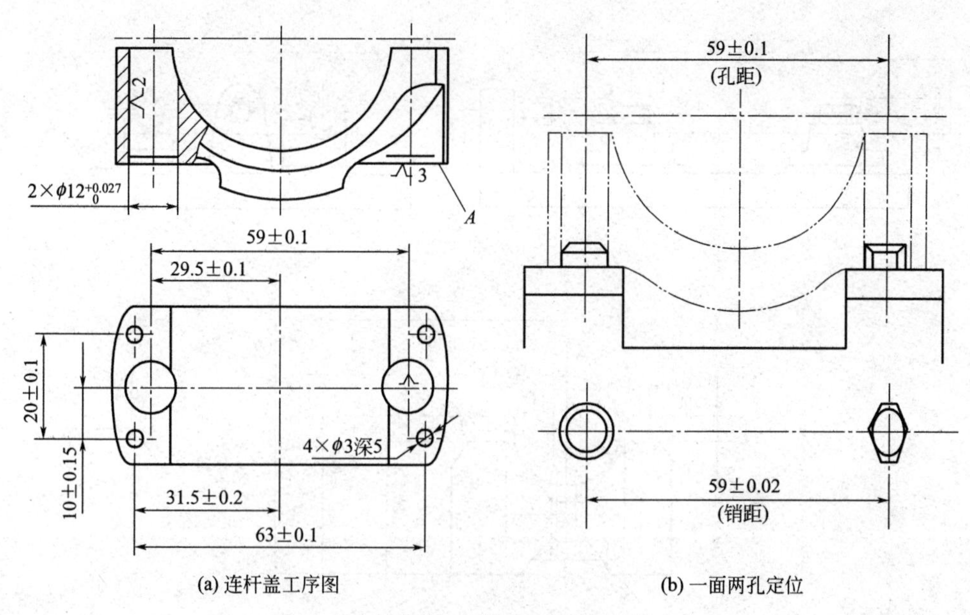

(a) 连杆盖工序图　　(b) 一面两孔定位

图 1-79　连杆盖工序图及其一面两孔定位

心距的平均尺寸，其公差一般取 $\delta_{L_d}=(1/5\sim1/3)\delta_{L_D}$

因为　　　　$L_D=59\text{mm}\pm0.1\text{mm}$

取　　　　$L_d=59\text{mm}\pm0.02\text{mm}$

(2) 确定圆柱销直径　圆柱销直径的基本尺寸取与之配合的工件孔的最小极限尺寸，其公差一般取 g6 或 h7。

因连杆盖定位孔的直径为 $\phi12^{+0.027}_{0}$ mm，取圆柱销的直径 $d_1=12\text{g6mm}$ 即 $d_1=12^{-0.006}_{-0.017}$ mm。

(3) 确定菱形销的尺寸 b，查表 1-8，$b=4\text{mm}$。

(4) 计算菱形销的最小间隙

因为 $b=4\text{mm}$，$D_{2\min}=12\text{mm}$，$\delta_{L_D}=0.2\text{mm}$，$\delta_{L_d}=0.04\text{mm}$，则

$$X_{2\min}=2ab/D_{2\min}=b(\delta_{L_D}+\delta_{L_d})/D_{2\min}=4\times(0.20+0.04)/12=0.08\text{mm}$$

(5) 确定削边销的基本尺寸 d_2 及其公差

① 按公式 $d_{2\max}=D_{2\min}-X_{2\min}$ 算出菱形销的最大直径

$$d_{2\max}=12-0.08=11.92\text{mm}$$

② 确定菱形销的公差等级，一般取 IT6 或 IT7（相当于 h6 或 h7）。

因为 IT6=0.011mm，所以 $d_2=12^{-0.080}_{-0.091}$ mm。

5. 工件以特殊表面定位方式

除上述各种典型表面定位外，工件以某些特殊的表面（如工件的 V 形导轨面、燕尾导轨面、齿形表面、螺旋表面等）为定位基准也较常见。这样，有利于保证其相互位置精度。

(1) 工件以两 V 形导轨槽定位　车床的床鞍，须以底部两条 V 形导轨槽为定位基面进行加工，若定位元件采用连成一体的两个菱形导轨面作为限位基面时，则由于两导轨槽的角度及距离的制造误差，会导致过定位，从而使工件产生倾斜、上抬、下降或放不稳。

正确的定位方法如图 1-80 所示，把两个菱形导轨面换成四个短圆柱。其中左边一列是两个固定在夹具体上的 V 形座和短圆柱 1，起主要限位作用，限制工件的四个自由度；右边

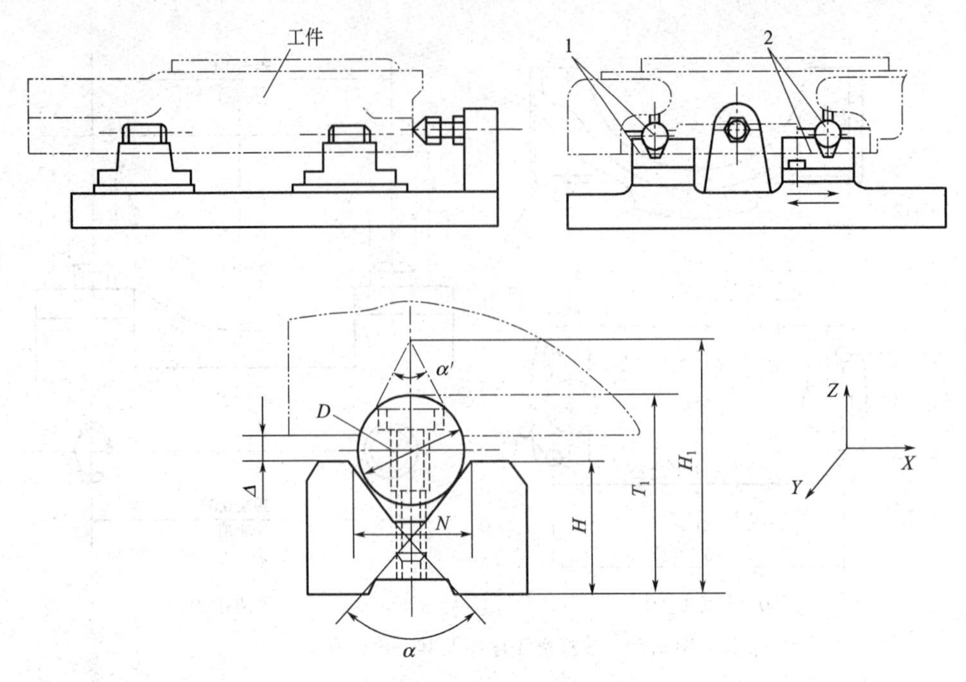

图 1-80　床鞍以 V 形槽定位

一列是两个可移动的 V 形座及短圆柱 2，只限制 $\overset{\frown}{Y}$ 一个自由度。两列 V 形座（包括短圆柱）的工作高度 T_1 的等高度误差不大于 0.005mm。

在设计 V 形座及短圆柱时，首先应确定短圆柱直径 D，短圆柱的中心必须高于 V 形座高度 H，相应的工件 V 形导轨槽也应如此，以保证定位副间必要的间隙 Δ，防止互相碰撞而破坏定位。V 形座常用 20 钢制造，渗碳淬火后硬度为 58～62HRC。限制圆柱常用 T7A 制造，淬硬至 53～58HRC。V 形座的尺寸如前所述。

当夹具中需要设置对刀（或导向）装置时，则需要计算导轨面的顶点在夹具上的实际高度 H_1，当 V 形槽导轨面的夹角为 $\alpha'=70°$ 时

$$H_1=T_1-\frac{D}{2}+\frac{D}{2\sin\frac{\alpha'}{2}}=T_1+0.3717D$$

（2）工件以燕尾导轨面定位　燕尾导轨面一般有 55°和 60°两种夹角。常用的定位装置有两种：一种如图 1-81(a) 所示，右边是固定的短圆柱和 V 形座，组成主要的限位基准，限制工件四个自由度，左边是形状和燕尾槽对应的可移动钳口 K，限制工件一个自由度，并兼有夹紧作用；另一种如图 1-81(b) 所示的定位装置相当于两个钳口为燕尾形的虎钳，

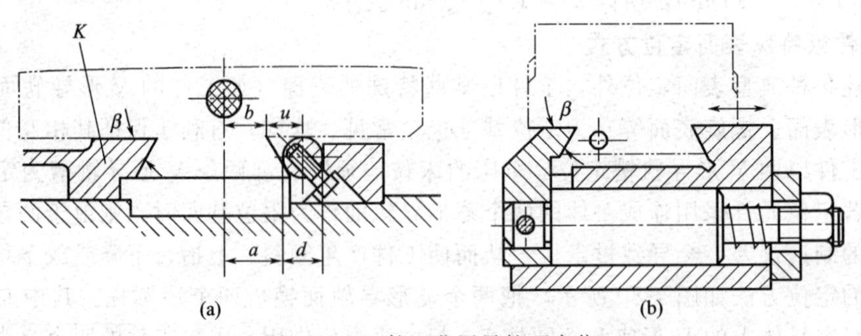

图 1-81　工件以燕尾导轨面定位

工件以燕尾导轨面定位，夹具的左边为固定钳口，它是主要限位基面，限制工件两个移动和两个转动自由度，右边的活动钳口只限制一个自由度，并兼起夹紧作用。

定位元件与对刀（导向）元件间的距离 a 计算如下［图 1-81(a)］：

$$a=b+u-\frac{d}{2}=b+\frac{d}{2}\cot\frac{\beta}{2}-\frac{d}{2}$$

$$=b+\frac{d}{2}\left(\cot\frac{\beta}{2}-1\right)$$

式中：β 为燕尾面的夹角，当 $\beta=55°$时，$a=b+0.4605d$。

(3) 工件以渐开线齿形面定位

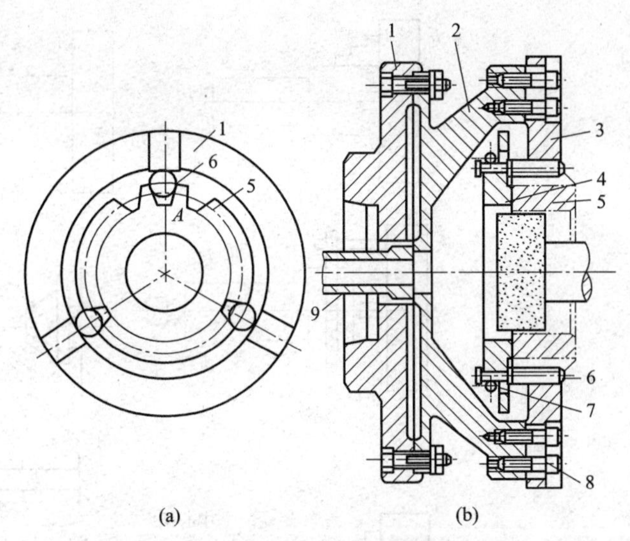

图 1-82　渐开线齿形面定位

1—夹具体；2—鼓膜盘；3—卡爪；4—保持架；5—工件；6—滚柱；7—弹簧；8—螺钉；9—推杆

对于整体淬火的齿轮，一般都要在淬火后分别磨削内孔和齿形面。为保证磨齿形面时余量均匀，应以“互为基准”的方法，即先以齿形面的分度圆定位磨内孔，再以内孔定位磨齿形。

以齿形面分度圆磨内孔时的定位如图 1-82 所示。即在齿轮分度圆上相隔 120°的三等分位置上放入三根精度很高的定位滚柱 6，套上保持架 4（薄壁套一起保持滚柱的作用），再一起放入图 1-82(b) 所示的膜片卡盘（自动定心卡盘）里。当气缸推动推杆 9 右移时，卡盘上的薄壁弹性变形，使卡爪 3 张开，此时可装卸工件。推杆 9 左移时，卡盘弹性恢复，工件 5 被定位夹紧。

想一想　考虑的中心问题是：

选择什么样结构形状的定位元件（包括限位基准）？

定位元件如何布置？

如何保证工件定位稳定可靠和定位误差最小等？

注意： 工件定位的首要问题是确定工件定位基准的位置。所以，夹具的定位方法及其定位元件的选用，主要取决于定位基准的形状、尺寸和精度。

设计专用机床夹具技能训练实例——定位方式的综合设计训练

训练学习目标　通过技能训练实例，进一步提高对工件定位方式的综合分析能力和设计能力。

【训练 1-2】　根据工序加工要求确定菱形销定位元件设计的实例

根据六点定位原则，分析图 1-83 所示零件各定位方式中，定位元件所限制的自由度，有无重复定位现象？是否合理？如何改进？

【训练 1-3】　分析图 1-84 所示的钻床夹具中工件的定位方案，指出定位元件，说明它们各自限制的自由度。

6. 常用定位元件及其限制的自由度

常用定位元件及其限制的自由度见表 1-9。

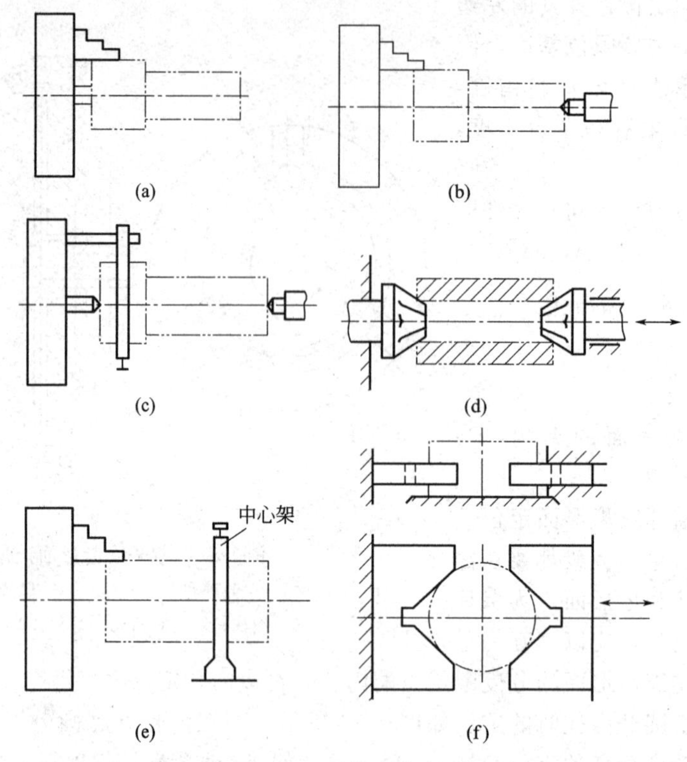

图 1-83 零件定位方式

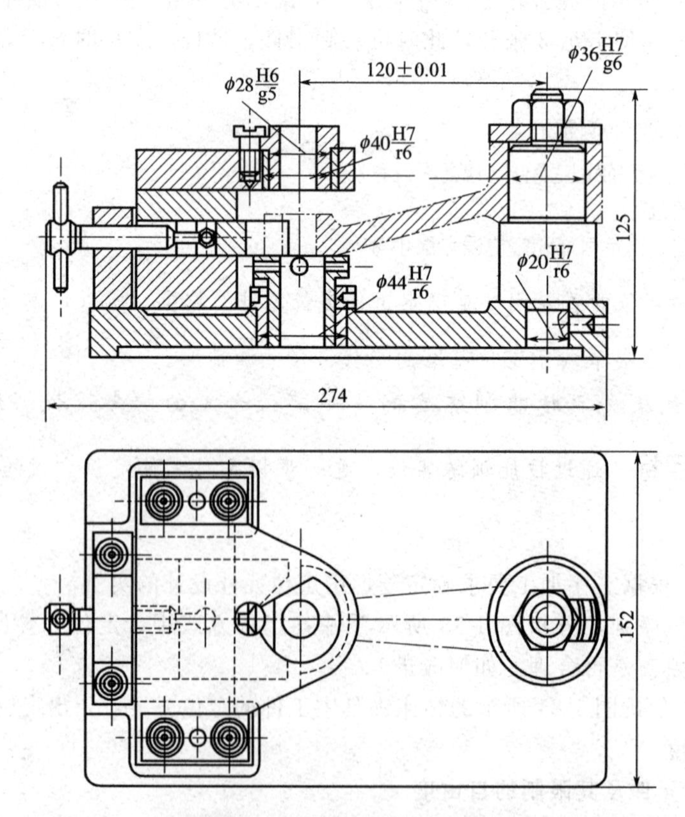

图 1-84 钻床夹具中工件的定位

表 1-9　常用定位元件及其限制的自由度

工件的定位面	定位元件	图　例	限制的自由度	工件的定位面	定位元件	图　例	限制的自由度
平面	1个支承钉	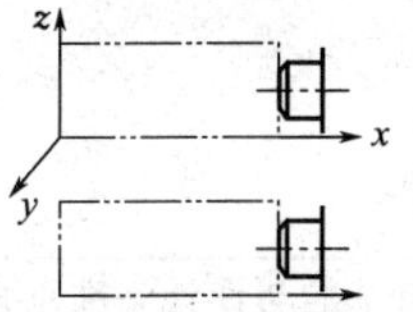	$\vec{X}$	平面	3个支承钉	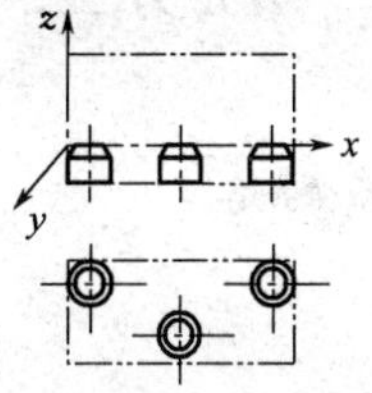	$\overset{\frown}{X}$、$\overset{\frown}{Y}$、$\vec{Z}$
平面	1块窄支承板(同两个支承钉)	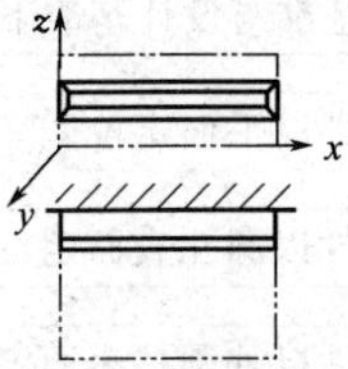	$\overset{\frown}{Y}$、$\vec{Z}$	平面	两块窄支承板(同1块宽矩形板)	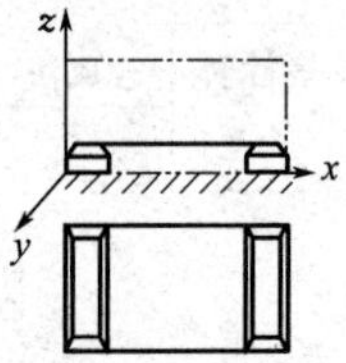	$\overset{\frown}{X}$、$\overset{\frown}{Y}$、$\vec{Z}$
圆柱孔	短圆柱销	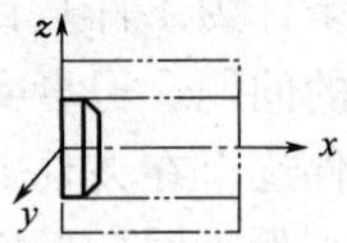	$\vec{Y}$、$\vec{Z}$	圆柱孔	长圆柱销	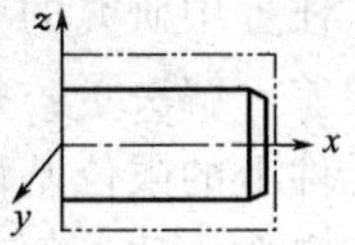	$\vec{Y}$、$\vec{Z}$、$\overset{\frown}{Y}$、$\overset{\frown}{Z}$
圆柱孔	圆锥销	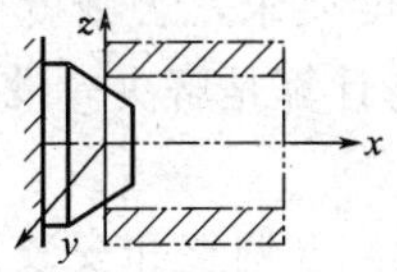	$\vec{X}$、$\vec{Y}$、$\vec{Z}$	圆柱孔	固定锥销和活动锥销组合	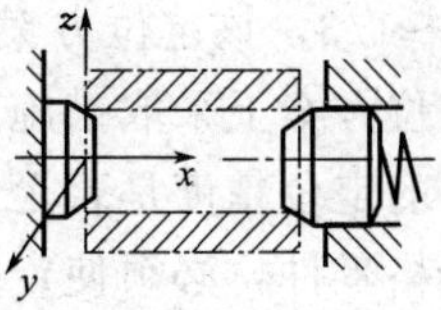	$\vec{X}$、$\vec{Y}$、$\vec{Z}$、$\overset{\frown}{Y}$、$\overset{\frown}{Z}$
圆柱孔	圆柱芯轴	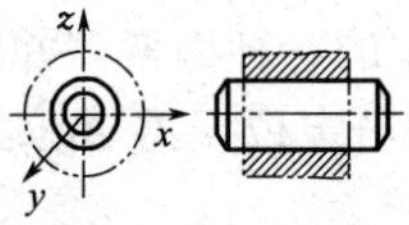	$\vec{X}$、$\vec{Z}$、$\overset{\frown}{X}$、$\overset{\frown}{Z}$	圆柱孔	锥度芯轴	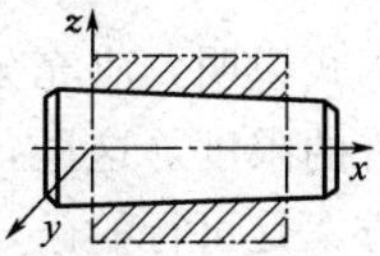	$\vec{X}$、$\vec{Y}$、$\vec{Z}$、$\overset{\frown}{Y}$、$\overset{\frown}{Z}$
外圆柱面	短V形块	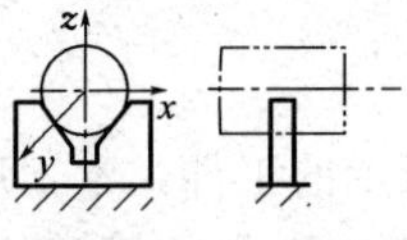	$\vec{X}$、$\vec{Z}$	外圆柱面	长V形块(同两个短V形块)	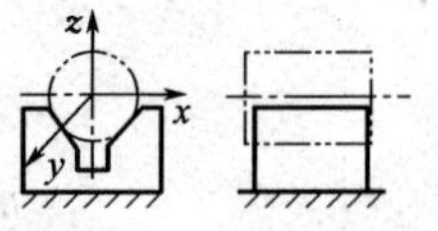	$\vec{X}$、$\vec{Z}$、$\overset{\frown}{X}$、$\overset{\frown}{Z}$
外圆柱面	短定位套	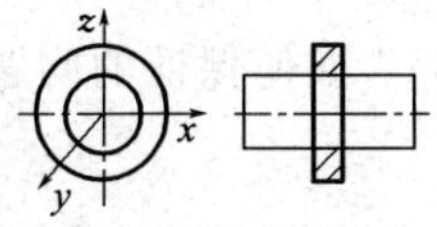	$\vec{X}$、$\vec{Z}$	外圆柱面	长定位套	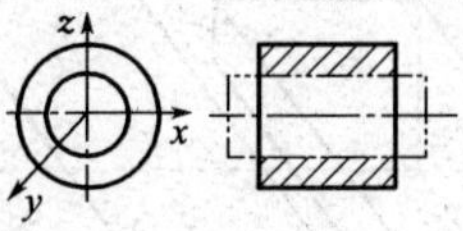	$\vec{X}$、$\vec{Z}$、$\overset{\frown}{X}$、$\overset{\frown}{Z}$
组合定位	小端面长芯轴	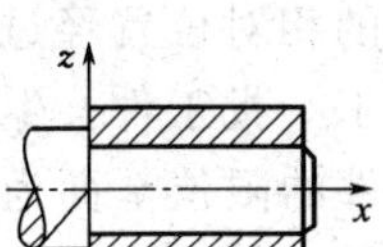	$\vec{X}$、$\vec{Y}$、$\vec{Z}$、$\overset{\frown}{Y}$、$\overset{\frown}{Z}$	组合定位	一面两销	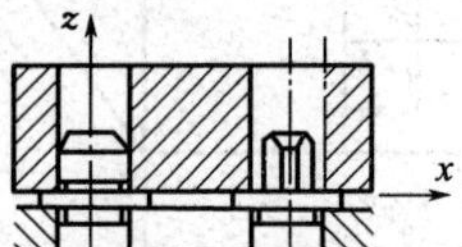	$\vec{X}$、$\vec{Y}$、$\vec{Z}$、$\overset{\frown}{X}$、$\overset{\frown}{Y}$、$\overset{\frown}{Z}$

任务三 定位误差的分析与计算

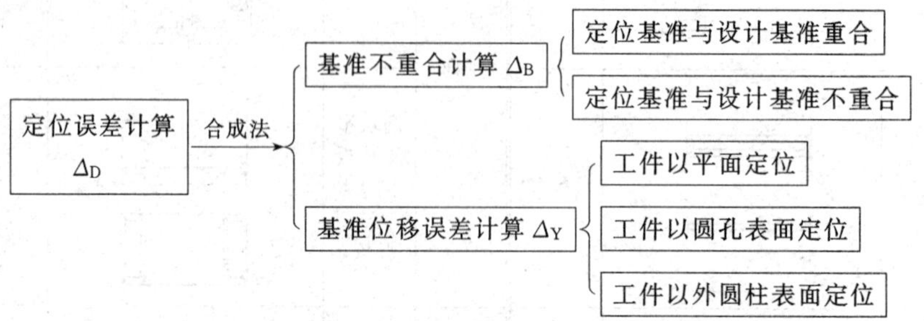

上述两个工作任务中研究的有关工件定位的内容，假设条件为工件是自由刚体、工件以及定位元件均无误差，解决了一批工件在夹具“定与不定”的问题。但事实上由于工件的定位基面以及定位元件上的限位基面均有制造误差，使一批工件逐个在夹具上定位时，各个工件所占据的位置不完全一致。加工后，各工件的加工尺寸也必然不同，形成误差。这种只与工件定位有关的误差，称为定位误差，用 Δ_D 表示。这种定位误差一般小于工序尺寸公差或位置公差的 1/5～1/3，该定位方案才能满足该工序加工精度要求，否则就必须重新考虑定位方案或在该定位方案上采取措施。因此定位误差的分析与计算是解决一批工件定位“准不准”即考虑工件的定位精度是否足够的问题。

为了得到合格零件，必须使定位误差 Δ_D、调安误差 $\Delta_{T\text{-}A}$（调整和安装误差）以及加工过程误差 Δ_G 误差之和等于或小于零件的相应公差 δ_K，即

$$\Delta_D+\Delta_{T\text{-}A}+\Delta_G\leqslant\delta_K$$

上述误差不等式说明，应充分考虑和估算引起加工误差的各种因素，并使其综合影响不致超过工序所允许的限度。这里，重点分析定位误差 Δ_D，当定位误差 $\Delta_D\leqslant(1/3)\delta_K$ 时，则认为选定的定位方案是可行的。

一、实例分析

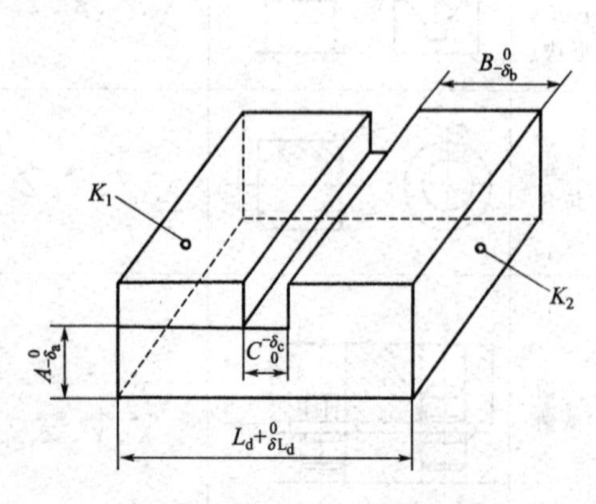

图 1-85 工件在 V 形块中定位

1. 实例

如图 1-85 所示的工件，本工序为铣通槽，要求保证尺寸 $A_{-\delta_a}^{\ 0}$、$B_{-\delta_b}^{\ 0}$ 和槽宽 $C_{\ 0}^{+\delta_c}$，为使分析方便，仅讨论 $B_{-\delta_b}^{\ 0}$ 如何保证的问题。

2. 分析

工件用夹具定位加工时，是以调整法进行的。每当夹具和刀具的相对位置经过一次调整后，就不再变动用来加工一批工件。生产中操作者总是以夹具上定位元件的限位基面为基准来调节刀具的位置。而加工时工件以定位基面与限位基面相接触，这就相当于调节了工件与刀具的相对位置。

本例中，要保证$B_{-\delta_b}^{\ 0}$尺寸，考虑以K_1面或以K_2面定位都可限制加工尺寸B所在方向的移动自由度。但是这两种定位方法的定位精度是不同的。若以K_2面定位［图1-86(a)］，则操作者调整的刀具右侧切削刃S_2与支承钉2之间的距离正是要保证的尺寸B，这个距离可认为是不变的，因而加工同批工件时的尺寸B也是稳定的。

反之，若以K_1面定位［图1-86(b)］，则操作者调整时以支承钉1为基准，调整刀具左侧切削刃S_1与支承钉1的距离，得尺寸B'。此时由于同批工件的毛坯中尺寸L_d是变化的，其变动范围$\delta_{L_d}=L_{dmax}\sim L_{dmin}$，这个变动范围，就使间接得到的尺寸$B$也要发生变动，由图可知：$\delta_b=\delta_{L_d}$，这就直接影响到尺寸$B$的精度，即每批工件中尺寸$B$就不一样了。试想，如果第一个试件尺寸$L_d$恰好处于极端情况，操作者在调整对刀以及测量时，加工得到的尺寸B就可能会超差；如果要求$\delta_b<\delta_{L_d}$时，则废品率将更高。

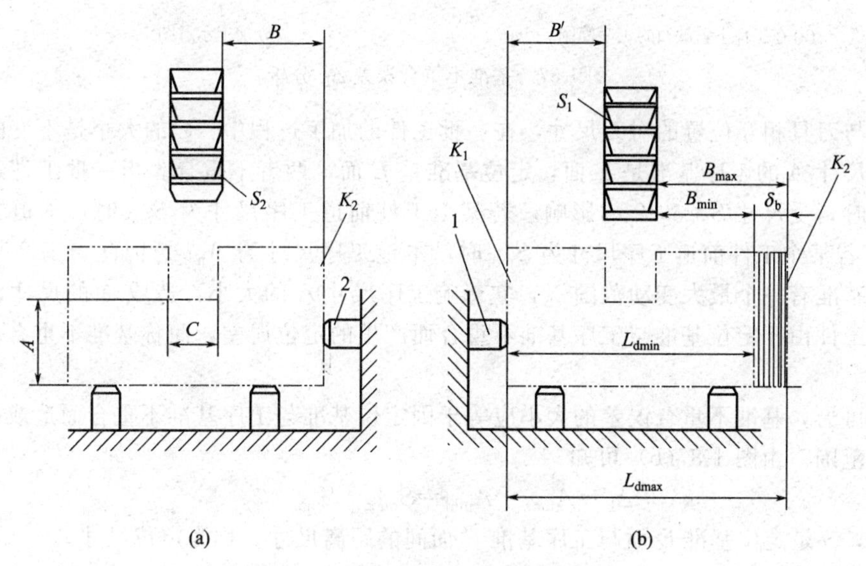

图1-86　铣通槽时两种定位方案分析

1,2—导向支承钉

从以上分析可知：工件的定位基准选择不当会给加工尺寸增加一种误差——基准不重合误差。这种误差是因工序基准K_2与定位基准K_1不重合所致。这时定位基准与工序基准之间的联系尺寸L_d（也称定位尺寸）的公差δ_{L_d}，就会引起工序基准相对于定位基准在加工尺寸方向上发生变动，这个变动范围就是基准不重合Δ_B。

显然，在图1-86(a)中，$\Delta_B=0$；而在图1-86(b)中，$\Delta_B=\delta_{L_d}$。

对于有些定位方式，即使基准重合，同批工件的加工尺寸也不能保持一致。请读者自行分析。

二、知识导航

1. 造成定位误差的原因

造成定位误差的原因有两个：一是定位基准与工序基准不重合，由此产生基准不重合误差Δ_B；二是定位基准与限位基准不重合，由此产生基准位移误差Δ_Y。

(1) 基准不重合误差Δ_B　图1-87是在工件上铣缺口，图1-87(a)为在工件上铣缺口的工序简图，加工尺寸为A和B。图1-87(b)为加工示意图，工件以底面和E而定位。C是

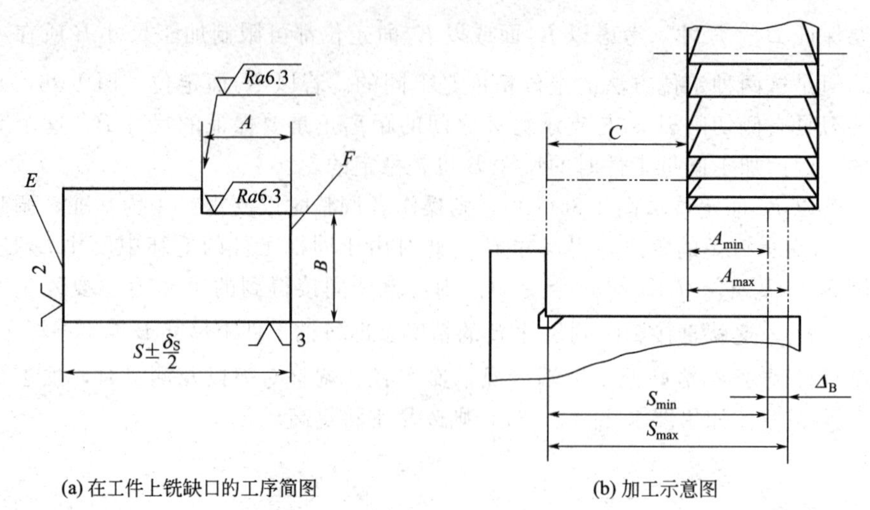

(a) 在工件上铣缺口的工序简图　　(b) 加工示意图

图 1-87　基准不重合误差 Δ_B 分析

确定夹具与刀具相互位置的对刀尺寸，在一批工件的加工过程中，C 的大小是不变的。

加工尺寸 A 的工序基准是 F 面，定位基准是 E 面，两者不重合。当一批工件逐个在夹具上定位时，受尺寸 $S\pm\delta_S/2$ 的影响。若某个工件前道工序尺寸为 S_{max}时，本道工序尺寸为 A_{max}；若某个工件前道工序尺寸为 S_{min}时，本道工序尺寸为 A_{min}。因此，工序基准 F 面相对定位基准有一个最大变动范围 δ_S，它影响工序尺寸 A 的大小，造成 A 的尺寸误差。Δ_S 就是这批工件由于定位基准与工序基准不重合而产生的定位误差，简称基准不重合误差，用 Δ_B表示。

由此可见，基准不重合误差的大小应等于因定位基准与工序基准不重合而造成的加工尺寸的变动范围。由图 1-87(b) 可知

$$\Delta_B=A_{max}-A_{min}=S_{max}-S_{min}=\delta_S$$

式中，S 是定位基准 E 面与工序基准 F 面间的距离尺寸，称为定位尺寸。

当工序基准的变动方向与加工尺寸的方向不一致，存在一夹角 α 时，基准不重合误差等于定位尺寸的公差在加工尺寸方向上的投影，即

$$\Delta_B=\delta_S\cos\alpha$$

当工序基准的变动方向与加工尺寸的方向相同时，即 $\alpha=0°$，$\cos\alpha=1$，这时基准不重合误差等于定位尺寸的公差，即

$$\Delta_B=\delta_S$$

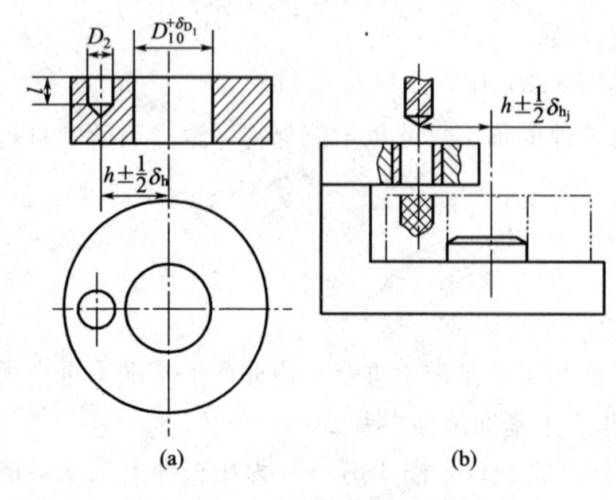

图 1-88　圆盘钻孔工序图

因此，基准不重合误差 Δ_B是一批工件逐个在夹具上定位时，定位基准与工序基准不重合而造成的加工误差，其大小为定位尺寸的公差 δ_S在加工尺寸方向上的投影。

图 1-87 中加工尺寸 B 的工序基准与定位基准均为 E 面，基准重合，所以 $\Delta_B=0$。

(2) 基准位移误差 Δ_Y　有些定位方式，即使是基准重合，也可能产生另一种定位误差。如图 1-88 所示为圆盘钻孔工序图，图 1-88(a) 中尺寸 D_2由钻头保证，尺寸 $h\pm$

$0.5\delta_h$由夹具保证。图 1-88(b) 为该工件在夹具中定位钻孔简图，定位基准和工序基准都是内孔中心线，两基准重合。钻套中心与定位销中心之距离 $h\pm0.5\delta_{h_j}$，按工序尺寸 $h\pm0.5\delta_h$ 而定，钻头经钻套引导钻削孔 D_2。

由于工件的定位基准内孔 D_1 和定位销直径 d 总有制造误差，且为了使工件内孔易于套于定位销，二者间还留有最小间隙 X_{min}，因此，工件的定位基准和定位销中心就不可能完全重合，如图 1-89 所示。工件的定位基准中心相对定位销中心上下左右等任意方向变动，定位基准 O 的变动就造成工序尺寸的变动，其定位基准在工序尺寸方向上的最大变动范围，称为定位基准位移误差，简称基准位移误差，用 Δ_Y 表示。

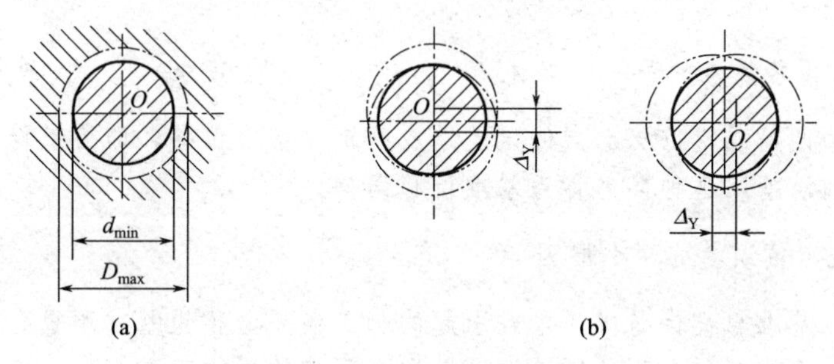

图 1-89　基准位移误差

注意　一批工件定位基准在工序尺寸方向上的最大可能变动范围，是定位最不利的情况。

由图 1-90 可知，当工件孔的直径为最大（D_{max}），定位销直径为最小（d_{0min}）时，定位基准的位移量 i 为最大（$i_{max}=OO_1$），加工尺寸 h 也最大（h_{max}）；当工件孔的直径为最小（D_{min}），定位销直径为最大（d_{0max}）时，定位基准的位移量 i 为最小（$i_{min}=OO_2$），加工尺寸 h 也最小（h_{min}）。因此

$$\Delta_Y=h_{max}-h_{min}=i_{max}-i_{min}=\delta_i$$

式中　i——定位基准的位移量；

δ_i——一批工件定位基准的变动范围。

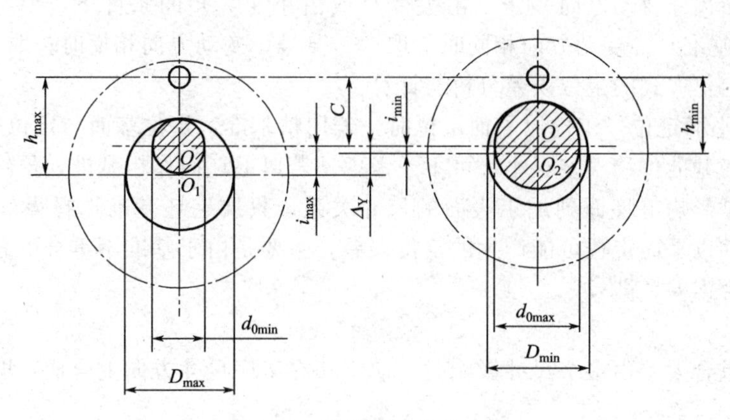

图 1-90　基准位移误差分析

当定位基准的变动方向与加工尺寸的方向不一致，两者之间成夹角 α 时，基准位移误差等于定位基准的变动范围在加工尺寸方向上的投影，即

$$\Delta_Y=\delta_i\cos\alpha$$

当定位基准的变动方向与加工尺寸的方向一致时，即 $\alpha=0°$，$\cos\alpha=1$，基准位移误差等于定位基准的变动范围，即

$$\Delta_Y=\delta_i$$

因此，基准位移误差 Δ_Y是一批工件逐个在夹具上定位时，定位基准相对于于限位基准的最大变化范围 δ_i在加工尺寸方向上的投影。

在上述分析的各例中，定位误差的产生只是单方面存在，即只有基准不重合误差，或只有基准位移误差。但在实际生产中，有的工件在夹具中定位时，可能这两种定位误差同时存在。因此，定位误差应由这两种误差组成。

注意 基准位移误差的另一种表述

由定位基准的误差或定位支承点的误差造成的定位基准位移，即为工件实际位置对确定位置的理想要素的误差，这种误差称为基准位移误差。

注意 产生定位误差的两个原因

一是由于定位基准与设计基准不重合引起的加工误差，称为基准不重合误差；二是由于定位基准和定位元件的工作表面的制造误差及配合间隙的影响而引起的加工误差，称为基准位移误差。

2. 定位误差的计算方法

定位误差的计算方法有合成法、极限位置法和尺寸链分析计算法（微分法）。这里只介绍合成法。

由于定位基准与工序基准不重合以及定位基准与限位基准不重合是造成定位误差的原因，因此，定位误差应是基准不重合误差与基准位移误差的合成。计算时，可先算出 Δ_B和 Δ_Y，然后将两者合成而得 Δ_D。

合成时，若工序基准不在定位基面上（工序基准与定位基面为两个独立的表面），即 Δ_B与 Δ_Y无相关公共变量，则 $\Delta_D=\Delta_Y+\Delta_B$。

若工序基准在定位基面上，即 Δ_B与 Δ_Y有相关的公共变量，则 $\Delta_D=\Delta_Y\pm\Delta_B$。

在定位基面尺寸变动方向一定（由大变小或由小变大）的条件下，Δ_Y（或定位基准）与 Δ_B（或工序基准）的变动方向相同时，取“+”号；变动方向相反时；取“−”号。

（1）常见定位方式的定位误差分析与计算

① 工件以平面定位　工件以平面定位时，若用精基准，定位基面与定位表面很好贴合，因平面度引起的基准位移误差很小，可不予考虑。若以毛坯面作粗基准，虽然基准位移误差较大，但主要是影响毛坯面到加工表面的尺寸关系，只要毛坯基准选择得好，不会产生问题。所以，工件以平面定位可能产生的定位误差，主要是由于基准不重合引起的，实质上就是求基准不重合误差，即

$$\Delta_D=\Delta_B=\delta_S\cos\alpha$$

当基准不重合误差由多个尺寸影响时，应将其在工序尺寸方向上合成，即

$$\Delta_B=\sum_{i=1}^{n}\delta_i\cos\alpha$$

式中，δ_i为定位基准与工序基准间的尺寸链组成环的公差，mm。

【例 1-3】 如图 1-87 所示，若 $S=40\text{mm}\pm0.14\text{mm}$，$A=20\text{mm}\pm0.15\text{mm}$ 和 $B=25\text{mm}\pm$

0.15mm，采用图1-87(b) 的定位方案，试分析和计算其定位误差，并判断此方案是否可行。

解：对于加工尺寸 $B=25\text{mm}\pm0.15\text{mm}$，底面既是工序基准又是定位基准，所以 $\Delta_D=\Delta_B=0$；对于加工尺寸 $A=20\text{mm}\pm0.15\text{mm}$，$F$ 面是工序基准，E 面是定位基准，工序基准与定位基准不重合，其基准不重合误差值决定于 F 面至 E 面间的尺寸公差，则 $\Delta_D=\Delta_B=\delta_S=0.28\text{mm}$。

本工序要求保证的加工尺寸 $A=20\text{mm}\pm0.15\text{mm}$，其允差为 0.30mm，而 $\Delta_D=0.28\text{mm}$。由此可见，Δ_D 在加工误差中所占比重太大，以致留给其他加工误差的允差仅 0.02mm，这就无法保证加工尺寸 $A=20\text{mm}\pm0.15\text{mm}$ 的加工要求。为保证加工要求，需从工艺上采取措施。

② 工件以圆柱孔定位　工件以圆柱孔定位时，常用的定位元件是定位销和芯轴，其基准位移误差既与二者之间的配合性质有关，还与定位元件的安装方式有关。基准不重合误差随具体情况而异。

a. 圆孔与芯轴或定位销过盈配合　无论定位元件水平放置或垂直放置，过盈配合时定位副之间无间隙，定位基准与限位基准相重合，因此，基准位移误差为零，即 $\Delta_Y=0$。求该种情况的定位误差，实质就是求基准不重合误差。

b. 工件以圆孔与芯轴或定位销间隙配合

ⅰ. 任意边接触　工件上圆孔与刚性芯轴或定位销间隙配合，定位元件垂直放置，构成任意边接触。因定位副之间有最小配合间隙，再加上定位副的制造误差，所以存在基准位移误差。其大小应等于因定位基准与限位基准不重合造成的加工尺寸的变动范围。一批工件定位基准变动的两个极端位置是圆孔直径最大，而定位销（或芯轴）直径最小。

如图1-88(b) 圆盘钻孔定位简图所示，当孔径最大，而定位销直径最小，孔左右两边的母线与定位销接触时，可使定位基准沿工序尺寸 h 方向的位移量最大。其偏移量为最大配合间隙。故基准位移误差（见图1-91）为

$$\Delta_Y=D_{max}-d_{0min}$$

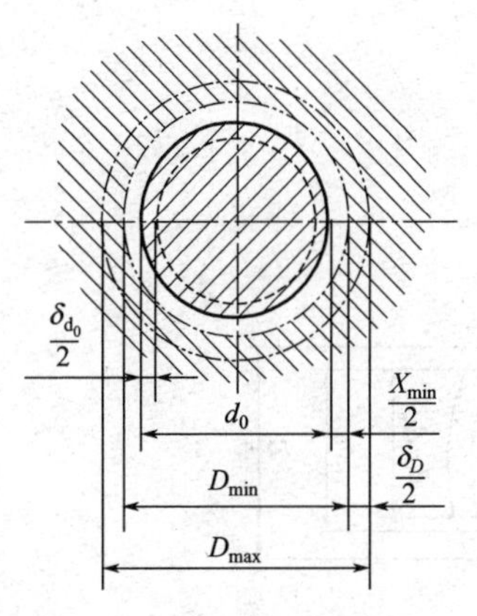

图1-91　孔与销的尺寸分布

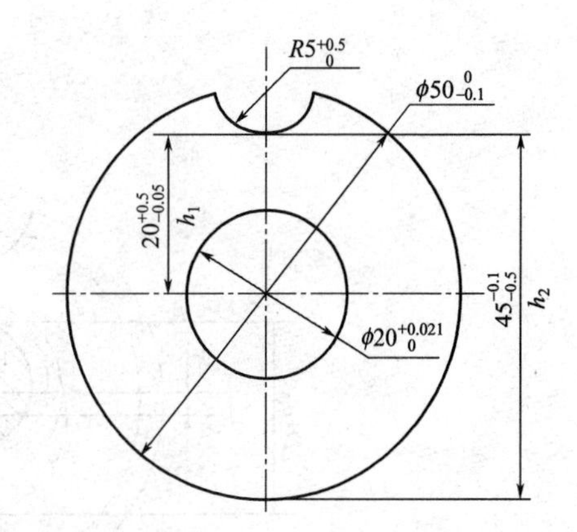

图1-92　支承盘工序简图

因为　$$D_{max}=D+\delta_D,\ D=d_0+X_{min}$$

所以　$$D_{max}=d_0+X_{min}+\delta_D$$

因为　$$d_{min}=d_0-\delta_{d_0}$$

将 D_{max} 和 d_{min} 代入上式得

$$\Delta_Y = \delta_D + \delta_{d_0} + X_{min}$$

式中 δ_D——工件孔的直径公差，mm；

δ_{d_0}——定位销的直径公差，mm；

X_{min}——最小孔径 D 与最大定位销直径 d 相配合的最小间隙，mm。

当工件用长定位轴定位时，定位的配合间隙还会使工件发生歪斜，影响工件的平行度要求。所以工件除了孔距公差外，还有平行度要求，定位配合的最大间隙同时会造成平行度误差，即

$$\Delta_Y = (\delta_D + \delta_{d_0} + X_{min})\frac{L_1}{L_2}$$

式中 L_1——加工面长度，mm；

L_2——定位孔长度，mm。

【例 1-4】 如图 1-92 所示，在支承盘上铣圆弧 R，要求保证与内孔轴线的距离为 h_1 或与外圆下母线的距离为 h_2。若内孔与芯轴间隙配合，孔为 $\phi 20^{+0.021}_{0}$，轴为 $\phi 20^{-0.007}_{-0.020}$，试分析工序尺寸 h_2 的定位误差。

解： 首先，求基准位移误差，即

$$\Delta_Y = \delta_D + \delta_{d_0} + X_{min} = 0.021 + 0.013 + 0.007 = 0.041\ (\text{mm})$$

其次，求基准不重合误差，即为 Z 轴方向支承盘外圆半径的误差。即

$$\Delta_B = \delta/2 = 0.10/2 = 0.005\ (\text{mm})$$

由于工序基准不在定位基面上，所以 $\Delta_D = \Delta_Y + \Delta_B = 0.041 + 0.005 = 0.091$ (mm)。

ⅱ. 固定单边接触　工件上圆孔与刚性芯轴或定位销间隙配合，定位元件水平放置，构成固定边接触。如图 1-93 所示，存在定位基准位移误差，在 Z 轴方向的位置最大变动量的两个极限位置：一是定位销直径最大，内孔直径最小，固定在定位销的上母线接触，此时定位基准位于 O_1；二是定位销直径为最小，内孔直径最大，也与定位销上母线接触，定位基准位于 O_2。因此，定位基准位移误差是 O_1O_2 之间的距离，即

$$\Delta_Y = O_1O_2 = O_2B_2 + B_1B_2 - O_1B_1 = \frac{1}{2}(D + \delta_D + \delta_{d_0} - D) = \frac{1}{2}(\delta_D + \delta_{d_0})$$

$$\Delta_Y = \frac{1}{2}(\delta_D + \delta_{d_0})$$

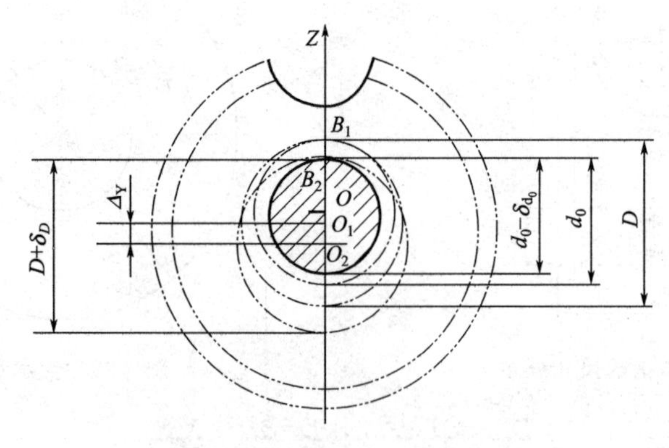

图 1-93 圆孔与芯轴固定单边接触基准位移误差

综上所述，工件以圆孔与芯轴或定位销间隙配合定位的两种接触方式的定位误差可知，工序尺寸标注相同，定位元件与定位基准接触方式不同，其定位精度不同。

（2）工件以外圆柱面在V形块上定位时的定位误差　由于工件外圆有制造误差，它将引起定位基准 O_1 在V形块的对称轴线（Z 方向）上产生变动，其最大变动量为 O_1O_2，如图1-94所示。

由 $\triangle O_1EB$ 与 $\triangle O_2FB$ 可知

$$\delta_1=O_1O_2=O_1B-O_2B=\frac{O_1E}{\sin\frac{\alpha}{2}}-\frac{O_2F}{\sin\frac{\alpha}{2}}=\frac{1}{\sin\frac{\alpha}{2}}\left(\frac{d}{2}-\frac{d-\delta_d}{2}\right)=\frac{\delta_d}{2\sin\frac{\alpha}{2}}$$

δ_1 与加工尺寸方向一致，故 $\Delta_Y=\delta_1=\dfrac{\delta_d}{2\sin\frac{\alpha}{2}}$

式中　α——V形块两限位基面间的夹角，(°)；

δ_d——工件外径直径公差，mm。

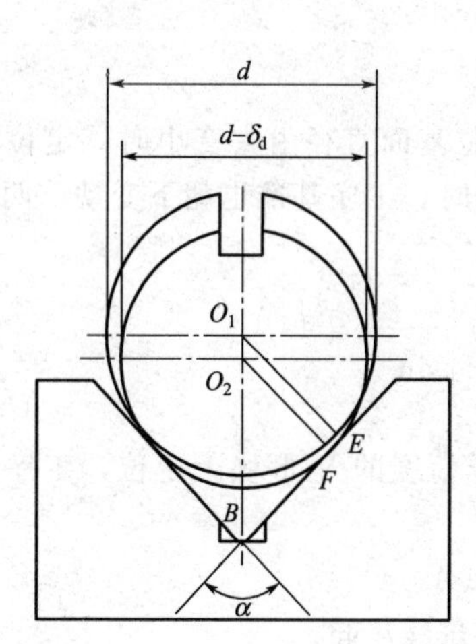

图1-94　工件在V形块中定位

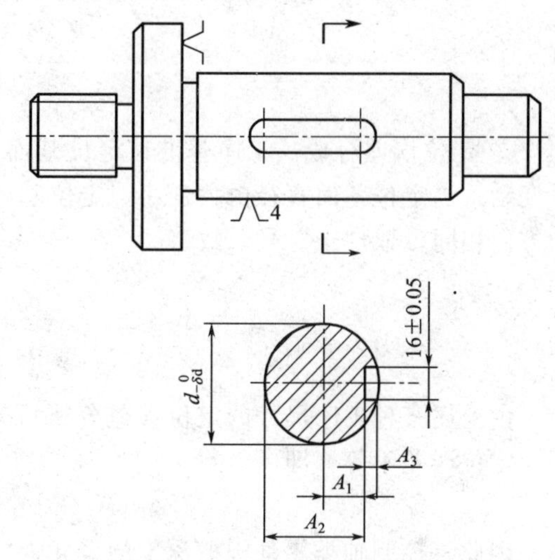

图1-95　铣键槽工序简图

上式中未考虑V形块 α 角的制造公差。这是因为V形块 α 角的公差很小，对 $\sin\alpha/2$ 影响极微，可以忽略不计。

【例1-5】　如图1-95所示在轴上铣键槽，以外圆柱面 $d_{-\delta_d}^{\ 0}$ 在 α 为90°的V形块上定位，求加工尺寸分别为 A_1、A_2、A_3 时的定位误差。

解：（1）加工尺寸 A_1 的定位误差

① 工序基准是圆柱轴线，定位基准也是圆柱轴线，两者重合，$\Delta_B=0$。

② 定位基准相对限位基准有位移，得

$$\Delta_Y=\frac{\delta_d}{2\sin\frac{\alpha}{2}}$$

③ 定位误差为

$$\Delta_D=\Delta_Y=\frac{\delta_d}{2\sin\frac{\alpha}{2}}$$

（2）加工尺寸 A_2 的定位误差

① 工序基准是圆柱下母线，定位基准是圆柱轴线，两者不重合，定位尺寸 $S=\left(\frac{d}{2}\right)_{-\frac{\delta_d}{2}}^{\ 0}$，

故 $$\Delta_B=\delta_S=\delta_d/2$$

② $$\Delta_Y=\frac{\delta_d}{2\sin\frac{\alpha}{2}}$$

③ 定位误差合成。工序基准在定位基面上。当定位基面直径由大变小时，定位基准朝下变动；当定位基面直径由大变小、定位基准位置不动时，工序基准朝上变动。两者的变动方向相反，取“−”号，故

$$\Delta_D=\Delta_Y-\Delta_B=\frac{\delta_d}{2\sin\frac{\alpha}{2}}-\frac{\delta_d}{2}=\frac{\delta_d}{2}\left(\frac{1}{\sin\frac{\alpha}{2}}-1\right)$$

（3）加工尺寸 A_3 的定位误差

① 工序基准与定位基准不重合，$\Delta_B=\delta_d/2$。

② $$\Delta_Y=\frac{\delta_d}{2\sin\frac{\alpha}{2}}$$

③ 定位误差合成。工序基准在定位基面上。当定位基面直径由大变小时．定位基准朝下变动；当定位基面直径由大变小、定位基准位置不动时，工序基准也朝下变动。两者的变动方向相同，取“＋”号，故

$$\Delta_D=\Delta_Y+\Delta_B=\frac{\delta_d}{2\sin\frac{\alpha}{2}}+\frac{\delta_d}{2}=\frac{\delta_d}{2}\left(\frac{1}{\sin\frac{\alpha}{2}}+1\right)$$

由上述三种工序尺寸的定位误差分析可知，在同样精度的 V 形块上定位，工序基准不同，定位误差不等，即

$$\Delta_D(A_2)<\Delta_D(A_1)<\Delta_D(A_3)$$

因此，控制轴类零件键槽深度的尺寸，一般多由下母线注起。

④ 一面两孔组合定位误差分析。前面介绍了一些常见的典型定位方式，都是以一些简单的几何表面（如表面、内孔和外圆柱面等）作为基准的。但一般机械零件很少以单一几何表面作为定位基准来定位，多数是以两个或两个以上的几何表面作为定位基准而采取组合定位。

a. 实例　如图 1-79(a) 所示，要钻连杆盖上的四个定位销孔。按照加工要求，用平面 A 及直径为 $\phi12^{+0.027}_{0}$ mm 的两个螺栓孔定位。

b. 分析　在批量生产中，加工箱体、杠杆、盖板等类零件时，常以工件的一个平面和两个圆孔作为定位基准实现组合定位，简称一面两孔定位。这时，工件的定位平面一般是加工过的精基面，两定位孔可能是工件上原有的，也可能是专为定位需要而设置的工艺孔。

知识链接

一面两孔定位的设计步骤：①确定两定位销的中心距等于工件两定位孔中心距的平均尺寸，其公差一般为 $\delta_{ld}=(1/5\sim1/3)\delta_{lD}$；②圆柱销的直径等于与之配合的工件孔的最小极限尺寸，其公差一般取 g6 或 f7；③查表确定菱形销的尺寸 b 和 b_1；④通过计算菱形销、配合孔的最小间隙、计算菱形销的最大直径，其公差一般也选用 g6 或 f7，确定菱形销的直径。

工件以一面两孔定位时，所用的定位元件是平面用支承板定位，两孔用圆柱销定位。这

样，支承板限制了$\vec{X}$、$\widehat{Y}$、$\widehat{Z}$三个自由度，一个短圆柱销限制了$\vec{X}$、$\vec{Y}$两个自由度，另一个短圆柱销限制了$\vec{X}$、$\widehat{Z}$两个自由度，属于重复定位，沿连心线方向的$\vec{X}$自由度被重复限制了。当工件的孔间距（$L\pm\delta_{L_D}/2$）与夹具的销间距（$L\pm\delta_{L_d}/2$）的公差之和大于工件两定位孔（D_1、D_2）与夹具两定位销（d_1、d_2）之间的配合间隙之和时，将妨碍工件的装入。

⑤ 一面两孔定位时定位误差的分析与计算　工件以一面两孔在夹具的一面两销上定位时，如图1-96所示。由于O_1孔与圆柱销存在最大配合间隙X_{1max}，O_2孔与菱形销存在最大配合间隙X_{2max}，因此会产生直线位移误差Δ_{Y1}和角度位移误差Δ_{Y2}，两者组成基准位移误差Δ_Y，即

$$\Delta_Y=\Delta_{Y1}+\Delta_{Y2}$$

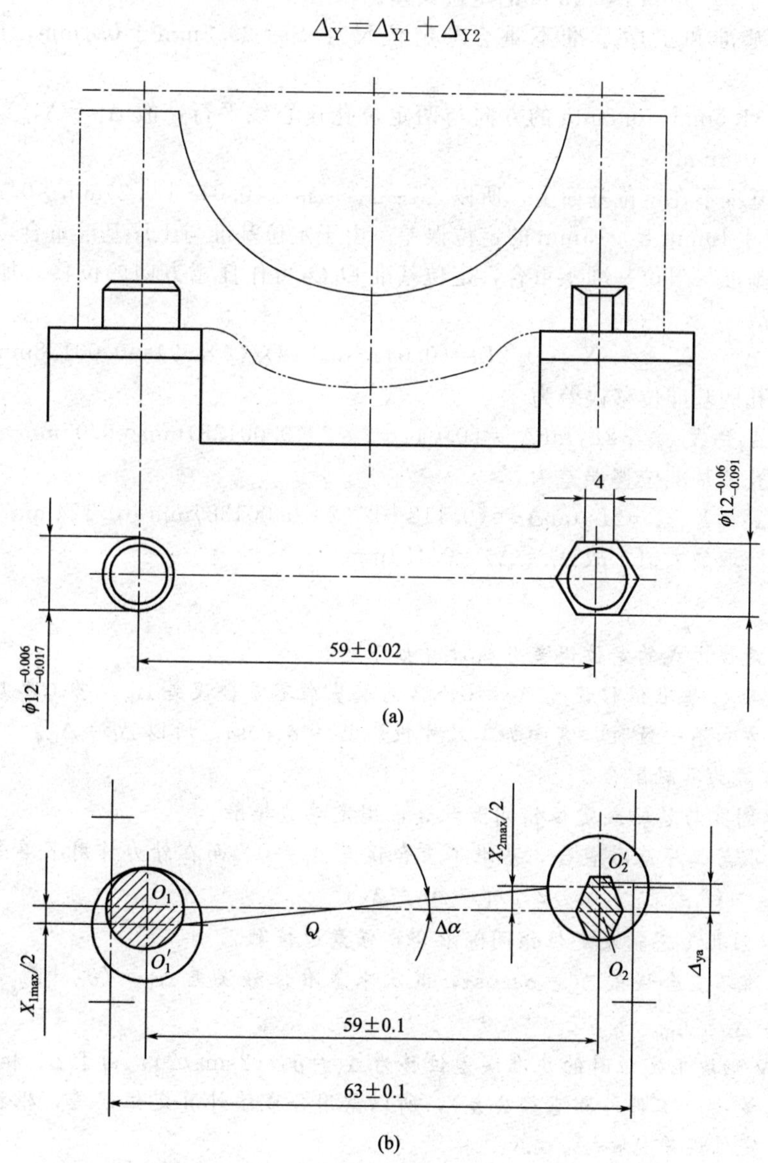

图1-96　连杆盖的定位方式与定位误差

因为$X_{1max}<X_{2max}$，所以直线位移误差Δ_{Y1}受X_{1max}控制。当工件在外力作用下单向位移时，$\Delta_{Y1}=X_{1max}/2$；当工件可在任意方向位移时，$\Delta_{Y1}=X_{1max}$。

如图 1-96(a) 所示，当工件在外力作用下单向位移时，工件的定位基准 $O_1'O_2'$会出现 $\Delta\alpha$ 的转角。

如【训练 1-1】根据工序加工要求确定菱形销定位元件设计的实例中图 1-79，计算定位误差，分析定位质量。

连杆盖本工序的加工尺寸较多，除了四孔的直径和深度外，还有 63mm±0.1mm、20mm±0.1mm、31.5mm±0.2mm 和 10mm±0.15mm。其中 63mm±0.1mm 和 20mm±0.1mm 没有定位误差，因为它们的大小取决于钻套间的距离，与工件定位无关；而 31.5mm±0.2mm 和 10mm±0.15mm 均受工件定位的影响，有定位误差。

a. 加工尺寸 31.5mm±0.2mm 的定位误差。

由于定位基准和工序基准不重合，定位尺寸 $S=29.5\text{mm}\pm0.1\text{mm}$，所以，$\Delta_D=\Delta_S=0.2\text{mm}$。

由于尺寸 31.5mm±0.2mm 的方向与两定位孔连心线平行，故 $\Delta_Y=X_{1max}=(0.027+0.017)\text{mm}=0.044\text{mm}$

由于工序基准不在定位基面上，所以 $\Delta_D=\Delta_Y+\Delta_B=(0.044+0.2)\text{mm}=0.244\text{mm}$。

b. 加工尺寸 10mm±0.15mm 的定位误差。由于定位基准与工序基准重合，$\Delta_B=0$。

由于定位基准与限位基准不重合，定位基准 O_1O_2可作任意方向的位移，加工位置在定位孔两外侧。故

$$\tan\Delta_\alpha=(X_{1max}+X_{2max})/2L=(0.044+0.018)/(2\times59)=0.00138\text{mm}$$

左边两小孔的基准位移误差为

$$\Delta_Y=X_{1max}+2L_1\tan\Delta_\alpha=(0.044+2\times2\times0.00138)\text{mm}=0.05\text{mm}$$

右边两小孔的基准位移误差为

$$\Delta_Y=X_{2max}+2L_2\tan\Delta_\alpha=(0.118+2\times2\times0.00138)\text{mm}=0.124\text{mm}$$

定位误差应取最大值，故 $\Delta_D=\Delta_Y=0.124\text{mm}$

知识点说明

几种常见定位方式的定位误差分析计算如下。

① 平面定位。基准位移误差 $\Delta_Y=0$，只需求基准不重合误差 Δ_B。若工序基准的位移方向与加工尺寸方向不一致时，需向加工尺寸投影 $\Delta_B=\delta_S\cos\alpha$。所以 $\Delta_D=\Delta_B$。

② 定位方式为孔轴配合。

a. 工件以圆孔与芯轴或定位销间隙配合，固定单边接触。

若定位基准与工序基准重合，基准不重合误差 $\Delta_B=0$。而在外力作用下单向接触时，基准位移误差 $\Delta_Y=(\delta_D+\delta_{d_0})\cos\alpha/2$，所以 $\Delta_D=\Delta_Y$。

b. 工件以圆孔与芯轴或定位销间隙配合，任意边接触。

首先求基准不重合误差 $\Delta_B=\delta_S\cos\alpha$，其次求基准位移误差 $\Delta_Y=(\delta_D+\delta_{d_0}+X_{min})\cos\alpha$，定位误差 $\Delta_D=\Delta_Y\pm\Delta_B$。

③ 轴在 V 形块上定位时的基准误差位移为 $\Delta_Y=\delta_d/(2\sin\alpha/2)$，由于 Δ_Y 和 Δ_B 中均包含一个公共的变量 δ_d（工件外圆直径公差），所以需用合成法计算定位误差，根据两者作用方向取代数和。定位误差 $\Delta_D=\Delta_Y\pm\Delta_B$。

④ 角度定位误差的计算与尺寸定位误差的计算方法相同。

三、实例思考

如图 1-97 所示，一批工件以圆孔 ϕ20H7 用芯轴 ϕ20g6 定位，在立式铣床上用顶针顶住

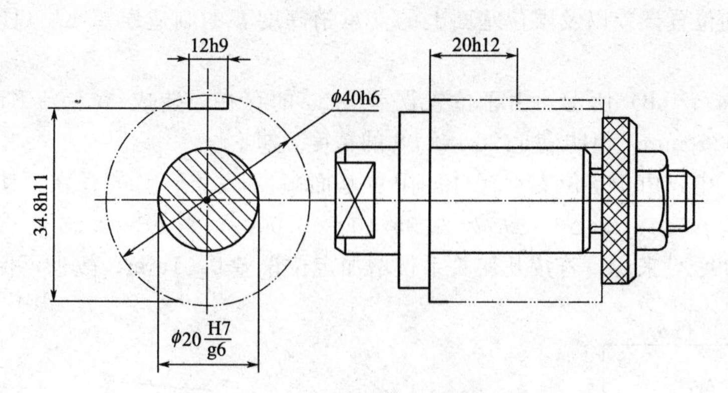

图 1-97　铣槽时的定位误差分析

芯轴铣槽。其外圆 ϕ40h6、内孔 ϕ20H7 及两端面均已加工合格，并且外圆 ϕ40h6 对内孔 ϕ20H7 的径向跳动在 0.02mm 之内。铣槽的主要技术要求如下。

① 槽宽 $b=12h9(^{0}_{-0.043})$。

② 槽距一端面尺寸为 $20h12(^{0}_{-0.21})$。

③ 槽底位置尺寸为 $34.8h11(^{0}_{-0.16})$。

④ 槽两侧面对外圆轴线的对称度不大于 0.1mm。

试分析其定位误差对保证各项技术要求的影响。

四、定位误差分析计算实例

1. 工件以平面定位时的定位误差

工件以平面作定位基准时，三种定位误差都可能存在。

【例 1-6】 如图 1-98(a) 所示工件在夹具中，以平面定位铣表面 1、2，要求保证的加工尺寸为 $A\pm\delta_a=30\pm0.08$ 及 $B^{+\delta_b}_{0}=20^{+0.1}_{0}$。已知：尺寸 $C^{+\delta_c}_{0}=50^{+0.1}_{0}$，$K=15$mm，两定位基面的垂直度为 $\pm\Delta\alpha=\pm6'$，两销钉高度差 $\Delta h=0.05$mm，试分析并对比图中两种定位方案的定位误差大小。

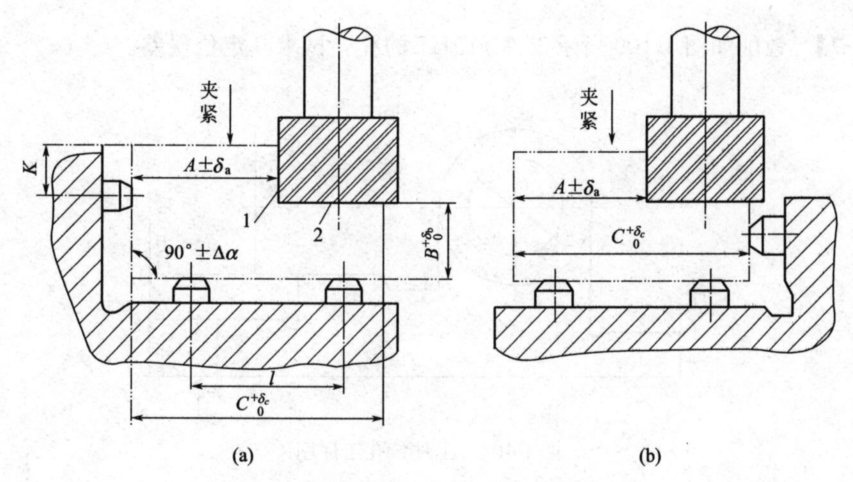

图 1-98　平面定位时的定位误差分析（一）

解：第一方案由于两定位基面是精基面，它们分别与尺寸 A、B 的工序基准重合，故对加工尺寸 $A\pm\delta_a$ 和 $B\pm\delta_b$ 来说，$\Delta_B=0$。但对基准位移误差来说，情况就较复杂。因为由于两定位基面间的位置误差以及限位基面上的支承销高度 h 的制造误差 Δh（图 1-99）都会造成定位误差。

如图 1-99(a)、(b) 所示，由于位置误差 $\pm\Delta\alpha$ 的存在，造成 $\Delta_Y=\pm K\tan\Delta\alpha=\pm15\times\tan0.1°=\pm0.0262$mm，但能满足 30±0.08 的精度要求。

图 1-99(c) 中，由于定位支承元件的限位基面高度尺寸 $h^{+\Delta h}_{0}$ 的存在，使工件定位基面所产生转角误差 $\Delta\theta$ 为：$\tan\Delta\theta=\Delta h/l=0.05/100=0.0005$，则 $\Delta\theta=0.03°\approx1'48''$。此转角误差对加工尺寸 $20^{+0.1}_{0}$ 来说，若按几何关系仅增加定位误差 0.01mm。故也可保证。

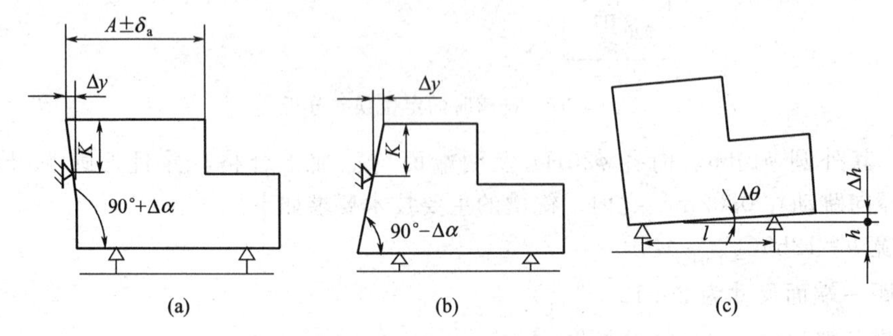

图 1-99　平面定位时的定位误差分析（二）

在采用图 1-98(b) 所示的定位方案时，在保证加工尺寸 B 来说，与前一种定位方案误差相同，即 $\Delta_B=0$。但对尺寸 A 来说，虽然 $\Delta_Y=0$，而由于基准不重合，产生了 $\Delta'_B=\delta_C=0.1$mm。即使不计由位置误差和支承钉高度误差而引起的定位误差，仅计 $\Delta_D=\Delta'_B=0.1$mm，显然该定位方案不能保证尺寸 A 合格，故只能采用图 1-99(a) 方案。

从上述分析可知，欲提高平面定位精度，可采取以下举措。

① 恰当选择限位基面，力求基准重合，并控制定位尺寸公差值的大小，以减小 Δ_B。

② 提高各限位基面之间的位置精度和形状精度，以减小 Δ_Y。

③ 增大支承钉之间的距离，并在定位元件装配后，将其限位基面磨一次，以减小 Δ_θ。

本例中，若不计后两种误差，则第一种定位方案可以认为 $\Delta_B=0$，$\Delta_Y=0$，$\Delta_\theta=0$，即 $\Delta_D=0$。

【例 1-7】 镗削如图 1-100 所示工件 ϕ15H7 的孔，试求其定位误差。

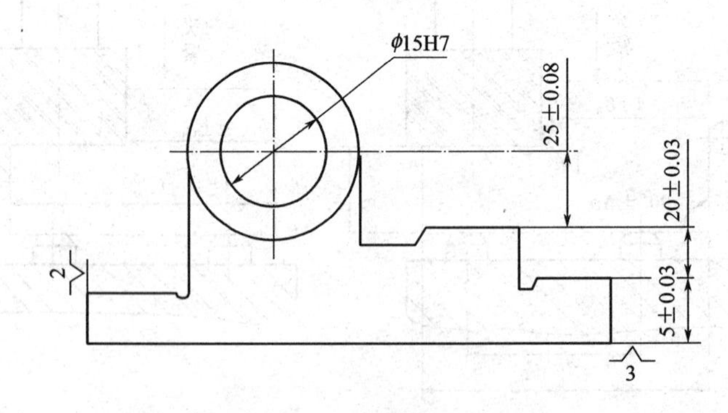

图 1-100　工件镗孔工序图

解：

① 工件以平面定位，$\Delta_Y=0$。

② 工序基准在上平面，定位基准在下平面，基准不重合。因此知

$$\Delta_B = \sum_{i=1}^{n} \delta_i \cos\alpha = (0.06 + 0.06)\cos 0° = 0.12\text{mm}$$

③ 定位误差为 $\Delta_D = \Delta_B = 0.12$mm。

2. 工件以圆孔在芯轴（或短圆销）上定位时的定位误差

以圆孔作定位基面加工时，定位芯轴（或短圆销）在夹具中有两种安装方式。

（1）芯轴水平安装　这种安装方式在车床、外圆磨床、卧式铣床和钻床等机床夹具中被广泛采用。此时若采用图1-101(a) 所示的定位方式，由于基准重合，故 $\Delta_B = 0$，于是 $\Delta_D = \Delta_Y$。

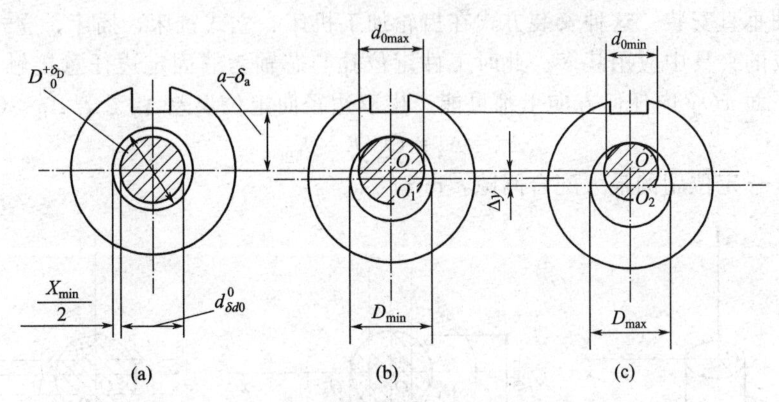

图1-101　采用间隙配合的芯轴定位误差

分析 Δ_Y 则有两种情况：①采用无间隙芯轴安装，则 $\Delta_Y = 0$；②若改用图1-101所示的间隙配合芯轴安装，由于定位副有制造误差，同时为安装方便还增加一最小安装间隙 $X_{\min}$。于是定位基准处于两个极端位置中的最高位置［图1-101(b) 中的 O_1 点］和最低位置［图1-101(c) 中的 O_2 点］时，最大变动量为 O_1O_2，这就是 Δ_Y，其大小为

$$\Delta_Y = \frac{\delta_D}{2} + \frac{\delta_{d_0}}{2}$$

式中　δ_D——定位孔的制造公差；

δ_{d_0}——芯轴限位基面的制造公差。

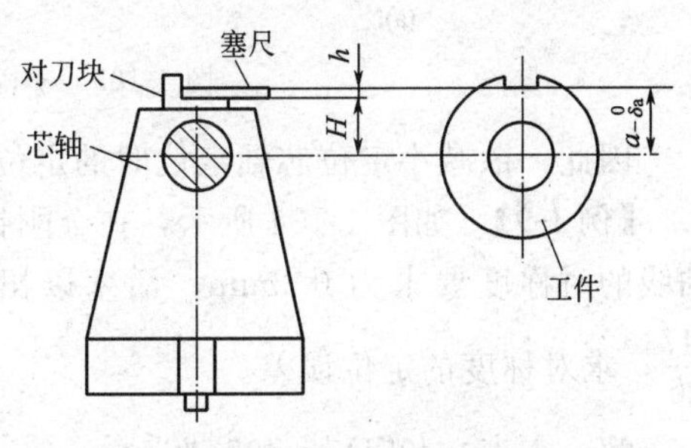

图1-102　对刀块位置尺寸

需要注意：同批工件中的任何一件，其定位基准相对于限位基准都要下降 $\frac{X_{\min}}{2}$，在调整刀具位置（即决定对刀块到定位基准的尺寸）时，需预先加以考虑，使这项常量对加工尺寸不产生影响。为此，对刀块工作面至限位基准的基本尺寸 H（图1-102）应为

$$H = a - h - \frac{X_{\min}}{2}$$

式中　h——塞尺厚度，mm；

$X_{\min}$——定位孔与芯轴的最小间隙，mm。

【例1-8】 在图1-101中，设 $a = 40\text{mm} \pm 0.1\text{mm}$，$D = \phi 50^{+0.03}_{0}$ mm，$d = \phi 50^{-0.01}_{-0.04}$ mm。求加工尺寸 a 的定位误差。

解： ① 求基准不重合误差 Δ_B。

定位基准与工序基准重合，$\Delta_B = 0$。

$$\Delta_B = \sum \delta_{di} = 0.05 + 0.1 = 0.15\text{mm}$$

② 求基准位移误差 Δ_Y。

定位基准与限位基准不重合，定位基准单方向移动。其最大移动量为

$$\Delta_Y = \frac{\delta_D + \delta_d}{2} = \frac{0.03 + 0.03}{2} = 0.03\text{mm}$$

③ 求定位误差 Δ_D。

$$\Delta_D = \Delta_Y + \Delta_B = 0.03 + 0 = 0.03\text{mm}$$

（2）芯轴垂直安装　这种安装方式在齿轮加工机床、立式铣床、插床、立式分度夹具和一面双销定位的夹具中应用甚多。此时工件定位孔与芯轴为非固定边任意接触（图 1-103），工件在沿水平面 xOy 内任何方向上都可能产生双边径向定位误差 Δ_Y。若 $\Delta_B = 0$，则

$$\Delta_D = \Delta_Y = O_1O_2 = X_{max}$$

式中　X_{max}——定位副的最大配合间隙，mm。

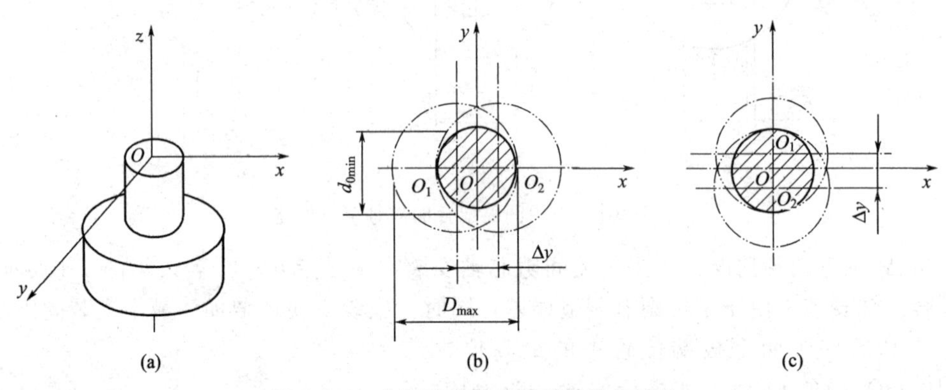

图 1-103　非固定边任意接触的定位误差

因此，欲减小定位芯轴定位时的定位误差就应减小配合间隙。

【例 1-9】 如图 1-104 所示，在金刚镗床上镗活塞销孔。活塞销孔轴线对活塞裙部内孔轴线的对称度要求为 0.2mm，活塞以裙部内孔及端面定位，内孔与限位销的配合为 $\phi 95\frac{H7}{g6}$，求对称度的定位误差。

解　查表：$\phi 95H7 = \phi 95^{+0.035}_{0}$ mm

$\phi 95g6 = \phi 95^{-0.012}_{-0.034}$ mm

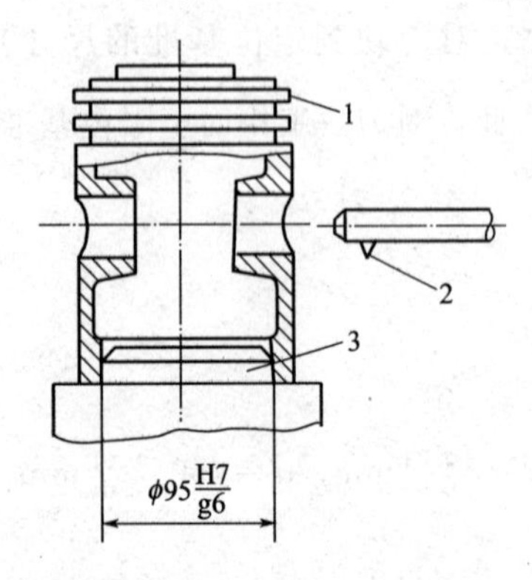

图 1-104　镗活塞销孔示意

1—工件；2—镗刀；3—定位销

① 求基准不重合误差 Δ_B。

对称度的工序基准是裙部内孔轴线，定位基准也是裙部内孔轴线，两者重合，$\Delta_B = 0$。

② 求基准位移误差 Δ_Y。

定位基准与限位基准不重合，定位基准可任意方向移动。

$$\Delta_Y = \delta_D + \delta_d + X_{min} = (0.035 + 0.022 + 0.012)\text{mm} = 0.069\text{mm}$$

或

$$\Delta_Y = D_{max} - d_{min} = [95.035 - (95 - 0.034)]\text{mm} = 0.069\text{mm}$$

③ 求定位误差 Δ_D。

$$\Delta_D = \Delta_Y = 0.069\text{mm}$$

从数值上看，Δ_D接近工件要求公差的三分之一$\left(\frac{1}{3}\times 0.2=0.066\text{mm}\approx 0.069\text{mm}=\Delta_D\right)$。

【例 1-10】 如图 1-105 所示为轴在顶尖和圆柱销定位情况下铣键槽，加工要求为 30°±20′，求角向定位误差。

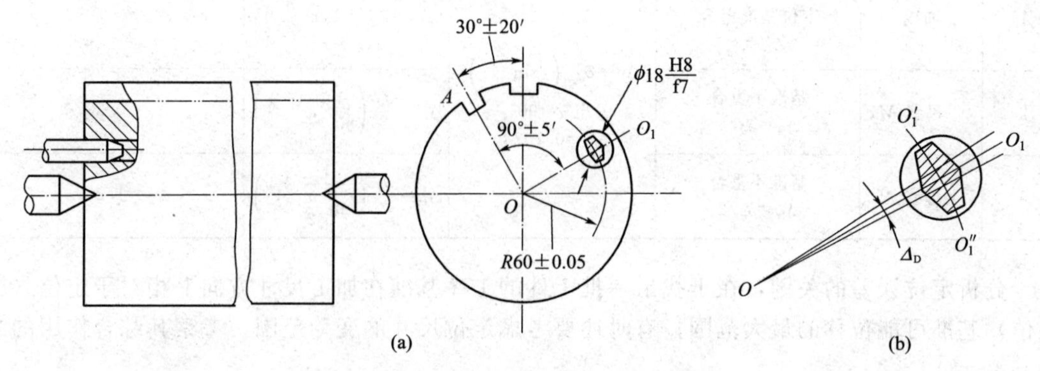

图 1-105　铣键槽的角向定位误差计算

解： ① 求基准不重合误差 Δ_B。

由图 1-105 可知，工序基准为 OA，定位基准为 OO_1，属于基准不重合。定位尺寸为 90°±5′，故 $\Delta_B=10'$。

② 求基准位移误差 Δ_Y。

定位孔为 ϕ18H8($\phi 18^{+0.027}_{0}$mm)，圆柱销为 ϕ18f7($\phi 18^{-0.016}_{-0.034}$mm)，由图 1-105(b) 得

$$\Delta_Y=\frac{O_1O_1''}{R}\approx\frac{\delta_D+\delta_d+X_{\min}}{R}=\frac{0.027+0.034}{60}\text{rad}=0.00102\text{rad}=3'30''$$

角向定位误差　　　　$\Delta_D=\Delta_Y+\Delta_B=3'30''+10'=13'30''$

3. 工件以外圆柱面在 V 形块上定位时的定位误差

如图 1-106 所示，当工件在夹具的 V 形块上以外圆柱面作为定位基面时，一般认为保证定位基面处于 V 形块的假想对称平面上，则定位基准在水平方向上的位移误差不存在，$\Delta_{Y_{水平}}=0$；但在垂直方向上，由于定位基面 $d_{-\delta_d}^{\ 0}$ 存在制造误差 δ_d，故产生基准位移误差应为 $\Delta_{Y_{垂直}}=\dfrac{\delta_d}{2\sin\frac{\alpha}{2}}$。因此可以看出，当 δ_d 一定时，V 形块夹角 α 越大，则 $\Delta_{Y_{垂直}}$ 就越小，定位精度就越高，但其定位稳定性就越差，故一般取 $\alpha=90°$。同时，V 形块的定位误差大小还

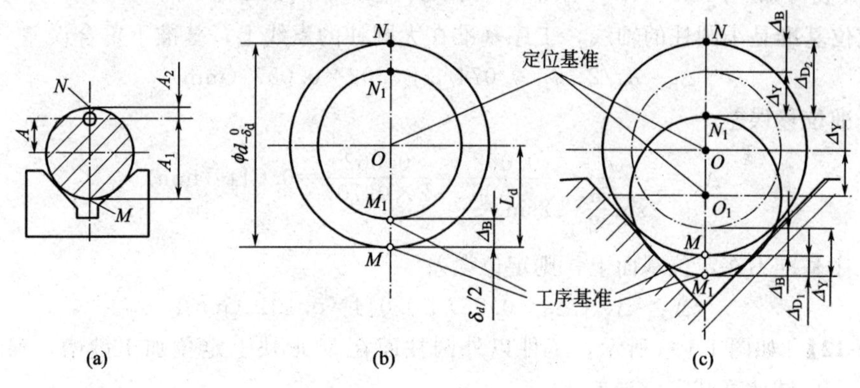

图 1-106　工序尺寸标注不同时的定位误差

与加工工序尺寸的标注有关，如图 1-106 所示，有三种情况，并按表 1-10 所述。

表 1-10 外圆柱表面工序尺寸标注不同时的定位误差对比

序号	工序基准	Δ_B	Δ_Y	Δ_D	当 $\alpha=90°$
1	轴线	工序基准与定位基准重合 $\Delta_B=0$	$\Delta_Y=\delta_d/\left(2\sin\frac{\alpha}{2}\right)$ 当 $\alpha=90°$ $\Delta_Y=0.707\delta_d$	$\Delta_D=\delta_d/\left(2\sin\frac{\alpha}{2}\right)$	$\Delta_Y=0.707\delta_d$
2	下母线 M	基准不重合 $\Delta_B=\delta_d/2$		$\Delta_D=\frac{\delta_d}{2}\left(\frac{1}{\sin\frac{\alpha}{2}}-1\right)$	$\Delta_Y=0.207\delta_d$
3	上母线 N	基准不重合 $\Delta_B=\delta_d/2$		$\Delta_D=\frac{\delta_d}{2}\left(\frac{1}{\sin\frac{\alpha}{2}}+1\right)$	$\Delta_Y=1.207\delta_d$

分析定位误差的关键，在于找出一批工件的工序基准在加工尺寸方向上相对于定位（或限位）基准可能位移的最大范围；有时还要考虑定位尺寸的变动范围，考察其综合作用的结果：$\Delta_D=\Delta_Y\pm\Delta_B$。

由上述三种工序尺寸的不同标注方式所得的三种定位误差对比可以看出：$\Delta_{D1}<\Delta_D<\Delta_{D2}$。故在控制轴类零件上如键槽深度、端面孔心距等工序尺寸时，一般多以下母线或轴线做工序基准。

【例 1-11】 如图 1-107 所示的定位方式在阶梯轴上铣槽，V 形块的夹角为 90°，试计算加工尺寸 74mm±0.1mm 的定位误差。

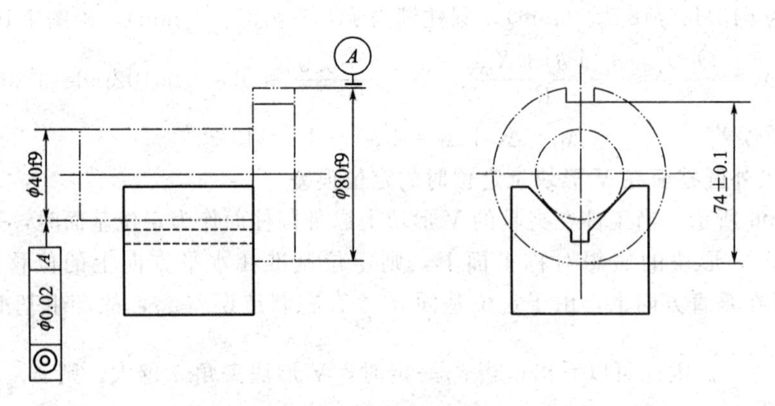

图 1-107 阶梯轴在 V 形块中定位铣槽

解：查表可知 $\phi40f9(\phi40^{-0.025}_{-0.087}mm)$，$\phi80f9(\phi80^{-0.030}_{-0.104}mm)$。

① 定位基准是小圆柱的轴线，工序基准在大圆柱的素线上，基准不重合误差

$$\Delta_B=\delta_d/2+t=0.074/2+0.02=0.057\ (mm)$$

② 基准位移误差

$$\Delta_Y=\frac{L_d}{2\sin\frac{\alpha}{2}}=\frac{0.062}{2\sin\frac{90°}{2}}=\frac{0.062}{2\times0.707}=0.044\ (mm)$$

③ 工序基准不在定位基面上，则定位误差

$$\Delta_D=\Delta_Y+\Delta_B=0.057+0.044=0.101\ (mm)$$

【例 1-12】 如图 1-108 所示，工件以外圆柱面在 V 形块上定位加工键槽，保证键槽尺寸 $34.8^{\ 0}_{-0.17}$，试计算其定位误差。

解： ① 求基准不重合误差 Δ_B。

定位基准为工件的中心线，设计基准为工件的下母线，故

$$\Delta_B = \frac{1}{2}\delta_d = \frac{1}{2}\times 0.025 = 0.0125\ (\text{mm})$$

② 求基准位移误差 Δ_Y。

$$\Delta_Y = \frac{\delta_d}{2\sin\frac{\alpha}{2}} = \frac{0.025}{2\sin\frac{90^\circ}{2}} = \frac{0.025}{2\times 0.707} \approx 0.0177\ (\text{mm})$$

③ 求定位误差 Δ_D。

因为设计基准在定位基面上，且设计基准变动方向与定位基准变动方向相反，故：

$$\Delta_D = \Delta_Y - \Delta_B \approx 0.0177 - 0.0125 = 0.0052\text{mm}$$

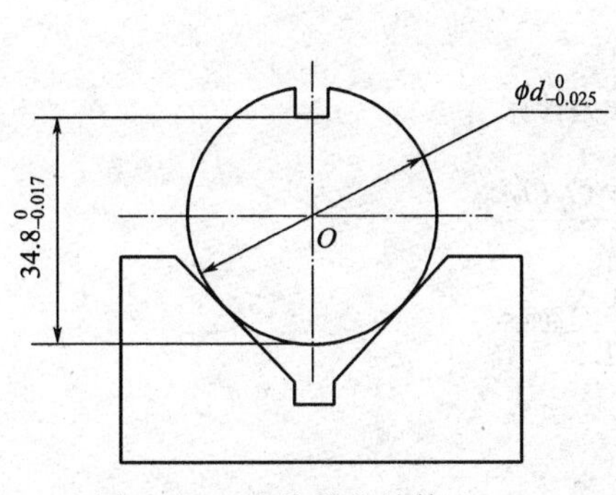

图 1-108　定位误差计算（一）

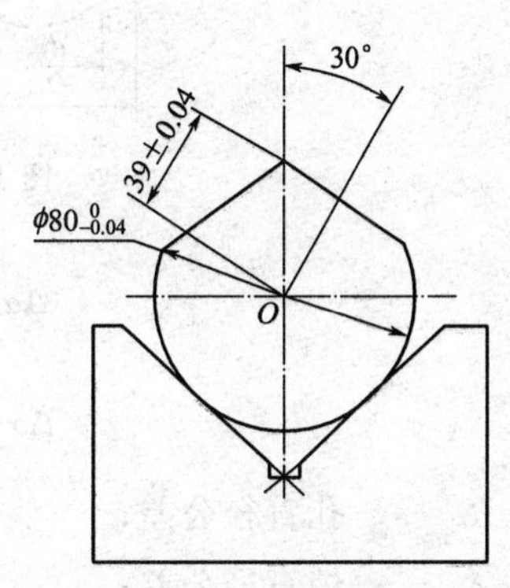

图 1-109　定位误差计算（二）

【例 1-13】 如图 1-109 所示，工件以外圆柱面在 90°V 形块上定位，并用角度铣刀铣削斜面，求加工尺寸（39±0.04)mm 的定位误差。

解： ①求基准不重合误差 Δ_B。

定位基准为工件 $\phi 80$ 中心线，设计基准为工件 $\phi 80$ 中心线，故：$\Delta_B = 0$。

② 求基准位移误差 Δ_Y。沿 Z 方向的基准位移误差为

$$\Delta_Y = \frac{\delta_d}{2\sin\frac{\alpha}{2}} = \frac{0.025}{2\sin\frac{90^\circ}{2}} = \frac{0.025}{2\times 0.707} = 0.028\ (\text{mm})$$

将 Δ_Y 投影到加工尺寸方向上，即

$$\Delta_Y\cos 30^\circ = 0.028\times\cos 30^\circ\text{mm} = 0.024\ (\text{mm})$$

③ 求定位误差 Δ_D。

$$\Delta_D = (\Delta_Y + \Delta_B)\cos 30^\circ = 0.024\ (\text{mm})$$

4. 工件以一面两孔定位时的定位误差

当工件以一面两孔定位、夹具以一面双销限位时，应在分析基准位移误差的基础上，根据加工工序尺寸标注，通过几何关系转换为定位误差。

这种定位方式的基准位移误差包括两类（图 1-110)。

① 沿图示平面内任意方向移动的基准位移误差 Δ_Y，它的大小取决于第一定位副的最大间隙 $X_{1\max}$［图 1-110(a)］，即

$$\Delta_Y = \delta_{D_1} + \delta_{d_1} + X_{1\min} = X_{1\max}$$

② 转角误差 $\Delta\alpha$［图 1-110(b)］近似值为

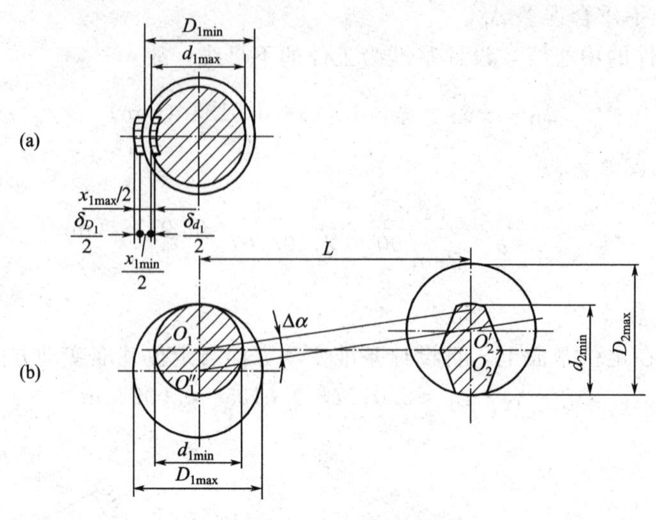

图 1-110 双孔定位误差计算

$$\Delta\alpha = \arctan\frac{O_1O_1' + O_2O_2'}{L}$$

所以
$$\Delta\alpha = \arctan\frac{X_{1max} + X_{2max}}{2L}$$

式中 δ_{D_1}——孔直径公差；

δ_{d_1}——销直径公差；

X_{1max}，X_{2max}——两定位副的最大配合间隙。

**注意：**若工件可以任意方向角位移，则应按双向转角误差 $2\Delta\alpha$ 计。

减小一面双孔定位误差的措施通常是：在工件上加一外力，使其角位移向单边偏转；其次是提高定位副的制造精度，减小配合间隙或采用圆锥销、可胀销等，以减少 Δ_Y。

【例 1-14】 钻铰如图 1-111（a）所示凸轮上的两个小孔 ϕ16mm，定位方式如图 1-111

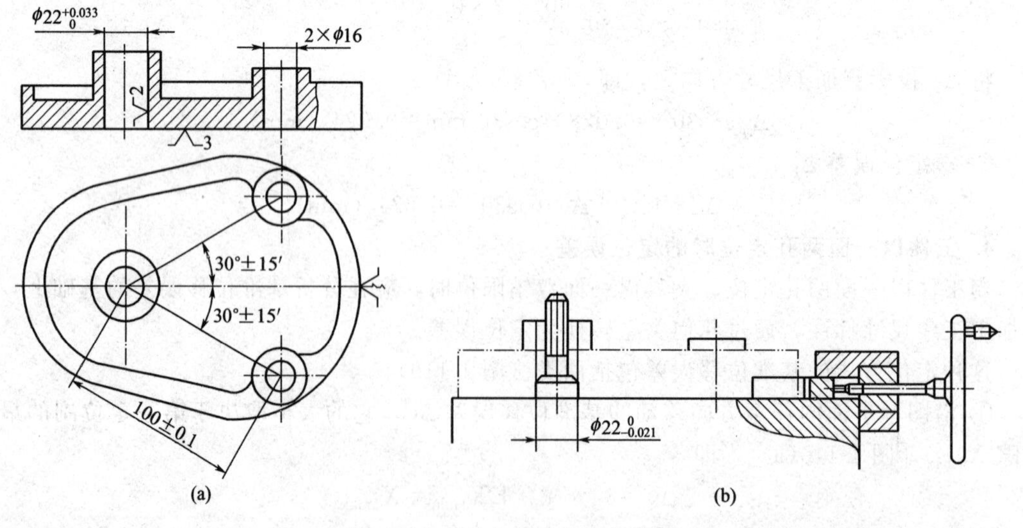

图 1-111 凸轮上钻孔定位方案图

(b)。定位销直径为 $\phi22_{-0.021}^{\ 0}$ mm，求加工尺寸 (100±0.1)mm 的定位误差。

解： ① 工序基准与定位基准重合，$\Delta_B=0$。

② 定位基准相对限位基准固定单边移动，定位基准移动方向与加工尺寸方向之间的夹角为 30°±15′。所以

$$\Delta_Y=\frac{1}{2}(\delta_D+\delta_{d_0})\cos\alpha=\frac{1}{2}(0.033+0.021)\cos30°=0.02\ (\text{mm})$$

③ 定位误差为 $\Delta_D=\Delta_Y=0.02$mm。

【例 1-15】 泵前盖工序简图如图 1-112 所示，工件以上表面和 $2\times\phi10_{-0.028}^{-0.012}$mm 孔定位，镗削 $\phi41_{\ 0}^{+0.023}$mm 孔，同时铣削两端面尺寸 $107.5_{\ 0}^{+0.3}$mm。现设计双销中心距及偏差、两销的基本尺寸及偏差，并计算其定位误差。

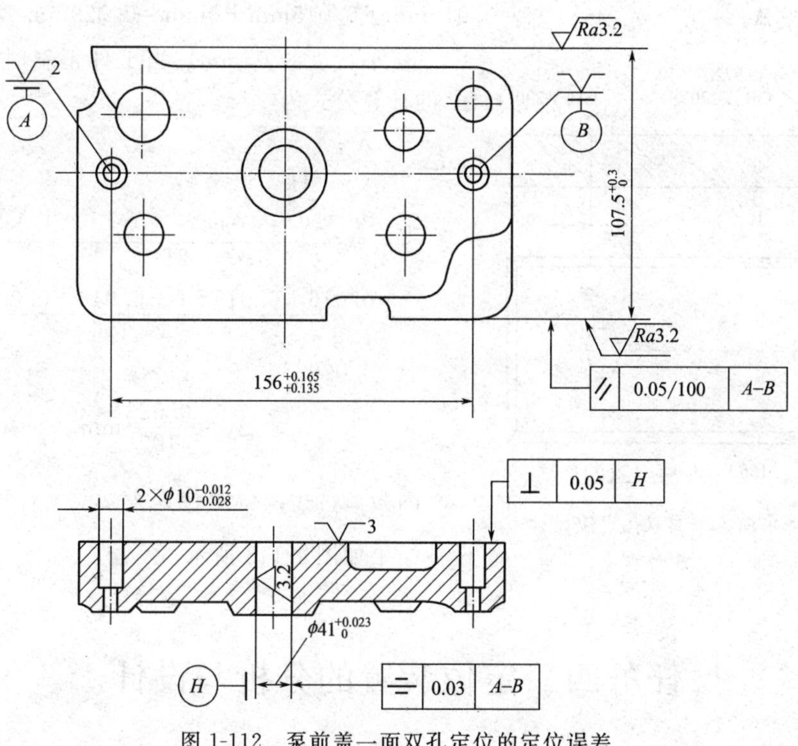

图 1-112　泵前盖一面双孔定位的定位误差

解： 首先进行一面两孔定位及其定位元件设计。

(1) 确定两定位销的中心距

两定位销中心距的基本尺寸应等于工件两孔距的平均尺寸，其公差一般为

$$\delta_{L_d}=\left(\frac{1}{5}\sim\frac{1}{3}\right)\delta_{L_D}$$

因　　$L_D=156_{+0.135}^{+0.165}=156.15\text{mm}\pm0.015\text{mm}$

故取　　$L_d=156_{+0.135}^{+0.165}=156.15\text{mm}\pm0.005\text{mm}$

(2) 确定定位销 d_1 的直径　圆柱定位销的基本尺寸应等于与之配合的工件孔的最小极限尺寸，其公差带一般取 g6 或 h7。

泵前盖定位孔直径为 $\phi10_{-0.028}^{-0.012}$mm，故取圆柱销的直径 $d_1=9.972$mm。

(3) 选择菱形销宽度 b　按表 1-8，选取 $b=4$mm。

(4) 确定菱形销直径 d_2

① 计算补偿量 $a=\dfrac{\delta_{L_D}+\delta_{L_d}}{2}=\dfrac{0.03+0.01}{2}\text{mm}=0.02\text{mm}$

② 计算最小间隙 $X_{2\min}=\dfrac{2ab}{D_2}=\dfrac{2\times0.02\times4}{9.972}\text{mm}=0.016\text{mm}$

③ 计算菱形销的直径 $d_2=D_2-X_{2\min}=9.972\text{mm}-0.016\text{mm}=9.956\text{mm}$。

取公差带 h6，可选用标准代号为 B9.956×12 GB/T 2203 的菱形销。

再进行定位误差计算。

① 垂直度 0.05mm，则 $\Delta_D=0$。

② 对称度 0.03mm，则 $\Delta_B=0$。

已知 $\delta_{D_1}=0.016\text{mm}$、$\delta_{d_1}=0.015\text{mm}$、$X_{1\min}=0$，则基准位移误差 Δ_Y

$$\Delta_Y=\delta_{D_1}+\delta_{d_1}+X_{1\min}=0.016\text{mm}+0.015\text{mm}+0\text{mm}=0.029\text{mm}$$

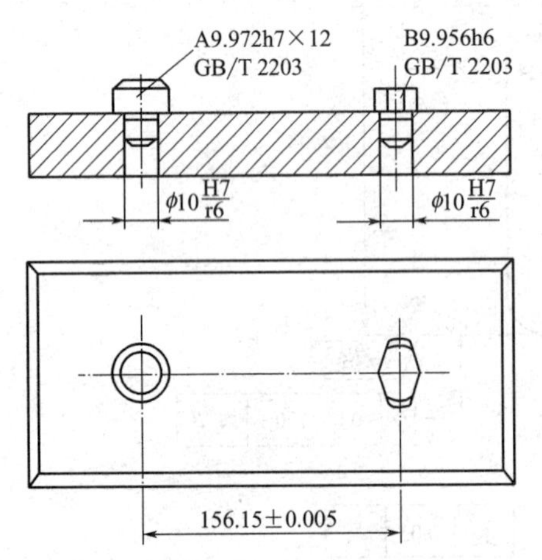

图 1-113　泵前盖一面双孔定位设计

③ 平行度 0.05mm，当工件歪斜时的转角误差 $\Delta\alpha$ 的计算公式为

$$\tan\Delta\alpha=\frac{X_{1\max}+X_{2\max}}{2L}$$
$$=\frac{\delta_{D_1}+\delta_{d_1}+X_{1\min}+\delta_{D_2}+\delta_{d_2}+X_{2\min}}{2L}$$
$$=\frac{0.016+0.015+0+0.016+0.009+0.016}{2\times156}$$
$$=0.000230$$
$$\Delta_Y=\frac{0.023}{100}\text{mm}$$

因为 $\Delta_B=0$，得定位误差 $\Delta_D=\Delta_Y=\dfrac{0.023}{100}\text{mm}$，设计结果如图 1-113 所示。

任务四　定位装置的分析与设计

前面各任务介绍了工件在夹具中定位的基本原理和基本方法，在本任务中将通过两个实例用以说明工件定位原理和方法的运用。

【例 1-1】 图 1-114 所示为连杆铣槽工序图，试设计其定位方案。

解　(1) 分析零件工艺过程和本工序的加工要求　本工序要求铣 8 个槽，槽宽 $10^{+0.2}_{0}$ mm，槽深 $3.2^{+0.4}_{0}$ mm，槽的中心线与两孔中心连线的夹角为 45°±30′，而且通过孔 $\phi42.6^{+0.1}_{0}$ mm 的中心。

工件的两孔 $\phi42.6^{+0.1}_{0}$ mm 和 $\phi15.3^{+0.1}_{0}$ mm 及孔端面均已加工完，两孔中心距为（57±0.06)mm，孔端面的厚度尺寸为 $14.3^{0}_{-0.1}$ mm，两端面间的平行度公差为 100∶0.03。

本工序的加工在卧式铣床上用三面刃铣刀进行。

(2) 根据加工要求，确定所需限制的自由度，选择定位基准，并确定在各基面上应布置的支承点数　为了保证槽深尺寸 $3.2^{+0.4}_{0}$ mm，应限制 $\vec{X}$、$\widehat{Y}$、$\widehat{Z}$ 三个自由度；为了保证槽中心线与两孔中心连线夹角为 45°±30′，需限制工件 $\widehat{X}$ 自由度；要使槽中心线通过大孔中

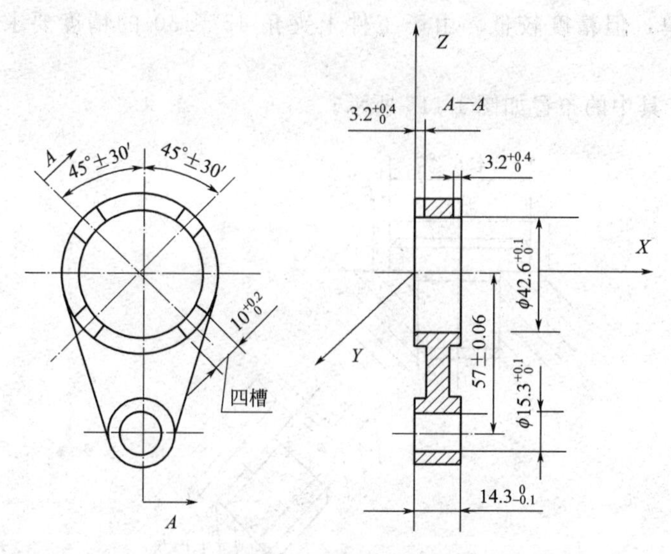

图 1-114　连杆铣槽工序图

心，还需限制工件 $\vec{Y}$ 、$\vec{Z}$ 两个自由度。总之，根据加工要求，应对工件采取完全定位，限制全部六个自由度。

从基准重合的要求出发，最好选择工序基准作为定位基准。槽深方向上的工序基准是和槽相连的端面。但由于要在此端面上开槽，因此在铣床上开槽时，若选该端面作为定位基准，将对工件的定位、夹紧和加工都带来不便。所以可以选择与槽相对的那个端面作为定位基准，在该面上用三个支承点限制工件 $\vec{X}$、$\overset{\frown}{Y}$、$\overset{\frown}{Z}$ 三个自由度。由于工序基准与定位基准不重合，所以两端面间的尺寸公差对槽深尺寸产生影响。因两端面间尺寸误差在前工序中已控制在 0.1mm 以内，而槽深尺寸公差较大（0.4mm），所以预计这样选择定位基准还是可以的。如果槽深公差较小，而两端面尺寸公差又较大时，还可以在工艺上采取措施。例如在加工端面时，减小两端面的尺寸误差等。当槽深公差要求特别严格，而两端面尺寸又不易控制时，也不排斥采取工序基准与定位基准重合的方案，但必须对工件的夹紧、加工等问题采取特殊办法予以解决。

在保证夹角 45°±30′方面，工序基准是双孔中心连线。所以应该选用两孔作为定位基准。考虑到槽的中心线要通过大孔中心，因此选用大孔作为主要定位基准，即在大孔中布置两个支承点（用短圆柱销），限制 $\vec{Y}$ 、$\vec{Z}$ 两个自由度，而在小孔内布置一个支承点（用削边销），限制 $\overset{\frown}{X}$ 一个自由度。这也是加工中常用的“一面两孔”定位方案。

（3）选择定位元件的结构尺寸和确定其在夹具中的位置　为了方便地装卸工件，同时也为了保证加工精度，大孔中圆柱销与孔的配合应选用间隙配合（H7/g6），圆柱销直径为 $\phi42.6^{-0.009}_{-0.035}$mm；小孔中削边销与孔应选用间隙配合（H7/f6），削边销直径为 $\phi15^{-0.016}_{-0.034}$mm。两销与夹具孔都选用过渡配合（H7/n6）。

两销在夹具中的距离，其基本尺寸应取两孔中心距的平均值，公差通常取相应公差的 1/5～1/3。这里取两孔中心距公差的 1/3，则两销中心距为（57±0.02)mm。

对于工件上要加工的 8 个槽，需要按工件的正反面分别装卸进行加工。同一面上四个槽的铣法可以有两种方案：一是采用分度机构，二是在夹具上装两个削边销确定角向位置，需两次装卸工件。比较起来，前者的分度定位精度较高，但夹具结构比较复杂；后者的夹具结构简单，但精度较低。由于工件上夹角 45°±30′的精度要求不高，所以可以采用后者。

定位装置在夹具中的布置如图 1-115 所示。

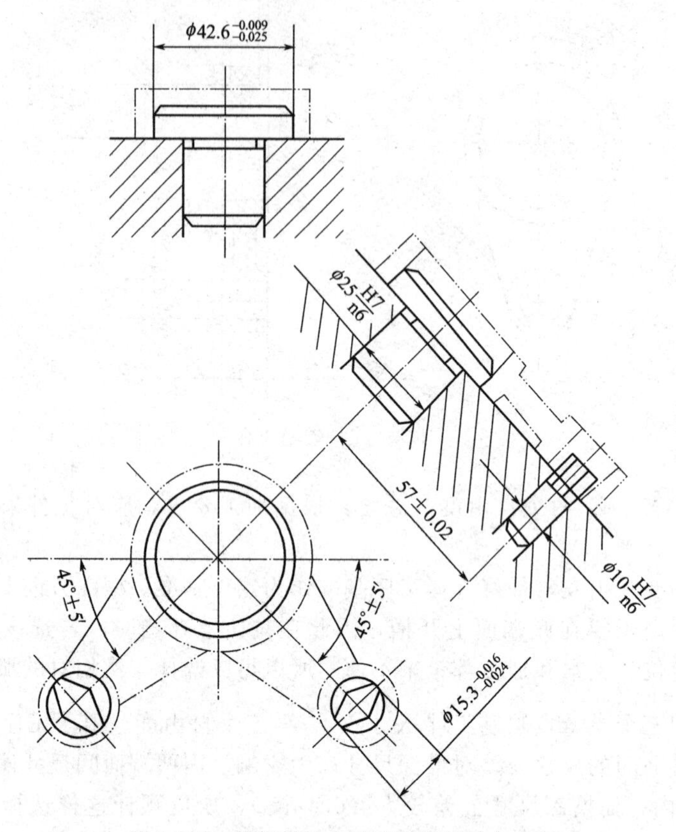

图 1-115　连杆铣槽定位元件的结构与布置

（4）分析计算定位误差对加工精度的影响　一般情况下，定位误差应控制在工件公差要求的 1/3 左右，夹具制造安装误差及加工方法误差等所造成的影响控制在不超过工件公差要求的 2/3，即可满足加工要求。这里仅就工件的定位误差是否超过工件公差的 1/3，来判断定位方案的可行性。

① 工序尺寸 $3.2_{0}^{+0.4}$mm 的工序基准是所加工的槽所在的端面，而定位基准却是另外的端面，故属于基准不重合。定位误差由两部分组成，即工序基准与定位基准之间的尺寸公差 0.1mm；另一部分是由工序基准平面与定位基准平面平行度误差（在 100mm 内不大于 0.03mm）引起。如图 1-115 所示，在大头直径 ϕ50mm 左右范围，可能造成槽深的误差为 0.015mm，则

$$\Delta_D=\Delta_Y+\Delta_B=(0.015+0.1)\text{mm}=0.115\text{mm}$$

由计算的结果可知，定位误差没有超过槽深尺寸 $3.2_{0}^{+0.4}$ mm 公差的 1/3（0.4/3mm＝0.133mm）。

② 工件上槽间的夹角尺寸（45°±30′）的工序基准是工件上两孔的连心线，在夹具上的元件基准是两端的连心线。由于两孔与两销同时存在配合间隙，将会造成上述两基准间偏转。对一批工件来讲，由此造成的转角误差，可按“一面两孔”的转角误差计算公式求得

$$\tan\Delta\alpha=\pm\frac{\delta_{D_1}+\delta_{d_1}+X_{1\min}+\delta_{D_2}+\delta_{d_2}+X_{2\min}}{2L}$$

$$=\pm\frac{0.1+0.016+0.009+0.1+0.018+0.016}{2\times57}=\pm0.00228$$

故 $$\Delta\alpha=\pm8'$$

显然，由定位产生的转角误差小于工件所规定的角度公差的1/3，即

$$\Delta\alpha=\pm8'<\pm\frac{30'}{3}=\pm10'$$

关于槽中心线通过孔 $\phi42.6^{+0.1}_{0}$ mm 中心的一项要求，由于工序图中没有具体指出，说明此项要求精度较低，所以这里不做分析。

通过上述分析可知，该定位方案能保证足够的定位精度。同时，该定位方案具有装卸工件方便、定位可靠、结构简单等特点。所以，在连杆端面铣槽工序中，采用该定位方案是可行的。

【例 1-2】 图1-116所示为在拨叉上铣槽。根据工艺规程，这是最后一道机加工工序，加工要求有；槽宽16H11，槽深8mm，槽侧面与 ϕ25H7 孔轴线的垂直度0.8mm，槽侧面与 E 面的距离（11±0.2)mm，槽底面与 B 面平行，试设计其定位方案。

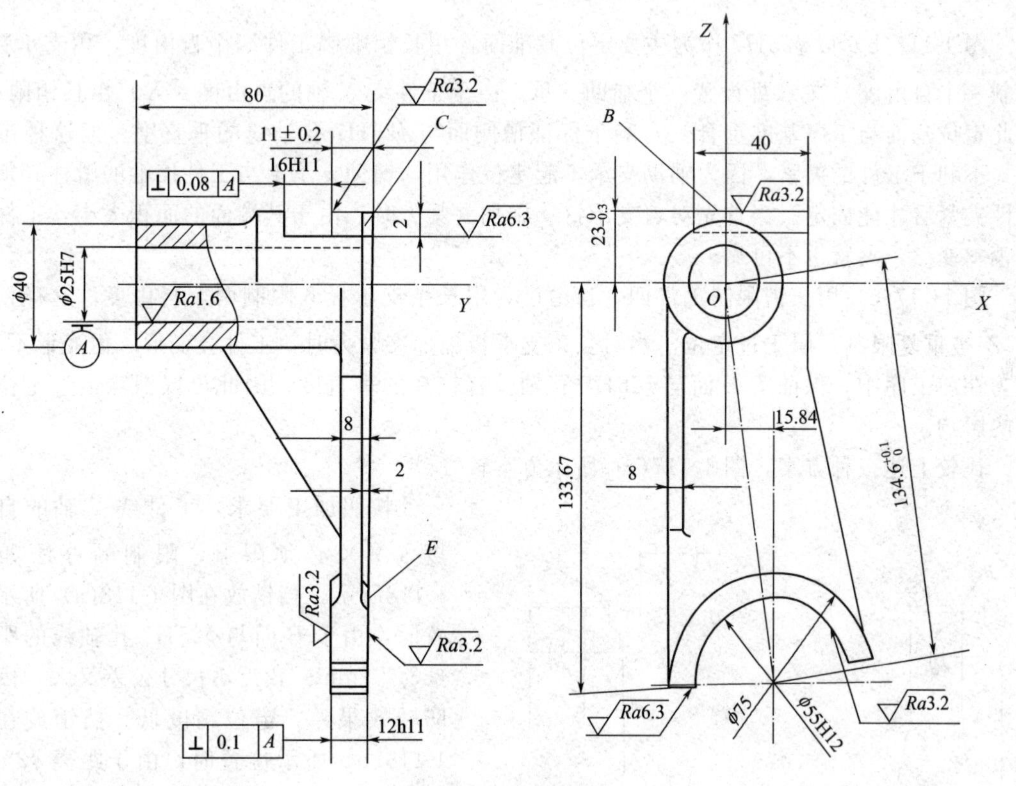

图1-116　拨叉零件图

解　(1) 确定要限制的自由度以及选择定位基准和定位元件　从加工要求考虑，在工件上铣通槽，沿 X 轴的自由度可以不限制；但为了承受切削力，简化定位装置结构，$\vec{X}$ 又要限制。

如图1-117(a) 所示，工件以 E 面作为主要定位面，用支承板1限制三个自由度，用短

销 2 与 ϕ25H7 配合限制两个自由度。为了提高工件的装夹刚度，在 C 处加一辅助支承。由于本工序垂直度要求的工序基准是 ϕ25H7 孔轴线，而工件绕 X 轴的转动自由度（$\widehat{\vec{X}}$）由 E 面限制，因此定位基准与工序基准不重合，不利于保证槽侧面与 ϕ25H7 孔槽线的垂直度。

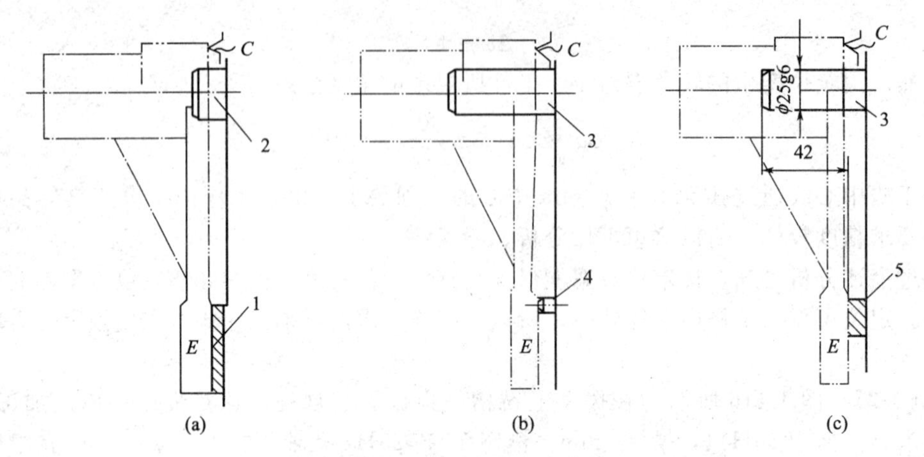

图 1-117 拨叉定位方案分析

1—支承板；2—短销；3—长销；4—支承钉；5—长条支承板

图 1-117(b) 以 ϕ25H7 作为主要定位基准面，用长销限制工件四个自由度，用支承钉 4 限制一个自由度，在 C 处设置一个辅助支承。由于工件绕 X 轴的自由度（$\widehat{\vec{X}}$）由长销限制，因此定位基准与工序基准重合，有利于保证槽侧面与 ϕ25H7 孔轴线的垂直度。但这种定位方式不利于工件的夹紧，因为辅助支承不起定位作用，辅助支承上与工件接触的滑柱必须在工件夹紧后才能固定。当首先对着支承钉 4 施加夹紧力时，由于其端面的面积太小，工件极易歪斜变形，夹紧也不可靠。

图 1-117(c) 用长销限制工件四个自由度，用长条支承板 5 限制两个自由度，这样，其中 $\widehat{\vec{Z}}$ 被重复限制，属于过定位。当对长条支承板施加夹紧力时，工件会变形，但变形不大。因为在前工序中，保证了 E 面与 ϕ25H7 孔轴线有较高的垂直度，因此可以消除由过定位造成的影响。

比较上述三种方案，图 1-117(c) 所示方案较好。

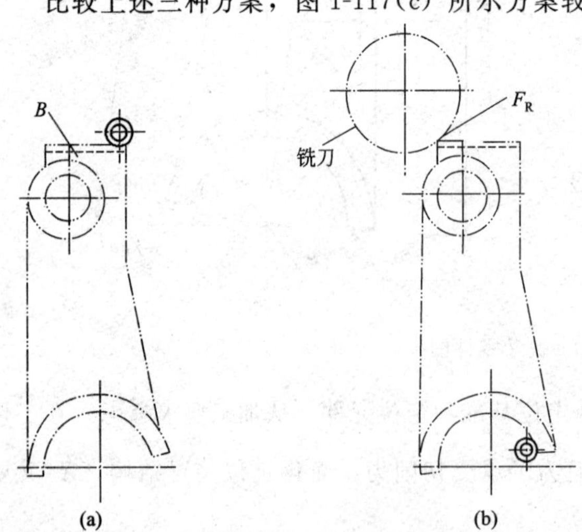

图 1-118 拨叉定位方案中挡销的布置

按照加工要求，工件绕 Y 轴的自由度（$\widehat{\vec{Y}}$）必须限制，限制的办法如图 1-118所示，挡销放在图 1-118(a) 所示位置时，由于 B 面与 ϕ25H7 孔轴线的距离（$23_{-0.3}^{0}$ mm）较近，尺寸公差又大，因此防转效果差，定位精度低。挡销放在图 1-118(b) 所示位置时，由于距离 ϕ25H7 孔轴线较远，因而防转效果较好。定位精度较高，且能承受切削力所引起的转矩。

(2) 分析计算定位误差　除槽宽 16H11 由铣刀保证外，本工序的主要加工要求是槽侧面与 E 面的距离及槽侧面与ϕ25H7孔轴线的垂直度。由于其他要求未注公差，因而只需计算上述两项加工要求的定位误差即可。

① 加工尺寸（11±0.2)mm的定位误差，采用图1-117(c)所示定位方案时，E面既是工序基准，又是定位基准。对一批工件来讲，E面始终是紧靠在长条支承板5上的，因此，E面与夹具上的元件基准也是重合的，属于基准重合，故加工尺寸（11±0.2)mm没有定位误差，即$\Delta_D=0$。

② 槽侧面与ϕ25H7孔轴线垂直度的定位误差。取定位长销直径为ϕ25g6，查表得

$\phi 25g6=\phi 25_{-0.025}^{-0.009}$mm（长销）

$\phi 25H7=\phi 25_{0}^{+0.023}$mm（孔）

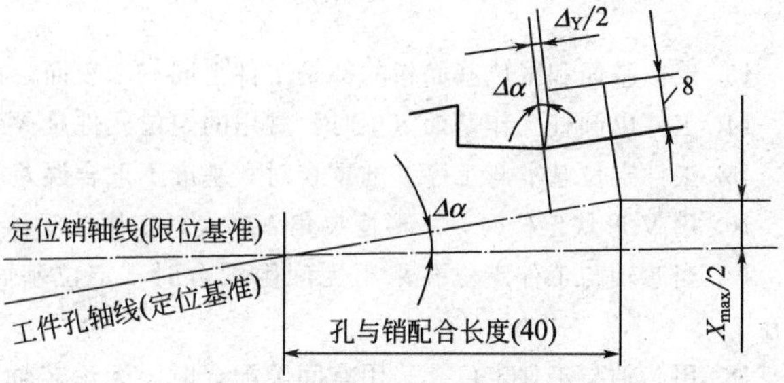

图1-119　铣拨叉槽时的定位误差

由图1-119可见，工序基准与定位基准重合。但是，由于工件定位孔（工序基准）与夹具定位销（元件基准）之间是采用间隙配合（H7/g6)，故工序基准与元件基准不重合。工序基准相对元件基准可两个方向转动，单方向转角如图1-119所示。由图可知

$$\tan\Delta\alpha=\frac{25.025-24.975}{2\times40}=0.000625$$

基准不重合误差为

$$\Delta_B=2\times8\tan\Delta\alpha=2\times8\times0.000625=0.01\text{mm}$$

由此可知$\Delta_D=\Delta_Y=0.01\text{mm}<\frac{0.08}{3}=0.027\text{mm}$，即定位误差小于垂直度要求的1/3。故此定位方案的定位精度足够。

通过以上两个实例可知，定位方案的设计是夹具设计的首要任务。因此，在进行方案设计时，要根据工件的加工要求和结构特点，选择合理的定位基准和定位元件，并且要对各种定位方案进行对比论证，保证具有足够的定位精度。同时，也要兼顾其他部分和整体结构。但在实际工作中，某些设计步骤往往是交叉进行的，可同时考虑几个方案，结合具体情况确定一个最佳方案。

思考题

一、判断题（正确的画“√”，错误的画“×”）

1. 专用机床夹具至少必须由夹具体、定位元件（装置）和夹紧元件（装置）三个基本部分组成。（　）

2. 一个物体在空间不加任何约束、限制的话，它有六个自由度。（　）

3. 用六个适当分布的定位支承点，限制工件的六个自由度，即简称为六点定则。（　）

4. 一个支承点只能限制工件一个自由度，但如果六个支承点分布不当，就可能限制不了工件的六个自由度。（　）

5. 采用不完全定位是违背六点定则的，故很少被夹具设计采用。（　）

6. 采用不完全定位法可简化夹具结构。（　）

7. 工件定位的实质是确定工件上定位基准的位置，此时主要应从有利于夹具结构简化和定位误差小两方面考虑。（　）

8. 既能起定位作用，又能起定位刚性作用的支承称为辅助支承。（　）

9. 支承点的位置在工件定位过程中随定位基面的变化而自动与之相适应的定位元件称为浮动支承。 ( )

10. 工件在夹具中定位后，在加工过程中始终保持准确位置，应由夹具定位元件来实现。 ( )

11. 工件加工时应限制的自由度取决于工序加工要求，夹具支承点的布置取决于工件的形状。 ( )

12. 用六个支承点来限制工件的六个自由度，当支承点分布不合理时，会产生既是过定位又是欠定位的情况。 ( )

13. 定位基面和限位基面指的都是工件上同一个表面。 ( )

14. 工件以圆柱孔作基面定位时，常用的定位元件是V形块或定位套筒。 ( )

15. 工件定位基准与工序基准重合时，基准不重合误差等于零。 ( )

16. 用V形块定位时，V形槽夹角α越大，定位精度越高且越稳定。 ( )

17. 当芯轴与工件定位孔采用无间隙配合时，定位基面与限位基面完全重合，故基准不重合误差不存在。 ( )

18. 用芯轴与工件定位孔采用有间隙配合时，无论芯轴水平安装还是垂直安装，所产生的基准位移误差都是相同的。 ( )

19. 工件以外圆柱面作定位基面，在V形块上定位时，当加工尺寸是以外圆的下母线为工序基准标注，则定位误差最小。 ( )

20. 如果工件被夹紧了，那么它也就被定位了。 ( )

21. 生产中应尽量避免用定位元件来参与夹紧，以维持定位精度的精确性。 ( )

22. 工件在夹具中定位，就是根据加工的需要，消除工件的某些不定度。夹具对工件消除自由度是通过对工件位置提供定位点来实现的。 ( )

23. 三个点可以消除工件的三个自由度。 ( )

24. 重复定位在生产中是可以出现的。 ( )

25. 辅助支承可以提高工件的安装刚性，而自位支承则不能。 ( )

26. 重复定位虽然会对工件的定位带来一些不良的后果，但这种定位方法并不影响工件的装夹。 ( )

27. 定位就是使工件在夹具中具有确定的相对位置的动作过程。 ( )

28. 当工件与定位元件保持直线接触时消除两个移动不定度。 ( )

29. 用设计基准作为定位基准，可以避免基准不重合引起的误差。 ( )

30. 当工件以平面定位时，三点应该不在同一条直线上。 ( )

31. 夹具的定位误差应该大于工序公差的1/3。 ( )

32. 用锥度很小的长锥孔定位时，工件插入后就不会转动，所以就消除了六个自由度。 ( )

33. 零件上有不需要加工的表面，若以此表面定位进行加工，则可使此不加工的表面与加工表面保持正确的相对位置。 ( )

34. 只用螺钉连接，可以确定V形块的精确位置。 ( )

35. 工件在夹具中与各定位元件接触，虽然没有夹紧，尚可移动，但是其已取得确定的位置，所以可以认为工件已定位。 ( )

36. 为了保证加工精度，所有的工件加工时必须消除其全部自由度，即进行完全定位。 ( )

37. 对已加工平面定位时，为了增加工件的刚度，有利于加工，可以采用三个以上的等高支承块。 ( )

二、选择题（将正确答案的序号填入括号内）

（一）单选题

1. 当被加工面在一个坐标方向或两个坐标方向有位置尺寸要求时，夹具应采用（ ）定位。

A. 完全　B. 不完全　C. 欠　D. 过

2. 在夹具中的基础件一般是指（ ）。

A. 定位元件　B. 夹紧元件　C. 夹具体　D. 确定夹具位置元件

3. 工件在夹具中定位时，被夹具定位元件限制了三个自由度的工件上的那个基面称为（　　）。

A. 导向定位基面　B. 主要限位基面　C. 主要定位基面　D. 止推定位基面

4. 限制工件自由度数少于六个仍可满足加工要求的定位称为（　　）定位。

A. 完全　B. 不完全　C. 过　D. 欠

5. 夹具体用一个大平面对工件的主要定位基面进行限位时，它可限制工件（　　）个自由度。

A. 两　B. 三　C. 四　D. 五

6. 外圆柱工件在长V形块上定位时，被限制（　　）自由度。

A. 两个移动　B. 两个转动

C. 两个移动、两个转动　D. 两个移动、一个转动

7. 用长圆锥芯轴或两顶尖对工件定位时，限位面共限制工件（　　）自由度。

A. 三个移动、两个转动　B. 两个移动、三个转动

C. 一个移动、三个转动　D. 两个移动、两个转动

8. 利用工件已精加工且面积较大的平面作主要定位基面定位时，应选择的基本支承是（　　）。

A. 支承钉　B. 支承板　C. 浮动支承　D. 可调支承

9. 工件毛坯以高低不平的粗基面定位时，夹具应设置（　　）定位支承点支承。

A. 两个　B. 三个　C. 四个　D. 五个

10. 由于定位副的制造误差而引起的定位基准在加工尺寸方向上的最大位置变动范围称为（　　）。

A. 基准不重合误差　B. 基准位移误差　C. 转角误差　D. 加工方法误差

11. 工件以圆柱孔在芯轴上定位时，由于定位副的制造误差存在，故当芯轴水平放置时，工件与定位元件为（　　）接触。

A. 双边　B. 单边　C. 任意边　D. 上下

12. 长V形块对圆柱定位，可限制工件的（　　）个自由度。

A. 两　B. 三　C. 四　D. 五

13. V形块属于（　　）。

A. 定位元件　B. 夹紧元件　C. 导向元件　D. 连接元件

14. 工件在小锥度芯轴上定位，可限制（　　）个自由度。

A. 三　B. 四　C. 五　D. 六

15. 一面二孔定位，如果均用两个圆柱销定位，则该定位属于（　　）。

A. 完全定位　B. 不完全定位　C. 过定位　D. 欠定位

16. 工件的一个或几个自由度被不同的定位元件重复限制的定位称为（　　）。

A. 完全定位　B. 欠定位　C. 过定位　D. 不完全定位

17. 用两个短V形块对轴类零件定位，限制了工件的（　　）个自由度。

A. 四　B. 三　C. 两　D. 五

18. 在车床上以一夹一顶方式进行工件的装夹，如果卡爪夹持工件的长度过长，那么这种定位方式属于（　　）。

A. 不完全定位　B. 重复定位　C. 欠定位　D. 完全定位

19.（　　）是指工件在夹具中定位所采用的基准。

A. 定位基准　B. 设计基准　C. 工序基准　D. 装配基准

20. 辅助支承在工件定位中（　　）。

A. 起定位作用　B. 不起定位作用　C. 根据情况确定

21. 长圆锥销在工件的定位中可以消除工件的（　　）个自由度。

A. 三　B. 四　C. 五

（二）多选题

1. 要消除或改善过定位造成的不良后果，可采取以下举措：（　　）。

A. 避免两定位元件互相干涉　B. 改善定位装置的结构

C. 提高定位副的制造精度　　D. 减少或增加支承点的数目

2. 对定位副的基本要求是（　　）。

A. 有足够的精度、强度和刚度　　B. 耐磨性和工艺性好

C. 便于清除切屑　　D. 结构简单

3. 定位基面的选择应遵循以下原则（　　）。

A. 基准重合原则　　B. 基准统一原则

C. 基面必须精加工　　D. 装夹稳定、方便、变形最小

4. 工件以精基面定位，夹具以两支承钉限位时常会产生的定位误差有（　　）；工件以外圆柱面在V形块中定位时，常会产生的定位误差有（　　）；工件以一面双孔在夹具体大平面及一个圆柱销和一个削边销上定位时，常会产生的定位误差有（　　）。

A. 基准位移误差　　B. 基准不重合误差

C. 转角误差　　D. 对中误差

5. 欲提高工件以平面定位的精度，可采取以下措施：（　　）。

A. 尽量减少定位基面的面积　　B. 力求选择基准重合的限位基面

C. 提高限位基面的制造精度　　D. 增大支承钉间的距离并保持等高

三、简答题

1. 工件在夹具中定位、夹紧的任务是什么？

2. 什么是六点定则？

3. 什么是欠定位？为什么不能采用欠定位？试举例说明。

4. V形块的限位基准在哪里？V形块的定位高度怎样计算？

5. 定位设计的基本原则是什么？定位元件的要求是什么？

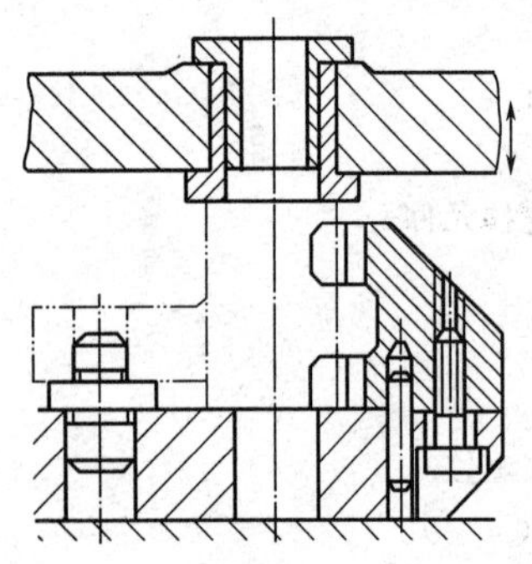

题图 1-1

6. 试分析题图 1-1 所示夹具的定位，并指出消除过定位现象的办法。

7. 造成定位误差的原因是什么？

8. 一批工件在夹具中定位与单件在机床上加工时的定位有什么区别？

9. 以图 1-20、图 1-22 和图 1-23 之一为例说明机床夹具各组成部分的作用。

10. 什么是过定位？造成的后果是什么？改善过定位的措施有哪些？以题图 1-2 和题图 1-3 为例说明。

11. 工件以平面定位时常用哪些定位元件？什么情况下要采用可调支承、浮动支承和辅助支承，分别举例说明。

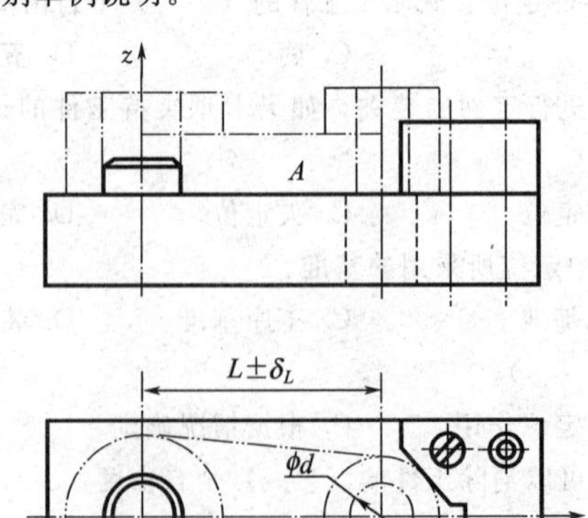

题图 1-2

12. 工件以圆柱孔作定位基面时，所采用的定位元件有哪几种？各用在什么场合？

13. 工件以外圆柱面作定位基面时，为何常用V形块定位？V形块的限位基面和限位基准分别在哪里？

14. 一面双孔定位中，夹具定位元件为何采用支承板、一个短圆柱销和一个短削边销？

15. 工件以组合表面定位时，除了最常见的一面双孔定位外，还有哪几种特殊面定位？

16. 要提高以平面定位的工件加工精度，在夹具定位方面可采取哪些举措能减少Δ_D？

四、分析题

1. 试分析题图 1-3 和题图 1-4 中定位元件限制哪些自由度？是否合理？如何改进？

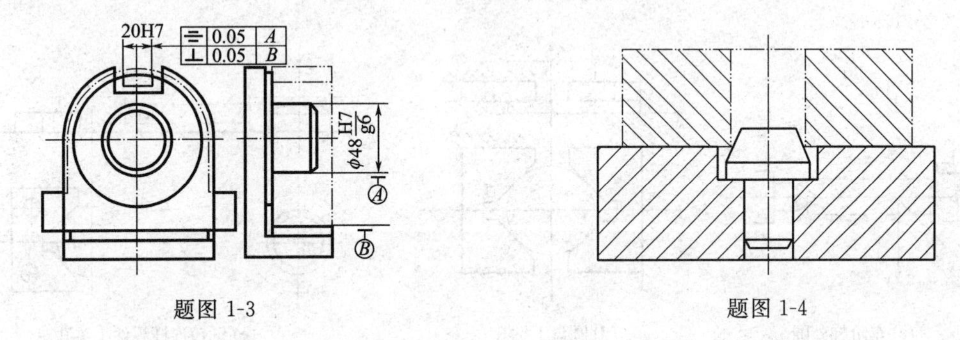

题图 1-3　　题图 1-4

2. 试分析题图 1-5 中各工件需要限制的自由度、工序基准，选择定位基准（并用定位符号在图上表示）及各定位基准限制哪些自由度。

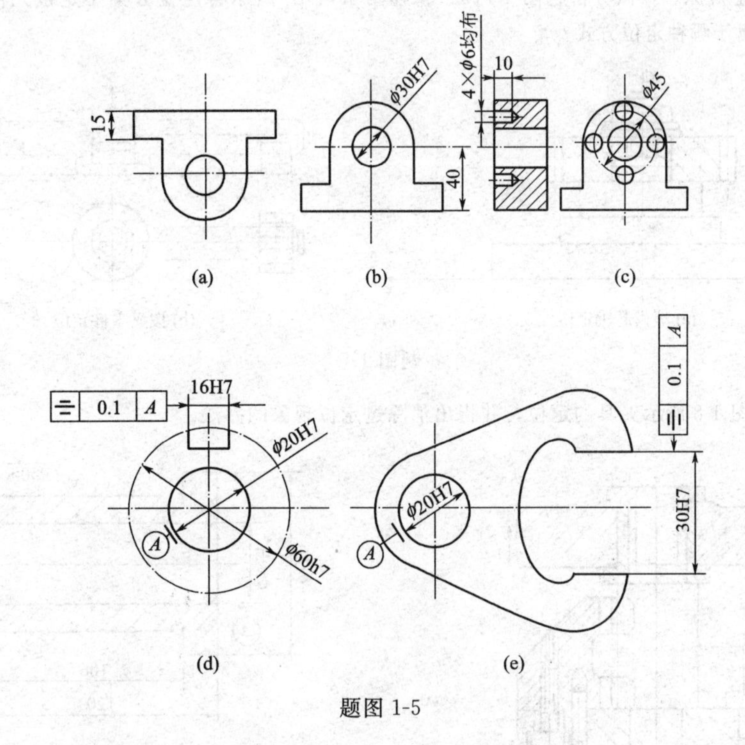

题图 1-5

3. 分析题图 1-6 所列定位方案：①指出各定位元件所限制的自由度；②判断有无欠定位或过定位；③对不合理的定位方案提出改进意见。

题图 1-6(a)：过三通管中心 o 钻一孔，使孔轴线 ox 与 oz 垂直相交。题图 1-6(b)：车外圆，保证外圆内孔同轴。题图 1-6(c)：车阶梯外圆。题图 1-6(d)：在圆盘零件上钻孔，保证孔与外圆同轴。题图 1-6(e)：钻铰连杆零件小头孔，保证其与大头孔之间的距离及两孔的平行度。

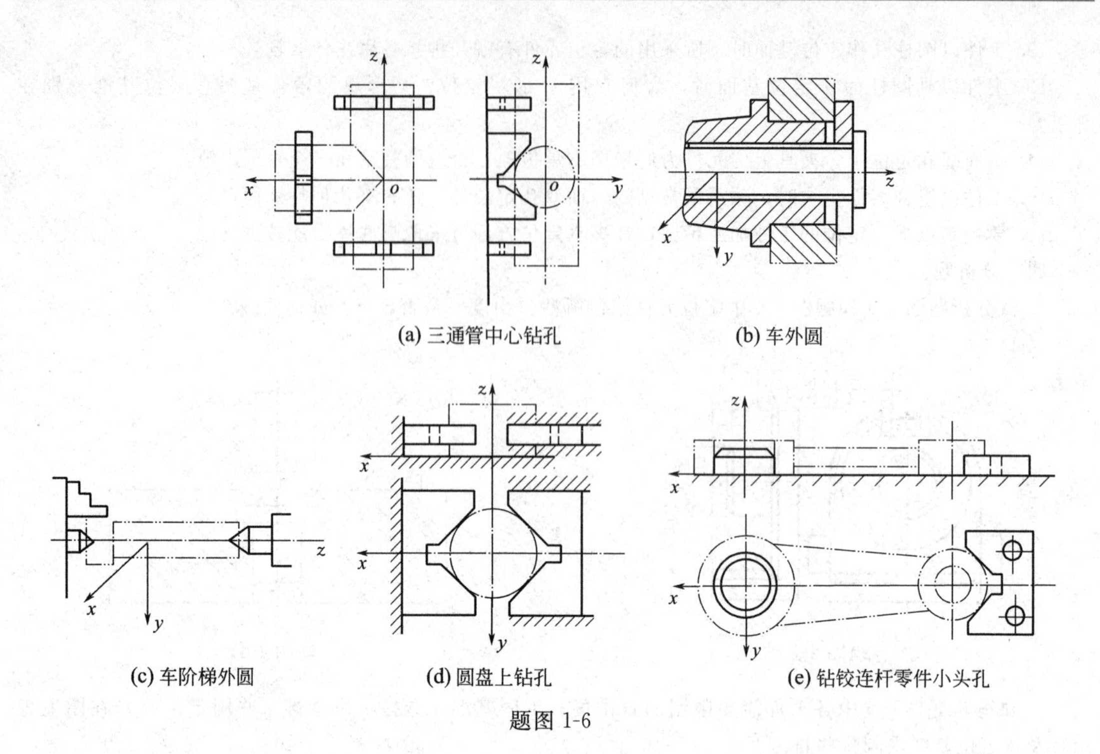

(a) 三通管中心钻孔　(b) 车外圆

(c) 车阶梯外圆　(d) 圆盘上钻孔　(e) 钻铰连杆零件小头孔

题图 1-6

4. 根据六点定位原理，试分析题图 1-7(a) 和题图 1-7(b) 所示各定位方案中定位元件所消除的自由度，并分别指出属于哪种定位方式？

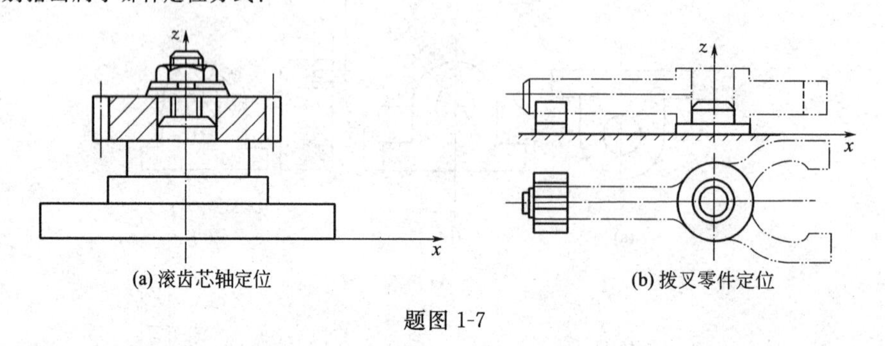

(a) 滚齿芯轴定位　(b) 拨叉零件定位

题图 1-7

5. 试分析题图 1-8 所示夹具的定位，并指出消除过定位现象的办法。

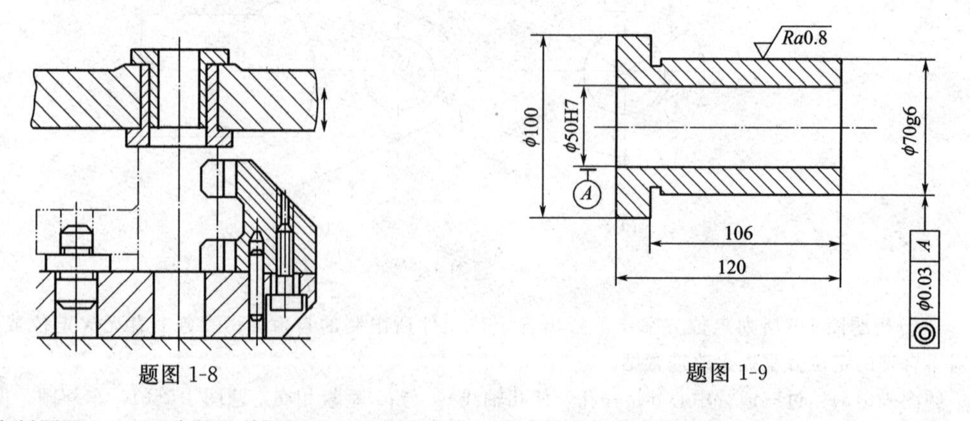

题图 1-8　题图 1-9

6. 磨削题图 1-9 所示套筒的外圆柱面，以内孔定位，设计所需的小锥度芯轴。

7. 说明题图 1-10 所示工件定位时，分别应限制哪几个自由度？属于何种定位？

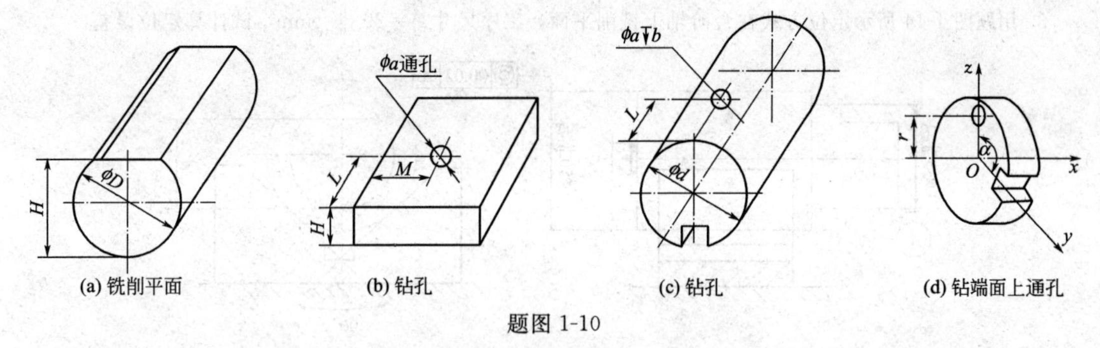

(a) 铣削平面　(b) 钻孔　(c) 钻孔　(d) 钻端面上通孔

题图 1-10

8. 题图 1-11 所示的支架，以 A 面为基面加工 B 面时，试分析这种定位方案存在的问题及解决方法。

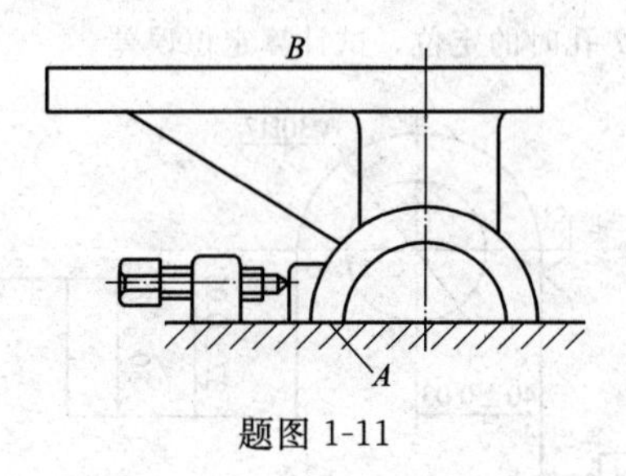

题图 1-11

五、计算题

1. 在题图 1-12(a) 所示套筒零件上铣键槽，要保证尺寸 $54_{-0.14}^{\ 0}$ 及对称度。现有 3 种定位方案，分别如题图 1-12(b)～(d) 所示。试计算 3 种不同定位方案的定位误差，并从中选择最优方案（已知内孔与外圆的同轴度误差不大于 0.02mm）。

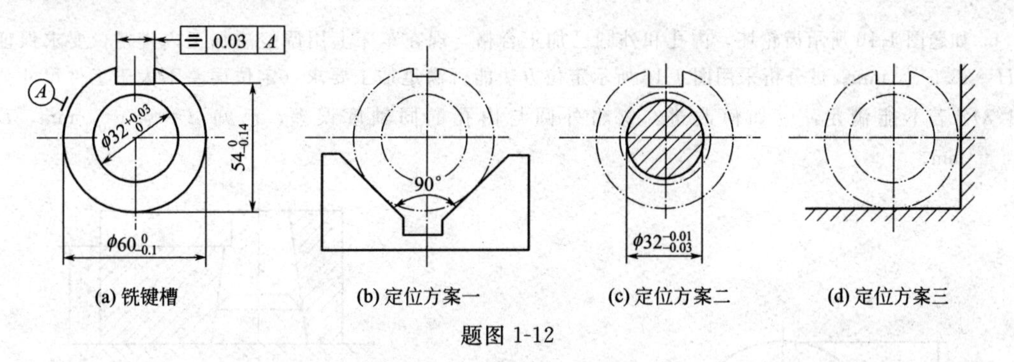

(a) 铣键槽　(b) 定位方案一　(c) 定位方案二　(d) 定位方案三

题图 1-12

2. 用题图 1-13 所示的定位方式铣削连杆的两个侧面，计算加工尺寸 $12_{\ 0}^{+0.3}$ 的定位误差。

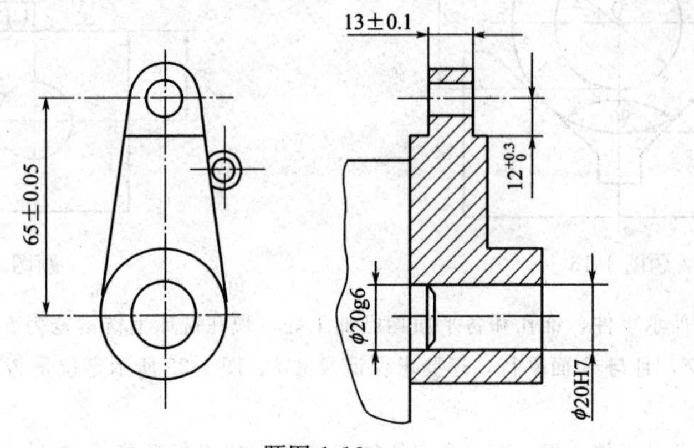

题图 1-13

3. 用题图 1-14 所示定位方式在台阶轴上铣削平面，工序尺寸 $A=29_{-0.16}^{0}$ mm，试计算定位误差。

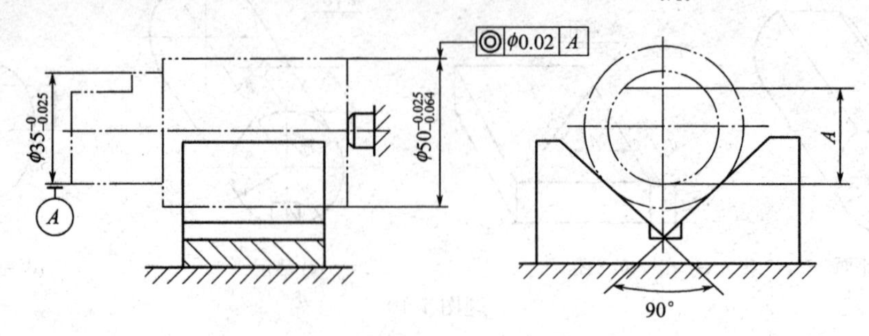

题图 1-14

4. 题图 1-15 所示为镗削 ϕ30H7 孔时的定位，试计算定位误差。

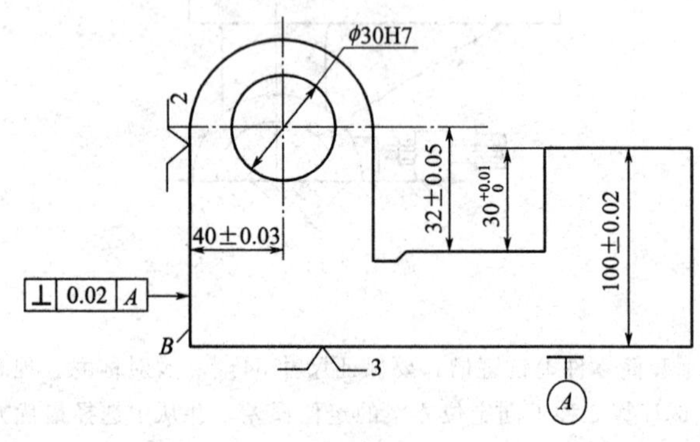

题图 1-15

5. 如题图 1-16 所示齿轮坯，内孔和外圆已加工合格，现在车床上用调整法加工内键槽，要求保证尺寸 $H=38.5_{0}^{+0.2}$ mm。试分析采用图 1-16 所示定位方法能否满足加工要求（定位误差不大于工件尺寸公差的 1/3）？若不能满足，应如何改进？忽略外圆与内孔的同轴度误差。已知 $d=\phi80_{-0.1}^{0}$ mm，$D=35_{0}^{+0.025}$ mm。

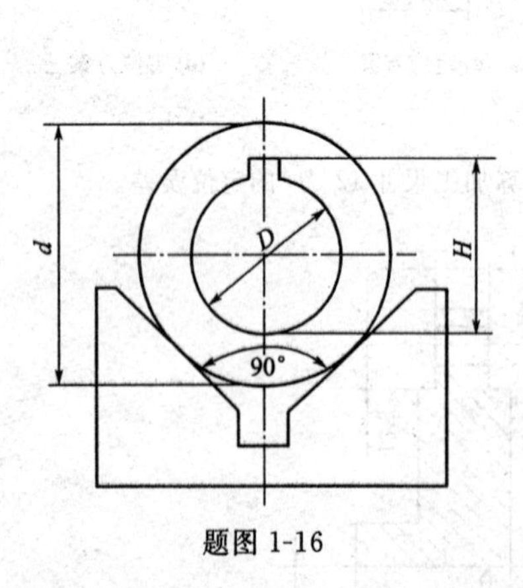

题图 1-16

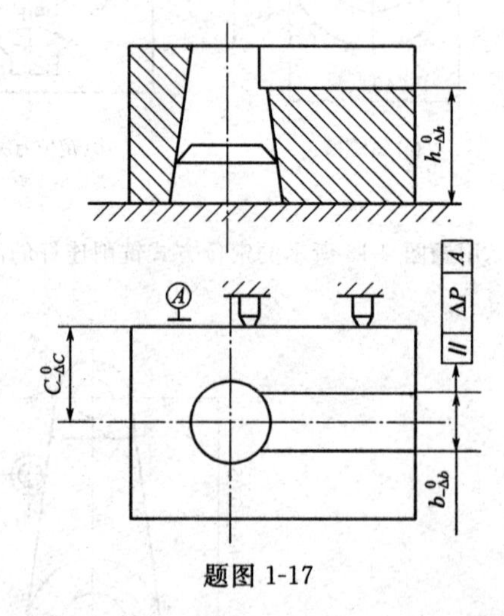

题图 1-17

6. 如题图 1-17 所示零件，锥孔和各平面均已加工好，现在铣床上铣键宽为 b 的键槽，要求保证槽的对称线与锥孔轴线相交，且与 A 面平行，还要求保证尺寸 h。图 1-23 所示定位是否合理？如不合理，应如何改进？

7. 如题图 1-18 所示工件，用一面二孔定位加工 A 面，要求保证尺寸 (18±0.05)mm。若两销直径为

$\phi 16_{-0.02}^{-0.01}$mm，两销中心距为（80±0.02)mm。试分析该设计能否满足要求（要求工件安装无干涉现象，定位误差不大于工件加工尺寸公差的1/2)？若满足不了，提出改进办法。

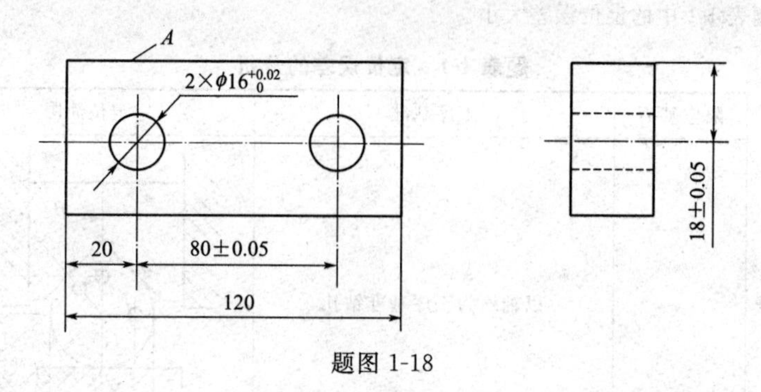

题图 1-18

8. 试比较题图1-19所示的两种定位方式的定位误差大小。何时方可采用题图1-19(a)的方案？

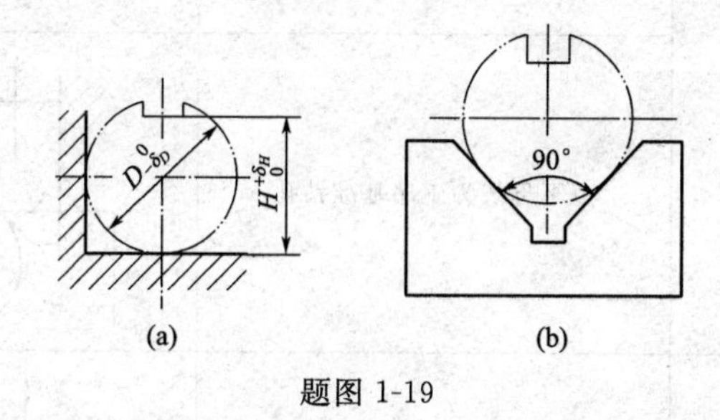

题图 1-19

9. 在题图1-20中，工件以$\phi 50_{-0.20}^{0}$的外圆柱面在V形块中定位铣削两斜面，要求保证尺寸$A_{-0.30}^{0}$mm，试分析定位误差，并分析定位质量。

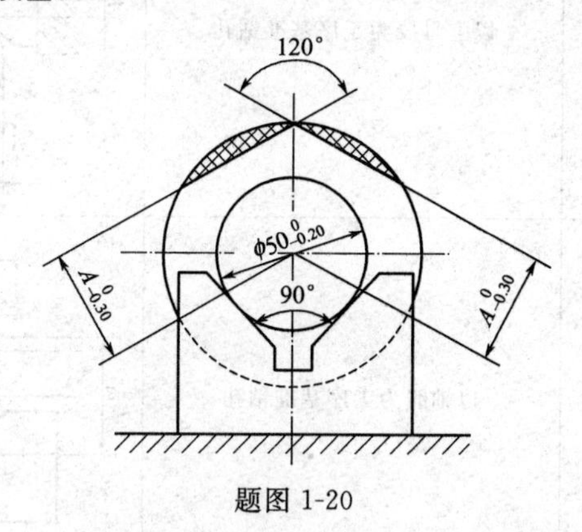

题图 1-20

10. 题图1-21(a)所示工件，采用三轴钻及钻模同时加工三孔O_1、O_2、O_3。采用题图1-21(b)、(c)、

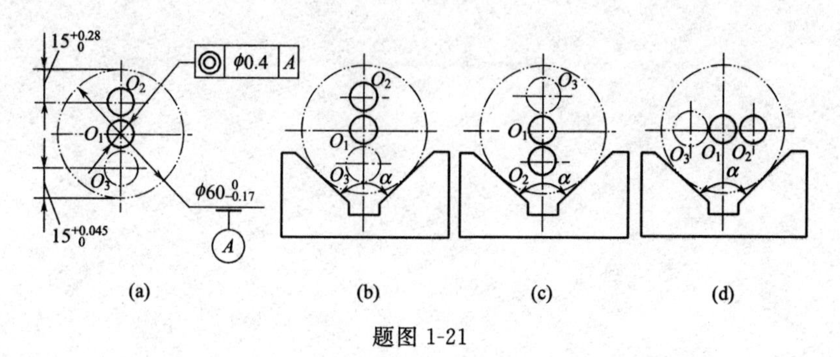

题图 1-21

(d) 三种定位方案，试分析比较哪种定位方案较好？

11. 要提高以平面定位的工件加工精度，在夹具定位方面可采取哪些举措能减少 Δ_D？

12. 分析比较题表 1-1 中的定位误差大小。

题表 1-1 定位误差的分析

定位基面	限位基面	工序基准	定位简图	定位误差
外圆柱面(1)	平面及V形面	以轴线为工序基准钻孔	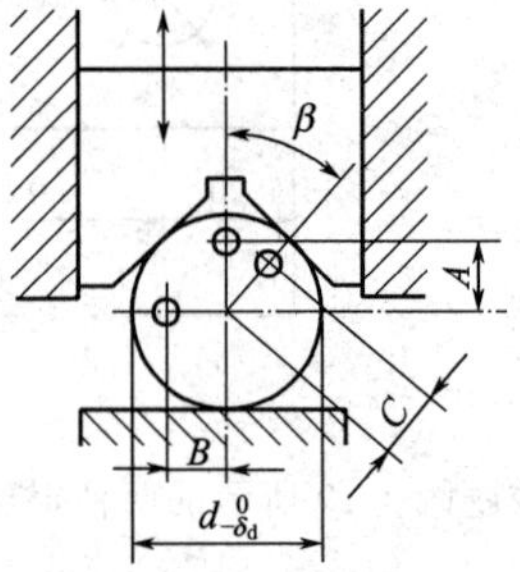	
外圆柱面(2)		以下母线为工序基准钻孔	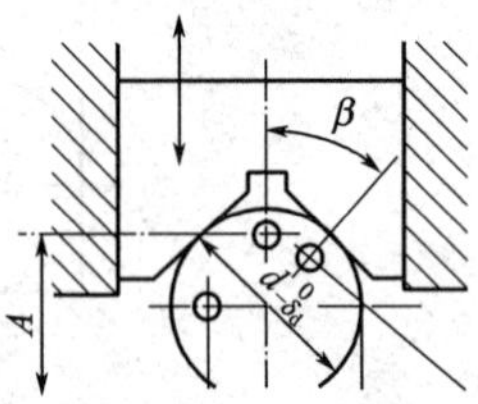	
外圆柱面(3)	平面及V形面	以上母线为工序基准钻孔	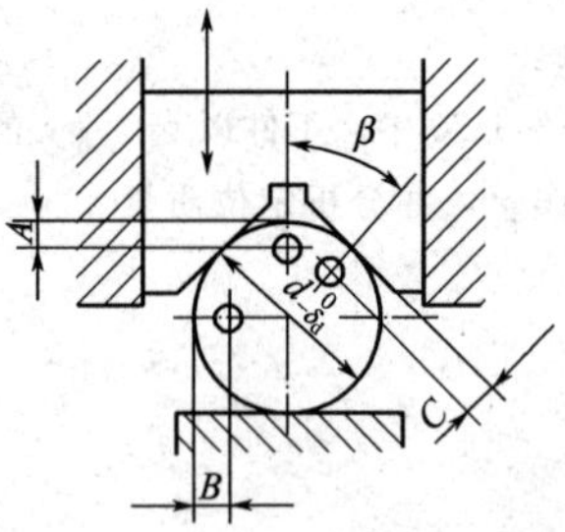	
外圆柱面(4)	V形面	以轴线为工序基准钻孔	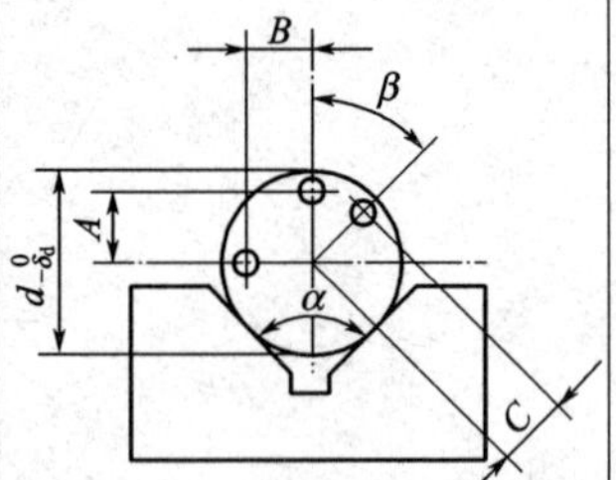	

情境 2　零件的夹紧

学习目标	掌握机床夹具夹紧装置的组成与基本要求，领会夹紧力的确定原则，熟悉常用的夹紧机构、联动夹紧机构、定心夹紧机构及其应用
工作任务	根据夹紧力确定原则，确定相关专用机床夹具夹紧力的方向和作用点，通过查阅相关工具手册，有选择性地初步确定切削力和夹紧力，掌握夹紧方案的设计方法，熟悉夹紧装置结构和元件设计
教学重点	夹紧力作用点与方向的选择和确定、夹紧元件应用
教学难点	夹紧力的作用点与方向的选择、夹紧元件设计
教学方法建议	现场参观、现场教学、多媒体教学
选用案例	以拨叉零件铣槽工序的手动夹具为例，分析机床夹具的夹紧力的作用点和方向的确定、夹紧元件的选择与实现方法等
教学设施、设备及工具	多媒体教学系统、夹具实训室、实习车间
考核与评价	项目成果评价 50%，学习过程评价 40%，团队合作评价 10%
参考学时	12

任务一　零件的夹紧

一、拨叉零件夹紧的实例分析

1. **实例**

根据图 1-116、图 1-117(c)、图 1-118(b) 以及图 1-119 确定的定位方案，现在完成加工拨叉铣槽 16H11 所要求的手动夹紧装置设计任务。

2. **分析**

前面在"任务四　定位装置的分析与设计"中的例 1-2 已提到，必须首先对长支承板 5［图 1-117(c)］施加夹紧力，然后才能固定辅助支承。由于支承板离加工表面较远，铣槽时的切削力又大，故需在靠近加工表面处再增加一个夹紧力［图 2-1(a)］，但由于工件该部位的刚性差，夹紧变形大；若改用螺母与开口垫圈夹压在 $\phi25$ 孔的左端面，拨叉此处的刚性好，且夹紧力更靠近加工表面［图 2-1(b)］。对长支承板 5 的夹紧机构采用钩形压板，可使结构紧凑。

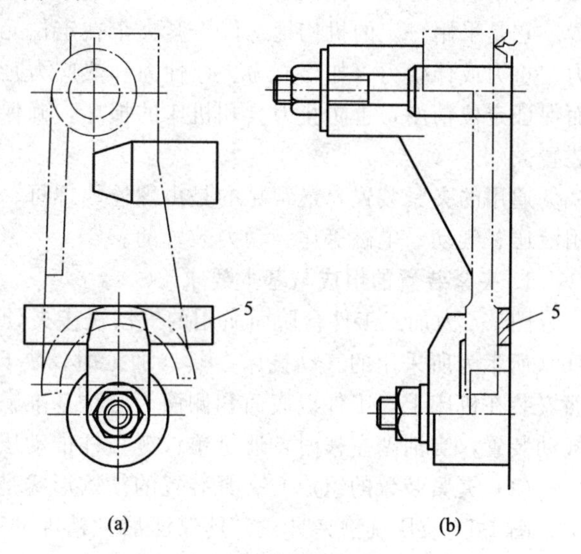

图 2-1　拨叉上铣槽夹紧方案分析

综合以上分析，拨叉铣槽的装夹方

案应如图 2-2 所示。装夹时，先将拨叉放在定位元件 4、7、8 上，再拧紧钩形压板 1，然后使辅助支承 5 接触工件后拧紧螺钉 6，最后插上开口垫圈 3 和拧紧螺母 2。

拨叉铣 16H11 槽的夹具图如图 2-3 所示。

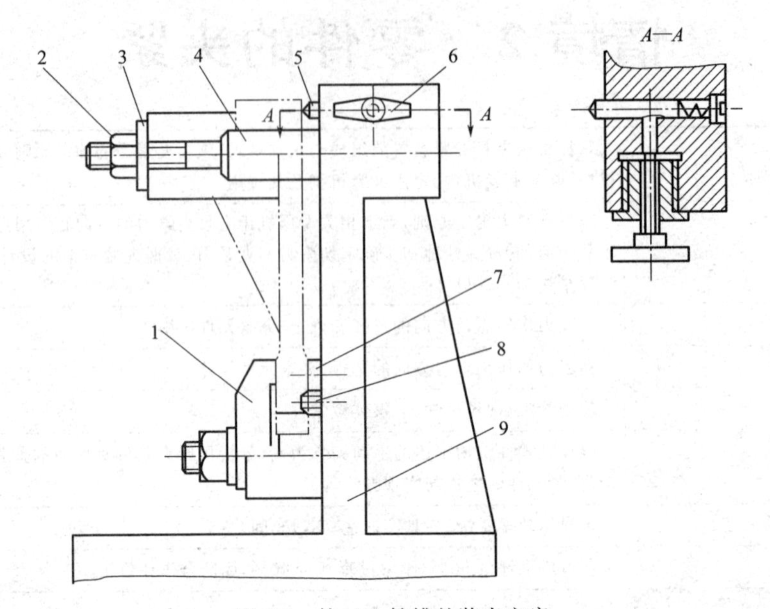

图 2-2 拨叉上铣槽的装夹方案

1—钩形压板；2—螺母；3—开口垫圈；4—长圆柱销；5—辅助支承；6—螺钉；7—窄长支承板；8—防转挡销；9—夹具体

二、知识导航：专用夹具夹紧元件和装置的结构与选用

工件在夹具中定位后还需要夹紧，即工件在夹具的定位元件上获得正确的位置之后，还必须在夹具上设置相应的夹紧装置对工件实行夹紧，才能完成工件在夹具中装夹的全部任务。夹紧与定位不能相互替代。有人认为工件被定位后，其位置就不能移动了，所有自由度都已被限制，这是一种误解。夹紧装置的基本任务就是保持工件在定位中所获得的既定位置。它是采用一定的机构把工件压紧夹牢在定位元件上，使它在加工过程中，不会由于切削力、重力或伴生力（如离心力、惯性力和热应力）等外力作用下而发生位置变化或振动，从而保证定位精度，也防止刀具和机床的损坏，确保加工质量和生产安全，这种机构就是夹紧装置。

通用的夹紧装置，最常见的是由螺栓、螺母、垫圈、压板组成的机械手动夹紧，也有使用液压、气动、电磁等作为动力装置的。

1. 夹紧装置的组成与基本要求

图 2-4 为加工工件台阶面所用的气动铣床夹具。如图 2-4(a) 所示为工件工序图，图 2-4(b) 所示为所采用的气动铣床夹具。加工时，夹具通过定位键 9 与铣床工作台 T 形槽配合而安装在机床上。工件以底面和侧面为定位基准，在平面和条形块上定位。利用单向作用的气动装置，当活塞左移时，通过单铰链杠杆推动压板 10 夹紧工件。

（1）夹紧装置的组成　夹紧装置的结构形式是多种多样的。在前面介绍的三个机床夹具中：图 1-17 液压铣槽夹具“夹具保证加工精度的原理”是采用液压夹紧装置，液压油经液压缸 2 作用在活塞上，推动螺杆和压板 3 将工件压紧；图 1-19 回转式钻床夹具是利用手动

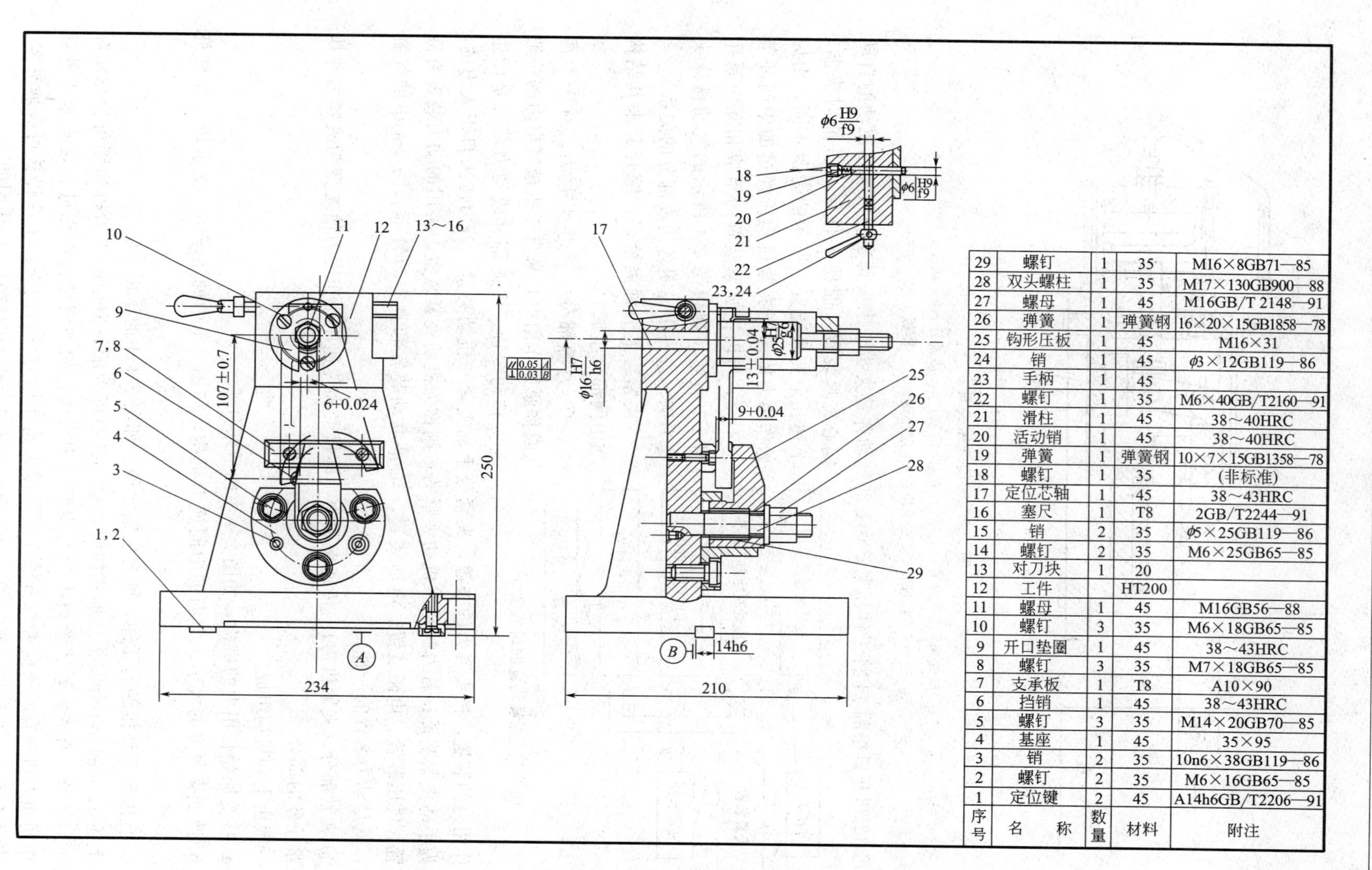

29	螺钉	1	35	M16×8GB71—85
28	双头螺柱	1	35	M17×130GB900—88
27	螺母	1	45	M16GB/T 2148—91
26	弹簧	1	弹簧钢	16×20×15GB1858—78
25	钩形压板	1	45	M16×31
24	销	1	45	φ3×12GB119—86
23	手柄	1	45	
22	螺钉	1	35	M6×40GB/T2160—91
21	滑柱	1	45	38～40HRC
20	活动销	1	45	38～40HRC
19	弹簧	1	弹簧钢	10×7×15GB1358—78
18	螺钉	1	35	(非标准)
17	定位芯轴	1	45	38～43HRC
16	塞尺	1	T8	2GB/T2244—91
15	销	2	35	φ5×25GB119—86
14	螺钉	2	35	M6×25GB65—85
13	对刀块	1	20	
12	工件		HT200	
11	螺母	1	45	M16GB56—88
10	螺钉	3	35	M6×18GB65—85
9	开口垫圈	1	45	38～43HRC
8	螺钉	3	35	M7×18GB65—85
7	支承板	1	T8	A10×90
6	挡销	1	45	38～43HRC
5	螺钉	3	35	M14×20GB70—85
4	基座	1	45	35×95
3	销	2	35	10n6×38GB119—86
2	螺钉	2	35	M6×16GB65—85
1	定位键	2	45	A14h6GB/T2206—91
序号	名称	数量	材料	附注

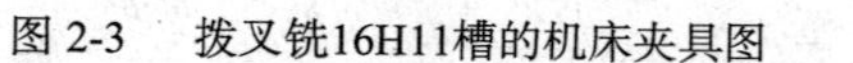
图 2-3 拨叉铣16H11槽的机床夹具图

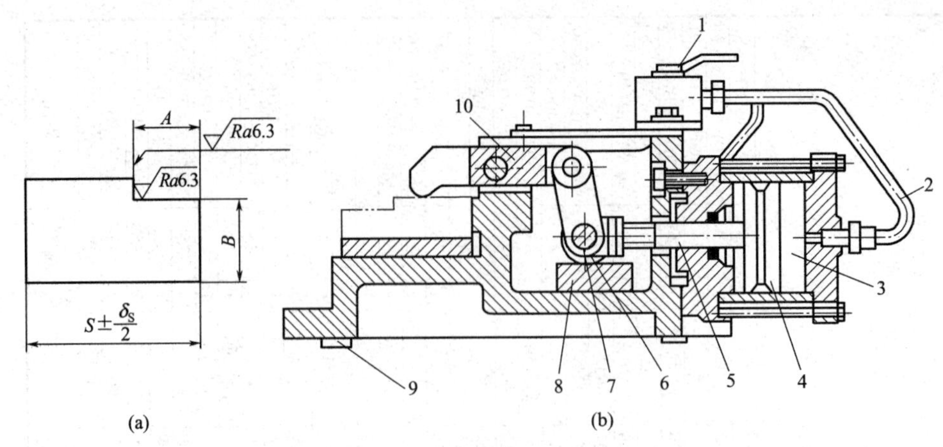

图 2-4　气动铣床夹具

1—配气阀；2—管道；3—气缸；4—活塞；5—活塞杆；6—滚子；
7—杠杆；8—支承块；9—定位键；10—压板

借螺母 12 和开口垫圈 11 将工件压紧；图1-20气动弹簧夹头车床夹具是利用气压驱动的自动定心夹紧装置，能使工件定心并同时夹紧。上述几个夹紧装置，所用的力源不同，由原始作用力传递至夹紧机构所经过的中间环节也不同，可以把夹紧装置的组成相互关系用图 2-5 表达，现以图 2-4 所示的气动铣床夹具为例，进一步说明各组成部分的关系。

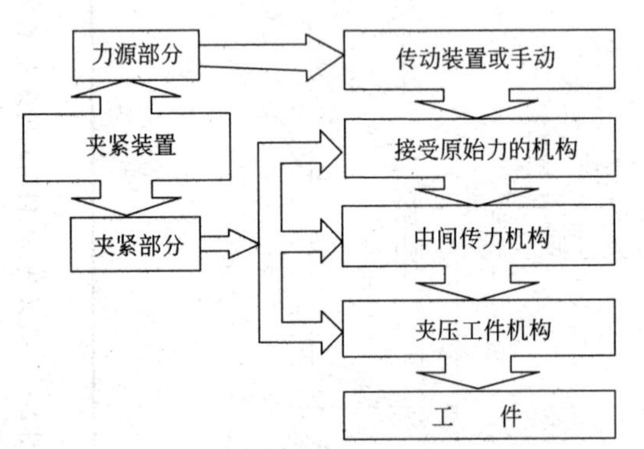

图 2-5　夹紧装置的组成关系

夹紧装置的种类繁多，综合起来其结构均由两部分组成。

① 力源部分　产生夹紧力。对于力源（或称原始作用力）来自于机械或电力的一般称为传动装置。力源部分或动力装置是产生原始作用力的装置。按夹紧力的来源，夹紧分手动夹紧和机动夹紧。若力源来自于人力的，则称为手动夹紧装置；若力源是靠机动夹紧的，则称为机动夹紧装置。常用的动力装置有液压装置、气压装置、电磁装置、电动装置、气-液联动装置和真空装置等。图 2-4 中的气缸部件，就是动力装置的一种。

② 夹紧部分（夹紧机构）　传递夹紧力，即接受和传递原始作用力使之变为夹紧力并执行夹紧任务的部分。

一般由下列机构组成。

a. 接受原始作用力的机构，如图 2-4 中的活塞杆 5。

b. 改变夹紧力的大小、方向的中间递力机构，如图 2-4 中的滚子 6、支承块 8 及杠杆 7 等。

c. 直接与工件接触的元件，称为夹紧元件，如图 2-4 中的压板 10。

上述 a、c 部分不管其构造形式如何，总是必不可少的。但中间递力机构则可根据实际需要可简可繁，有些夹紧装置根本没有中间递力机构，如利用螺钉或螺母直接夹紧工件即是。中间递力机构有时还应考虑自锁性能，即夹紧作用力一旦消失，工件仍被可靠地夹紧。这一点对于手动夹紧特别重要，如一般的螺旋夹紧就是借助螺纹起自锁作用的。

夹紧元件是直接夹紧工件的元件。如图 2-4 中的压板 10，它的作用是接受传递机构传来的作用力，夹紧工件。

传递机构与夹紧元件组成了夹紧机构。夹紧机构在传递力的过程中，能根据需要改变原始作用力的方向、大小和作用点。如图 2-4 中杠杆把水平的作用力改变成垂直的夹紧力，使夹紧元件（压板）将工件压紧。手动夹具的夹紧机构还应具有良好的自锁性能，以保证人力的作用停止后，仍能可靠地夹紧工件。

在实际生产中，由于工件的定位方法、加工要求和生产类型不同，夹紧装置差异较大。有的只设有传递机构和夹紧元件，还有的只设有夹紧元件，如用螺钉直接夹紧。

（2）夹紧装置的设计要求　夹紧装置的设计和选用是否正确，对保证工件的精度、提高生产率和减轻工人劳动强度有很大影响。为了确保工件加工质量和提高生产率，对夹紧装置提出“正、牢、简、快”的基本要求。

①“正”就是在夹紧过程中应保持工件原有的正确定位。即夹紧过程中，不能破坏工件在定位时所处的正确位置。

②“牢”就是夹紧力要可靠、适当，既要把工件压紧夹牢，保证工件不位移、不抖动；又不因夹紧力过大而使工件表面损伤或变形。即夹紧力的大小适当——保证工件在整个加工过程中的位置稳定不变，夹紧可靠牢固，振动小，又不超出允许的变形。

③“简”就是结构简单、工艺性好、容易制造。只有在生产批量较大的工件时，才考虑相应增加夹具夹紧机构的复杂程度和自动化程度。即夹紧装置的复杂程度应与工件的生产纲领相适应。工件生产批量越大，越应设计较复杂、效率较高的夹紧装置。

④“快”就是夹紧机构的操作应安全、迅速、方便、省力。具有良好的结构工艺性和实用性。力求简单，便于制造维修，操作安全方便，并且省力。

设计夹紧装置时，首先要合理选择夹紧力的方向，再确定其着力点和大小，并确定夹紧力的传递方式和相应的机构，最后选用或设计夹紧装置的具体结构，来保证实现上述基本要求。

2. 实例思考

【例 2-1】　如图 1-17(a) 所示为轴上键槽铣削的工序图，表示键槽加工的技术要求；图 1-17(b) 为所采用的液压铣槽夹具。

① 分析液压铣床夹具的组成部分，并指出是哪些元件。

② 本工序加工中，键槽宽度和表面粗糙度的技术要求，主要取决于加工方法法。分析键槽的距离尺寸和相互位置精度，采用此夹具能否保证。

3. 夹紧方式（夹紧力）确定的实例分析

确定夹紧力就是确定夹紧力的方向、作用点和大小。确定夹紧力时，要分析工件的结构特点、加工要求、切削力和其他外力作用工件的情况，及定位元件的结构和布置方式。

（1）实例

根据图 1-116、图 1-117(c)、图 1-118(b) 以及图 1-119 确定的定位方案以及图 2-1～图 2-3 的夹紧方案，现在完成加工拨叉铣槽 16H11 所要求的手动夹紧装置设计任务。

（2）分析

拨叉的定位如图 1-117(c)、图 1-118(b) 所示，用长圆柱销 3 限制四个自由度 $\vec{X}$、$\vec{Z}$、$\overset{\frown}{X}$、$\overset{\frown}{Z}$，长条支承板 5 限制 $\vec{Y}$、$\overset{\frown}{Z}$，挡销 4 限制一个自由度 $\overset{\frown}{Y}$。$\overset{\frown}{Z}$ 被重复限制了，属重复定位。在图 1-116 中，因为 E 面与 ϕ25H7 孔轴线的垂直度为 0.1mm，而工件刚性较差，

0.1mm在工件的弹性变形范围内，因此属可用重复定位。

为了提高工件的装夹刚度，在C处加一辅助支承。辅助支承不起定位作用，辅助支承上与工件接触的滑柱必须在工件夹紧后才能固定。所以，必须先对长条支承板施加压力，然后固定滑柱。由于支承板离加工表面较远，铣槽时的切削力又大，故需在靠近加工表面的地方再增加一个夹紧力。如图2-1所示，用螺母和开口垫圈夹压在工件圆柱的左端面。拨叉此处的刚性较好，夹紧力更靠近加工表面，工件变形小，夹紧也可靠。

综合以上分析，拨叉铣槽的装夹方案如图2-2所示。装夹时，先拧紧钩形压板1，再固定辅助支承5，然后插上开口垫圈3，拧紧螺母2。最终的拨叉铣槽夹具如图2-3所示。

4. 夹紧方式（夹紧力）**的确定**

力的三要素：方向、作用点、大小

夹紧方式的确定，本质上就是确定夹紧力。夹紧力是由力的作用方向、着力点和大小三个要素来体现的。确定夹紧力是一个综合性问题，必须结合工件的加工要求和特点、定位元件的结构形式和布置方式，工件的自身重力和所受外力作用的情况等联系起来研究。

（1）夹紧力方向的确定

① 夹紧力应朝向主要定位基准面　对工件只施加一个夹紧力，或施加几个方向相同的夹紧力时，夹紧力的方向应尽可能朝向主要定位基准面。

图2-6所示为几种典型施力情况，图中1为夹具，2为工件。在图2-6(a)中被加工孔C与端面有一定垂直度要求，夹紧力$F_{J1}=F_{J2}$垂直于主要限位基面A，如果夹紧力朝向基面B，则由于工件定位基面A、B之夹角误差的影响，就会破坏原定位，而难以保证加工要求。图2-6(b)中表示夹紧力F_J的两个分力垂直作用于V形块工作面并对称于中间平面，将工件夹紧时，V形块工作面上的支承反力N在接触线上均匀分布，从而使工件稳定可靠；如果夹紧力改朝B面，则由于工件圆柱面与端面的垂直度误差，夹紧时，工件的圆柱面可能离开V形块的V形面。这不仅破坏了定位，影响加工要求，而且加工时工件容易振动。对工件施加几个方向不同的夹紧力时，朝向主要限位面的夹紧力应是主要夹紧力。

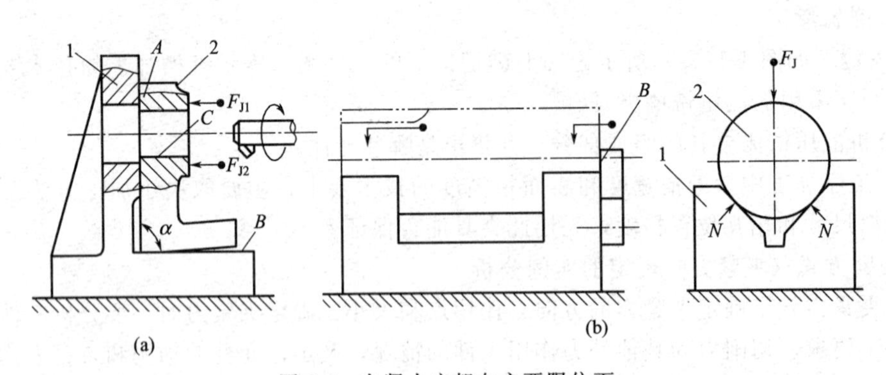

图2-6　夹紧力应朝向主要限位面

注意

a. 夹紧力的方向不应破坏工件定位的准确性和可靠性。根据这项要求，夹紧力的方向应朝向主要定位基准，把工件压向定位元件的主要限位面上，使工件的正确位置得到保持与加强，如图2-7所示。

b. 夹紧力的方向应使工件变形尽可能小。为此，夹紧力方向应是工件刚性最好的方向，如图2-8所示。

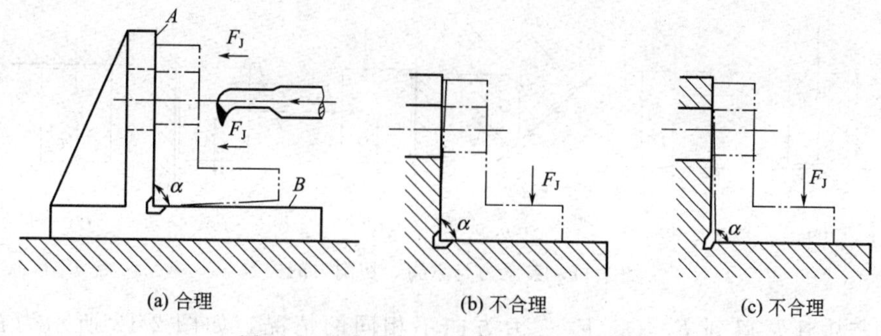

图 2-7　夹紧力方向对镗孔垂直度的影响

② 夹紧力方向应使所需夹紧力尽可能小　为此，夹紧力尽量与重力、切削力方向重合（夹紧力的方向尽可能与切削力和工件重力同向），以减小夹紧力的大小，如图 2-9 所示。这一方面对减小夹紧力很有利，同时又能简化夹紧装置结构和便利操作，还能减小工人劳动强度。

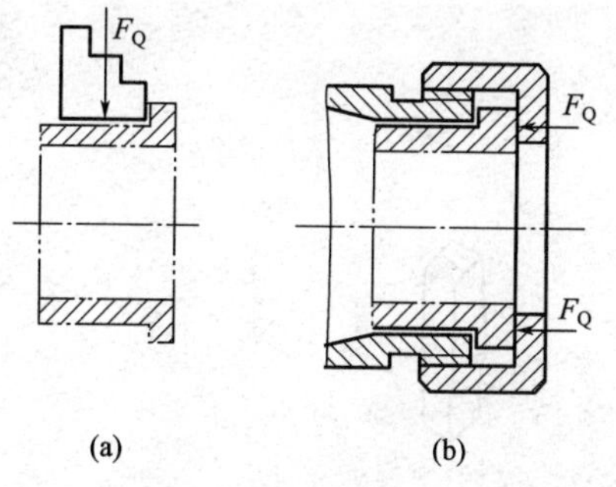

图 2-8　夹紧力方向与工件刚性的关系

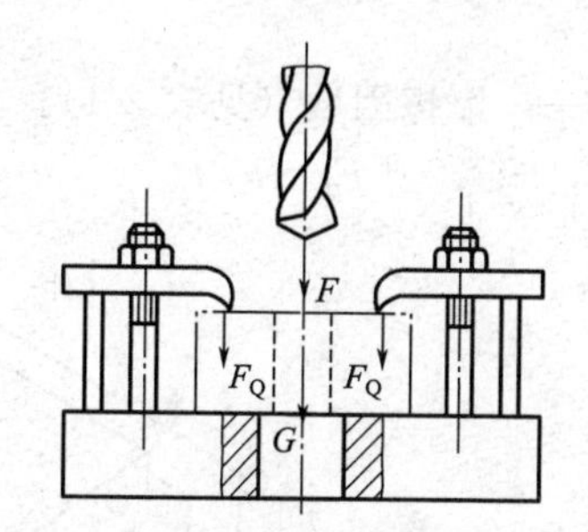

图 2-9　钻孔时夹紧力方向与重力、切削力方向的关系

如图 2-10 所示的工件，孔 A 和孔 B 分别在两个工序中进行加工，若工件均在夹具体的限位基面上定位。当钻削孔 A 时，夹紧力 F_J、垂直切削力 F_{CN} 和工件重力 G 三者方向均垂直于主要限位基面，这些同向力为支承反力 N 所平衡，钻削时的转矩 M 由这些同向力的作用而在限位基面上所产生的摩擦阻力矩平衡，故此时所需的夹紧力为最小。但在镗孔 B 时，水平切削力 F_D 与夹紧力 F_J、重力 G 相垂直，此时只依靠夹紧力和重力在限位基面上产生的摩擦力来平衡切削力，可见所需夹紧力远比切削力 F_D 大得多。若夹具采用一面双销定位[图 2-10(b)]，此时由于钻削的转矩 M（或切削力）可由双支承销的反力矩来平衡，于是使夹紧力可大为减小。

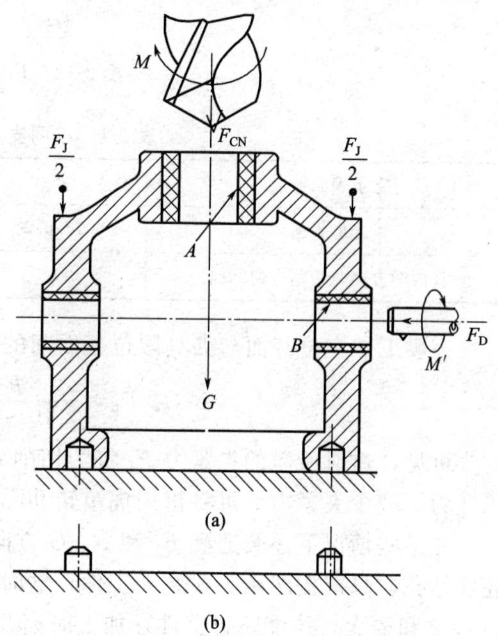

图 2-10　夹紧力与重力、切削力的关系

图 2-11 所示为切削力 F、夹紧力 F_J、工件重力 G 三力之间几种关系示意图。显然，图 2-11(a) 的情况最合理，图 2-11(f) 的情况最差。

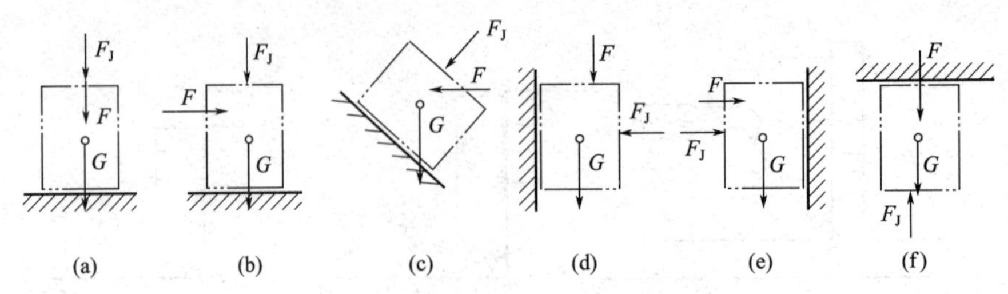

图 2-11 夹紧力与重力、切削力的关系

在生产中还常遇到 F、G、F_J 三力方向不相同的情况，如图 2-12 所示为在牛头刨床机用虎钳上刨削工件平面的情形。这时 F、G、F_J 三力的方向互相垂直。G 和 F_J 要产生足够大的摩擦阻力才能克服切削力企图使工件移动而破坏定位的状况，按静力平衡条件得

$$F=Gf+F_J f$$

$$F_J=\frac{F}{f}-G$$

式中 f——摩擦因数（见表 2-1）。

若不计 G，则 $F_J=F/f$。

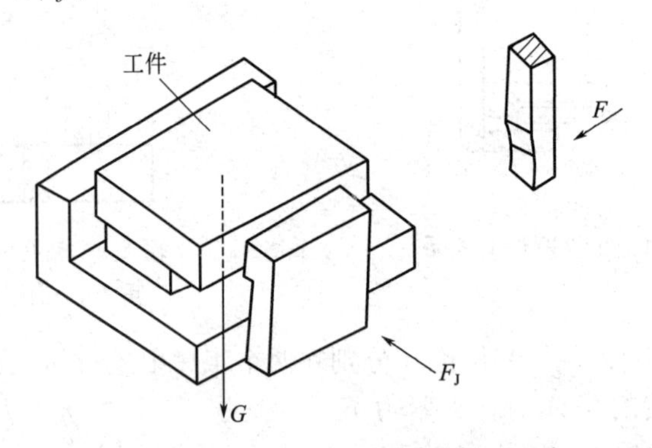

图 2-12 F_J、F、G 三力垂直

表 2-1 不同支承面的摩擦因数 f 值

支承表面特点	f	支承表面特点	f
光滑表面	0.1～0.2	直沟槽方向与切削方向垂直同向	0.4
直沟槽方向与切削方向同向	0.3	表面具有交错沟槽	0.6～0.7

一般工件定位基面与夹具限位基面间的摩擦因数 f 可取 0.10～0.15，因此

$$F_J=\frac{F}{0.10\sim0.15}\approx(7\sim10)F$$

可见，这时所需的夹紧力 F_J 将为切削力 F 的 7～10 倍，是相当大的。

为了减少夹紧力，可将机用虎钳转 90°，使 F_J 与 F 的方向一致。

在某些情况下还会遇到 F_J 和 F、G 方向相反，如图 2-13 所示的夹具，由于工件需要从底面钻孔，只能按图示方式装夹工件，这时钻孔所需夹紧力必须比垂直切削力 F_{CN} 和工件重力 G 之和要大，才能防止工件在加工时离开定位装置或产生振动。所以在制订夹紧方案时，要尽量避免此种形式。从本例还可看出，设计夹具时，最好使主要限位基面处于水平向上的

位置，这一点对于重型工件更为重要。

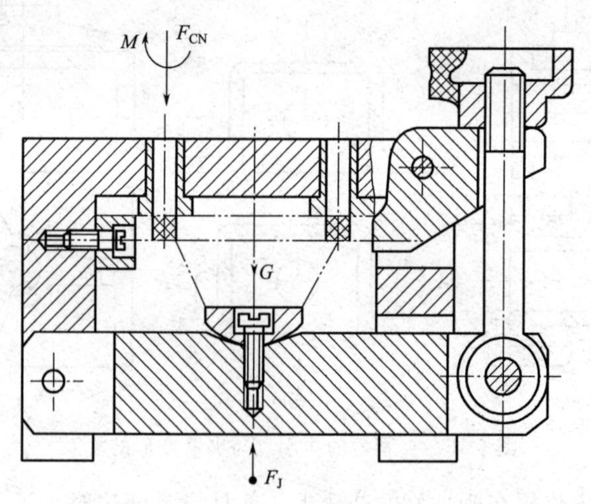

图 2-13　F_J 与 F、G 力方向相反

（2）夹紧力作用点的选择

① 着力点必须使夹紧力作用在定位元件所形成的限位支承范围内，以有助于工件定位。如图 2-14 所示，图 2-14(a) 的着力点 O 处于三定位支承销组成的三角形内，使工件定位后不离开支承销；图 2-14(b)～(e) 中实线箭头所示，夹紧力的作用点落到了定位元件的支承范围之外，这样夹紧力和支承反力构成力偶 M，将使工件倾斜或移动，破坏定位。正确的选择应将着力点置于图 2-14(b)～(e) 中虚线箭头所示的位置。

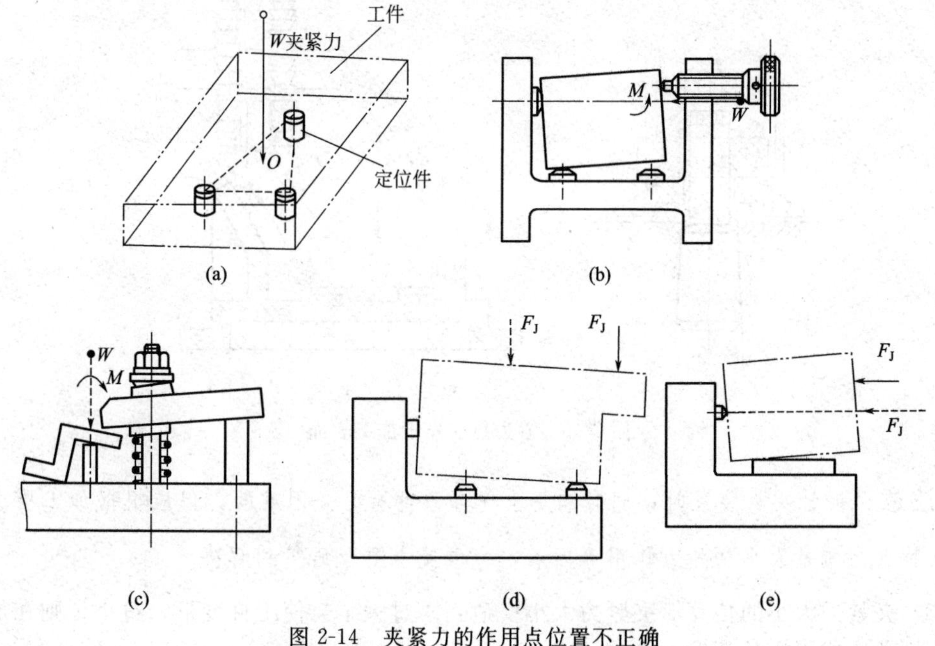

图 2-14　夹紧力的作用点位置不正确

(a) 正确的着力点；(b)～(e) 不正确的着力点

② 夹紧力的作用点应落在工件刚性较好的部位上，这样可以防止或减少工件变形对加工精度的影响。图 2-15(a) 薄壁套的轴向刚性比径向好，用卡爪径向夹紧，工件变形大，若沿轴向施加夹紧力，变形就会小得多。如图 2-15(b) 所示薄壁箱体夹紧时，夹紧力不应作

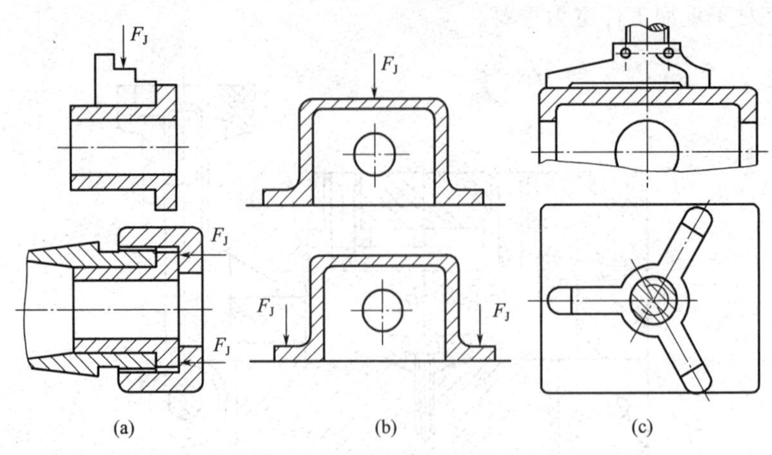

图 2-15 夹紧力的作用点与夹紧变形的关系

用在箱体的顶面，而应作用在刚性好的凸边上。箱体没有凸边时，可如图 2-15(c) 所示，将单点夹紧改为三点夹紧，使着力点落在刚性较好的箱壁上，并降低了着力点的压强，减小了工件的夹紧变形。

③ 夹紧力的作用点应尽量靠近加工表面。夹紧力的着力点靠近加工部位可提高夹紧的刚性，防止或减少工件产生振动。如图 2-16(b) 中主要夹紧力 F_{J1} 垂直作用于主要限位基面，但在靠近加工面处设辅助支承，并增设浮动夹紧机构增加夹紧力 F_{J2}，以减小工件受切削力后产生的位置变动、变形或振动，即增加夹紧刚度。

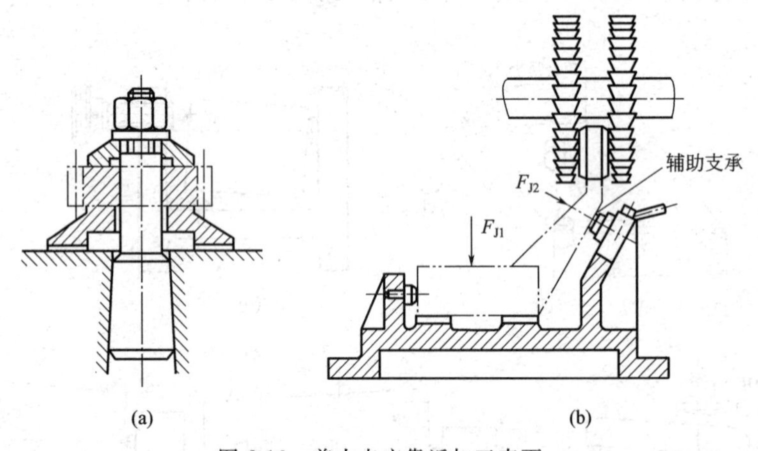

图 2-16 着力点应靠近加工表面

注意： 设计夹具装置时，同时满足上述各条件有时是困难的，但应根据加工要求、工件形状特点、质量大小和外力作用等因素，力求使主要矛盾得到解决。

(3) 夹紧力大小的估算 夹紧力大小要适当。过大了会使工件变形，过小了则在加工时工件会松动造成报废甚至发生事故。

在手动夹紧时，可凭人力来控制夹紧力的大小，一般不作计算。

当设计机动（气动、液压、电力等）夹紧装置时，则应计算夹紧力的大小，以便决定动力部件的尺寸（如气缸、活塞的直径等）。

夹紧力的计算，通常先根据切削原理的公式求出切削力的大小，必要时也要算出惯性力和离心力，再与工件重力及待求的夹紧力组成静平衡力系，求出夹紧力的大小。实际设计中常采用估算法、类比法和试验法确定所需的夹紧力。算出夹紧力后，再乘以安全系数 K，作为实际所需的夹紧力。K 值粗加工时取 2.5～3，精加工时取 1.5～2。

（4）实例思考　如图 2-17 所示的法兰盘，材料为 HT200，欲在其上加工 4×ϕ26H11 的孔，中批量生产，拟采用螺旋压板夹紧机构。为了便于装卸工件，选用移动压板置于工件两侧［见图 2-18(b)］。根据图 2-17 和图 2-18 分析该工件加工 4×ϕ26H11 工序的定位方式、元件以及夹紧方式和采用的夹紧元件。

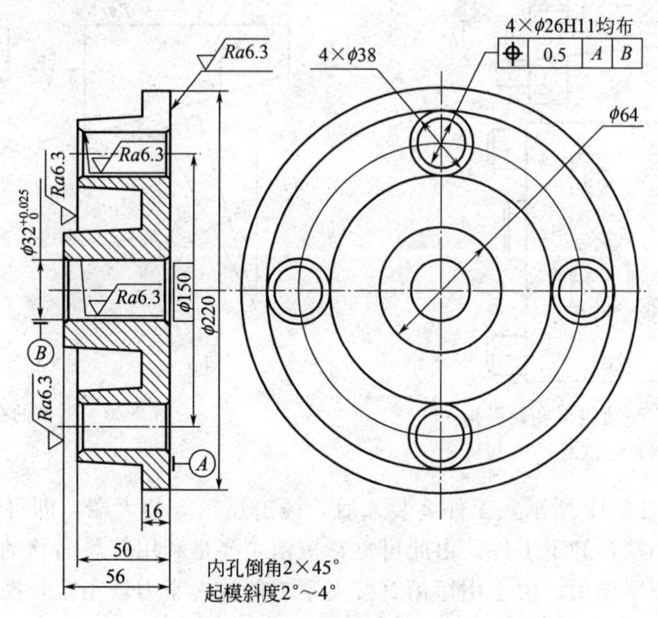

图 2-17　法兰盘零件图

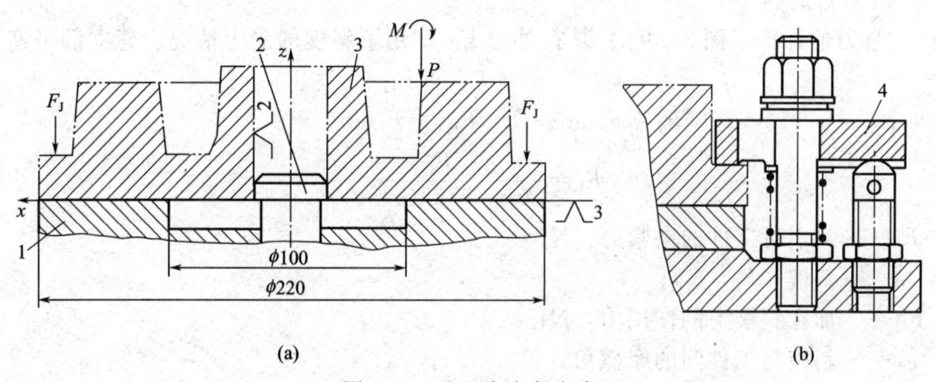

图 2-18　法兰盘夹紧方案

1—支承板；2—短销；3—工件；4—移动压板

三、基本夹紧装置

夹具的各种夹紧机构中，以斜楔、螺旋、偏心、铰链机构以及由它们组合而成的夹紧装置应用最为普遍。

1. 斜楔夹紧机构

（1）实例分析

① 实例　如图 2-19 所示是在工件上钻互相垂直的 ϕ8mm、ϕ5mm 两孔的手动斜楔夹紧的夹具。

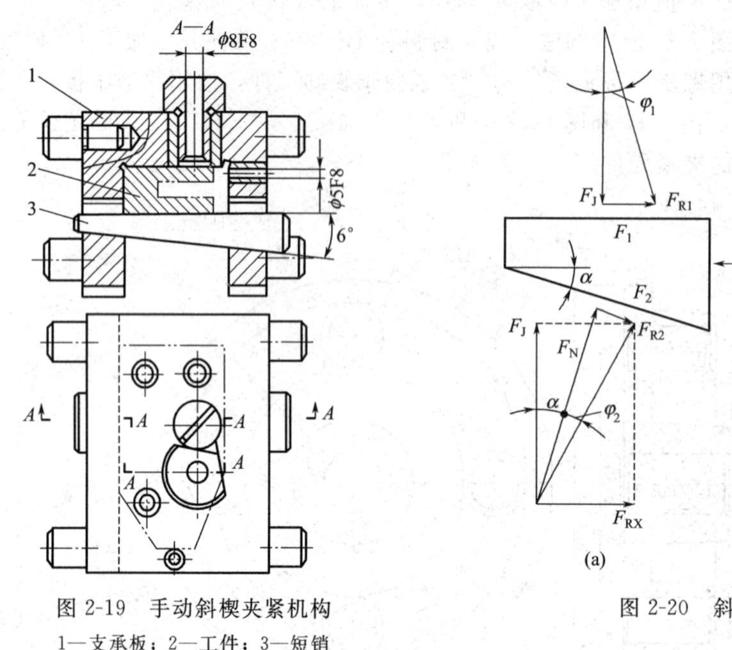

图 2-19　手动斜楔夹紧机构

1—支承板；2—工件；3—短销

图 2-20　斜楔的受力分析

② 分析　如图 2-19 所示，工件 2 装入后，锤击短销 3 的大端，即可夹紧工件。加工完毕后，锤击短销小端，卸下工件。由此可见，短销主要是利用其斜面移动时所产生的压力来夹紧工件，即起楔紧作用。由于用短销直接夹紧工件的夹紧力较小，且操作费时，所以，实际生产中应用不多，多数情况下是将短销与其他机构联合起来使用。

(2) 相关知识

① 夹紧力的计算　图 2-20(a) 是在外力 F_Q 作用下斜楔的受力情况。建立静平衡方程式

$$F_1+F_{RX}=F_Q$$

而

$$F_1=F_J\tan\varphi_1 \qquad F_{RX}=F_J\tan(\alpha+\varphi_2)$$

所以

$$F_J=\frac{F_Q}{\tan\varphi_1+\tan(\alpha+\varphi_2)}$$

式中　F_J——斜楔对工件的夹紧力，N；

α——斜楔升角，(°)；

F_Q——加在斜楔上的作用力，N；

φ_1——斜楔与工件间的摩擦角，(°)；

φ_2——斜楔与夹具体间的摩擦角，(°)。

设 $\varphi_1=\varphi_2=\varphi$，当 α 较小时（$\alpha\leqslant 10°$），可用下式作近似计算

$$F_J=F_Q/\tan(\alpha+2\varphi)$$

② 结构特点

a. 斜楔的自锁性。自锁就是当外加的夹紧作用力一旦消失或撤除后，夹紧机构在纯摩擦力的作用下，仍能保持处于夹紧状态而不松开。

图 2-20(b) 是作用力 F_Q 撤去后斜楔的受力情况。从图中可知，斜楔要满足自锁要求，必须使

$$F_1 > F_{RX}$$

因　　$F_1 = F_J \tan\varphi_1 \quad F_{RX} = F_J \tan(\alpha - \varphi_2)$

代入上式得 $F_J \tan\varphi_1 > F_J \tan(\alpha - \varphi_2)$，即 $\tan\varphi_1 > \tan(\alpha - \varphi_2)$

由于 α、φ_1、φ_2 都较小时，$\tan\varphi_1 \approx \varphi_1$、$\tan(\alpha - \varphi_2) \approx \alpha - \varphi_2$，上式可简化为

$$\varphi_1 > \alpha - \varphi_2$$

或　　$\alpha < \varphi_1 + \varphi_2$

由此可见，满足斜楔自锁的条件是，斜楔的升角应小于斜楔与工件以及斜楔与夹具体之间的摩擦角之和。手动夹紧机构一般取 $\alpha = 6° \sim 8°$。

若取 $\alpha = 6°$，这时 $\tan 6° \approx 0.1 = 1/10$，所以斜楔的斜度一般取为 1∶10。

b. 斜楔具有改变夹紧作用力方向的特点。由图 2-19 可以看出，当外加一个夹紧作用力时，则斜楔产生一个与夹紧作用力方向垂直的对工件的夹紧力。

c. 斜楔具有增力作用。夹紧力与作用力之比称为增力系数（$i = F_J / F_Q$）或扩力比。斜楔的增力系数为

$$i = F_J / F_Q = 1 / [\tan\varphi_1 + \tan(\alpha + \varphi_2)]$$

如取 $\varphi_1 = \varphi_2 = 6°$，$\alpha = 10°$ 代入式中，得 $i = 2.6$。可见，斜楔具有增力作用，但不是很大。

d. 斜楔的夹紧行程很小。在图 2-21 中，h 是斜楔的夹紧行程，S 是斜楔夹紧工件过程中移动的距离，则

$$h = S \tan\alpha$$

斜楔的夹紧行程一般很小。由于 S 受到斜楔长度的限制，要增大夹紧行程，就需增大斜角 α，而斜角太大，便不能自锁。当要求机构既能自锁，又有较大的夹紧行程时，可采用双斜面斜楔。斜楔上大斜角的一段使之迅速上升，小斜角的一段确保自锁。

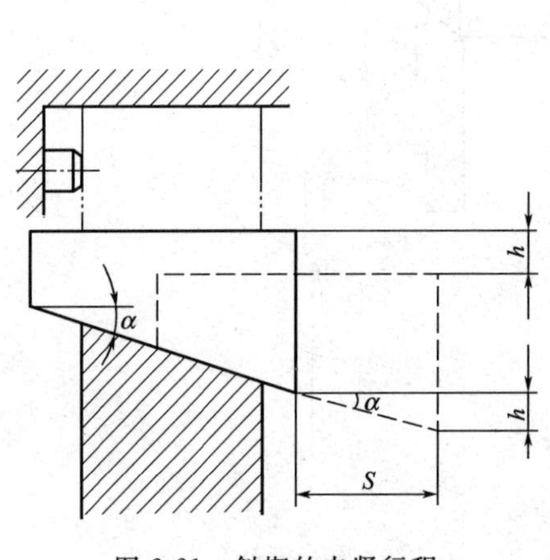

图 2-21　斜楔的夹紧行程

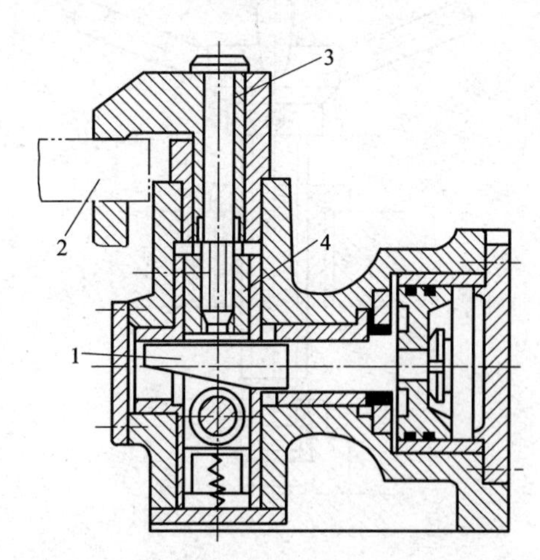

图 2-22　斜楔与滑柱组合的夹紧机构
1—斜楔、活塞杆；2—工件；3—钩形压板；4—滑柱（套）

③ 适用范围。由于手动的斜楔夹紧机构在夹紧工件时既费时又费力，效率极低，实际上很少采用。在多数情况下是斜楔与其他元件或机构组合起来使用。

综上所述，斜楔夹紧机构主要用于机动夹紧装置中，而且毛坯的质量较高时；另外，由于其夹紧行程小，对工件的夹紧尺寸（即工件承受夹紧力的定位基准面至受压面间的

尺寸）的偏差要求较为严格，否则可能发生夹不紧或无法夹的情况。在多数情况下是斜楔与其他元件或机构组合起来使用。图 2-22 所示的气压或液压夹紧的斜楔与滑柱组合的夹紧机构，由气压或液压作用推动斜楔 1 向左运动，使滑柱 4 带动钩形压板 3 往下移动，从而拉下钩形压板压紧工件。当气压或液压作用消除后，靠弹簧力使斜楔复位，松开工件。这可使斜角取大，一般取 $\alpha=15°\sim30°$，使夹紧行程增大，由动力装置夹紧并锁紧斜楔。

2. 螺旋夹紧机构

由螺钉、螺母、垫圈、压板等元件组成的夹紧机构，称为螺旋夹紧机构。

（1）实例分析 1

① 实例　图 2-23 所示的单螺旋夹紧机构，采用螺杆直接压紧工件。

② 分析　在图 2-23 中，夹具体上装有螺母 2，螺杆 1 在螺母 2 中转动而起夹紧作用。压块 4 是防止在夹紧时螺杆带动工件转动，避免螺杆头部直接与工件接触而造成压痕，并可增大夹紧力作用面积，使夹紧更为可靠。螺母 2 一般做成可换式或者用铜质螺母，目的是为了内螺纹磨损后可及时更换。螺钉 3 防止螺母 2 的松动。

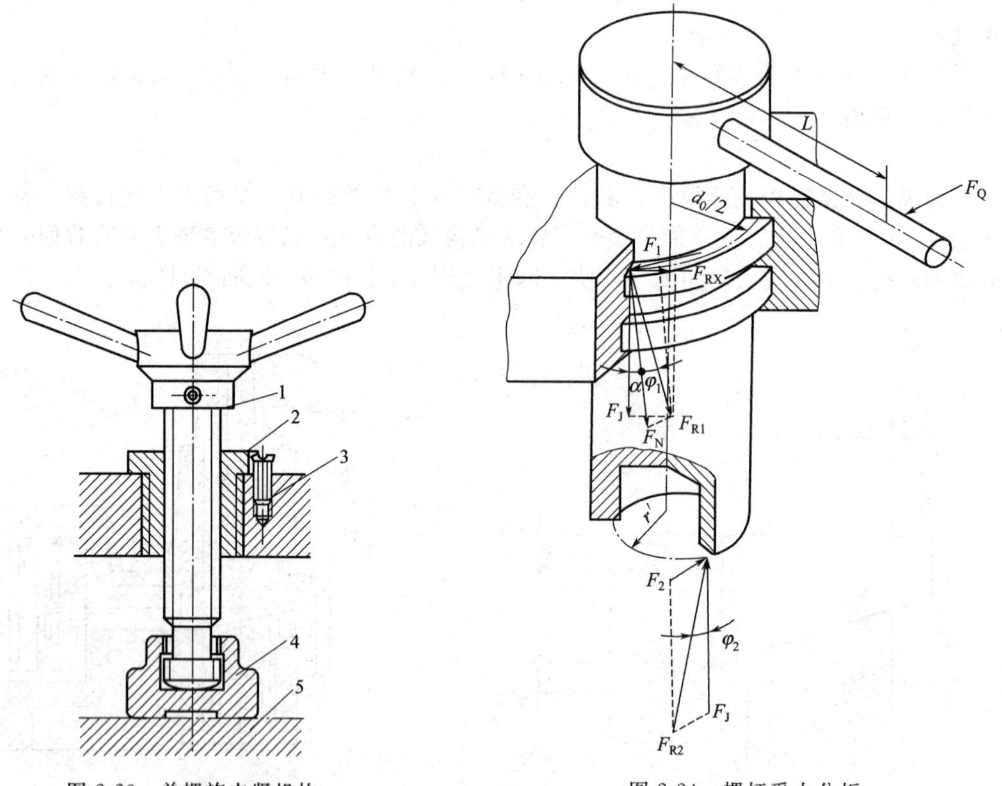

图 2-23　单螺旋夹紧机构

1—螺杆；2—螺母；3—螺钉；4—压块；5—工件

图 2-24　螺杆受力分析

（2）相关知识　在分析夹紧力时，可把螺旋看作是一个缠绕在圆柱体上的斜面，展开后就相当于斜楔了。图 2-24 是夹紧状态下螺杆的受力情况。当外力 F_Q 作用于手柄时，转动螺杆产生外力矩 M，应与螺杆下端（或压块）与工件间的摩擦反作用力矩 M_1 及螺母对螺杆螺旋面上的反作用力矩 M_2 保持平衡。

图 2-24 中，F_2 为工件对螺杆的摩擦力，分布在整个接触面上，计算时可视为集中在半

径为 r' 的圆周上。r' 称为当量摩擦半径，它与接触形式有关（见表 2-2）。F_1 为螺孔对螺杆的摩擦力，也分布在整个接触面上，计算时可视为集中在螺纹中径 d_0 处。根据力矩平衡条件

$$M=M_1+M_1$$

即

$$F_Q L=F_2 r'+F_{RX} d_0/2$$

$$F_J=\frac{F_Q L}{\frac{d_0}{2}\tan(\alpha+\varphi_1)+r'\tan\varphi_2}$$

式中　F_J——夹紧力，N；

F_Q——作用力，N；

L——作用力臂，mm；

d_0——螺纹中径，mm；

α——螺纹升角，(°)；

φ_1——螺纹处摩擦角，(°)；

φ_2——螺杆端部与工件间的摩擦角，(°)；

r'——螺杆端部与工件间的当量摩擦半径，mm。

表 2-2　螺杆端部的当量摩擦半径

形　式	点接触	平面接触	圆周线接触	圆环面接触
简　图		d_0	R　β_1	D_0　D
r'	0	$\frac{1}{3}d_0$	$R\tan\frac{\beta_1}{2}$	$\frac{1}{3}\times\frac{D^3-D_0^3}{D^2-D_0^2}$

（3）实例分析 2

① 实例　图 2-25 的单个螺旋夹紧机构，它的主要元件是直接用螺钉或螺母夹紧工件，夹紧时靠转动两者之一来完成。

② 分析　在图 2-25(a) 中，用螺钉头部直接压紧工件，容易损伤受压表面，或在旋紧

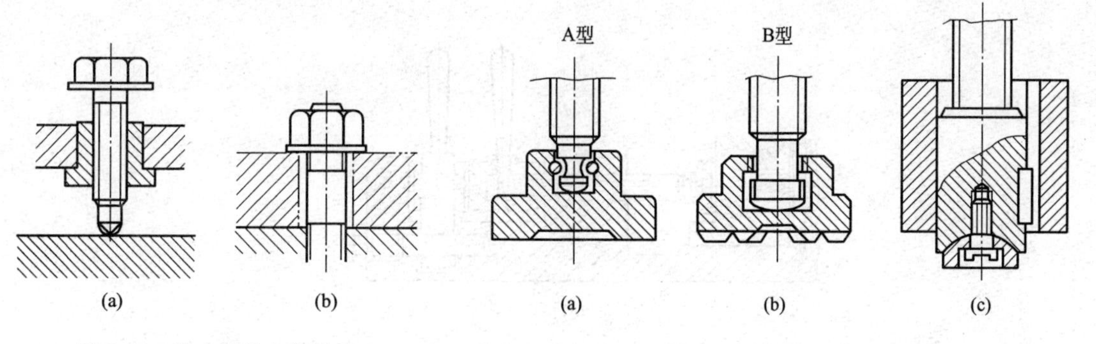

图 2-25　单个螺旋夹紧机构　　图 2-26　各种浮动压块

螺钉时会带动工件一起转动，有可能破坏定位。克服这个缺点的办法是在螺钉头部装个可以浮动的压块（图 2-26），使螺钉只受轴向力的作用，不致发生弯曲变形。为了防止夹具体较快磨损并简化修理工作或当夹具体较单薄，为增加螺旋的拧入长度，使夹紧可靠，可在夹具体中设置一钢质螺母套［图 2-25(a)］。当要求螺钉不转动，仅靠螺母转动来压紧工件时可采用图 2-25(b) 所示的双头螺柱结构。

标准的浮动压块结构有两种类型。图 2-26 中，A 型的端面是光滑的，用于夹紧已加工表面，压块与螺杆用 C 形弹簧钢丝连接；B 型的端面是制有齿纹的，用于夹紧毛坯表面；图 2-26(c) 为特殊设计的球面浮动压块。

(4) 结构特点

① 螺旋夹紧机构结构简单、容易制造。

② 螺旋夹紧机构有很大的增力作用，夹紧力和夹紧行程都较大。

③ 由于缠绕在螺钉表面的螺旋线很长，升角又小，所以自锁性能好。

④ 螺旋夹紧不足之处是夹紧速度慢，工件装卸费时，增加辅助时间。

(5) 适用范围　螺旋夹紧机构结构简单，制造方便，夹紧行程不受限制且夹紧可靠，所以在手动夹紧装置中被广泛使用。它虽有夹紧动作缓慢的缺点，但可以采用一些措施提高夹紧速度。

如图 2-27 所示为快速螺旋夹紧机构。图 2-27(a) 使用了开口垫圈。图 2-27(b) 采用了快卸螺母。图 2-27(c) 中，夹紧轴 1 上的直槽连着螺旋槽，先推动手柄 2，使摆动压块迅速

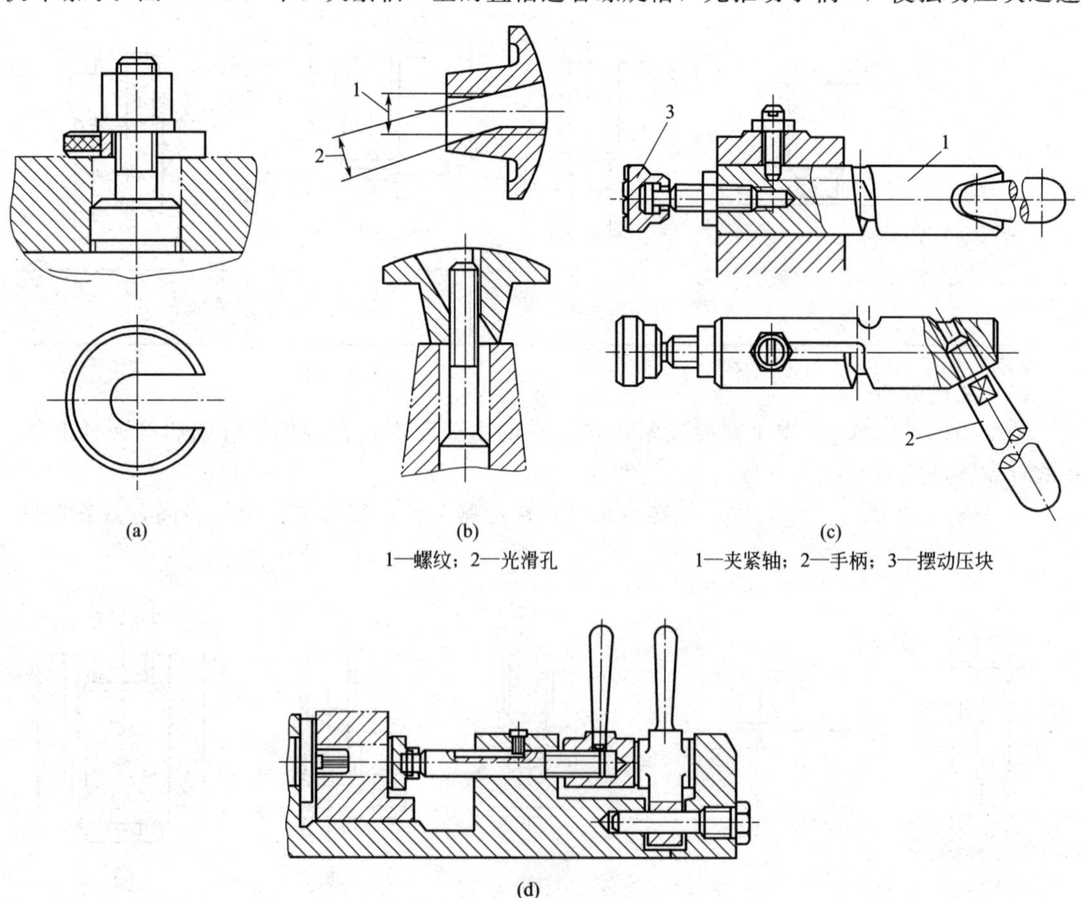

图 2-27　快速螺旋夹紧机构

靠近工件，继而转动手柄，夹紧工件并自锁。图 2-27(d) 中的前一手柄带动螺母旋转时，因后一手柄的限制，螺母不能右移，致使螺杆带着摆动压块往左移动，从而夹紧工件。松夹时，只要反转前一手柄，稍微松开后，即可转动后一手柄。为前一手柄的快速右移让出了空间。

(6) 典型螺旋压板机构　如图 2-28 所示为常见的螺旋夹紧机构。图 2-28(a)、(b) 为移动压板，图 2-28(c)、(d) 为回转压板。

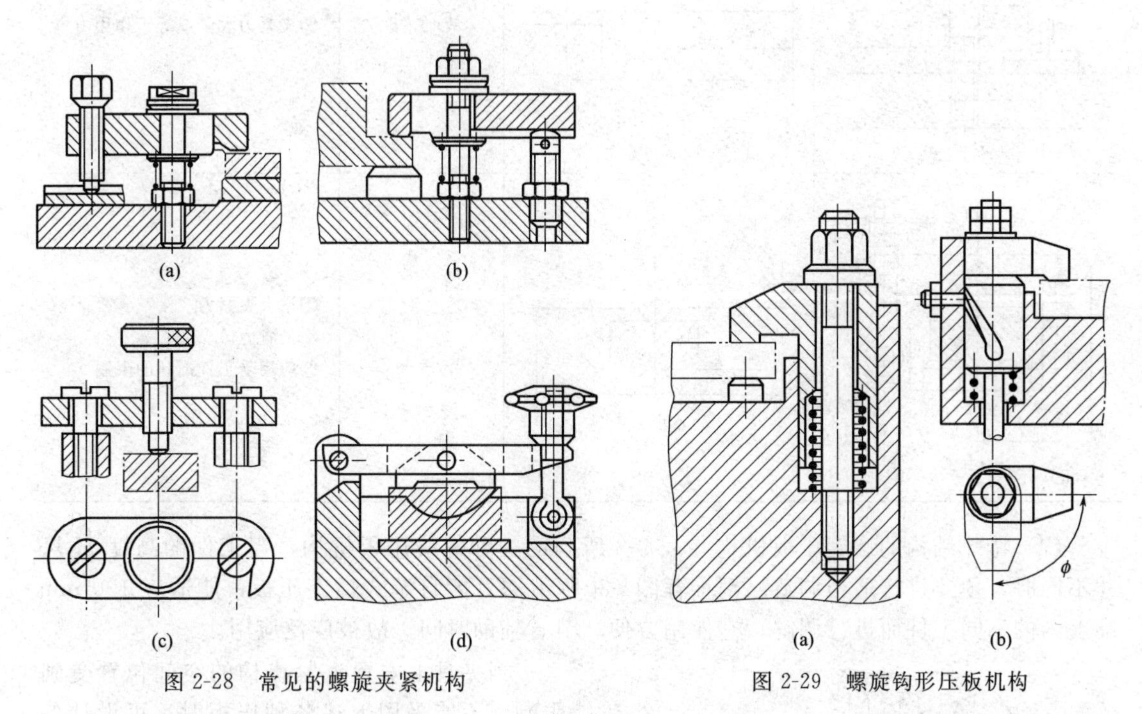

图 2-28　常见的螺旋夹紧机构　　图 2-29　螺旋钩形压板机构

图 2-29 是螺旋钩形压板机构，其特点是结构紧凑，使用方便。当钩形压板妨碍工件装卸时，可采用如图 2-29(b) 所示的自动回转钩形压板，它避免了用手转动钩形压板的麻烦。

结合图 2-28(a)、(b) 和 (d) 普遍使用的夹紧机构，表 2-3 所列为三种螺旋压板施力方式的典型结构，其结构图、受力分析、夹紧力、作用特点等，在表中可一目了然。它表明，在设计此类夹紧机构时，应注意根据杠杆平衡原理改变力臂的关系，以求操作省力方便。

表 2-3　螺旋压板施力方式

结构图	施力示意图	夹紧力	作用特点
F_Q　F_J　l　L	F_Q　F_J　l　L	$F_J=\frac{F_Q l}{L}$ $F_J<F_Q$ 当 $l=\frac{1}{2}L$ $F_J=\frac{1}{2}F_Q$	①增大夹紧行程 ②效率最低 ③最费力

续表

结构图	施力示意图	夹紧力	作用特点
		$F_J=\frac{F_Q l}{L-l}$ 当 $l>\frac{1}{2}L$ $F_J>F_Q$ 当 $l=\frac{1}{2}L$ $F_J=F_Q$	①改变夹紧作用方向 ②夹紧力大于或等于作用力
		$F_J=\frac{F_Q L}{l}$ $F_J>F_Q$ 当 $l=\frac{1}{2}L$ $F_J=2F_Q$	①增大夹紧力 ②最省力 ③应用受工件形状的限制

(7) 特殊结构的螺旋压板机构　表 2-3 所列的三种螺旋压板机构，当工件的高度 H 尺寸不同时，须要进行适当调节。现推荐图2-30所示的万能自调式螺旋压板，能适应 100 mm 高度内的不同工件而进行调解，它使用方便、节省辅助时间，故被广泛应用。

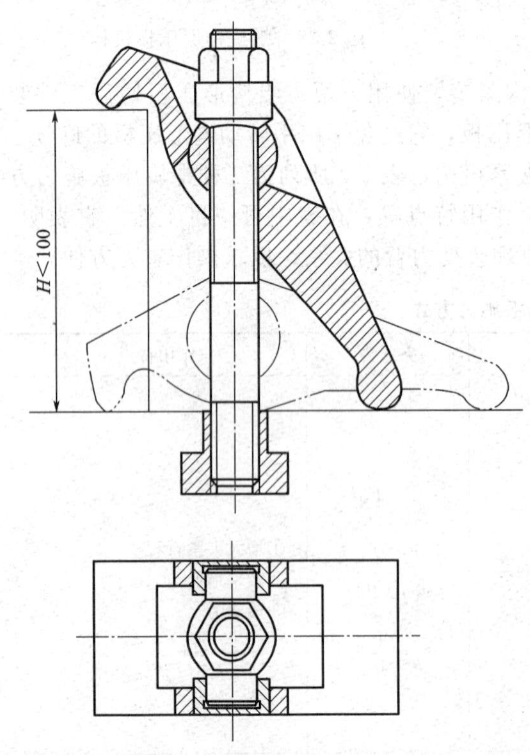

图 2-30　万能自调式螺旋压板

当夹具上安置夹紧机构的空间位置受到限制，不能采用上述各种压板时，可设计各种变型的特殊压板。例如图 2-31(a) 为表 2-3 中第一种压板的变形，不仅结构紧凑，而且螺杆为铰链连接，能快速卸下工件。图 2-31 (b) 为手动的钩形螺旋压板机构，它必须有导向孔 2，其高度 H_1。应能补偿工件夹紧尺寸的变化。压板 1 与导向孔保持 H9/f9 配合。螺旋钩形压板机构，其特点是结构紧凑，使用方便。

如果在装卸工件时要求钩形压板能自动回转，可采用图 2-32 所示的钩形压板 1 可在铣有缺口的导向孔 2 中滑动，其圆柱上有螺旋槽，通过气压驱动压板抬起或下降，即利用螺旋槽与螺钉 3 端部的配合实现自动回转，避免了用手转动钩形压板的麻烦。

在设计这种机构时，需确定压板的回转角 φ 和升程 h 等有关参数。回转角度 φ 决定压板的行程 s 和螺旋槽螺旋角 β 的大小［图

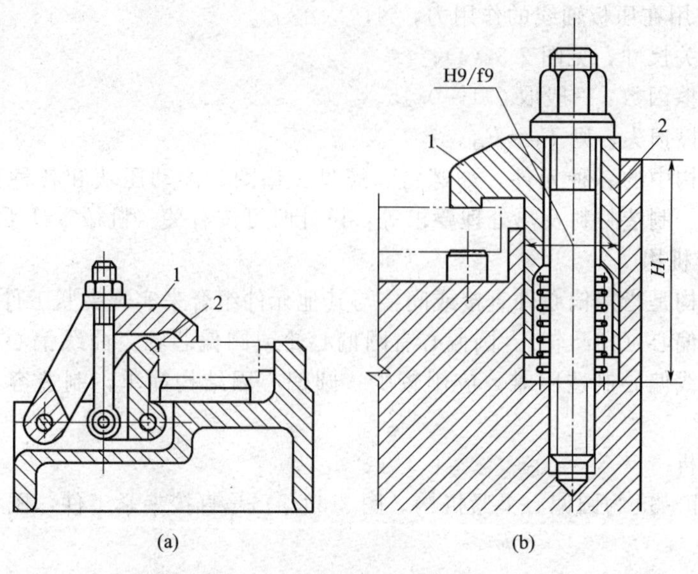

图 2-31　特殊结构的螺旋压板

1—压板；2—导向孔

2-32(b)]，因此在满足压板离开工件外轮廓边缘的条件下，应尽可能采用较小的回转角（一般取 $\beta=30°\sim90°$），以便减少压板的行程和避免 β 角过大，并保证压板回转的灵活性。

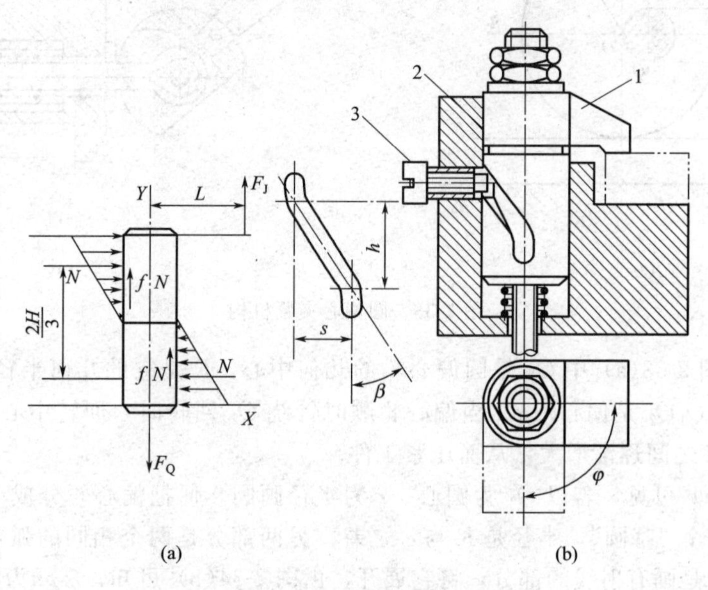

图 2-32　自动回转钩形压板

1—钩形压板；2—导向孔；3—螺钉

钩形压板在夹紧时受到较大弯曲力矩的作用，因此导向孔 2 的高度应保证支承在钩形压板的上端，以防产生后仰变形。压板的受力分析如图 2-32(a) 所示，夹紧时所产生的夹紧力 F_J 大小可根据静力平衡原理解平衡方程可求得，见下式

$$F_J=\frac{F_Q}{1+3\,\dfrac{L}{H}f}$$

式中　F_Q——作用在压板轴线的作用力，N；

L，H——有关尺寸，见图 2-32(a)；

f——摩擦因数，一般取 0.1～0.15。

若不考虑摩擦损失，则 $F_J=F_Q$。

螺旋夹紧机构中的各种元件，如螺钉、螺母、垫圈、浮动压块和各种压板等都已标准化。其结构尺寸、制造材料及热处理要求等，设计时可按有关《机械零件手册》中规定。

3. 偏心夹紧机构

偏心夹紧机构是指用偏心件直接或间接与其他元件组合来实现夹紧工件的机构。偏心件有圆偏心和曲线偏心（即凸轮）。圆偏心有圆偏心轮或圆偏芯轴。曲线偏心有对数曲线和阿基米德曲线。曲线偏心制造困难，应用较少；圆偏心因结构简单，制造容易，生产中应用广泛。

(1) 实例分析

① 实例　图 2-33 为圆偏心夹紧机构。图 2-33(a) 是直接夹紧工件，图 2-33(b) 是间接夹紧工件。

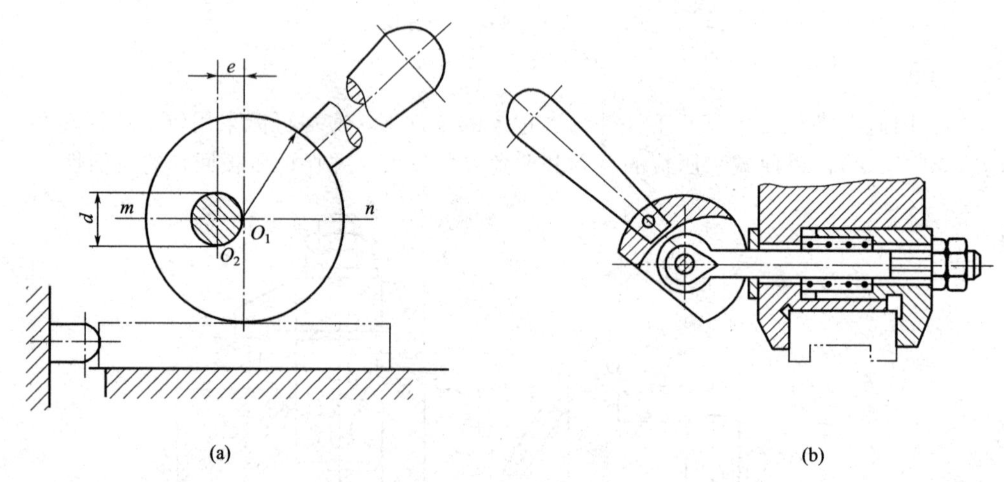

图 2-33　圆偏心夹紧机构

② 分析　图 2-33(a) 中 O_1 是圆偏心轮的几何中心，R 是它的几何半径；O_2 是圆偏心轮的回转中心，O_1O_2 是偏心距 e。当偏心轮顺时针绕 O_2 回转时，回转中心 O_2 与夹压表面的距离在 m 与 n 之间逐渐增大，从而压紧工件。

由图 2-34(a) 可见，若以 O_2 为圆心、r 为半径画圆，便把偏心轮分成了三个部分。其中，虚线部分是个“基圆”，半径是 R 与 e 之差；另两部分是两个相同的弧形楔。而实际起夹紧作用的部分是画有射线的部分，将它展开，由图 2-34(b) 可知，$\overset{\frown}{mpn}$为曲线，相当于楔角变化的斜楔。因此，圆偏心轮夹紧工件的原理与斜楔相似。

(2) 相关知识

① 结构特点　由图 2-34 可知，当圆心 O_1绕回转中心 O_2 转动任意 x 的回转角 θ_x（回转角 θ_x 为工件夹压表面法线与 O_1O_2 连线间的夹角）时，可求得任意点的升角 α_x（升角 α_x 为工件夹压表面的法线与回转半径的夹角）为

$$\tan\alpha_x=\frac{e\sin\theta_x}{\dfrac{D}{2}-e\cos\theta_x}$$

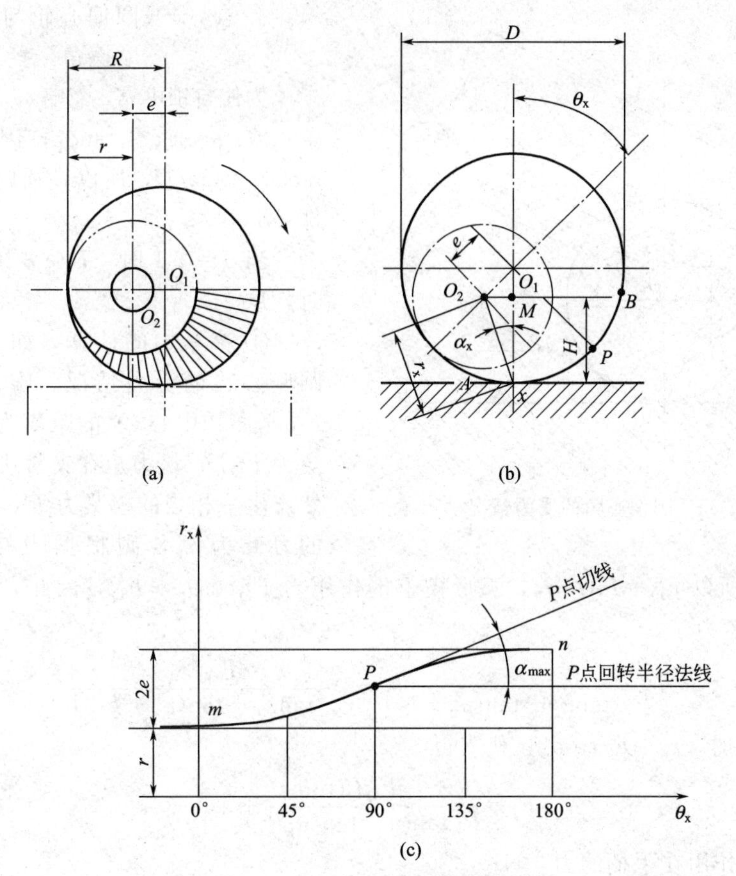

图 2-34　圆偏心作用原理和结构特性

当 $\theta_x=90°$时，$\tan\alpha_{max}=\dfrac{2e}{D}$

工作转角范围内的那段轮周称为圆偏心轮的工作段。常用的工作段是 $\theta_x=45°\sim135°$或 $\theta_x=90°\sim180°$。

② 偏心量 e 的确定　设圆偏心轮的工作段为$\overset{\frown}{AB}$，由图 2-34 可知，在 A 点的夹紧高度 $H_A=(D/2)-e\cos\theta_A$，在 B 点的夹紧高度 $H_B=(D/2)-e\cos\theta_B$，夹紧行程，$h_{AB}=H_B-H_A=e(\cos\theta_B-\cos\theta_A)$，所以

$$e=\frac{h_{AB}}{\cos\theta_B-\cos\theta_A}$$

$$h_{AB}=s_1+s_2+s_3+\delta$$

式中　s_1——装卸工件所需的间隙，一般取 $s_1\geqslant0.3$mm；

s_2——夹紧装置的弹性变形量，一般取 $s_2=0.03\sim0.15$mm；

s_3——夹紧行程储备量，一般取 $s_3=0.1\sim0.3$mm；

δ——工件夹紧表面至定位面的尺寸公差。

③ 自锁条件　圆偏心轮的自锁条件与斜楔的自锁条件相同，即

$$\alpha_{max}\leqslant\varphi_1+\varphi_2$$

式中　α_{max}——圆偏心轮的最大升角；

φ_1——圆偏心轮与工件之间的摩擦角；

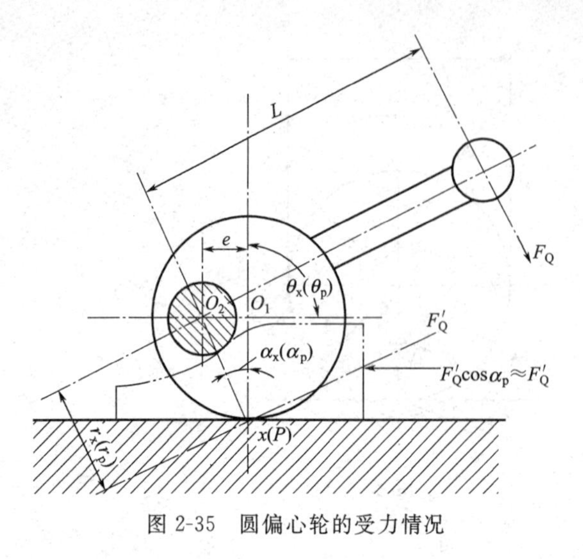

图 2-35　圆偏心轮的受力情况

φ_2——圆偏心轮与回转轴之间的摩擦角。

为使自锁可靠，忽略 φ_2 不计，则 $\alpha_{max} \leqslant \varphi_1$，或 $\tan\alpha_{max} \leqslant \tan\varphi_1$；因为 $\tan\varphi_1 = f$，$\tan\alpha_{max} = 2e/D$，所以，圆偏心轮的自锁条件是 $2e/D \leqslant f$。

当 $f=0.1$ 时，$D/e \geqslant 20$；当 $f=0.15$ 时，$D/e \geqslant 14$。

④ 夹紧力的计算　如图 2-35 所示为圆偏心轮的受力情况。施加于手柄的力 F_Q 至回转中心 O_2 的距离为 L，产生的力矩为 F_QL；该力矩在夹紧接触点 x 处，必然产生一相当的楔紧力 F'_Q，它对于 O_2 点的力臂为 r_x，则根据力矩平衡条件有 $F'_Q r_x = F_Q L$，所以 $F'_Q = F_Q L / r_x$，弧形楔上的作用力 $F'_Q\cos\alpha_p \approx F'_Q$，因此，与斜楔夹紧力公式相似，夹紧力

$$F_J = \frac{F'_Q}{\tan\varphi_1 + \tan(\alpha_x + \phi_2)} = \frac{F_Q L}{r_x[\tan\varphi_1 + \tan(\alpha_x + \phi_2)]}$$

当 $\theta_p = 90°$时，$r_p = R/\cos\alpha_p$，代入得

$$F_J = \frac{F_Q L\cos\alpha_p}{R[\tan\varphi_1 + \tan(\alpha_x + \varphi_2)]}$$

式中　F_Q——作用在手柄的力，N；

L——力臂长度，mm；

R——圆偏心轮半径，mm；

α_p——圆偏心轮升角，(°)；

φ_1——圆偏心轮与工件之间的摩擦角，(°)；

φ_2——圆偏心轮与回转轴之间的摩擦角，(°)。

⑤ 适用范围　圆偏心轮夹紧后，自锁性能较差，只适用于切削负荷较小、又无很大振动的场合；又因结构尺寸不能太大，为满足自锁条件，夹紧行程相应受到限制，所以对工件的夹紧面相应尺寸公差要求严格。同时，圆偏心回转轴中心至定位表面间的距离应有严格公差或设计成可调结构。

⑥ 常见的各种圆偏心轮和压板的夹紧机构　常用的偏心件是圆偏心轮和偏芯轴（即凸轮），图 2-36 所示为常见的几种圆偏心夹紧装置。图 2-36(a)、(b)、(e)、(f) 采用的是圆偏心轮夹紧装置，图 2-36(c) 采用的是圆偏芯轴夹紧装置，图 2-36(d) 采用的是圆偏心叉夹紧装置。

4. 定心夹紧机构

在机械加工中，常遇到要求准确定心或对中的工件，如各种回转体零件，以及有对称度要求的表面等，它们往往都以轴线或对称中间平面作为工序基准，如果所选的定位基准与工序基准重合，则可采用同时对工件实现定位与夹紧的定心夹紧机构。

定心夹紧机构是一种能同时实现定位和夹紧的特殊夹紧机构。它的定位元件也是夹紧元件（以下简称定位夹紧件），它将工件定位并夹紧后，能使其定位基面的中心或对称中心固定在规定的位置。为此，称这种夹紧机构为定心夹紧机构。

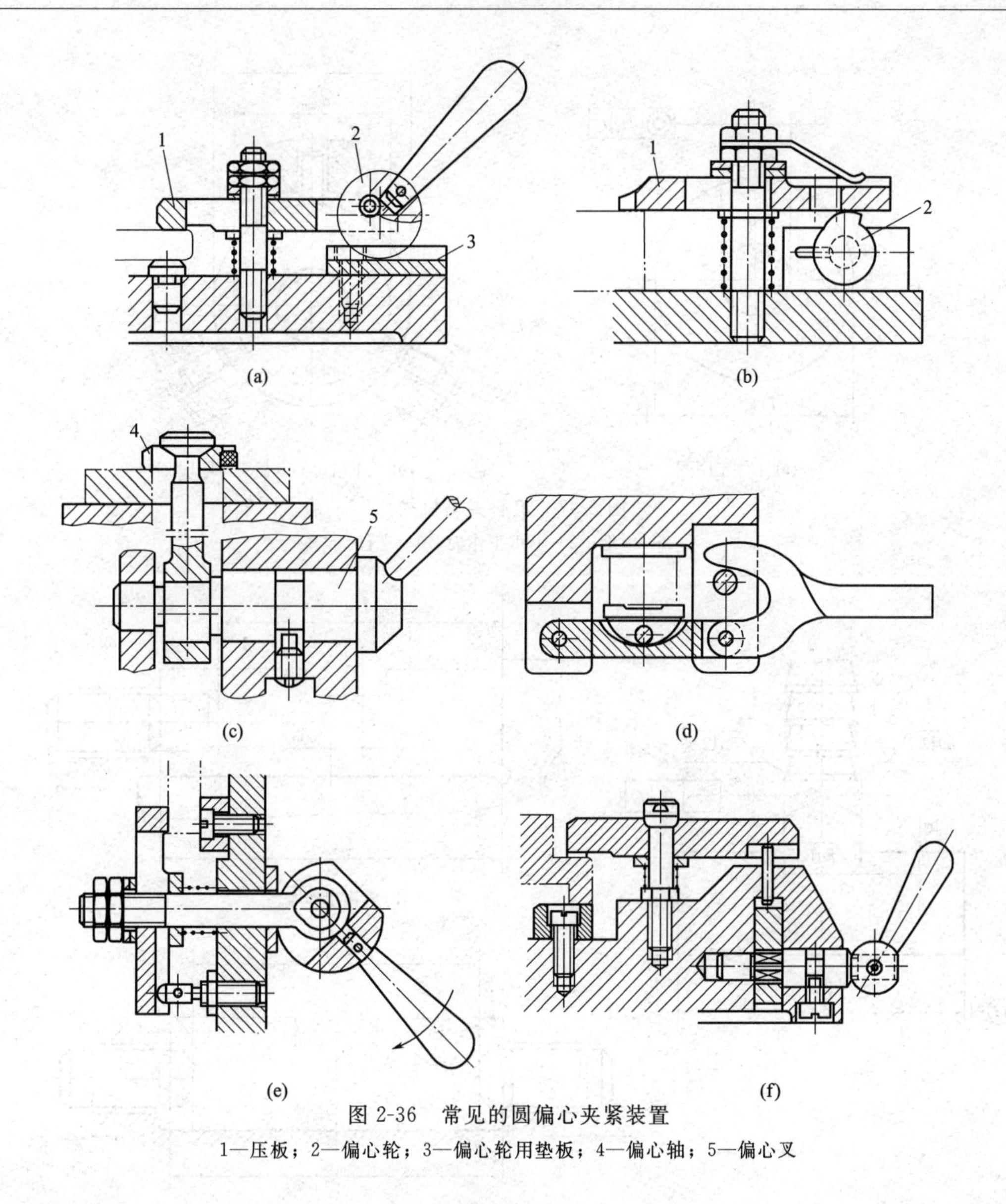

图 2-36　常见的圆偏心夹紧装置

1—压板；2—偏心轮；3—偏心轮用垫板；4—偏心轴；5—偏心叉

定心夹紧机构在装夹回转体的夹具中得到广泛应用，如三爪卡盘、弹簧夹头。这里主要介绍定心夹紧机构的工作原理和各类典型定心夹紧机构的特点及适用范围。

(1) 实例分析

① 实例　如图 2-37(a) 所示，在三爪卡盘上加工尺寸为 $d_{-\Delta d}^{\ 0}$ 的内孔，并保证同轴度要求。图 2-38(a) 为在长方体上铣槽，槽宽为 $B_{\ 0}^{+\Delta b}$ 并保证对称度要求。

② 分析　如图 2-37(b) 所示的三爪自定心卡盘。三个卡爪 1 为定心夹紧元件，能等速趋近或离开卡盘中心（卡爪保持等距性行程），使其工作面 2 对中心总保持相等的距离。当工件定位直径不同时由卡爪 1 的等距移动来调整，使工件工序基准（轴线）与卡盘中心保持一致。

又如，如图 2-38(c) 所示的对中夹紧机构，左、右卡爪（钳口）1 为定心夹紧元件，它的工作面 2 对夹具（或已对定的刀具）的中心平面保持等距性行程及位置，工件尺寸 $L\pm\Delta L/2$ 时，其公差同样被卡爪均分在中心平面两侧。

以定心夹紧元件均分定位基面公差的原理，即为定心夹紧机构的工作原理。

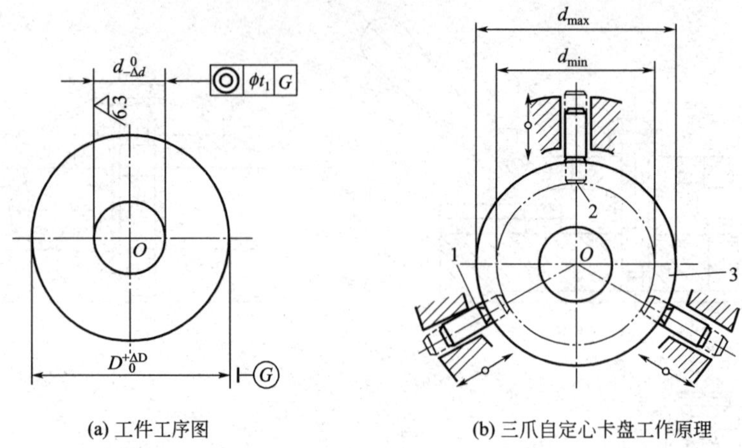

图 2-37 定心夹紧机构

1—卡爪；2—卡爪工作面；3—工件

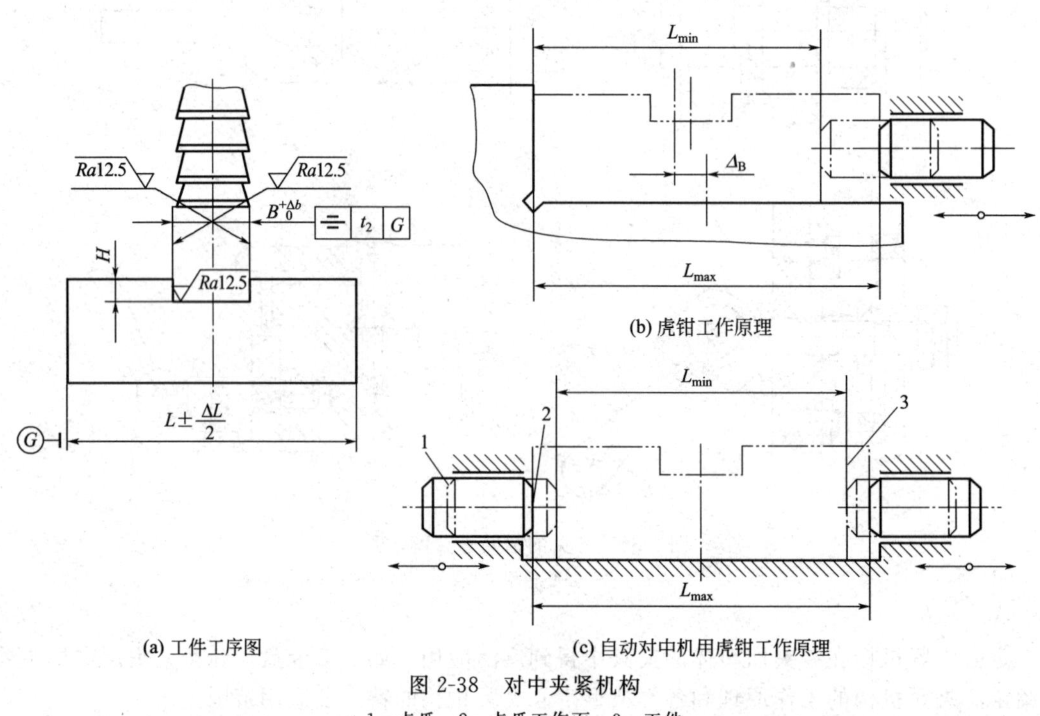

图 2-38 对中夹紧机构

1—卡爪；2—卡爪工作面；3—工件

(2) 相关知识 定心夹紧的特点是定位与夹紧为同一元件，且各元件之间采用等速移动（趋近或退离工件），或均匀弹性变形的方式，来消除定位副制造误差或定位尺寸误差对定心或对中的不利影响，使这些误差相对于所定中心位置，能均匀而对称地分配在工件的定位基面上。如图 2-37、图 2-38 所示的工件，适宜使用定心夹紧机构。而图 2-38(a) 所示的工件，要求在中间铣通槽，有位置公差要求。若以左侧面（或右侧面）及底面定位，由于定位基准与工序基准（对称中间平面）不重合会引起 $\Delta_B=\Delta L$，这必然影响槽的对中性。但若以图 2-38(c) 的方式安装工件，则长度尺寸 $L\pm\Delta L/2$ 的公差平均分配在工件两侧，这种定心夹紧机构能均分定位基准公差的特点很重要，利用这种“均分公差”特点而设计的定心夹紧机构可分为两类：一种是依靠传动机构使定心夹紧元件同时作等速移动，从而实现定心夹紧，如螺旋式、杠杆式、楔式机构等；另一种是定心夹紧元件本身作均匀的弹性变形（收缩或扩张），从而实现定心夹紧，如弹簧筒夹、膜片卡盘、波纹套、液性塑料等。

① 按定心夹紧元件等速移动原理工作的机构

a. 齿轮传动式定心夹紧机构　如图 2-39 所示为齿条传动的虎钳式定心夹紧机构，常在打中心孔机床上使用。齿条 1、2 分别与 V 形块 5 和气缸活塞杆 4 连接，由空套在固定轴上的齿轮 3 传动，当活塞杆向左移动时，双 V 形块 5、6 获得对称对向运动，从而将工件定心夹紧。这种机构也可用等螺距的左、右螺杆代替齿轮-齿条传动。

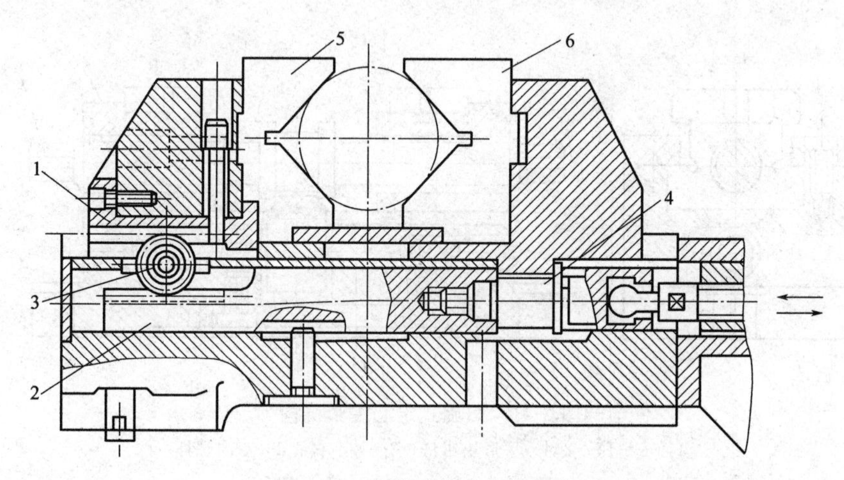

图 2-39　虎钳式定心夹紧机构

1,2—齿条；3—齿轮；4—活塞杆；5,6—V 形块

图 2-40 所示的齿轮传动的定心夹紧机构，装在夹具体下面的大齿轮 4，分别与上面装有偏心卡爪 2 的三个小齿轮 3 啮合。当顺时针转动手柄 1 时，三个偏心卡爪同时摆动张开，可

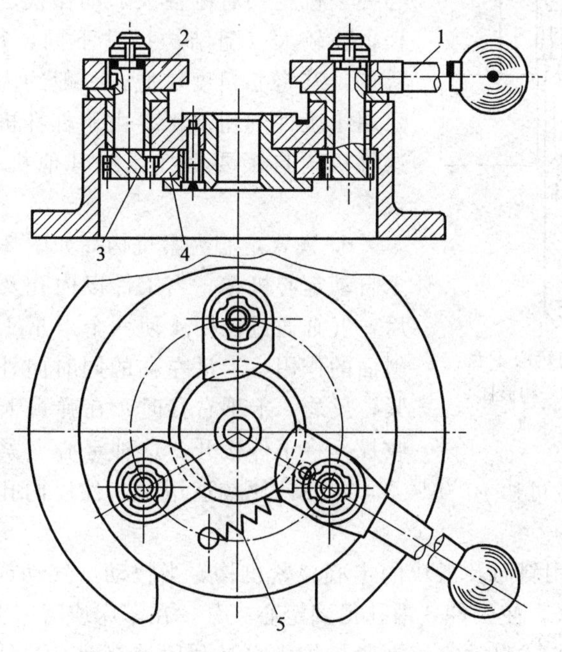

图 2-40　齿轮传动的定心夹紧机构

1—手柄；2—偏心卡爪；3—小齿轮；4—大齿轮；5—弹簧

将圆盘形工件放入三个卡爪中间，松开手柄 1 则在弹簧 5 的作用下三个卡爪反方向同时摆动将工件定心夹紧。加工时，随切削扭矩的增加，工件将被进一步夹紧。

b. 螺旋式定心夹紧机构　如图 2-41 所示，旋动有左右螺纹的双向螺杆 6，使滑座 1、5 上的 V 形块钳口 2、4 作对向等速运动，从而实现对工件的定心夹紧；反之，便可松开工件。V 形块钳口可按工件需要更换，对中精度可借助调节杆 3 实现。这种定心夹紧机构的特点是结构简单、工作行程大、通用性好。但定心精度不高，一般约为 $\phi0.05\sim0.1$mm，主要适用于粗加工或半精加工中需要行程大而定心精度要求不高的工件。

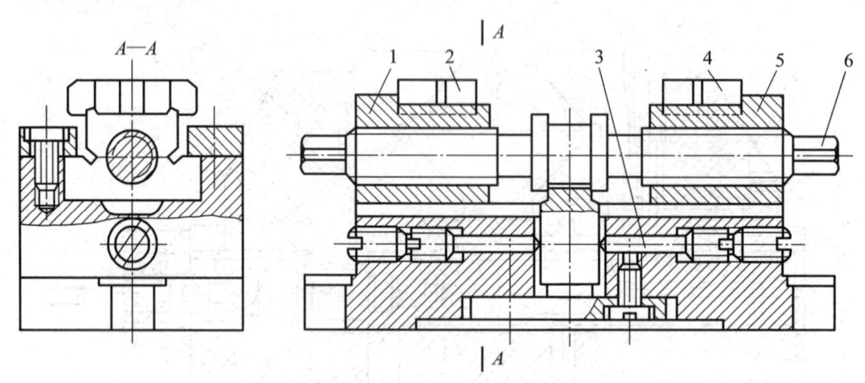

图 2-41　螺旋式定心夹紧机构

1,5—滑座；2,4—V 形块钳口；3—调节杆；6—双向螺杆

c. 杠杆式定心夹紧机构　如图 2-42 所示为车床用的气动定心卡盘，气缸通过拉杆 1 带动滑套 2 向左移动时，三个钩形杠杆 3 同时绕轴销 4 摆动，收拢位于滑槽中的三个卡爪 5 而将工件夹紧。卡爪的张开靠拉杆右移时装在滑套 2 上的斜面推动。这种定心夹紧机构具有刚性大、动作快、增力倍数大、工作行程也比较大（随结构尺寸不同，行程为 3～12mm）等特点，其定心精度较低，一般约为 $\phi0.1$mm 左右。它主要用于工件的粗加工。由于杠杆机构不能自锁，所以以这种机构自锁要靠气压或其他机构，其中采用气压的较多。

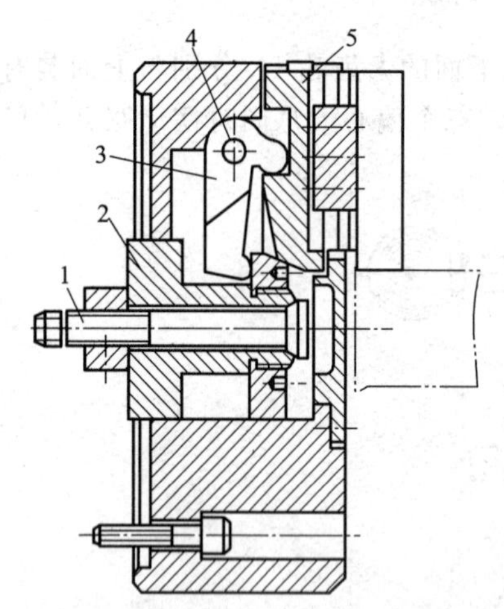

图 2-42　杠杆作用的定心卡盘

1—拉杆；2—滑套；3—钩形杠杆；4—轴销；5—卡爪

d. 楔式定心夹紧机构　如图 2-43 所示为机动楔式卡爪自动定心机构。当工件以内孔及左端面在夹具上定位后，气缸通过拉杆 4 使六个卡爪 1 左移，由于本体 2 上斜面的作用，卡爪左移的同时向外胀开，将工件定心夹紧；反之，卡爪右移时，在弹簧卡圈 3 的作用下使卡爪收拢，将工件松开。这种定心夹紧机构的结构紧凑且传动准确，定心精度一般可达 $\phi0.02\sim0.07$mm，比较适用于工件以内孔作定位基准的半精加工工序。

图 2-44 所示为利用斜面及滑块的定心夹紧机构。当拉动（气动或液动）拉杆 1 时，三滑块 2 沿锥面径向扩张，使工件 3 内孔得到定心夹紧，在车床或磨床上加工外圆。

图 2-45 所示为偏心式自动定心夹紧机构。它是利用带有偏心圆柱面的零件 1 在旋转时产生的离心力以及外圆车削时的切削力 F_c 使工件 2 被滚柱 3 自动定心和夹紧，F_c 越大则夹

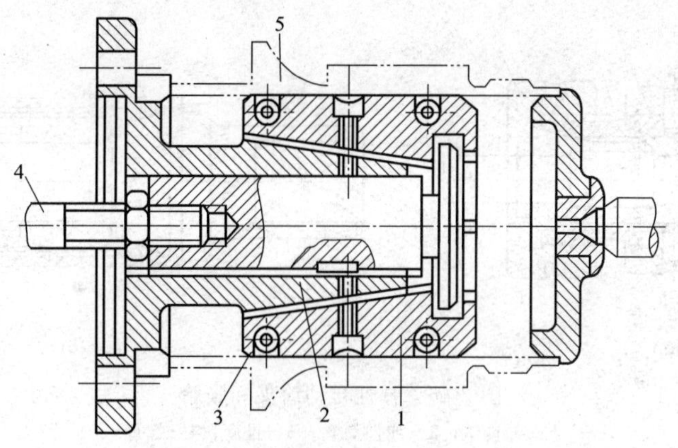

图 2-43　机动楔式卡爪自动定心机构

1—卡爪；2—本体；3—弹簧卡圈；4—拉杆；5—工件

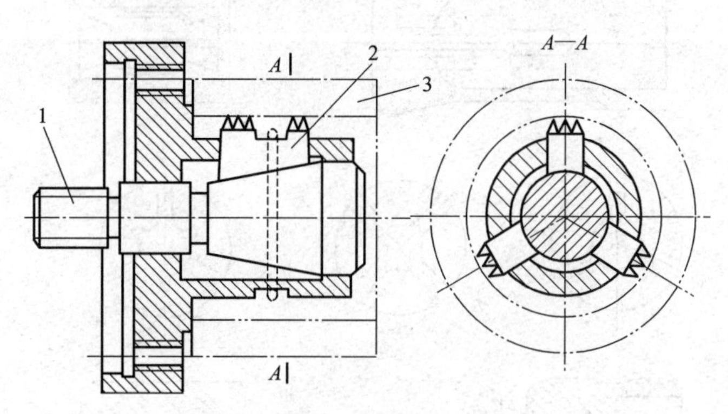

图 2-44　圆锥-滑块定心夹紧机构

1—拉杆；2—滑块；3—工件

紧力越大。

从以上所介绍的实例中可以看到，这一类定心夹紧机构的特点是：结构简单、制造容易，但都因制造误差和装配间隙的存在，不能保证较高的定心精度，一般主要用于粗加工和半精加工。

② 按定心夹紧元件均匀弹性变形原理工作的机构　这类机构的共同特点是利用薄壁弹性元件受力后的均匀弹性变形来实现定心夹紧作用。其定心精度比前一类高，适用于精加工中采用，常见的有以下几种。

a. 弹性筒夹定心夹紧机构　如图 2-46(a) 所示为用于外圆柱面工件定心夹紧的弹性夹头；图 2-46(b) 为用于带孔工件的弹性胀胎。这类机构的主要元件为一个开有 3～4 条或更多条均布槽的锥面套筒，称为弹性筒夹 2。其弹性变形是因其锥面受压而产生。当锥套 3 在螺母 4 作用下左移时迫使筒夹 2 向中心收缩（或向外扩张）变形，从而把工件外侧面（或内孔）定心夹紧。

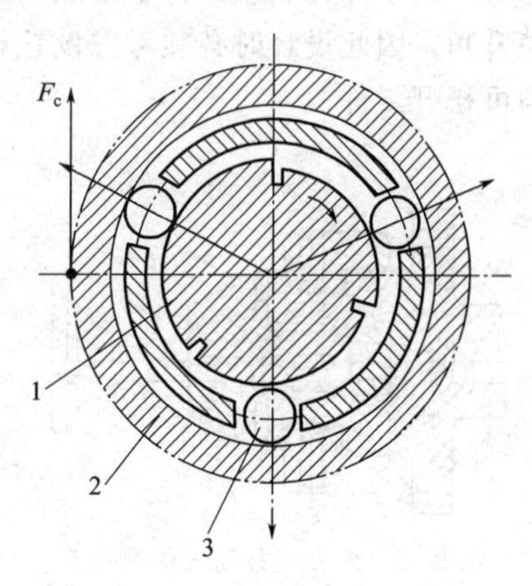

图 2-45　偏心式自动定心夹紧机构

1—零件；2—工件；3—滚柱

弹性筒夹的锥度对定心夹紧的性能影响较大。一般弹性筒夹 2 的锥角取为 30°（图 2-47），而与筒夹配合的

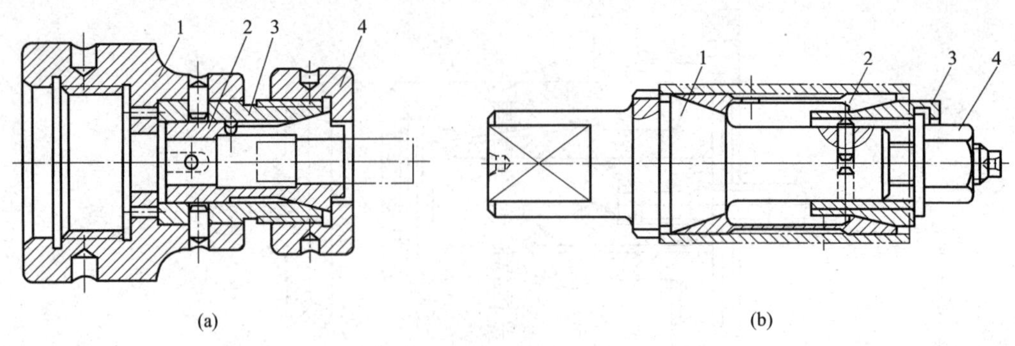

图 2-46 弹性自动筒夹和胀胎

1—夹具体；2—弹性筒夹；3—锥套；4—螺母

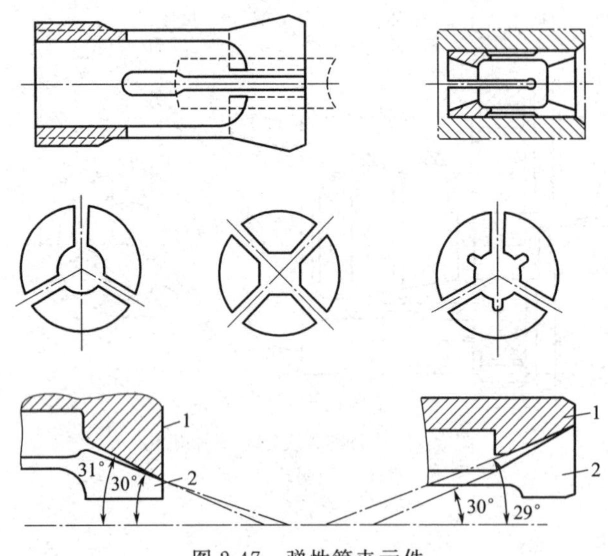

图 2-47 弹性筒夹元件

1—锥套；2—弹性筒夹

锥套 1 的锥角取 29°或 31°（视其倾斜方向而定），以在夹紧时增大锥面的接触面积，更准确定心。对于弹性胀胎，为了增加夹紧刚性和夹紧力，其锥角可取 15°，该值已接近斜面的自锁升角，因此设计时必须考虑设置松开工件的机构［图 2-46(b) 中的锥套 3 带自有钩形环即可松开工件］。

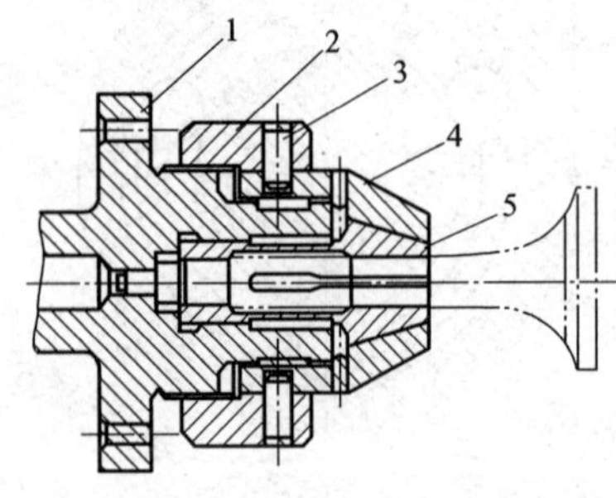

图 2-48 筒夹不移动式弹簧夹头

1—夹具体；2—螺母；3—销子；4—锥套；5—筒夹

弹性筒夹的变形不宜过大，故其夹紧力不大。但定心精度可稳定在 0.04～0.10mm 内，适用于精、细加工工序。对工件定位基准的精度也有要求，其公差在0.1～0.5mm 之内，否则会接触不良。

筒夹元件应选用强度高、弹性好、耐磨性好、热处理变形小的材料制造。常用 T7A、T8A 或 65Mn、9Mn2V、9SiCr 钢，热处理后锥面部分淬硬至 55～60HRC，尾部（薄壁部和导向部）淬硬至 40～45HRC，工作面应精磨。

弹簧夹头的具体结构可根据需要设计成各种形

式，其筒夹有倒锥的，也有正锥的，可以通过拉或推筒夹实现对工件夹紧，也可以设计成筒夹不移动的弹簧夹头，图 2-48 所示即为筒夹不移动式弹簧夹头。转动螺母 2 时，通过插入锥套 4 环形槽中的销子 3，使锥套作轴向移动，从而使筒夹 5 夹紧或松开工件。

b. 波纹套定心夹紧机构　这种机构的弹性元件是一个薄壁波纹套（或称蛇腹套）。图 2-49(a) 为使用示例，波纹套受到纵向压缩后就均匀地径向扩张，将工件定心夹紧。其特点是定心精度很高，可达 $\phi0.01$mm，一般可稳定在 $\phi0.02$mm 以内，且结构简单，使用寿命也较长。波纹套的材料为 65Mn，热处理后达到 45～48HRC，其结构见图 2-49(b)，主要参数有内外径比 $d/D=2/3$，d_1 比 d 大 2～3mm；壁厚 s 为 0.3～1mm，厚度的不均匀性小于 0.03mm，当两个胀套组合使用时，用于外端的胀套应取较大值；斜角 α 为 4°～6°；弹性变形量 $\Delta D<0.003D$（D 为定心表面的直径，mm）。

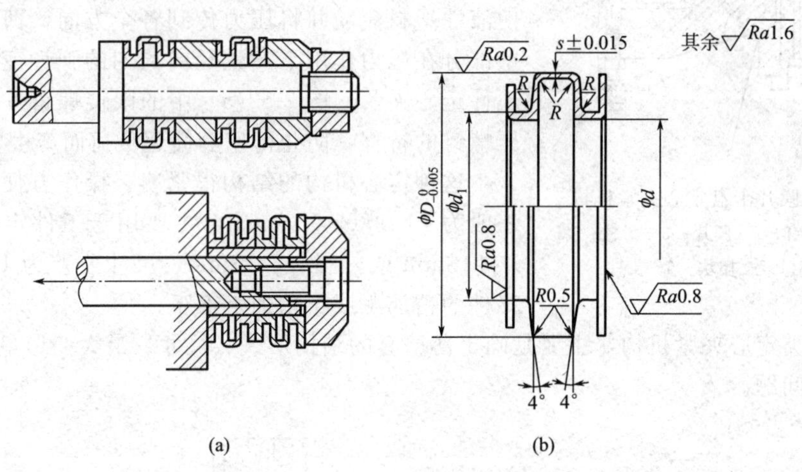

图 2-49　波纹套弹性芯轴

这种高精度波纹套芯轴适用于直径大于 20mm，公差等级不低于 IT8 孔的定位。缺点是由于变形量较小，适用范围受到限制。

c. 膜片卡盘定心夹紧机构　这种卡盘的工作原理见图 2-50(a)，膜片 1 与夹具体相连，顶杆 3 推动膜片 1 使其产生变形，从而使卡爪 2 张开［图 2-50(b)］，夹紧工件后，退回顶杆 3，靠膜片的弹力使工件定心夹紧。

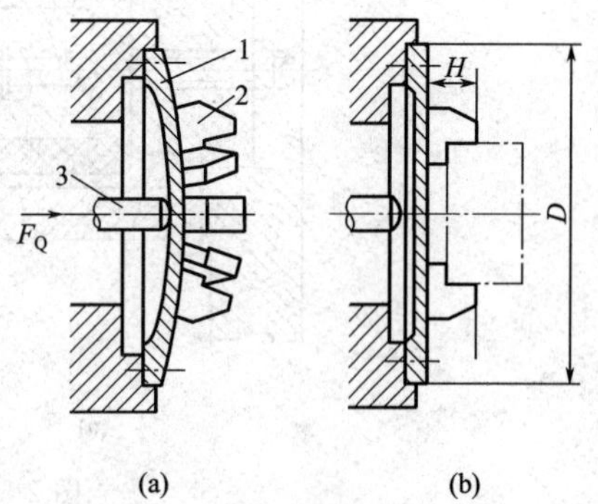

图 2-50　膜片卡盘工作原理

1—膜片；2—卡爪；3—顶杆

膜片卡盘定心夹紧机构如图 2-51 所示，工件以大端面和外侧为定位基面，在 10 个等高支柱 6 和膜片 2 的 10 个卡爪上定位。首先顺时针旋动螺钉 4 使楔块 5 下移，并推动滑柱 3 右移，迫使膜片 2 产生弹性变形，10 个卡爪同时张开，以放入工件。逆时针旋动螺钉 4，使膜片 2 恢复弹性变形，10 个卡爪同时收缩将工件定心夹紧。卡爪上的支承钉 1 可以调节，以适应直径尺寸不同的工件。支承钉 1 每次调整后都要用螺母锁紧，并在所用的机床上对 10 个支承钉的限位基面进行加工（卡爪在直径方向上应留有 0.4mm 左右的预张量），以保证定位基准轴线与机床主轴回转轴线的同轴度。

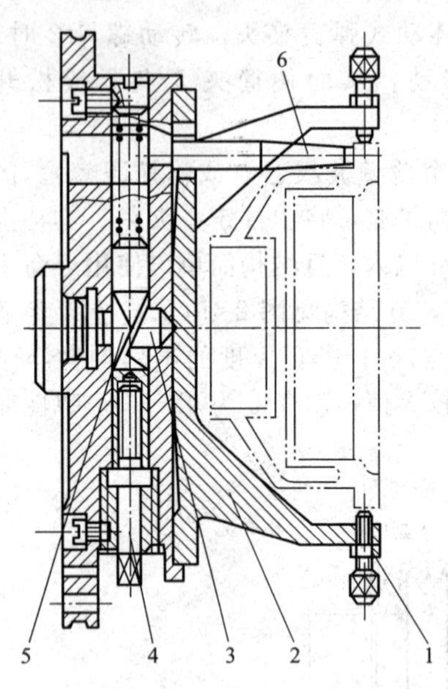

图 2-51　膜片卡盘定心夹紧机构

1—支承钉；2—膜片；3—滑柱；4—螺钉；5—楔块；6—支柱

膜片卡盘定心机构具有刚性好、工艺性，通用性好，定心精度高（一般为 ϕ0.005～0.01mm），操作方便迅速等特点。但它的夹紧力较小，所以常用于磨削或有色金属件车削加工的精加工工序。

d. 液性介质弹性定心夹紧机构　如图 2-52 所示为液性塑料定心机构的两种结构。其中图 2-52(a) 是工件以内孔为定位基面，图 2-52(b) 是工件以外圆为定位基面。虽然两者的定位基面不同，但其基本结构与工作原理是相同的。起直接夹紧作用的薄壁套筒 2 压配在夹具体 1 上，在所构成的容腔中注满了液性塑料 3。当将工件装到薄壁套筒 2 上之后，旋进加压螺钉 5，通过柱塞 4 使液性塑料流动并将压力传到各个方向，薄壁套筒的薄壁部分在压力作用下产生径向均匀的弹性变形，从而将工件定心夹紧。图 2-52(a) 中的限位螺钉 6 用于限制加压螺钉的行程，防止薄壁套筒超负荷而产生塑性变形。

这种定心机构的结构很紧凑，操作方便，定心精度一般为 ϕ0.005～0.01mm，主要用于工件定位基面孔径 $D\geqslant 18$mm 或外径 $d\geqslant 18$mm、尺寸公差为 IT7～IT8 级工件的精加工或半精加工工序。

设计这类定心夹紧机构，主要是确定薄壁套的结构形式、尺寸、最大变形量以及恰当的布置通道等问题。

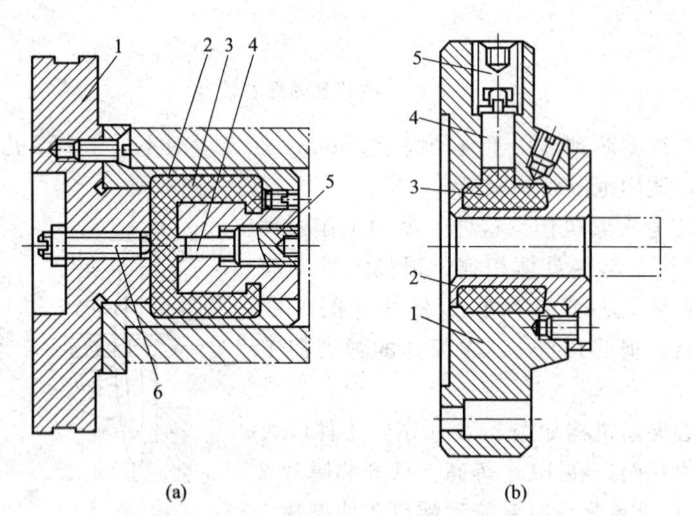

图 2-52　液性塑料定心夹紧机构

1—夹具体；2—薄壁套筒；3—液性塑料；4—柱塞；5—螺钉；6—限位螺钉

5. 联动夹紧机构

根据工件结构特点、定位基面状况和生产率要求，常需要对同一工件多点夹紧，或在同一夹具中同时安装几个工件实现多件夹紧。所谓联动夹紧机构就是只需操纵一个手柄，就能同时从各个方向均匀地夹紧一个工件，或者同时夹紧若干个工件。这种夹紧机构可简化操作并能节省大量的辅助工时，但结构较复杂，且要增加中间递力机构，需要较大的原始作用力。下面简要介绍常见的联动夹紧机构。

联动夹紧分单件多点联动夹紧和多件联动夹紧。

利用一个原始作用力实现单件或多件的多点、多向同时夹紧的机构，称为联动夹紧机构。

（1）实例分析

① 实例　如图 2-53 所示，加工小轴端面槽，槽宽为 $4^{+0.048}_{0}$ mm，并与外圆柱的轴心线有对称度要求，槽深 5mm，中批生产。

② 分析　如图 2-54 所示为多件联动夹紧机构的铣床夹具。7 个工件 1 以外圆柱面及轴肩在夹具的可移动 V 形块 2 中定位，用螺钉 3 夹紧。V 形块 2 既是定位夹紧元件，又是浮动元件，除左端第一个工件外，其他工件也是浮动的。

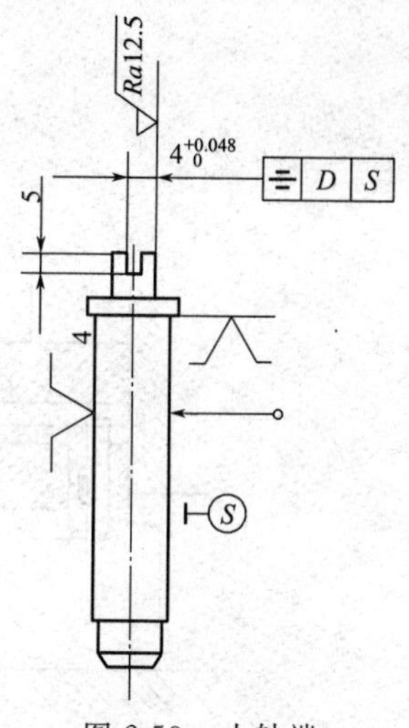

图 2-53　小轴端面铣槽工序图

（2）相关知识

① 多点联动夹紧机构　多点夹紧是利用一个原始作用力，使工件在同一方向上，同时获得多点均匀的夹紧力的夹紧机构。最简单的多点夹紧是采用浮动压头的夹紧。如图 2-55(a) 所示为浮动压头结构，通过浮动柱 2 的水平滑动协调浮动压头 1、3 实现对工件 4 的夹紧。如图 2-55(b) 所示为联动钩形压板夹紧机构，浮动盘 7 与活塞杆 8 的头部、螺母头部均为球面连接，并在相关的长度和直径方向上留有足够的间隙，使浮动盘 7 充分浮动以确保可靠的联动。

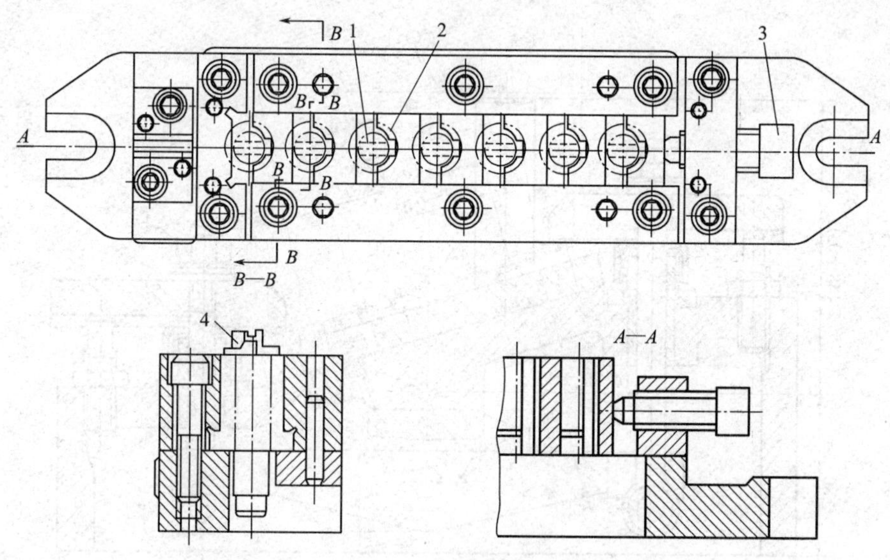

图 2-54　多件联动夹紧机构的铣床夹具

1—工件；2—V 形块；3—夹紧螺钉；4—对刀块

图 2-56 所示的夹紧机构，其特点是两个夹紧力方向相同，各构件间为铰链活动连接。拧紧螺母 1 通过带动平衡杠杆 2 即能使两压板同时均匀夹紧工件。

图 2-57 是对向两点联动夹紧机构。当液压缸中的活塞杆 3 向下移动时，通过双臂铰链使浮动压板 2 相对转动，对工件实现两点的均匀夹紧。

② 多向联动夹紧机构　多向联动夹紧机构是利用一个作用力在不同方向上同时夹紧工件的机构。如图 2-58 所示是作用力通过螺母 1，再利用两销 3 的楔式浮动传递使两压板 2 实

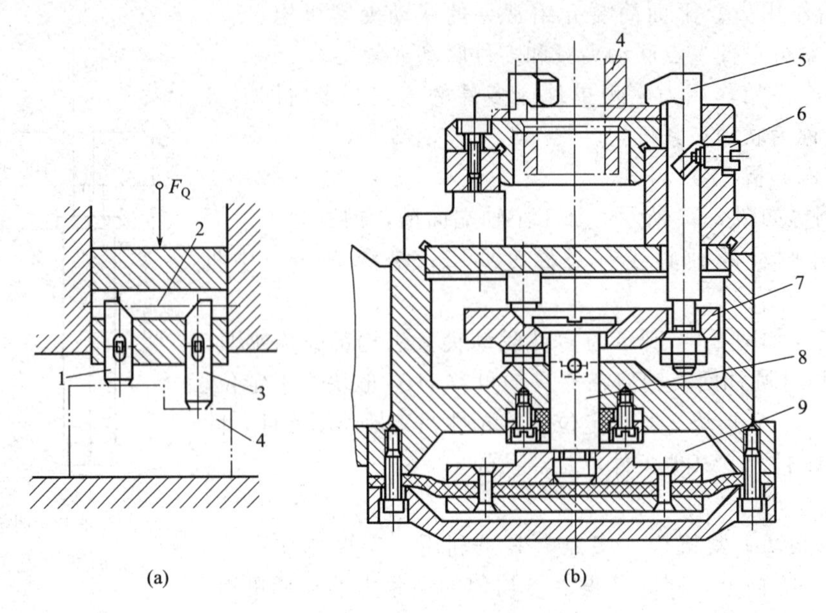

图 2-55 单件同向多点联动夹紧机构

1,3—浮动压头；2—浮动柱；4—工件；5—钩形压板；6—螺钉；7—浮动盘；8—活塞杆；9—气缸

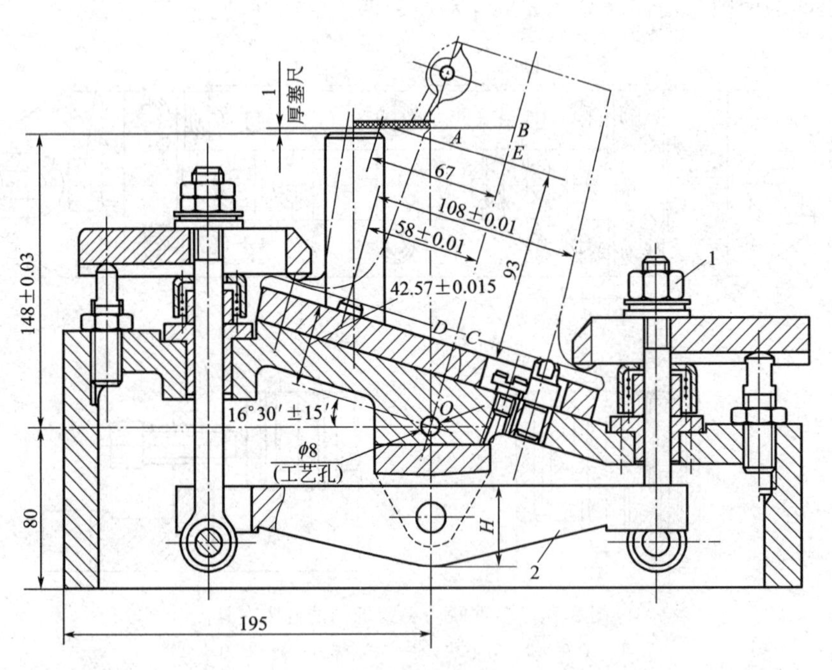

图 2-56 两力同向单件联动夹紧

1—螺母；2—平衡杠杆

现对工件的双向夹紧。图 2-59 所示的双向多点联动夹紧装置中，图 2-59(a) 为双向浮动四点联动夹紧机构。由于摇臂 2 可以转动并与摆动压块 1、3 铰链连接，因此，当拧紧螺母 4 后，便可从两个相互垂直方向均匀地实现四点联动夹紧。图 2-59(b) 为通过摆动压块 1 实现斜交力两点联动夹紧的浮动压块。

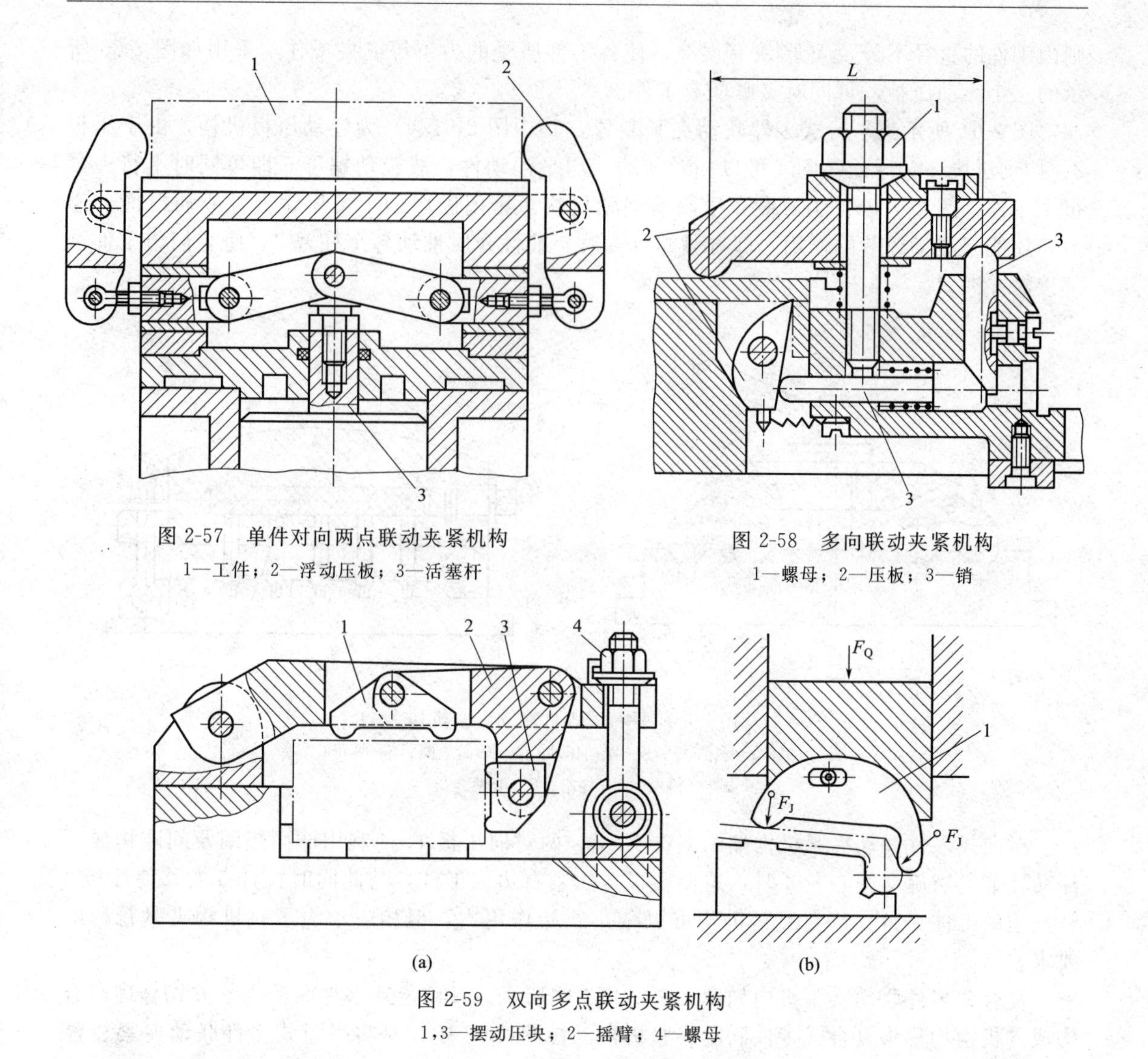

图 2-57　单件对向两点联动夹紧机构

1—工件；2—浮动压板；3—活塞杆

图 2-58　多向联动夹紧机构

1—螺母；2—压板；3—销

图 2-59　双向多点联动夹紧机构

1，3—摆动压块；2—摇臂；4—螺母

③ 多件联动夹紧机构　多件联动夹紧机构是利用一个夹紧作用力将若干个工件同时并均匀地夹紧的机构。

多件联动夹紧机构一般有两种基本形式，即多件平行联动夹紧机构和多件依次连续夹紧机构。

如图 2-60 所示为多件平行联动夹紧机构。在一次装夹多个工件时，若采用刚性压板，

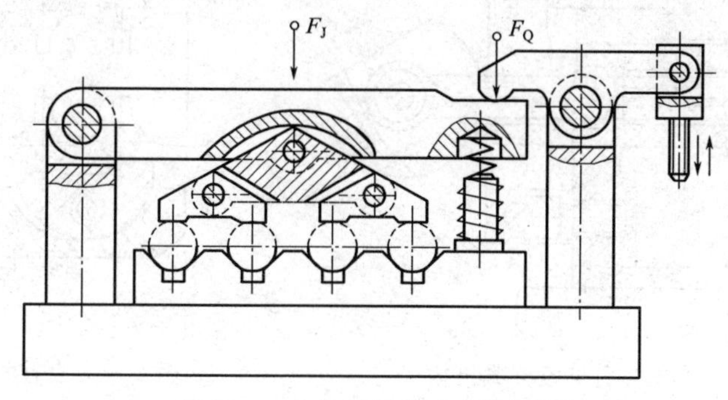

图 2-60　多件平行联动夹紧机构

则因工件的直径不等及 V 形块有误差，使各工件所受的力不等或夹不住。采用如图 2-60 所示的三个浮动压板，可同时夹紧所有工件。

图 2-61 所示为平行式多件联动夹紧装置，其中图 2-61(a) 为浮动压板机构，由于压板 2、摆动压块 3 和球面垫圈 4 可以相对转动，均是浮动件，故旋动螺母 5 即可同时平行夹紧每个工件；图 2-61(b) 为液性介质联动夹紧机构，密闭腔内的不可压缩液性介质既能传递力，还能起浮动环节的作用，即拧紧螺母 5 时，液性介质推动各个柱塞 7，使它们与工件全部接触并夹紧。

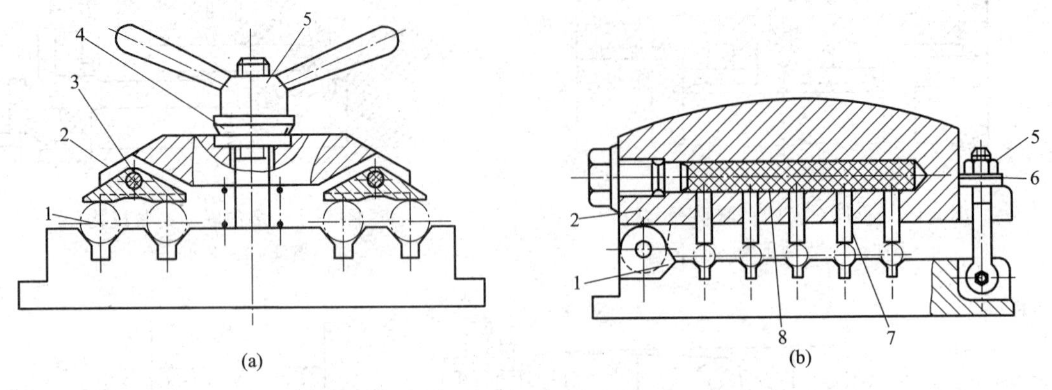

图 2-61 平行式多件联动夹紧机构

1—工件；2—压板；3—摆动压块；4—球面垫圈；5—螺母；
6—垫圈；7—柱塞；8—液性介质

对向式多件联动夹紧机构如图 2-62 所示。两对向压板 1、4 利用球面垫圈及间隙构成了浮动环节。当旋动偏心轮 6 时，迫使压板 4 压紧右边的工件，与此同时拉杆 5 右移使压板 1 将左边的工件夹紧。这类夹紧机构可以减小原始作用力，但相应增大了对机构夹紧行程的要求。

复合式多件联动夹紧机构如图 2-63、图2-64所示。凡将上述多件联动夹紧方式合理组合构成的机构均称为复合式多件联动夹紧机构。在图 2-63 中，是将平行式多件联动夹紧装置

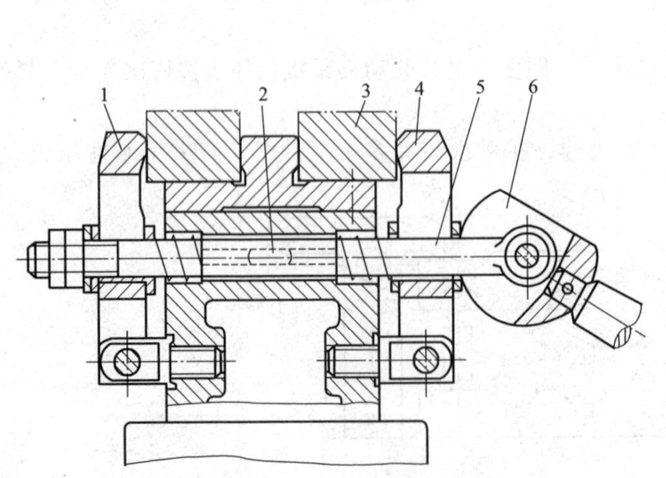

图 2-62 对向式多件联动夹紧机构

1,4—对向压板；2—导向槽；3—工件；5—拉杆；6—偏心轮

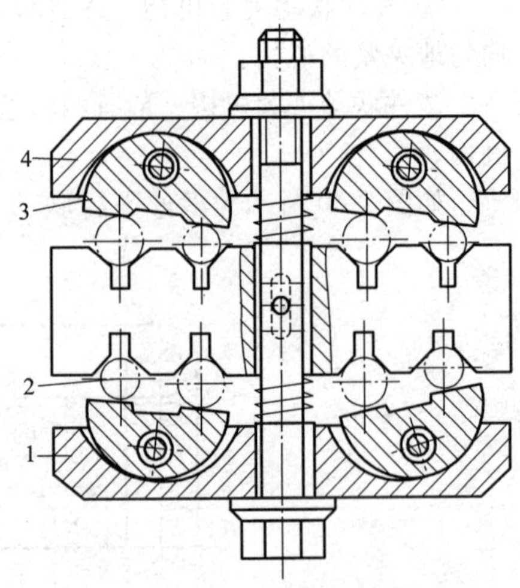

图 2-63 复合式多件联动夹紧机构

1,4—压板；2—工件；3—摆动压块

和对向式多件联动夹紧装置合理组合后形成的复合式多件联动夹紧机构。图2-64所示为液压驱动的各夹紧力既平行又相互交叉的多件夹紧机构，它是从通道O处加压，使液压介质同时向六个通道施压，通过顶杆和压板夹紧十二个工件。

④ 夹紧与其他动作联动的机构　这类联动夹紧主要有定位元件与夹紧件间联动、夹紧件与夹紧件间联动、夹紧件与锁紧辅助支承联动等形式。

图2-65为先定位后夹紧联动装置动作原理，当压力油进入液压缸8的左腔时，在活塞杆9向右移动过程中，先是后端的螺钉10离开拨杆1的短头，推杆3在弹簧2的作用下向上抬起，并以其斜面推动活块4，使工件靠在V形定位块7上，然后活塞杆9继续向右移动，利用其斜面顶起推杆12，使压板5压紧工件。当活塞杆向左移动时，压板5在弹簧6的作用下松开工件，然后螺钉10推转拨杆1，压下推杆3。在斜面作用下，活块4松开工件，此时即可取下工件。这样的联动在机械手装卸工件自动化生产中，往往是很必要的。

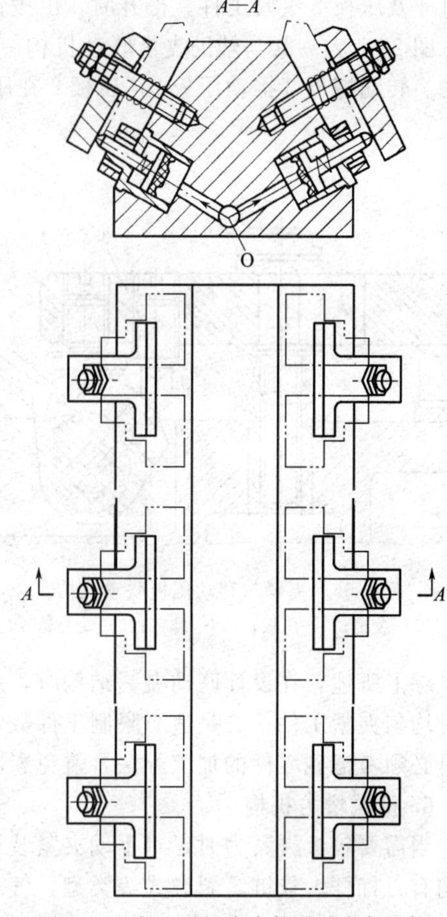

图2-64　交叉平行式多件联动夹紧机构

图2-66所示为夹紧与移动压板联动机构。工件定位后扳动手柄，先是由拨销1拨动压板上的螺钉3使压板2进到夹紧位置。继续扳动手柄，拨销1与螺钉3脱开，而由偏心轮5顶起

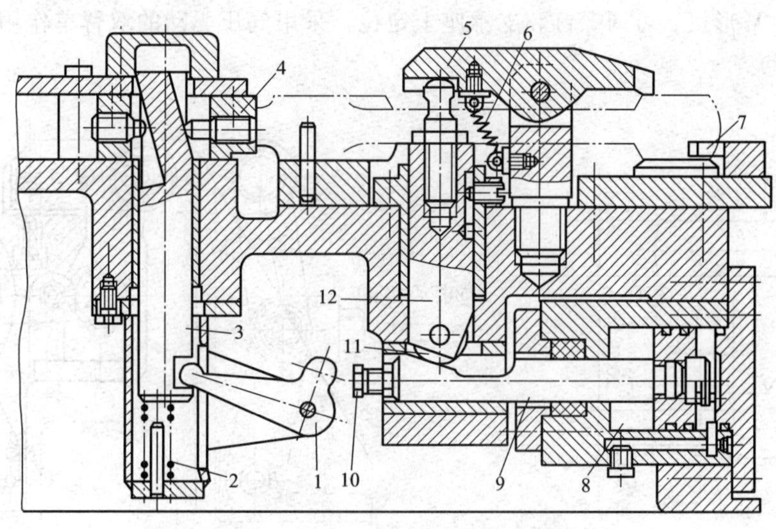

图2-65　先定位后夹紧联动装置

1—拨杆；2,6—弹簧；3—推杆；4—活块；5—压板；7—定位块；8—液压缸；9—活塞杆；10—螺钉；11—滚子；12—推杆

螺钉 4 及压板 2 夹紧工件。松开时，由拨销 1 拨动螺钉 4，将压板退出。

图 2-67 为夹紧与辅助支承联动机构。工件定位后，辅助支承 1 在弹簧的作用下与工件接触。转动螺母 3 推动压板 2，压板 2 在压紧工件的同时，通过锁销 4 将辅助支承 1 锁紧。

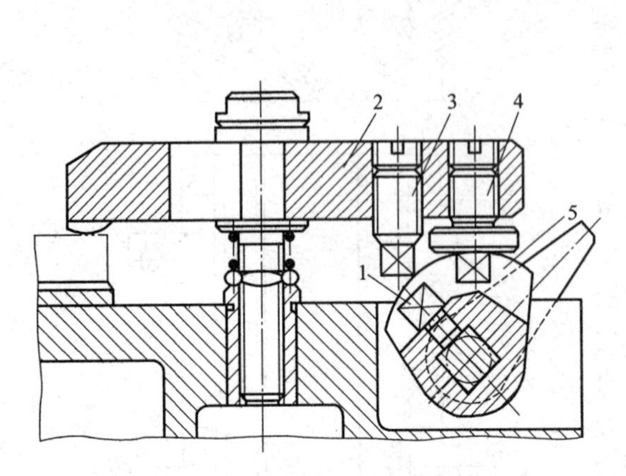

图 2-66 夹紧与移动压板联动机构

1—拨销；2—压板；3,4—螺钉；5—偏心轮

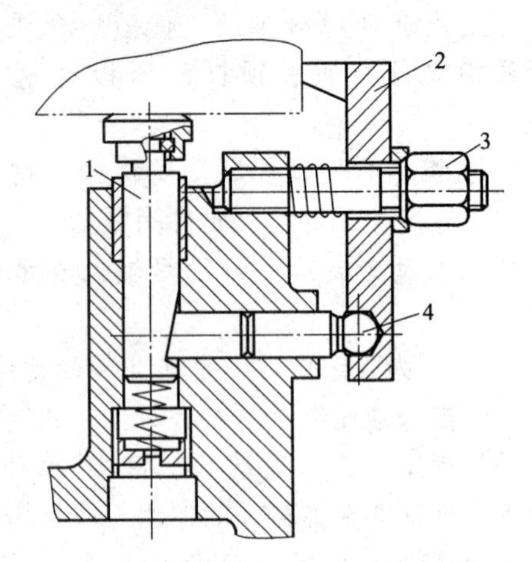

图 2-67 夹紧与辅助支承联动机构

1—辅助支承；2—压板；3—螺母；4—锁销

综上所述，在设计联动夹紧结构时，应注意的问题：一是必须设置浮动环节，以保持能同时均匀夹紧工件；二是适当限制工件数，避免影响过分复杂，造成效率低或动作不可靠；三是必须考虑到零件的加工方法，避免影响工件的定位，夹紧时影响工件的加工精度。

6. 机械增力机构

当需要较大夹紧力时，对手动夹紧装置，可采用中间增力机构扩大夹紧力。常用的增力机构有：杠杆、铰链、斜楔式等类型；气-液传动装置也兼有增力作用。

(1) 实例分析

① 实例 图 2-68 为连杆右端铣槽工序图，中批生产。

② 实例分析 如图 2-69 所示，在连杆右端铣槽，工件以 ϕ52mm 外圆柱面、侧面及右端底面分别在 V 形块、可调螺钉和支承座上定位，采用气压驱动的双臂单作用铰链夹紧机构夹紧工件。

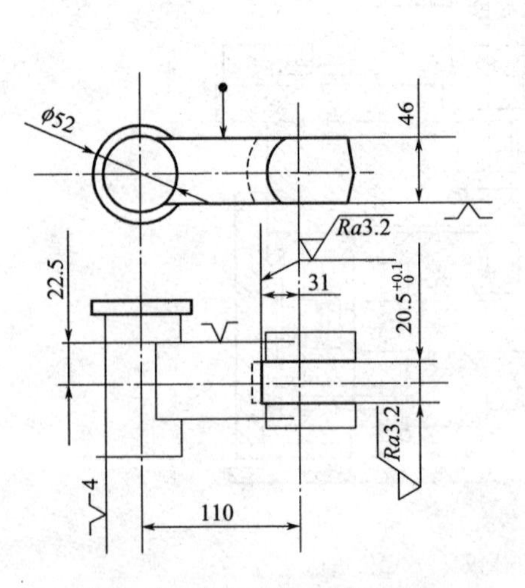

图 2-68 连杆右端铣槽工序图

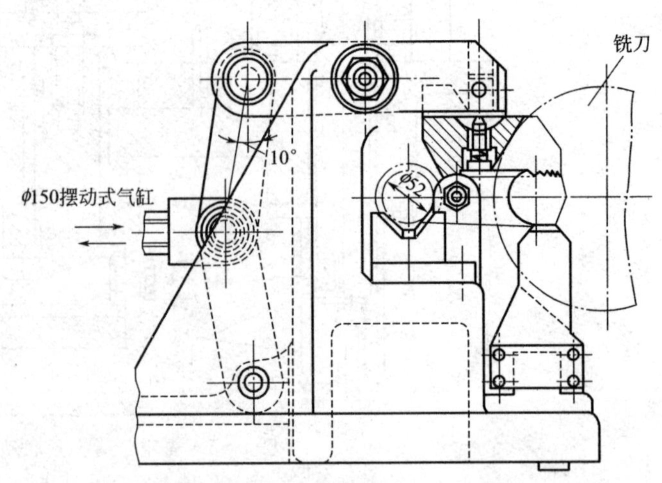

图 2-69 双臂单作用铰链夹紧的铣床夹具

(2) 相关知识　例如图 2-4 所示的铣削工件台阶面夹具，就是利用气压作动力源，借助滚子-铰链杠杆增力系统扩大夹紧力；图 2-22 是通过液压动力源，借助于滚轮-斜楔-钩形压板 3 达到增力目的；图 2-61 所示夹具，通过螺母-螺栓-压板-柱塞-液性塑料传力介质等中间元件，把力传至柱塞，从而使夹紧力增大许多倍。这些增力复合机构的夹紧力的增力倍数是各扩力部分扩力比的连乘积。

采用增力机构，对手动夹紧机构，可减轻操作者的劳动强度，对气-液夹具，则可减少动力，但也可能使整个夹具结构复杂化。

① 斜楔-滚子增力机构　图 2-70 所示为斜楔增力，滑柱 1 带有直径为 ϕD 的滚子 6，其销轴直径为 ϕd，一般取 $d/D=0.5$，可以减少摩擦损失，提高扩力比，但其自锁性能降低，故一般用于机动夹紧。图中的斜楔 7 是直接做在活塞杆上，操纵配气阀 4，进入气缸 3 内的气体推动活塞 5 使斜楔加压滚子 6 和滑柱 1，从而将放置在夹具体 2 的工件（共四件）压紧。

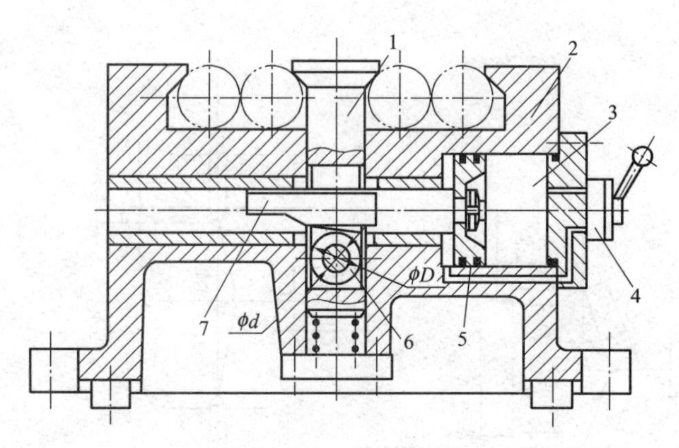

图 2-70　带滚子的斜楔增力机构

1—滑柱；2—夹具体；3—气缸；4—配气阀；5—活塞；6—滚子；7—斜楔

② 铰链增力机构　图 2-71 所示为铰链-斜楔增力夹具之一。这种机构是气动夹具中常用的增力机构，其优点是扩力比较大（$i=4$）而其摩擦损失较小。

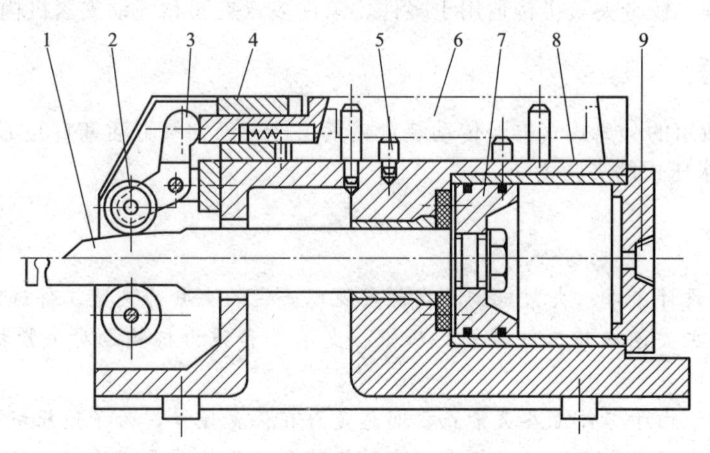

图 2-71　铰链-斜楔增力机构

1—斜面推杆；2—滚子；3—杠杆；4—压板；5—定位支承；6—工件；7—活塞；8—气缸；9—管道

a. 常见的铰链夹紧机构类型。如图 2-72 所示为铰链夹紧机构的五种基本类型。图 2-72(a) 为单臂单作用的铰链夹紧机构；图 2-72(b) 为双臂单作用的铰链夹紧机构；图 2-72(c) 为双臂单作用带移动柱塞的铰链夹紧机构；图 2-72(d) 为双臂双向作用的铰链夹紧机构；图 2-72(e) 为双臂双向作用带移动柱塞的铰链夹紧机构。

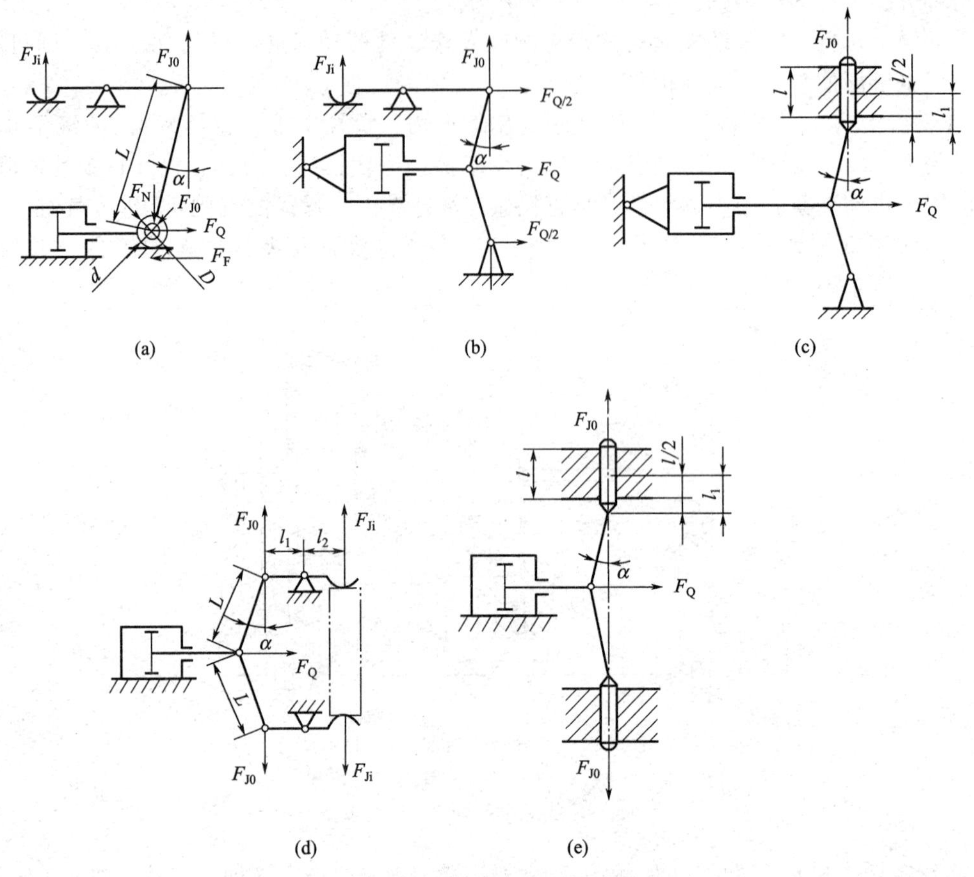

图 2-72 铰链夹紧机构的基本类型

b. 适用范围。铰链夹紧机构适用于多件、单件多点夹紧和气动夹紧机构中。

四、实例思考

用图 2-73 所示的分离式气缸经传动装置夹紧工件，已知气缸活塞直径 $D=40$mm，气压 $p_{o}=0.5$MPa，求压板的夹紧力 F_{J}。

知识归纳

夹紧机构的设计要求：夹紧机构是指能实现以一定的夹紧力夹紧工件选定夹紧点的功能的完整结构，它主要包括与工件接触的压板、支承件和施力机构。对夹紧机构通常有如下要求。

(1) 可浮动　由于工件上各夹紧点之间总是存在位置误差，为了使压板可靠地夹紧工件或使用一块压板实现多点夹紧，一般要求夹紧机构和支承件等要有浮动自位的功能。要使压板和支承件等产生浮动，可采用球面垫圈、球面支承及间隙连接销等实现。

(2) 可联动　为了实现几个方向的夹紧力同时作用或顺序作用，并使操作简便，设计中

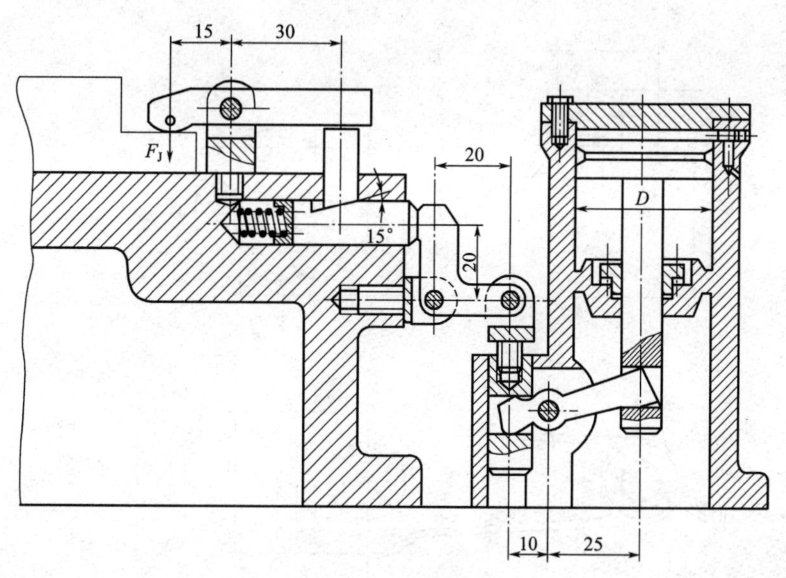

图 2-73　气压装置

广泛采用各种联动机构。

(3) 可增力　为了减少动力源的作用力，在夹紧机构中常采用增力机构。最常用的增力机构有：螺旋、杠杆、斜面、铰链及其组合。

杠杆增力机构的增力比和行程适应范围大、结构简单；斜面增力机构的增力比较大，但行程小，且结构复杂，多用于要求有稳定夹紧力的精加工夹具中；铰链增力机构常和杠杆机构组合使用，称为铰链杠杆机构，它是气动夹具中常采用的一种增力机构，其优点是增力比较大，而摩擦损失较小。此外还有气动液压增力机构等。

(4) 可自锁　当去掉动力源的作用力之后，仍能保持对工件的夹紧状态，称为夹紧机构的自锁。自锁是夹紧机构的一种十分重要且十分必要的特性。常用的自锁机构有螺旋、斜面及偏心机构等。

任务二　杠杆臂钻床夹具设计独立实践

(1) 实践任务　杠杆臂零件工序图如图 2-74 所示。孔 $\phi22^{+0.28}_{0}$mm 其两头的上下端面均已加工。本工序需要工件一次安装钻削加工两个相互垂直的 $\phi10^{+0.1}_{0}$mm、$\phi13$mm 孔，且与 $\phi22^{+0.28}_{0}$mm 孔轴线的距离分别为 78mm±0.5mm 及 15mm±0.5mm。工件材料为 Q255 钢，锻造毛坯。生产批量为中小批量，所用设备为 Z525 立式钻床。图 2-75 给出了工程中已经实施的定位夹紧方式。

加工要求：

① 保证孔 $\phi10^{+0.10}_{0}$mm 到 $\phi22^{+0.28}_{0}$mm 的距离 78mm±0.5mm，且两孔平行；$\phi10^{+0.10}_{0}$mm 孔在 $R12$mm 圆弧面的壁厚均匀。

② 保证孔 $\phi13$mm 到 $\phi22^{+0.28}_{0}$mm 的距离 15mm±0.5mm，且两孔垂直；$\phi13$mm 孔所在圆弧面的壁厚均匀。

③ 孔 $\phi13$mm 为自由尺寸公差。

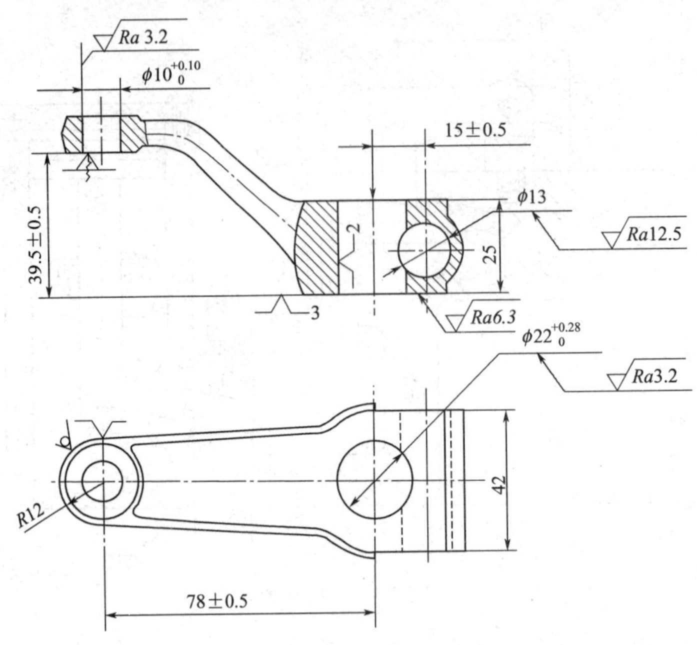

图 2-74　杠杆臂钻削两孔工序图

设计杠杆臂工件钻削孔 $\phi 10^{+0.10}_{0}$mm 和孔 ϕ13mm 的定位夹紧方案。

（2）实践目的　通过设计杠杆臂工件钻削孔 $\phi 10^{+0.10}_{0}$mm 和孔 ϕ13mm 的定位夹紧方案，使学生在学习了定位和夹紧的相关知识后，进一步通过本实践环节对专用夹具的定位方案、定位误差计算、夹紧方案及其元件的使用进一步的理解和体会，增强学生的学习兴趣，提高学生解决工程技术问题的自信心，体验成功的喜悦；通过任务实施，培养学生互助合作的团队精神，在真实的具体工作情境中感受企业技术工作的场景和氛围。

（3）实践的方法　按照表 2-4 的实践内容及其方法要求，请学生结合图 2-74、图 2-75 给出的杠杆臂工件钻削孔 $\phi 10^{+0.10}_{0}$mm 和孔 ϕ13mm 的定位夹紧方案相关信息，将相关内容填入到表 2-4 中“相关参数或要求”栏目中；如若认为还有要说明的，请在备注栏中予以说明。

表 2-4　杠杆臂钻削两孔的夹具设计过程

序号	实践过程	具体要求	相关参数或要求	备注
1	查阅 Z525 立式钻床的技术参数	①最大钻孔直径 ②主轴端面到工作台面的最大距离 ③工作台面尺寸 ④工作台面 T 形槽的尺寸	①…… ②…… ③…… ④……	
2	分析讨论杠杆臂的工序图	工件加工工艺分析　工件在钻削孔 $\phi 10^{+0.10}_{0}$mm 和孔 ϕ13mm 以前，图 2-74 的其他需要加工的面均已加工到了规定的尺寸精度要求，故可以按照工序图中所规定的定位基准、夹紧点设计各夹具元件和总装配图。工件一次装夹即可完成两孔加工		
		钻削 $\phi 10^{+0.10}_{0}$mm 孔 ① $\phi 10^{+0.10}_{0}$mm 与 $\phi 22^{+0.28}_{0}$mm 的孔距 ② 保证两孔的平行度 ③ 孔在 R12mm 圆弧面的壁厚及均匀程度	钻削 $\phi 10^{+0.10}_{0}$mm 孔 ①…… ②…… ③……	

续表

序号	实践过程	具体要求	相关参数或要求	备注
2	分析讨论杠杆臂的工序图	钻削 $\phi13$mm 孔 ①$\phi13$mm 与 $\phi22^{+0.28}_{0}$mm 的孔距 ②到定位面的距离 ③孔所在的圆弧面的壁厚及均匀程度	钻削 $\phi13$mm 孔 ①…… ②…… ③……	
分析讨论杠杆臂零件钻两孔钻床夹具的定位装置设计并计算定位误差				
3	分析讨论定位要求（应该限制的自由度）	为保证孔 $\phi10^{+0.10}_{0}$mm 与 $\phi22^{+0.28}_{0}$mm 的孔距和两孔的平行度 ①定位基准的选择 ②各自限制的自由度	①…… ②……	
		为保证孔 $\phi13$mm 与 $\phi22^{+0.28}_{0}$mm 的孔距和两孔的平行度 ①定位基准的选择 ②各自限制的自由度	①…… ②……	
		本工序整体上的基准选择和限制的自由度 ①定位基准的选择 ②各自限制的自由度	①…… ②……	
4	分析讨论零件钻两孔钻床夹具定位元件的设计	①工件选用右端底平面为主定位基准，分析定位元件如何设计和布局 ②选用孔 $\phi22^{+0.28}_{0}$mm 作为导向定位基准，分析定位元件如何设计和布局 ③选用 $R12$mm 圆弧面作为止推定位基准，分析定位元件如何设计和布局 ④分析钻床夹具翻转 90°后钻孔 $\phi13$mm 时，保证臂厚均匀的条件	①…… ②…… ③…… ④……	
5	根据确定的定位方案分析计算定位误差	①加工尺寸 78mm±0.5mm 的定位误差 ②加工尺寸 15mm±0.5mm 的定位误差	①…… ②……	
分析讨论杠杆臂零件钻两孔夹具夹紧装置设计				
6	夹紧力三要素确定	①方向：如何确定夹紧力的方向 ②作用点：如何设置夹紧力作用点的位置 ③大小：夹紧力的大小根据什么原则确定	①…… ②…… ③……	
7	夹紧元件设计	①本夹具的力源装置为哪种类型 ②本夹具的中间传力机构采用何种方式 ③本夹具的夹紧机构是何种类型 ④本夹具能否满足夹紧机构的设计要求 ⑤本套夹具是否有辅助支承装置？为什么要设置辅助支承？本夹具中实现的辅助支承元件的类型及其调整方法 ⑥如何实现工件的快速装拆	①…… ②…… ③…… ④…… ⑤…… ⑥……	

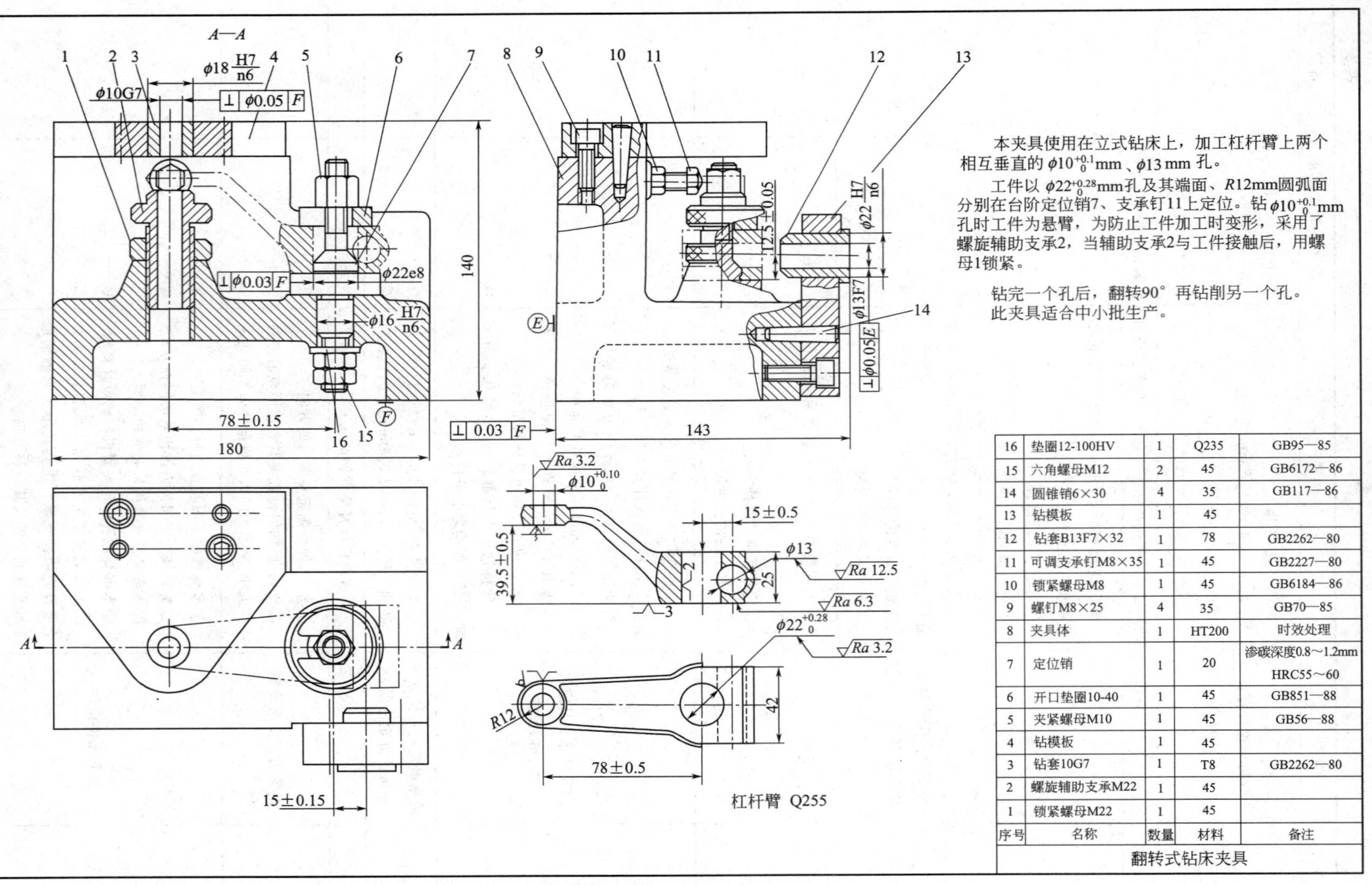

本夹具使用在立式钻床上，加工杠杆臂上两个相互垂直的 $\phi10^{+0.1}_{0}$mm、$\phi13$mm 孔。

工件以 $\phi22^{+0.28}_{0}$mm孔及其端面、R12mm圆弧面分别在台阶定位销7、支承钉11上定位。钻 $\phi10^{+0.1}_{0}$mm孔时工件为悬臂，为防止工件加工时变形，采用了螺旋辅助支承2，当辅助支承2与工件接触后，用螺母1锁紧。

钻完一个孔后，翻转90° 再钻削另一个孔。此夹具适合中小批生产。

序号	名称	数量	材料	备注
16	垫圈12-100HV	1	Q235	GB95—85
15	六角螺母M12	2	45	GB6172—86
14	圆锥销6×30	4	35	GB117—86
13	钻模板	1	45	
12	钻套B13F7×32	1	78	GB2262—80
11	可调支承钉M8×35	1	45	GB2227—80
10	锁紧螺母M8	1	45	GB6184—86
9	螺钉M8×25	4	35	GB70—85
8	夹具体	1	HT200	时效处理
7	定位销	1	20	渗碳深度0.8～1.2mm HRC55～60
6	开口垫圈10-40	1	45	GB851—88
5	夹紧螺母M10	1	45	GB56—88
4	钻模板	1	45	
3	钻套10G7	1	T8	GB2262—80
2	螺旋辅助支承M22	1	45	
1	锁紧螺母M22	1	45	

翻转式钻床夹具

图2-75　杠杆臂钻削两孔的翻转式钻床夹具图

思 考 题

一、判断题（正确的画“√”，错误的画“×”）

1. 螺旋压板夹紧装置是应用最广泛的夹紧装置。（　）

2. 在夹具中采用偏心轮夹紧工件比用螺旋压板夹紧工件的动作迅速，但其自锁性要比后者差。（　）

3. 用三爪自定心卡盘夹持工件车削时，每个卡爪所受的力是变化的，工件伸出卡爪越长，所需夹紧力也越大。（　）

4. 钻削大型工件上的小孔时，由于钻削时的转矩较小，不论钻孔的方位如何，即使不用夹紧装置也无妨。（　）

5. 定心夹紧机构的特点是将定位元件与夹紧元件协调配合使两者利弊互补，达到工件装夹精度要求。（　）

6. 各种定心夹紧机构都是利用均分定位基准公差的原理而设计的。（　）

7. 弹性筒夹的锥度对定心夹紧的性能影响较大，故关键在于锥套的锥角与筒夹的锥角必须严格保持一致。（　）

8. 操纵一个手柄就能同时实现多点、从各个方向均匀地夹紧一个工件，或者能同时夹紧若干个工件的夹紧机构，都是联动夹紧机构。（　）

9. 在斜楔增力机构中，斜角α越大，增力比也越大，因而夹紧力也越大。（　）

10. 铰链杠杆增力机构中，杠杆的夹紧力是随被夹工件的尺寸而变化的，倾角α越小，夹紧力越大，但杠杆末端的行程越小。（　）

11. 各种精密分度装置大多是利用“误差平均效应”的工作原理设计制造的。（　）

12. 夹紧力的方向应尽可能和切削力、工件重力垂直。（　）

13. 斜楔夹紧机构中有效夹紧力为主动力的10倍。（　）

14. 弹簧筒夹式定心夹紧机构是利用的斜面原理。（　）

15. 生产中应尽量避免用定位元件来参与夹紧，以维持定位精度的精确性。（　）

16. 夹紧装置中中间传力机构可以改变夹紧力的方向和大小。（　）

17. 斜楔夹紧机构自锁条件：斜楔的升角大于斜楔与工件、斜楔与夹具体之间的摩擦角之和。（　）

18. 斜楔理想增力倍数等于夹紧行程的增大倍数。（　）

19. 联动夹紧机构在两个夹紧点之间必须设置必要的浮动环节。（　）

二、选择题

（一）单选题

1. 在基本夹紧机构中，从原理上说，（　）是最基本的一种形式。

A. 斜楔夹紧　B. 螺旋夹紧　C. 偏心轮夹紧　D. 定心夹紧

2. 在分度装置中，影响分度精度的关键部分是（　）。

A. 固定部分　B. 转动部分　C. 抬起与锁紧机构　D. 分度对定机构

3. 若夹具上遇到相互既不平行又不垂直的孔轴线、基面、空间角度等位置精度的加工和测量难题，可采用（　）方法解决。

A. 精密划线　B. 在机床上加工时测量　C. 设置工艺孔　D. 设计专用检具

4. 夹紧力的方向应尽量垂直于主要定位基准面，同时应尽量与（　）方向一致。

A. 切削力　B. 振动　C. 重力　D. 切削

5. 在生产中得到广泛应用的夹紧机构为（　）。

A. 斜楔夹紧机构　B. 偏心夹紧机构　C. 螺旋夹紧机构　D. 自定心夹紧机构

6. 斜楔夹紧机构的自锁条件为：其楔升角应（　）斜楔与工件间的摩擦角、斜楔与夹具体间摩擦角之和。

A. 大于　B. 小于　C. 等于

7. 夹具设计中夹紧装置夹紧力的作用点应尽量（　）工件要加工的部位。

A. 远离　　B. 靠近　　C. 远、近皆可

8. 圆偏心夹紧机构是依靠偏心轮在转动的过程中，轮缘上各工作点距回转中心不断（　　）的距离来逐渐夹紧工件的。

A. 减少　　B. 增大　　C. 保持不变

(二) 多选题

1. 对夹紧装置的基本要求是（　　）。

A. 不破坏工件定位　　B. 压紧夹牢　　C. 结构简单、容易制造　　D. 安全、迅速、省力

2. 夹紧力作用方向的选择，应考虑到下列问题（　　）。

A. 夹紧力应背向定位基面　　B. 主要夹紧力应朝向主要限位基面

C. 夹紧力最好与工件重力、切削力同向　　D. 夹紧力应与重力、切削力方向垂直

3. 夹紧力着力点的位置应位于（　　）。

A. 限位支承面内　　B. 工件刚度较大处　　C. 远离加工点　　D. 接近加工部位

4. 采用轴向分度的圆柱销对定机构时，影响分度精度的误差有（　　）。

A. 对定销与分度盘衬套孔的配合间隙　　B. 对定销与固定部分衬套孔的配合间隙

C. 分度盘衬套内外径的同轴度　　D. 分度盘两相邻孔距误差

E. 转盘回转轴与分度盘配合孔的配合间隙　　F. 分度孔至分度盘回转中心距的误差

5. 为了使夹具尺寸链的封闭环便于用调整、修配法保证装配精度，通常采用以下方法（　　）。

A. 修磨某元件的尺寸　　B. 移动某元件　　C. 控制尺寸链各环的公差　　D. 加入垫片

三、简答题

1. 试述夹紧装置的组成及各组成部分间的关系。

2. 夹紧装置设计的基本要求是什么？确定夹紧力的方向和作用点的准则有哪些？

3. 比较斜楔、螺旋、圆偏心夹紧机构的特点及其应用。

4. 分析题图 2-1 所示的夹紧力方向和作用点，并判断其合理性及如何改进？

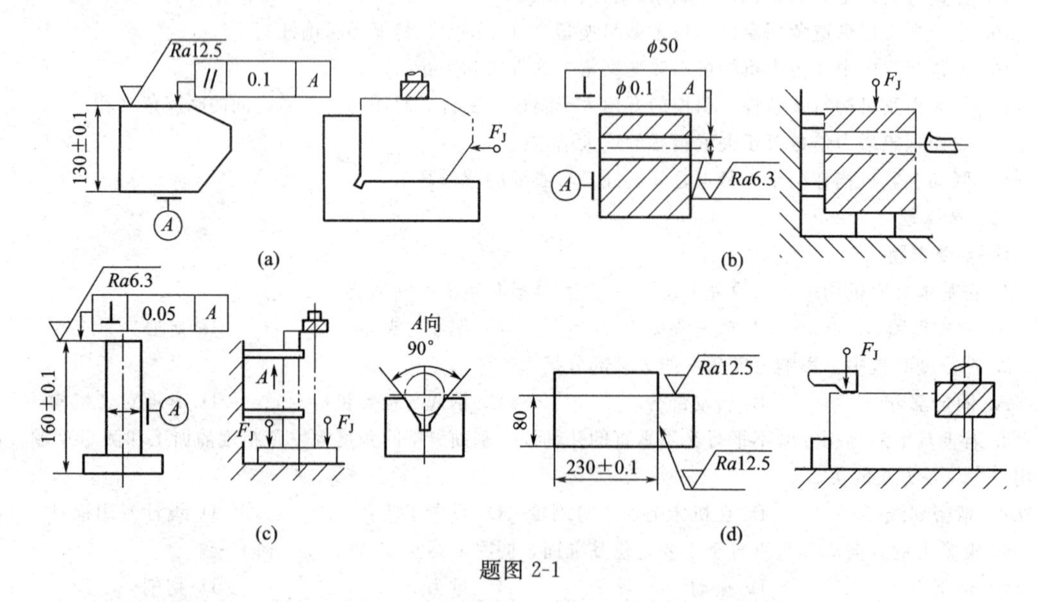

题图 2-1

5. 分析题图 2-2 所示的螺旋压板夹紧机构有无缺点？若有缺点应如何改进？

6. 指出题图 2-3 所示各定位、夹紧方案及结构设计中不正确的地方，并提出改进意见。

7. 分析题图 2-4 所示零件加工时必须限制的自由度，选择定位基准和定位元件，并在图中示意画出；确定夹紧力作用点的位置和方向，并用规定的符号在图中标出。

8. 题图 2-5 所示的联动夹紧机构是否合理？为什么？若不合理，试绘出正确结构。

9. 何谓联动夹紧机构？设计联动夹紧机构时主要应注意哪些问题？

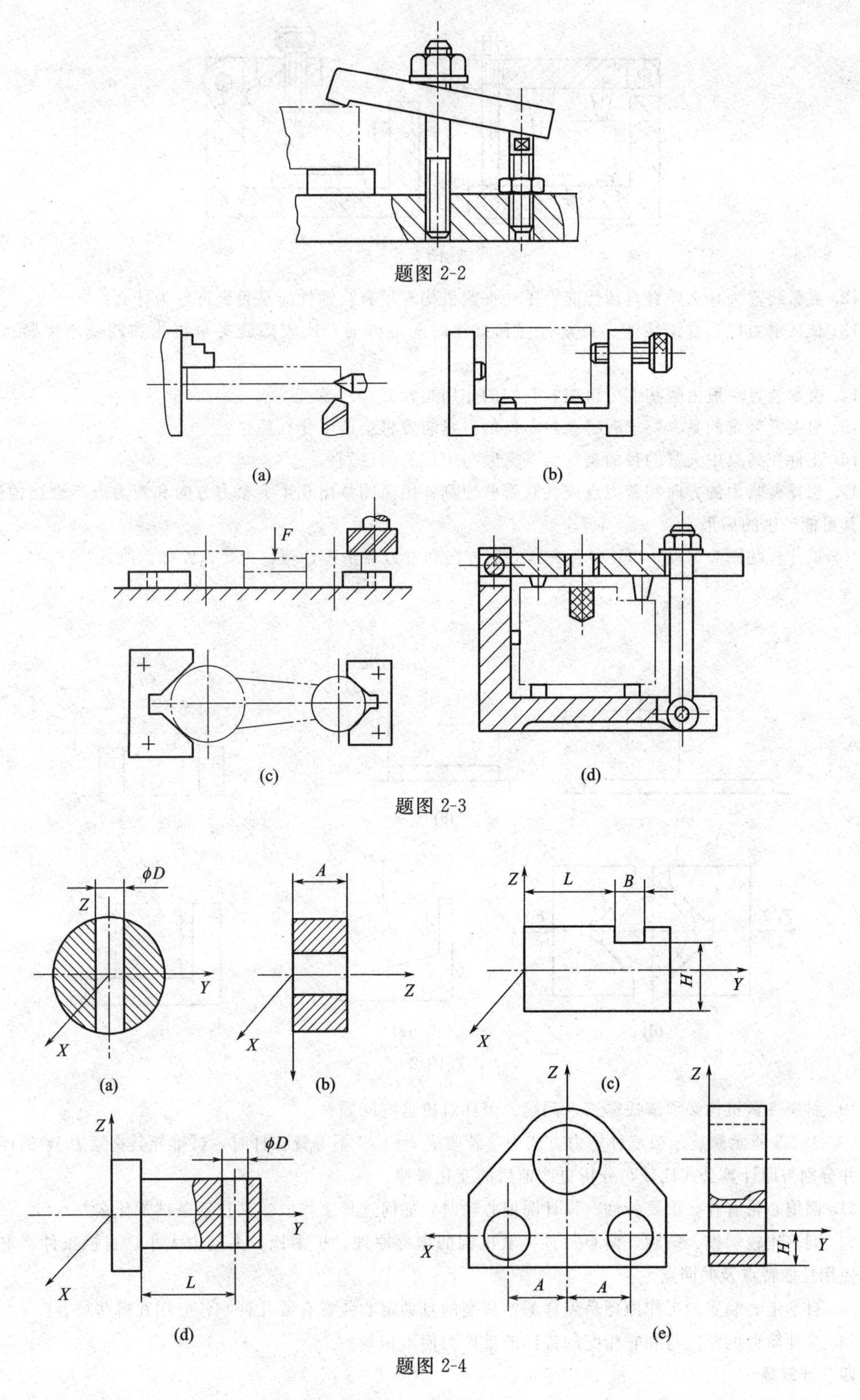

题图 2-2

题图 2-3

题图 2-4

10. 夹紧装置中的中间递力机构起什么作用？试举例说明。

11. 夹紧力的不稳定会引起什么不良影响？

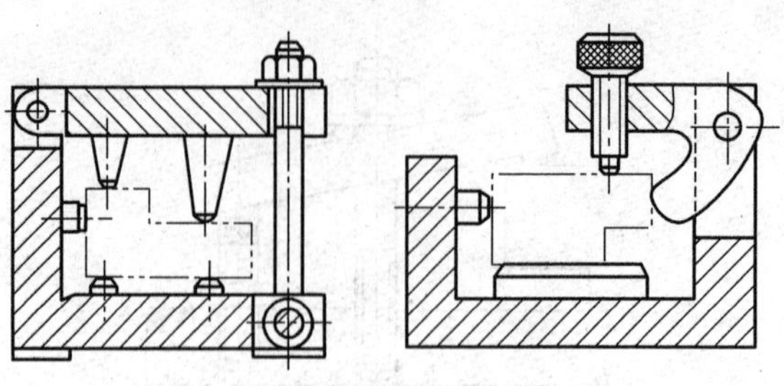

题图 2-5

12. 夹紧装置为什么要有自锁性能？手动夹紧机构若没有自锁性能是否允许？为什么？

13. 试从增力比、自锁性能、夹紧行程和操作时间等方面，比较螺旋夹紧机构和圆偏心夹紧机构的特性。

14. 夹紧装置一般由哪些部分组成？它们的作用是什么？

15. 对夹紧装置的基本要求有哪些？不良的夹紧装置将会产生什么后果？

16. 工件在夹具中夹紧的目的是什么？夹紧与定位有何区别？

17. 选择夹紧力的方向和着力点应注意哪些原则？用简图举出几个夹紧力方向和着力点不恰当的例子，说明其可能产生的后果。

18. 试分析题图 2-6(a)～(f) 中各夹紧力的方向和着力点是否合理，为什么？如何改进？

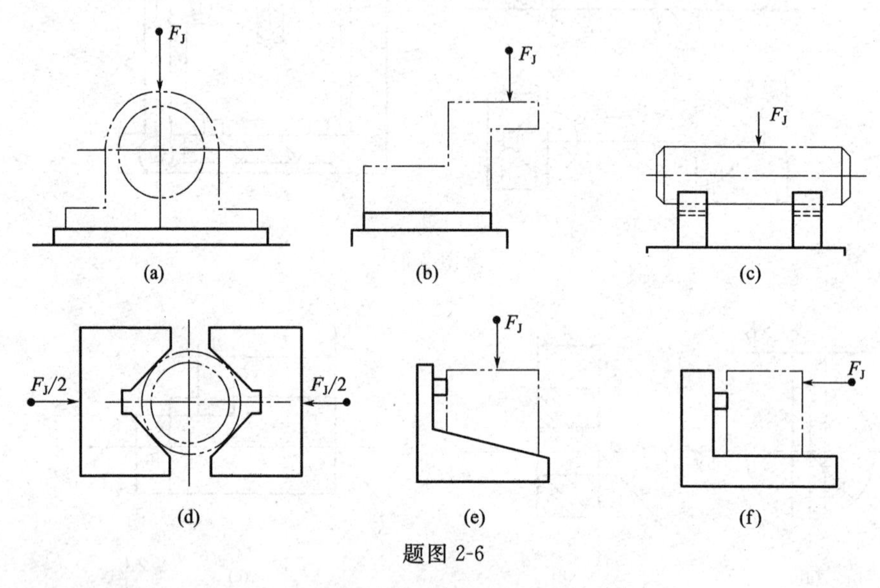

题图 2-6

19. 斜楔夹紧机构必须解决哪三个问题？怎样解决这些问题？

20. 表 2-3 所示螺旋压板三种施力方式中，若改成 $l=L/3$ 不等臂杠杆时，试推导其夹紧力 W 的计算公式；并分别与原计算公式比较，分析更改前后的变化规律。

21. 圆偏心轮有什么重要特性？设计圆偏心轮时，如何选择工作段？其自锁条件是什么？

22. 列表比较斜楔、螺旋、偏心三种夹紧机构的增力原理、扩力比、夹紧力大小、自锁条件、重要特性、使用性能特点及共同点。

23. 自动定心装置的工作原理是怎样的？典型的自动定心装置有哪几种？各应用在哪些场合？

24. 弹性筒夹的锥度与和它相配的锥体的锥度为何不相等？

四、计算题

1. 一手动斜楔夹紧机构（见题图 2-7），已知参数如题表 2-1 所示，试求出工件的夹紧力 F_J 并分析其自锁性能。

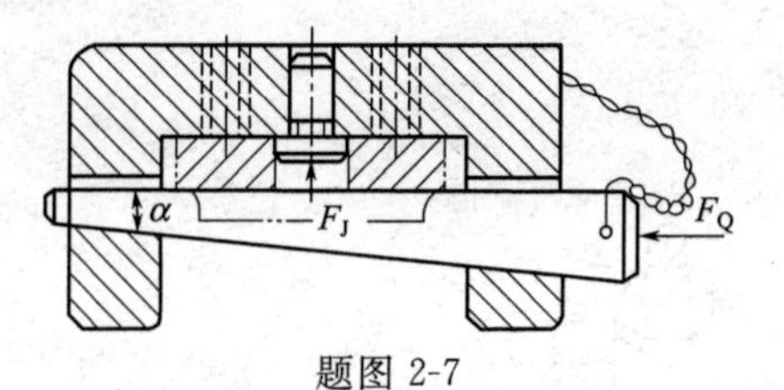

题图 2-7

题表 2-1

斜楔升角 α	各面间的摩擦因数 f	原始作用力 F_Q/N	夹紧力 F_J/N	自锁性能
6°	0.1	100		
8°	0.1	100		
15°	0.1	100		

2. 夹具结构示意如题图 2-8 所示，已知切削力 $F_P=4400N$（垂直夹紧力方向），试估算所需的夹紧力 F_J 及气缸产生的推力 F_Q。已知 $\alpha=6°$，$f=0.15$，$d/D=0.2$，$l=h$，$l_1=l_2$。

3. 方形零件的夹紧装置如题图 2-9 所示。若外力 $Q=150N$、$L=150mm$、$D=\phi40mm$、$d_1=\phi10mm$，$l=l_1=100mm$、$\alpha=30°$，各处摩擦因数均为 0.1，转轴处的摩擦损耗按传递效率 $\eta=0.95$ 计算。试计算夹紧力 F_J。

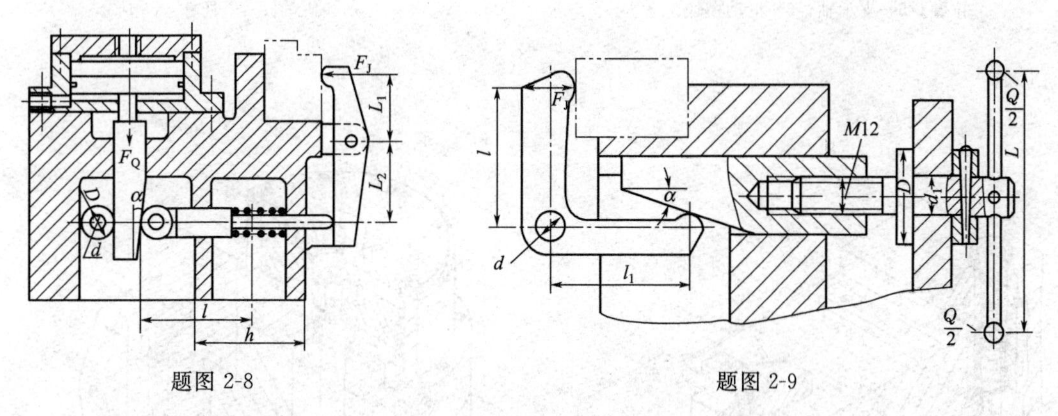

题图 2-8　　　　题图 2-9

4. 如题图 2-10 所示两种螺旋压板夹紧装置示意图，已知题图 2-10(a) 原始作用力 $Q=100N$，$L_1=120mm$，$L_2=160mm$，求夹紧力 F_J；题图 2-10(b) 中的作用力 $Q=50N$，$L_1=160mm$，$L_2=120mm$，求夹紧力 F_J；对比分析两种夹紧装置的特点。

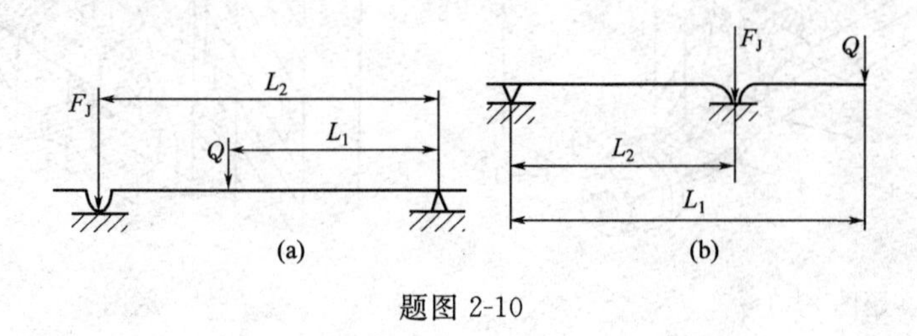

题图 2-10

五、综合题

1. 结合题图 2-11～题图 2-19 所示的夹紧机构，分别说明各图的工作过程，并阐明它们分别属于什么类型的夹紧机构？并将结果填入题表 2-2 之中。

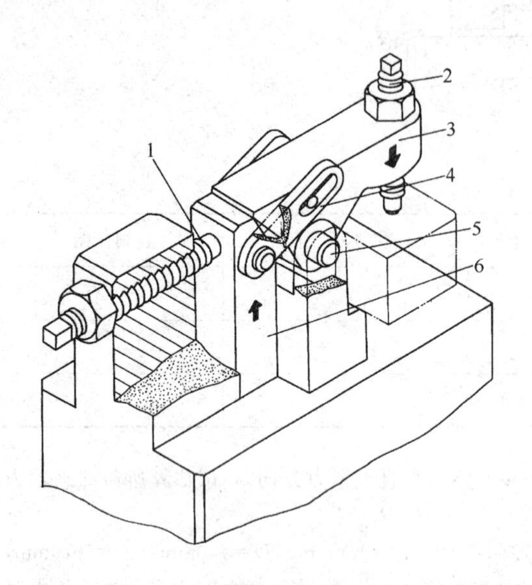

题图 2-11

1—螺杆；2—调节螺钉；3—压板；4—压板拉臂；5—支承轴；6—滑动楔块

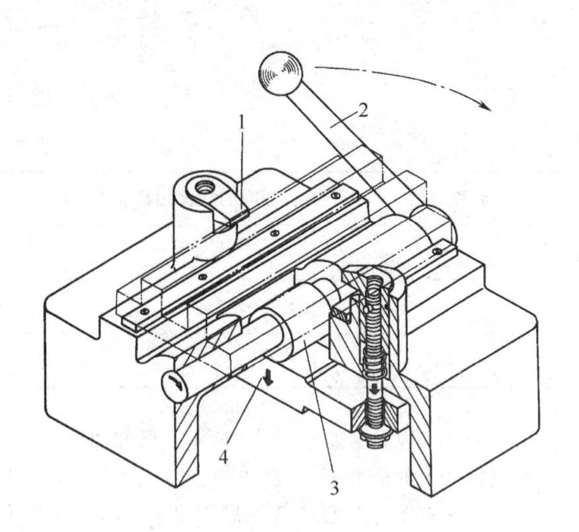

题图 2-12

1—钩形压板；2—扳手柄；3—偏心轴；4—杠杆

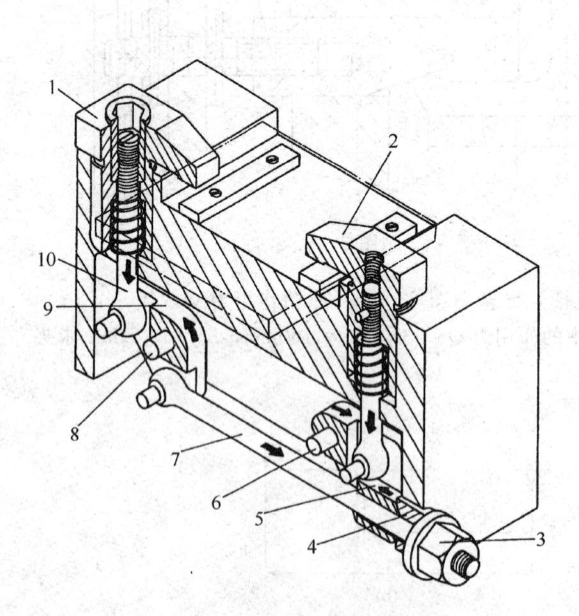

题图 2-13

1,2—钩形压板；3—螺母；4—滑套；5,9—连接块；6,8—轴；7,10—螺栓

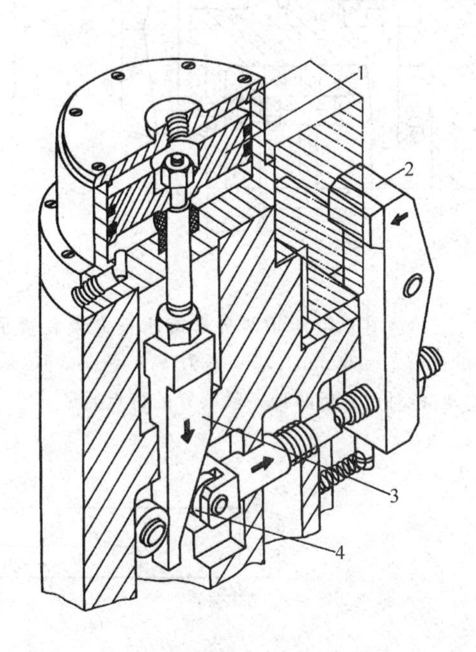

题图 2-14

1—气动活塞；2—压板；3—楔块；4—滚子

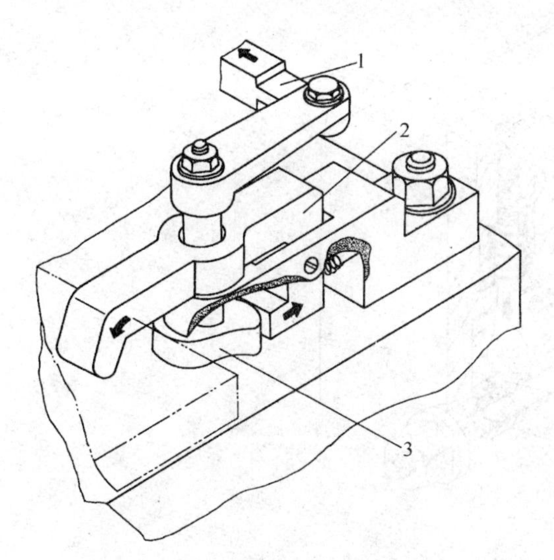

题图 2-15

1—连杆；2—压板；3—双向偏心轮

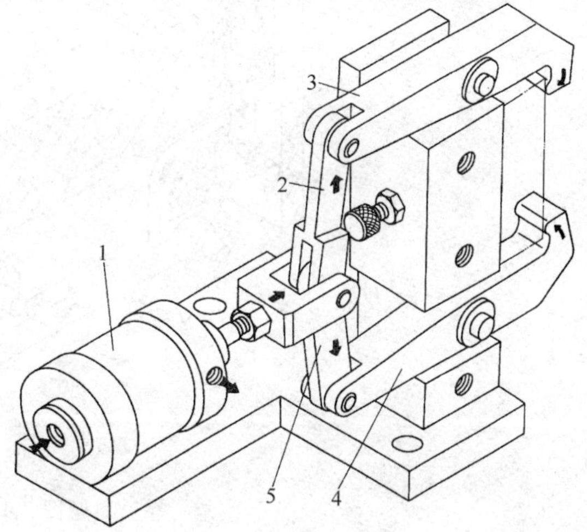

题图 2-16

1—气（液）缸；2,5—铰链臂；3,4—压板

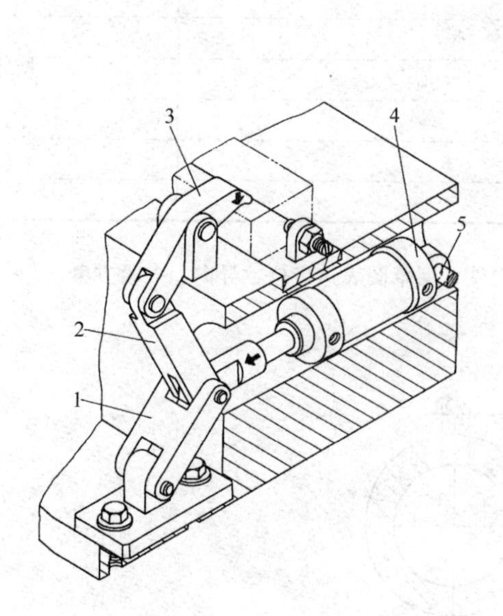

题图 2-17

1,2—铰链臂；3—压板；4—气缸；5—轴

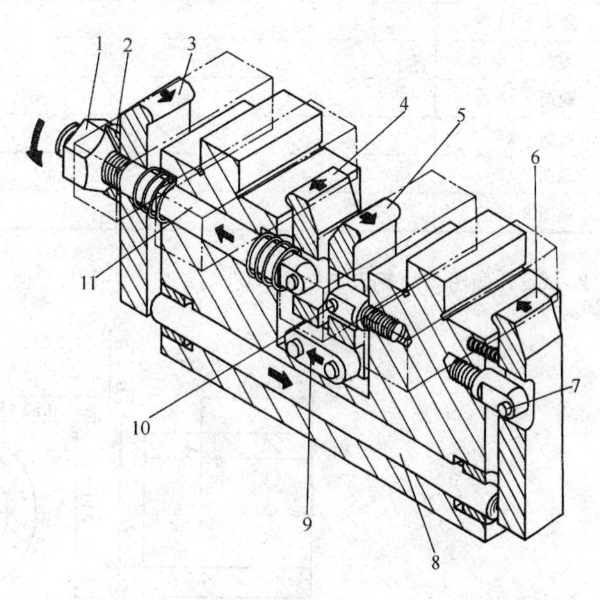

题图 2-18

1—螺母；2—球面垫圈；3～6—压板；7,10—轴；

8—球头滑柱；9—连接块；11—螺杆

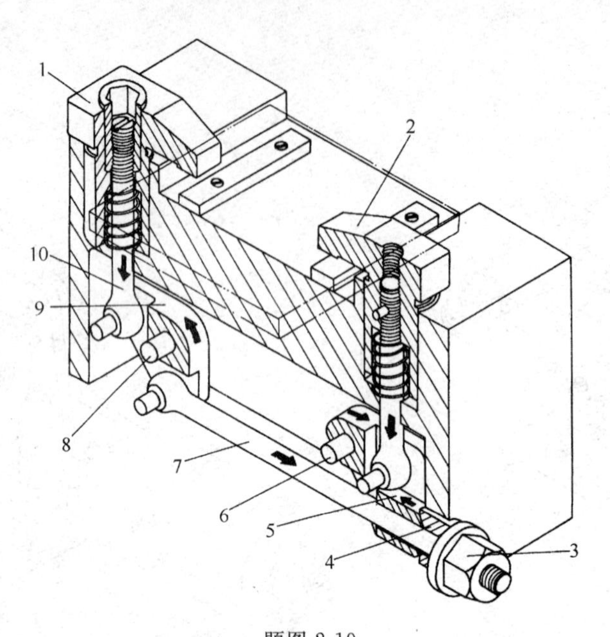

题图 2-19

1,2—钩形压板；3—螺母；4—滑套；5,9—连接块；6,8—轴；7,10—螺栓

题表 2-2 夹具工作过程描述及其类型

题图号	各自夹具的工作过程描述	分别属于哪种类型的夹紧机构描述	备注
题图 2-11			
题图 2-12			
题图 2-13			
题图 2-14			
题图 2-15			
题图 2-16			
题图 2-17			
题图 2-18			
题图 2-19			

2. 试设计题图 2-20 钢套工件钻 $\phi5$ 孔的定位、夹紧与导向元件，用草图表达定位、导向、夹紧方案。

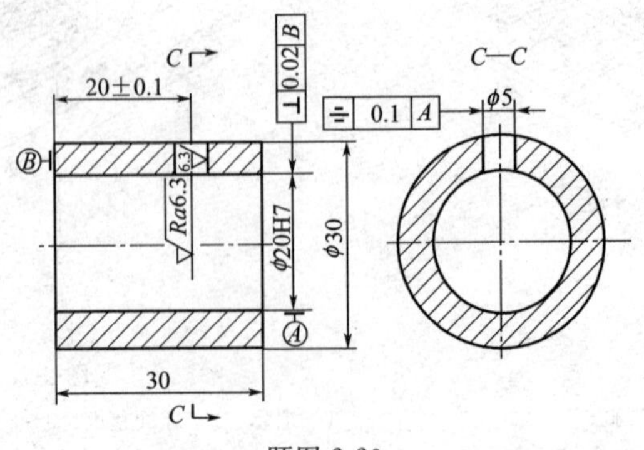

题图 2-20

中篇　方法篇

情境 3　专用夹具设计方法

学习目标	掌握机床夹具设计的基本要求和步骤，熟悉机床夹具装配图的绘制步骤和装配图尺寸、尺寸公差和技术要求的标注，熟悉夹具体的基本要求和类型，掌握工件在夹具中的精度分析，根据工艺知识编制夹具的制造方法并进行工艺性分析
工作任务	掌握机床夹具装配图的绘制步骤和夹具图尺寸、公差配合与技术要求的标注方法，根据机床夹具的结构特点正确设计夹具体，根据夹具定位方案确定，正确分析加工精度
教学重点	分析讨论夹具结构方案；夹具图上尺寸、公差与配合和技术要求的标注及夹具结构工艺性等问题
教学难点	夹具的结构工艺性分析与加工精度分析
教学方法建议	现场参观、现场教学、多媒体教学
选用案例	以接头零件铣槽工序的夹具为例，分析机床夹具的总装配图绘制方法以及相关技术要求的标注等
教学设施、设备及工具	多媒体教学系统、夹具实训室、实习车间
考核与评价	项目成果评价 50%，学习过程评价 40%，团队合作评价 10%
参考学时	6

知识网络结构

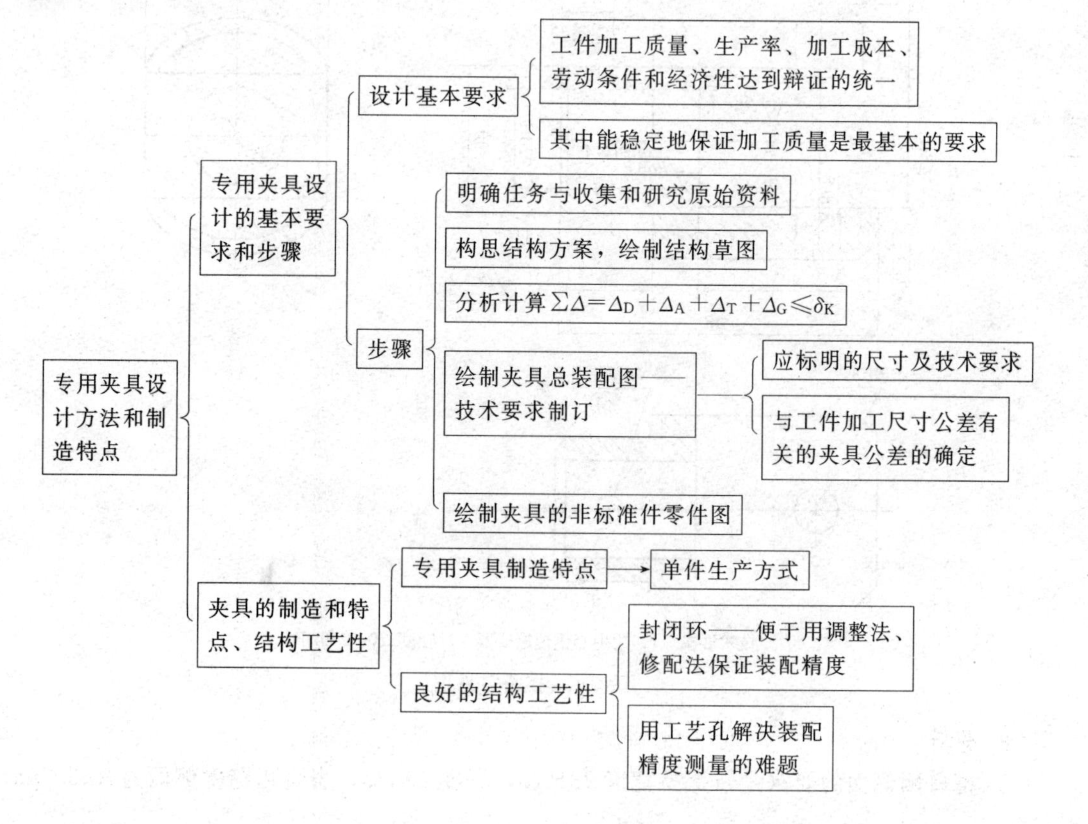

任务一 接头铣槽夹具

思辨

情境 1、情境 2 中学过了零件的定位原理、定位误差的计算、定位元件的选用以及夹紧原理、夹紧元件。通过一定的工作载体分别实施了定位过程设计、夹紧过程设计。那么定位和夹紧之间的关系如何实施在一个整体的夹具之中，从而体现出定位与夹紧之间的关系，就是本任务所要实施的问题了。

机床夹具设计的是否合理，直接影响到工件的质量、产量和加工成本。只有正确地应用夹具设计的基本原理和知识，掌握夹具设计的方法，才能设计出既能保证工件的质量、提高劳动生产率，又能降低成本和减轻工人的劳动强度的机床夹具。

一、实例分析

1. 实例

图 3-1 为 CA6140 车床上的接头零件图。该零件是成批生产，材料为 45 钢棒，毛坯采用模锻件。现要求设计加工该零件上尺寸为 28H11 的槽口时所使用的夹具。

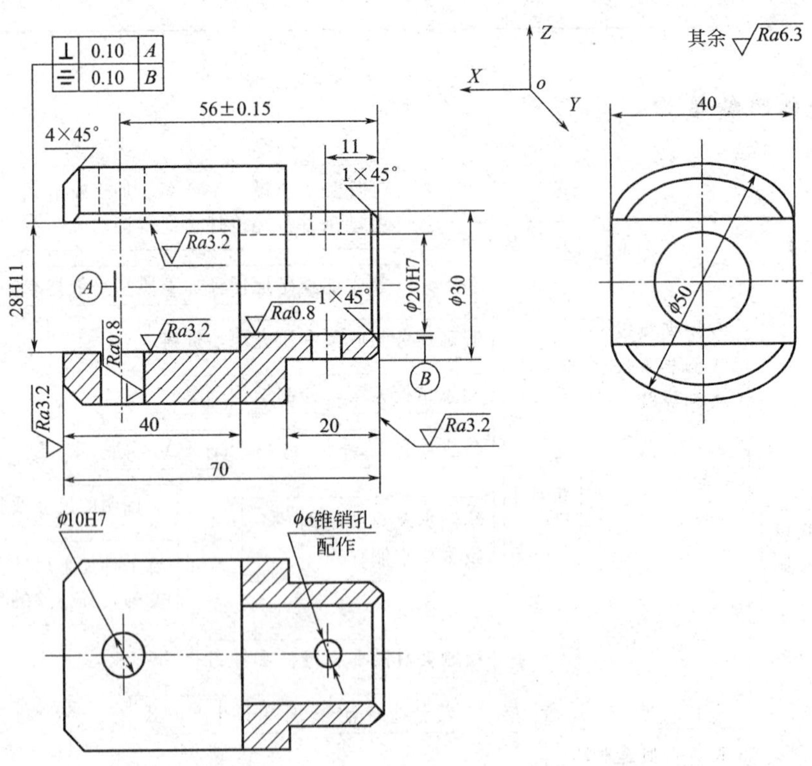

技术要求 1. 采用45钢模镶成形；2. 硬度220～240HB。

图 3-1 接头零件图

2. 分析

① 槽口两侧面的要求是：保持宽度 28H11，深度 40mm；表面粗糙度侧面为 $Ra3.2\mu m$，

底面为 $Ra6.3\mu m$、并要求两侧面相对于孔 ϕ20H7 的轴心线对称，公差为 0.1mm；两侧面相对于孔 ϕ10H7 轴心线垂直，公差亦为 0.1mm。

② 零件的加工工艺过程安排是在加工两内侧面之前，除孔 ϕ10H7 尚未进行加工之外，其余各面均已加工达到图纸要求。

③ 两内侧面的加工采用三面刃铣刀在卧式铣床上进行加工。

④ 本工序为单一的槽口的加工，夹具可采用固定式的。

3. 方案设计

工件的安装分定位和夹紧两个部分。

(1) 定位基准的选择　定位方案的确定首先应考虑加工要求。

① 两加工面之间的宽度 28H11 决定于铣刀的宽度，与夹具无关。两侧面对孔 ϕ10H7 轴心线的垂直度要求，由于孔尚未进行加工，故可在孔加工工序中以两侧面为基准加工孔而得到保证。

② 深度 40mm 由调整刀具相对夹具的位置保证。

因此考虑定位方案时，主要应满足加工面与孔 ϕ20H7 轴心线的对称度 0.10mm 要求。

根据基准重合原则应选孔 ϕ20H7 的轴心线为第一定位基准。由于要保证一定的加工深度，故工件沿 40mm 方向（即 $\vec{Z}$ 自由度）应限制。此外，从零件工作性能要求知，需要加工的两内侧面应与已加工过的两外侧面互成 90°，因此工件定位时还必须考虑限制绕孔 ϕ20H7 轴心线的旋转自由度 $\widehat{Z}$。故工件的定位基准除孔 ϕ20H7（限制 $\vec{X}$、$\vec{Y}$ 和 $\widehat{X}$、$\widehat{Y}$ 自由度）之外，还应以一端面（限制自由度 $\vec{Z}$）和一外侧面（限制自由度 $\widehat{Z}$）进行定位，共限制六个自由度，工件得到完全定位，如图 3-2 所示。

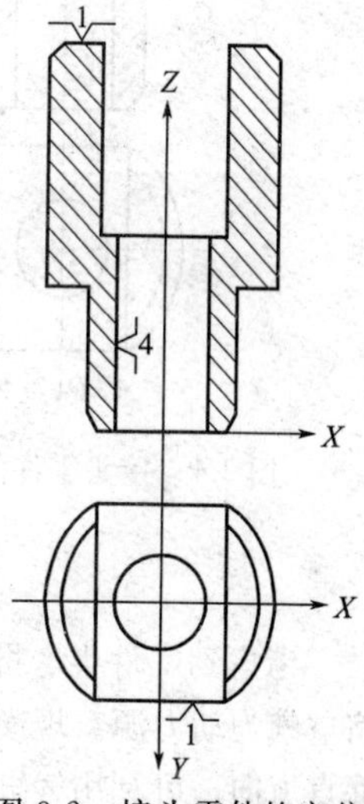

图 3-2　接头零件的定位

定位方案的选择除了考虑加工要求外，还应结合定位元件（或机构）的结构及夹紧方案实现的可能性而予以最后确定。

(2) 夹紧方案的选择　对于接头零件来说，铣槽口工序的夹紧力施加方向，不外乎是沿径向或沿轴向两种。如采用沿径向夹紧的方案 [图 3-3(a)]，由于孔 ϕ20H7 的轴心线是定位基准，故必须采用定心夹紧机构，以实现夹紧力方向作用于主要定位基准面。但孔 ϕ20H7 直径较小，受结构限制，不易实现自动定心夹紧。因此采用沿轴向夹紧的方案比较合适 [图 3-3(b)]。

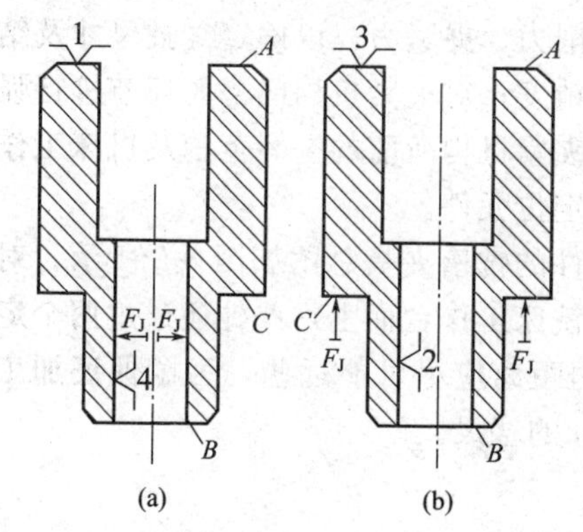

图 3-3　接头零件的夹紧方案

在一般情况下，为满足夹紧力应主要作用于第一定位基准的要求，就应以上端面 A 作为第一定位基准，此时孔轴心线及另一外侧面则为第二、第三定位基准。若以上端面为主要定位基面，虽然符合基准重合原则，但由于夹紧力需自下而上，会导致夹具结构的复杂化。

考虑到孔 ϕ20H7 与下端面 B 及端台 C 是在一次安装下加工的，它们之间有一定的位置度，且槽的深度尺寸为自由公差，如以 B 面或 C 面为第一定位基准，也能满足加工要求。为使定位稳定可靠，故宜采用面积较 B 面为大的 C 面为第一定位基准。定位元件则相应的选择一平面（限制三个自由度$\overset{\curvearrowright}{Z}$、$\overset{\curvearrowright}{X}$、$\overset{\curvearrowright}{Y}$）、一短圆柱销（与$\phi$20H7孔相配合限制两个自由度$\vec{X}$、$\vec{Y}$）、一挡销（与$D$面相接触限制一个自由度$\overset{\curvearrowright}{Z}$），如图3-4所示。这时夹紧力就可以自上而下施加于工件上。由于端面A的中部要进行切削加工，故只能从两边进行夹紧。

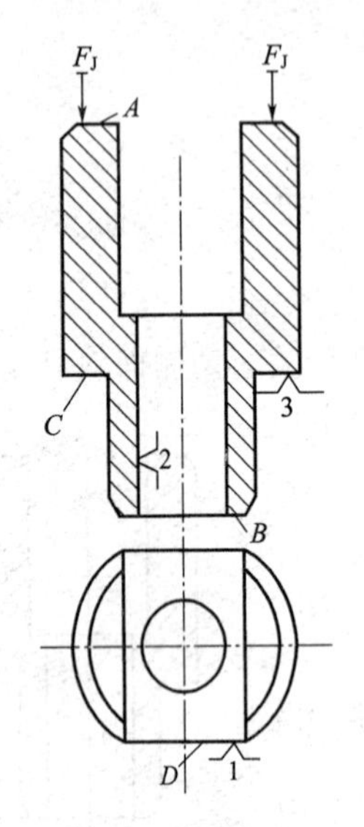

图3-4　接头零件的夹紧方案

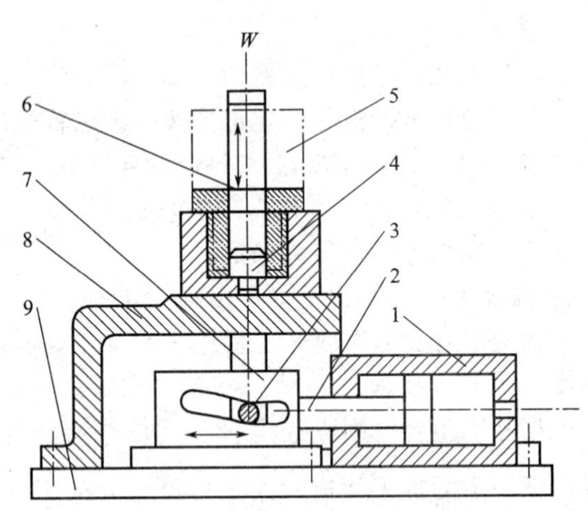

图3-5　夹紧机构的工作原理

1—气缸体；2—活塞杆；3—浮动支轴；4—定位元件；
5—工件；6—钩形压板；7—滑块；8—箱体；9—底座

考虑到工件生产批量较大，为提高生产效率，减轻工人的劳动强度，宜采用气动夹紧即以压缩空气为动力源。规模较大的工厂，一般都设有压缩空气站。为将气缸水平方向的夹紧力转化为垂直方向，可利用气缸活塞杆推动一滑块，滑块上开出斜面槽，在滑块上斜槽的作用下，使两钩形压板同时向下压紧工件。为缩短工作行程，斜槽做成两个升角，前端的大升角用于加大夹紧空行程，后端的小升角用于夹紧工件。为便于装卸工件，在钩形压板上开有斜槽。当压板向上运动松开工件时，靠其上斜槽的作用使压板向外张开。夹紧机构的工作原理如图3-5所示。

4. 夹具总图的绘制

工件安装方案确定以后，要进行下列计算：计算切削力、夹紧力，以确定气缸尺寸及结构形式；计算定位误差，以确定定位元件的结构尺寸与精度；对夹紧机构的薄弱环节进行强度校核，以确定夹紧元件的结构尺寸。根据定位元件和夹紧机构所需的空间范围及机床工作台的联系尺寸，确定夹具的结构尺寸；选择对刀元件、定位元件。

上述工作完成后即可进行夹具总图的绘制。接头零件的铣槽夹具总图如图3-6所示。对铣床夹具而言，在机床上的定位是以夹具体的底面放在铣床工作台面上，此外还通过两个定向键与机床工作台上的T形槽相连接，两定向键之间的距离应尽可能远些。为了保证加工槽面的对称度及深度要求，采用直角对刀及厚度为3mm的塞尺。

（1）在夹具总图上所标注的五类尺寸

① 工件定位孔与定位销4的配合尺寸ϕ20H7/f7；

② 对刀元件工作面与定位元件定位面间的位置尺寸及公差（17±0.03）mm及（7±0.05）mm；

③ 夹具定向键18与机床工作台面T形槽的配合尺寸18H7/k6或18H7/n6；

④ 夹具内部的配合尺寸：定位销4与支座2的配合尺寸ϕ10H7/n7；挡销20与支座2

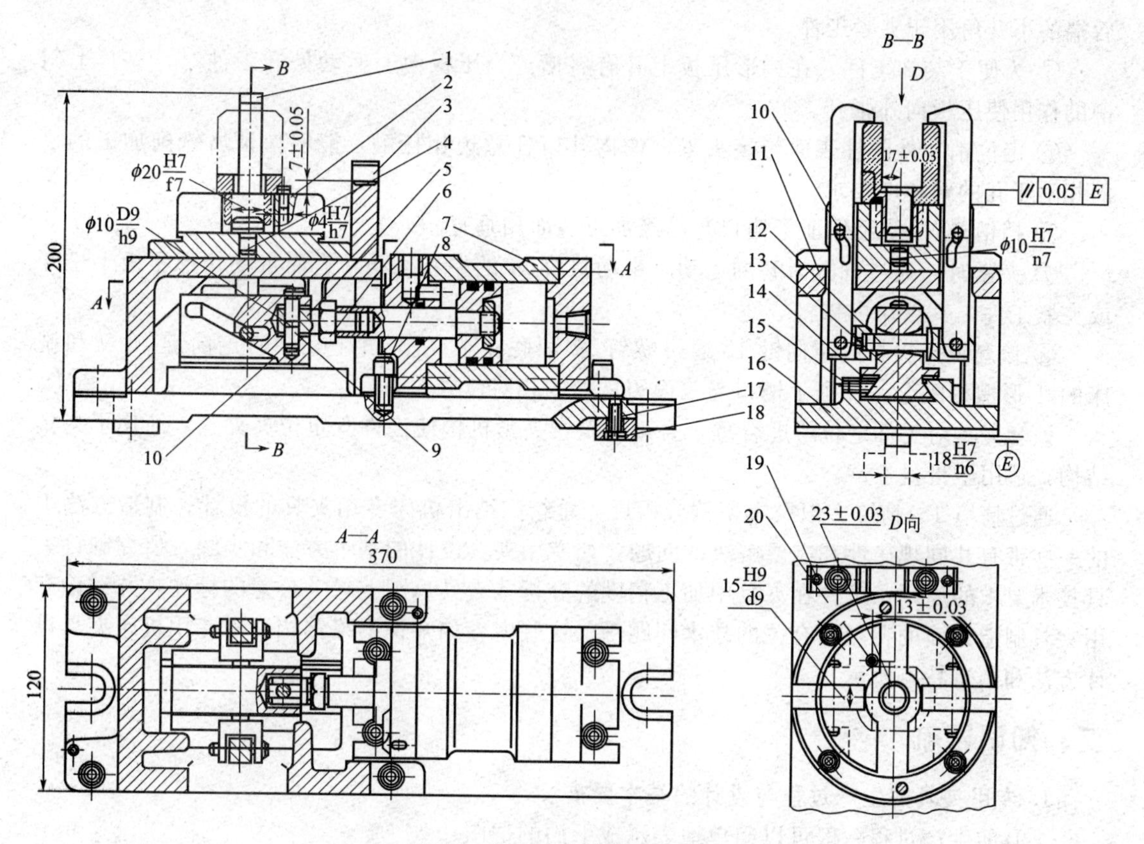

图 3-6　接头零件铣槽夹具总图

1—钩形压板；2—支座；3—对刀块；4—定位销；5—连接轴；6—螺母；7—气缸；8,17—螺钉；9—轴销；10—小轴；11—箱体；12—浮动支轴；13—滑块；14—斜块；15—紧定螺钉；16—底座；18—定向键；19—定位销；20—挡销

的配合尺寸 ϕ4H7/h7；轴销 9 与滑块 13 的配合尺寸 ϕ10P9/h7；轴销 9 与连接轴 5 的配合尺寸 ϕ10D9/H9；

⑤ 夹具外部尺寸 370mm×200mm×120mm。

(2) 在夹具总图上所标注的技术条件

① 定位销 4 和挡销 20 的位置尺寸及公差 (23±0.03)mm、(13±0.03)mm；定位平面与夹具体底面的平行度公差为 0.05mm。

② 对刀块的侧对刀面相对于两定向键 18 侧面的平行度公差为 0.05mm 等。

夹具总图绘制完毕后，还应在夹具设计说明书中，就夹具的使用、维护注意事项给予简要说明。

从图 3-6 接头零件铣槽夹具图可以看出，该套夹具具有如下结构特点。

① 夹具体即箱体 11 采用整体铸件结构，刚性较好。为了保证铸件壁厚均匀，夹具体内腔是空的；为了减少加工面，各部件的结合面处设置铸造凸台。

② 定位销 4 和挡销 20 均安装在支座 2 上，通过支座 2 上的孔与底座 16 底面的垂直度来保证定位销 4 与底座 16 底面的垂直度；同样通过支座 2 上的平面来保证该面与底座的下平面平行。

③ 为了便于缩短工作行程，斜槽做成两个升角，前端的大升角用于加大夹紧空行程，

后端的小升角用于夹紧工件。

④ 为便于装卸工件，在钩形压板上开有斜槽。当压板向上运动松开工件时，靠其上斜槽的作用使压板向外张开。

⑤ 定位销 4 外圆柱表面与接头零件的内孔以任意边相接触，能够保证所铣削加工的槽面相对于孔的对称度要求。

⑥ 挡销 20 的使用保证了槽口与已经加工表面相垂直。

⑦ 夹紧时，通过气缸活塞的运动，带动斜块 14 的左右运动，进而带动钩形压板 1 松开或夹紧工件，其工作可靠。

⑧ 该套铣床夹具的定向键 18 通过螺钉 17 固联在了底座 16 上，同时定向键 18 又和铣床的 T 形槽相配合，保证了槽口与三面刃铣刀的相对位置关系。

该套夹具对工件定位考虑合理，且采用斜楔夹紧机构使工件既定位又夹紧。简化了夹具结构，适用于批量生产。

通过情境 1、情境 2 以及本实例分析后，总结归纳出机床专用夹具的设计、制造方法中的一些带有共同规律性和需要解决的问题，如专用夹具设计的基本方法和步骤，研究制订夹具技术要求的原则，工件在夹具中加工精度的分析，夹具总图上尺寸公差的标注，并讨论专用夹具制造方面的特点和有关的技术问题等。这些内容如知识网络结构——专用机床夹具设计方法和制造特点所示。

二、知识导航

1. 专用夹具的生产过程与设计的基本要求

夹具的生产过程一般可以简单地表示成下面的框图：

夹具设计任务书 → 夹具结构设计 → 使用、制造部门会签 → 夹具制造 → 夹具检验 → 生产使用

也就是说，进行夹具生产的第一步是由工艺人员在编制工艺规程时提出相应的夹具设计任务书。该任务书应有设计理由、使用车间、使用设备及需设计夹具工序的工序图等。工序图上须标明本道工序的加工要求、定位面和夹压点。夹具设计人员在做了相应的准备工作后，就可进行夹具结构设计，完成夹具结构设计之后，由夹具使用部门、制造部门就夹具的使用性能、结构合理性、结构工艺性及经济性等方面进行审核后交付制造。制成的夹具要由设计人员、工艺人员、使用部门、制造部门等各方人员进行验证。若该夹具确能满足该道工序的加工要求，能提高生产率，且操作安全、方便、维修简单，就可交付生产使用。换句话讲，机床专用夹具设计的基本要求如下。

① 保证工件的加工精度。工件加工工序的技术要求，包括工序尺寸精度、形位精度、表面粗糙度和其他特殊要求。夹具设计首先要保证工件被加工工序的质量指标。其关键在于正确地按六点定位原则去确定定位方法和定位元件，必要时进行误差的分析和计算。同时，要合理地确定夹紧点和夹紧力，尽量减小因加压、切削、振动所产生的变形。为此，夹具结构要合理，刚性要好。

② 提高生产率、降低成本、提高经济性。尽量采用多件多位、快速高效的先进结构，缩短辅助时间，条件和经济许可时，还采用自动操纵装置，以提高生产效率。在此基础上，要力求结构简单、制造容易，尽量采用标准元件和结构，以缩短设计和制造周期，降低夹具制造成本，提高其经济性。

③ 操作方便、省力和安全。夹具的操作要尽量使之方便。若有条件，尽可能采用气动、液压以及其他机械化、自动化的夹紧装置，以减轻劳动强度；同时，要从结构上、控制装置

上保证操作的定全，必要时要设计和配备安全防护装置。

④ 便于排屑。排屑是一个容易被忽视的问题。排屑不畅，将会影响工件定位的正确性和可靠性；同时，积屑热量将造成系统的热变形，影响加工质量；消屑要增加辅助时间：聚屑还可能损坏刀具以至造成工伤事故。

⑤ 结构工艺性要好。夹具应便于制造、装配、调整、检验和维修，使其工艺性能最好。

总之，设计时，针对具体设计的夹具，结合上述各项基本要求，最好提出几种设计方案进行综合分析和比较，以期达到质量好、效率高、成本低的综合经济效果。

2. 夹具设计的步骤

专用夹具的设计过程可分四个阶段：明确设计任务，收集、分析技术资料；拟定夹具结构并绘制结构草图；绘制夹具总装配图并标注有关尺寸及技术要求；绘制夹具零件图。

(1) 明确设计任务，准备有关资料

① 根据设计任务书，明确本工序的加工技术要求和任务，熟悉工艺规程、零件图、毛坯图和有关的装配图；了解定位基准的状况、工件的结构特点、材料性能、本工序的加工余量及切削用量、生产规模、生产周期以及前后工序的情况等。

② 收集所用机床、刀具、辅助工具、检验量具的有关资料，了解它们主要的技术参数、性能特点以及与所设计夹具有关的技术规格和性能资料。

③ 了解工具车间（或工段）的技术水平、工作条件以及国内外制造和使用同类夹具的资料和经验，并广泛征求有关人员的意见和建议，尽可能避免脱离实际，并有所创新。

④ 准备夹具零部件标准（国标、行标、厂标）、典型夹具结构图册、设计指导资料等。

(2) 构思夹具结构方案，绘制结构草图 在充分做好上述准备工作的基础上，按下列内容，拟订夹具结构的初步方案。

① 工件的定位方案。确定其定位方法和定位件。

② 刀具的对刀或导引方案。确定对刀装置或刀具导引件的结构形式和布局（引导方式）。

③ 对工件的夹紧方案。确定其夹紧方法和夹紧装置。

④ 变更工位的方案。决定是否采用分度装置，若采用分度装置时，要选定其结构形式。

⑤ 夹具在机床上的安装方式以及夹具体的结构形式。

⑥ 草绘结构总图，协调各元件、装置的布局。确定夹具体的总体结构和尺寸。

绘制时，先要绘出一些准备性的草图，如：主要部分或重要部分的结构详图，各元件的形状和尺寸，元件间的连接方式，标注必要的尺寸、公差配合并提出技术要求；确定视图的数量，剖面位置以及布图方式；必要时要作加工精度的分析和估算、夹紧力的估算及经济分析等。对夹具的总体结构，最好设计几个方案，以便进行分析、比较和优选。

(3) 进行必要的分析计算 工件加工精度较高时，应进行加工误差分析；有气压、液压等机械传动装置的夹具，需计算夹紧力。当有几种夹具设计方案时，可进行技术经济分析，选择经济效益较高的方案。

(4) 绘制夹具装配总图 总图的绘制，是在夹具结构方案草图经过讨论审定之后进行的。遵循国家制图标准，总图的比例一般取 1∶1，但若工件过大或过小，可按制图比例缩小或放大；夹具总图应有良好的直观性。因此，总图上的主视图应尽量选取正对操作者的工作位置；在完整地表示出夹具工作原理和构造的基础上，总图上的视图数最要尽量少。

总图的绘制顺序如下。

① 先用双点画线（或红色细实线）画出工件的外形轮廓和主要表面。主要表面指定位基准面、夹紧表面和被加工表面。被加工面上的加工余量可用网纹线（或粗线）表示。

② 总图上的工件，是一个假想的透明体，因此，它不影响夹具各元件的绘制。

③ 此后，围绕工件的几个视图依次绘出：定位元件、对刀或导向元件，夹紧机构，动力源装置等的具体结构，绘制夹具体及连接件。

④ 标注有关尺寸、公差，形位公差和其他技术要求。

⑤ 零件编号，编写标题栏和零件明细表。

总之，总图应把夹具的工作原理、各装置的结构及其相互关系表达清楚。工件的外形轮廓用双点画线绘出，被加工工件表面要显示出加工余量（用交叉网纹表示）；工件可看作透明体，不遮挡后面的线条。总图上要标注必要的尺寸、公差和技术要求，并编制夹具零件明细表即标题栏。

（5）绘制非标准零件的工作图　夹具中的非标准零件都需绘制零件图。在确定这些零件的尺寸公差或技术条件时，应注意使其满足夹具总图的要求。

夹具设计图纸全部绘制完毕后，设计工作并不就此结束。因为所设计的夹具还有待于实践的验证，在试用后有时可能要对原设计作必要的修改。因此设计人员应关心夹具的制造和装配过程，参与鉴定工作，并了解使用过程，以便发现问题及时加以改进，使之达到正确设计的要求。只有夹具制造出来并使用合格后才能算完成设计任务。

在实际工作中，上述设计程序并非一成不变，但设计程序在一定程度上反映了设计夹具所要考虑的问题和设计经验，因此对于缺乏设计经验的人员来说，遵循一定的方法、步骤进行设计是很有益的。

3. 夹具总图上尺寸、公差和技术要求的标注

（1）夹具总图上应标注的五类尺寸和公差

① 夹具外形轮廓尺寸（最大轮廓尺寸 S_L）。最大轮廓尺寸是指夹具的长、宽、高尺寸。若夹具上有可动部分，则应用双点画线画出最大活动范围，或标出可动部分的尺寸范围（空间位置所占的空间尺寸）。如图 3-7 中最大轮廓尺寸（S_L）为：215mm、180mm 和 235 mm。

② 工件与定位元件间的联系尺寸和公差（S_D）。它们主要指工件与定位元件及定位元件之间的尺寸、公差，如图 3-7 中标注的定位基面与限位基面的配合尺寸：51g6，ϕ15.81F8/h6。

③ 夹具与刀具的联系尺寸和公差（S_T）。它们主要指刀具与对刀或导向元件之间的尺寸、公差，如图 3-7 中标注的钻套导向孔的尺寸 ϕ8.4G7。

④ 夹具与机床连接部分的联系尺寸和公差（S_A）。用于确定夹具在机床上正确位置的尺寸，主要指夹具安装基面与机床相应配合表面之间的尺寸、公差。对于车、磨夹具，主要是指夹具与机床主轴端的配合尺寸；对于铣、刨夹具，则是指夹具上的定位键与机床工作台上的 T 形槽的配合尺寸。标注尺寸时，常以定位元件为基准。如图 3-7 中，钻模的安装基面是平面，可不必标注。

⑤ 夹具内部的配合尺寸和公差（S_J）。它们主要指定位元件、对刀或导向元件、分度装置及安装基面相互之间的尺寸、公差和位置公差，与工件、机床、刀具无关，主要是为了夹具安装后能满足规定的使用要求。如图 3-7 中标注的钻套的轴线与安装基面的垂直度 0.02mm；定位轴与安装基面的平行度 0.02mm 等。

⑥ 其他尺寸公差和表面粗糙度的标注。它们为一般机械设计中应标注的尺寸、公差；定位元件的表面粗糙度应比工件定位基面的粗糙度低 1～3 级。如图 3-7 中标注的配合尺寸 ϕ14G7/h6 等。

（2）夹具总图上应标注的四类技术要求

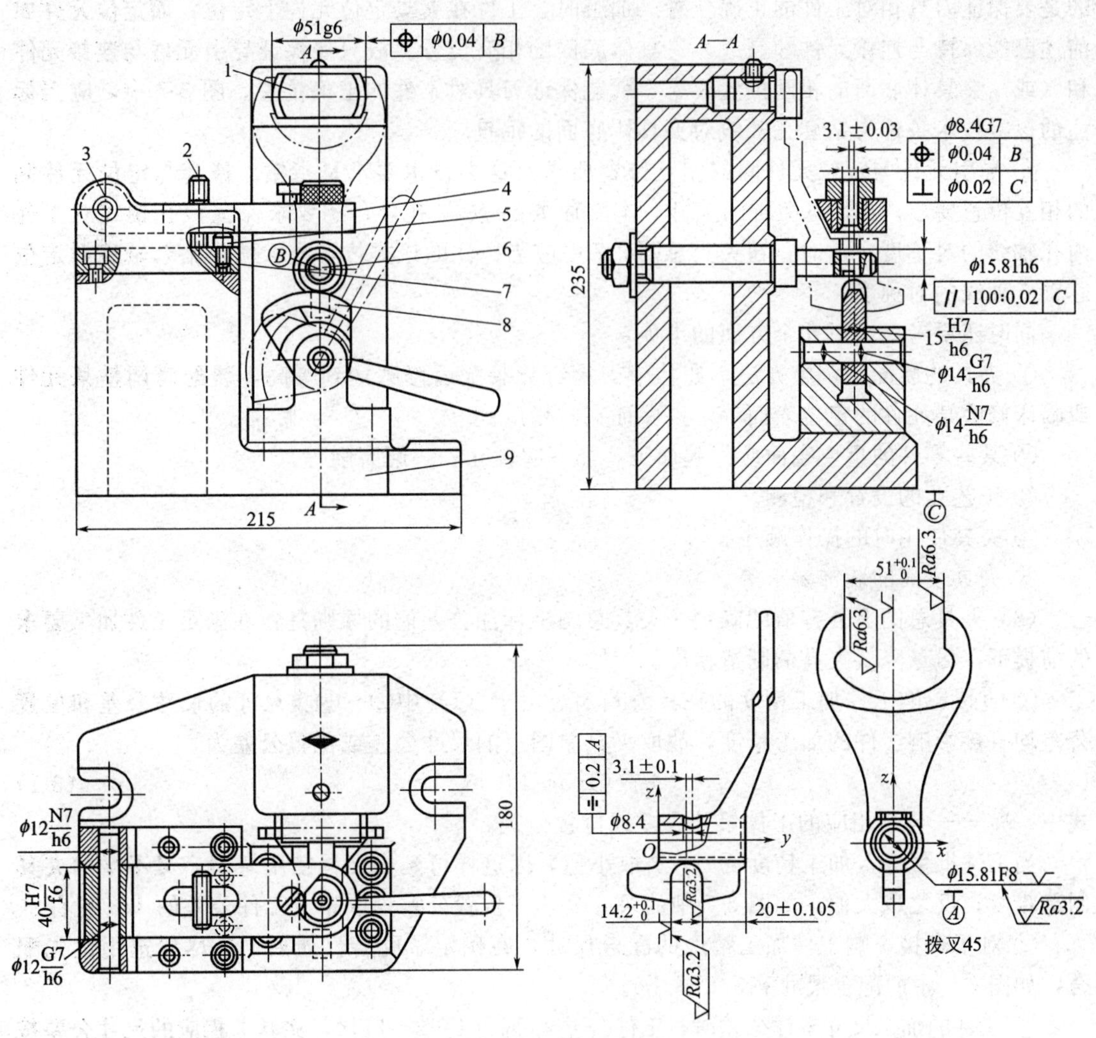

图 3-7　拨叉钻孔夹具图

1—扁销；2—锁紧螺钉；3—销轴；4—钻模板；5—支承钉；6—定位芯轴；7—模板座；8—偏心轮；9—夹具体

为了保证夹具制造和装配后达到设计规定的精度要求，在设计图上除了直接标注尺寸公差和形位公差之外，夹具总图上无法用符号标注而又必须说明的问题，可作为技术要求用文字写在总图上，习惯上把用文字说明的夹具精度要求统称为技术要求。

① 定位元件之间的相互位置要求　这类技术条件指组合定位时，多个定位元件之间的相互位置要求或多件装夹时相同定位元件之间的相互位置要求。标注的目的是要保证定位精度。如图1-115 中应标注的该类技术条件是夹具上装有的两个削边销分别与水平线间的夹角为 45°±5′。

② 定位元件与连接元件和（或）夹具体底面的相互位置要求　夹具在机床上安装时，是通过连接元件和（或）夹具体底面来确定其在机床上的正确位置的。而工件在夹具上的正确位置，靠夹具上的定位元件来保证。因此，工件在机床上的最终位置，实际上就由定位元件与连接元件和（或）夹具体底面间的相互位置来确定。故定位元件与连接元件和（或）夹具体底面间就应当有一定的相互位置要求。图 3-7 中应标注的该类技术条件是定位芯轴 6 轴线对夹具体 9 的底面的平行度。

③ 导引元件与连接元件和（或）夹具体底面的相互位置要求　标注这类技术条件的目

的是要保证刀具相对工件的正确位置。加工时，工件在夹具定位元件上定位，而定位元件如前述已能保持与连接元件和（或）夹具体底面的相互位置。故只要保证导引元件与连接元件和（或）夹具体底面的相互位置要求，就能保证刀具对工件的正确位置。图 3-7 中，应当标注的该类技术条件为钻套孔轴线对夹具体底面的垂直度。

④ 导引元件与定位元件间的相互位置要求　这类技术要求是指钻、镗套与定位元件间的相互位置要求。如图 3-7 所示工件，本工序要钻 ϕ8.4 孔外，还要求保证该孔轴线对工件内孔轴线的对称度。这时，在夹具总图 3-7 中应当标注的该类技术要求就是钻套轴线对定位芯轴 6 轴线的对称度。

同时还要考虑以下几个方面的事项。

① 夹具的装配、调整方法。如几个支承钉应装配后修磨达到等高，装配时调整某元件或临床修磨某元件的定位表面等，以保证夹具精度。

② 某些零件的重要表面应一起加工，如一起镗孔、一起磨削等。

③ 工艺孔的设置和检测。

④ 夹具使用时的操作顺序。

⑤ 夹具表面的装饰要求等。

（3）夹具总图上公差值的确定　夹具总图上标注公差值的原则是：在满足工件加工要求的前提下，尽量降低夹具的制造精度。

① 直接影响工件加工精度的夹具公差 δ_J。由于（1）中②～⑤类尺寸的尺寸公差和位置公差均直接影响工件的加工精度，故取夹具总图上的尺寸公差或位置公差为

$$\delta_J=(1/5\sim1/2)\delta_K \tag{3-1}$$

式中　δ_K——与 δ_J 相应的工件尺寸公差或位置公差。

当工件批量大、加工精度低时，δ_J 取小值，因这样可延长夹具使用寿命，又不增加夹具制造难度；反之取大值。如图 3-7 中的尺寸公差、位置公差均取相应工件公差的 1/3 左右。

② 对于直接影响工件加工精度的配合尺寸，在确定了配合性质后，应尽量选用优先配合，如图 3-7 中的配合尺寸 ϕ15.8F8/h6。

③ 工件的加工尺寸未注公差时，工件公差 δ_K 视为 IT12～IT14，夹具上相应的尺寸公差按 IT9～IT11 标注；工件上的位置要求未注公差时，工件位置公差 δ_K 视为 IT9～IT11 级，夹具上相应的位置公差按 7～9 级标注；工件上加工角度未注公差时，工件公差 δ_K 视为 $\pm30'\sim\pm10'$，夹具上相应的角度公差标为 $\pm10'\sim\pm3'$（相应边长为 10～400mm，边长短时取大值）。

④ 夹具上其他重要尺寸的公差与配合。这类尺寸的公差与配合的标注对工件的加工精度有间接影响。在确定配合性质时，应考虑减小其影响，其公差等级可参照《夹具手册》或《机械设计手册》标注。如图 3-7 中的配合尺寸 ϕ12N7/h6、40H7/f6、ϕ12G7/h6 等。

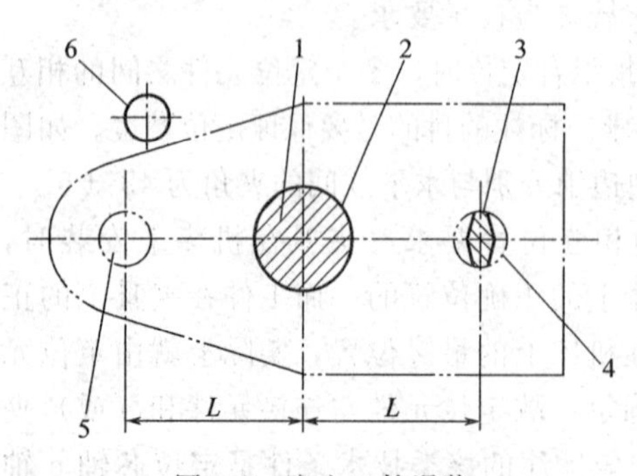

图 3-8　防止工件误装

1—圆柱定位销；2—定位大孔；3—削边定位销；4—定位小孔；5—非定位孔；6—挡销

4. 夹具总体设计中应注意的问题

在夹具总图绘制过程中，除了要标注尺寸公差和技术条件外，还必须注意总体结构是否合理，是否能满足夹具工作的需要。下面举几个常见的例子来说明。

① 防止工件误装。图 3-8 表示工件以大孔 2 和小孔 4 分别在圆柱定位销 1 和削边定位销 3 上定

位。为了保证加工精度，定位孔已精加工。该工件另一旁还有一孔 5，其直径大小和距大孔的孔心距都和孔 4 相同。因此，操作者往往容易误装，把工件以大孔 2 和非定位孔 5 来定位，使工件转了 180°。这样加工会出废品，造成质量事故。在总体设计时，要根据工件形状的特点，采取措施，防止误装。图 3-8 中就是在旁边增加一个挡销 6，它与工件外形斜面有足够间隙，不会影响工件正常安装。若工件转 180°时，则因右边长方形外形被销子挡住，无法装入，就可及时发现错误，加以纠正。

② 注意检查运动零部件的正常运动是否会受到妨碍，能否达到预期的运动要求。

图 3-9 表示由于没有给摇臂 1 的端部在工件 2 的槽内留出足够的间隙，使摇臂 1 不能由图示的位置再继续按箭头方向运动。

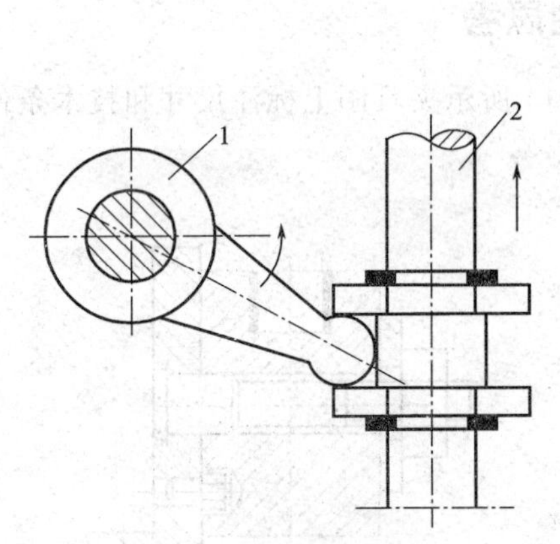

图 3-9　没有足够的间隙

1—摇臂；2—工件

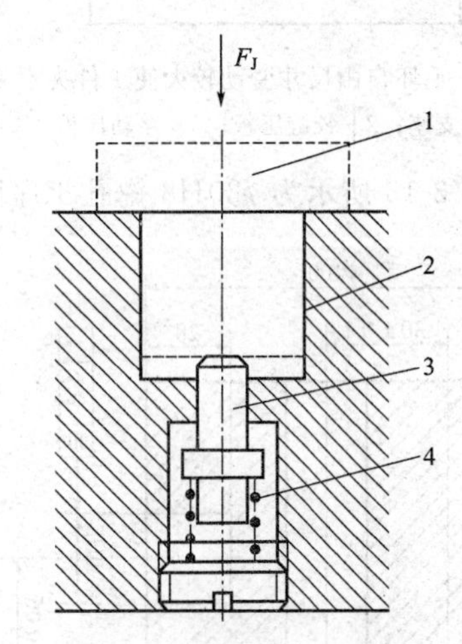

图 3-10　顶出工件的装置

1—工件；2—定位孔；3—顶销；4—弹簧

③ 顶出工件的装置。因工件重量较重或冷却液影响，使得不易抓住工件，或冷却液产生一种吸住作用，使取出工件困难。这时，就应设置顶出工件装置，把工件顶起，便于取出或移走。

图 3-10 是顶出装置的一个例子。图中 1 是工件，在夹具体的定位孔 2 中定位。夹紧力 F_J 把工件保持在正确的位置上。

当夹紧机构放松后，顶销 3 在弹簧 4 的作用下，把工件顶起，便于取去。设计时，弹簧力应比夹紧力要小。

④ 要考虑毛坯的制造误差，避免工件装不进或夹不牢。图 3-11 所示的工件，以底

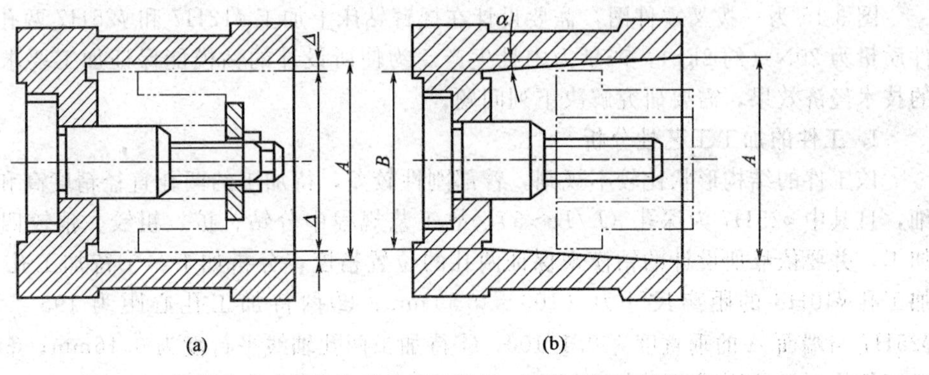

图 3-11　因没有考虑铸造造成的毛坯误差，致使工件装不进去

面和内孔定位，在翻转式钻模中钻孔。工件与夹具体之间的间隙 Δ 留得太小，如图3-11(a) 所示，没有考虑夹具体铸造后，不加工的内壁面上将留下拔模斜度，结果夹具体的实际形状和尺寸如图3-11(b) 所示，$B<A$，因而造成工件无法装入。

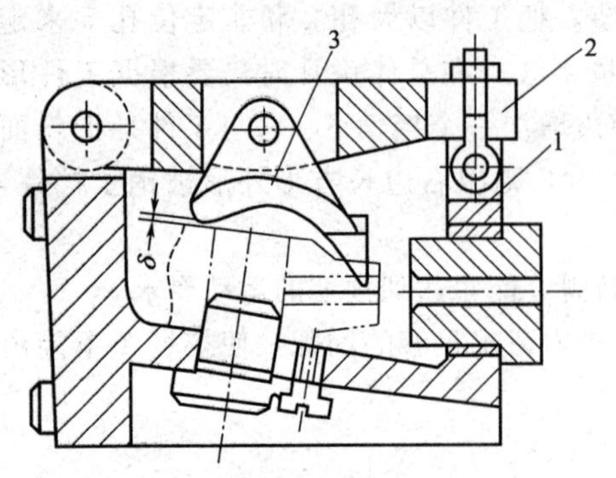

图 3-12 毛坯自由尺寸变动较大使工件夹不紧
1—支座；2—铰链压板；3—浮动压板

图 3-12 所示的工件受压面是未经加工的毛面，因而位置变动很大，设计图示的铰链压板时，没有足够估计到毛面的位置变动情况，致使铰链压板 2 和支座 1 已经相碰，但浮动压块还未压紧工件。

三、实例思考

如图 3-13 所示为 ϕ20H8 锪孔工序图。在如图 3-14 所示夹具图上标注尺寸和技术条件。

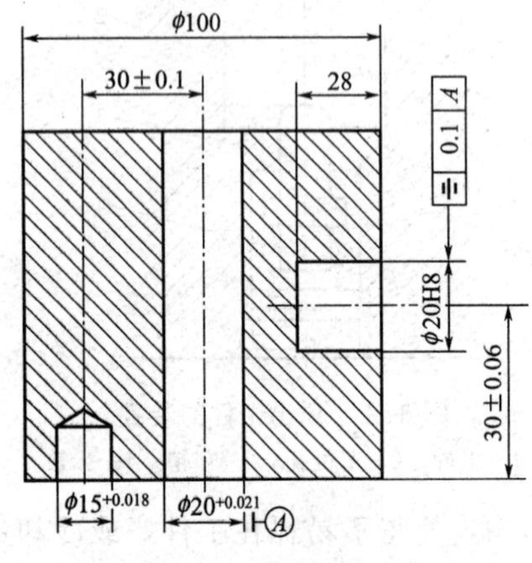

图 3-13 ϕ20H8 锪孔工序图

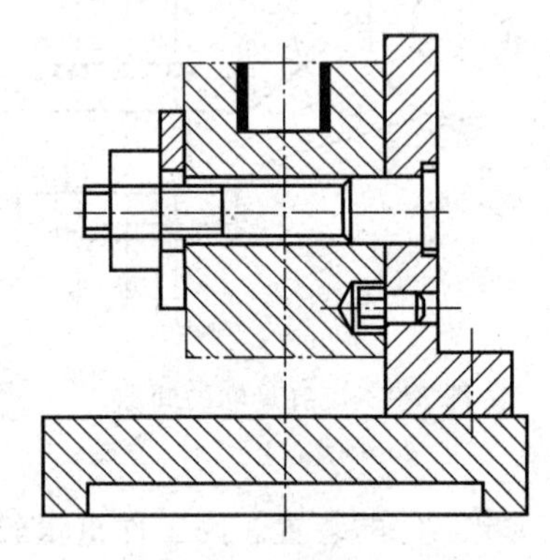
图 3-14 加工孔 ϕ20H8 夹具图

任务二 拨叉零件钻孔夹具设计过程

一、实例

图 3-15 为一拨叉零件图，需要设计在摇臂钻床上加工 ϕ12H7 和 ϕ25H7 两孔的钻模。工件质量为 20N（约 2kg），产量为中批生产。为使所设计的钻模能保证加工要求和获得良好的技术经济效果，需要研究解决下列问题。

1. 工件的加工工艺性分析

该工件的结构形状比较不规则，臂部刚性较差，待加工的两孔直径精度高和表面粗糙度细，且其中 ϕ25H7 为深孔（$L/D\approx5$），故工艺规程中分钻、扩、粗铰、精铰四个工步进行加工，并要依靠所设计的钻模来保证两孔的位置精度，分析如下：①待加工孔 ϕ25H7 和已加工孔 ϕ10H8 的距离尺寸为（100±0.5）mm；②两待加工孔心距为 $195_{-0.5}^{\ 0}$ mm；③孔 ϕ25H7 与端面 A 的垂直度为 0.1/100；④待加工两孔轴线平行度为 0.16mm；⑤孔壁表面粗糙度须均匀且达到图示要求。

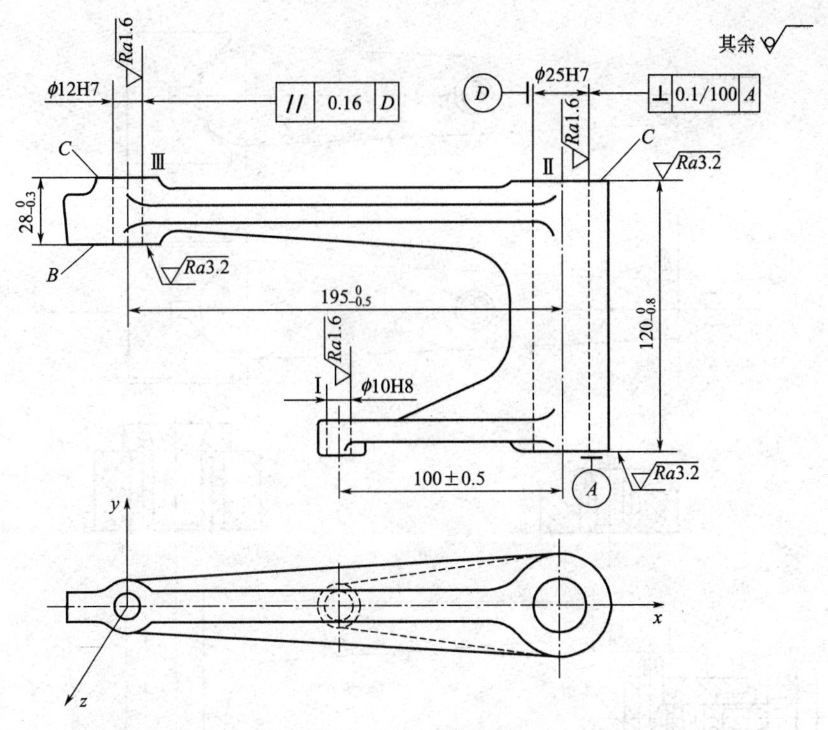

图 3-15　拨叉零件图

由于该工件臂部刚性较差，给工件装夹带来困难，设计时对此应予注意。

2. 定位方案与定位元件的设计

在进入本工序加工前，平面 A、B、C 和 ϕ10H8 孔均已加工达到要求，故为定位基准的选择提供了有利条件。由于待加工两孔的位置精度在三个坐标方向都有要求，应按完全定位方式式来限制工件自由度。故有下列三种定位方案。

【方案 1】 以平面 C、ϕ25H7 孔外廓的半圆周、ϕ12 孔外廓的一侧为定位基准，以限制工件的六个自由度，而加工从 A、B 面钻孔。优点是工件安装稳定，但违背了基准重合原则，使孔心距（100±0.5)mm 不易保证。且钻模板不在一个平面上，夹具结构复杂。

【方案 2】 以平面 A、B，工件外廓的一侧和销孔 ϕ10 为基准实现完全定位。优点是工件安装稳定，且定位基准与设计基准重合。但突出的问题是：平面 A 和 B 形成台阶式的定位基准。由于高度尺寸 120mm 和 28mm 的公差较大将影响平面 A 与 B 之间的尺寸变化，会造成工件倾斜，使孔与端面的垂直度误差增大。另外，以外廓的一侧定位来限制工件的转动自由度也不易保证加工孔壁的均匀性。

【方案 3】 以平面 A、销孔 ϕ10 及 ϕ25 外廓的半圆周进行定位，满足完全定位要求，做到基准重合。若采用自动定心夹紧机构来实现 ϕ25 孔外廓的定位夹紧，还可保证孔壁均匀。但此方案的安装稳定性较差，须使用辅助支承来承受钻削 ϕ12 孔时的轴向分力，夹具结构比方案 2 复杂。

从保证加工要求和夹具结构的复杂性两方面来分析比较。方案 1 可不予考虑：方案 2 夹具结构比方案 2 简单，但定位误差大，难以保证加工要求；方案 3 虽然夹具结构稍复杂，但对中批生产来说，所增加的夹具成本，分摊到每个工件是很少的。因此选定方案 3 来设计。

为实现方案 3 的设计，选用定位元件时又有两种可能性（图 3-16)：

① 用夹具支承平面，短削边销，固定 V 形块定位［图 3-16(a)］。此方案在 x 方向上的 Δ_D较大，不易保证（100±0.5)mm 要求，另外工件装夹不便。

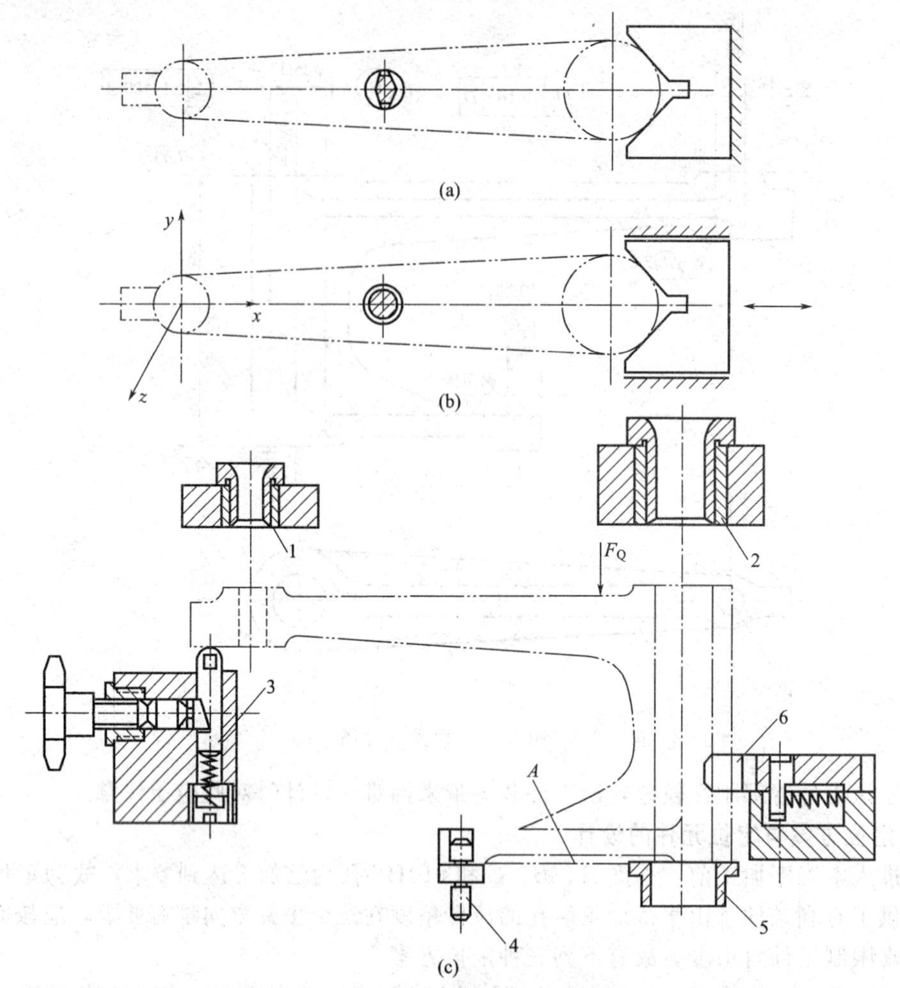

图 3-16　拨叉零件的定位元件设计图

1—带肩钻套；2—衬套；3—辅助支承；4—带肩短圆柱销；5—带肩短套；6—V 形块

② 用夹具支承平面、短圆柱销和活动 V 形块定位［图 3-16(b)］。此方案在 x 方向上的定位误差取决于圆柱销和销孔的配合性质。使用活动 V 形块对中性较好，装卸工件方便，且可保证孔壁均匀。故应按此方案设计。

如图 3-16(c) 所示，定位元件选用带肩短圆柱销 4 和带肩短套 5，两限位件的肩平面 A 应一起磨平，并和两钻套轴线保持垂直。在工件的平面 B 上，设计辅助支承 3，以增加安装刚度，防止工件受力后发生倾斜或变形（1 为带肩钻套，2 为衬套）。

3. 夹紧方案及夹紧装置的设计

根据夹紧方案朝向主要定位基准，并使其作用点落在工件刚性较好的部位之原则，可选用表 2-3 中第二种螺旋压板机构，使夹紧力 W 作用在靠近 ϕ25H7 的加强筋上［图 3-16(c)］。在 ϕ12 孔附近由于使用自位式辅助支承 3 来承受钻孔的轴向分力，且孔径较小，因此不需施加夹紧力。对于钻削时所产生的转矩，一方面依靠支承点在中央的螺旋压板机构 7（图 3-17）的夹紧力所产的摩擦阻力矩来平衡；另一方面则由活动 V 形块 6 中弹簧力的作用，使工件沿 x 方向被压紧在定位销 4 上。以上两组元件共同承受钻削时的转矩。

4. 导向元件、夹具体及钻模整体设计

由于两待加工孔均须依次进行钻、扩、铰，故钻套 1、2 必须选用加长的快换钻套，其

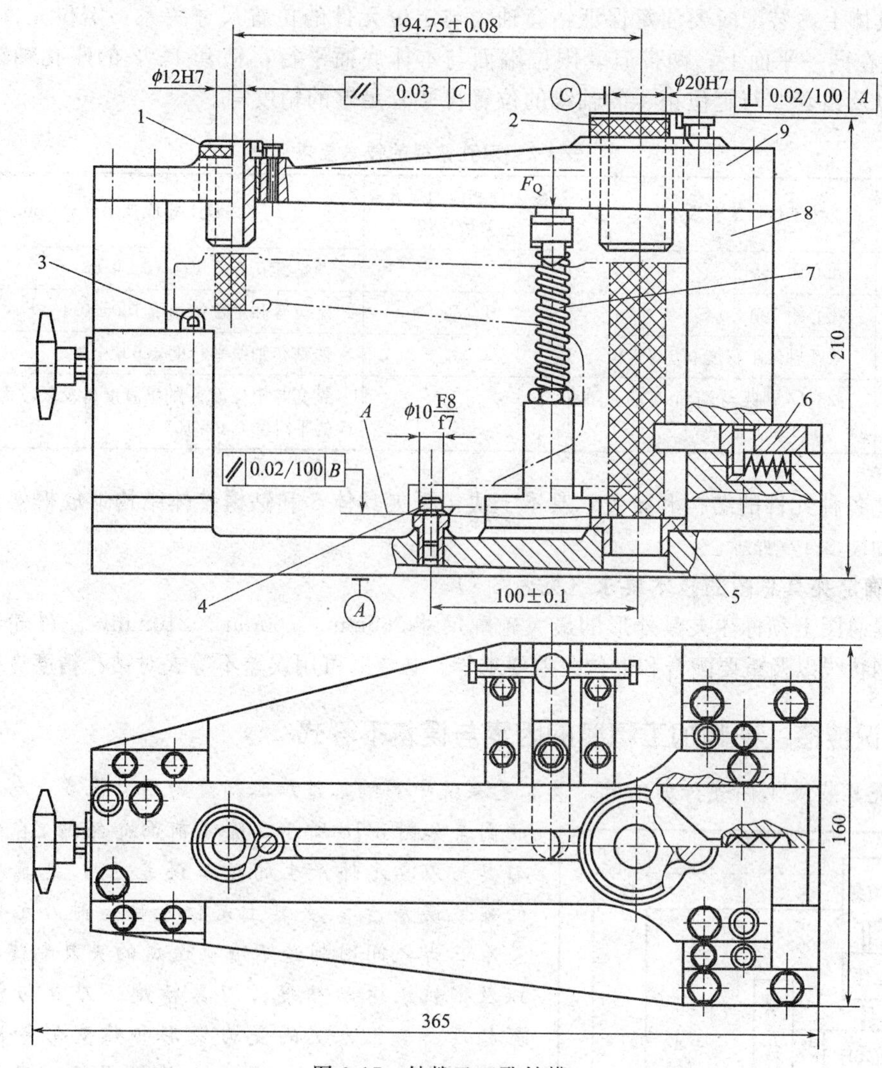

图 3-17　钻拨叉双孔钻模

1,2—快换钻套；3—辅助支承；4—带肩短圆柱销；5—带肩短套；6—活动 V 形块；7—螺旋压板机构；8—夹具体；9—钻模板

内外径配合公差带按表 3-1 选取，结构尺寸可查阅有关国标。

表 3-1　钻套的配合公差带的选择

钻套与刀具(当孔径精度 IT8)		钻套孔径公差可选 F8、G7、G6
钻套与衬套	固定式	H7/g6,H7/f7,H7/h6,H6/g5
	可换式	F7/m6,F7/k6
	快换式	
钻套(或衬套)与钻模板		H7/n6,H7/r6

两孔中心距较远［图 3-17 中的 (194.75±0.08)mm 即由工件的 $195_{-0.5}^{\ 0}$ mm 换算得］，故钻模板 9 以采用固定式为宜，并设置加强筋以提高其刚度。钻模板上的两个钻套座孔的孔心距要严格按工件的公差缩小（见表 3-2）。因钻模板与夹具体 8 是两件，通过螺钉和销钉固

定在夹具体上，装配时要注意保证钻套轴线与定位元件的位置尺寸关系：定位元件4、5和6的轴线在同一平面上；两带肩套限位端面与本体底面平行；钻套1、2的座孔轴线与限位面垂直以及钻套2与定位销4的轴线的位置尺寸有足够的精度等。

表3-2　双孔钻模的技术要求

序号	工件加工要求/mm	按工件相应的尺寸公差的比例	夹具上相应技术要求/mm
1	孔心距 $195_{-0.5}^{0}$	$1/3\delta_K$	两钻套孔心距 194.75±0.08
2	孔心距 100±0.5	$1/5\delta_K$	定位套和定位销相距 100±0.1
3	双孔轴线平行度 0.16/全长	$1/5\delta_K$	两钻套轴线平行度 0.03/全长
4	ϕ25H7 轴线与端面 A 的垂直度 0.1/100	$1/\delta_K$	钻套与限位面 A 的垂直度以及限位面 A 与底面 B 的平行度 0.02/100

上述各种元件的结构和布置，基本上决定了夹具体8和钻模整体结构形成框架式，刚性较好，如图3-17所示。

5. 确定夹具总图的技术要求（见表3-2）

夹具总图上须标注夹具外形的最大轮廓尺寸365mm×160mm×210mm，工件轮廓线及加工部位网状线以及重要配合和形位公差要求等。必要时可用误差不等式对钻孔精度进行分析。

知识链接　影响加工精度的因素与误差不等式

用夹具装夹工件进行加工时，其工艺系统中影响工件加工精度的因素很多，与夹具有关的因素如图3-18所示。除了前面介绍的 Δ_D 外，还有刀具与刀具元件产生的对刀误差 Δ_T，夹具在机床上的安装误差 Δ_A，夹具上定位元件、对刀元件与安装基准三者之间因制造不准确造成的夹具制造误差 Δ_Z，以及因机床运动精度、刀具精度、刀具与机床的位置精度、工艺系统的受力变形和热变形等因素造成的加工方法误差 Δ_G。因此，为了保证规定的加工精度，必须满足各种措施来限制和减少上述各种误差，并将总误差 $\sum\Delta$ 控制在本工序要求的尺寸公差 δ_K 之内。即

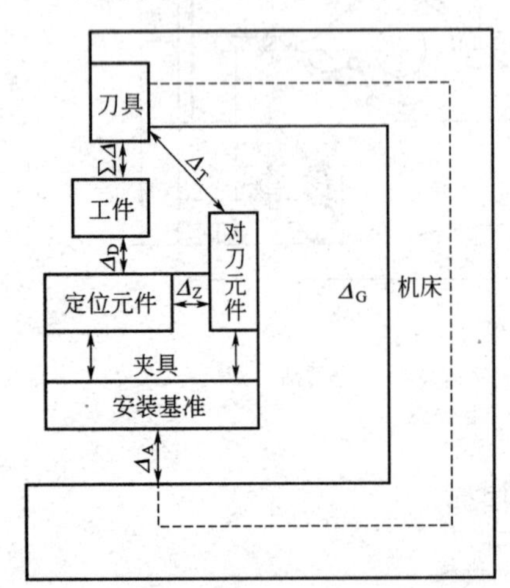

图3-18　工件在夹具中加工时的各项误差

$$\sum\Delta=\Delta_D+\Delta_A+\Delta_T+\Delta_Z+\Delta_G\leqslant\delta_K$$

上式称为误差计算不等式，它可以帮助我们分析所设计（或采用的）夹具在加工过程中产生误差的原因，以便探索控制各项误差的途径，为制订、验证、修改夹具技术要求提供定量依据。

知识拓展　夹具在机床上的安装误差原因的两种情况介绍

情况1：因夹具的限位基面与安装基面之间的位置误差而引起。图3-19所示的芯轴限位基准 A、B 对顶尖轴线或对锥柄 C 轴线的同轴度误差就是 Δ_A。又如图3-20所示的钻模，由于夹具限位基面 A 与安装基面 B 的平行度误差 Δ 使钻模产生夹具转角 β，从而引起被加工孔对限位基面 A 的垂直度误差，这就是钻模的安装误差 Δ_A。

情况2：因夹具安装基面的制造误差及机床配合面的间隙引起。如图3-21所示的车床夹

具的转角误差 β 就是由于夹具安装基面 2 与机床主轴 1 的配合间隙引起的。又如图 3-22 所示的铣床夹具的转角误差 β 是由于定向键与工作台 T 形槽之配合间隙引起的。这些转角误差就是安装误差 $\Delta_A = \arctan\beta = Z/L$。

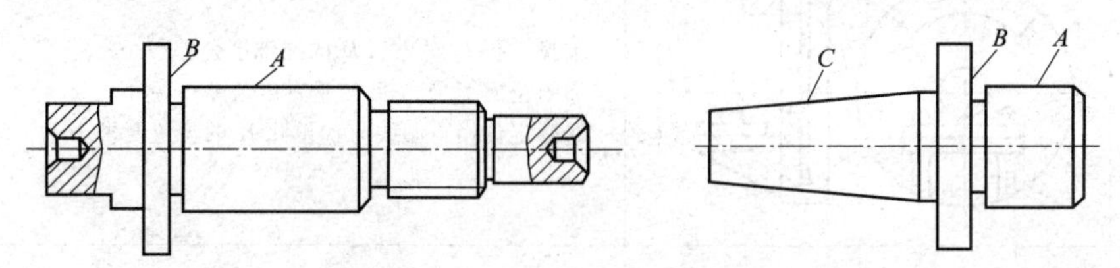

图 3-19　芯轴的安装误差 Δ_A

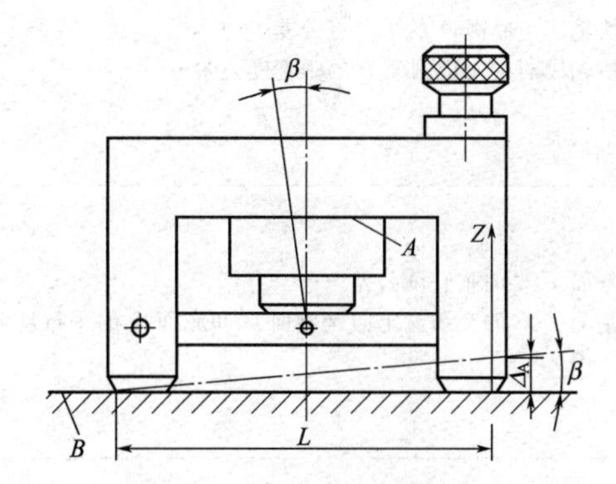

图 3-20　钻模的安装误差 Δ_A

A—夹具限位基面；B—安装基面；β—夹具转角；

Δ_A—Z 方向误差

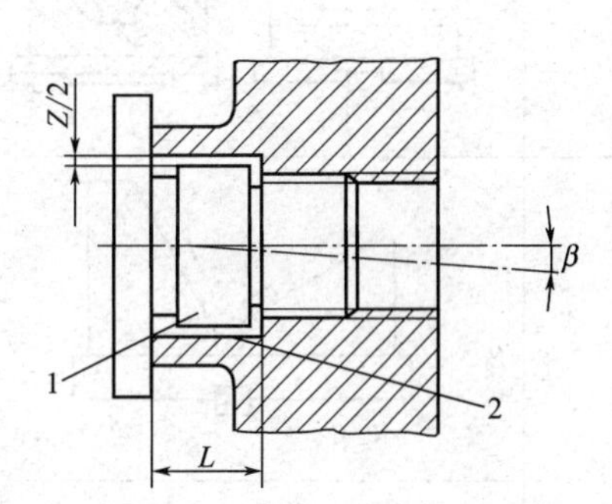

图 3-21　车床夹具的转角误差

1—机床主轴；2—安装基面

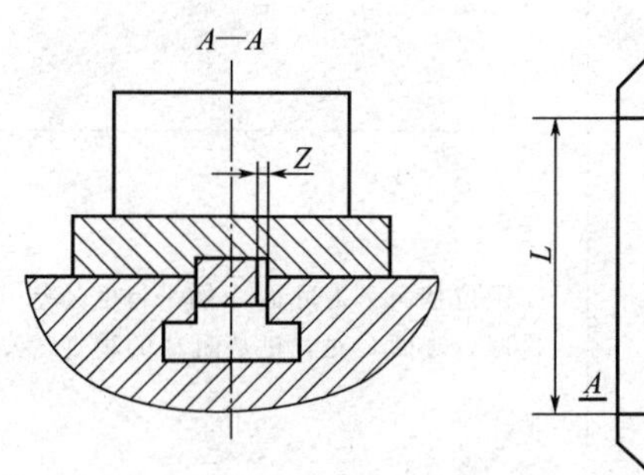

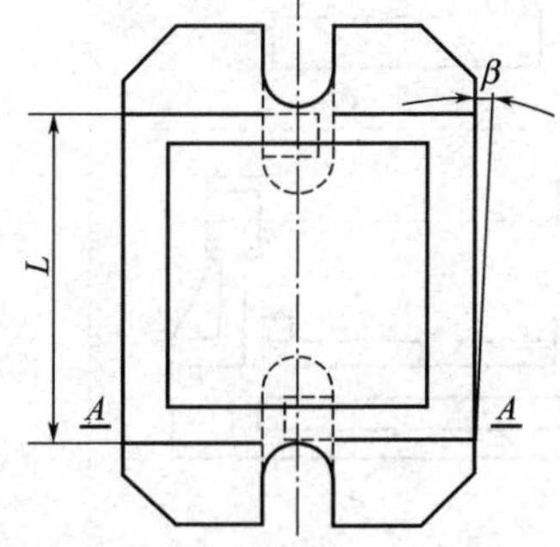

图 3-22　铣床夹具的转角误差

各种夹具在机床上的安装误差 Δ_A 的数值都较小，在夹具设计时都可用表 3-3 所示的位置公差加以限制。

表 3-3　夹具上与安装误差有关的位置公差示例

名称	序号	夹具简图	控制 Δ_A 的位置公差要求
车床夹具	1	A F B Y C	①装配后，限位基面 Y 对主轴孔 F 的同轴度公差…… ②夹具的限位基面 Y 对止口 B 的同轴度公差……；C 面对 A 面的平行度公差……

续表

名称	序号	夹具简图	控制 Δ_A 的位置公差要求
车床夹具	2	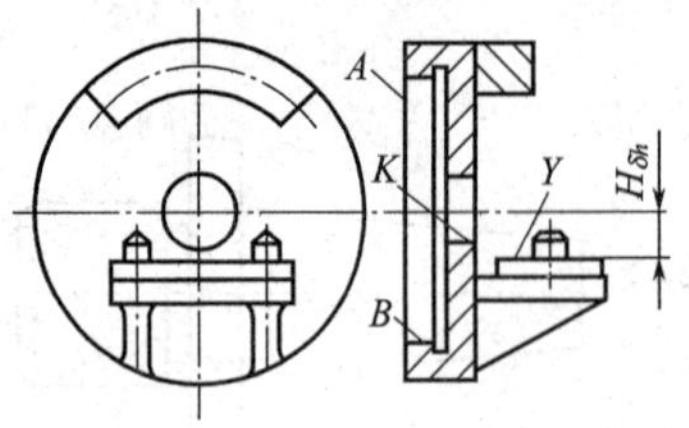	①找正孔 K 对止口 B 的同轴度公差…… ②限位面 Y 对 A 面的垂直度公差…… ③两定位销连心线与找正孔 K 的位置要求……
铣床夹具	3	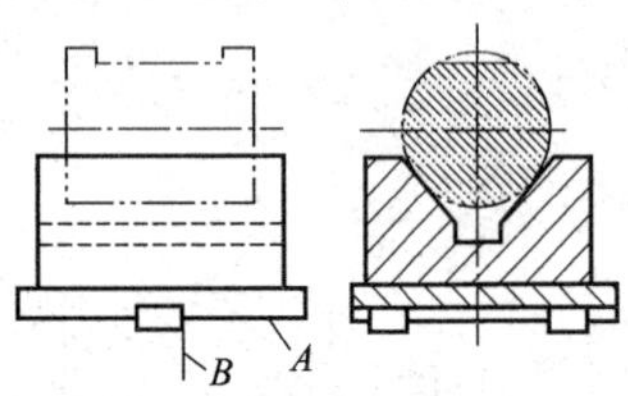	①V 形块轴线与底面 A 的平行度公差…… ②V 形块轴线与定向键侧面 B 的垂直度公差……
	4	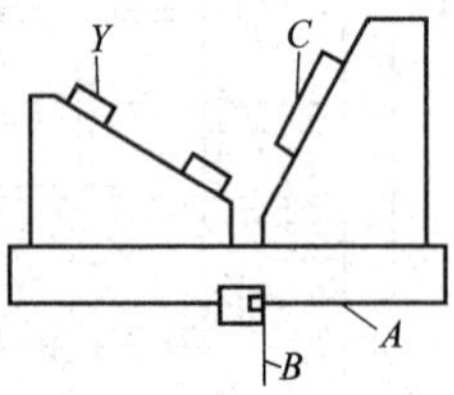	①限位基面 Y、C 的垂直度公差…… ②限位基面 Y、C 的交线对定向键侧面 B 和底面 A 的平行度公差……
钻床夹具	5	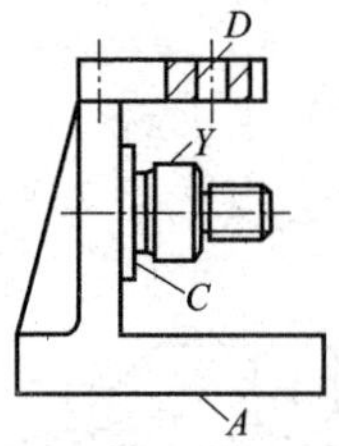	①限位基面 Y 对底面 A 的平行度公差…… ②限位基面 C 对底面 A 的垂直度公差……
镗床夹具	6	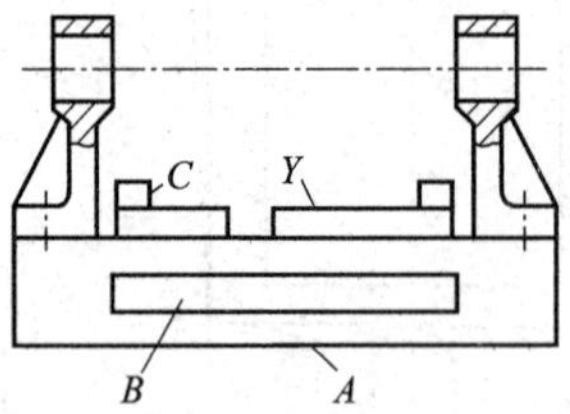	①限位基面 Y 对底面 A 的平行度公差…… ②限位基面 C 对找正基面 B 的垂直度公差……

二、夹具总图技术要求的制订

制订夹具总图的技术要求以及标注必要的装配、检验尺寸和形位公差要求，是夹具设计中的一项重要工作。因为它直接影响工件的加工精度，也关系到夹具制造的难易程度和经济效果。通过制订合理的技术要求，来控制有关的各项误差，使满足误差不等式的要求。

1. 夹具总图上应标明的尺寸及技术要求

通常应标注以下五种尺寸或相互位置要求。

① 夹具外形的最大轮廓尺寸，以表示夹具在机床上所占的空间位置和活动范围，便于校核该夹具是否会与机床、刀具等发生干涉。

② 与定位有关的尺寸公差和形位公差。如确定定位元件工作部分的配合性质、限位表

面的平直度或等高度，限位表面间的位置公差等，以便控制定位误差 Δ_D。

③ 夹具与机床有关的联系尺寸公差及技术要求，来确定定位元件对机床装卡面的正确位置，以便于控制夹具安装误差 Δ_A（见表 3-3）。

④ 夹具定位元件与刀具的联系尺寸或相互位置要求，以控制对刀误差 Δ_T。

⑤ 各组成连接副的配合公差及其他影响夹具使用的以文字表达的要求等。

2. 与工件加工尺寸公差有关的夹具公差的确定

由误差不等式可知，对夹具精度要求显然要比工件的相应精度要求高。设夹具上的线性尺寸和角度公差以 δ_j 表示，则一般取：

① $\delta_j=\left(\frac{1}{3}\sim\frac{1}{2}\right)\delta_K$，常用的比值为$\frac{1}{3}\sim\frac{1}{2}$；

② 工件加工尺寸为自由尺寸时，δ_j 取为 ±0.1mm 或 ±10′；

③ 加工表面没有提出相互位置要求时，δ_j 不超过 $\frac{0.02\sim0.05}{100}$ mm。

在确定可 δ_j/δ_K 比值时，对于生产规模较大，夹具结构较复杂而加工精度要求不太高时，可以取得严格些，以延长夹具使用寿命。而对于小批量生产或加工精度要求较高的情况，则可取稍大些，以便于制造。设计时可供选取的夹具公差值，见表 3-4 及表 3-5。

表 3-4　夹具尺寸公差的选取

工件的尺寸公差/mm	夹具相应尺寸占工件公差
<0.02	3/5
0.02～0.05	1/2
0.05～0.20	2/5
0.20～0.30	1/3
自由尺寸	1/5

表 3-5　夹具角度公差的选取

工件的角度公差	夹具相应角度公差占工件公差
0°1′～0°10′	1/2
0°10′～1°	2/5
1°～4°	1/3

3. 各类机床夹具总图上的技术要求摘要

各类机床夹具的技术要求大致包括以下内容。

(1) 钻、镗类夹具

① 各限位表面对夹具安装基面的垂直度或平行度。

② 钻导套轴线对安装基面的垂直度或平行度（见表 3-6）。

③ 钻导套中心距或其轴线与限位基面的尺寸要求及位置公差要求（见表 3-7）。

④ 若干个同轴钻导套的同轴度。

⑤ 限位基面本身的平直度、等高度，限位基面、钻导套轴线对夹具找正基面的垂直度或平行度等。

表 3-6　钻导套轴线对夹具安装面的位置公差

mm

工件加工孔对定位基面的垂直度	钻导套轴线对夹具相应底面的垂直度
0.05～0.10	0.01～0.02
0.10～0.25	0.02～0.05
0.25 以上	0.05

表 3-7　钻导套中心距或导套轴线至限位基面的距离

工件孔心距或孔轴线至基面的公差	钻导套中心距或导套轴线至限位基面的公差
±0.05～±0.10	±0.01～±0.05
±0.10～±0.25	±0.02～±0.05
±0.25 以上	±0.05～±0.10

必须注意，在选取夹具某尺寸公差时，不论工件上相应尺寸偏差是单向还是双向的，都

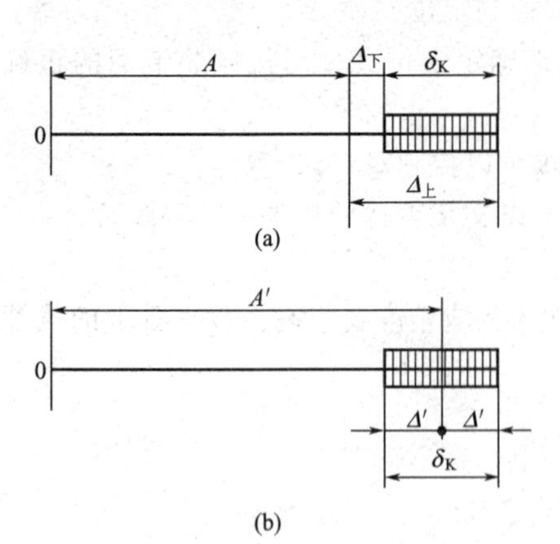

图 3-23　单向不对称偏差与双向对称偏差的换算

应转化为对称分布的偏差，然后取其 1/3～1/2 按对称分布的双向偏差标注在总图上。

将单向不对称分布的尺寸偏差 Δ，换算成双向对称分布的尺寸偏差 Δ′，可按图 3-23 来计算

$$A'=A+\left(\frac{\Delta_上+\Delta_下}{2}\right)$$

$$\delta_K=\delta_上-\Delta_下$$

$$\Delta'=\frac{\delta_K}{2}$$

式中的代号见图 3-23。

（2）铣、刨类夹具

① 限位基面对夹具安装面的垂直度、平行度。

② 对刀块对限位基面的位置公差（见表 3-8）。

表 3-8　按工件公差确定对刀块至限位基面的公差　　mm

工件尺寸公差	对刀块与限位基面平行和垂直	对刀块与限位基面不平行、不垂直
<±0.10	±0.02	±0.015
±0.10～±0.25	±0.05	±0.035
±0.25 以上	±0.10	±0.08

③ 对刀块工作面及定向键侧面与限位基面的平行度或垂直度（见表 3-9）。

④ 限位基面本身的平直度、等高度及位置公差等。

表 3-9　对刀块及定向键工作面对限位基面的位置公差

工件加工面对定位基准的位置公差/mm	对刀块、定向键工作面对限位基面的公差/(mm/100mm)
0.05～0.10	0.01～0.02
0.10～0.20	0.02～0.05
0.20 以上	0.05～0.10

（3）车、磨类夹具

① 夹具安装定位基面的轴线对机床回转轴线的同轴度（见表 3-10）。

表 3-10　车、磨夹具的同轴度公差　　mm

工件的径向圆跳动量	定位元件轴线对回转轴线的径向圆跳动量	
	芯轴类	一般车床夹具
0.05～0.10	0.005～0.010	0.01～0.02
0.10～0.20	0.010～0.015	0.02～0.04
0.20 以上	0.015～0.03	0.04～0.06

② 限位基面对回转轴线的平行度、垂直度或同轴度以及距离公差。

③ 限位基面间的平行度、垂直度和等高度等。

三、制订夹具形位误差和工序精度分析实践

如图 3-24 所示，要求保证两孔 $\phi4^{+0.018}_{0}$ mm 的孔边距为 $30^{+0.06}_{0}$ mm，及孔Ⅰ的位置尺寸

20mm±0.1mm；图 3-24(c) 为尺寸链简图。试确定夹具有关的技术要求并进行工序精度分析。

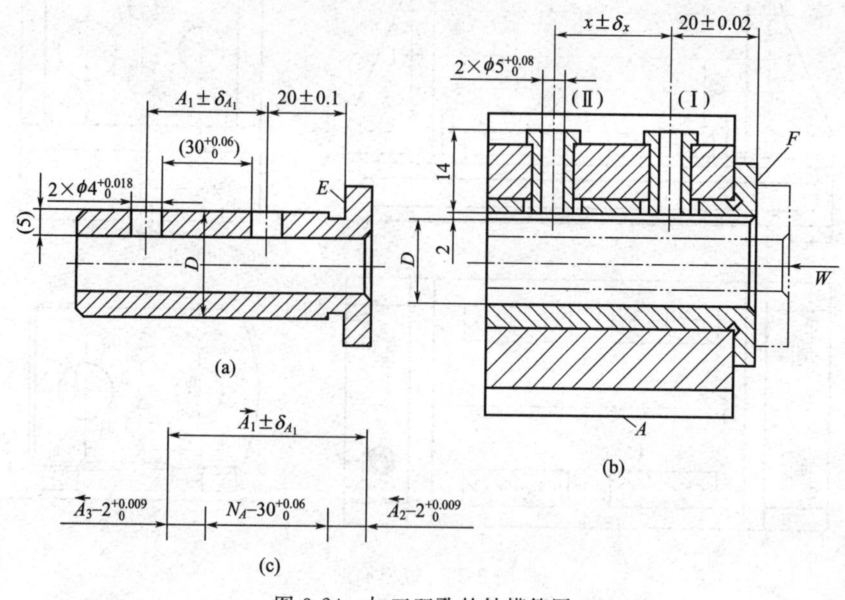

图 3-24 加工双孔的钻模简图

四、夹具的制造特点和结构特征

专用夹具一般都在企业的工具车间按单件生产方式制造。由于夹具主要元件的精度和夹具装配精度较高，故通常采用调整、修配、就地配作或装配后补充加工等方法来保证。故设计夹具时，必须注意夹具结构的工艺性，且在尺寸标注、形位公差等技术要求制订方面，能适应这一工艺特点，否则会给夹具制造、检验和维修带来困难。

为使夹具的结构具有良好的工艺性，设计时需妥善解决如下主要问题。

1. 夹具尺寸链的封闭环应便于用调整、修配法保证装配精度

用调整、修配法保证夹具装配精度，通常是通过移动某元件或部件、修磨某元件的尺寸、在元件或部件间加入垫片等方法来进行。因此夹具结构中某些零部件要具有可调性、作为补偿环的元件应留有余量，还须有合适的装配基准。对装配基准的要求是：其位置不再作调整或修配，而且其他零件对该基准进行调整或修配时，不发生互相干扰或牵连现象。

如图 3-25 所示的镗模，用于镗主轴箱体上的孔系（工件 1 见右下角图）。镗模以 E 面和 C 面为限位基面，工件在支承板 3、4 的顶面及 3 的侧面上定位，用止推支承 5 限制纵向位移（图中夹紧机构未表示）。夹具装配时要求保证：

① 镗套的坐标尺寸 A、B 的精度。

② 镗模支架 2 中各孔轴线的同轴度和支承板 3、4 的限位平面及 3 的侧面以及找正基面 D 应具有规定的平面度和垂直度。

镗模支架 2 与夹具体 6 是分开制造的。在加工支架上各孔时，以孔Ⅰ为孔系的基准，并保证了四孔之间的相互位置精度。

但孔Ⅰ轴线与支承板间的相对位置则要靠装配来保证。装配过程有两种方案：

① 以孔Ⅰ为装配基准来配准支承板 3、定向键 7 和找正基面 D，此法欲保证技术要求不仅装配不便也难以达到要求。

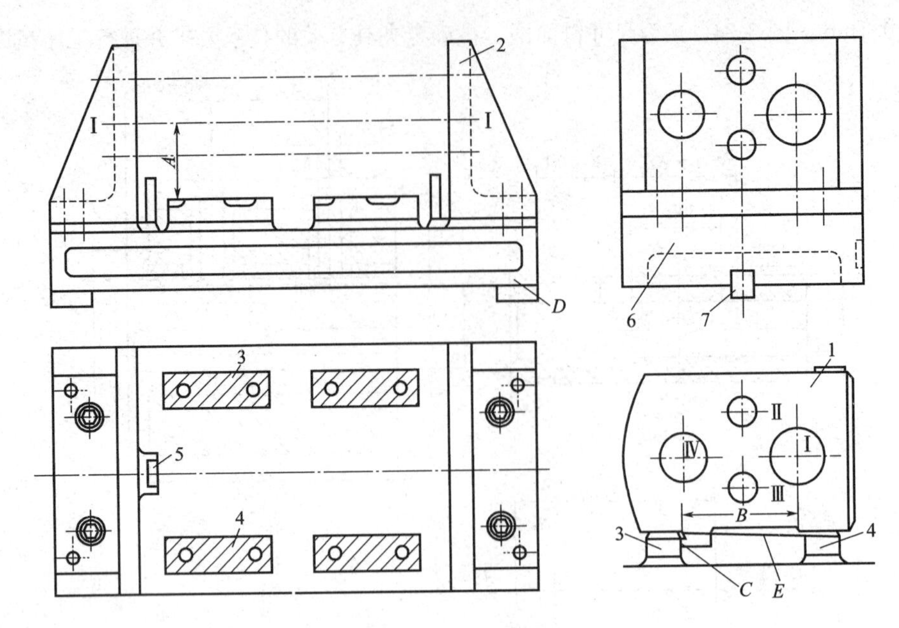

图 3-25 镗模简图

1—工件；2—镗模支架；3,4—支承板；5—止推支承；6—夹具体；7—定向键

② 以夹具体 6 的底面和找正基面 D 为装配基面，修刮好定向键的平行度，然后先装配支承板 3、4 保证与底面的平行度要求，再调整支承板 3 的侧面 C 使之与 D 平行，最后根据 C 面和夹具体底面找正两支架的位置，这样就容易保证装配精度。在预装时，可用附加磨削支承板 3、4 平面的方法来保证装配尺寸和平行度要求。此外，该镗模结构具有可调性，即把支架与夹具体分为两体后，不仅支架上的孔系可在坐标镗床上很精确地镗好，而且在装配支架时又能迅速地调整好支架孔的同轴度，最后用定位销和螺钉紧固支架的位置。这样对整个夹具加工和获得很高的装配精度都非常有利。

2. 用工艺孔解决装配精度测量的难题

工件加工和测量中，常会遇到加工斜面、斜面上钻孔或钻空间斜孔等加工问题，这些问题反映在夹具设计上即为基面之间、钻套轴线与基面间、对刀块与限位表面间呈一定的空间角度关系。为使夹具上这些既不平行又不垂直的表面间，保持规定的尺寸和相互位置精度关系，这在制造工艺和测量技术上都是个难题，而应用工艺孔常是解决这类难题的有效方法。

如图 3-26 所示，在钻模上钻一空间斜孔。工件要保证尺寸 l 和 $\alpha \pm 3'$，而此尺寸无法测量。故在夹具体上设计加工一工艺孔 A，通过测量工艺孔 A 至钻套座孔间的距离 L 来保证尺寸 l 和 α 的公差要求。在夹具制造和检验时，只要在工艺孔中插入检验棒，就能测得尺寸 L。图 3-26(b) 为尺寸 L 的几何关系图，显然有

$$L=(B+l)\cos\alpha-R\sin\alpha$$

式中，l、R、α 都是已知的，B 是夹具设计时给定的。

由上例可见，设置工艺孔的目的是为了便于夹具制造和测量。因此设计工艺孔时应注意以下要点。

① 工艺孔的位置应尽可能设计在夹具体上，且应易于加工。

② 选择工艺孔位置时，应考虑尽量减少与它相关的坐标尺寸，以简化尺寸换算。

③ 工艺孔的位置尺寸最好取整数，并标注双向公差，一般距离公差值取±(0.01～0.02)mm，角度公差值取工件公差的 1/5 左右。

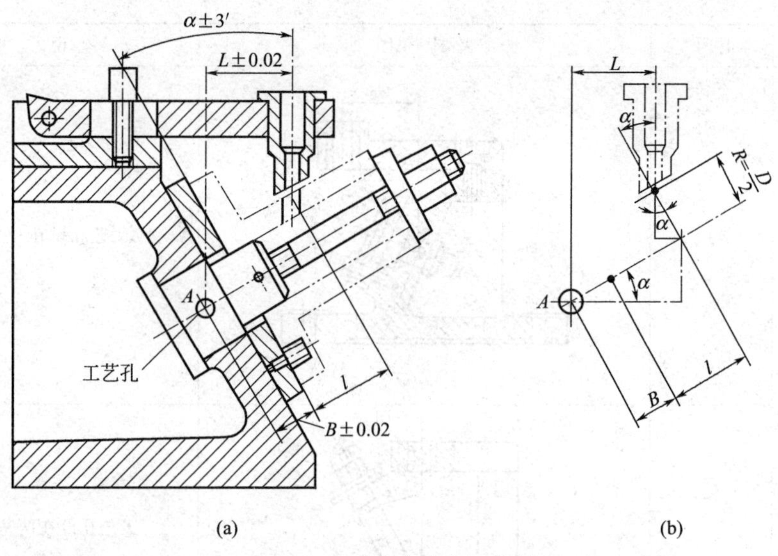

图 3-26　工艺孔的应用实例

表 3-11 为通常工艺孔位置的设计示例。

表 3-11　通常工艺孔位置的设计示例

名称	序号	夹具简图	说　明
车床夹具	1		工艺孔设在一个基面上
铣床夹具	2		工艺孔设在两基面相交处
	3		工艺孔设在对称面处

续表

名称	序号	夹具简图	说明
钻模	4		工艺孔设在一个基面上
	5		工艺孔设在两基面相交处

④ 工艺孔的直径一般取 ϕ6H7、ϕ8H7、ϕ10H7，与检验棒的配合采用 H7/h6。工艺孔轴线对基面的位置公差不大于 0.05/100。

3. 注意夹具加工和维修的工艺性

设计夹具时，除了考虑装配工艺性外，还要考虑加工工艺性及夹具磨损后维修方便等问题。以下实例应引起重视。

① 夹具元件之间的连接定位采用螺钉和锥度销钉（图 3-27）。

② 使用无凸缘套筒时，如压在不通孔内且配合又较紧的，为便于装配及维修时取出套筒，应采取图 3-28 所示的套筒底部结构，即在筒底设计螺孔或铣出径向缺口槽，以便拔出套筒。

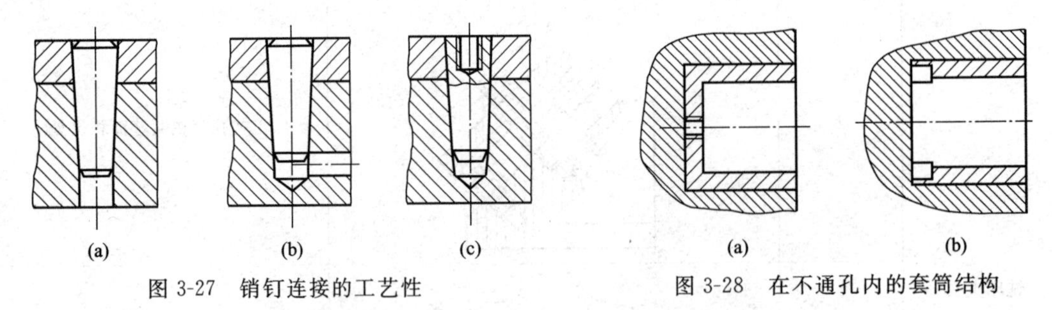

图 3-27 销钉连接的工艺性　　图 3-28 在不通孔内的套筒结构

③ 在结构允许的情况下，应尽量减少加工面积（如安装底平面），以降低加工成本。图 3-29 是减小孔加工深度的实例。

④ 在拆卸夹具时，应不受其他零件的妨碍，如图 3-30 所示，为了把螺母 1 拧出，应在本体 3 和盖 2 上设计一个大于套筒扳手外径的孔。

五、夹具设计步骤和规则

在设计夹具前，首先应充分与工艺人员沟通，探讨对本工序夹具的具体要求。例如：工

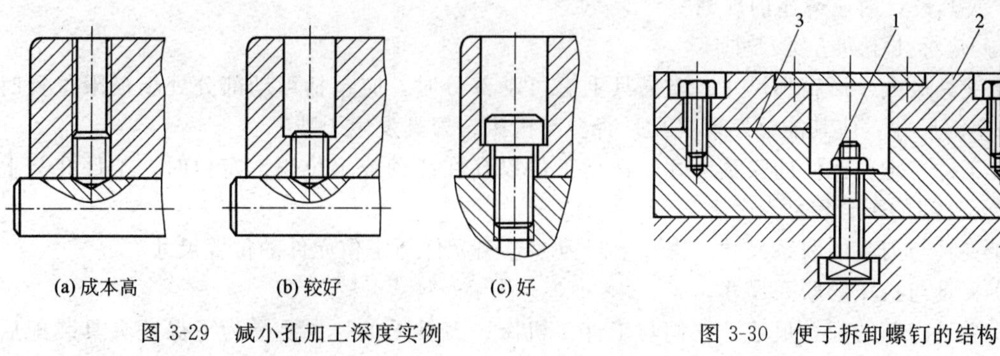

图 3-29　减小孔加工深度实例

图 3-30　便于拆卸螺钉的结构
1—螺母；2—盖；3—本体

件的生产批量，在何种型号和规格的机床上进行加工，进入到本工序前工件的加工状况，定位基准的确定等。然后，仔细研究工件图纸，详细了解所要达到的精度要求；研究工件形状和大小，以确定夹压部位和夹具形式（例如是否固定在机床上）。

1. 机床夹具的设计步骤

在做了上述准备工作后，可按表 3-12 所列步骤进行夹具设计。

表 3-12　夹具设计步骤

步骤	内容	要点
1	工件外形及加工部位	①用双点画线画出工件外形 ②用交叉网线画出加工部位 ③为避免错觉，最好用 1∶1 比例(经验少者务必遵循)；主视图应选在加工者正对的位置上
2	定位基准选择	①根据加工要求分析自由度的限制 ②尽量选用面积较大的面或组合(如孔与端面)
3	定位元件及辅助支承选择	①尽量选用标准定位元件 ②是否稳定如非必要，尽量不布置辅助支承，以简化夹具结构 ③如要用辅助支承，选定相应结构 ④估算定位误差
4	引导元件设计(对钻、铣具等)	①选用结构及引导长度和位置。尽量用标准件 ②考虑润滑、间隙的影响及排屑
5	分度机构设计(不需要者不配置)	选用何种结构，校验分度误差
6	分离装置设计	如工件装拆困难，应予考虑
7	夹紧点及夹紧机构设计	①力源(本书主要为人力)，结构及元件选用。注意操作方便 ②夹紧后，工件的变形是否影响加工精度，工件稳定性 ③夹紧力估算
8	设计夹具体及其他	①考虑用铸件或是焊接件 ②上述各元件及装置在其上的配置 ③完成设计总图
9	检查	①夹具能否正确安装在机床上(校准并固定)，能否顺利完成加工(机床行程足够等)，不与机床部件干涉等 ②夹具的外观是否协调，刚性如何，起吊、切屑及冷却液的排放 ③工件的定位和夹紧是否可靠，操作是否方便

2. 夹具设计时应遵循的规则

（1）应标注下列五类尺寸

① 夹具最大外形轮廓尺寸。当夹具上有可动部分时，应包括可动部分处于极限位置时所占的空间尺寸，使其能够发现夹具是否会与机床、刀具发生干涉。

② 工件与定位元件的联系尺寸。常指工件以孔在芯轴或定位销上定位时，工件孔与上述定位元件间的配合尺寸及公差等级。

③ 夹具与刀具的联系尺寸。夹具上对刀、导引元件与定位元件的位置尺寸。

④ 夹具与机床的联系尺寸。

⑤ 夹具内部的配合尺寸。它们与工件、机床、刀具无关，主要是为了保证夹具装配后能满足规定的使用要求。

夹具上定位元件之间，对刀、导引元件之间的尺寸公差，一般取工件相应尺寸公差的1/3～1/2。其他应根据其功用和装配要求，按一般公差与配合原则决定。

（2）应标注的位置精度要求　在夹具装配图上应标注的位置精度要求有如下方面。

① 定位元件之间或定位元件与夹具体底面间的位置要求，其作用是保证加工面与定位基面间的位置精度。

② 定位元件与导引元件（对刀元件）、连接元件（或找正基面）间的位置要求。其公差一般取工件相应尺寸公差的1/3～1/2。

（3）尽量减少零部件种数，增加同种零件件数。

（4）尽量统一标准件和外购件的种类和尺寸规格。特别是用通用扳手实施夹紧时，必须用同一尺寸扳手，以简化操作。

（5）在众多的结构中选择几种符合本企业要求和工人操作习惯的进行设计，简化夹具的制造和维护，使工人能熟练掌握使用要领。

（6）需按夹具类型（如车具、钻模等）和加工产品，统一按本企业规定标准编号并打印或书写在夹具醒目处，以便管理。

（7）编写使用说明，指导工人使用。

3. 夹具主要零件所采用的材料及热处理要求（见表3-13）

表3-13　夹具主要零件所采用的材料及热处理要求

零件种类	零件名称	材　料	热处理要求
壳体零件	夹具的壳体及形状复杂的壳体	HT20-40	时效
	焊接壳体	Q235	
	花盘和车床夹具壳体	HT30-54	时效
定位元件	定位芯轴	$D\leqslant$35mm T8A $D>$35mm 45	淬火 54～60HRC 淬火 43～48HRC
	斜楔	20	渗碳、淬火、回火 54～60HRC 渗碳深度 0.8～1.2mm
	各种形状的压板	45	淬火、回火 40～45HRC
	卡爪	20	渗碳、淬火、回火 54～60HRC 渗碳深度 0.8～1.2mm
	钳口	20	渗碳、淬火、回火 54～60HRC 渗碳深度 0.8～1.2mm

续表

零件种类	零件名称	材料	热处理要求
夹紧零件	虎钳丝杠	45	淬火、回火35～40HRC
	切向夹紧用螺栓和衬套	45	调质225～255HB
	弹簧夹头，芯轴用螺母	45	淬火、回火35～40HRC
	弹性夹头	65Mn	夹料部分淬火、回火56～61HRC 弹性部分淬火43～48HRC
	活动零件用导板	45	淬火、回火35～40HRC
	靠模，凸轮	20	渗碳、淬火、回火54～60HRC 渗碳深度0.8～1.2mm
其他零件	分度盘	20	渗碳、淬火、回火58～64HRC 渗碳深度0.8～1.2mm
	低速运动的轴承衬套和轴瓦	ZQSn6-6-3	—
	高速运动的轴承衬套和轴瓦	ZQPb12-8	—

思考题

一、简答题

1. 夹具设计的基本要求是什么？
2. 夹具设计的基本依据是什么？
3. 确定定位方案及夹紧方案时应考虑哪些问题？
4. 被加工零件在夹具设计总图中应怎样表示？它对其他结构的表示是否有影响？
5. 绘制夹具总图的程序是什么？在总图上应标注哪几类尺寸和技术要求？
6. 制订夹具公差应遵守哪些原则？其公差一般是怎么给定的？
7. 在夹具设计中，基准重合与基准不重合的含义是什么？
8. 何谓定位误差？为什么说凡属基准不重合必有定位误差，基准重合则定位误差为零？
9. 常用的定位表面有哪些？应该怎样分析与计算工件在夹具中定位时所产生的定位误差？
10. 什么是夹紧误差？为了减少该项误差，可以采用哪些措施？
11. 夹具在机床上安装时的位置误差与什么因素有关？试举例分析怎样限制或减少该项误差的产生？
12. 夹具在机床上如何安装？如何确定刀具相对于夹具的位置？
13. 什么是调刀误差？该误差与哪些因素有关，应该如何控制和减少？
14. 进行夹具设计时应该对设计任务做哪些方面的分析？
15. 为什么在测绘夹具零件图的同时，还要对总图的有关结构进行修改和协调？
16. 夹具总图上应标注哪几类尺寸？
17. 制订夹具公差应遵守哪些原则？
18. 夹具公差一般是怎样给定的？
19. 夹具公差的不等式中包含哪些内容？
20. 夹具为什么需要精度储备？精度储备系数是如何表示的？其合理的数值是多少？
21. 夹具上与被加工工件相对应的尺寸为什么要按该工件尺寸的平均值标注并采用双向对称偏差？
22. 在夹具上为什么要设置调整环节？
23. 夹具图应标注哪些方面的技术条件？

24. 夹具零件的一般尺寸公差和表面粗糙度有哪些习惯的标注？

25. 对夹具进行精度分析的目的是什么？

26. 夹具的精度分析包含哪些内容？

二、分析题

1. 设有一精密零件，其工序图如题图 3-1(a) 所示，要求以孔 $\phi34.58^{+0.025}_{0}$、A 面及槽 18.6±0.1 为定位基准，加工位于同一轴线上的两孔 $\phi7.92^{+0.016}_{0}$，除了保证图示的位置尺寸外，还规定了两项技术条件：

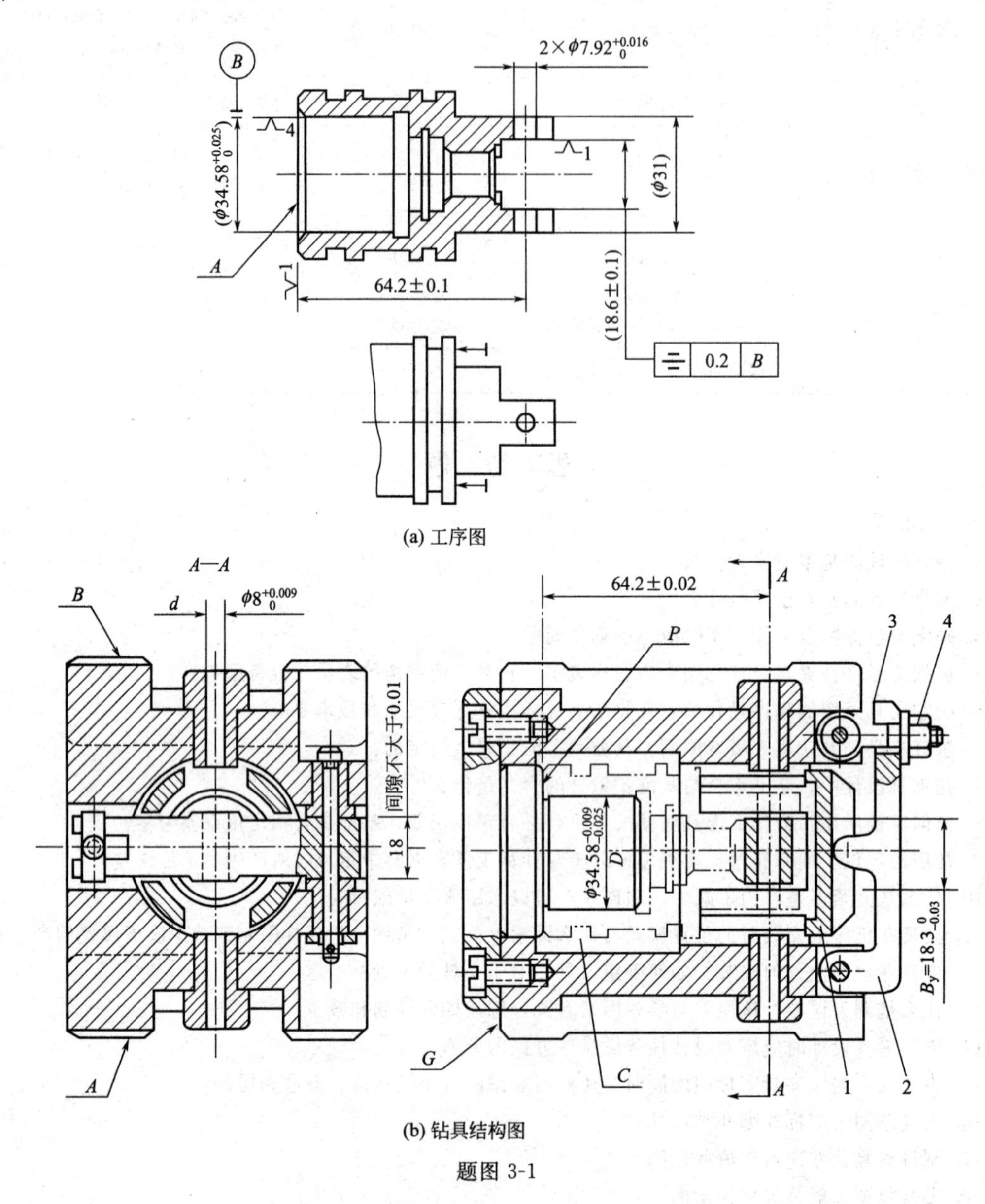

(a) 工序图

(b) 钻具结构图

题图 3-1

① 两孔 $\phi7.92^{+0.016}_{0}$ 的同轴度公差 $\phi0.05$；

② 两孔 $\phi7.92^{+0.016}_{0}$ 的轴线对孔 $\phi34.58^{+0.025}_{0}$ 轴线的垂直度公差 0.05。

此工序所用钻模的结构如题图 3-1(b) 所示。验证题图 3-1(b) 所标注的有关技术要求能否保证加工要求。

2. 如题图 3-2 所示，分析夹具的尺寸标注类型、技术条件标注类型以及夹具的结构类型。

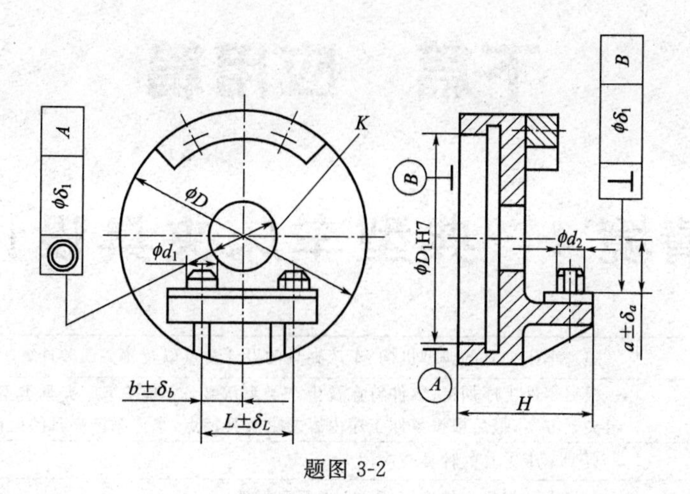
A
$\phi\delta_1$
K
ϕD
ϕd_1
$b\pm\delta_b$
$L\pm\delta_L$
B
$\phi\delta_1$
B
ϕD_1H7
ϕd_2
$a\pm\delta_a$
A
H

题图 3-2

下篇　应用篇

情境 4　典型车床夹具设计

学习目标	熟悉车床夹具的典型机构、车床夹具的设计要点以及相关误差计算
工作任务	根据零件工序加工、零件特点及生产类型等要求，选择车床夹具类型、确定定位方案和确定夹紧方案；最后根据零件工序内容要求及其特点，掌握车床夹具的设计要点等
教学重点	典型车床夹具的种类与应用
教学难点	车床夹具与机床的连接、平衡、夹紧可靠性
教学方法建议	现场参观、现场教学、多媒体教学
选用案例	以精镗开合螺母车削工序的夹具为例，分析车床夹具的设计与实现方法等
教学设施、设备及工具	多媒体教学系统、夹具实训室、实习车间
考核与评价	项目成果评价 50%，学习过程评价 40%，团队合作评价 10%
参考学时	10

承前启后　熟悉和了解常用专用机床夹具的结构特点、基本要求、设计步骤与制造知识；能对车、铣、钻、镗磨类加工工艺所需的较复杂的专用夹具提出设计方案草图（或设计总图）。也就是对典型机床夹具进行设计。

在情境 1 中介绍到，机床夹具一般是由定位元件、夹紧装置、夹具体及其他装置所组成。但各类机床的加工工艺特点、夹具与机床的连接方式、夹具的总体结构和技术要求等方面都有各自的特点。本情境首先对几类典型的机床夹具中的车床夹具结构进行剖析，以便于进一步了解和掌握其他类型的机床夹具的设计要点。

知识网络结构

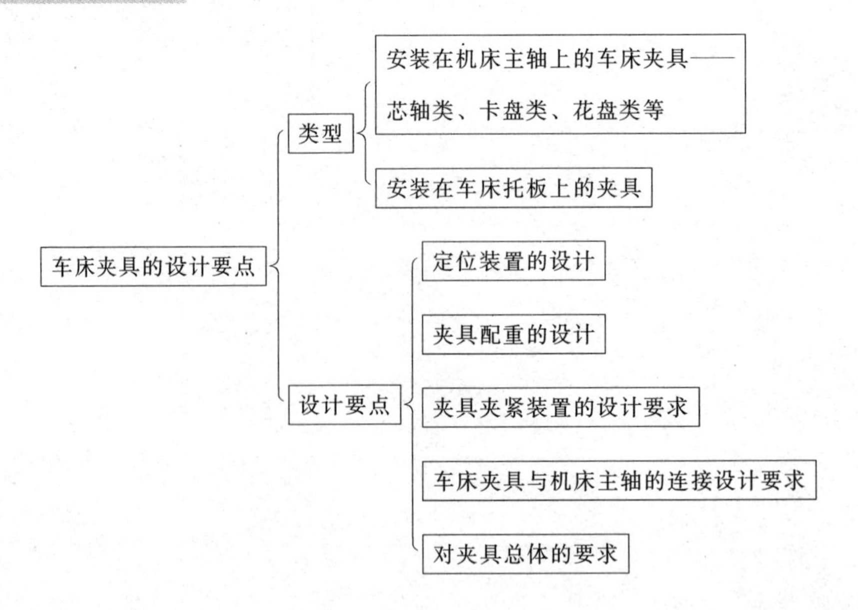

任务一　车床夹具设计

一、实例分析

1. 实例

如图 4-1 所示为开合螺母车削工序图。本道工序为精镗 $\phi40^{+0.027}_{0}$ mm 孔及车端面。工件的燕尾面和两个 $\phi12^{+0.019}_{0}$ mm 孔已经加工。两孔距离为 38mm±0.1mm，$\phi40^{+0.027}_{0}$ mm 孔经过粗加工。加工要求是：$\phi40^{+0.027}_{0}$ mm 孔轴线至燕尾底面 C 的距离为 45mm±0.05mm，$\phi40^{+0.027}_{0}$ mm 孔轴线与 C 面的平行度为 0.05mm，加工孔轴线与 $\phi12^{+0.019}_{0}$ mm 孔的距离为 8mm±0.05mm。

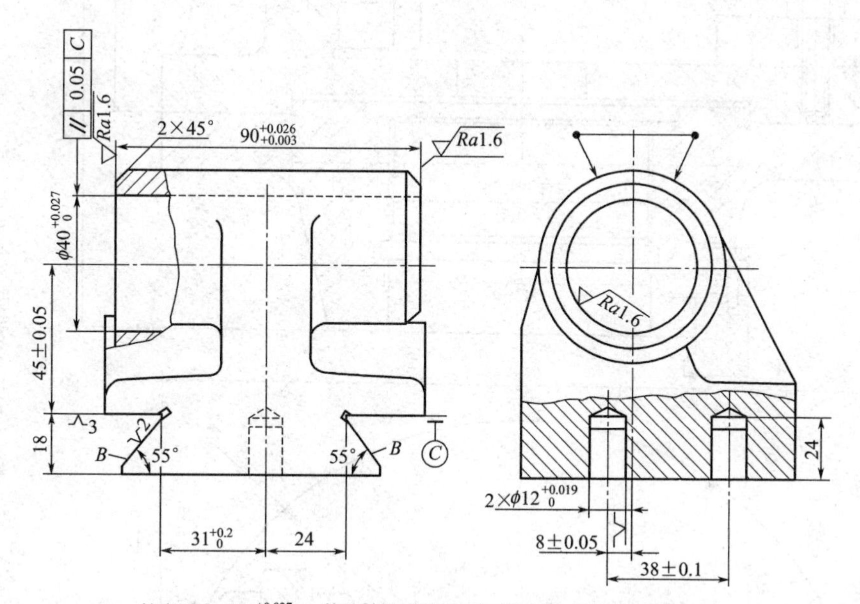

技术要求：$\phi40^{+0.027}_{0}$mm的孔轴线对两B面的对称面的垂直度为0.05mm。

图 4-1　开合螺母车削工序图

2. 分析

由于工件的燕尾面和两个 $\phi12^{+0.019}_{0}$ mm 孔已经加工，可选作为定位基准。如图 4-2 所示为加工开合螺母上 $\phi40^{+0.027}_{0}$ mm 孔的车床夹具。为使基准重合，工件用燕尾面 B 和 C 在固定支承板 8 及活动支承板 10 上定位（两板高度相等），限制五个自由度；用 $\phi12^{+0.019}_{0}$ mm 孔与活动菱形销 9 配合，限制一个自由度；工件装卸时，可从上方推开活动支承板 10 将工件插入，靠弹簧力使工件靠紧固定支承板 8，并略推移工件使活动菱形销 9 弹入定位孔 $\phi12^{+0.019}_{0}$ mm 内；采用带摆动 V 形块 3 的回转式螺旋压板机构夹紧；用平衡块 6 来保持夹具的平衡。

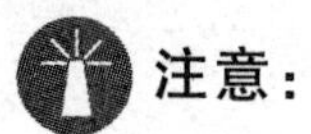

注意：

车床夹具主要用于加工零件的旋转表面以及端平面。因而车床夹具的主要特点是工件加

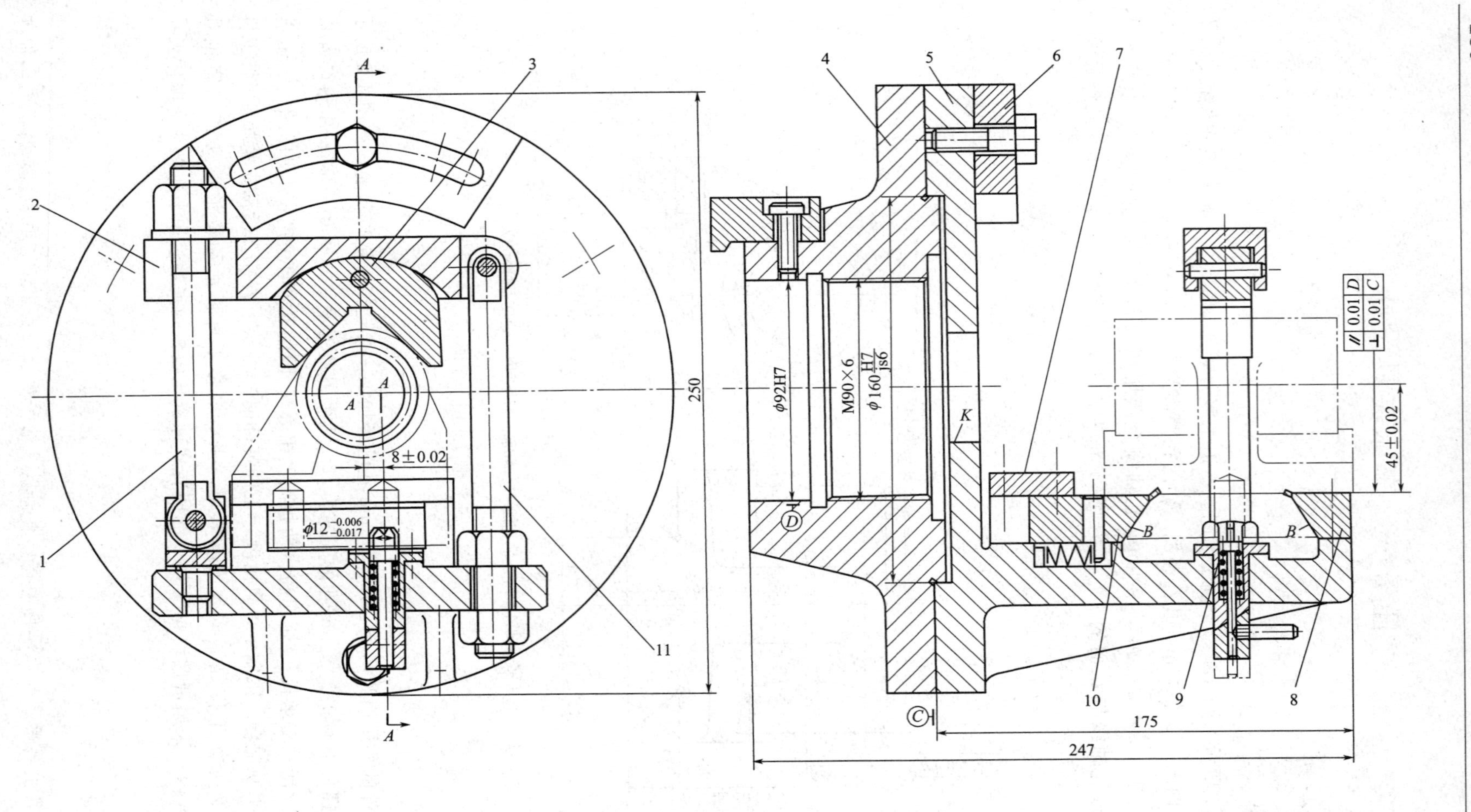

图4-2 开合螺母上加工 $\phi 40^{+0.027}_{0}$ mm孔的车床夹具

1,11—螺栓；2—压板；3—摆动V形块；4—过渡盘；5—夹具体；6—平衡块；7—盖板；8—固定支承板；9—活动菱形销；10—活动支承板

工表面的中心线与机床主轴的回转轴线同轴。

二、知识导航

知识链接　车削加工特点

车床夹具和圆磨床夹具很相似，主要用于加工零件的内外圆柱面、圆锥面、回转成形面、螺纹以及端平面等。上述表面都是围绕机床主轴的旋转轴线而形成的。车床夹具的特点是：加工时夹具和工件随机床主轴一起旋转并呈悬臂安装形式。因此加工时夹具随机床主轴一起旋转，切削刀具作进给运动。

车床夹具一般都安装在车床主轴上，要求夹具和工件的重心应尽量接近主轴回转中心，并要求体积小重量轻，以尽量提高回转平稳性和减轻机床主轴的弯曲负荷，同时要求工件在夹具中的定位，夹紧要安全可靠。

1. 卧式车床夹具和圆磨床夹具的主要类型

(1) 安装在车床和圆磨床主轴上的夹具　这类夹具中，除了各种卡盘、顶尖等通用夹具(如图 4-3、图 4-4 所示)或其他机床附件外，往往应根据加工的需要设计各种芯轴或其他专用夹具，如芯轴式、夹头式、卡盘式、角铁式和花盘式等专用夹具。这类夹具的特点是加工时夹具随机床主轴一起旋转，刀具作进给运动。所以这类夹具大部分是定心夹具。

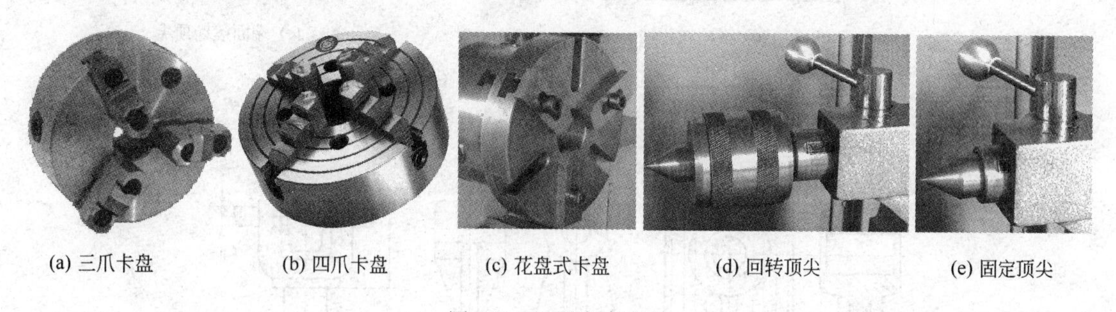

(a) 三爪卡盘　(b) 四爪卡盘　(c) 花盘式卡盘　(d) 回转顶尖　(e) 固定顶尖

图 4-3　通用车床夹具

(2) 安装在拖板上的夹具　对于少数形状不规则和尺寸较大的工件即某些重型、畸形工件，常将夹具安装在在床身或床鞍上。刀具则安装在车床的主轴上作旋转运动，夹具作进给运动。

注意：

由于后一类夹具应用很少，属机床改装范畴，不作介绍。而生产中需自行设计的较多是安装在车、磨床主轴上的各种芯轴和专用夹具，所以主要讨论安装在车、磨床主轴上的专用夹具的结构和设计要点。

2. 专用车夹具的典型结构

在生产中常遇到车削壳体、支座、杠杆、托架等类零件上的圆柱表面及端面的情况(图 4-5)，有时还需在一次装夹中用分度法车削相距较近的两个孔或偏心孔。这些零件形状较复杂，加工表面的位置精度要求较高，若用通用卡盘装夹比较困难，有时甚至不可能。当生产批量较大时，使用花盘或其他附件装夹工件，生产率又不能满足生产纲领的要求，故需设计专用夹具。下面介绍三种车床专用夹具的结构。

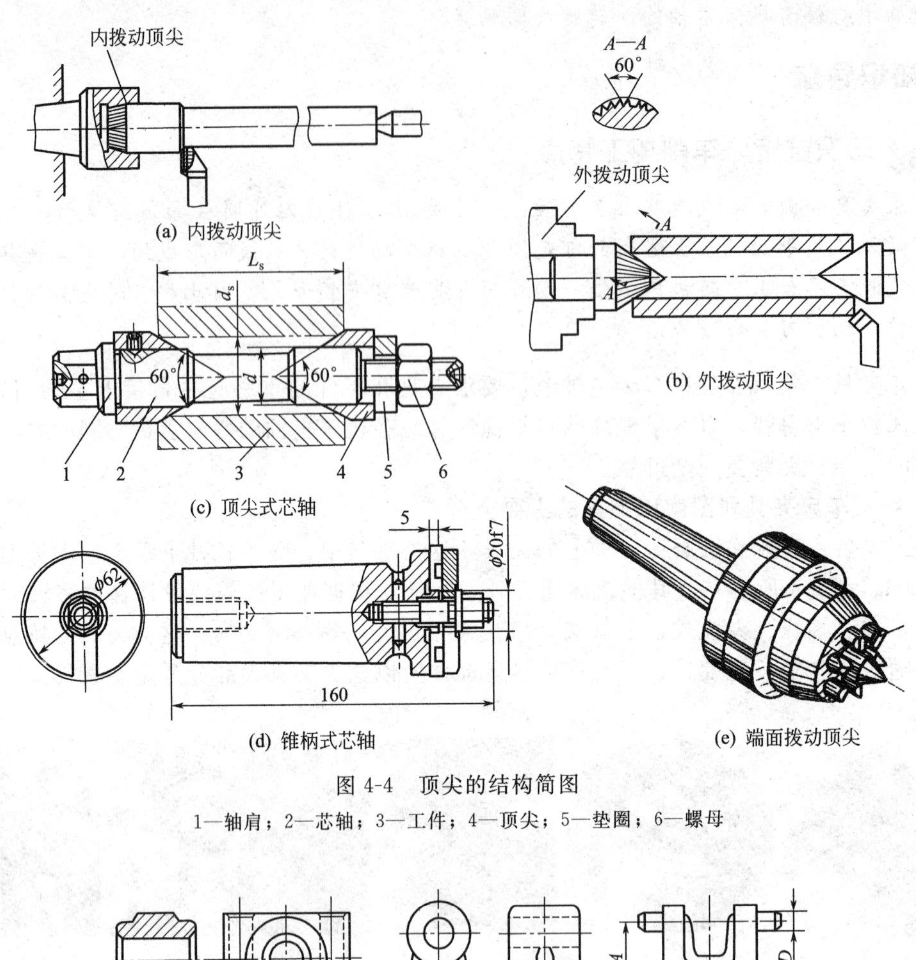

图 4-4　顶尖的结构简图

1—轴肩；2—芯轴；3—工件；4—顶尖；5—垫圈；6—螺母

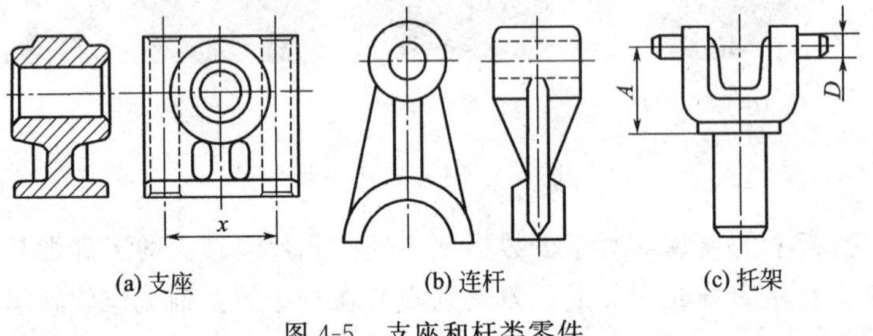

图 4-5　支座和杆类零件

(1) 角铁式车床夹具　夹具体呈角铁状的车床夹具称之为角铁式车床夹具，其结构不对称。用于加工壳体、支座、杠杆、接头等零件上的回转面和端面，如图 4-6 所示；图 4-7 为车削横拉杆接头工序图。本工序要加工内螺纹，其轴线与上道工序已加工好的 $\phi34$ 及M36×1.5-5H 螺孔轴线保持垂直度误差小于 0.05mm，并距已加工好的端面 A 为 (27±0.26)mm。按工序加工要求，根据基准重合原则，选用 A 面、$\phi34$ 孔和 $\phi32$ 外圆作为定位基面，实现完全定位。考虑到 M24 孔的壁厚均匀，采用定心夹紧机构。图 4-6 为该工序所使用的车削夹具。它由角铁式专用夹具和过渡盘 1 两部分组成。专用夹具以夹具体 2 上的定位止口与过渡盘的凸缘相配合并夹紧，形成一个夹具整体。在装配时应使夹具体止口的轴线（代表专用夹具的回转轴线）和过渡盘的定位圆孔同轴。夹具上的定位销 7，其轴线与专用夹具的轴线正交，其台肩平面与该轴线相距 (27±0.26)mm 作为基面 A 的限位，销的外圆与工件 $\phi34$ 孔相配，共限制了五个自由度，至于另一个回转自由度，由对中夹紧机构予以约束。当拧紧带肩螺母 9 时，钩形压板 8 将工件压紧在定位销的台肩上，同时拉杆 6 向上作轴向移动，并通

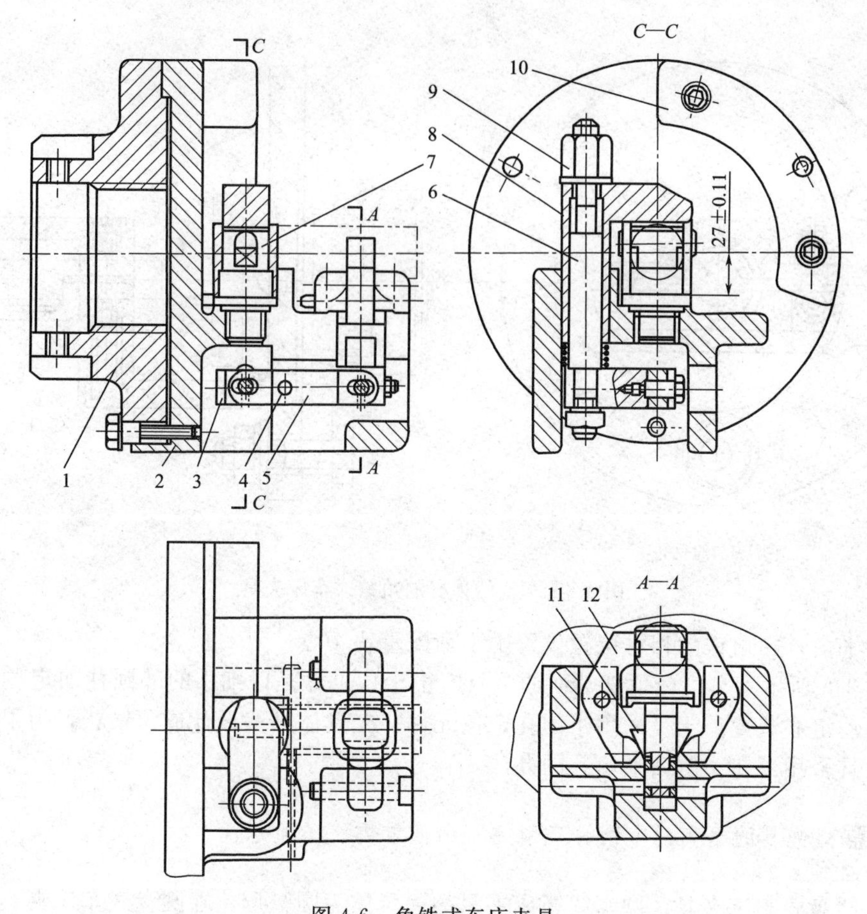

图 4-6　角铁式车床夹具

1—过渡盘；2—夹具体；3—连接块；4—销钉；5—杠杆；6—拉杆；7—定位销；8—钩形压板；9—带肩螺母；10—平衡配重块；11—楔块；12—摆动压板

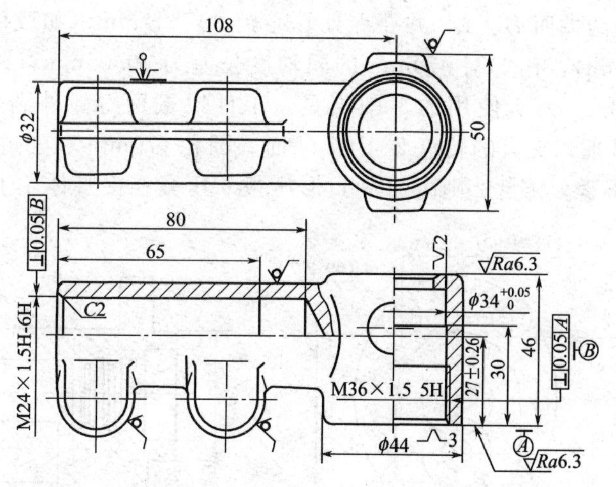

图 4-7　车削横拉杆接头工序图

过连接块 3 带动杠杆 5 绕销钉 4 作顺时针转动，于是将楔块 11 拉下，通过两个摆动压板 12 同时将工件对中夹紧，从而使工件待加工孔的轴线与专用夹具的轴线一致。为保持夹具回转

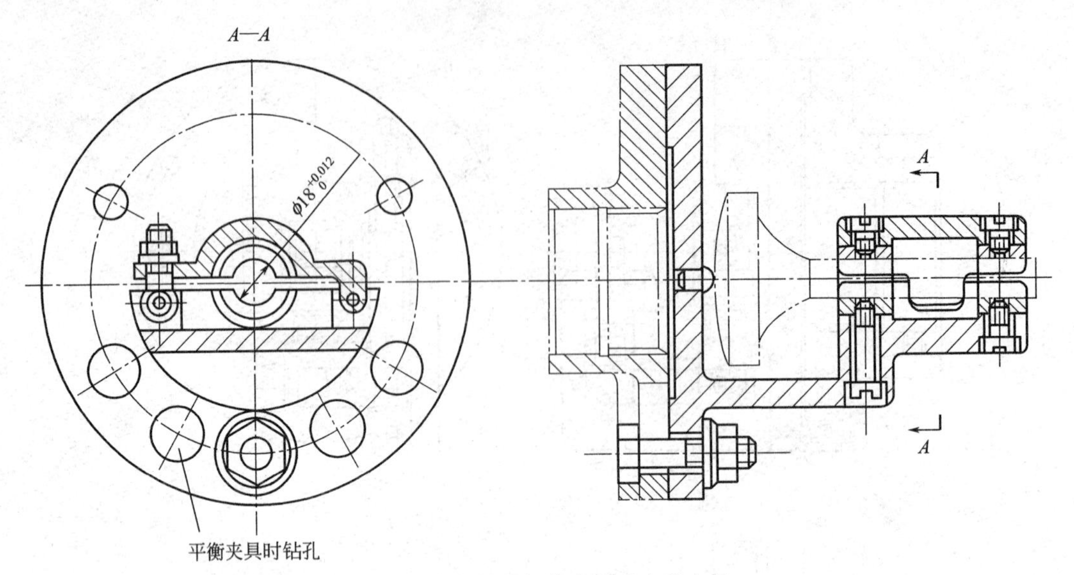

图 4-8　车气门顶杆的角铁式车床夹具

运动时的平衡，在角铁的相对位置设置了平衡配重块 10。

如图 4-8 所示为车气门顶杆端面的夹具。由于该工件是以细小的外圆柱面定位，因此很难采用自动定心装置，于是采用半圆孔定位元件。夹具体必然设计成角铁状，为了使夹具平衡，该夹具采用了在一侧钻平衡孔的办法。

注意：夹具的平衡对车削、磨削夹具都很重要，不能忽视。

(2) 圆盘式车床夹具　圆盘式车床夹具的夹具体为圆盘形。在圆盘式车床夹具上加工的工件一般形状都较复杂，多数情况是工件的定位基准与加工圆柱面垂直的端面。夹具上的平面定位件与车床主轴的轴线垂直。

图 4-9 为齿轮泵体的工序图。工件外圆 $\phi70_{-0.02}^{\ 0}$ mm 及端面 A 已加工，本工序要加工 $\phi35_{\ 0}^{+0.027}$ mm 两孔及两端面 B、T，并要保证孔心距 $30_{-0.02}^{-0.01}$ mm（如改用对称偏差表示即为 29.995mm±0.005mm），孔 C 对 $\phi70$mm 的同轴度公差为 $\phi0.05$mm，以及两端面的平行度公差 0.02mm。图 4-10 为所使用的车削夹具。工件以端面 A、外圆 $\phi70$mm 及角向小孔 $\phi9_{\ 0}^{+0.03}$ mm 为定位基准，夹具的转盘 2 上的 N 面、圆孔 $\phi70$mm 和削边销 4 作为限位基面，用两副螺旋压板 5 压紧。转盘 2 则由两副 L 形压板 6 压紧在夹具体 1 上。当第一个 $\phi35$mm

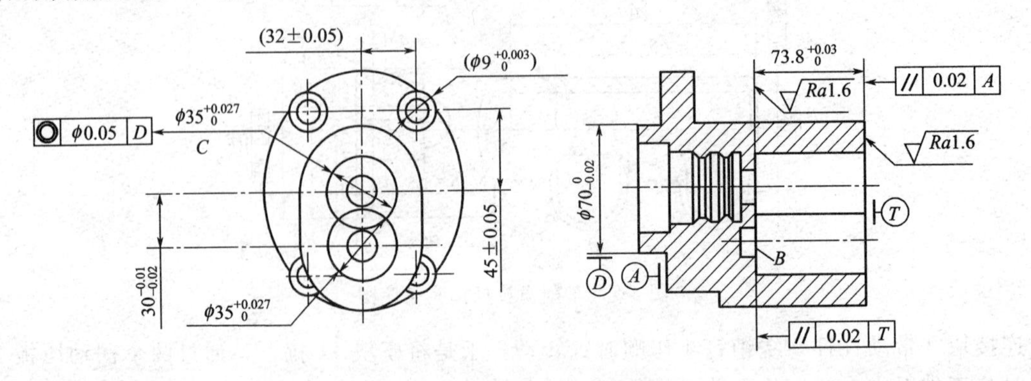

图 4-9　齿轮泵体工序图

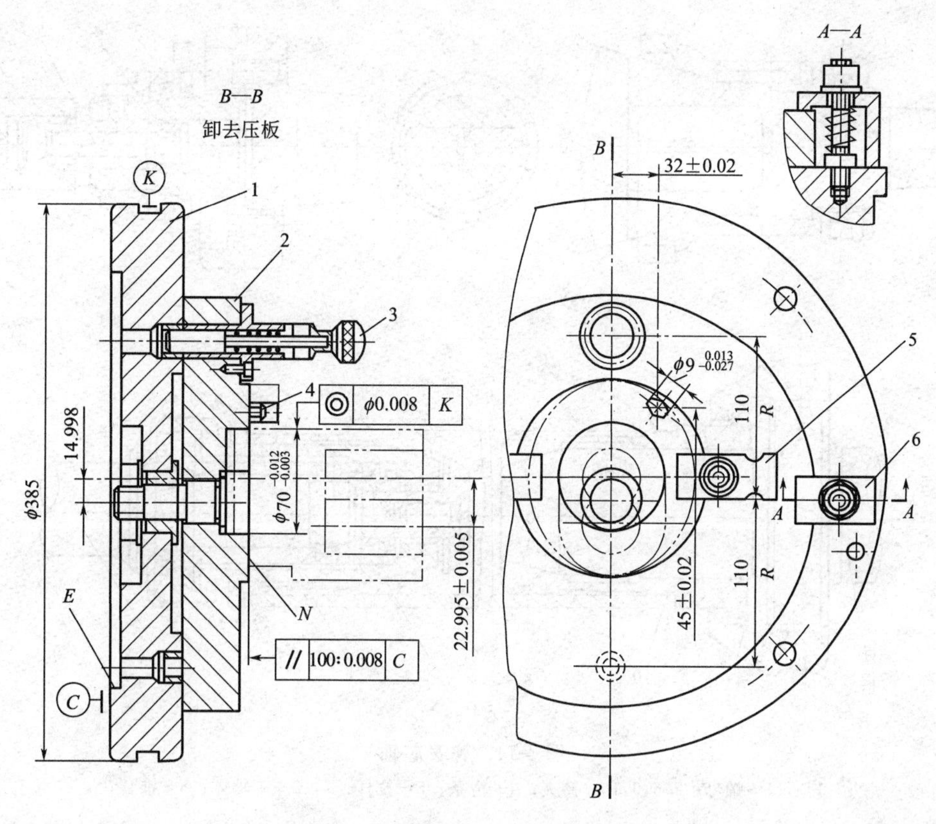

图 4-10　车削齿轮泵体两孔的夹具

1—夹具体；2—转盘；3—对定销；4—削边销；

5—螺旋压板；6—L 形压板

孔加工好后，拔出对定销 3 并松开压板 6，将转盘连同工件一起回转 180°，对定销即在弹簧力作用下插入夹具体上另一分度孔中，再夹紧转盘后即可加工第二孔。专用夹具利用本体上的止口 E 通过过渡盘与车床主轴连接，安装时可按找正圆 K（代表夹具的回转轴线）校正夹具与机床主轴的同轴度。

为了保证技术要求，本夹具设计中采取了如下措施：①控制定位时的配合间隙和转盘上定位圆孔 ϕ70mm 与找正圆 K 的同轴度，以保证工件上孔 ϕ35mm 与 ϕ70mm 外圆的同轴度要求；②控制转盘 2 上端面 N 对 C 面的平行度及对 K 轴线的垂直度，以保证工件的 T 和 B 对 A 面的平行度要求；③控制转盘定心轴的配合间隙及其回转轴线与找正圆 K 轴线的中心距为 29.995mm/2＝14.998mm 的尺寸精度和分度精度，以保证 ϕ35mm 两孔加工时的孔心距达到 $30^{+0.01}_{-0.02}$mm 的要求。

(3) 芯轴式及夹头式车床夹具

芯轴式车床夹具的主要限位元件为轴，常用于以孔作主要定位基准的回转体零件的加工，如套类、盘类零件等。常用的有圆柱芯轴（见图 1-55、图 1-56）和弹性芯轴等。

夹头式车床夹具的主要限位元件为孔。常用于以外圆柱作主要定位基准的小型回转体零件的加工，如小轴零件。常用的有弹簧夹头等。

① 弹簧芯轴与弹簧夹头　图 4-11 所示为几种常见的弹簧芯轴的结构形式。图 4-11(a) 为前推式弹簧芯轴。转动螺母 1，弹簧筒夹 2 前移，使工件定心夹紧。这种结构不能进行轴

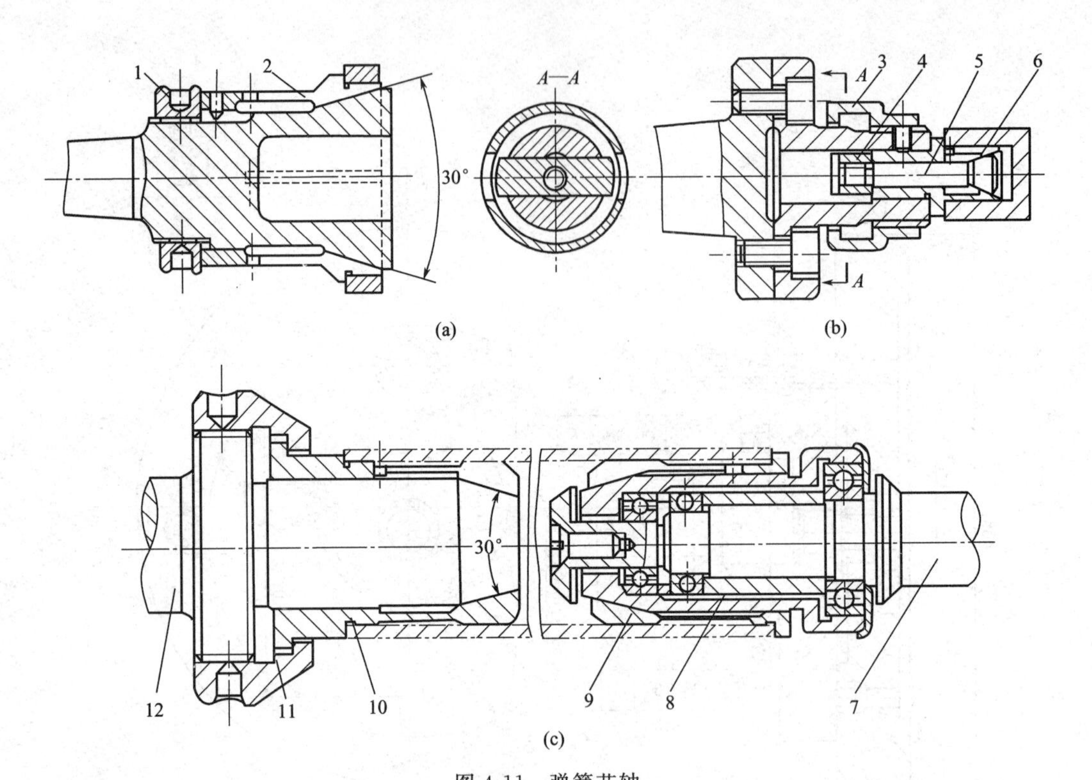

图 4-11　弹簧芯轴

1,3,11—螺母；2,6,9,10—筒夹；4—滑条；5—拉杆；7,12—芯轴体；8—锥套

向定位。图 4-11(b) 为带强制退出的不动式弹簧芯轴。转动螺母 3，推动滑条 4 后移，使锥形拉杆 5 移动而将工件定心夹紧。反转螺母，滑条前移而使筒夹 6 松开。此处筒夹元件不动，依靠其台阶端面对工件实现轴向定位。该结构形式常用于以不通孔作为定位基准的工件。图 4-11(c) 为加工长薄壁工件用的分开式弹簧芯轴。芯轴体 12 和 7 分别置于车床主轴和尾座中，用尾座顶尖套顶紧时，锥套 8 撑开筒夹 9，使工件右端定心夹紧。转动螺母 11，使筒夹 10 移动，依靠芯轴体 12 的 30°锥角将工件另一端定心夹紧。

图 4-12 为弹簧夹头，用于加工阶梯轴上 $\phi30_{-0.035}^{\ 0}$ mm 外圆柱面及端面。如果采用三爪自定心卡盘装夹工件，则很难保证两端圆柱面的同轴度要求。为此设计了专用弹簧夹头。

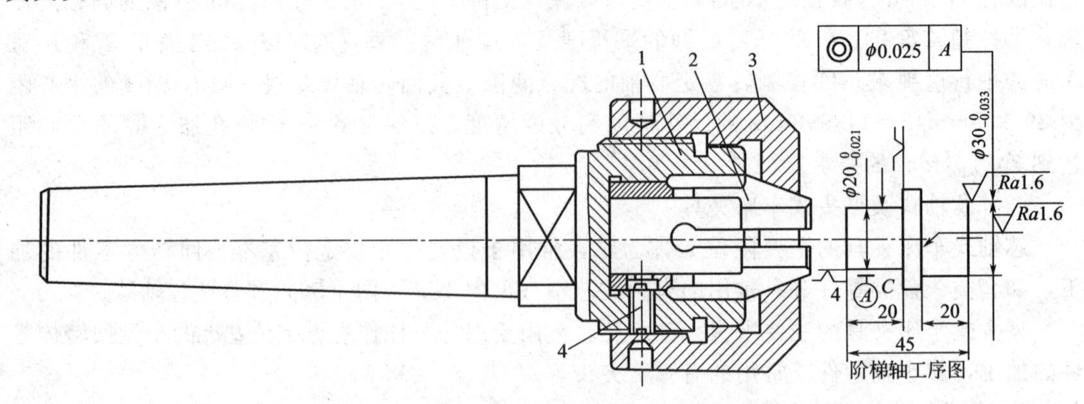

图 4-12　弹簧夹头

1—夹具体；2—弹性筒夹；3—螺母；4—螺钉

工件以 $\phi20_{-0.021}^{\ 0}$mm 圆柱面及端面 C 在弹性筒夹 2 内定位，夹具体以锥柄插入车床主轴的锥孔中。当拧紧螺母 3 时，其内锥面迫使筒夹的薄壁部分产生均匀变形收缩，将工件夹紧。反转螺母时，筒夹弹性恢复张开，松开工件。

弹簧夹头与弹簧芯轴的关键元件是弹性筒夹，弹性筒夹的结构参数及材料、热处理等均可从“夹具手册”中查到。

② 波纹套弹性芯轴　图 2-49 所示的弹性元件是一个波纹套（又称蛇腹套）。当波纹套受到轴向压缩后会均匀地径向扩张，将工件定心并夹紧。其特点是定心精度高，可稳定在 0.005～0.010mm 之间，适用于定位孔直径大于 20mm、公差等级不低于 IT8 的工件，如齿轮的精加工及检验工序等。缺点是变形量小，适用范围受到限制，制造也较困难。

波纹套的结构尺寸和材料、热处理等均可从“夹具手册”中查到。

③ 碟形弹性芯轴　图 4-13(a) 所示为碟形弹性片叠加在一起组成的弹性芯轴。施加轴向力后，弹簧片会均匀地径向涨开将工件定心并夹紧。

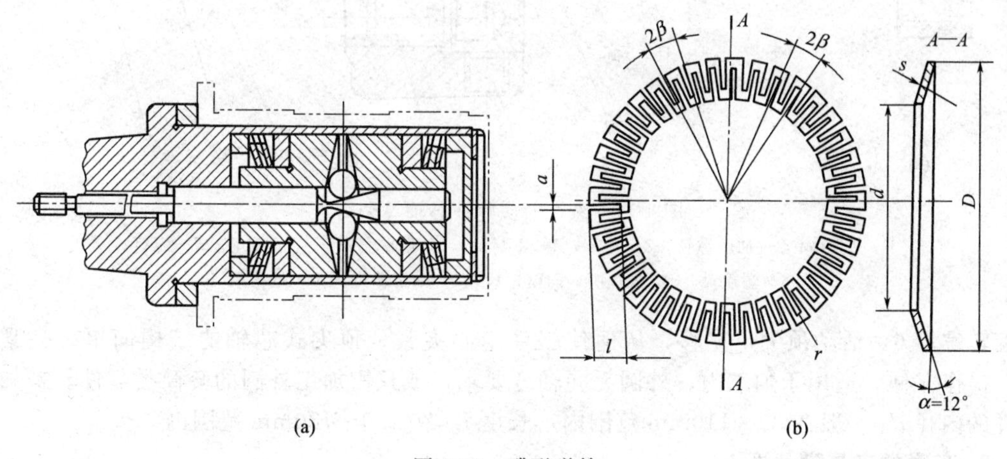

图 4-13　碟形弹簧

图 4-13(b) 所示为碟形弹性片结构。为了增加其变形量，开有许多内外交错的径向槽，弹簧片厚度 s 一般为 1～1.25mm，碟形角一般为 12°，用 65Mn 或 30CrMnSi 钢片冲压而成，热处理硬度为 35～40HRC。此种芯轴定心精度一般在 0.01mm 之内。

碟形弹簧片也可在夹头上使用，制成碟形弹簧片夹头。

④ 液性介质弹性芯轴及夹头　图 4-14(b) 为液性介质弹性芯轴，图 4-14(a) 为液性介质弹性夹头。弹簧元件为薄壁套 5，它的两端与夹具体 1 为过渡配合，两者间的环形槽与通道内灌满液性塑料 [图 4-14(a)] 或黄油、全损耗系统用油 [图 4-14(b)]。拧紧加压螺钉 2，使柱塞 3 对密封腔内的介质施加压力，迫使薄壁套产生均匀的径向变形，将工件定心并夹紧。当反向拧动加压螺钉 2 时，腔内压力减小，薄壁套依靠自身弹性恢复原始状态而使工件松开。安装夹具时，定位薄壁套 5 相对机床主轴的跳动，靠调整三个螺钉 11 及三个螺钉 12 来保证。

液性介质弹性芯轴及夹头的定心精度一般为 0.01mm，最高可达 0.005mm。由于薄壁套的弹性变形不能太大，一般径向变形量 $\varepsilon=(0.002\sim0.005)D$。因此，它只适用于定位孔精度较高的精车、精磨和齿轮加工等精加工工序。

薄壁套的结构尺寸和材料、热处理等，可从“夹具手册”中查到。

⑤ 顶尖式芯轴　图 4-4(c) 所示为顶尖式芯轴，工件以孔口 60°角定位车削外圆表面。

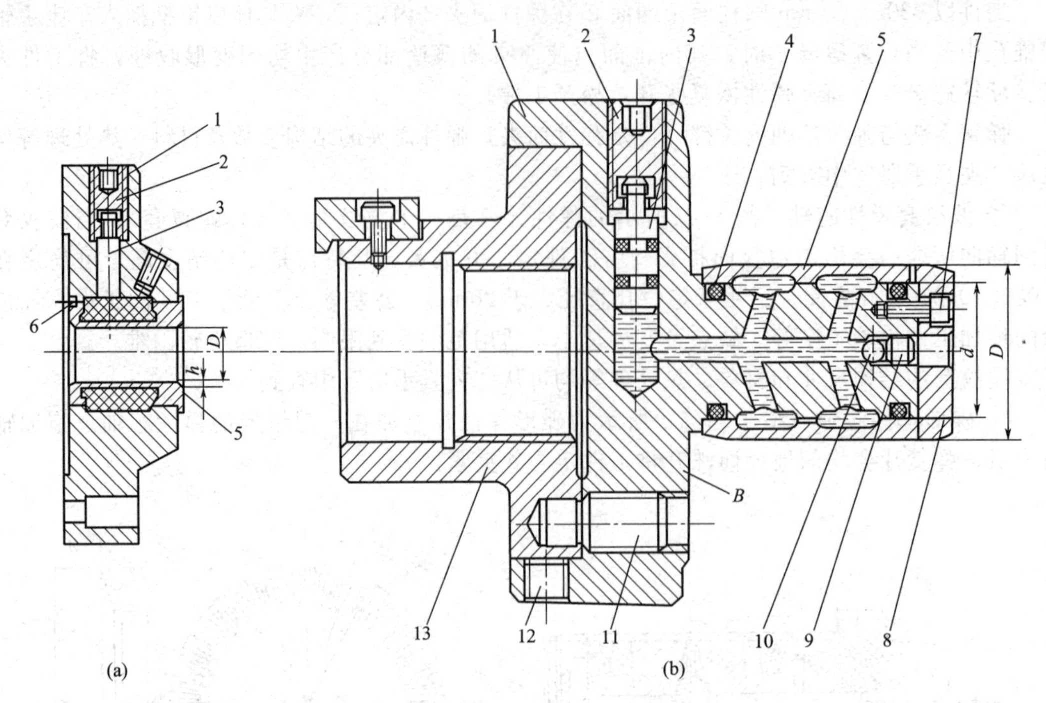

图 4-14　液性介质弹性芯轴及夹头

1—夹具体；2—加压螺钉；3—柱塞；4—密封圈；5—薄壁套；6—止动螺钉；7—螺钉；8—端盖；9—螺塞；10—钢球；11,12—调整螺钉；13—过渡盘

当旋转螺母6，活动顶尖4左移，从而使工件定心夹紧。顶尖式芯轴的结构简单、夹紧可靠、操作方便，适用于加工内、外圆无同轴度要求，或只需加工外圆的套筒类零件。被加工工件的内径 d_2 一般在32～110mm范围内，长度 L_2 在120～780mm范围内。

3. 车磨类夹具设计要点

(1) 定位元件的设计要点　在车床上加工回转面时，要求工件被加工面的轴线与车床主轴的旋转轴线重合。

① 对于同轴的轴套类和盘类工件，要求夹具定位元件工作表面的中芯轴线与夹具的回转轴线重合。

② 对于壳体、接头或支座等工件，被加工的回转面轴线与工序基准之间有尺寸联系或相互位置精度要求时，则应以夹具轴线为基准确定定位元件工作表面的位置，如图4-6所示的夹具，就是根据专用夹具的轴线来确定定位销7的轴线及其台肩平面在夹具中的位置。

注意：

车床夹具的定位元件或装置必须保证工件加工面的轴线与机床主轴的回转轴线重合；当被加工的回转表面与工序基准之间有尺寸联系或相互位置精度要求时，则应以夹具轴线为基准来确定限位表面的位置（如图4-6中的27mm±0.11mm）。

(2) 夹紧装置的设计要点　设计夹紧装置时一定要注意可靠，安全。在车削过程中，由于工件和夹具随主轴旋转，除工件受切削扭矩的作用外，整个夹具还受到离心力的作用。此外，工件定位基准的位置相对于切削力和重力的方向是变化的。因此，夹紧机构必须产生足够的夹紧力，自锁性能要良好，以防止发生设备及人身事故。优先采用螺旋夹紧机构。对于角铁式夹具，还应注意施力方式，防止引起夹具变形。

注意：

由于车、圆磨类夹具在加工过程中，除受切削转矩的作用外，还受到离心力的作用，转速越高离心力越大，会降低夹紧力。因此，对于夹紧机构所产生的夹紧力必须足够大，且自锁性要好，还要防止夹具变形。

（3）夹具与机床主轴的连接方式　夹具以前后顶尖与机床主轴前顶尖和尾座后顶尖相连接，由拨盘（鸡心夹）带动，较长的定位芯轴常采用这种连接方式，如图 4-15 所示。

为使夹具回转轴线与机床主轴轴线有尽可能高的同轴度，根据夹具径向尺寸的大小，它在主轴上有两种安装方式（图 4-15）。

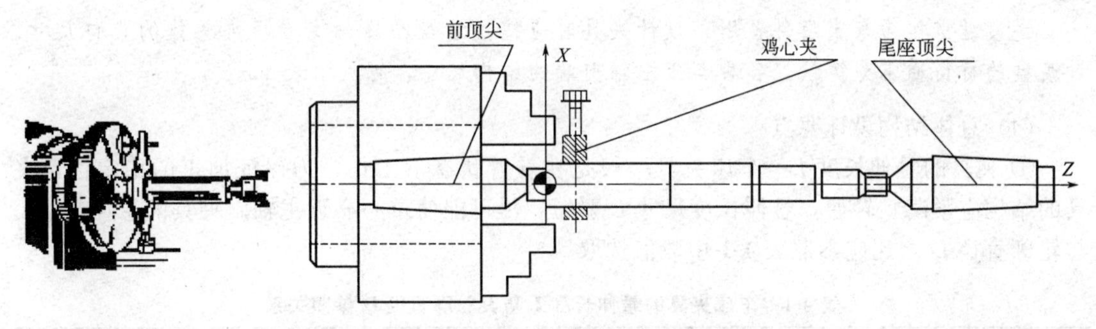

图 4-15　两顶车外圆装夹示意

① 径向尺寸 $D<140\text{mm}$ 或 $D<(2\sim3)d$ 的小型夹具［图 4-16(a)］　一般设计锥柄直接安装在主轴锥孔中，并用长螺栓从主轴孔后面穿过拉紧。这种连接方式定心精度较高。对于芯轴类车床夹具以莫氏锥柄与机床主轴锥孔配合连接，用螺杆拉紧；有的芯轴则以中心孔与车床前、后顶尖安装使用。

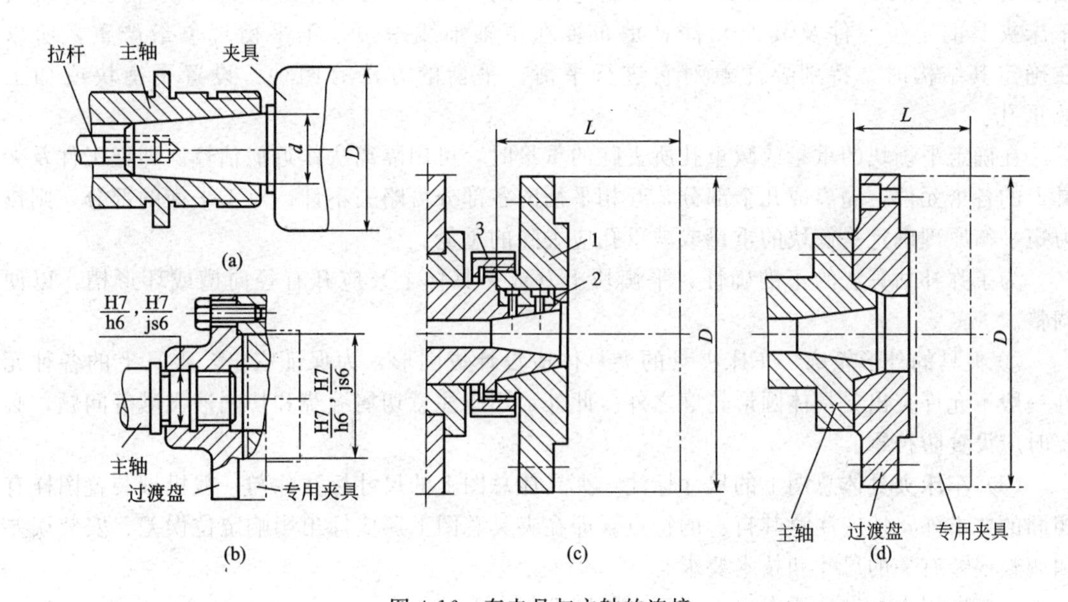

图 4-16　车夹具与主轴的连接

② 径向尺寸较大的夹具，一般在专用夹具与车床主轴间增加一个过渡盘［图 4-16(b)］ 夹具以其定位止口按 H7/h6 或 H7/js6 装配在过渡盘的凸缘上，并用螺钉紧固；过渡盘与主轴轴颈也如上配合，并有螺纹和主轴连接。为了提高定心精度，过渡盘在与车床主轴连接后，再将其凸缘精车一刀，作为车床附件备用，于是设计车削夹具时，往往不用重新设计过渡盘，而只需按其凸缘来配专用夹具的止口尺寸。如果车床主轴前端为圆锥体并有凸缘的结构［图 4-16(c)］，则过渡盘 1 在其长锥面配合定心，用空套在主轴上的螺母 3 来锁紧，车削转矩则由键 2 传递，这样夹具安装稳定且定心精度高，但端面要求紧贴，在制造上要求较高。如果采用以主轴前端短锥面与过渡盘连接的方式［图 4-16(d)］时，过渡盘推入主轴后，其端面与主轴端面只允许有 0.05～0.1mm 的间隙，用螺钉均匀拧紧后，即可保证端面与锥面全部接触，以使定心准确、刚度好。

 **注意：**

过渡盘常作为车床附件备用，设计夹具时应按过渡盘凸缘确定专用夹具体的止口尺寸。过渡盘的材料通常为铸铁。各种车床主轴前端的结构尺寸，可见附表 12。

(4) 总体结构设计要点

① 夹具的悬伸长度 L　车床夹具一般是在悬臂状态下工作，为保证加工的稳定性，夹具的结构应紧凑、轻便，悬伸长度尺寸 L 要短，尽可能使重心靠近主轴。夹具的悬伸长度 L 与轮廓直径 D 之比应参照表 4-1 中数值选取。

表 4-1　车床夹具的悬伸长度 L 与其轮廓直径 D 参照关系

D 的范围/mm	$D\leqslant150$	$150<D\leqslant300$	$D>300$
L/D	≤1.25	≤0.9	≤0.6

② 夹具的静平衡　由于加工时夹具随同主轴旋转，如果夹具的总体结构不平衡，则在离心力的作用下将造成振动，影响工件的加工精度和表面粗糙度，加剧机床主轴和轴承的磨损。因此，车床夹具除了控制悬伸长度 L 外，结构上还应基本平衡。角铁式车床夹具的定位元件及其他元件总是布置在主轴轴线一边，不平衡现象最严重，所以在确定其结构时，特别要注意对它进行平衡。平衡的方法有两种：设置平衡块或加工减重孔。

在确定平衡块的重量或减重孔所去除的重量时，可用隔离法作近似估算。即把工件及夹具上的各个元件，隔离成几个部分，互相平衡的各部分可略去不计，对不平衡的部分，则按力矩平衡原理确定平衡块的重量或减重孔应去除的重量。

为了弥补估算法的不准确性，平衡块上（或夹具体上）应开有径向槽或环形槽，以便调整。

③ 夹具的外形轮廓　车床夹具的夹具体应设计成圆形，为保证安全，夹具上的各种元件一般不允许突出夹具体圆形轮廓之外。此外，还应注意切屑缠绕和切削液飞溅等问题，必要时应设置防护罩。

(5) 车床夹具体总图上的尺寸标注　夹具体总图上的尺寸标注除与一般机械装置图样有相同的要求外，还应注意其自身的特点。即在夹具总图上还应标出影响定位误差、安装误差和调整误差有关的尺寸和技术要求。

车床专用夹具设计要点也适用于内外圆磨削夹具。

三、带分度装置的车床夹具实例思考

【思考 1】 圆盘式车床夹具（花盘式车床夹具）的夹具体为圆盘形。在圆盘式夹具上加工的工件一般形状都较复杂，多数情况是工件的定位基准为与加工圆柱面垂直的端面。夹具上的平面定位件与车床主轴的轴线相垂直。

图 4-17 所示为回水盖工序图。本工序加工回水盖上螺孔。加工要求是：两螺孔的中心距为（78±0.3）mm，两螺孔的连心线与 ϕ9H7 两孔的连心线之间的夹角为 45°，两螺孔轴线应与底面垂直。

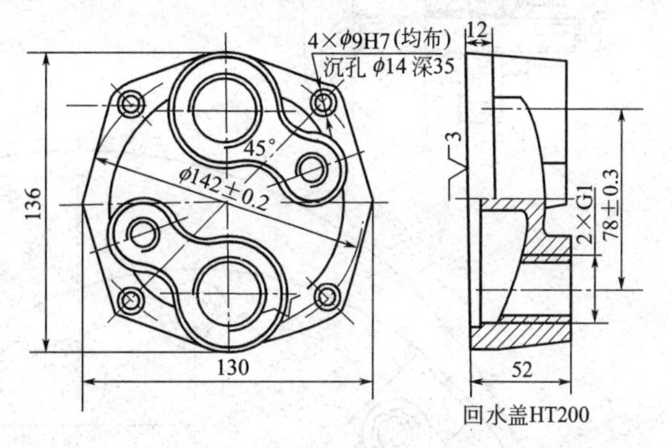

图 4-17　回水盖工序图

图 4-18 所示为加工本工序的圆盘式车床夹具。工件以底平面和 2×ϕ9mm 孔分别在分度盘 3、定位销 7 和削边销 6 上定位，采用一面两孔定位方式。拧紧螺母 9，由两块螺旋压板 8 夹紧工件。

车完一个螺孔后，松开三个螺母 5，拔出对定销 10，将分度盘 3 回转 180°，当对定销 10 在弹簧力的作用下插入另一分度孔中，拧紧 T 形螺钉 4 的螺母 5，即可加工另一个螺孔。

夹具体 2 以端面和止口在过渡盘 1 上对定，并用螺钉紧固。为使整个夹具回转时平衡，夹具上设置了平衡块 11。

为了保证一次装夹、两个工位完成回水盖工序的加工任务，结合图 4-19 和图 4-20，对图 4-20 夹具进行结构分析，看能否达到工艺设计中的要求，并写出相关说明。

【思考 2】 如图 1-104 和题图 1-13 所示，在 CA6140 上镗活塞销孔，其技术要求如该题所要求。今在 CA6140 车床上使用图 4-19 所示的加工活塞销孔的角铁式车具加工图 1-104 要求镗活塞销孔；被加工的活塞以裙部内孔 ϕ95H7 和端面与 ϕ95g6 短销 2 及其圆台阶定位，使被加工孔的轴线和活塞的对称平面重合，并保证活塞销孔距活塞下端的距离一定。弹簧曲杆 1 用以对准工件内被加工孔所在的凸座，避免销孔单边。曲杆 1 上的弹簧 3 必须可以调节，否则无法保证销孔凸座获得正确位置；同时，弹簧的刚性也不宜过大，以免安装困难。夹具以压板 4、摆动压块 5 夹紧工件。套筒 6 为刀具的导向装置，以免刀具在加工过程中由于留量不均而产生偏斜。当然，只有在活塞的销孔已经过初步加工或毛坯上有铸孔时，这一套筒才有用。从套筒端面到工件间的距离，应允许铰刀的引导部分完全通过所加工的销孔。设计时还应注意：

① 为了达到必要的加工精度，必须在图上规定自回转中心到定位销 2 的支承平面间的距离公差。

② 夹具体周壁上要开小窗口，以便排除加工活塞销孔时的切屑。

③ 为了操作安全，压板 4 应制成圆柱形轮廓，铰链螺钉亦应埋入压板。

④ 为了保证工件、夹具在加工时不致产生振动，必须采取配重等方法来平衡。

⑤ 夹具体外圆最好加工一浅凹圆柱面，与回转中心重合，用以安装夹具时校正用。

通过以上的相关说明，试从该套车床夹具的结构（包括定位元件、夹紧装置、夹具与主轴连接方式、配重等），并完成相关零件图的测绘任务。

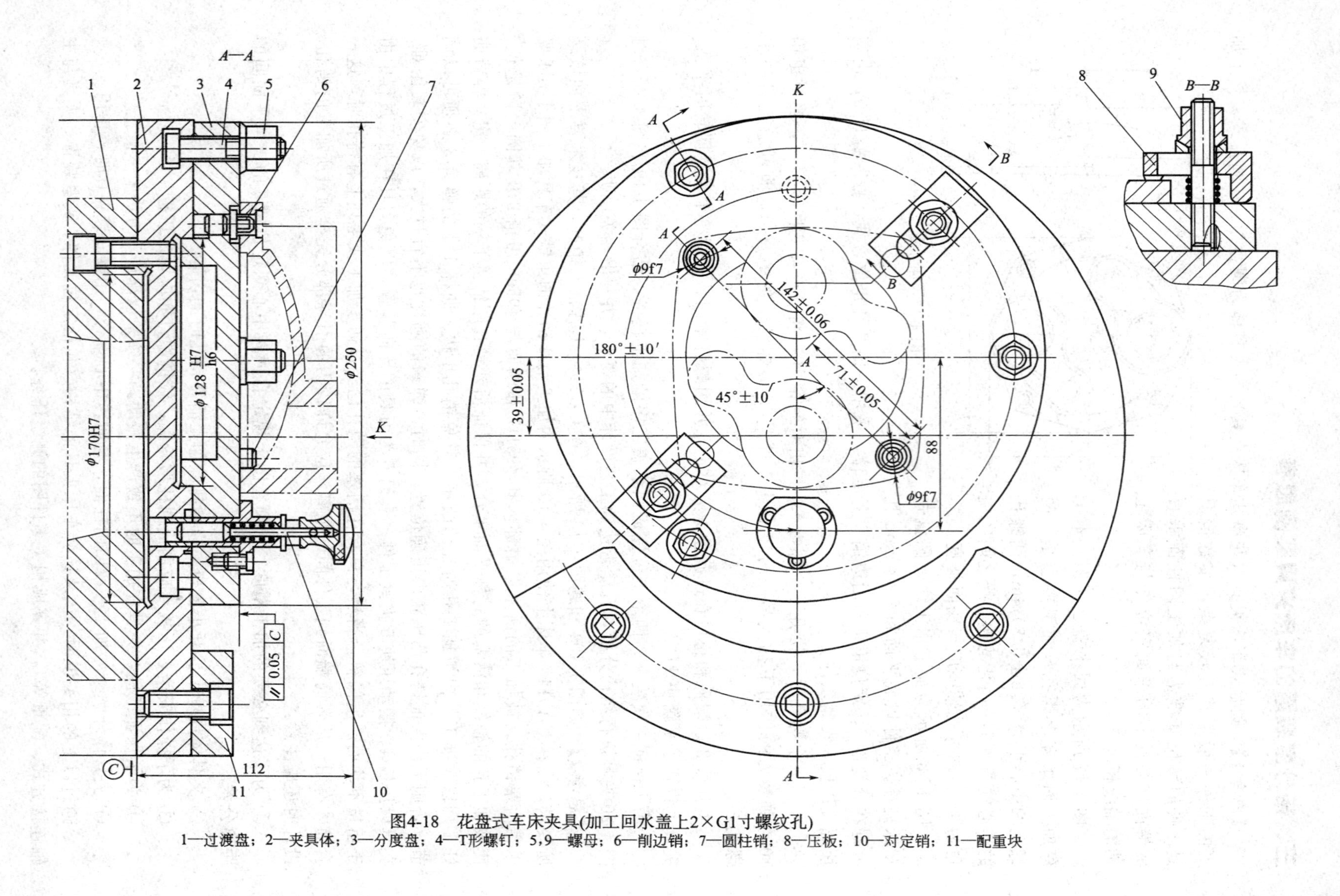

图4-18 花盘式车床夹具(加工回水盖上2×G1寸螺纹孔)

1—过渡盘；2—夹具体；3—分度盘；4—T形螺钉；5,9—螺母；6—削边销；7—圆柱销；8—压板；10—对定销；11—配重块

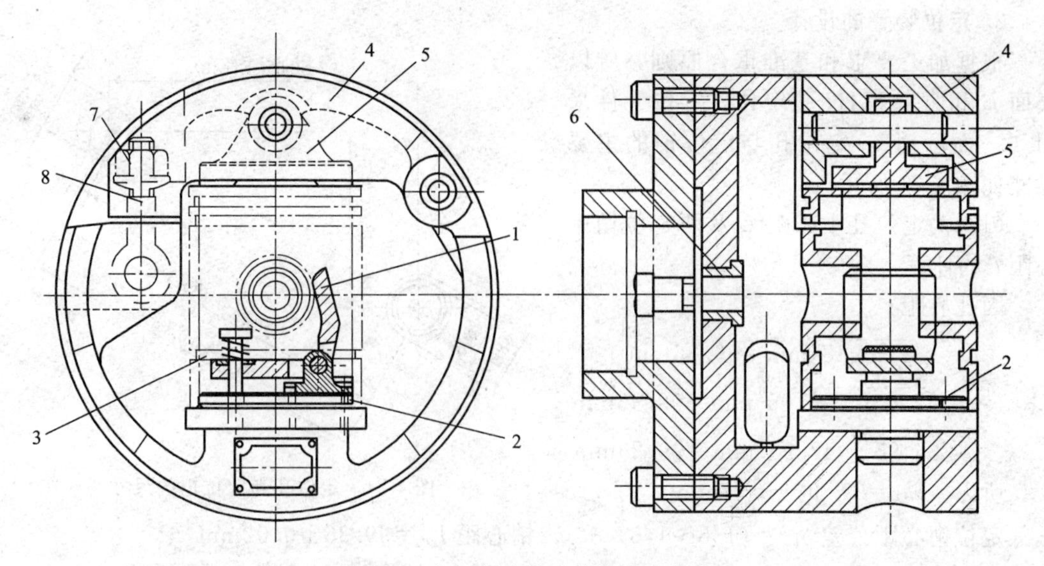

图 4-19　加工活塞销孔的角铁式车具

1—弹簧曲杆；2—短销；3—弹簧；4—压板；5—摆动压块；6—套筒；7—螺母；8—螺栓

四、车床夹具设计实例

如图 4-20 所示，加工液压泵上体的三个阶梯孔，中批量生产，试设计所需的车床夹具。

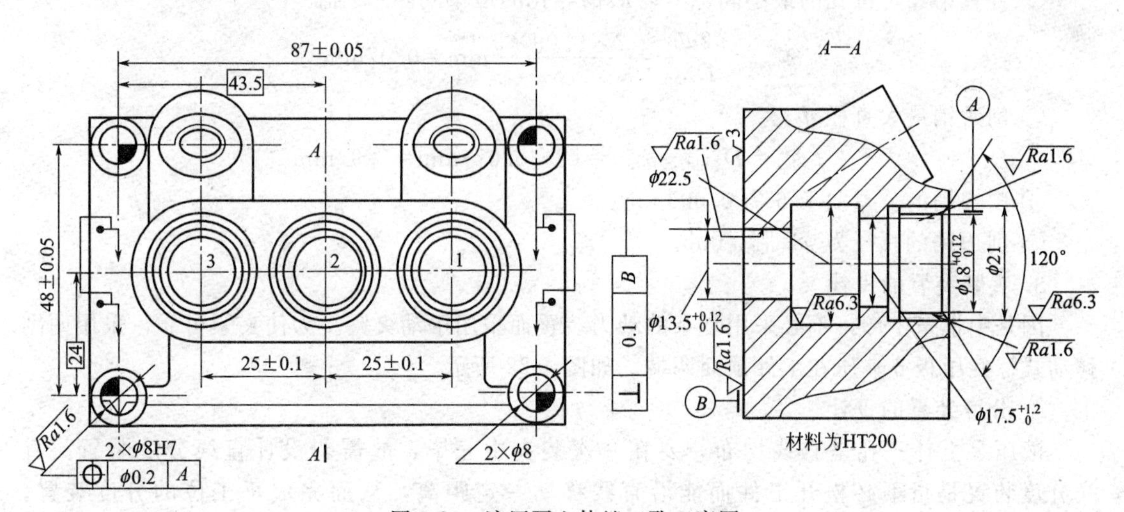

图 4-20　液压泵上体镗三孔工序图

1. 工件加工工艺分析

根据工艺规程，在加工阶梯孔之前，工件的顶面与底面、两个 ϕ8H7 和两个 ϕ8mm 孔均已加工好。本工序的车削加工要求有：三个阶梯孔的孔距为（25±0.1)mm、三孔轴线与底面的垂直度 0.1mm、两个 ϕ8H7 对中间阶梯孔 2 的位置度 ϕ0.2mm。

根据加工要求，可设计成如图 4-22 所示的花盘式车床夹具。这类夹具的夹具体是一个大圆盘（俗称花盘），在花盘的端面上固定着定位、夹紧元件及其他辅助元件，夹具的结构不对称。

2. 定位装置的设计

根据加工要求和基准重合原则，应以底面 B 和两个 ϕ8H7 孔定位，定位元件采用“一面两销”，定位孔与定位销的主要尺寸如图 4-21 所示。

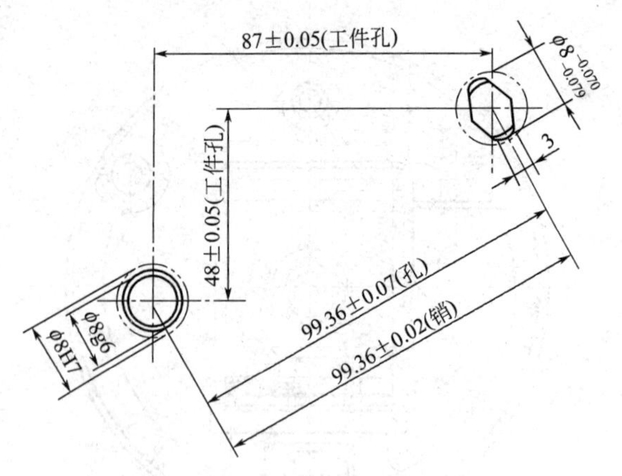

图 4-21　定位孔与定位销的尺寸

(1) 两定位孔中心距 L 及两定位销中心距 l 的计算

因孔心距

$$L_D=\sqrt{87^2+48^2}\text{mm}=99.36\text{mm}$$

$$L_{D\max}=\sqrt{87.05^2+48.05^2}\text{mm}=99.43\text{mm}$$

$$L_{D\min}=\sqrt{86.95^2+47.95^2}\text{mm}=99.29\text{mm}$$

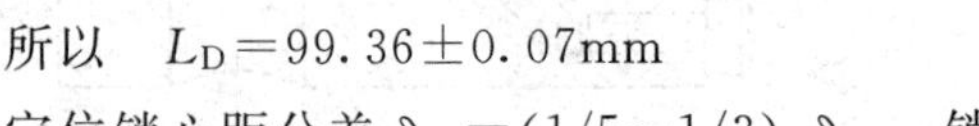

所以　$L_D=99.36\pm0.07\text{mm}$

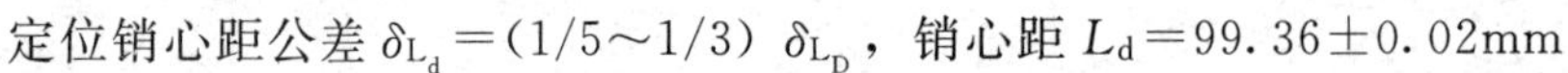

定位销心距公差 $\delta_{L_d}=(1/5\sim1/3)\ \delta_{L_D}$，销心距 $L_d=99.36\pm0.02\text{mm}$

(2) 取圆柱销直径　$\phi8\text{g}6=\phi8_{-0.014}^{-0.005}\text{mm}$

(3) 菱形销尺寸 b　查表 1-8 得菱形销尺寸 $b=3\text{mm}$。

(4) 菱形销的直径

① 计算补偿值 a

$$a=\frac{\delta_{L_D}+\delta_{L_d}}{2}=\frac{0.14+0.04}{2}\text{mm}=0.09\text{mm}$$

② 计算第二定位孔的最小间隙（菱形销与孔的最小间隙）$x_{2\min}$

$$x_{2\min}=\frac{2ab_1}{D_{2\min}}=\frac{2\times0.09\times3}{8}\text{mm}=0.07\text{mm}$$

③ 削边销最大直径 $d_{2\max}$

$$d_{2\max}=D_{2\min}-x_{\min}=(8-0.07)\text{mm}=7.93\text{mm}$$

④ 削边销的公差取 IT6 为 0.009mm。

⑤ 削边销的直径为 $\phi8_{-0.079}^{-0.070}\text{mm}$。

3. 夹紧装置的设计

因是中批量生产，不必采用复杂的动力装置而采用手动夹紧。为使夹紧可靠，采用两副移动式螺旋压板 6 夹压在工件顶面两端，如图 4-22 所示。

4. 分度装置的设计

液压泵上体三孔呈直线均布，要在一次装夹中完毕，故需要设计直线分度装置。直线分度装置是指不必松开工件而能沿直线移动一定距离，从而完成每工位的分度装置。本工序镗三孔即属于加工有一定距离要求的平行孔系。在图 4-22 中，夹具体 7 与钩形压板 4 为固定部分，分度滑块 9 为移动部分。9 与 7 之间用导向键 10 连接，用 T 形螺钉 3 和螺母锁紧。由于孔心距为 (25±0.1)mm，分度要求不高，故设计手拉式圆柱对定销 8 即可。为了不妨碍操作和观察，对定机构不宜轴向布置而应径向安装在一侧，另一侧以配重块平衡。

5. 夹具在车床主轴上的安装

由于本工序在 CA6140 车床上进行，过渡盘应以短锥面和端面在主轴上定位，用螺钉紧固。夹具体的止口 ϕ210 与过渡盘凸缘以 G7/h6 配合，并找正外圆保证同轴度 ϕ0.01mm。

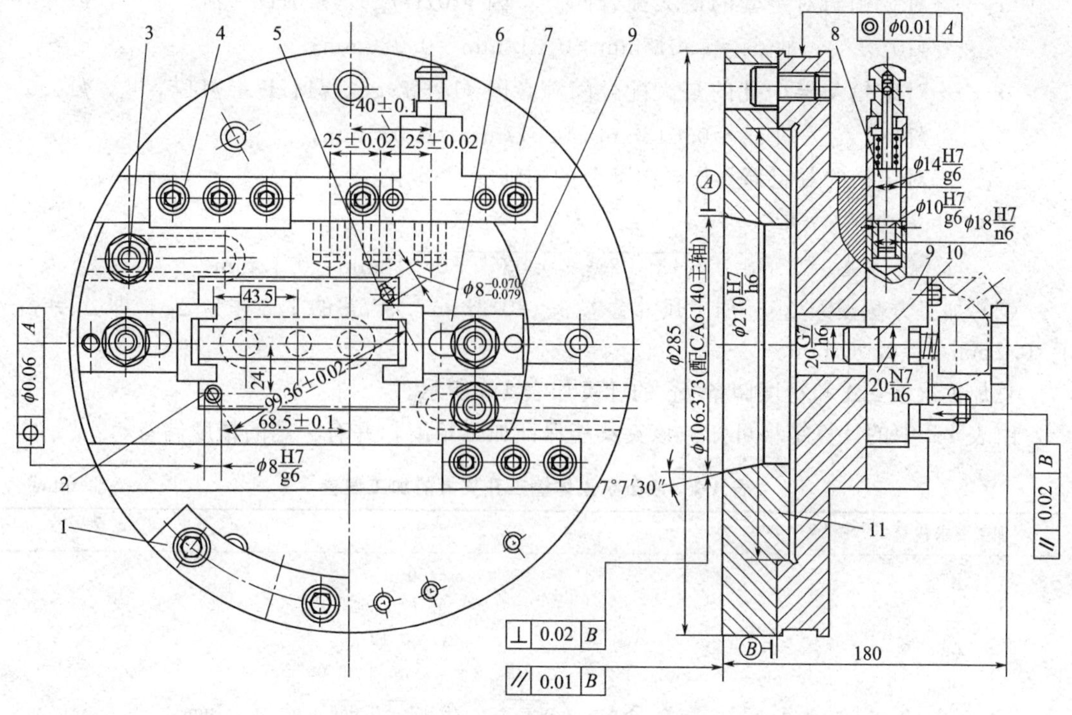

图 4-22　液压泵上体镗三孔夹具

1—配重块；2—圆柱限位销；3—T 形螺钉；4—钩形压板；5—削边销；6—压板；7—夹具体；8—对定销；9—分度滑块；10—导向键；11—过渡盘

6. 夹具总图上尺寸、公差和技术要求

(1) 最大外形轮廓尺 ϕ285mm×180mm。

(2) 影响工件定位精度的尺寸和公差　销心距 (99.36±0.02)mm；圆柱限位销 2 与工件定位孔的配合尺寸 ϕ8H7/g6 及该销至待加工孔 1 的位置尺寸 (68.5±0.1)mm、该销对孔 2 中心的位置度 ϕ0.06mm 以及孔 2 中心的理论正确坐标尺寸 $\boxed{43.5}$ 和 $\boxed{24}$；削边销 5 的直径 $\phi 8_{-0.079}^{-0.070}$mm；主要限位面对 B 面的平行度为 0.02mm。

(3) 影响夹具精度的尺寸和公差　对定销 8 与对定套的配合尺寸 ϕ10H7/g6；对定销与导向孔的配合尺寸 ϕ14H7/g6；对定套与分度滑板 9 的配合尺寸 ϕ18H7/n6；对定销导向孔轴线与夹具体止口轴线的距离 (40±0.1)mm；相邻两对定套的距离 (25±0.02)mm；导向键 10 与分度滑板的配合尺寸 20N7/h6 及导向键与夹具体的配合尺寸 20G7/h6。

(4) 影响夹具在机床上安装精度的尺寸和公差　过渡盘与夹具体止口的配合尺寸 ϕ210H7/H6；夹具找正基圆与回转轴线的同轴度 ϕ0.01mm；过渡盘内锥面与车床主轴配合尺寸 ϕ106.373mm 和 7°7′30″；过渡盘端面与夹具体 B 面的平行度 0.01mm。

7. 工序精度分析

本工序的主要加工要求是待加工三孔的孔距尺寸 (25±0.1)mm。此尺寸主要受直线移动分度误差的影响。为此只需算出分度误差即可。

(1) 直线移动分度误差 Δ_F(mm)　可用下式计算

$$\Delta_F = 2\sqrt{\delta^2 + x_1^2 + x_2^2 + e^2}$$

式中　δ——两相邻对定套的距离公差 0.04mm；

x_1——对定销与对定套的最大配合间隙：因 $\phi10H7/g6$，$\phi10H7=\phi10^{+0.015}_{0}$，$\phi10g6=\phi10^{-0.005}_{-0.014}$，故 $x_1=0.015mm+0.014mm=0.029mm$；

x_2——对定销与导向孔的最大配合间隙：因 $\phi14H7/g6$，$\phi14H7=\phi14^{+0.018}_{0}$，$\phi14g6=\phi14^{-0.006}_{-0.017}$，故 $x_2=0.018mm+0.017mm=0.035mm$；

e——对定销的对定部分与导向部分的同轴度。

设 $e=0.01mm$，于是

$$\Delta_F=2\sqrt{0.04^2+0.029^2+0.035^2+0.01^2}mm=0.12mm$$

（2）加工方法误差 Δ_K　加工尺寸公差 $\delta_K=0.2mm$，取 δ_K 的 1/3 作为 Δ_K，即 $\Delta_K=\delta_K/3=0.2mm/3=0.066mm$。

总加工误差 $\Sigma\Delta$ 和精度储备 J_C 的计算如表 4-2 所示。

由表 4-2 中的计算结果可知，该夹具能保证加工精度，并有一定的精度储备。

表 4-2　液压泵上体镗三孔夹具的加工误差　　mm

加工要求代号	25±0.1
Δ_B	0
Δ_y	0
Δ_F	$\Delta_F=0.12$
Δ_K	$\Delta_K=\delta_K/3=0.2mm/3=0.066mm$
$\Sigma\Delta$	$\Sigma\Delta=\sqrt{\Delta_F^2+\Delta_K^2}=\sqrt{0.12^2+0.066^2}mm=0.137mm$
J_C	$J_C=\delta_K-\Sigma\Delta=0.2-0.137=0.063mm$

任务二　夹具在机床上的对定

学习目标	熟悉机床夹具分度装置的结构和类型，掌握分度对定机构及控制机构的设计，学会分度装置的应用并对分度精度进行分析
工作任务	根据零件工序加工要求，选择分度装置的类型，掌握好典型分度装置的应用以及其结构和设计方法
教学重点	典型分度装置的结构与类型、工作原理
教学难点	分度装置的应用和设计
教学方法建议	现场参观、现场教学、多媒体教学
选用案例	以叶轮铣十字槽夹具为例，分析夹具分度实现的方法等
教学设施、设备及工具	多媒体教学系统、夹具实训室、实习车间
考核与评价	项目成果评价 50%，学习过程评价 40%，团队合作评价 10%
参考学时	6

一、实例分析

1. 实例

在图 4-23 所示的水泵叶轮上加工两条互成 90°的十字槽，使用图 4-24 所示的铣床夹具进行加工，该夹具安装在卧式铣床上。

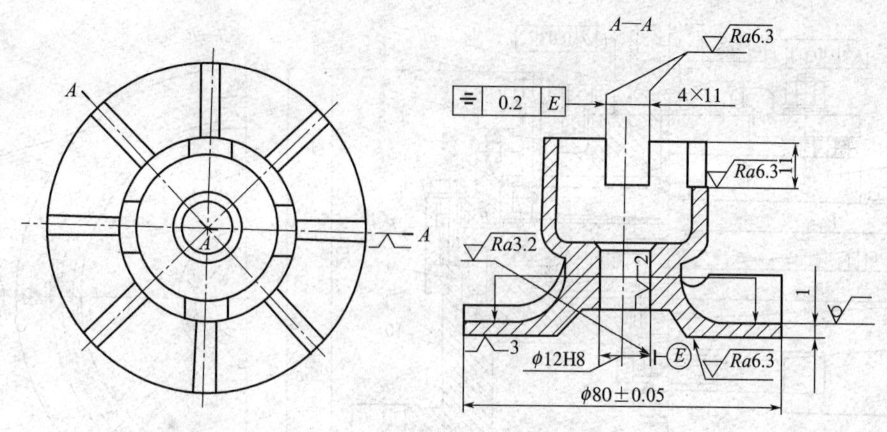

图 4-23　叶轮加工十字槽工序图

2. 分析

本夹具用在卧式铣床上加工水泵叶轮上两条互成 90°的十字槽。工件以 φ12H8 孔和底面在定位销 5 和定位盘 4 的端面上定位，并使叶轮上的叶片与压板 7 头部的缺口对中。旋转螺母 6，通过杠杆 8 使两块压板 7 同时夹紧工件。

当一条槽加工完毕后，扳手 11 顺时针旋转，使分度盘 3 与夹具体 10 之间松开，然后逆时针转动分度盘 3，在分度盘 3 下端面圆周方向的斜槽（共四条）推压下，对定销 9 下移，当分度盘转至 90°时，对定销 9 在弹簧作用下弹出，落入第二条斜槽中，再反靠分度盘完成分度对定。逆时针转动扳手 11，通过螺母 1 和中心轴 2 将分度盘压紧在夹具体上，即可加工另一条槽。

在工装设计人员接到设计工装任务后，就要考虑被加工的对象和夹具的关系、夹具和机床的关系、和使用刀具的位置关系，工件是否在一次装夹中加工任务书中的全部内容，以便于设计加工好的铣十字槽夹具能发挥出应有的作用。

二、知识导航

1. 夹具在机床上的对定

工件在夹具中的位置是由与工件接触的定位元件的定位表面所确定的。为了保证工件相对刀具及切削成形运动有正确的位置，还需要使夹具与机床连接和配合时所用的夹具定位表面相对于刀具及切削成形运动处于理想的位置，这种过程称为夹具的对定。

夹具的对定包括三个方面：一是夹具的定位，即夹具对切削成形运动的定位；二是夹具的对刀，指夹具对刀具的对准；三是分度与转位的定位，这只有对分度和转位的夹具才考虑。

(1) 夹具的定位　为了保证工件的尺寸精度和位置精度，工艺系统各环节之间必须具有正确的几何关系。一批工件通过其定位基准面和夹具定位表面的接触或配合，占有一致的、确定的位置，这是满足上述要求的一个方面。夹具的定位表面相对于机床工作台和导轨或主轴轴线具有正确的位置关系，是满足上述要求另一个极为重要的方面。只有同时满足这两方面的要求，才能使夹具定位表面以及工件加工表面相对刀具及切削成形运动处于理想位置。

图 4-25 为一铣键槽夹具，图 4-26 为铣键槽夹具在机床上的定位简图。为保证键槽在垂

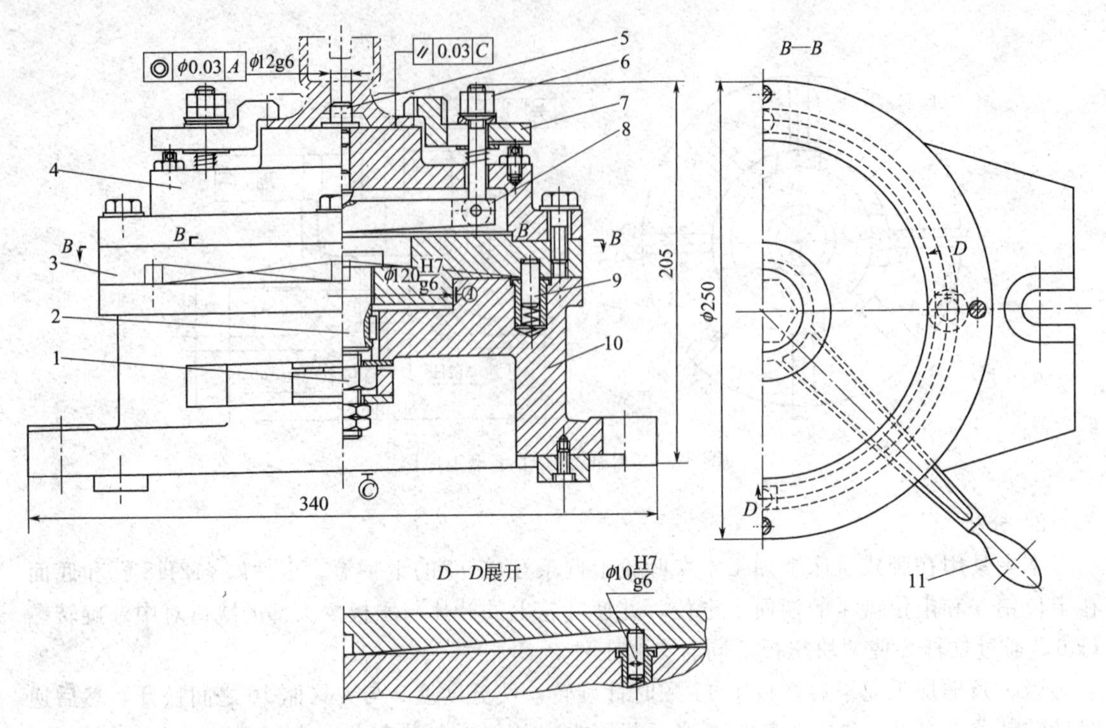

图 4-24　叶轮十字槽加工铣床夹具

1,6—螺母；2—中心轴；3—分度盘；4—定位盘；5—定位销；7—压板；8—杠杆；9—对定销；10—夹具体；11—扳手

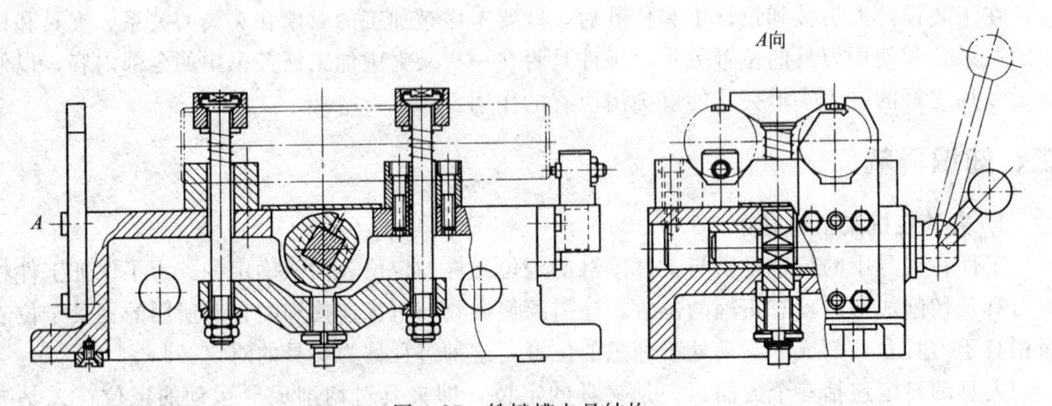

图 4-25　铣键槽夹具结构

直平面及水平面内与工件轴线平行，要求夹具在工作台上定位时，保证 V 形块中心线与刀具切削成形运动（即工作台纵走刀运动）平行。在垂直平面内这种平行度要求是由 V 形块中心线对夹具体底平面的平行度以及夹具体底平面（夹具安装面）与工作台上表面（机床装卡面）的良好接触来保证的。在水平面内的平行度要求，则是靠夹具上两个定向键 1 嵌在机床工作台 T 形槽内保证的。因此，对夹具来说，应保证 V 形块中心线对定向键 1 的中心线（或一侧）平行。

对机床来说，应保证 T 形槽中心（或侧面）对纵走刀方向平行。另外，定向键应与 T 形槽有很好的配合。

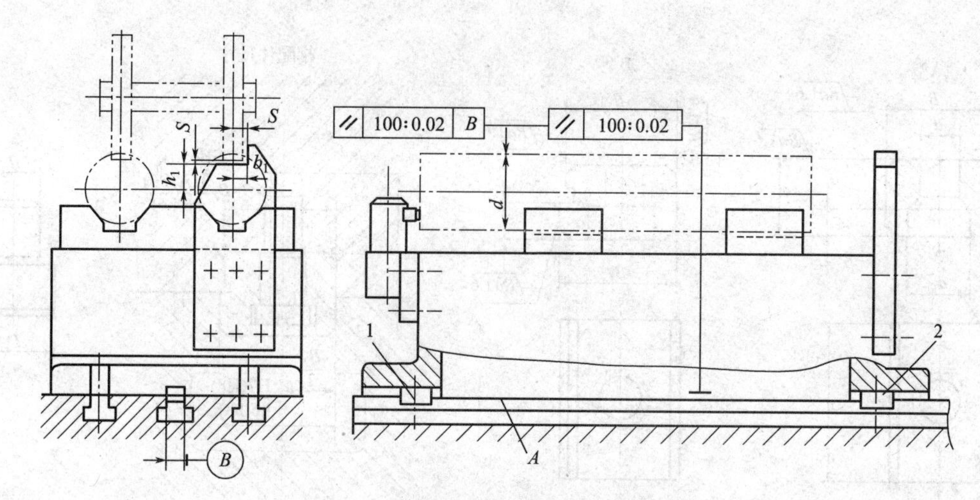

图 4-26　铣键槽夹具对成形运动的定位

1—定向键；2—对刀块

由上例可知，夹具在机床上的定位，其本质是夹具定位元件对刀具切削成形运动的定位。为此，就要解决好夹具与机床的连接与配合问题以及正确规定定位元件定位面对夹具安装面的位置要求。

夹具通过连接元件实现其在机床上的定位，根据机床的结构与加工特点，夹具在机床上的连接定位通常有两种方式：夹具连接定位在机床的工作台面上（如铣、刨、镗、钻床及平面磨床等）及夹具连接定位在机床的主轴上（如车床、内、外圆磨床等）。

① 夹具在工作台面上的连接定位　夹具在工作台面上是用夹具安装面 A 及定向键 1 定位的（图 4-26）。为了保证夹具安装面与工作台面有良好的接触，夹具安装面的结构形式及加工精度都应有一定的要求。除夹具安装面 A 之外，一般还通过两个定向键或销与工作台上的 T 形槽相连接，以保证夹具在工作台上的方向；为了提高定位精度，定向键或销与 T 形槽应有良好的配合，必要时定向键宽度应按工作台 T 形槽配作；两定向键之间的距离，在夹具底座允许的范围内应尽可能的远些；安装夹具时，可让定向键靠向 T 形槽一侧，以消除间隙造成的误差；定向键还可承受部分切削力矩，增强夹具在工作过程中的稳定性。夹具定位后，应用螺栓将其固紧在工作台上，以提高其连接刚度。

图 4-27(a)、(b) 是定向键的标准结构，图 4-27(c) 为与定向键相配合零件的尺寸。

在小型夹具中，为了制造简便，可用圆柱定位销代替定向键。图 4-28(a) 为圆柱销直接装配在夹具体的圆孔中（过盈配合）。图 4-28(b)、(c) 为阶梯形圆柱销及其连接形式。其螺纹孔，是供取出定位销用的。

为了提高定向精度，定向键与 T 形槽应有良好的配合（一般采用 H7/h6、H8/h8），定向键的材料常用 45 钢，淬火 40～45HRC。

图 4-29(a) 所示为圆柱定向键的结构。上部圆柱体与夹具体的圆孔相配合，下部圆柱体切出与 T 形槽宽度 b 相等的两平面。这可改善图 4-28(c) 结构中圆柱部分与 T 形槽配合时易磨损的缺点。

图 4-29(b)、(c) 所示为圆柱定向键与夹具体的固定方式。当用扳手 1 旋紧螺钉 2 时，借助摩擦力，月牙块 3 发生偏转外移，使定向键 4 卡紧在夹具体 5 的圆孔中。放松螺钉 2，便可取出定向键。

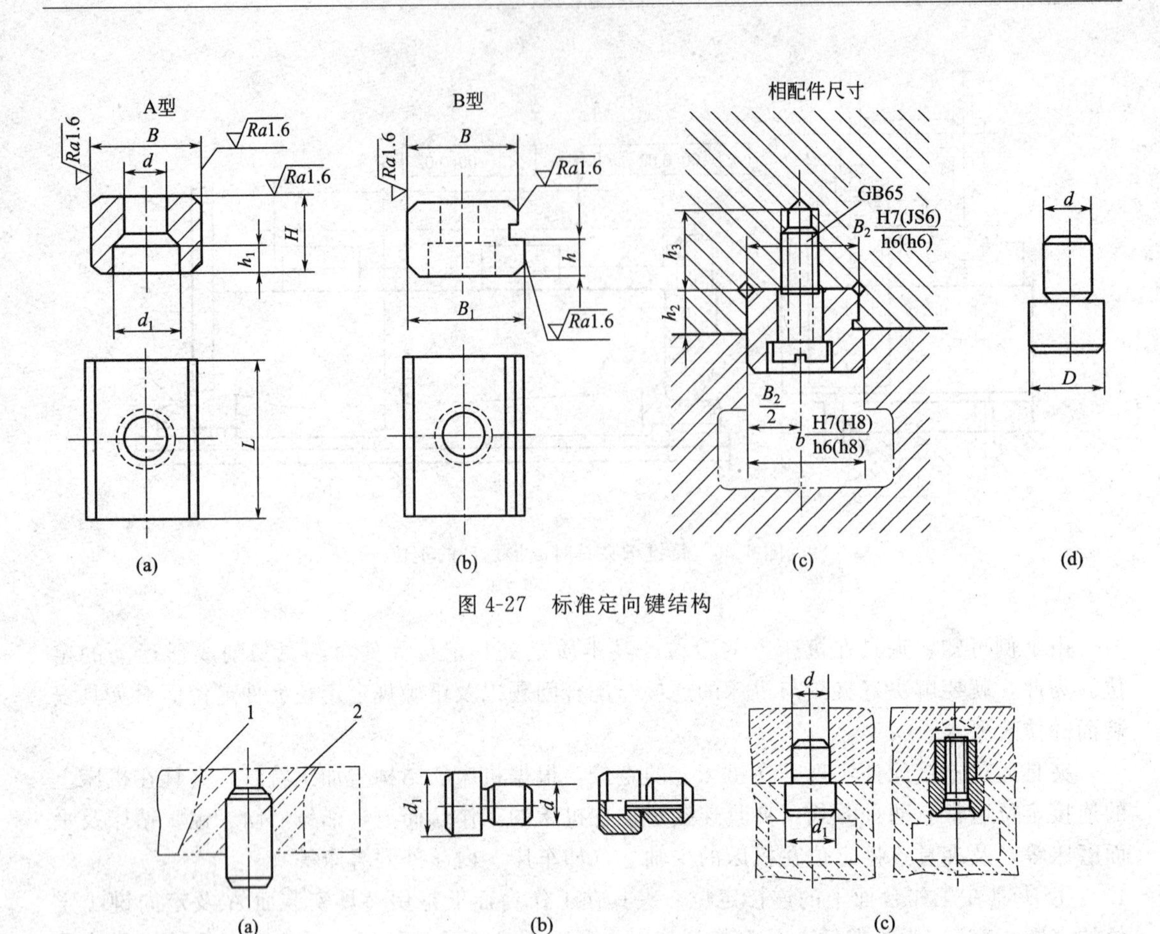

图 4-27 标准定向键结构

图 4-28 圆柱定位销

1—夹具体；2—圆柱销

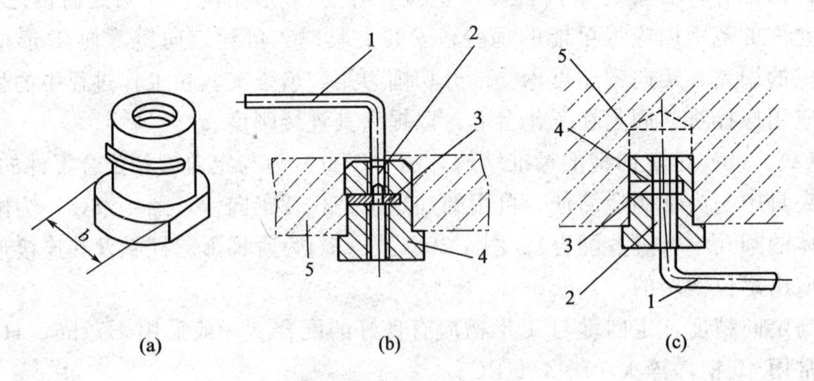

图 4-29 圆柱定向键

1—扳手；2—螺钉；3—月牙块；4—定向键；5—夹具体

通常在这类夹具的纵向两端底边上，设计出带 U 形槽的耳座，供紧固夹具体的螺栓穿过。图 4-30 为其具体结构形式。

② 夹具在主轴上的连接定位 夹具在机床主轴上的连接定位方式，取决于机床主轴端部结构。图 1-56、图 4-11～图 4-15 所示为常见的几种连接定位方式。元件定位面对夹具定

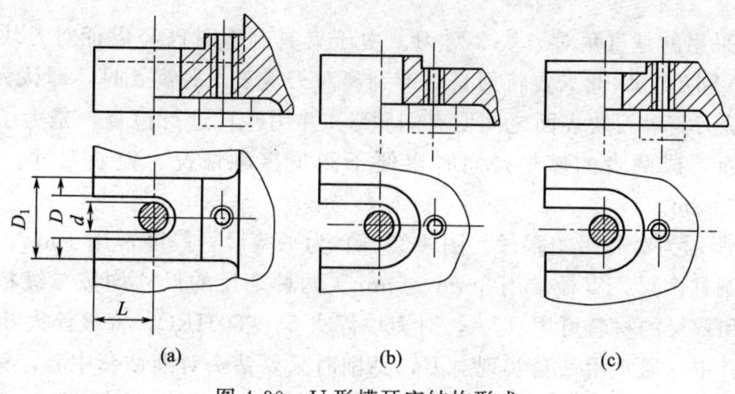

图 4-30　U 形槽耳座结构形式

位面的位置要求如表 3-3 所示。

(2) 夹具的对刀

① 夹具对刀的方法　夹具在机床上安装完毕，在进行加工之前，尚需进行夹具的对刀，使刀具相对夹具定位元件处于正确位置，如图 4-26 所示的铣键槽夹具对成形运动的定位中，一方面应使铣刀对称中心面与夹具 V 形块中心重合；另一方面应使铣刀的圆周刀刃最低点离心棒中心的距离为 h_1+s。

对刀的方法通常有三种：第一种方法为单件试切法；第二种方法是每加工一批工件，即安装调整一次夹具，通过试切数个工件来对刀；第三种方法是用样件或对刀装置对刀，这时只是在制造样件或调整对刀装置时，才需要试切一些工件，而在每次安装使用夹具时，不需再试切工件，这是最方便的方法。

图 4-31 是几种铣刀的对刀装置。最常用的是高度对刀块［图 4-31(a)］和直角对刀块［图 4-31(b)］。图 4-31(c) 和 (d) 是成形刀具用的对刀装置，图 4-31(e) 是组合刀具对刀

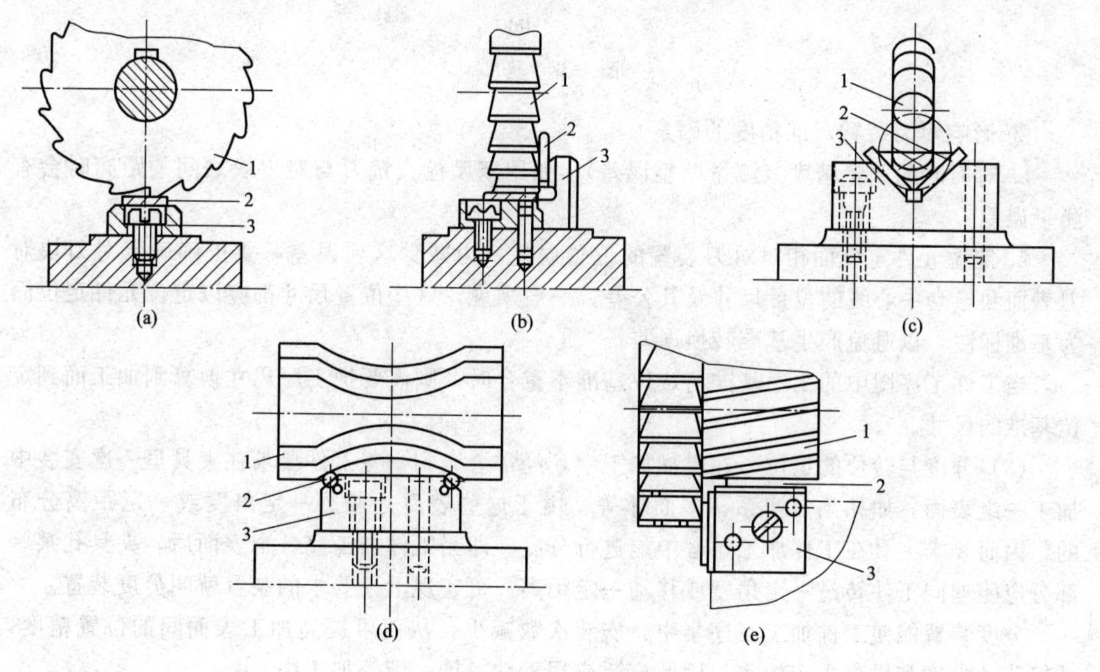

图 4-31　铣刀的对刀装置

1—铣刀；2—塞尺；3—对刀块

装置。

图 4-26 中采用的是直角对刀块 2 对刀。由于夹具制造时已经保证对刀块对定元件定位面的位置尺寸 b 和 h_1，因此只要将刀具对准到离对刀块表面距离 δ 时，即认为夹具相对刀具位置已准确。铣刀与对刀块表面之间留有间隙 δ，并用塞尺进行检查，是为了避免刀具与对刀块直接接触而造成两者的擦伤，同时也便于测量接触情况、控制尺寸。间隙 δ 一般取 1mm、2mm 或 3mm。

如图 4-32 所示为对刀用的塞尺。图 4-32(a) 为平塞尺，厚度常用 1mm、2mm 和 3mm；图 4-32(b) 为圆柱塞尺，直径常用 3mm、5mm。两种塞尺的尺寸均按二级精度基准轴公差制造。对刀块和塞尺的材料可用 T7A，对刀块淬火 55～60HRC，塞尺淬火 60～64HRC。

在钻床夹具中，通常用钻套实现对刀，钻削时只要钻头对准钻套中心，钻出的孔其位置就能达到工序要求。

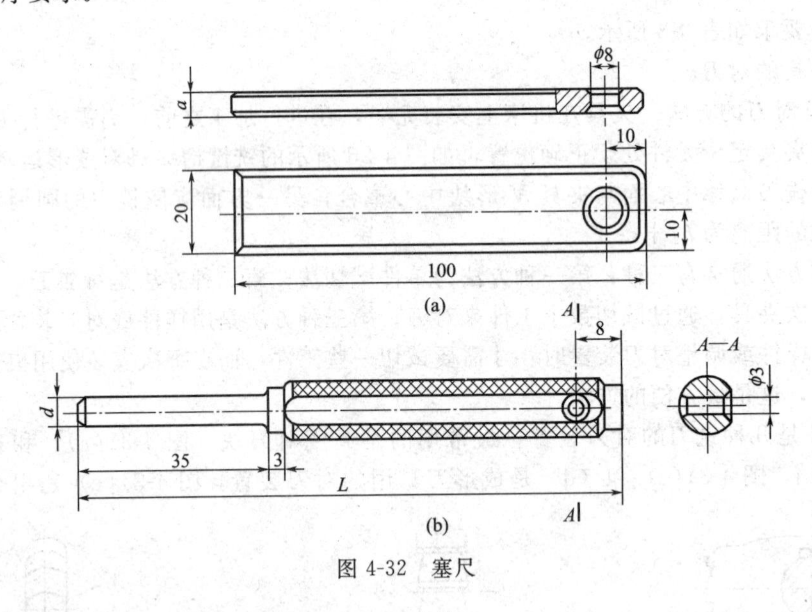

图 4-32　塞尺

② 影响对刀装置对准精度的因素

a. 对刀时的调整精度（测量调整误差）。如用塞尺检查铣刀与对刀块之间的距离时会有测量误差。

b. 定位元件定位面相对对刀装置的位置误差。为减少这项误差，要正确确定对刀块对刀表面和导套中心线的位置尺寸及其公差。一般来说，这些位置尺寸都应以定位元件定位面为基准标注，以避免产生基准转换误差。

当工件工序图中的工序基准与定位基准不重合时，则需要把工序尺寸换算到加工面到定位基准的尺寸。

(3) 分度与转位的定位　在机械加工中，经常会遇到一些工件要求在夹具里一次安装中加工一组表面，如孔系、槽系、多面体等。由于这些表面是按照一定角度或一定距离分布的，因而要求夹具在工件加工过程中能进行分度。即当工件加工完一个表面后，夹具孔某些部分应能连同工件转过一定角度或移动一定距离。可实现上述要求的装置就叫分度装置。

分度装置能使工件加工工序集中，安装次数减少，从而可提高加工表面间的位置精度，减轻劳动强度和提高生产效率，因此广泛应用于钻、铣、镗等加工中。

分度装置可分为两大类：回转分度装置及直线分度装置。由于这两类分度装置的结构原理与设计方法基本相同，而生产中又以回转分度装置的应用为多，故主要讨论回转分度装置。

① 分度装置的基本形式 分度装置按其工作原理可分为机械、光学、电磁等形式。按其回转轴的位置又可分为立轴式、卧轴式、斜轴式三种。

图 4-33(a) 为以钻扇形工件上［图 4-33(b)］五等分孔的机械式分度夹具。工件以短圆柱凸台和平面在转轴 4 及分度盘 3 上定位，以小孔在菱形销 1 上角向定位。由两个压板 9 夹紧。分度销 8 装在夹具体 5 上，并借助弹簧的作用插入分度盘相应的孔中，以确定工件与钻套间的相对位置。分度盘 3 的孔座数与工件被加工孔数相等。分度时松开手柄 6，利用手柄 7 拔出分度销 8，转动分度盘直至分度销插入第二个孔座；然后转动手柄 6 轴向锁紧分度盘，这样便完成一次分度。当加工完一个孔后，继续依次分度直至加工完工件上的全部孔。

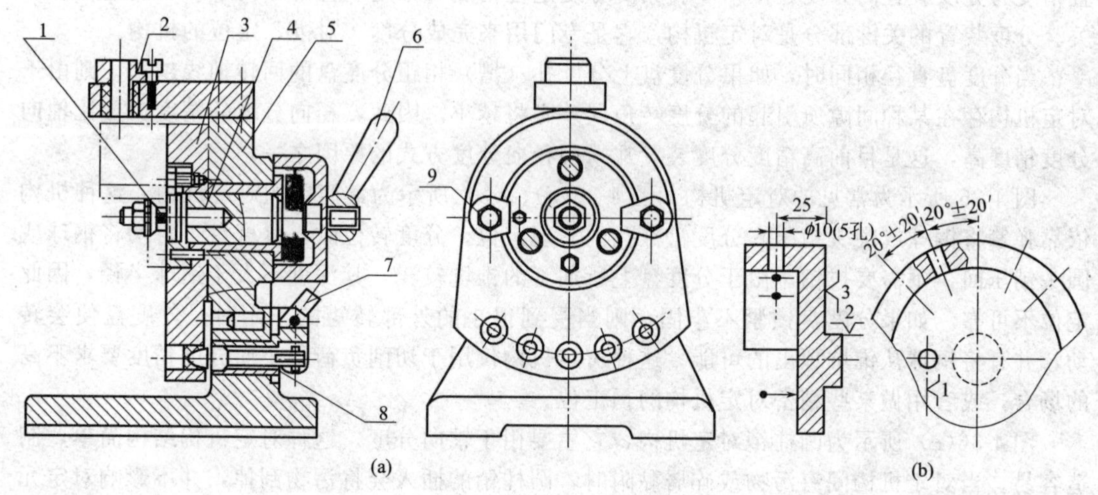

图 4-33 钻孔用分度夹具

1—菱形销；2—钻套；3—分度盘；4—转轴；5—夹具体；6—锁紧手柄；7—拨销手柄；8—分度销；9—压板

由本例知，用机械式分度装置实现分度必须有两个主要部分：分度盘和分度定位机构。一般分度盘与转轴相连，并带动工件一起转动，用以改变工件被加工面的位置。分度定位机构则装在固定不动的分度夹具的底座上。此外，为了防止切削中产生振动及避免分度销受力而影响分度精度，还需要有锁紧机构，用来把分度后的分度盘锁紧在夹具体上。

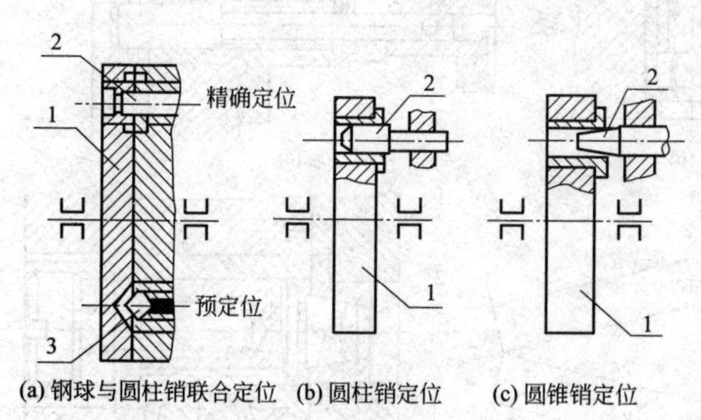

图 4-34 轴向分度装置

1—分度盘；2—对定元件；3—钢球

根据分度盘和分度定位机构相互位置的配置方式，分度装置又可分为以下两类。

a. 轴向分度装置。分度与定位是沿着与分度盘回转轴线相互平行的方向进行的，如图 4-34 所示。

b. 径向分度装置。分度与定位是沿着分度盘的半径方向进行的，如图 4-35 所示。

② 分度装置的对定 用分度或转位夹具加工工件时，各工位加工获得的表面之间的位

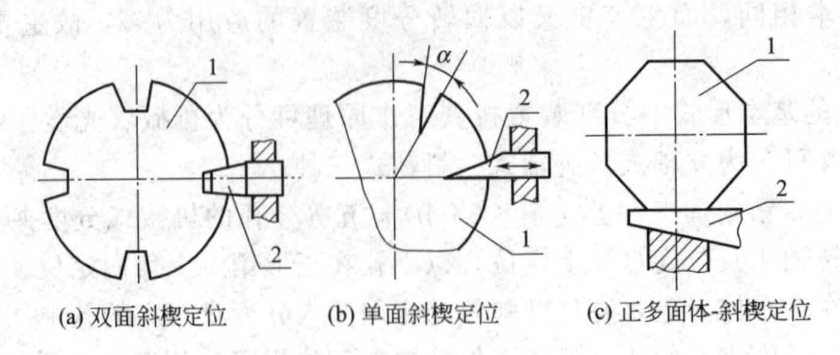

图 4-35 径向分度装置

1—分度盘；2—对定元件

置精度与分度装置的分度定位精度有关。分度定位精度与分度装置的结构形式和制造精度有关。分度装置的关键部分是对定机构，它是专门用来完成分度、对准、定位的机构。

当分度盘直径相同时，如果分度盘上分度孔（槽）相距分度盘的回转轴线越远，则由于对定机构存在某种间隙所引起的分度转角误差必将越小。因此，径向分度的精度，要比轴向分度精度高，这是目前高精度分度装置常采用径向分度方式的原因之一。

图 4-36 所示为常见的对定机构。图 4-36(a)、(b) 所示为最简单的对定机构。这种机构依靠弹簧将钢球或圆头销压入分度盘锥孔内实现定位。分度转位时，分度盘 1 自动将钢球或圆头销压回，不需要拔销。由于分度盘上所加工的锥坑较浅，其深度不大于钢球半径，因此定位不可靠。如果分度盘锁紧不牢固，则当受到很小的外部转矩的作用时，分度盘便会转动，并有将钢球从锥坑顶出的可能。这种对定机构仅用于切削负荷很小而分度精度要求不高的场合，或者用做某些精密对定机构的预定位。

图 4-36(c) 所示为圆柱销对定机构，它主要用于轴向分度。这种对定机构结构简单、制造容易。当对定机构间有污物或碎屑黏附时，圆柱销的插入会将污物刮掉，并不影响对定元件的接触，但无法补偿由于对定元件间配合间隙所造成的分度误差，故分度精度不高，主要

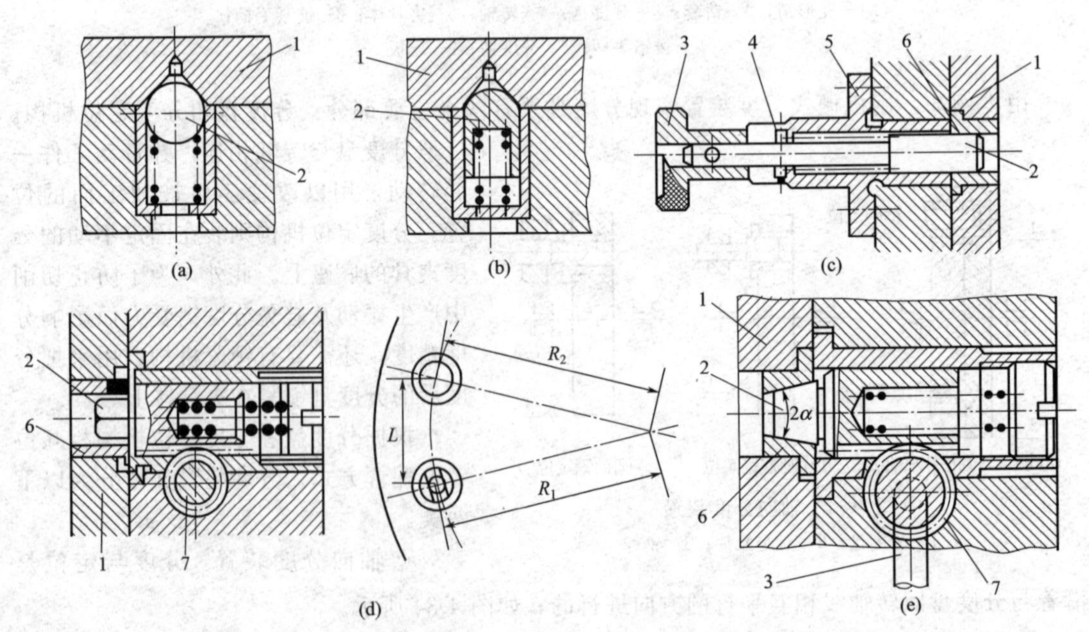

图 4-36 常见的分度对定机构

1—分度盘；2—对定元件；3—手柄；4—横销；5—导套；6—定位套；7—齿轮

用于中等精度的钻、铣夹具中。

图 4-36(d) 所示的对定机构采用菱形销，是为了避免对定销至分度盘回转中心距离 R_1 与衬套孔中心至其回转中心距离 R_2 误差较大时，对定销插不进衬套孔。

圆柱销对定机构的分度误差可按图 4-37 进行分析。由于分度盘两相邻孔的孔距存在误差，分度盘所镶衬套的内孔、外圆间有同轴度误差，对定销与分度盘衬套孔有间隙，对定销与基本衬套孔间也存在间隙，因此在一次分度时会产生两种极端情况，它们与理想情况的差别即为分度误差。

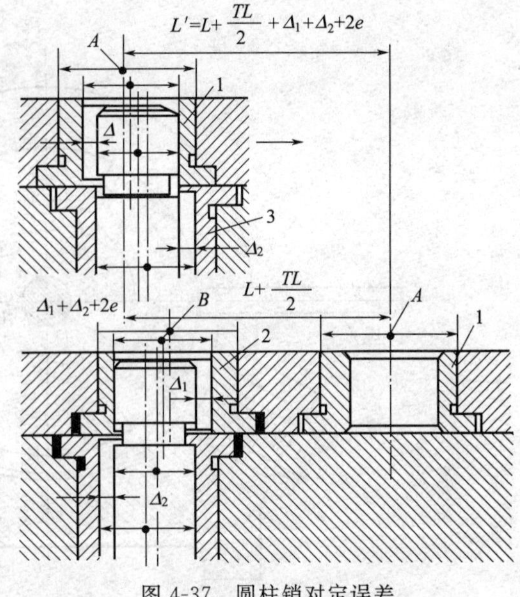

图 4-37　圆柱销对定误差

1,2—定位衬套；3—衬套孔

该分度盘两相邻定位衬套 1 和 2 间的理想中心距离为 L，分度盘相邻两孔 A、B 的中心距离的最大偏差为 $\pm TL/2$。当对定销先插入分度衬套 1 的孔中时，如果对定销与分度衬套 1 在右边接触，而与基体衬套孔 3 在左边接触，则分度盘孔 A 中心相对衬套孔 3 中心向左偏离了

$$(\Delta_1+\Delta_2+e)/2$$

式中　Δ_1——对定销与分度盘衬套孔最大配合间隙；

Δ_2——对定销与基体衬套孔最大配合间隙；

e——分度盘衬套内、外圆同轴度误差。

当分度盘转位到对定销插入分度衬套 2 的孔中时，如果对定销与分度盘衬套孔 2 在左边接触，则分度盘孔 B 中心相对衬套孔 3 偏离了 $(\Delta_1+\Delta_2+e)/2$。

分度盘实际转过的最大距离 (L') 为

$$L'=L+TL/2+\Delta_1+\Delta_2+e$$

如将上式减去理想中心距离 L，即为一次分度的两个极端情况下所造成的位置误差

$$\Delta_L=L'-L=TL/2+\Delta_1+\Delta_2+e$$

对于直线分度来说，Δ_L 即为分度误差；对于回转分度来说，尚须考虑回转部分配合间隙的影响［图 4-36(d)］，此时产生的转角误差可按下式计算

$$\delta_a=\pm A\tan\left(\frac{\Delta_L+\Delta_s}{R}\right)$$

式中　Δ_s——回转轴与分度盘配合孔最大配合间隙；

R——回转轴轴心至分度盘衬套孔轴心的距离。

为了减少分度误差，就应减少上述各项误差组成部分，也即合理地制订对定位机构各元件的制造公差、选择配合种类。一般对定销与衬套孔的配合选用 H7/g6，分度盘相邻孔距公差 $T\leqslant 0.06$mm。精密分度夹具相应精度为 H6/h5、$T\leqslant 0.04$mm。特别精密的分度装置应保证 $\Delta_1=\Delta_2\leqslant 0.01$mm，$T\leqslant 0.03$mm。

为了减小和消除配合间隙，提高分度精度，可以采用锥面对定销［图 4-36(e)］。这种对定方法，理论上 $\Delta_1=0$，因为圆锥销与分度孔接触时，能消除两者的配合间隙，所以分度精度比圆柱销高。但如果圆锥销表面上沾有污物，将会影响对定元件的良好接触，影响分度

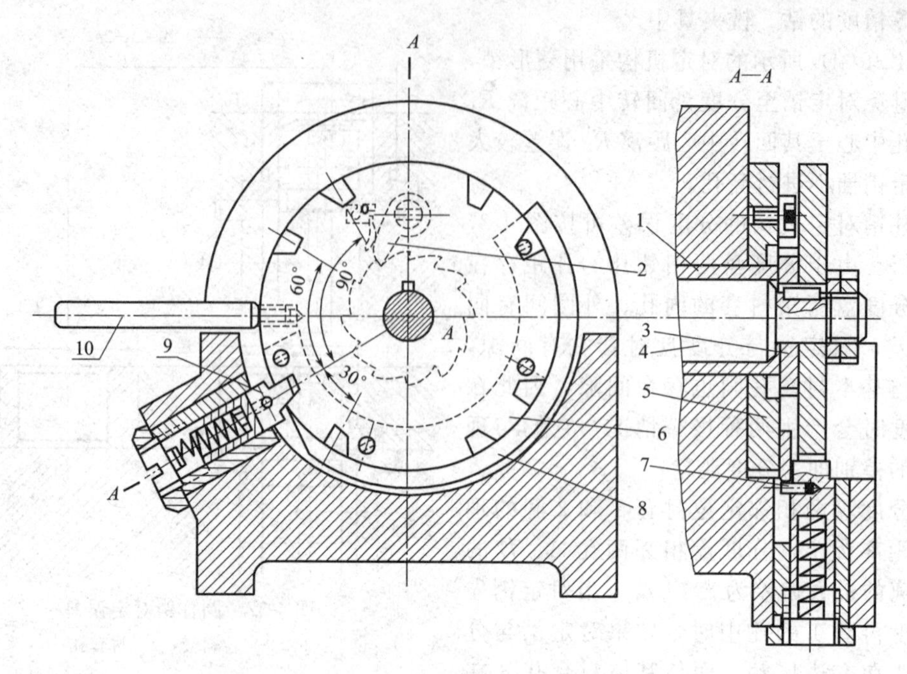

图 4-38　单斜面分度装置

1—固定套；2—棘爪；3—棘轮；4—轴；5—盘；6—分度盘；
7—销；8—凸轮；9—斜面销；10—手柄

精度。

图 4-38 为单斜面分度装置。其特点就在于它能将分度的转角误差，始终分布在有斜面的一侧，这是因为即使因对定元件沾有污物等原因引起对定销轴向位置发生变化，但分度槽的直边始终与对定销的直边保持接触，所以不会影响分度精度，故常用于精密分度装置。

图 4-39 所示的对定机构中，销子为开口可涨开的，除了能消除 Δ_1 外，同时还能消除对定销与导向套之间的间隙，使 $\Delta_2=0$，斜角 α 常取 15°。

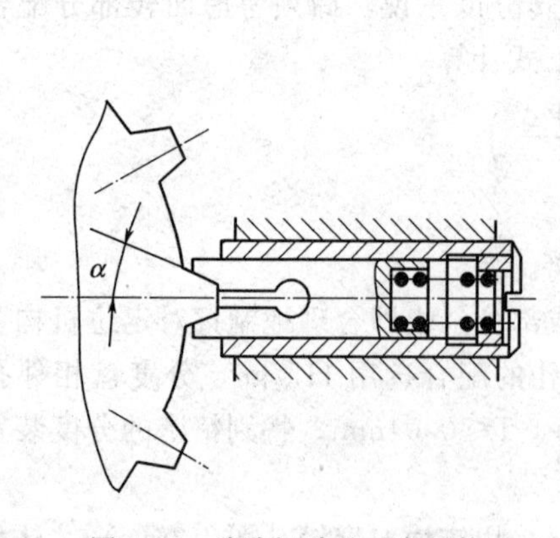

图 4-39　消除间隙的对定机构

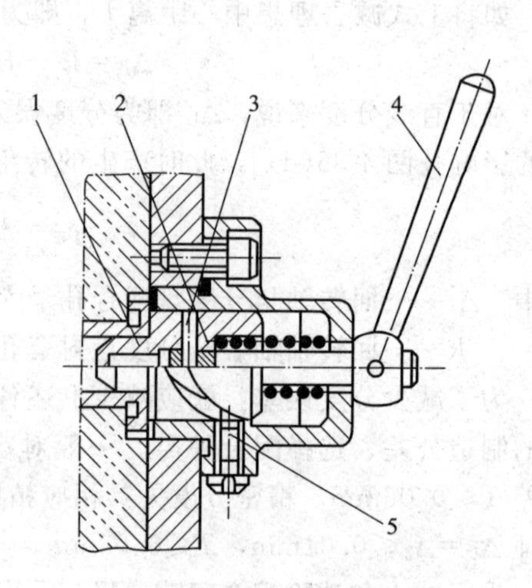

图 4-40　旋转式拨销机构

1—对定销；2—轴；3—销；
4—手柄；5—螺钉

③ 分度装置的拨销及锁紧机构

a. 手拉式拨销机构［图 4-36(c)］。向外拉手柄 3 时，将与其固定在一起的对定元件 2 从定位套 6 中拉出，横销 4 从导套 5 右端的窄槽中通过。将手柄转过 90°，横销便搁置在导套的端面上。将分度盘转过预定的角度后，将手柄重新转回 90°。当继续转动分度盘使分度孔对准对定销时，对定销便插入定位套 6 中。

b. 旋转式拨销机构（图 4-40）。转动手柄 4，轴 2 通过销 3 带动对定销 1 旋转。由于对定销 1 上有曲线槽（螺钉 5 的圆柱头卡在其间），故一面旋转一面右移，退出定位孔。

c. 齿轮齿条式拨销机构［图 4-36(d)、(e)］。对定元件 2 上有齿条，与手柄 3 上转轴上的齿轮 7 相啮合。顺时针转动手柄，齿轮带动齿条右移，拨动对定销。依靠弹簧的压力，对定销插入定位套。

d. 凸轮式拨销机构（图 4-38）。分度盘 6 的圆周面上开有单斜面分度槽。分度盘 6 和棘轮 3 用键与主轴右端相连接。棘爪 2 和半环形凸轮 8 装在盘 5 上，盘 5 空套在固定套 1 上。顺时针转动装在盘 5 上的手柄 10 时，棘爪在棘轮上打滑，主轴不转动，凸轮 8 通过销 7 将对定销退出。反转手柄 10，棘爪带动棘轮，主轴与分度盘一起转动，当对定销对准第二个槽时，对定销在弹簧作用下自动推入，完成分度。

e. 锁紧机构。为了增强分度装置工作时的刚性及稳定性，防止加工时因切削力引起振动，当分度装置经分度对定后，应将转动部分锁紧在固定的基座上，这对铣削加工等尤为重要。当在加工中产生的切削力不大且振动较小时，也可不设锁紧机构。图 4-41 所示为比较简单的锁紧机构。

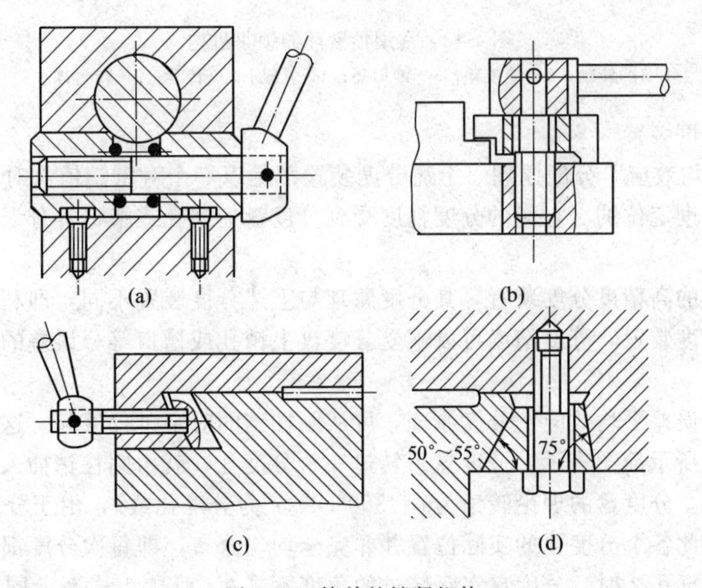

图 4-41　简单的锁紧机构

图 4-41(a) 为旋转螺杆时左右压块向中心移动的锁紧机构，图 4-41(b) 为旋转螺杆时压板向下偏转的锁紧机构：图 4-41(c) 为旋转螺杆压块右移的锁紧机构；图 4-41(d) 为旋转螺钉压块上移的锁紧机构。

图 4-42 为立轴式转台中常用的锁紧环式锁紧机构。其工作原理是：转动带有螺纹的转轴 1，压紧带有内锥面的弹性开口锁紧环 2，迫使锥形环 3 向下移动，锥形环 3 通过立轴 4 与转盘 5 连成一体，这样就使转盘 5 与转台体 6 紧密接触，达到锁紧的目的。

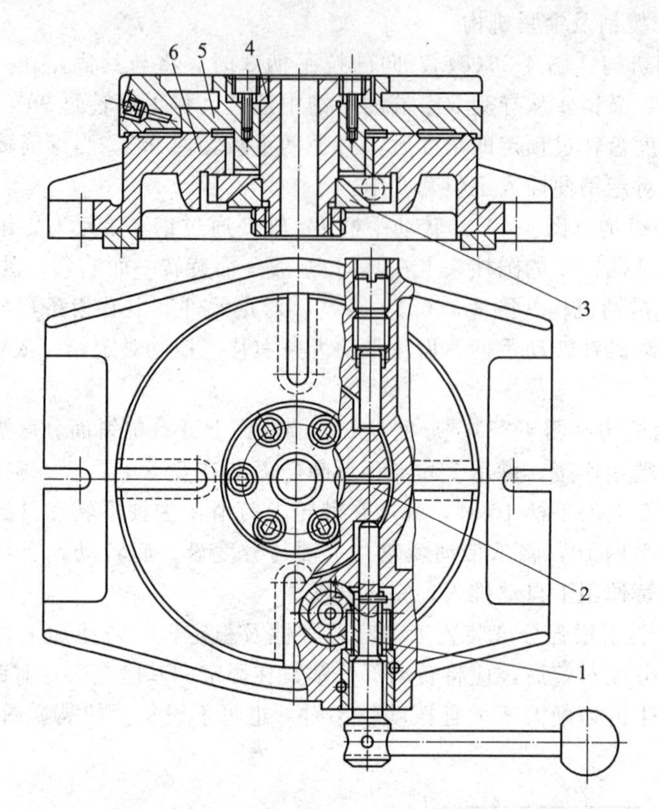

图 4-42 常用锁紧环的锁紧机构

1—转轴；2—锁紧环；3—锥形环；4—立轴；5—转盘；6—转台体

(4) 精密分度装置

①“误差平均效应”分度原理 上述分度装置都是以一个对定销依次对准分度盘上的销孔或槽口实现分度定位的。它们的分度精度受到分度盘上销孔或槽口等分误差的影响，很难达到高精度。

近年来出现的高精度分度装置，其分度原理与上述分度装置不同，即利用“误差平均效应”原理设计分度装置，分度精度可以不受分度盘上销孔或槽口等分误差的影响，达到很高的分度精度。

为了说明“误差平均效应”分度原理，可从圆柱销的对定过程谈起。这种分度对定方法可用图 4-43(a) 所示简图表示。分度盘每转过一个分度孔，就由圆柱销插入进行对定。

每次分度时，分度盘的理论转角为 $\theta=360°/n$（n 为分度孔数），由于分度装置存在制造和装配间隙，因此各个分度孔的实际位置并非完全均匀分布，即每次分度都有分度误差。当分度盘右孔 1 转至孔 2 时，分度盘实际转过的角度不是 θ，而是 $\theta+\Delta\theta_1$。同理，分度盘由孔 2 转至孔 3 时，分度盘实际转过的角度为 $\theta+\Delta\theta_2$，…，依此类推，分度盘每次分度的转角误差应为$(\theta+\Delta\theta_1)-\theta=\Delta\theta_1$、$(\theta+\Delta\theta_2)-\theta=\Delta\theta_2$、…、$(\theta+\Delta\theta_n)-\theta=\Delta\theta_n$。因此，用一个圆柱销对定分度，分度转角误差将直接传给工件。

如果仍采用分度盘，但却用两个圆柱销 M_1、M_2 同时对定，如图 4-43(b) 所示。用两个圆柱销同时进行对定，就相当于在两个圆柱销的中点有一个 M_1' 的圆柱销在起对定作用。这时分度的进行不是按 1、2、3…诸单个分度孔对定，而是按 1-2、2-3、3-4 等相邻两个分度孔同时均匀对定。因而分度动作转化为由 M_i' 圆柱销按 1-2、2-3、3-4 等位置的中点对定，

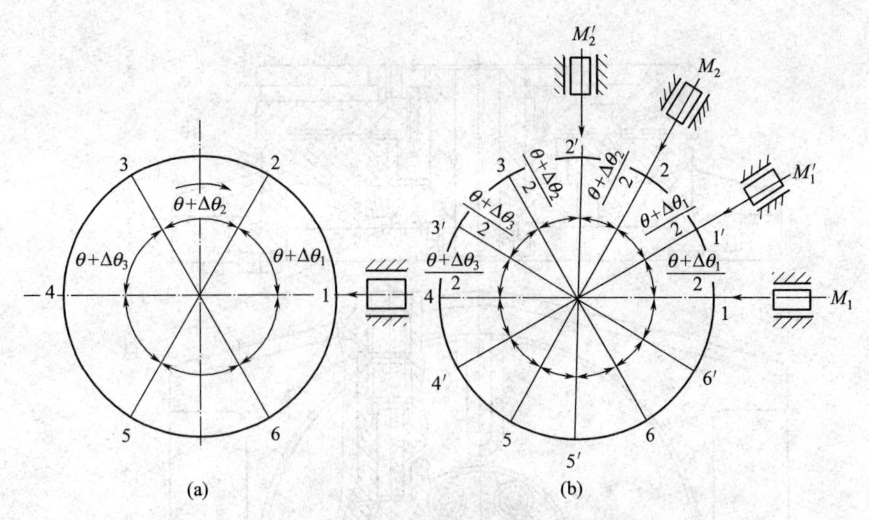

图 4-43　分度误差平均效应示意图

即按 1′、2′、3′等位置完成对定。这样，分度盘每次实际转角便为

$$\left(\frac{\theta+\Delta\theta_1}{2}+\frac{\theta+\Delta\theta_2}{2}\right)、\left(\frac{\theta+\Delta\theta_2}{2}+\frac{\theta+\Delta\theta_3}{2}\right)、\cdots$$

分度盘的分度转角误差为

$$\left(\frac{\theta+\Delta\theta_1}{2}+\frac{\theta+\Delta\theta_2}{2}\right)-\theta=\frac{\Delta\theta_1+\Delta\theta_2}{2}\quad\left(\frac{\theta+\Delta\theta_2}{2}+\frac{\theta+\Delta\theta_3}{2}\right)-\theta=\frac{\Delta\theta_2+\Delta\theta_3}{2}$$

$$\left(\frac{\theta+\Delta\theta_{n-1}}{2}+\frac{\theta+\Delta\theta_n}{2}\right)-\theta=\frac{\Delta\theta_{n-1}+\Delta\theta_n}{2}$$

由此可见，在分度盘精度相同的情况下，采用两个圆柱销同时对定时，所产生的分度转角误差是分度盘上两相邻孔位置误差的平均值，与用一个圆柱销进行对定相比，转角误差因均分而减小。如果增加同时工作的圆柱销数目，则分度转角误差会得到更大的均化，分度精度得到更大的提高。利用这一分度原理，可以在不提高分度装置制造精度的前提下，获得较高的分度精度。

分度装置可分回转分度装置及直线分度装置两大类，由于生产中应用较多的是前一种，故下面主要讨论回转分度装置。

回转分度装置按其回转轴的位置，可分为立轴式、卧轴式和斜轴式三种形式，现只介绍前两种形式。

② 立轴式通用转台（图 4-44）　它的典型结构如下：转台体 1 固定不动，转盘 2 和转轴 3 用螺钉连接，可在转台体的衬套 4 中转动实现回转分度。转盘底面上的分度孔可按分度需要镗出。为提高分度孔的耐磨性，其中压有分度衬套 6，加工时，对定销 5 插入分度衬套 6 中，对定销下端做有齿条与齿轮套 7 啮合。当需要回转分度时，逆时针转动手柄 9，通过螺纹轴上挡销 8 带动齿轮套 7 转动，使对定销 5 从衬套 6 的孔中退出，转盘连同转轴便可转过一个工位，然后在弹簧力的作用下，使对定销 5 插入下一个工位的分度衬套孔内（此时手柄 9 自动顺时针转动），完成一次分度。当继续沿顺时针方向转动手柄，螺纹轴便产生少量位移，将弹性开口锁紧圈 10 顶紧，并通过其内锥面迫使锥形圈 13 向下压，从而使转盘 2 紧贴在转台体 1 上，达到锁紧的目的。齿轮套 7 的端部开有缺口（见 B—B 剖面），从而可实现先松开转盘，然后拔销，或先插入对定销再锁紧转盘的动作要求。调节螺钉 11、12 用以控

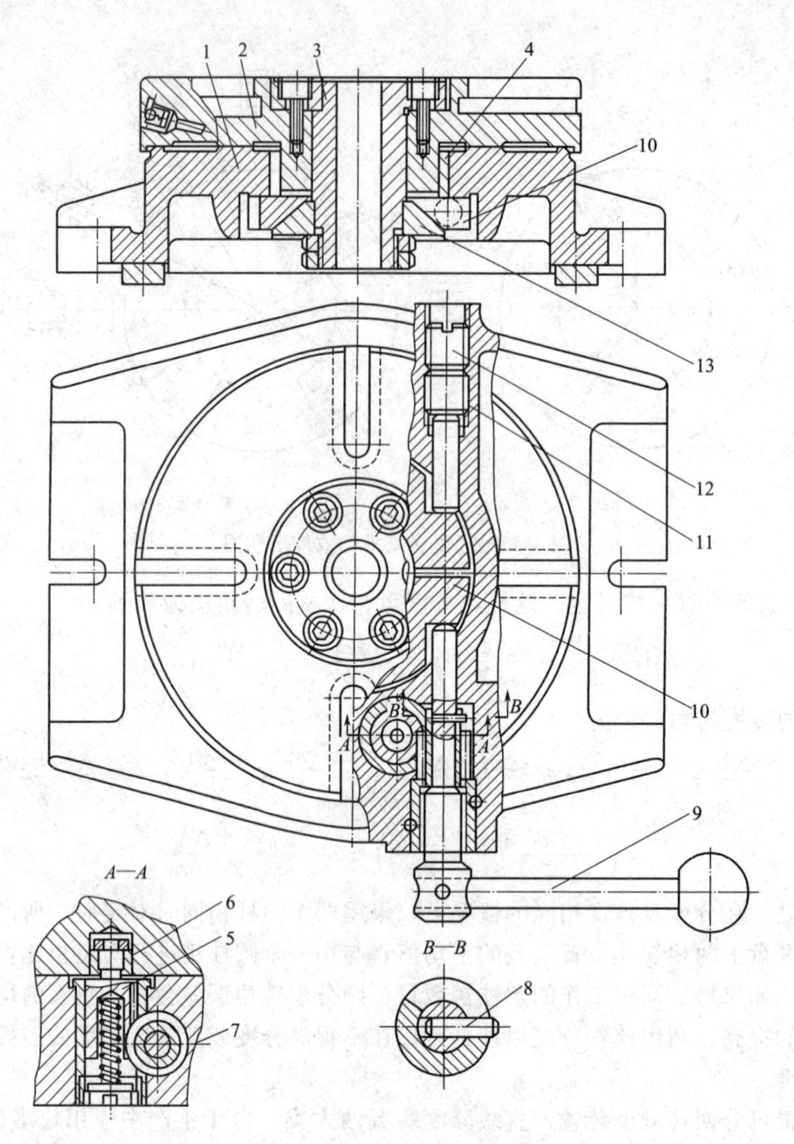

图 4-44　立轴式通用转台

1—转台体；2—转盘；3—转轴；4—衬套；5—对定销；6—分度衬套；7—齿轮套；8—挡销；9—手柄；10—锁紧圈；11,12—调节螺钉；13—锥形圈

制锁紧程度。若受力不大的场合，锁紧机构也可不设置。这种通用转台可在各种专用工作夹具上应用，目前已有标准系列，按转盘直径 D 有 250mm、300mm、450mm 等几种规格，并有专业化企业生产。

图 4-45 即为立轴式通用转台的应用实例。图示法兰盘工件需加工圆周上均布平行孔系，工件以底面、圆孔及键槽为定位基面，在夹具的定位盘 4 及带键的定位芯轴 3 上限位，并以螺母 1 通过开口垫圈 2 把工件夹紧。此工作夹具通过定位盘 4 的底面衬套孔，安装在通用转台的转盘中心定位销 5 中，以确定其正确相对位置，然后用螺钉紧固。另在钻台体上安装一支架 6 及铰链钻模板 7，通过转台的回转分度，可依次加工均布平行孔系各孔。

③ 卧轴式通用转台（图 4-46）　它的工作原理与立轴式基本相同，只是对转台体与转轴的刚性要求更高，转盘 2 和转轴 7 用螺钉紧固可在转台体 1 的衬套 3 中转动，在转轴后端孔

中装有转动轴 5，其上开有环形槽，与转轴上两条对称键槽对齐，以两个半圆键相连。移动轴左端的横向孔中装有偏芯轴 16，它的中部压入挡销 8，其外面装有转动套 9，转动套的径向孔中则固定一拨杆 10，拨杆的另一端插入削边对定销 11 的孔中。

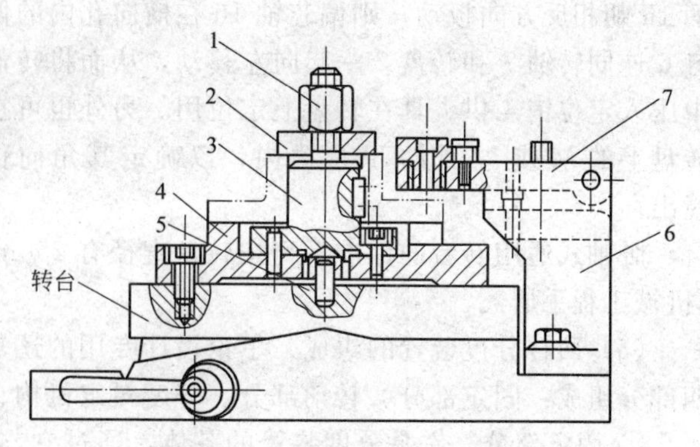

图 4-45　立轴式转台的应用实例

1—螺母；2—开口垫圈；3—定位芯轴；4—定位盘；5—转盘中心定位销；6—支架；7—铰链钻模板

当需要分度时，可将手柄 15 沿着松开方向扳动，此时偏芯轴 16 顺时针转动，挡销 8 也随之转动，在碰到转动套 9 的 P 面时，便带动转动套及拨杆 10 一起转动，使削边对定销 11 从转盘的分度衬套 12 中退出，转盘即能回转分度。当转盘转至下一个工位时，对定销在弹簧 14 的作用下，插入下一个分度衬套孔内。此时将手

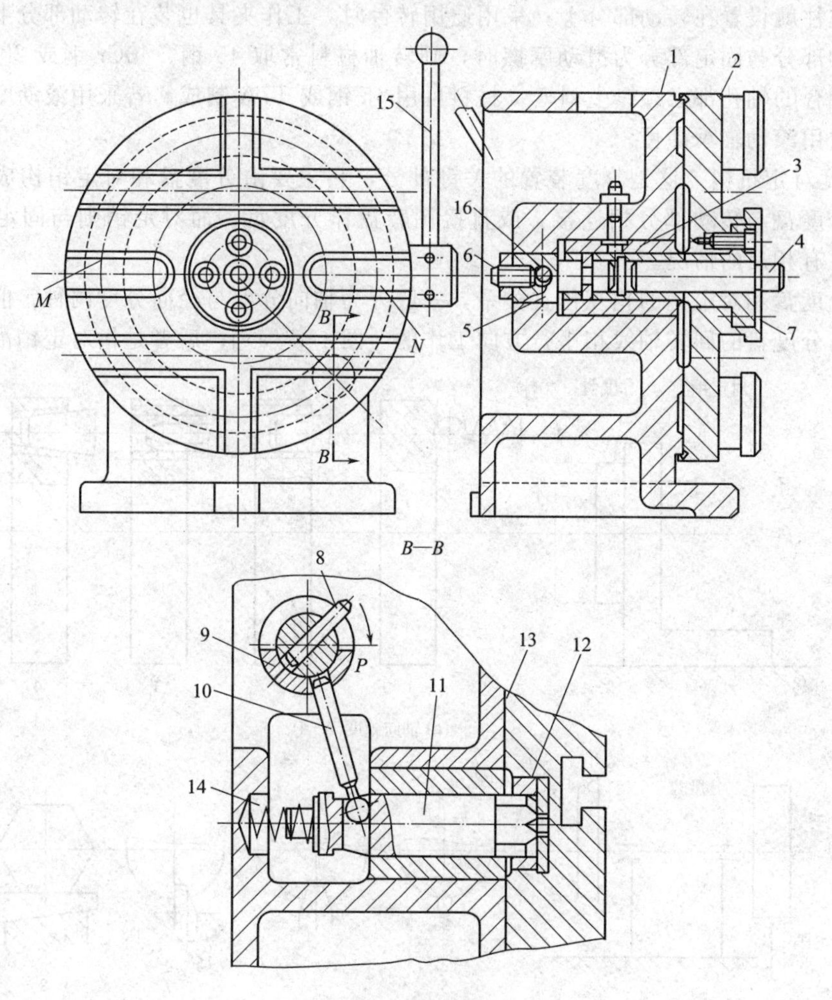

图 4-46　卧轴式通用转台

1—转台体；2—转盘；3,13—衬套；4—定位销；5—转动轴；6—螺钉；7—转轴；8—挡销；9—转动套；10—拨杆；11—削边对定销；12—分度衬套；14—弹簧；15—手柄；16—偏芯轴

柄 15 朝相反方向扳动，则偏芯轴 16 在横向孔内的偏心部分，便迫使固定在转动轴 5 上的螺钉 6 连同转轴 7 和转盘 2 一起向左移动，从而将转盘 2 锁紧在转台体 1 上。转轴右端中心孔中压入定位销 4 供夹具在转盘上定位用。另外也可在夹具上再设置一定位销或定向键，配入转盘上的 M 或 N 处的 T 形槽内，以确定其角向位置。转盘上的分度孔，可按分度需要镗出。

卧轴式通用转台的标准系列按转盘直径有 250mm、350mm 等几种，其主要尺寸可查阅《机械工程手册》。

（5）回转分度装置的组成　不论设计专用的还是通用转台，其回转分度装置一般由以下四部分组成：固定部分、转动部分、分度对定机构、抬起与锁紧机构。

① 固定部分　它是分度装置的基体，通过它与机床工作台或机床主轴相连接，故往往就利用夹具体作为其固定部分（即转台体）。

为了保证回转分度装置的精度持久不变，对转台体要求其刚性好、尺寸稳定和耐磨损，一般用灰铸铁制造，机械加工前须进行时效处理。

② 转动部分　这是分度装置的运动部件，通过它达到转位的目的。因此工件的定位与夹紧装置往往就设置在转动部分上；采用通用转台时，工作夹具也装在转动部分上。

当转动部分与固定部分为滑动摩擦时，则转轴材料常取 45 钢、40Cr 钢或 20 钢渗碳淬火，与其配合的轴孔都必须镶上衬套，材料可用 45 钢或 T7A 制成。若采用滚动摩擦时，只需将衬套改用滚动轴承即可。

③ 分度对定机构　这是分度装置的关键部分，它主要由分度盘和对定销构成。大多数情况下，分度盘与转动部分相连接，或直接用转盘作分度盘；而对定销则与固定部分相连接，当然也有相反的情况。

按照分度盘和对定销的相互位置关系，一般分为轴向分度与径向分度两种。前者是指对定销沿着与分度盘的回转轴线相平行方向工作的［图 4-47(a)］；后者是指对定销沿着分度盘

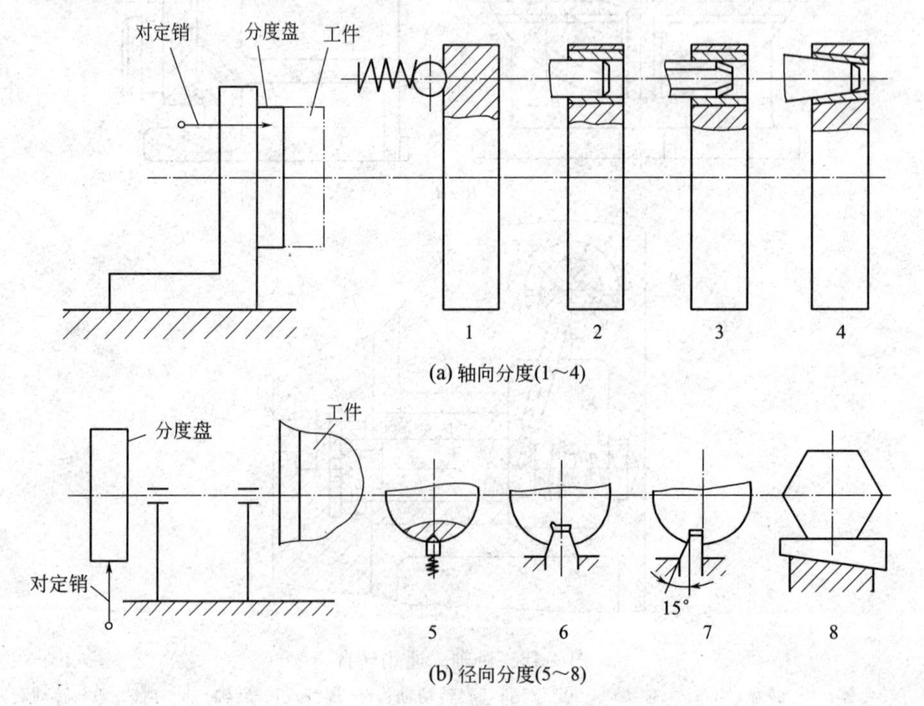

图 4-47　轴向分度与径向分度

的半径方向工作的［图 4-47(b)］。显然从分度装置的外形尺寸、结构紧凑和维护保养来说，以轴向分度为佳，故其应用较多。但因对定销与分度衬套孔之间存在配合间隙从而引起分度误差。为此在分度精度要求高的场合，以采用径向分度为佳。表 4-3 为八种常见对定方式的特点及应用场合（对照图 4-47 中 1～8）。

表 4-3　常见对定方式的特点与应用场合

序号	对定方式	特点	应用场合	序号	对定方式	特点	应用场合
1	钢球对定	定位不太可靠	切削负荷小，分度精度低	5	球头销对定	（与钢球对定相同）	
2	圆柱销对定	采用 H7/g6	分度精度不高	6	双斜面对定	（与圆锥销对定相同）	
3	削边销对定	提高分度精度	轴向分度用	7	单斜面对定	误差单边分布	作一般精密分度
4	圆锥销对定	要有防尘措施	分度精度较高	8	正多面体对定	结构简单	分度精度一般

操纵对定销的机构，可用手拉式对定销［图 4-48(a)］、齿条式对定销［图 4-48(b)］或杠杆式对定销［图 4-48(c)］。这三种分度对定机构，拔出对定销和分度盘的转位分度均须分别操作，比较费时费力。图 4-49 所示为单手柄操纵上述两个动作的结构。将手柄 6 按逆时针方向转至图示双点画线位置时，连在手柄上的凸块 2 推动对定销 3 下部的圆弧凸台，压缩弹簧使对定销从分度盘 1 的分度槽中退出。此时装在手柄上的棘爪 5 在棘轮 4 上滑过，并嵌入下一个棘轮凹槽中。然后将手柄再按顺时针方向转到图示实线位置，与此同时棘爪便拨动棘轮，连同分度盘 1 和工作台转过一个工位。由于凸块 2 也已移开，因此对定销便在弹簧力的作用下，插入下一个分度槽内。这样手柄每往复转动一次，便同时完成分度与对定两个动作，操作方便迅速。

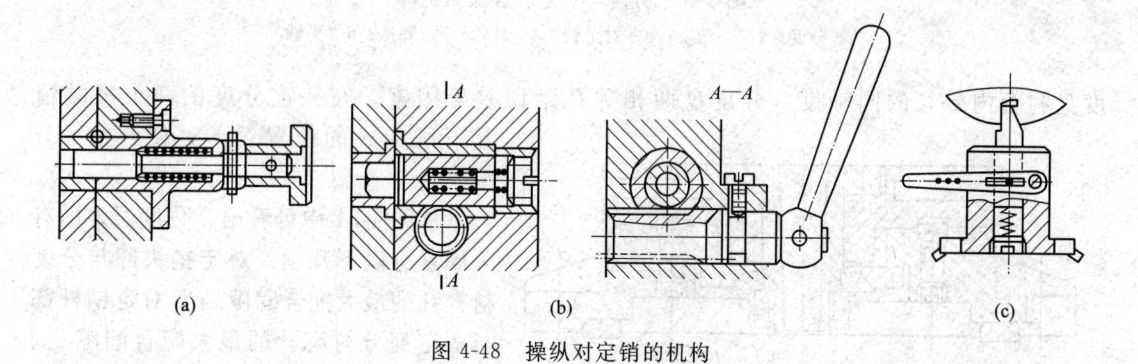

图 4-48　操纵对定销的机构

④ 抬起与锁紧机构　对于较大规格的立轴式回转分度装置，为了使转动灵活、省力及减少接触面间摩擦，应在转位分度前，将转位部分稍微抬起，为此可设计抬起机构(图4-50中的四个顶柱通过弹簧把转动部分抬起)。又为了增强分度装置工作时的刚性及稳定性，防止加工时受切削力引起振动，当分度装置经分度对定后，应将转动部分锁紧在固定部分上，这对于铣削加工尤其重要。前述图 4-44 中的锁紧圈 10 就是锁紧机构。当加工中产生切削力不大且振动较小的场合，也可不设锁紧机构，如图 4-49 所示的结构就未考虑转盘的锁紧。

(6) 分度误差分析　上述各种分度对定机构由于不同的结构形式，以及配合、制造误差等因素，通过分度得到的实际位置与理想位置总有差异，其差值即为分度误差。现以生产中常用的圆柱销对定为例来分析其分度误差。

图 4-51 中表示对定销与分度盘衬套孔以及与固定部分衬套孔之间的配合间隙、分

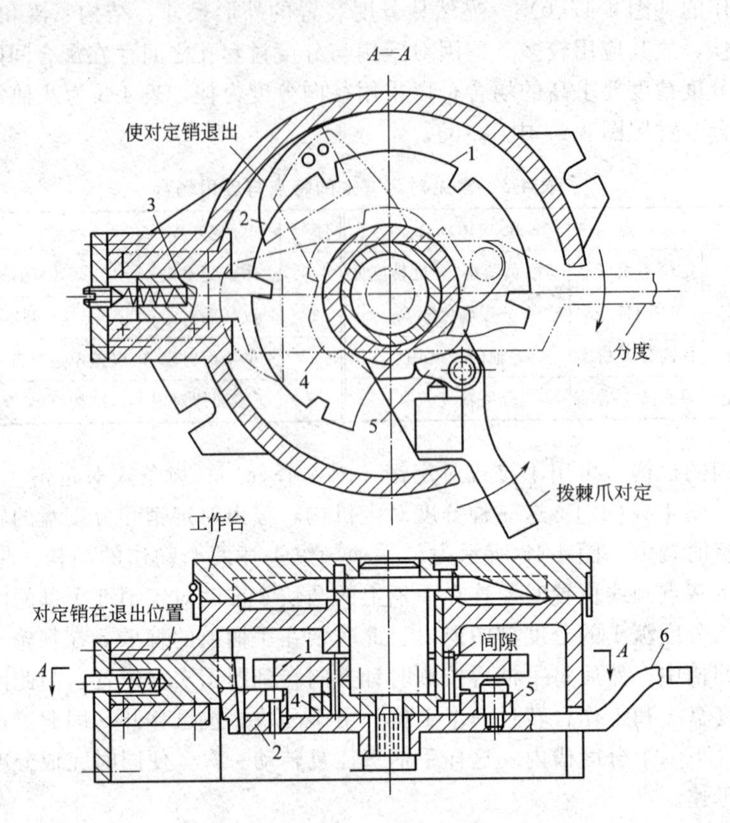

图 4-49 分度与对定联合操纵机构

1—分度盘；2—凸块；3—对定销；4—棘轮；5—棘爪；6—手柄

度盘衬套内外径的同轴度、分度盘两相邻孔距误差等因素。在一次分度的两个极端情况下所造成的位置误差，便产生了分度误差。

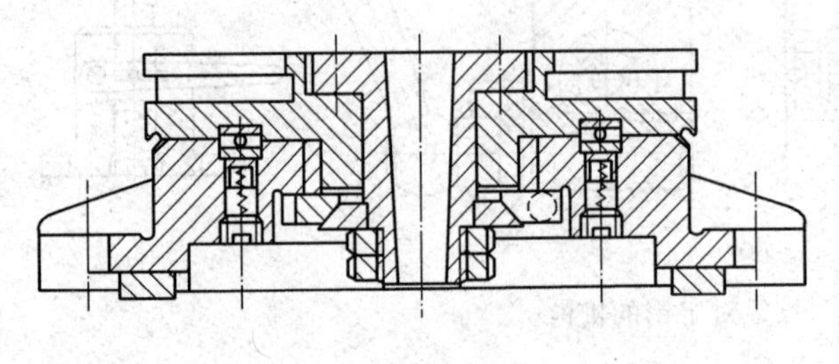

图 4-50 抬起机构

从图 4-51 中可看出，分度误差的有关因素有以下几项：对定销头部与分度衬套孔的最大配合间隙 ε_1、对定销杆部与固定部分衬套孔的最大配合间隙 ε_2、转盘回转轴与分度盘配合孔的最大配合间隙 ε_3；分度盘上相邻两分度孔间的中心距 a 的误差 Δ_1，分度孔衬套内外圆的偏心 Δ_2（若衬套的内外圆是在一次装夹中加工的则 Δ_2 可不计）；分度孔至分度盘回转中心的距离的误差 Δ_3（这一误差可利用削边对定销来补偿）。因此分度时产生的转角误差 Δ_α，可按下式计算

$$\sin\Delta_\alpha = \pm\frac{\varepsilon_1+\varepsilon_2+\varepsilon_3+\Delta_1+\Delta_2+\Delta_3}{2R}$$

由于上述因素的影响，使这类分度对定装置的精度不易高于±10″。

目前，分度精度分为：一般精度±(1′～10′)，较精密精度±10″左右和精密分度精度约±1″。一般精度的结构为钢球或圆柱销对定；较精密及精密分度结构除了用斜面或圆锥销对定外，还设计端面齿盘和钢球盘式精密分度装置。

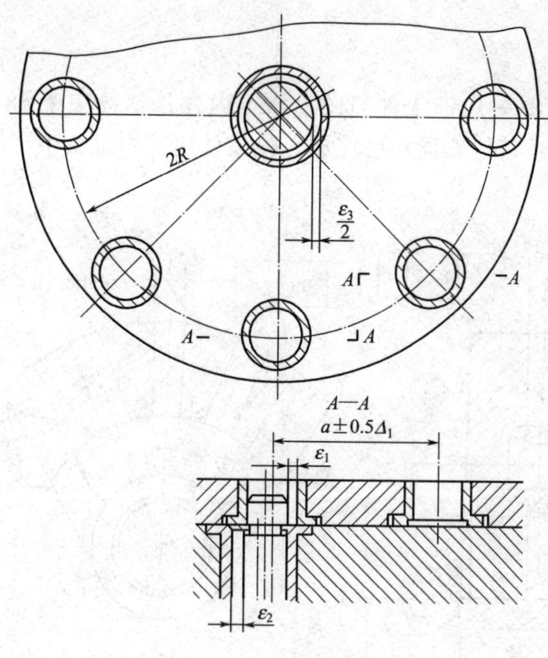

图 4-51　分度误差分析

2. 实例思考

如图 4-52 所示是专用分度夹具用于钻削套类零件壁上孔的典型结构。工件以内孔、端面及一小孔在定位块 13 和菱形销 17 上定位，拧紧螺母 16，通过开口垫圈 15 将工件夹紧在转盘 12 上。试分析工件如何进行分度，并指出其分度装置各组成部分的零件。

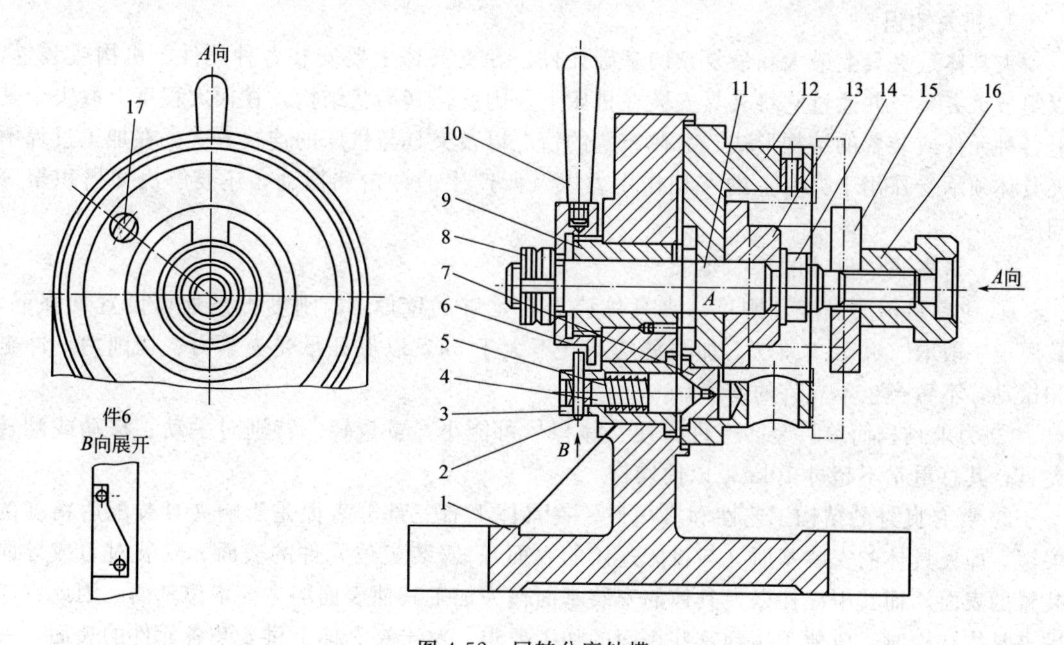

图 4-52　回转分度钻模

1—夹具体；2,4—销；3,9—衬套；5—弹簧；6,8,14,16—螺母；7—定位套；10—手柄；11—芯轴；12—转盘；13—定位块；15—开口垫圈；17—菱形销

三、夹具体的设计

1. 实例分析

（1）实例　图 4-53 是一扇形工件简图，加工内容是钻铰三个 ϕ8H8 孔，各项精度要求如图所示。本工序之前，其他表面均已完成。该零件属于中批量生产。

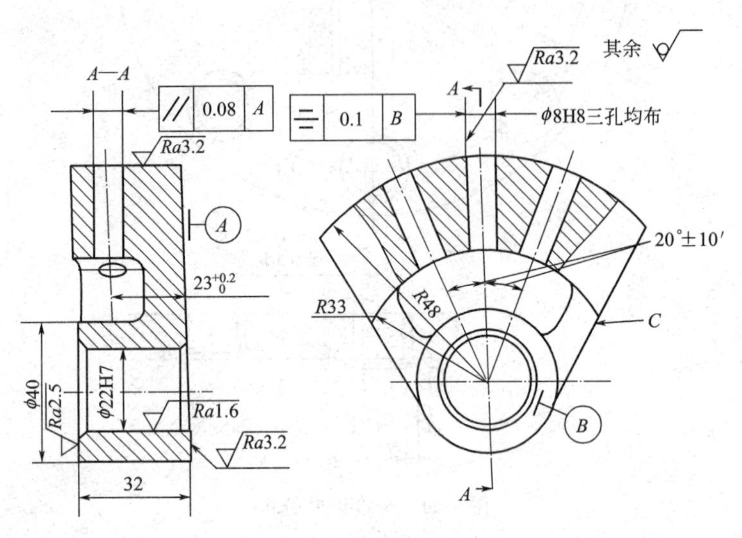

图 4-53　扇形工件孔加工工序图

（2）分析　从图 4-53 可知，平面 A、孔 ϕ22H7 为加工 3×ϕ8H8 孔的工序基准，如果选择平面 A 为定位基准，则基准不重合误差为零。按照工序要求，工件以 ϕ22H7 孔、平面 A 及 C 面定位。夹具的结构如图 4-54 所示，为钻铰三个 ϕ8H8 孔的钻床夹具。

2. 相关知识

夹具体是夹具上最大和最复杂的基础元件。在夹具体上要安装各种元件、机构或装置，以组成该夹具，并通过它将夹具安装在机床上。因此，其形状结构，在很大程度上取决于其上各种元件或装置的结构形式、总体布置的情况以及夹具与机床的连接方式。在加工过程中夹具体须承受作用于夹具上的一切作用力以及所产生的冲击和振动，还要解决切屑积聚等问题。

（1）对夹具体设计的基本要求

① 应有足够的强度和刚度。夹具体应具有足够的壁厚 h，刚度不足处可设置加强筋，其厚度一般取（0.7～0.9）h，加强筋的高度不大于 5h，以保证承受夹紧力、切削力，冲击和振动，不致产生不允许的变形。

② 力求结构简单，装卸工件方便。体积尽可能小，重量轻。特别对手动、移动或翻转夹具，其总重量不超过 10kg，以便操作。

③ 要有良好的结构工艺性和实用性。夹具体上有三部分表面是影响夹具装配后精度的关键，即夹具体的安装基面（与机床连接的表面）、安装定位元件的表面、安装对刀或导向装置的表面。而其中往往以夹具体的安装基面作为加工其他表面的主要定位基面，因此在考虑夹具体结构时，应便于达到这些表面的加工要求。对于夹具体上供安装各元件的表面，一般应铸出 3～5mm 凸台，以减少精加工面积。不加工毛面与工件表面之间应保证有如下空隙：工件是毛面时取 8～15mm；工件是光面时取 4～10mm；以免安装时发生干涉。

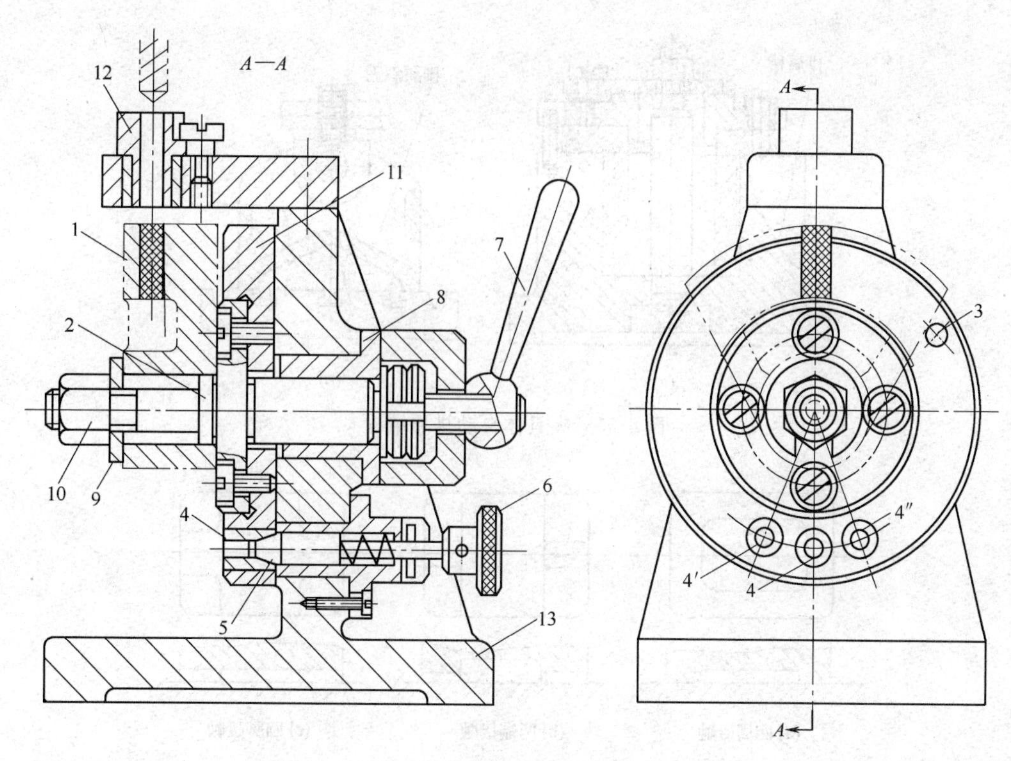

图 4-54　扇形工件孔加工夹具

1—工件；2—定位销轴；3—挡销；4—定位套；5—分度定位销；6—手钮；7—手柄；8—衬套；9—开口垫圈；10—螺母；11—转盘；12—钻套；13—夹具体

④ 结构、尺寸、大小适当且稳定。通常夹具体设计不作力学分析计算，而是参照类似夹具体结构，用经验类比法估计确定。铸造夹具体要进行时效处理；焊接夹具体要进行退火处理，以防加工后日久变形。夹具体的壁厚和转角处变化要缓和、均匀，以免产生过大内应力。

⑤ 排除切屑问题要解决。加工过程中所产生的切屑，有一部分将落在夹具体上，若切屑积聚过多，将严重影响工件可靠定位和夹紧。为此应采取必要措施。当切屑不多时，可适当加大定位元件工作表面与夹具体之间的空间或增设容屑沟槽；当加工中产生大量切屑时，应在夹具体上专门设计排屑用的斜面（α 取 30°～50°）或排屑槽，以便切屑落入腔内自动排出夹具体外（图 4-55）。

⑥ 夹具在机床上安装要稳定、安全、可靠。夹具在机床上的安装都是通过夹具体上的安装基面与机床上相应表面的接触或配合实现的。当夹具在机床工作台上安装时，夹具的重心应尽量低，重心越高则支承面应越大；夹具底面四边应凸出、使夹具体的安装基面与机床的工作台面接触良好。夹具体安装基面的形式如图 4-56 所示。接触边或支脚的宽度应大于机床工作台梯形槽的宽度，应一次加工出来，并保证一定的平面精度；当夹具在机床主轴上安装时，夹具安装基面与主轴相应表面有较高的配合精度，并保证夹具体安装稳定可靠。大型夹具要设置起吊环（按 GB/T 825—1991 选用）。较大的夹具体要设置耳座（如图 4-30）。

(2) 夹具体毛坯的类型　由于各类夹具结构形态变化多端，使夹具体难以标准化，但其结构形式不外乎图 4-57 所示的三类，即开式结构［图 4-57(a)］、半开式结构［图 4-57(b)］

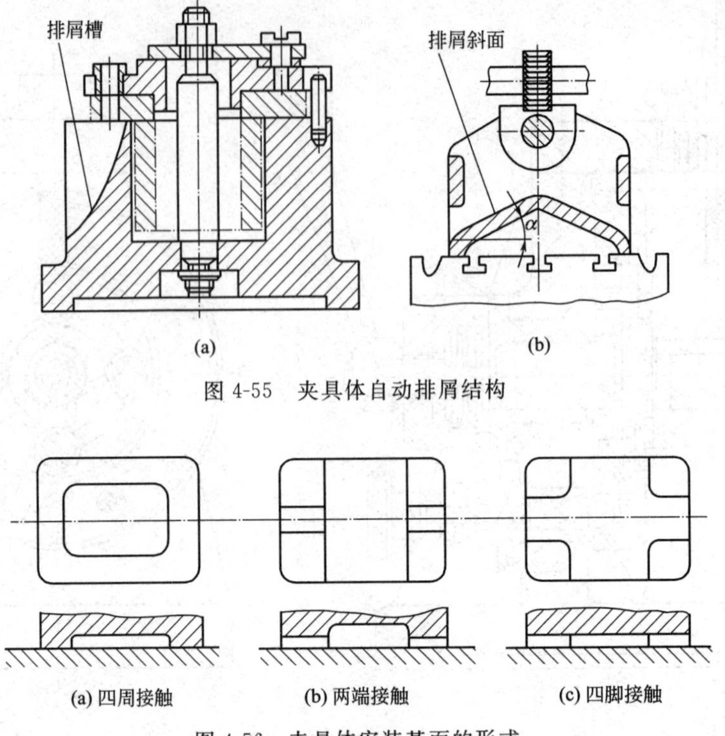

图 4-55 夹具体自动排屑结构

图 4-56 夹具体安装基面的形式

和框架式结构［图 4-57(c)］，供参考选用。

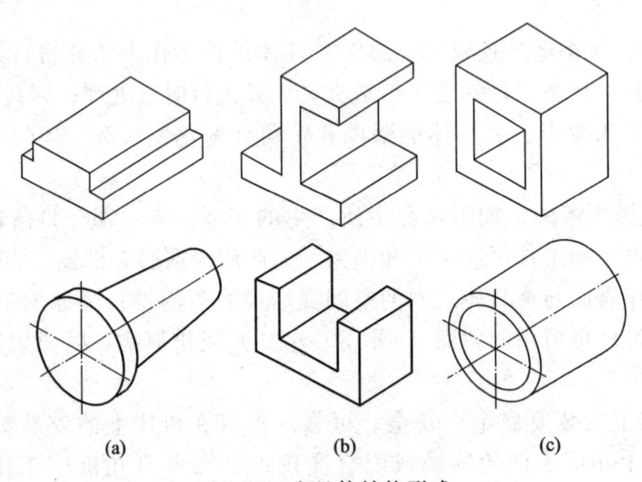

图 4-57 夹具体结构形式

夹具体毛坯常采用以下四种（图 4-58）。

① 铸造夹具体［图 4-58(a)］ 可铸出各种复杂形状，工艺性好，具有较好的抗压强度、刚度和抗振性。但生产周期长，需进行时效处理，以消除内应力。常用灰铸铁 HT150、HT200，要求强度较高时用铸钢 ZG270-500，要求质量较轻时用铸铝 ZL104。目前铸造夹具体应用较广。

② 焊接夹具体［图 4-58(b)］ 它由钢板、型材焊接而成。取材方便、生产周期短、成本低、重量轻（壁厚较铸造夹具体薄）。但焊接后热应力较大，易变形，需退火处理，以保

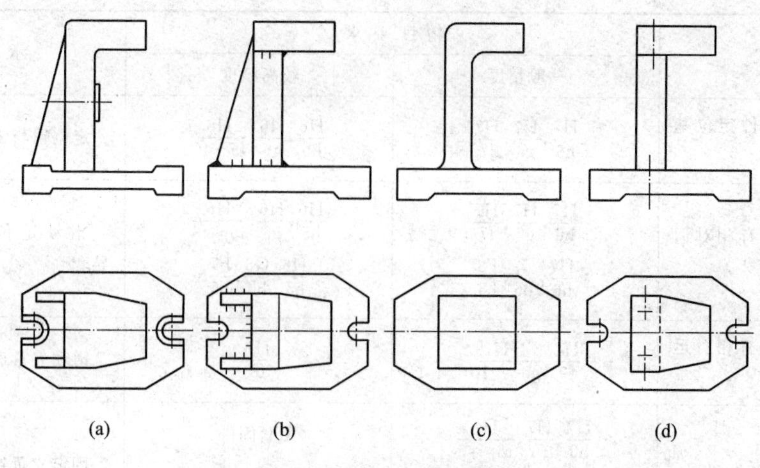

图 4-58　夹具体毛坯类型

证加工尺寸的稳定性。

③ 锻造夹具体［图 4-58(c)］　它适用于形状简单、尺寸不大、要求强度和刚度较大的夹具体。锻造毛坯也需经退火处理。

④ 装配式夹具体［图 4-58(d)］　此类夹具体具有制造成本低、周期短、精度稳定等优点，有利于夹具标准化、系列化，也便于夹具的计算机辅助设计。它往往由标准的毛坯件、零件及个别非标件通过螺钉、销钉等连接组装而成。图 4-59 是几种典型的夹具体标准毛坯件或可组装成夹具体的标准件。

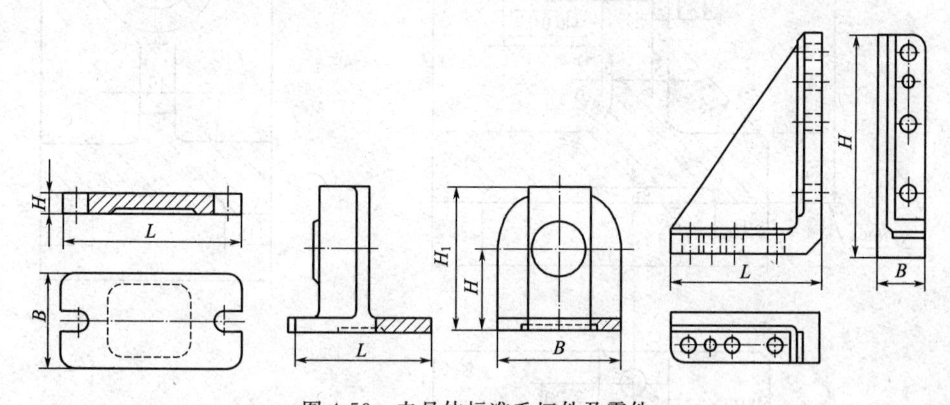

图 4-59　夹具体标准毛坯件及零件

(3) 有关夹具体的技术要求　为了说明夹具体与各元件配合表面（或孔）的尺寸公差和配合精度，设计时可参见表 4-4。

有时为了夹具在机床上找正方便，可在夹具体侧面（或圆周）加工出专用于找正的基面，用以代替对元件定位基面的直接测量，但该找正基面与元件定位基面之间必须有严格的位置公差要求。

(4) 夹具体的设计实例　图 4-60 为某钻模夹具体，图 4-61 为某车床夹具的夹具体，材料都为 HT200，应标注的尺寸、公差和形位公差如图所示。它们的共同特点是夹具体的基面 A 和夹具体的装配面 B 相互垂直。由于车床夹具体为旋转体，所以还设置了找正圆面 C，以确定夹具旋转轴线的位置。

表 4-4 夹具元件间常用的配合选择

工作形式	精度要求		示例
	一般精度	较高精度	
定位元件与工件定位基面间	$\frac{H7}{h6}$，$\frac{H7}{g6}$，$\frac{H7}{f7}$	$\frac{H6}{h5}$，$\frac{H6}{g5}$，$\frac{H6}{f5\sim f6}$	定位销与工件基准孔
有引导作用并有相对运动的元件间	$\frac{H7}{h6}$，$\frac{H7}{g6}$，$\frac{H7}{f7}$ $\frac{H7}{h6}$，$\frac{G7}{h6}$，$\frac{F8}{h6}$	$\frac{H6}{h5}$，$\frac{H6}{g5}$，$\frac{H6}{f5\sim f6}$ $\frac{H6}{h5}$，$\frac{G6}{h5}$，$\frac{F7}{h5}$	滑动定位元件、刀具与导套
无引导作用但有相对运动的元件间	$\frac{H7}{f9}$，$\frac{H7}{g9\sim g10}$	$\frac{H7}{f8}$	滑动夹具底座板
无相对运动的元件间	$\frac{H7}{h6}$，$\frac{H7}{r6}$，$\frac{H7}{r6\sim s6}$ $\frac{H7}{m6}$，$\frac{G7}{k6}$，$\frac{F8}{js6}$	无紧固件 有紧固件	固定支承钉、定位销

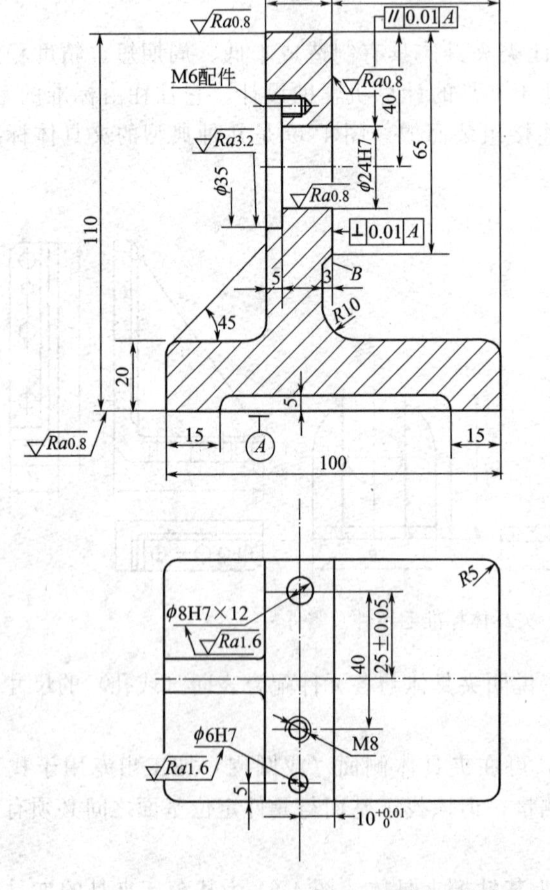

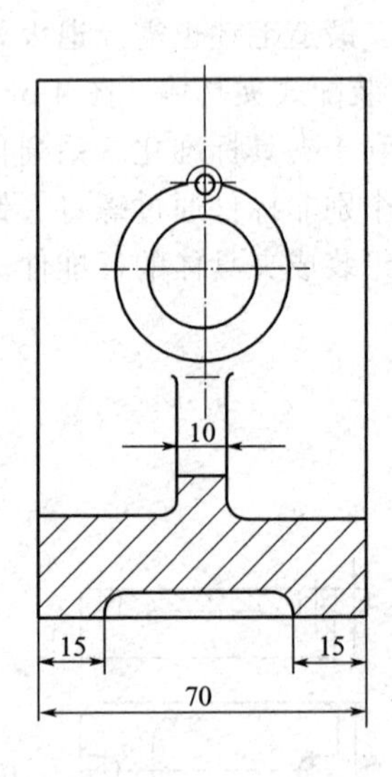

图 4-60 角铁式钻模夹具体示例

3. 实例思考

图 4-62 为轴端铣方头夹具。试分析该机床夹具的结构，夹具体有何特点。

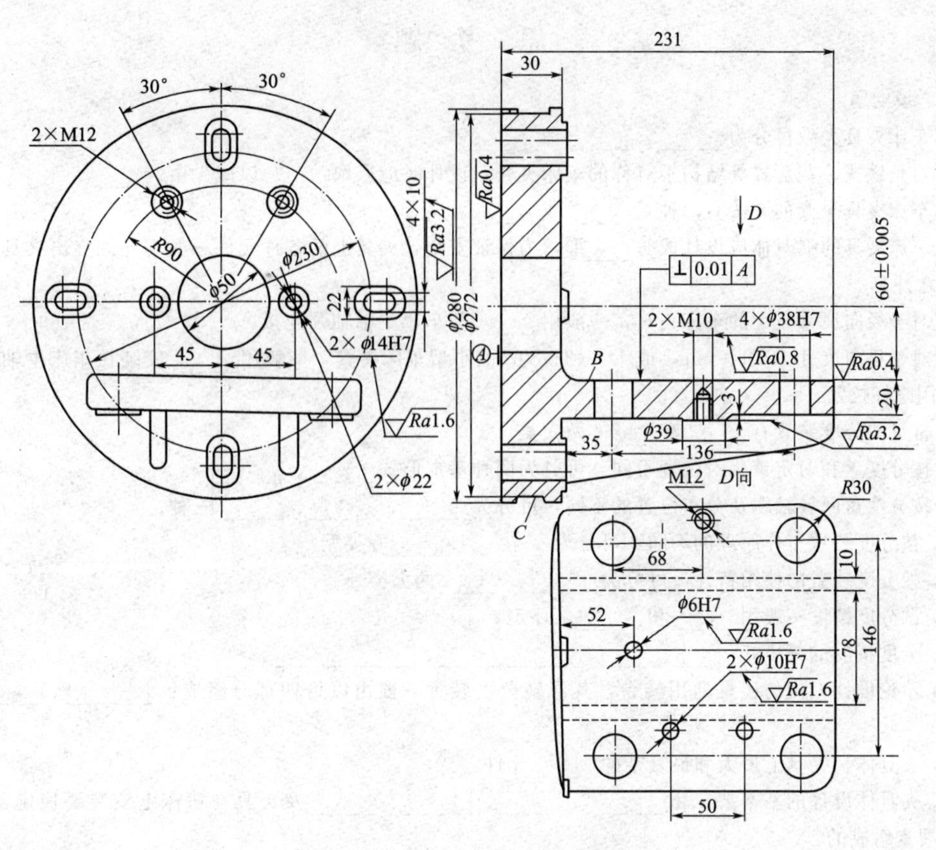

图 4-61　角铁式车床夹具的夹具体

A—夹具体底面；B—装配面；C—校正面

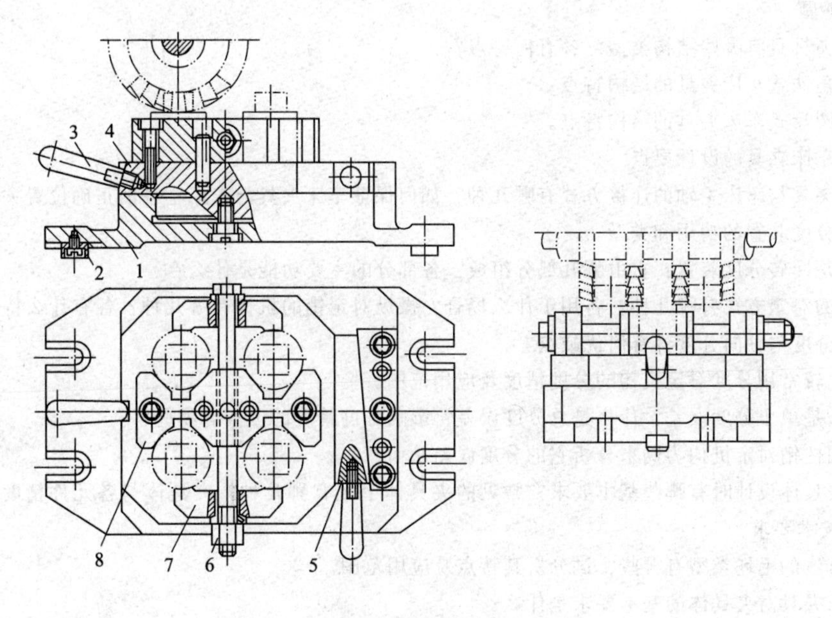

图 4-62　轴端铣方头夹具

1—夹具体；2—定向键；3—手柄；4—回转座；5—楔块；6—螺母；7—压板；8—V 形块

思 考 题

一、填空题

1. 车床夹具大致可分为______、______和______等。

2. 对角铁式、花盘式等结构不对称的车床夹具，设计时应采取______以减少由______。

3. 车床夹具平衡的方法有两种：______或______。

4. 车床夹具的夹具体应设计成______形，为保证安全，夹具上的各种元件一般不允许突出夹具体____形轮廓之外。

5. 对于径向尺寸较大的车床夹具，一般用______与车床主轴轴颈连接。

6. 对于径向尺寸 $D<140\text{mm}$，或 $D<(2\sim3)d$ 的小型车床夹具，一般用______安装在车床主轴的锥孔中，并用螺杆拉紧。

7. 常见的分度装置有______和______两大类。

8. 按分度盘和对定销相对位置不同，可分为两种基本形式______、______。

9. 按分度盘回转轴线及分布位置的不同，可分为______、______、______三种。

10. 按分度装置工作原理的不同，可分为______、______等类型。

11. 按分度装置的使用特性，可分为______、______两大类。

12. 圆分度精度一般用______和______来评定。

13. 分度精度的等级有__________、__________、__________三种。

14. 不论设计专用的还是通用转台，其回转分度装置一般由以下四部分组成：________、________、______、______。

15. 夹具体是夹具上最大和最复杂的______元件。

16. 夹具体设计的基本要求由______、______、______、______及夹具在机床上安装要稳定、安全、可靠等要素组成的。

17. 由于各类夹具结构形态变化多端，使夹具体难以标准化，但其结构形式不外乎有三类，即______、______和______。

18. 夹具体毛坯常采用______、______、______及______四种类型。

二、简答题

1. 车床夹具具有哪些结构类型？各有何特点？

2. 试述角铁式车床夹具的结构特点。

3. 试述圆盘式车床夹具的结构特点。

4. 试述车床夹具的设计要点。

5. 车床夹具与车床主轴的连接方式有哪几种？如何保证车床夹具与车床主轴的正确位置关系？

6. 试述分度装置的功用和类型。

7. 什么是回转分度装置？它由哪几部分组成？各部分的主要功能是什么？

8. 常见的对定方式有哪几种？各用于什么场合？操纵对定销的机构有哪几种？各有什么特点？

9. 径向分度与轴向分度各有何优缺点？

10. 试比较常用分度对定机构的分度精度及应用范围。

11. 什么是单个分度误差？什么是总分度误差？影响分度精度的因素有哪些？

12. 以圆柱销对定机构为例来分析它的分度误差从何产生？

13. 对夹具体设计时有哪些基本要求？常见的夹具体毛坯有哪几种？夹具体与各元件精度之间应提出哪些方面的技术要求？

14. 夹具体的毛坯类型有哪些？试分析其特点及应用范围。

15. 机床夹具对夹具体的基本要求是什么？

三、计算题

1. 图 4-52 中的对定机构为圆柱销结构，并且对定销 4 与定位套 7 的配合尺寸为 $\phi10\text{H}7/\text{g}6$，与固定衬套 3 的配合尺寸为 ϕ20H7/g6，芯轴转动处配合尺寸为 ϕ30H7/g6，定位套 7 轴线到芯轴 11 轴线的半径尺寸为 R=32.5mm，分度套的位置度为 ϕ0.05mm。试计算回转分度钻模的分度误差。

2. 图 1-29 钻模的回转分度装置中，分度孔所在圆的直径为 ϕ86mm，衬套内孔与对定销的配合为 ϕ12H7/g6，试求其最大分度误差。

3. 磨削题图 4-1 所示的轴套外径 ϕ70g6，试设计小锥度定位芯轴式的磨床夹具（已知磨床头架主轴孔锥度为莫氏 4 号）。

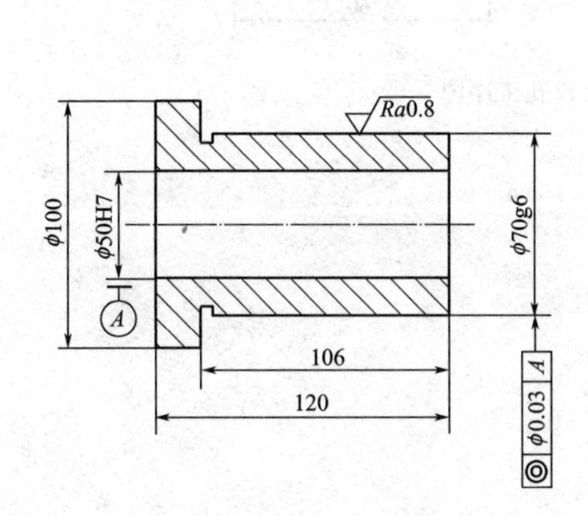

题图 4-1　轴套工序图

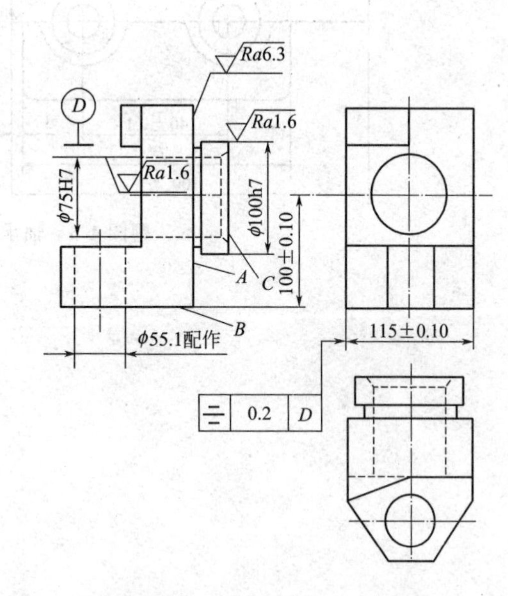

题图 4-2　托架（铸铁）工序简图

4. 设计车、磨类夹具的要点有哪些？试设计题图 4-2 所示的托架工件车 ϕ75H7 孔、ϕ100h7 及端面 A、C 的夹具总图（工件底面 B 及 115mm±0.10mm 两侧面均已加工完毕）。

5. 试对图 4-10 所示的专用车床夹具进行工序精度分析，验证下列所制订的技术要求能否保证加工要求？该夹具的技术要求如下：

① N 面对 C 面的平行度公差 0.008/100；

② 孔 $\phi70^{+0.012}_{+0.003}$对 K 面的同轴度公差 ϕ0.008mm；

③ 分度回转轴配合处的间隙不大于 0.005mm；

④ 两分度孔 $\phi12^{+0.019}_{0}$ 与分度销孔 $\phi12^{+0.019}_{0}$ 的位置尺寸 R 应一致，误差不大于 0.008mm；

⑤ 过渡盘和车床主轴连接后，其端面跳动小于 0.01/100（根据实测，主轴径向跳动量为 0.005mm）。

6. 图 4-42 钻模中工件欲钻削六个 ϕ12 在圆周上均分的平行孔系，按照图示分度机构，分析计算其分度误差：设：①工件六孔等分要求 60°±20′；②工件定位基准孔与被加工孔心距 R 为 80mm±0.20mm；③图示主轴式通用转台的结构与图 4-44 相同，分度对定机构采用菱形对定销，对定销与分度转盘和导套、衬套孔的尺寸配合均为 ϕ20H7/g6；④分度盘衬套内外径同轴度公差为 ϕ0.005mm；⑤分度盘回转轴与转台体衬套孔的配合为 ϕ50H7/g6。

四、综合题

1. 在 C620 车床上镗削题图 4-3 所示轴承座上的 ϕ32K7 孔，A 面和两个 ϕ9H7 孔已加工，试设计所需的车床夹具，对工件进行工艺分析，画出车床夹具草图，标注尺寸，并进行加工误差分析。

2. 如图 4-9 所示是齿轮泵壳体镗销两孔的工序简图。工件外圆 D 及端面 A 已加工，加工表面为两个 $\phi35^{+0.027}_{0}$ mm 孔、端面 T 和孔的底面 B。主要工序要求是保证两个 $\phi35^{+0.027}_{0}$ mm 孔的尺寸精度、两孔的中心距 $30^{+0.01}_{-0.02}$mm 及孔、面的位置精度要求。如图 4-10 所示为所使用的专用车床夹具。试分析车床夹具的结构（包括定位元件、夹紧装置、分度装置、夹具与主轴连接方式等）。

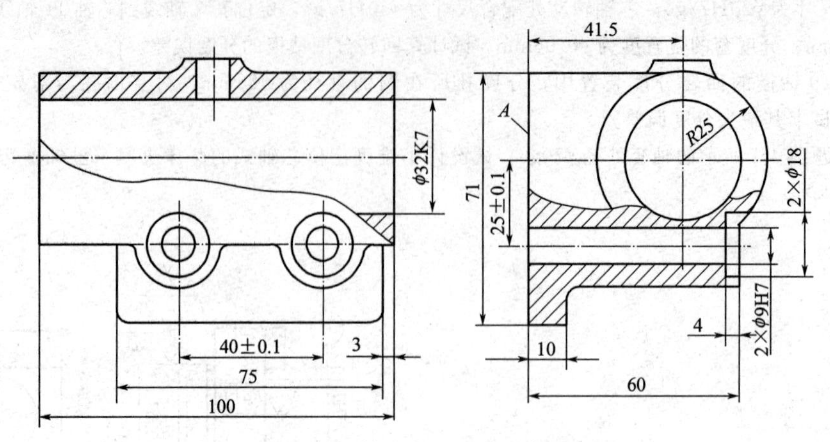

题图 4-3 轴承座上镗孔工序图

情境5 典型铣镗床夹具设计

任务一 铣顶尖套筒双槽夹具设计

学习目标	熟悉铣床夹具的基本类型、定位键和对刀元件的选择与设计，掌握铣床夹具的设计要点
工作任务	根据零件工序加工、零件特点及生产类型等要求，选择铣床夹具类型、确定定位方案和夹紧方案；最后根据零件工序内容要求及其特点，设计定向键和对刀元件
教学重点	铣削的特点与定位、夹紧方案的设计方法
教学难点	铣床夹具设计与实施
教学方法建议	现场参观、现场教学、多媒体教学
选用案例	铣顶尖套筒双槽夹具设计为例，分析铣床夹具的设计与实现方法等
教学设施、设备及工具	多媒体教学系统、夹具实训室、实习车间
考核与评价	项目成果评价 50%，学习过程评价 40%，团队合作评价 10%
参考学时	8

知识网络结构

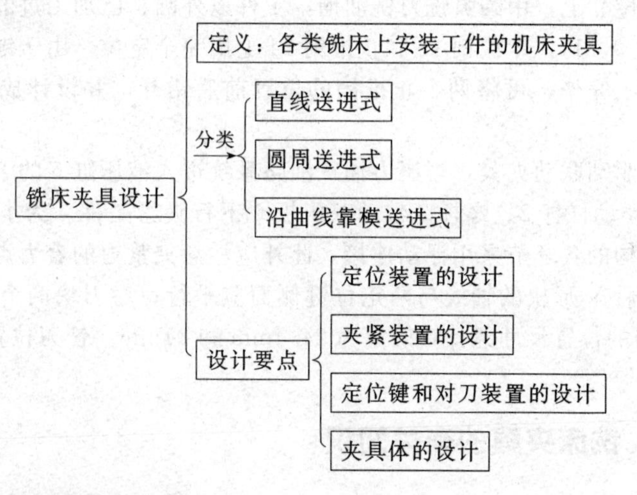

一、铣顶尖套筒双槽实例分析

1. 实例

如图 5-1 所示，要求铣一车床尾座顶尖套上的键槽和油槽，试设计大批生产时所用的铣床夹具。

2. 分析

图 5-1 为车床尾座顶尖套筒铣键槽和油槽的工序图。工件外圆及两端面均已加工，本工

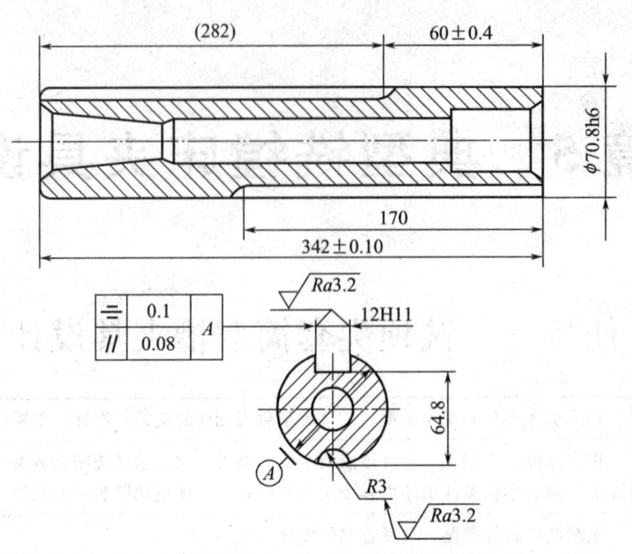

图 5-1 车床尾座顶尖套筒零件双槽工序图

序的加工要求如下。

① 键槽宽 12H11。槽侧面对 ϕ70.8h6 轴线的对称度为 0.10mm，平行度公差为 0.08mm。控制键槽深度尺寸为 64.8mm，键槽长度 60mm±0.4mm。

② 油槽半径为 3mm，其圆心在轴的圆柱面上，油槽长度为 170mm。

③ 键槽与油槽的对称面应在同一平面内。

本工序采用两把铣刀同时进行加工，图 5-2 为用于大批生产中的夹具。在工位Ⅰ上用三面刃盘铣刀铣键槽，工件以外圆和端面在 V 形块 8、10 和止推销 13 上定位，限制了工件的五个自由度。在工位Ⅱ上，用圆弧铣刀铣油槽，工件以外圆、已加工过的键槽和端面作为定位基准，在 V 形块 9、11，定位销 12 和止推销 14 上属完全定位。由于键槽和油槽的长度不等，为了能同时加工完毕，可将两个止推销的位置前后错开，并设计成可调支承，以便于调整。

夹具采用液压驱动联动夹紧，当压力油从油路系统进入液压缸 5 的上腔时，推动活塞下行，通过支钉 4、浮动杠杆 2、螺杆 3 带动双压板 6 下行夹紧工件。为了使压板均匀地夹紧工件，联动夹紧机构的各环节采用浮动连接。此外应注意夹紧力的着力点。

两个工位的前后 V 形块的轴线与两定位键侧面应平行；对刀块两个工作面与工位Ⅰ前后 V 形块的轴线间的位置尺寸经计算确定为 24.4mm 和 11mm。铣刀位置通过用 5mm 的塞尺对刀调整。

二、知识导航：铣床夹具的有关知识

 知识链接 铣床与铣削的相关知识

（1）铣床：铣床是用铣刀对工件进行铣削加工的机床。

（2）铣削运动：铣削是以旋转的铣刀作主运动，工件或铣刀作进给运动，在铣床上进行切削加工的过程。

（3）铣削特点：铣削的特点是使用旋转的多刃刀具进行加工，同时参加切削的齿数多，整个切削过程是连续的，所以铣床的加工生产效率较高；但由于每个刀齿的切削过程是断续

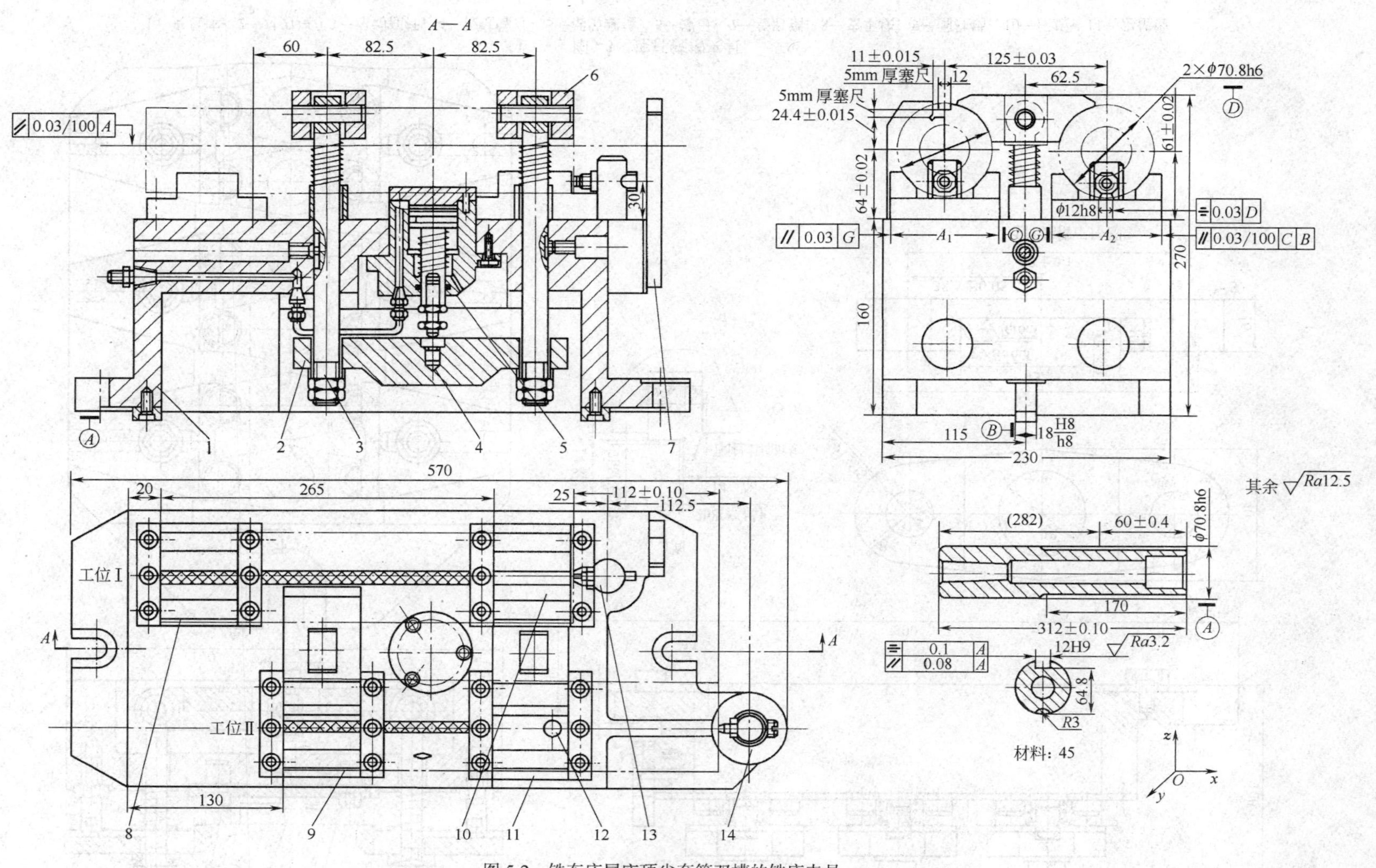

图5-2　铣车床尾座顶尖套筒双槽的铣床夹具

1—夹具体；2—浮动杠杆；3—螺杆；4—支钉；5—液压缸；6—双压板；7—对刀块；8～11—V形块；12—定位销；13，14—止推销

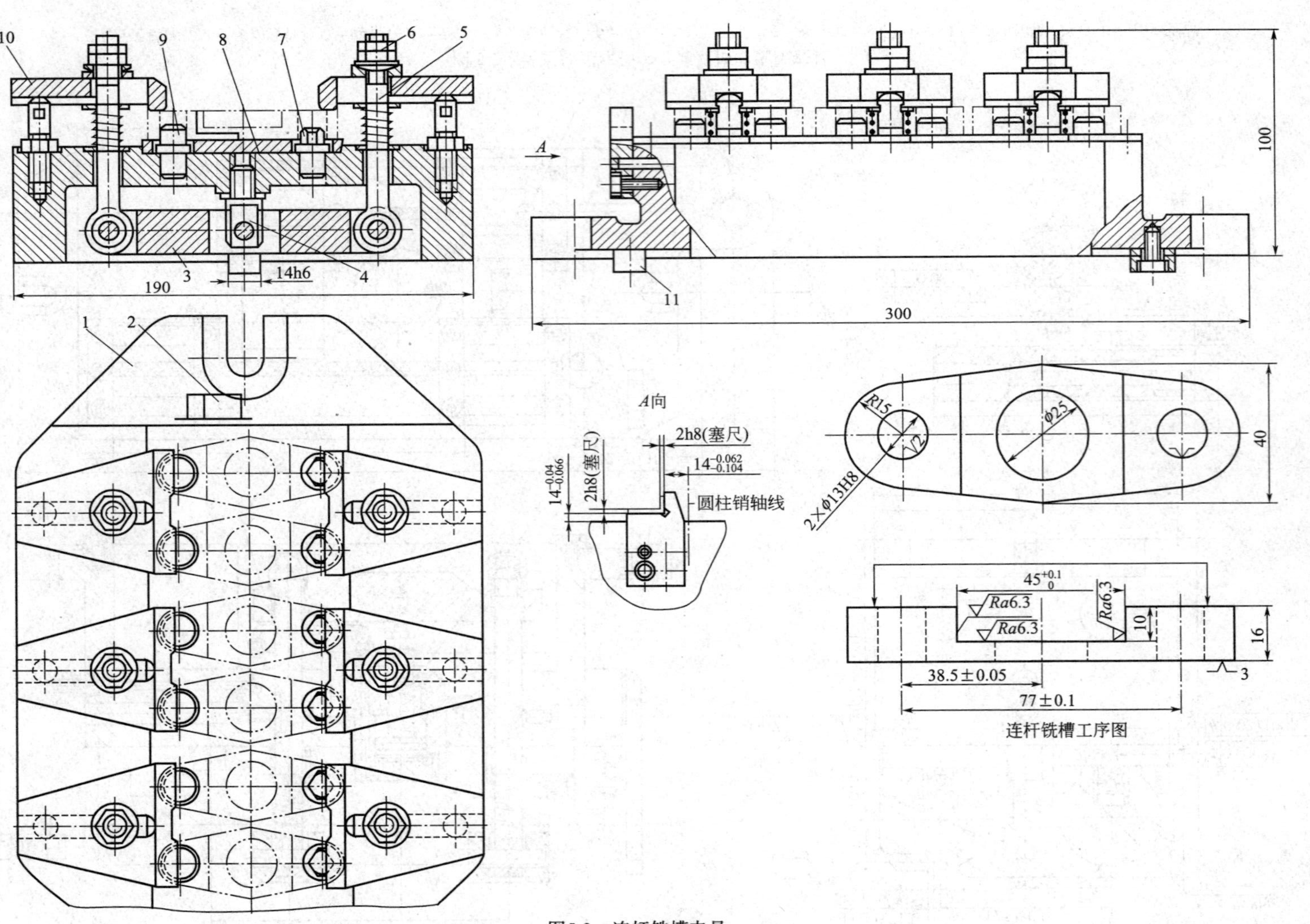

图5-3 连杆铣槽夹具

1—夹具体；2—对刀块；3—浮动杠杆；4—铰链螺钉；5—活节螺栓；6—螺母；7—菱形销；8—支承块；9—圆柱销；10—压板；11—定位键

的，每个刀齿的切削厚度也是变化的，使得切削力发生变化，产生的冲击会使铣刀刀齿寿命降低，严重时将引起崩刃和机床振动，影响加工精度。

(4) 铣削对铣床的要求：铣床在结构上要求具有较高的刚度和抗振性。

1. 铣床夹具的功用

铣床夹具是指用于各类铣床上安装工件的机床夹具。这类夹具主要用于加工零件上的平面、沟槽、缺口、花键、直线成形面和立体成形面等。

2. 铣床夹具的主要类型

由于在铣削加工中多数情况是夹具和工作台一起作送进方式，而夹具的整体结构又在很大程度上取决于铣削加工的送进方式，故将铣床夹具分为直线送进式、圆周送进式和沿曲线靠模送进方式等三种类型。

(1) 直线送进的铣床夹具　在铣床夹具中，这类夹具用得最多（如图5-3所示），按照在夹具上装夹工件的数目，分为单件和多件加工的铣床夹具。

① 单件铣床夹具多在单件小批量生产中使用，或用于加工尺寸较大的工件。

② 多件铣床夹具广泛用于成批生产或大量生产的中小零件加工。这种夹具可按工件先后连续加工、平行加工等方式设计。在多件铣床夹具上铣削工件，能大大提高生产率。

按夹具中一次装夹工件的数目，可分为单工位和多工位两种。设计这种直线送进的铣夹具时，可从以下几方面着手来提高生产率：①采用联动夹紧机构；②采用气压、液压等传动装置；③使装卸工件的时间与加工的机动时间重合。图2-56、图2-60、图2-64等都是采用手动或气液动实现单件或多件联动夹紧机构来提高工作效率的实例。图5-4所示为在双工位转台3上安装两个夹具1和2。一个夹具在进行加工工作时，另一个夹具可同时装卸工件。

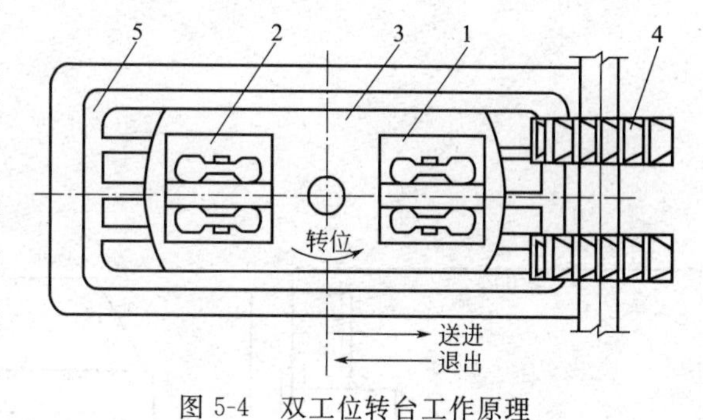

图5-4　双工位转台工作原理

1,2—夹具；3—双工位转台；4—铣刀；5—工作台

采用摆式铣削加工法，也可用图5-4加以说明。此时不需转台，而将夹具1和2直接安装在铣床工作台5上，铣刀4不加工时位于夹具1和2之间。当工作台向右送进时，铣刀加工装在夹具2上的工件，此时，即可在夹具1上装卸工件和清除切屑。待夹具2上的工件加工完毕，工作台退至中间位置，然后继续以工作进给向左送进，此时又可在夹具2上装卸工件。如此往复循环，不仅可使辅助时间与机动时间重合，而且还能充分利用工作台的有效行程。但由于加工时，一次是顺铣，另一次为逆铣，因此，工作台的进给螺旋副中必须有消隙装置。

图5-5为单工位铣斜面夹具，用于成批生产中加工杠杆零件（见右下方工序简图）上的斜面。工件以已经精加工的长孔 ϕ22H7 和端面在夹具的圆柱定位销7限位，限制工件的五个自由度，为了保证被加工斜面与圆柱体上削边平面的相互位置要求，以可调支承钉9限制工件的转动自由度。由于该工件形状特殊，刚性较差，若其毛坯是同批铸造的，可调支承钉5只需每批调整一次，但装夹时须把杠杆臂压紧在支承钉9上。如果在另一杠杆臂下方设置一个弹性辅助支承则可免去这一动作。工件的夹紧以钩形压板8［具体结构与图2-32(b) 相似］为主力，并在接近加工表面处采用浮动的辅助夹紧机构，使有足够的夹紧刚性，避免加工时产生振动。其结构和工作原理如下：当工件定位、夹紧后，机构中两个卡爪2和3能沿轴线对向移

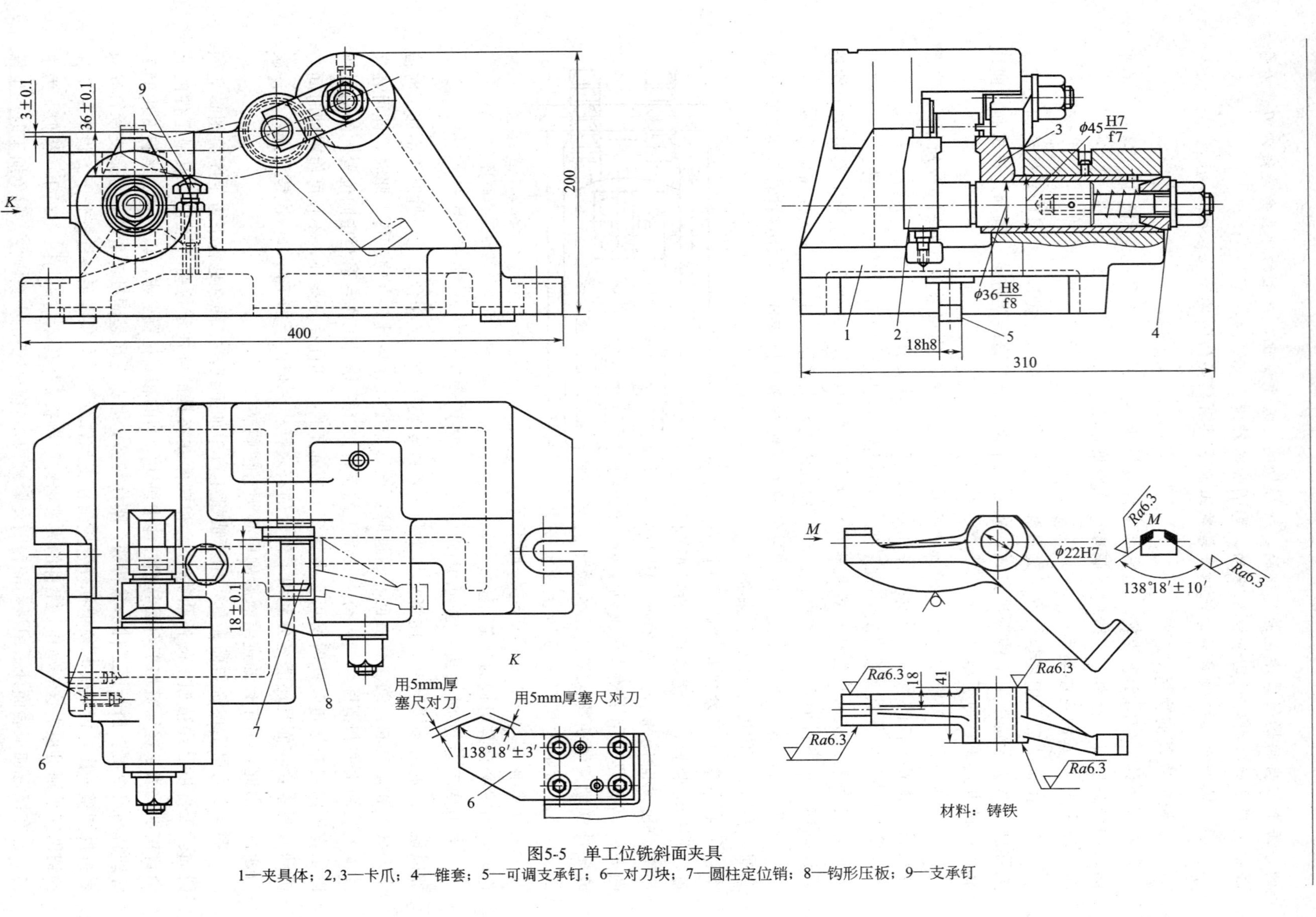

图5-5　单工位铣斜面夹具

1—夹具体；2，3—卡爪；4—锥套；5—可调支承钉；6—对刀块；7—圆柱定位销；8—钩形压板；9—支承钉

动，弹簧使两个卡爪张开。进行辅助夹紧时拧转螺母，使卡爪 2 向右移动并通过锥套 4 推卡爪 3 向左移动，同时将工件上刚性较差部分夹紧；继续拧转螺母，则锥套 4 使卡爪 3 末端（圆周上开有三条槽）的弹性筒夹涨开使之卡紧在夹具体 1 中，从而完成辅助夹紧及锁紧任务。

由于加工表面形状特殊，故设计了非标准的对刀块 6（见 K 视图），并通过可调支承钉 5 的 18h8 与机床工作台的 T 形槽连接。

为了进一步提高铣床夹具的工作效率，在批量较大的情况下，还可采用各种形式的联动夹紧机构，气压、液压等传动装置，以及使加工机动时间和装卸工件的时间相重合等措施来节省装卸工件的辅助时间。

（2）圆周进给铣床夹具　圆周铣削法的送进运动是连续不断的，能在不停机的情况下装卸工件，因此是一种生产效率很高的加工方法，适用于较大批量的生产。

圆周进给铣床夹具，多用在有回转工作台或回转鼓轮的铣床上，依靠回转台或鼓轮的旋转将工件顺序送入铣床的加工区域，以实现连续切削。在切削的同时，可在装卸区域装卸工件，使辅助时间和机动时间重合，因此它是一种高效率的铣床夹具。

如图 5-6 所示为在立式铣床上连续铣削拨叉两端面的圆周进给铣床夹具，通过电动机、

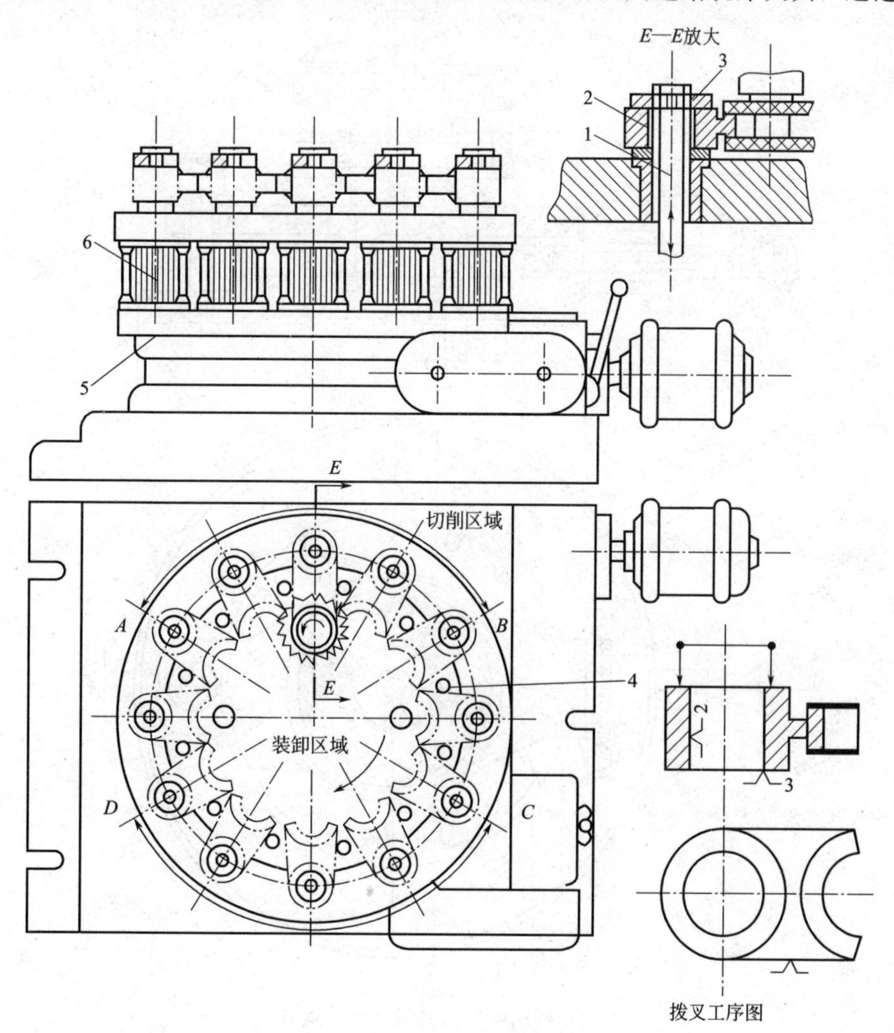

图 5-6　圆周进给铣床夹具

1—拉杆；2—定位销；3—开口垫圈；4—挡销；5—转台；6—液压缸

蜗轮-蜗杆机构带动转台 5 回转。夹具上能同时装夹 12 个工件拨叉以圆孔及端面、外侧面在定位销 2 及挡销 4 上定位，由液压缸 6 驱动拉杆 1，通过开口垫圈 3 将工件夹紧。夹具上同时装夹 12 个工件。电动机通过蜗轮-蜗杆机构带动工作台回转，AB 扇形区是切削区域，CD 是装卸工件区域，可在不停车情况下装卸工件。

另一种圆周送进铣床夹具，是与机床附件回转台一起使用，如图 5-7 所示的在立式铣床上铣削叶轮叶片的内外圆弧面的夹具。夹具以圆柱销 8 与机床回转台相连接，并用两螺栓将夹具体 10 固紧在转台上。铣削时，叶轮以 A 为轴心随转台一起回转，加工圆弧面。每加工完一片叶片的内圆弧面后，松开螺母 7 将分度盘 9 连同叶轮转过一个槽，对定好后再拧紧螺母，将分度盘夹紧，顺次铣削下一叶片。待所有内弧面加工完毕后，调整好立铣刀，依照相同方法加工每片叶片的外圆弧面。叶轮以内孔、端面和槽在夹具的芯轴 3、支座 2 和圆柱销 5 上定位。旋转螺母 1 经传动销 6 和开口垫圈 4 将工件压紧。

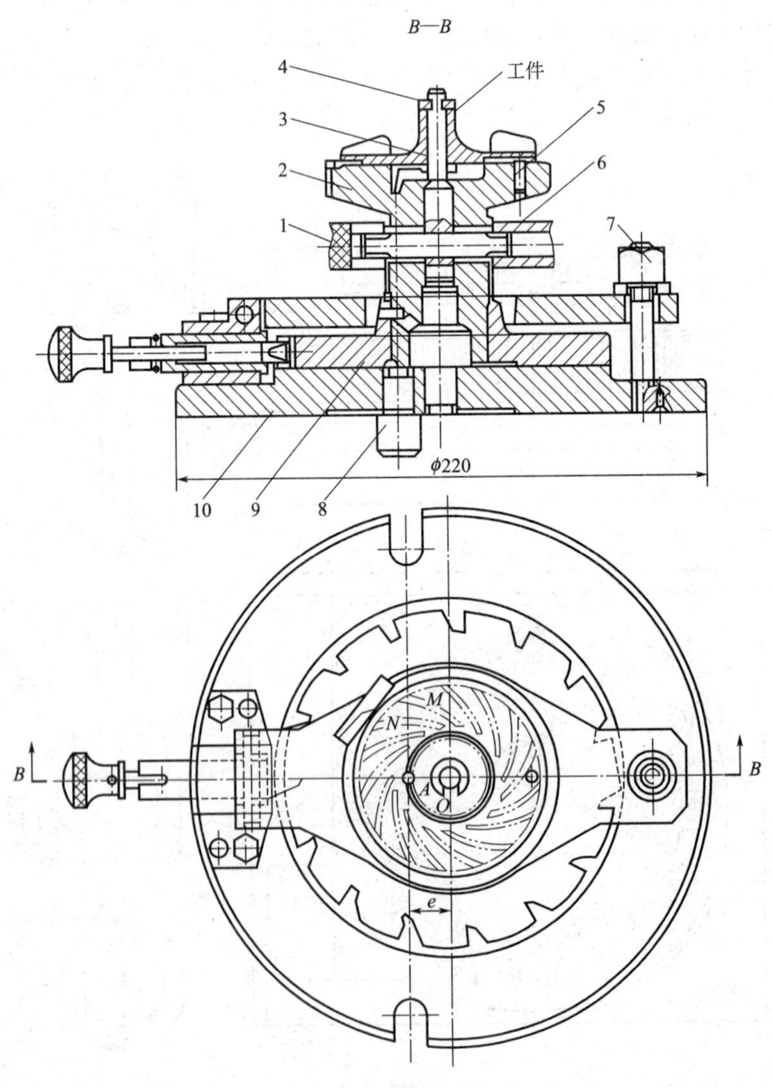

图 5-7　铣削叶片内外圆弧面的夹具

1,7—螺母；2—支座；3—芯轴；4—开口垫圈；5,8—圆柱销；6—传动销；9—分度盘；10—夹具体

注意： 设计圆周铣床夹具应注意的问题

① 沿圆周排列工件应尽量紧凑，以减少铣刀的空行程和转台（或鼓轮）的尺寸。

② 尺寸较大的夹具不宜制成整体式，可将定位、夹紧元件或装置直接安装在转台上。

③ 夹具用手柄、螺母等元件，最好沿转台外沿分布，以便操作。

④ 应设计合适的工作节拍，以减轻工人的劳动强度，并注意安全。

(3) 靠模送进的铣床夹具　零件上的各种成形面（直线、曲线和立体），可以在靠模铣床上按照靠模（用木、石膏等材料预制）仿形铣切，也可以设计专用靠模夹具在一般万能铣床上加工。靠模夹具的作用是使主送运动和由靠模获得的辅助运动合成为加工所需的仿形运动。图 5-8(a) 为直线送进靠模夹具的仿形部分，靠模板 2 和工件 4 分别安装在机床工作台的夹具中，滚柱滑座 5 和铣刀滑座 6 连成一组合体，它们的轴线距离 K 保持不变。滑座组合体在强力弹簧或重锤拉力的作用下，使滚柱 1 始终压在靠模板 2 上。因此当工作台作纵向直线进给 f 时，滑座体即获得一横向辅助运动，从而使铣刀 3 仿照靠模板 2 的曲线轨迹在工件上铣出需要的型面。图 5-8(b) 所示为安装在普通立铣床上的圆周送进靠模夹具。靠模板 2 和工件 4 安装在回转台 7 上，分别与滚柱 1 和铣刀 3 接触，相距为 K，转台作等速圆周运动（由电动机和蜗杆副传动），在强力弹簧作用下，滑座 8 便带动工件相对于铣刀 3 作所需要的仿形运动，从而加工出与靠模相仿的成形面。

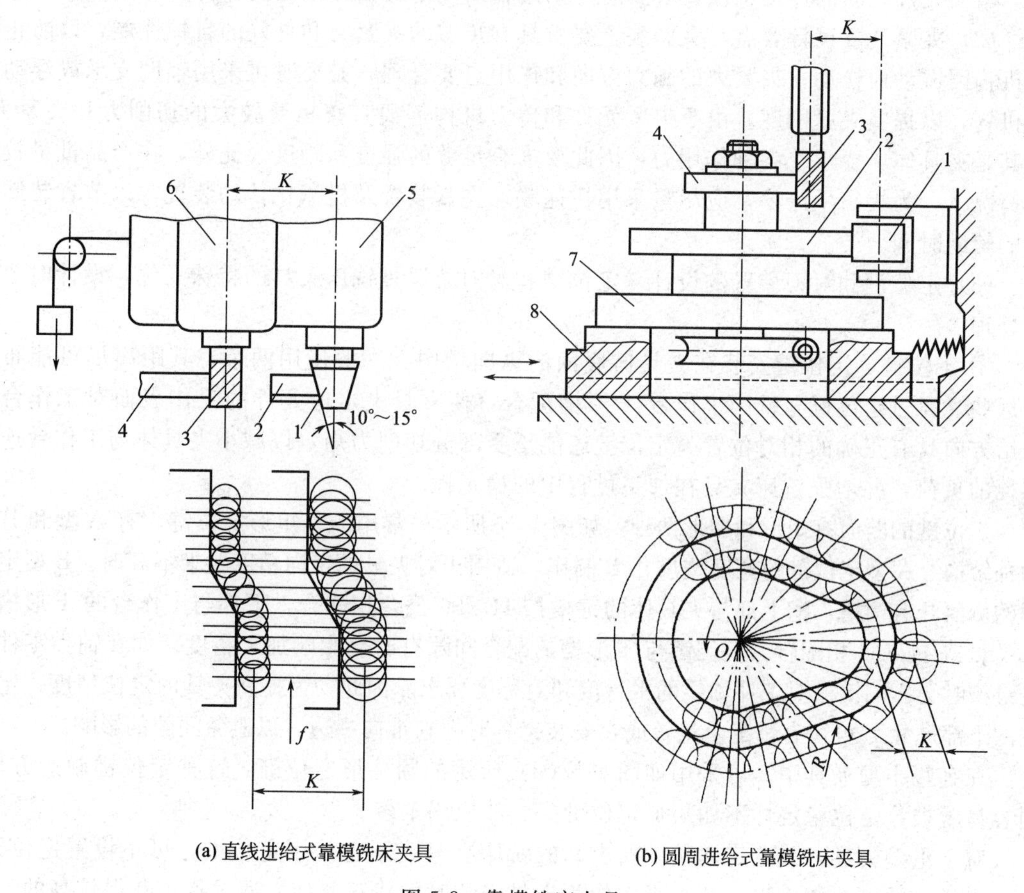

(a) 直线进给式靠模铣床夹具　　(b) 圆周进给式靠模铣床夹具

图 5-8　靠模铣床夹具

1—滚柱；2—靠模板；3—铣刀；4—工件；5—滚柱滑座；6—铣刀滑座；7—回转台；8—滑座

注意 1： 靠模夹具的作用

靠模夹具的作用是使主送运动和由靠模获得的辅助运动合成为加工所需的仿形运动。带有靠模的铣床夹具称为靠模铣床夹具，用于专用或通用铣床上加工各种非圆曲面。靠模的作用是使工件获得辅助运动。

注意 2： 在设计靠模铣床夹具时要注意下列问题

① 铣刀的半径应略小于工件形面上的最小曲率半径。

② 滚柱的工作部分应做成10°～15°的锥面，以补偿铣刀磨损或刃磨后因直径的变化所产生的工件轮廓误差。

③ 靠模和滚柱要具有很好的耐磨性能。常选用T8A、T10A或20、20Cr钢渗碳淬硬至58～62HRC。

3. 铣床夹具的设计要点

(1) 定位装置的设计要点　铣削时一般切削用量和切削力较大，又是多刃断续切削，因此铣削时极易产生振动。设计定位装置时，应特别注意工件定位的稳定性及定位装置的刚性。如尽量增大主要支承的面积，导向支承的两个支承点要尽量相距远些，止推支承应布置在工件刚性较好的部位并要有利于减小夹紧力。还可以通过增大定位元件和夹具体厚度尺寸，增大元件之间的连接刚性，必要时可采用辅助支承等措施来提高工件安装刚性。

(2) 夹紧装置设计要点　夹紧装置要求具有足够的夹紧力和良好的自锁性能，以防止夹紧机构因振动而松动；夹紧力的施力方向和作用点要合理，必要时可采用辅助支承或浮动夹紧机构，以提高夹紧刚度。由于夹紧元件和传力机构等要直接承受较大的切削力和夹紧力，尤其是夹具体，要承受各种作用力，因此要求有足够的强度和刚度。此外，在产品批量较大的情况下，为提高生产率，应尽量采用快速联动夹紧装置及机械化传动装置，以节省装卸工件的辅助时间。

(3) 定位键和对刀装置的设计　定位键和对刀装置是铣床夹具的特殊元件，设计时要妥善处理。

① 定位键　定位键安装在夹具体底面的纵向槽中，一般使用两个，其距离尽可能布置得远些。通过定位键与铣床工作台T形槽配合，使夹具上定位元件的工作表面对工作台的进给方向具有正确的相对位置。定位键还能承受部分切削力矩，以减小夹具体与工作台连接螺栓的负荷，并增强铣床夹具在加工过程中的稳定性。

定位键的断面有矩形和圆形两种，如图4-27所示。常用的是矩形定位键，有A型和B型两种结构。A型定位键的宽度按尺寸 B 制作，适用于对夹具的定向精度要求不高时。B型定位键的侧面开有沟槽，槽上部与夹具体的键槽按H7/h6公差相配合，下部与工作台的T形槽按H8/h8或H7/h6相配合。定位键与T形槽的配合间隙有时会影响加工精度，如在轴类零件上铣键槽时会影响键槽对工件轴线的平行度和对称度要求。因此，为提高夹具的定位精度，定位键的下部尺寸 B 可留有修配余量，或在安装夹具时把它推向一边，以避免间隙的影响。

在有些小型夹具中，可采用如图4-27(d) 所示的圆柱形定位键，这种定位键制造方便，但容易磨损，定位稳定性不如矩形定位键好，故应用不多。

对于重型夹具，或者定向精度要求高的铣床夹具，不宜采用定位键，可不设置定位键，而在夹具体的侧面加工出一窄长平面作为夹具安装时的找正基面，通过找正获得较高的定向精度，如图5-9所示的 A 面。

② 对刀装置 对刀装置由对刀块和塞尺两部分组成，用以确定刀具对夹具的相对位置。图 5-10 为几种对刀块的使用情况，其中图 5-10(a)、(b) 是标准对刀块，图 5-10(c)、(d) 是用于铣成形面的特殊对刀块。

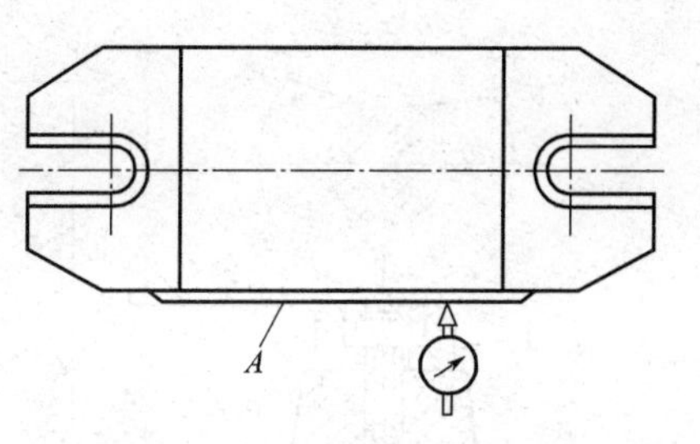

图 5-9 铣床夹具的找正基面

常见的标准对刀块有：圆形对刀块，用于加工单一平面时对刀；方形对刀块，用于调整组合铣刀位置时对刀；直角对刀块，安装在夹具体顶面，用于加工两相互垂直面或铣槽时对刀；侧装对刀块，它安装在夹具体侧面，用于加工两相互垂直面或铣槽时对刀。

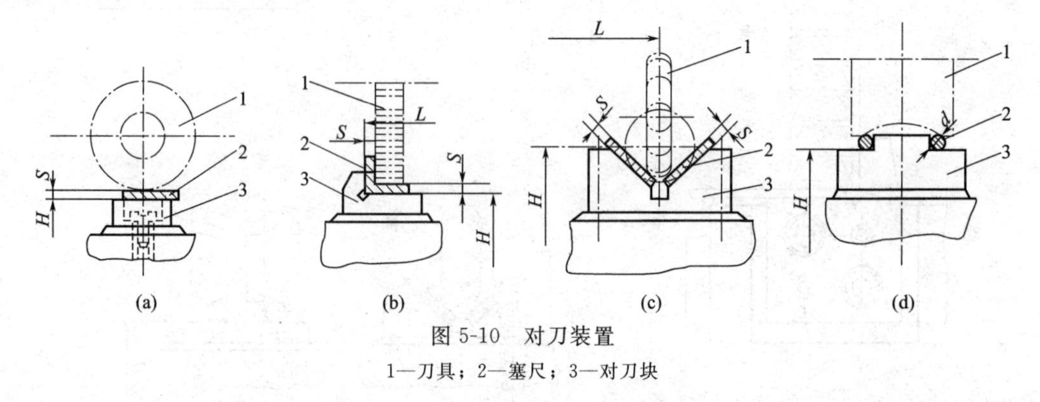

图 5-10 对刀装置

1—刀具；2—塞尺；3—对刀块

图 5-11 是标准的对刀块结构。其中图 5-11(a) 为圆形对刀块（JB/T 8031.1—1999），图 5-11(b) 为方形对刀块（JB/T 8031.2—1999），图 5-11(c) 为直角对刀块（JB/T 8031.3—1999），图 5-11(d) 为侧装对刀块（JB/T 8031.4—1999）。

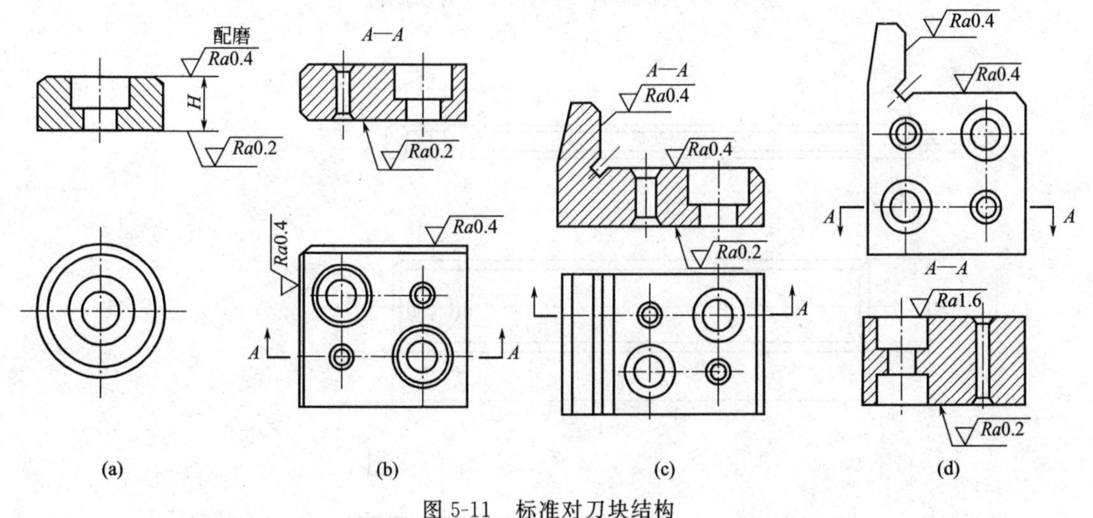

图 5-11 标准对刀块结构

图 5-12 是各种对刀块的应用举例，其中图 5-12(a)～(d) 是标准对刀块的应用实例，图 5-12(e) 是两种特殊对刀块的应用实例。

对刀时，铣刀不能与对刀块的工作面直接接触，以免损坏切削刃或造成对刀块过早磨损，而应通过塞尺来校准它们之间的相对位置，即将塞尺放在刀具与对刀块工作表面之间，凭借抽动塞尺的松紧感觉来判断铣刀的位置。如图 5-13 所示是常用的两种标准塞尺结构。

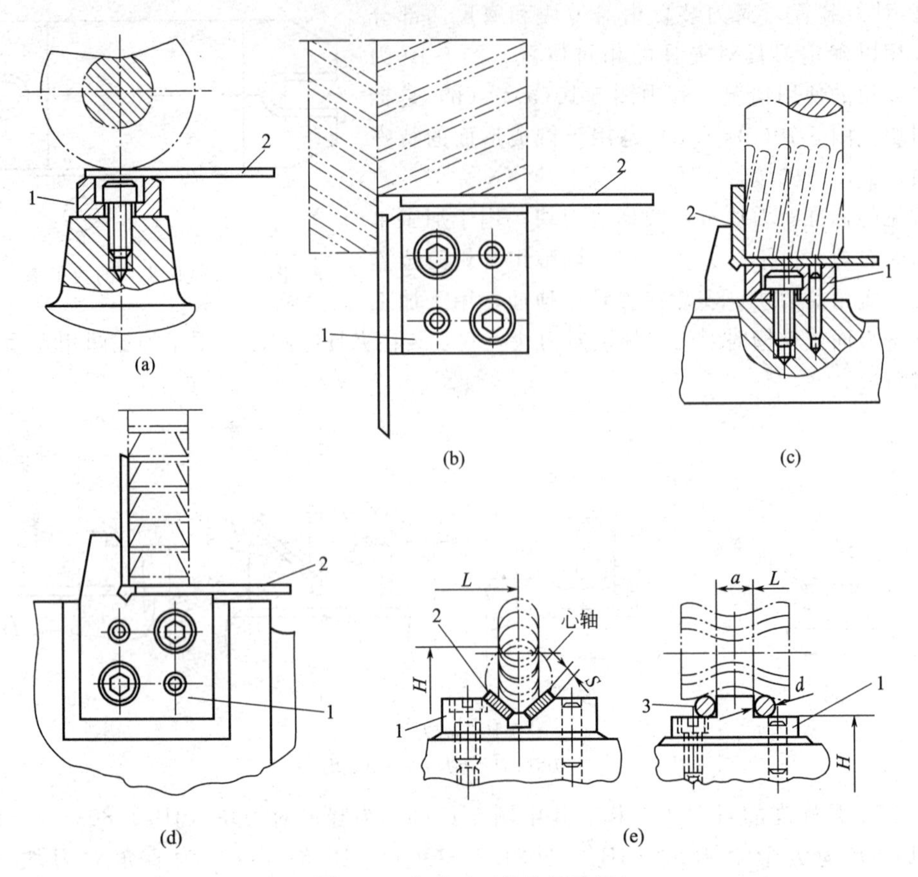

图 5-12　各种对刀块使用示例

1—对刀块；2—对刀平塞尺；3—对刀圆柱塞尺

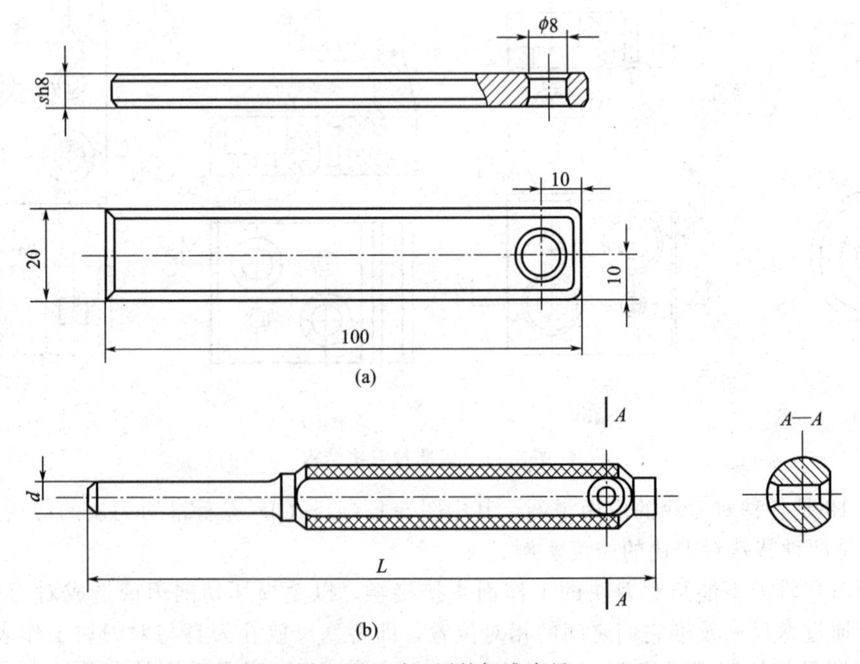

图 5-13　对刀用的标准塞尺

图5-13(a) 为对刀平塞尺，s=1～5mm，公差取h8；图5-13(b) 为对刀圆柱塞尺，d=3～5mm，公差取h8。具体结构尺寸可参阅“夹具标准”（GB/T 2244～2245—1991）。

采用对刀块和塞尺对刀时，尺寸精度低于IT8级。当对刀要求较高时，夹具上可不设对刀装置，采用试切法或百分表来找正定位元件相对刀具的位置。对刀块和塞尺已标准化，设计时可查《夹具手册》。

在设计夹具时，夹具总图上应标明对刀块工作表面至定位表面间的距离尺寸 H、L 及塞尺的尺寸和公差。

注意：对刀装置是由对刀块和塞尺两部分组成的，用以确定刀具对夹具的相对位置。

对刀时，刀具不能与对刀块的工作表面直接接触，应通过塞尺来校准它们之间的相互位置；尺寸精度低于IT8级。

(4) 夹具体的设计　由于铣削时的切削力和振动较大，因此，铣床夹具的夹具体不仅要有足够的刚度和强度，还应使工件的加工面尽可能靠近工作台面，以降低夹具的重心，提高加工时夹具的稳定性。因此，其高度与宽度之比也应恰当，一般为 $H/B \leqslant 1$～1.25，如图5-14所示。

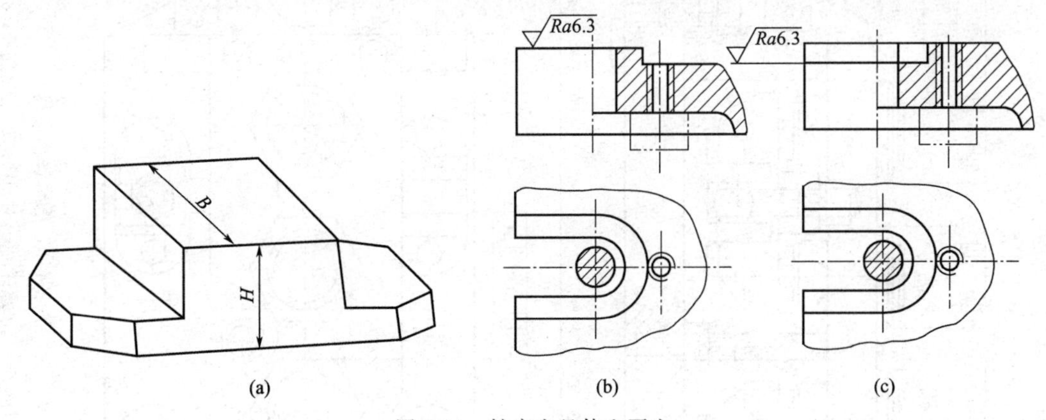

图5-14　铣床夹具体和耳座

此外，为方便铣床夹具在铣床工作台上的固定，夹具体上应设置耳座，常见的耳座结构形式如图5-14(b)、(c) 所示，其结构尺寸可参考《夹具手册》。对于小型夹具体，一般两端各设置一个耳座；夹具体较宽时，可在两端各设置两个耳座，两耳座的距离应与铣床工作台上的两T形槽的距离一致。

铣削加工时，产生大量切屑，夹具应具有足够的排屑空间，以便清理切屑。对于重型铣床夹具，夹具体两端还应设置吊装孔或吊环等，以便搬运。

三、实例思考

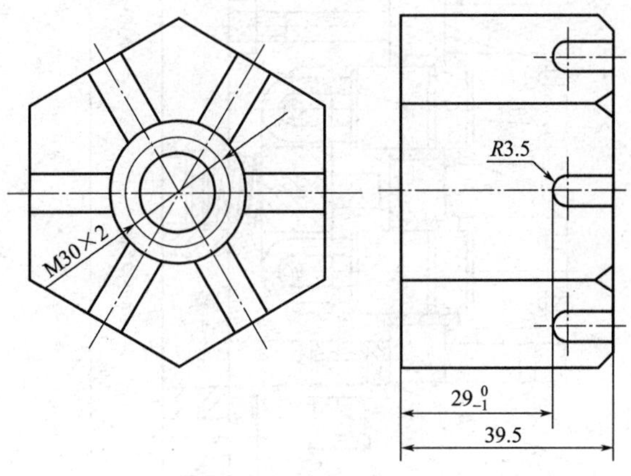

图5-15　螺母铣槽工序图

图5-15所示为螺母铣槽工序图。螺母的上下平面、六方及螺纹孔都已加工，在上平面铣均布的6条槽，尺寸如图5-15所示。大批量生产。

如图5-16所示为成批生产加工螺

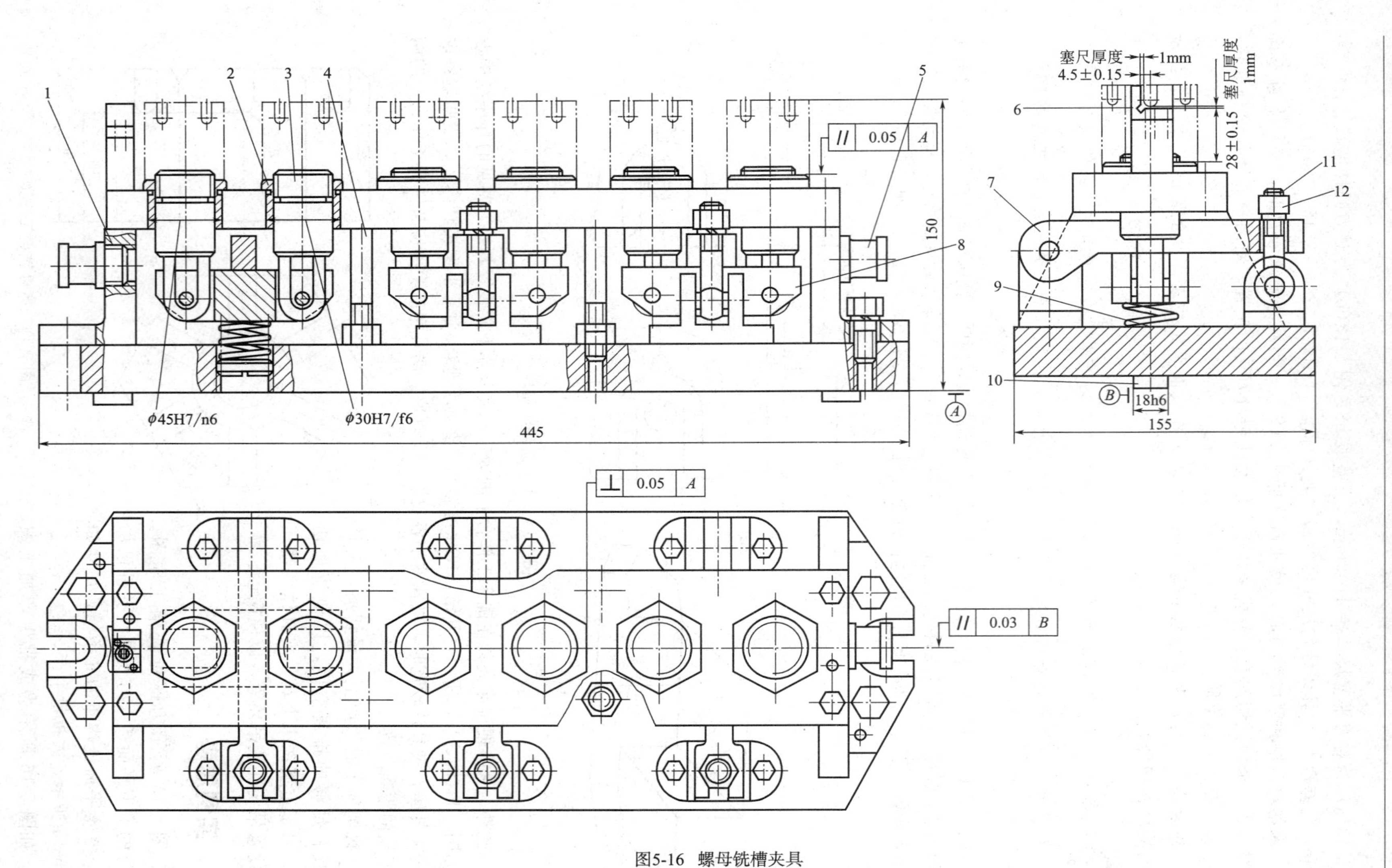

图5-16　螺母铣槽夹具

1—夹具体；2—六角定位螺母；3—拉杆；4—支撑螺杆；5—起吊螺钉；6—对刀块；7—铰链压板；8—杠杆；9—弹簧块；10—定向键；11—螺栓；12—螺母

母上平面 6 槽的多件铣床夹具。试对夹具结构进行分析，指出对刀装置和夹紧装置及其作用和工作原理。

四、铣顶尖套筒双槽实例独立实践

图 5-1 所示为车床尾座顶尖套筒铣键槽和油槽的工序图，本工序采用两把铣刀同时进行加工，图 5-2 所示为用于大批生产中的夹具。试通过分析图 5-2，归纳出该套夹具设计的方法。

如图 5-1 所示，要求铣一车床尾座顶尖套上的键槽和油槽，试设计大批生产时在同一道工序中铣两条槽的直线送进、双工位铣床夹具。

1. 工件的加工工艺性分析

根据工艺规程，在铣键槽和油槽之前，其他表面均已加工好，本工序的加工要求如下。

① 键槽宽 12H11。槽侧面对 ϕ70.8h6 轴线的对称度为 0.10mm，平行度为 0.08mm。槽深控制尺寸 64.8mm。键槽长度 60mm±0.4mm。

② 油槽半径 3mm，圆心在轴的圆柱面上。油槽长度 170mm。

③ 键槽与油槽的对称面应在同一平面内。

2. 定位方案与定位元件的设计

若先铣键槽（工位Ⅰ）后铣油槽（工位Ⅱ），按加工要求，铣键槽即工位Ⅰ时应限制除 $\overset{\frown}{X}$ 外的五个自由度，而铣油槽即工位Ⅱ时应限制六个自由度。

因为是大批生产，为了提高生产率，可在铣床主轴上安装两把直径相等的铣刀，同时对两个工件铣键槽和油槽，每进给一次，即能得到一个键槽和油槽均已加工好的工件，这类夹具称为多工位加工铣床夹具。如图 5-17 所示为顶尖套铣双槽的两种定位方案。

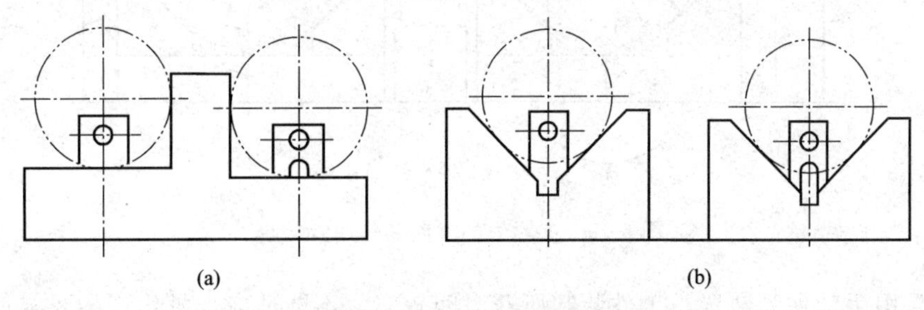

图 5-17　铣顶尖套上键槽和油槽的定位方案

【方案 1】 工件以 ϕ70.8h6 外圆柱面在两个互相垂直的平面上定位，端面加止推销，如图 5-17(a) 所示。

【方案 2】 如图 5-2，工件以 ϕ70.8h6 外圆柱面在两组双 V 形块 8～11 上定位，端面加止推销，但为保证双槽的对称平面在同一平面内，第Ⅱ工位还增设了一个定位销 12 配合在已铣好的键槽内，以限制工件 $\overset{\frown}{X}$ 自由度。由于键槽和油槽的长度不等，要同时进给完毕，需将两个止推销 13、14 前后错开 112mm，如图 5-18 所示。

比较以上两种方案，方案 1 使加工尺寸为 64.8mm 的 $\Delta_D=0$，方案 2 则使对称度的 $\Delta_D=0$。由于 64.8mm 未注公差，加工要求低，而对称度的公差较小，故选用方案 2 较好；从承受切削力的角度看，方案 2 也较可靠。

3. 夹紧方案及夹紧装置的设计

根据夹紧力的方向应朝向主要限位面以及作用点应落在定位元件的支承范围内的原则，

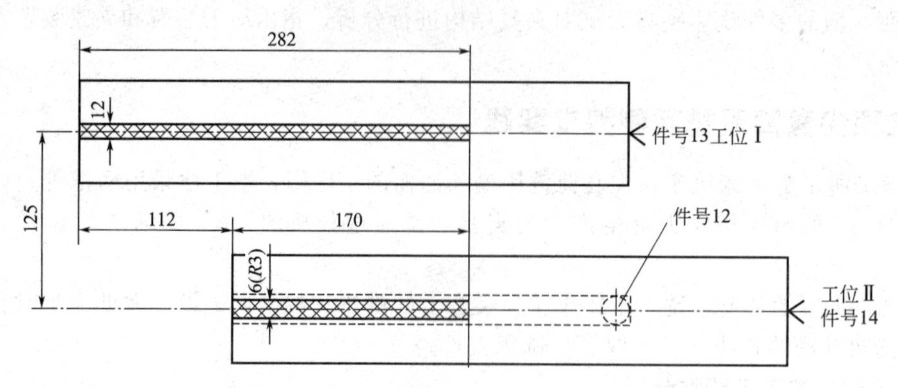

图 5-18 两止推销错开的位置示意

要使工件在双 V 形块上同时夹紧，必须设计如图 5-19 所示的铰链式浮动弧形压板 6，其弧面的半径 R 应大于工件外径之半（如取 $R=40$mm），使夹紧时压板与工件外圆为一段短窄的圆弧面接触。另外，夹紧力的作用线应落在 β 区域内（N'为接触点），如图 5-19 所示。夹紧力与垂直方向的夹角应尽量小即 $\alpha<45°$，以保证夹紧稳定可靠。由于顶尖套较长，须在工件全长上设置两块浮动压板在两处同时夹紧的联动夹紧装置。

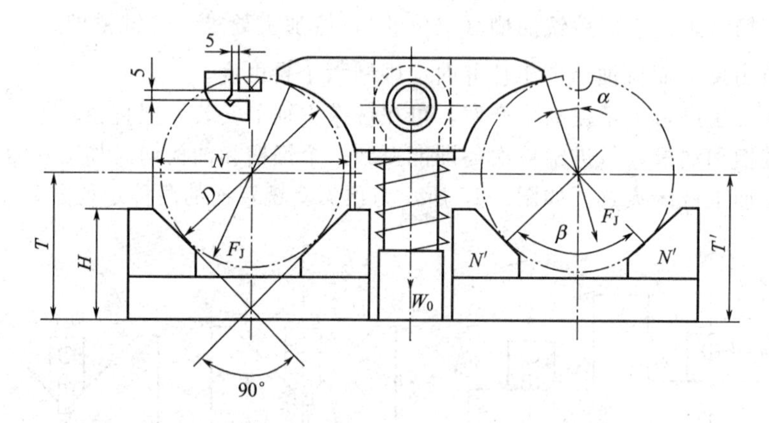

图 5-19 夹紧力的方向和作用点分析

如果采用手动夹紧装置，工件装卸所花时间较多，不能适应大批生产的要求；若用气动夹紧，则夹具体积太大，不便安装在铣床工作台上，因此宜用液压作驱动力，如图 5-2 所示。固定在Ⅰ、Ⅱ工位之间的法兰式液压缸 5 使活塞向下推动运动产生足够的原始作用力，通过浮动杠杆 2 和螺杆 3，同时使双压板 6 向下移动，从而将工件夹紧。由于联动夹紧装置的 3、4、5 各环节均采用活动连接，这可保证工件上各夹紧点获得均匀的夹紧力。

4. 导向对刀方案及夹具总体设计

① 对刀方案 键槽铣刀需两个方向对刀，故应采用侧装直角对刀块 7（图 5-2）配以 5mm 塞尺对好铣刀位置，再按照 125mm±0.03mm 的距离调整好圆弧铣刀的位置。由于两铣刀的直径相等，油槽 $R3$ 深度由Ⅱ工位 V 形块定位高度 T'与Ⅰ工位 V 形块定位高度 T 之差保证，也就是 $T-T'=3$mm。两铣刀的距离 125mm±0.03mm 则由两铣刀间的轴套长度确定。因此，只需设置一个对刀块即能满足键槽和油槽的加工要求。

如果考虑 V 形块的制造方便，两个工位的 V 形块定位高度也可以制造得相等（即 $T=T'$），但此时要保证油槽深度就要采用两把直径相差 6mm 的圆盘铣刀来加工了。

② 夹具体及其在机床上的安装（定位键）　为了在夹具体上安装液压缸和联动夹紧机构，夹具体应有适当高度，中部应有较大的空间。为保证夹具在工作台上安装稳定，应降低夹具的重心，并防止变形和振动，应按照夹具体的高宽比不大于1.25的原则确定其宽度，即 $H/B \leqslant 1 \sim 1.25$（本例为1.17），并在两端设置耳座，以便固定。

为了保证槽的对称度要求，夹具体底面应设置安装矩形定位键的沟槽，两者的配合位18H8/h8，两定位键的侧面应与V形块的对称面平行。定位键与定向元件之间无联系尺寸。

5. 夹具总图上的尺寸、公差和技术要求的标注

图5-2为直线送进式双工位铣双槽夹具总图，图中必须标注以下尺寸。

(1) 夹具最大轮廓尺寸 S_L　S_L为570mm、230mm、270mm。

(2) 影响工件定位精度的尺寸和公差 S_D　S_D为两组双V形块8～11的设计芯轴直径 $\phi 70.79$mm和定位高度64mm±0.02mm与61mm±0.02mm、两止推销13、14的距离112mm±0.1mm、定位销12与工件上键槽的配合尺寸 $\phi 12$h8。

(3) 影响夹具在机床上安装精度的尺寸和公差 S_A　S_A为定位键与铣床工作台T形槽的配合尺寸18H8/h8（矩形定位键为18h8，T形槽为18H8）。

(4) 影响夹具精度的尺寸和公差 S_J　S_J为工位Ⅰ的双V形块芯轴轴线对夹具底面 A 的平行度0.05mm；工位Ⅰ与工位Ⅱ V形块的距离尺寸125mm±0.03mm；其芯轴轴线间的平行度0.03mm，对定位键侧面 B 的平行度0.03mm；对刀块的位置尺寸 $11_{-0.077}^{-0.047}$ mm、$24.5_{-0.02}^{+0.01}$ mm（或10.938mm±0.015mm、24.495mm±0.015mm）及塞尺厚度尺寸5h6。

当工件以圆柱面在V形块上定位时，$i_{min}=0$。

按如图5-18所示的两个尺寸链，将各环转化为平均尺寸（对称偏差的基本尺寸），分别算出 h_1 和 h_2 的平均尺寸，然后取工件相应尺寸公差的1/5～1/2作为 h_1 和 h_2 的公差，即可确定对刀块的位置尺寸和公差。

本例中，由于工件定位基面直径 $\phi 70.8\text{h6}=\phi 70.8_{-0.019\text{mm}}^{\ 0}=\phi 70.7905\text{mm}\pm 0.095\text{mm}$，塞尺厚度 $s=5\text{h8}=5_{-0.018}^{\ 0}\text{mm}=4.91\text{mm}\pm 0.09\text{mm}$，键槽宽 $12\text{H11}=12_{\ 0}^{+0.011}\text{mm}=12.055\text{mm}\pm 0.055\text{mm}$，槽深控制尺寸64.8JS12=64.8mm±0.15mm，所以对刀块水平方向的位置尺寸为

$$H_1=12.055/2=6.0275\ (\text{mm})$$

$$h_1=(6.0275+4.91)\text{mm}=10.938\text{mm}(\text{基本尺寸})$$

对刀块垂直方向的位置尺寸为

$$H_2=(64.8-70.79/2)\text{mm}=29.405\text{mm}$$

$$h_2=(29.405-4.91)\text{mm}=24.495\text{mm}(\text{基本尺寸})$$

取工件相应尺寸公差的1/5～1/2得

$$h_1=10.938\text{mm}\pm 0.015\text{mm}=11_{-0.077}^{-0.047}\text{mm}$$

$$h_2=24.495\text{mm}\pm 0.015\text{mm}=24.5_{-0.02}^{+0.01}\text{mm}$$

(5) 夹具总图上除用形位公差符号标明上述位置精度外，还应用文字标注的技术要求是：键槽铣刀和油槽铣刀的直径应相等。

(6) 工序精度分析　由于本工序中，键槽两侧面对 $\phi 70.8$h6轴线的对称度和平行度要求较高，故应进行工序精度分析，其他加工要求可省略。

① 键槽侧面对 $\phi 70.8$h6轴线的对称度精度

a. 定位误差 Δ_D　对称度的工序基准是 $\phi 70.8$h6轴线，定位基准也是该轴线，故 $\Delta_B=0$；

又因 V 形块的对中性，$\Delta_Y=0$。于是 $\Delta_D=0$。

b. 安装误差 Δ_A　Δ_A 是夹具的安装基面偏离了规定位置，从而使工序基准发生移动而在工序尺寸方向上产生的误差。

本例中，定向键在铣床工作台 T 形槽中可能有两种位置：当两键处于图 5-20(a) 位置时，$\Delta_A=0$；而处于图 5-20(b) 位置时，产生最大间隙 x_{max}，因槽 18H8($^{+0.027}_{0}$)，键 18h8($^{0}_{-0.027}$)，故

$$x_{max}=0.027mm+0.02700=0.054mm$$

$$\Delta_A=\left(\frac{0.054}{400}\times 282\right)mm=0.038mm$$

式中，282mm 为一次进给的长度。

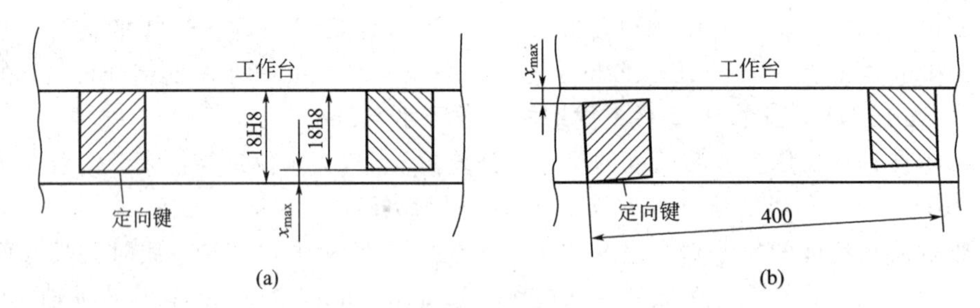

图 5-20　顶尖套筒铣双槽夹具的安装误差

c. 对刀误差 Δ_T　对称度的 Δ_T 等于塞尺厚度的公差，因 $5h6=5^{\ 0}_{-0.009}$ mm，故 $\Delta_T=0.009$mm。

d. 夹具制造误差 Δ_Z　影响对称度的 Δ_Z 有：工位Ⅰ的 V 形块芯轴轴线对定向键侧面 B 的平行度 0.03mm；对刀块水平位置尺寸 11mm±0.015mm 的公差 0.03mm。故 $\Delta_Z=0.03mm+0.03mm=0.06mm$。

e. 加工方法误差 Δ_G　$\Delta_G=0.1mm\times\frac{1}{3}=0.033mm$。

② 键槽侧面 B 对 $\phi70.8$h6 轴线的平行度误差分析

a. 定位误差 Δ_D　由于同组双 V 形块一般都在装配后一起磨平 V 形面，它们的相互位置误差极小，可看作为一长 V 形块，故 $\Delta_D=0$。

b. 安装误差 Δ_A　与上面分析相同。

c. 对刀误差 Δ_T　由于平行度不受塞尺厚度的影响，故 $\Delta_T=0$。

d. 夹具制造误差 Δ_Z　影响平行度的制造误差是工位Ⅰ的 V 形块芯轴轴线与定位键侧面 B 的平行度 0.03mm，故 $\Delta_Z=0.03mm$。

e. 加工方法误差　取 $\Delta_G=0.08mm\times\frac{1}{3}=0.027mm$。

总加工误差 $\sum_\Delta$ 和精度储备 J_C 的计算见表 5-1。

表 5-1　顶尖套铣双槽夹具的加工误差　　mm

加工要求 / 误差代号	对称度 0.1	平行度 0.08
Δ_D	0	0
Δ_A	0.038	0.038
Δ_T	0.009	0

续表

加工要求 / 误差代号	对称度 0.1	平行度 0.08
Δ_Z	0.06	0.03
Δ_G	0.1/3=0.033	0.08/3=0.027
Σ_Δ	$\sqrt{0.038^2+0.009^2+0.06^2+0.033^2}=0.079$	$\sqrt{0.038^2+0.03^2+0.027^2}=0.055$
J_C	0.10−0.079=0.021	0.08−0.055=0.025

从表5-1可知，顶尖套筒铣键槽夹具不仅可以保证加工要求，还有一定的精度储备（J_C）。为使夹具能可靠地保证加工精度和有合理的寿命，加工总误差与加工尺寸公差之间应有一合适的数值 J_C，J_C 包括夹具的磨损公差。

任务二　车床尾座孔镗模

学习目标	熟悉专用镗床夹具的基本类型、镗套的选择与设计、镗杆和浮动接头设计以及支架与底座的设计
工作任务	根据零件工序加工、零件特点及生产类型等要求，选择镗床夹具类型、确定定位方案和确定夹紧方案；最后根据零件工序内容要求及其特点，选择和设计镗套、镗杆和浮动接头等
教学重点	定位的基本原理、定位方案、夹紧方案
教学难点	专用前后引导镗套设计、镗杆设计以及浮动接头设计
教学方法建议	现场参观、现场教学、多媒体教学
选用案例	以车床尾座孔镗削加工的夹具为例，分析镗床夹具的引导元件、镗杆与浮动接头的设计与实现方法等
教学设施、设备及工具	多媒体教学系统、夹具实训室、实习车间
考核与评价	项目成果评价50%，学习过程评价40%，团队合作评价10%
参考学时	6

知识再现

镗床通常用于加工尺寸较大且精度要求较高的孔，特别是分布在不同表面上，孔距和位置精度（平行度、垂直度和同轴度等）要求都很严格的孔系，如各种箱体、汽车发动机缸体等零件上的孔系加工如图5-21所示。镗削前的预加工孔一般是在工件毛坯上铸出孔或经过粗钻而形成的孔。镗床的主要类型有卧式铣镗床、坐标镗床和金刚镗床。

一、车床尾座孔镗削实例分析

1. 实例

图5-22为车床尾座孔镗削加工的示意。

2. 分析

图5-23为镗削车床尾座孔的镗模。镗模的两个支承分别设置在刀具的前方和后方，镗刀杆9和主轴之间通过浮动接头10连接。工件以底面、槽及侧面在定位板3、4及可调支承钉7上定位，限制六个自由度。采用联动夹紧机构，拧紧夹紧螺钉6，压板5、8同时将工件夹紧。镗模支架1上装有滚动回转镗套2，用以支承和引导镗刀杆。镗模以底面 A 作为安装基面安装在机床工作台上，其侧面设置找正基面 B，因此可不设定位键。

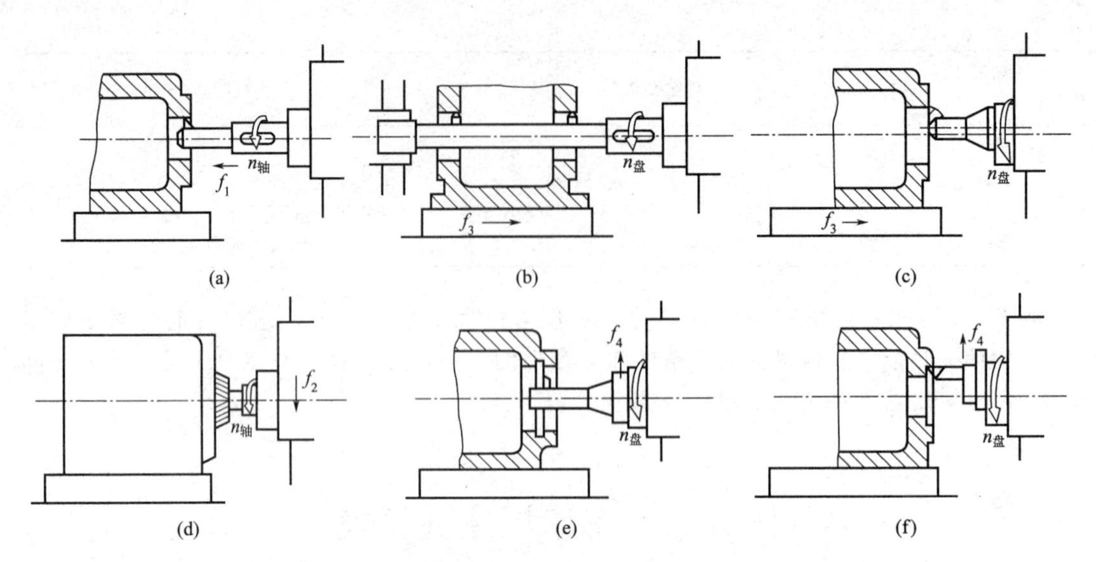

图 5-21　卧式铣镗床的典型加工方法

(a) 用装在镗轴上的悬伸刀杆镗孔，由镗轴移动完成纵向进给运动（f_1）；(b) 利用后立柱支承长刀杆同时镗削同一轴线上的两个孔，由工作台移动完成纵向进给运动（f_3）；(c) 用装在平旋盘上的悬伸刀杆镗削大直径的孔，由工作台移动完成纵向进给运动（f_3）；(d) 用装在镗轴上的端铣刀铣平面，由主轴箱移动完成垂直进给运动（f_2）；(e)、(f) 用装在平旋盘刀具溜板上的车刀车内沟槽和端面，由刀具溜板移动完成径向进给运动（f_4）

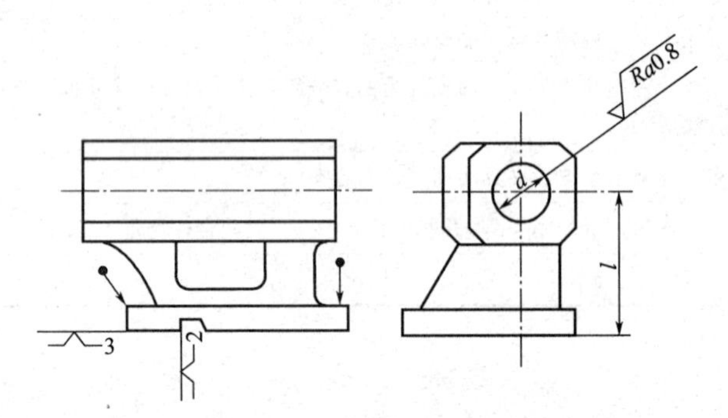

图 5-22　车床尾座孔镗削加工的示意

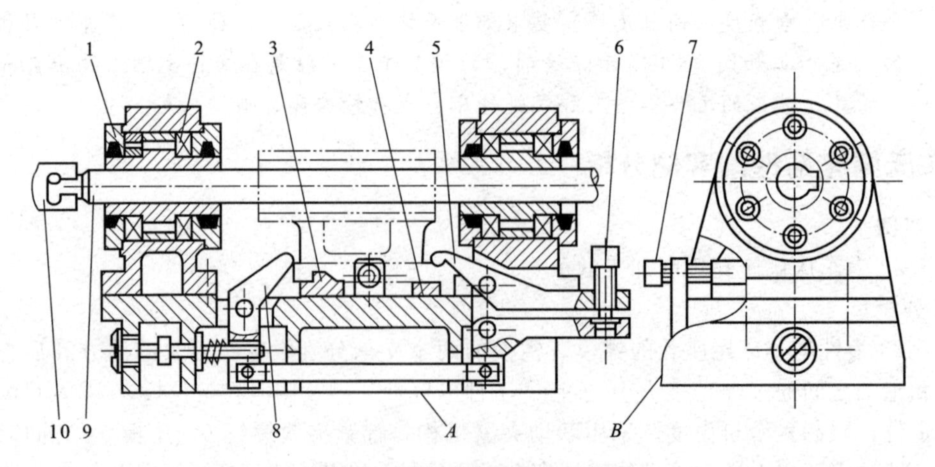

图 5-23　镗削车床尾座孔的镗模

1—支架；2—镗套；3,4—定位板；5,8—压板；6—夹紧螺钉；7—可调支承钉；9—镗刀杆；10—浮动接头

二、知识导航：镗床夹具的有关知识

1. 镗床夹具的类型

镗床夹具又称镗模，主要用于加工箱体、支座等零件上的孔或孔系。由镗套引导镗刀或镗杆进行镗孔，工件上孔或孔系的位置精度主要由镗床夹具的精度保证。由于箱体孔系的加工精度要求较高，因此镗床夹具的制造精度比钻床夹具高得多。

注意： 镗模与钻模的区别与联系

采用镗模，可以不受镗床精度的影响而加工出有较高精度要求的孔系。

镗模在结构方面与钻模非常相似，也采用了刀具导向元件——镗套。与钻套布置在钻模板上一样，镗套也是按工件被加工孔的坐标位置布置在一个或几个导向支架（镗模架）上。镗模体与镗床工作台的连接方式与铣床夹具有相似之处，从而保证镗套轴线与镗床进给方向（主轴轴线）一致。由于箱体孔系的加工精度一般要求较高，因此镗模的制造精度比钻模高得多。

镗模的结构类型主要取决于镗套的布置方式。而在布置镗套时，主要考虑镗杆刚度对加工的影响。因此根据被加工孔的长径比（L/D）而分为以下几种形式。

（1）单支承引导　如图 5-24 所示为单支承前引导，镗套布置在刀具的前方，主要用于加工孔径 $D>60$mm，$L/D<1$ 的通孔，它便于在加工中观察和测量，特别适合需要锪平面、攻螺纹的工序；缺点是切屑易带入镗套之中，镗杆和镗套易于磨损，刀具的行程较长。

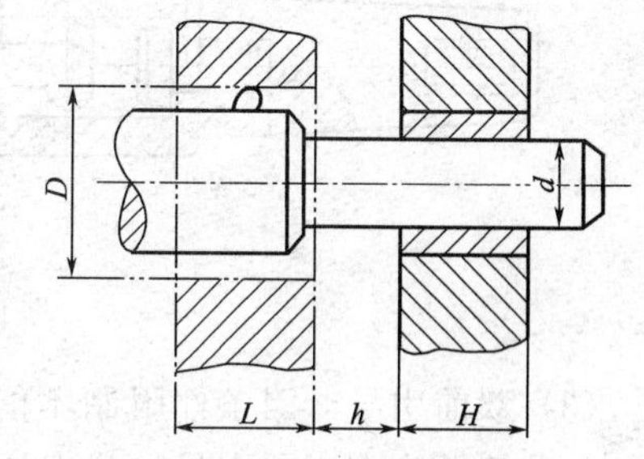

图 5-24　单支承前引导镗孔

图 5-25 为单支承后引导，镗套布置在刀具的后方，刀具与机床主轴刚性连接。用于立镗时，切屑不会影响镗套。当镗削 $D<60$mm、$L<D$ 的通孔或不通孔（盲孔）时，如图 5-25(a) 所示；因为当 $L/D<1$ 时，镗杆引导部分的直径 d 可大于 D，故镗杆刚性较好，加工精度较高，装卸工件和换刀较方便，多工步加工时可不更换镗杆。

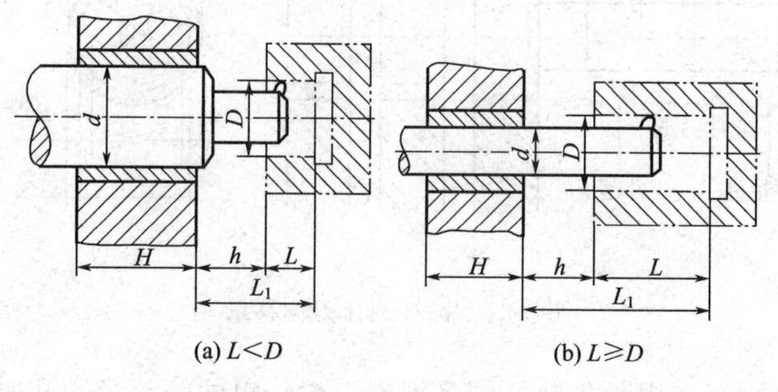

(a) $L<D$　(b) $L\geq D$

图 5-25　单支承后引导镗孔

当加工孔长度 $L=(1\sim1.25)D$ 时，如图 5-25(b) 所示，应使镗杆导向部分直径 $d<D$，以便镗杆导向部分可进入加工孔，从而缩短镗套与工件之间的距离 h 及镗杆的悬伸长度 L_1。

为便于刀具及工件的装卸和测量，单支承镗模的镗套与工件之间的距离 h 一般在 20～80mm，常取 $h=(0.5\sim1)D$，以便于装拆刀具和进行测量。

(2) 双支承引导 采用双支承引导时，镗杆和机床主轴用浮动连接 [图 5-26(a)、(c)、(d) 为浮动接头]，这样所镗孔的位置精度主要取决于镗模精度，而不受机床主轴回转精度的影响，故两镗套必须严格同轴。图 5-26(a) 为前后单支承引导，工件介于两套之间，主要用于加工孔径较大、且 $L/D>1.5$ 或一组同轴线的孔，其缺点是镗杆较长，刚度较差，更换刀具不便；当 $L>10d$ 时，由于前后孔相距较远，应增加中间引导支承，以提高镗杆刚度。

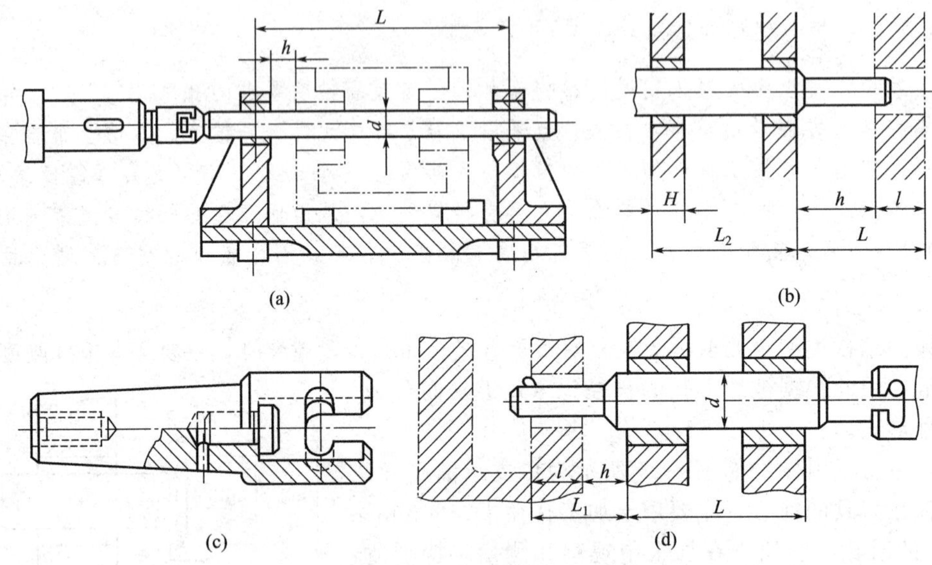

图 5-26 双支承引导镗

(3) 双前引导 因条件限制不能使用前后引导时，可在刀具后方布置双镗套 [图 5-27(b)]。此法既有双支承引导的优点，又避免了它的缺点。但镗杆伸出支承的距离 $L<5d$，以免悬伸过长，同时镗杆导引长度 $L_2>(1.25\sim1.5)L$，以增强其刚度和轴向移动时的平稳性。

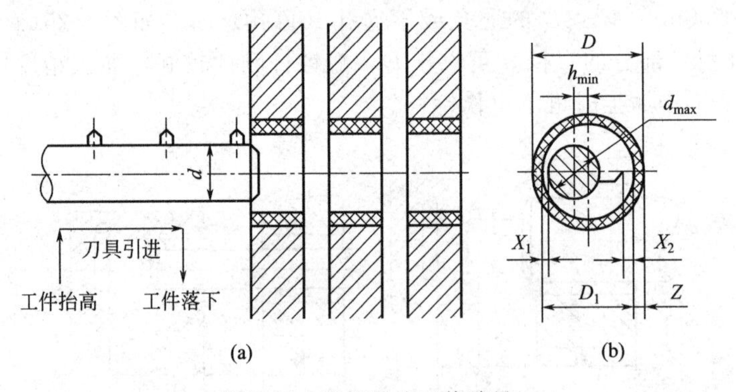

图 5-27 镗杆的让刀偏移量

为缩短镗杆长度，当采用预先装好的多把镗刀镗一组同轴等径通孔时，在镗模上可设置让刀机构（图 5-27），使工件相对于镗杆轴线偏移或抬高一定的距离，待刀具通过后再恢复原位。所需最小让刀偏移量

$$h_{\min}=Z+x_2$$

$$Z=\frac{D-D_1}{2}$$

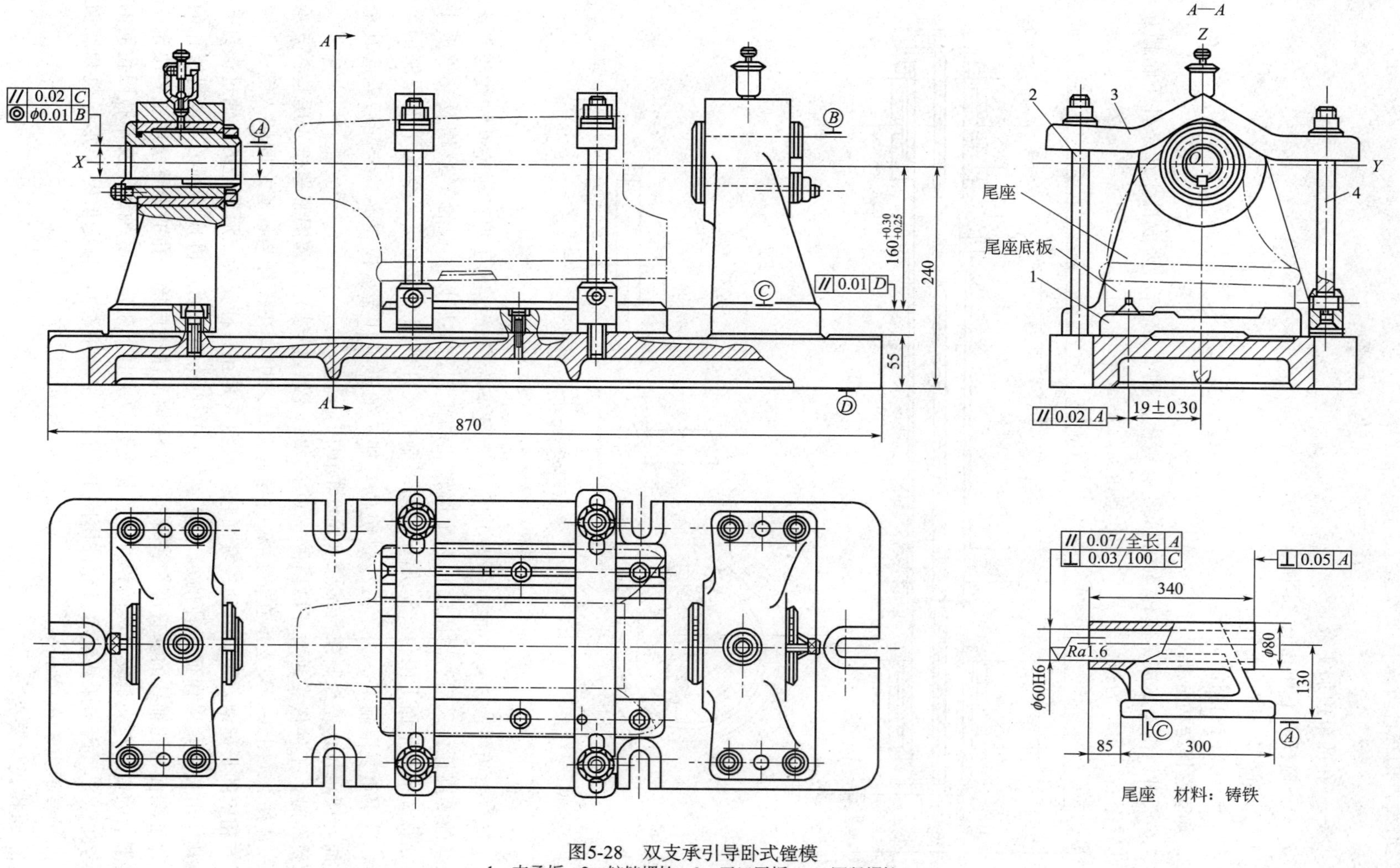

图5-28　双支承引导卧式镗模

1—支承板；2—铰链螺栓；3—开口压板；4—固紧螺栓

这时允许的镗杆最大直径为

$$d_{\max}=D_1-2(h_{\min}+x_1)$$

式中 Z——孔的单边加工余量；

x_1——镗杆与毛坯孔壁之间隙；

x_2——镗刀尖通过毛坯孔时所需间隙；

D_1——毛坯孔直径。

2. 典型镗模结构分析

双支承引导精镗车床尾座体 ϕ60H6 孔的镗模　图 5-28 所示为成批生产条件下精镗尾座体中孔（图右下角）的镗模，其采用的镗孔工具见图 5-29。

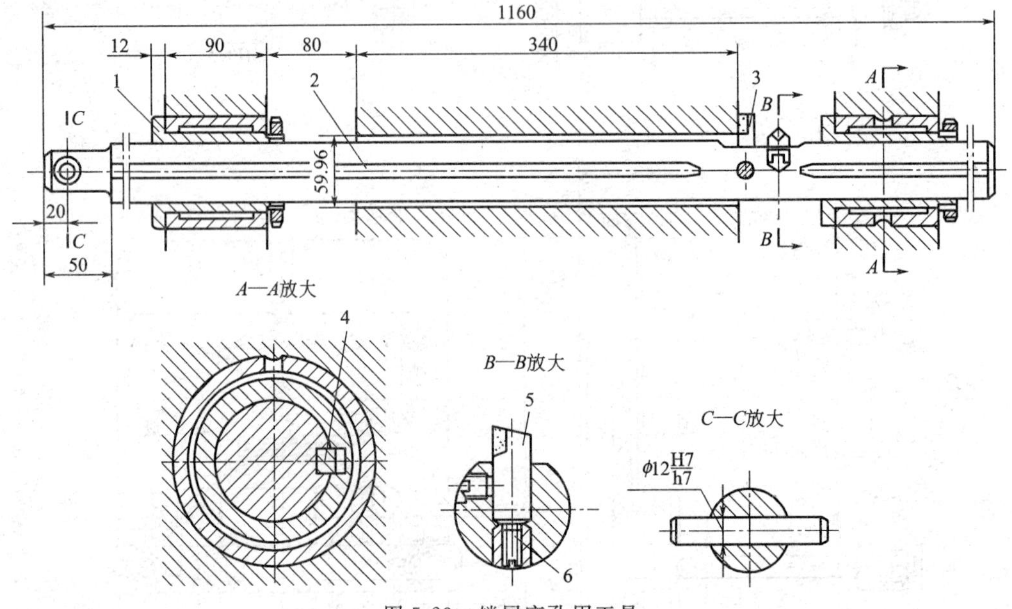

图 5-29　镗尾座孔用工具

1—镗套；2—镗杆；3—刮刀；4—键；5—镗刀；6—螺钉

工件材料为铸铁。精镗前，孔 ϕ60mm 已粗镗至 ϕ55mm。为了保证尾座孔轴线与车床主轴轴线的等高性，采用与尾座底板装配后镗孔的工艺。然后以底板的 V 形槽及支承板 1 的 V 形导轨及窄长平面上限位。V 形导轨面限制拼装件的四个自由度，窄长平面限制两个自由度，其中重复限制 $\widehat{Y}$。为了减少过定位对加工的影响，支承板在夹具装配后需磨其窄长限位面，使定位误差控制在技术要求允许范围内。

镗孔时，工件依靠两个开口压板 3（图 5-28）及铰链螺栓 2 和固紧螺栓 4 压紧在支承板 1 上。镗杆 2（图 5-29）支承在前后双引导镗套 1 之中，在镗杆与镗套之间装入键 4，镗杆上开有相应的长键槽，用以带动镗套回转。镗刀 5 是在镗杆安装之后装上的，通过螺钉 6 可调整其伸出长度，以保证孔径的尺寸精度。ϕ60H6 孔镗好后，再换装刮刀 3，刮镗孔的端面，保证端面与孔轴线的垂直度。镗杆与机床主轴为浮动连接，孔的位置精度主要决定于前后支架上的镗套与夹具支承板的相对位置精度。故夹具上规定镗套轴线至支承板限位面的距离为 $160^{+0.30}_{+0.25}$（因车床装配后只允许尾座中心高于主轴中心），与支承板 V 形导轨和底面的平行度误差不大于 0.02mm。

3. 镗模设计要点

设计镗模时，除合理确定其类型并处理好工件的安装外，还必须解决好镗模特有的即镗套、镗孔工具、支架与底座的设计事项。

（1）镗套的设计　常用的镗套结构有固定式和回转式两种。

① 固定式镗套（图 5-30）　指在镗孔过程中不随镗杆转动的镗套，其结构形状和可换钻套基本相同，但尺寸较大。它有两种类型：A 型不带油杯，只宜低速下工作；B 型则带有压配式油杯，内孔开有油槽，以便在镗孔中滴油润滑，故可适当提高切削速度。这两种固定式镗套均已标准化。

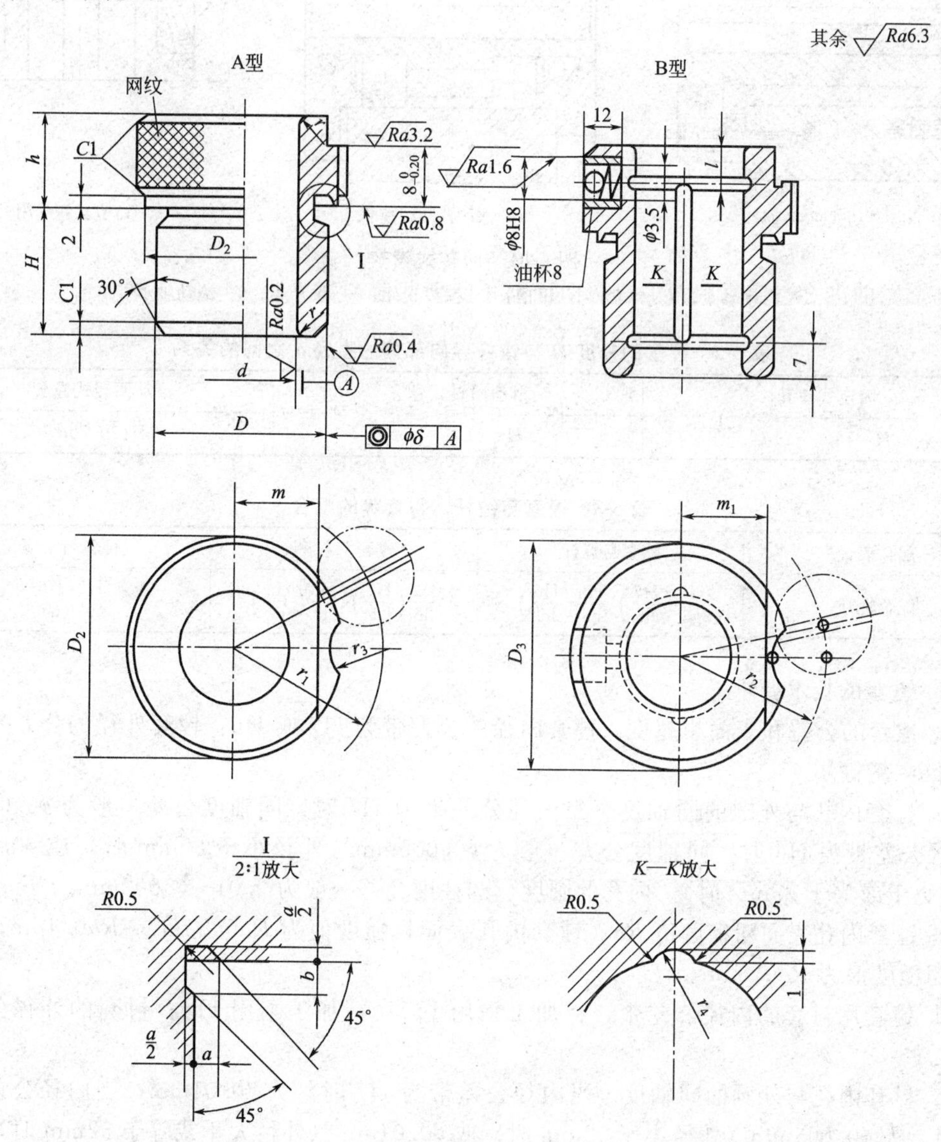

图 5-30　固定式镗套

② 回转式镗套（图 5-31）　随镗杆一起转动，适用于在较高速度下镗孔（线速度 $v \geqslant$ 24m/min），镗杆在镗套内只有相对移动而无相对转动，两者配合较紧，可防止微小切屑落入镗套内，以免两者迅速磨损甚至咬死。回转式镗套有滑动式和滚动式两种，后者适用于高速镗孔。

镗套的长度 H 直接影响导向性能，不同类型的镗套，其长度 H 与镗杆导向部分的直径 d 之间的关系如表 5-2 所示。镗套和镗杆、镗套与衬套以及衬套与支座的配合见表 5-3。

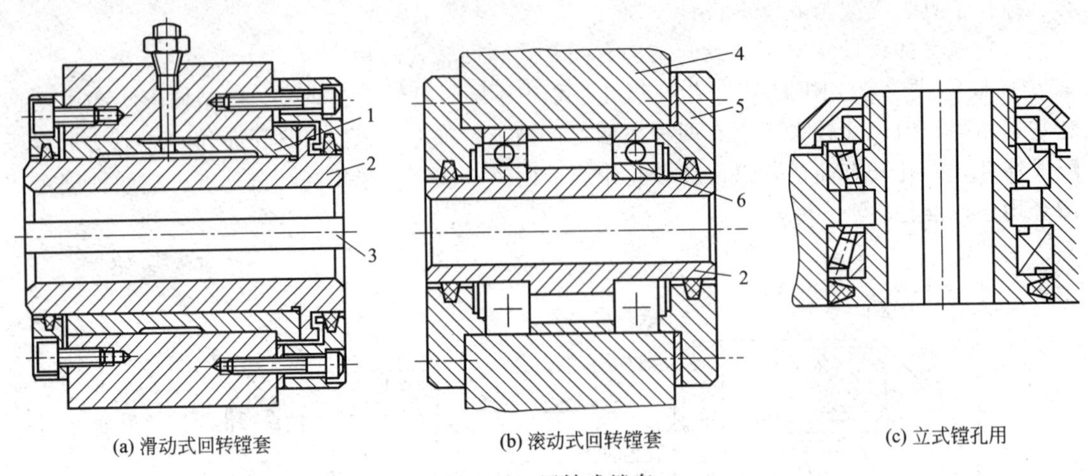

图 5-31 回转式镗套

1—滑动轴承；2—镗套；3—键槽；4—镗模支架；5—轴承盖；6—滚动轴承

表 5-2 镗套的长度 *H* 与镗杆导向部分的直径 *d* 之间的关系

固定式镗套	滑动回转式镗套	滚动回转式镗套
$H=(1.5\sim2)d$	$H=(1.5\sim3)d$	$H=0.75d$

表 5-3 镗套与镗杆、衬套等的配合

配合表面	镗套与镗杆	镗套与衬套	衬套与支座
配合性质	$\frac{H7}{g6}\left(\frac{H7}{h6}\right)$、$\frac{H6}{g5}\left(\frac{H6}{h5}\right)$	$\frac{H7}{h6}\left(\frac{H7}{js6}\right)$、$\frac{H6}{h5}\left(\frac{H6}{j5}\right)$	$\frac{H7}{n6}$、$\frac{H6}{n5}$

③ 镗套的技术要求

a. 镗套的公差和表面粗超度。镗套内径的公差带为 H7 或 H6：镗套外径的公差带，粗镗用 g6，精镗用 g5。

b. 镗套内孔与外圆的同轴度。当内径公差带为 H7 时，同轴度公差一般为 $\phi0.01$mm；当内径公差带为 H6 时，同轴度公差一般为 $\phi0.005$mm（外径小于 85mm 时）或 $\phi0.01$mm（外径大于或等于 85mm 时）。内孔的圆度、圆柱度允差一般为 0.01～0.002mm。

c. 镗套内孔表面粗糙度值 Ra。镗套内孔表面粗糙度值为 $Ra0.8\mu$m 或 $Ra0.4\mu$m，外圆表面粗糙度值为 $Ra0.8\mu$m。

d. 镗套用衬套的内径公差带。粗加工采用 IT7；精加工采用 IT6；衬套的外径公差带为 n6。

e. 衬套内孔与外圆的同轴度。当内径公差带为 H7 时，为 $\phi0.01$mm；当内径公差带为 H6 时，为 $\phi0.005$mm（外径小于 52mm 时）或 $\phi0.01$mm（外径大于或等于 52mm 时）。

f. 镗套的材料与热处理。镗套的材料选用灰铸铁 HT200、青铜、粉末冶金或用钢制成。硬度应低于镗杆的硬度。在生产批量不大或孔径较大时多用铸铁；负荷大时采用 50 钢或 20 钢渗碳，淬硬至 55～60HRC；青铜比较贵，多用于高速镗削及生产批量较大的场合。

(2) 镗杆的设计　在设计镗模的结构前须先设计镗杆，主要是确定其直径和长度。

① 镗杆直径 d 设计　d 受到加工孔径 D 的限制，但应尽量大些，一般取 $d=(0.6\sim0.8)D$ 来保证镗杆的刚度和镗孔时应有的容屑空间。设计镗杆时，镗孔直径 D、镗杆直径 d 与镗刀截面 $B\times B$ 之间应符合下式关系

$$\frac{D-d}{2}=(1\sim1.5)B$$

或参考表 5-4 选取。

表 5-4　镗孔直径 D、镗杆直径 d 与镗刀截面 B×B 的尺寸关系　mm

D	30～40	40～50	50～70	70～90	90～100
d	20～30	30～40	40～50	50～65	65～90
$B\times B$	8×8	10×10	12×12	16×16	16×16　20×20

② 镗杆的结构设计　同一镗杆上的直径应尽量取得一致，避免阶梯形状。镗杆上若安装几把刀具时，为减少镗杆变形，可采用对称装刀法，使径向切削力平衡。

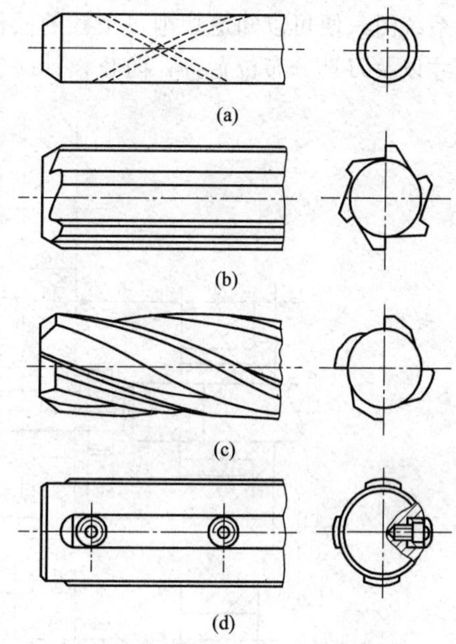

图 5-32　镗杆引导部分的结构

如图 5-32(a) 所示镗杆引导部分的结构是在圆柱引导部分直接车出螺旋油槽，这种结构最简单，但与镗套接触面大，润滑也不好，很难避免切屑进入而产生“咬死”现象。图 5-32(b)、(c) 是开有直槽和螺旋槽的镗杆，它与镗套的接触面小，沟槽可以容屑，用于 $v<20\text{m/min}$ 的场合。当直径较大时（$d>50\text{mm}$）可采用图 5-32(d) 所示镶滑块的引导结构。由于它与导套接触面小，且铜滑块的摩擦较小，可以提高切削速度，磨损后可在滑块下加垫片，再修磨外圆，保持原直径。滑块数量为 4～6 条。

③ 镗杆的长度设计　镗杆的长度与加工孔的长度或孔的轴向距离以及送进方式等有关。送进方式不同，所引起的镗杆的变形差很大：当采用工件送进时［图 5-33(a)］，镗杆在切削力 F 作用下产生的挠度 f_1 为

$$f_1=\frac{F(2l)^3}{48EJ}=\frac{Fl^3}{6EJ}\ \text{(mm)}$$

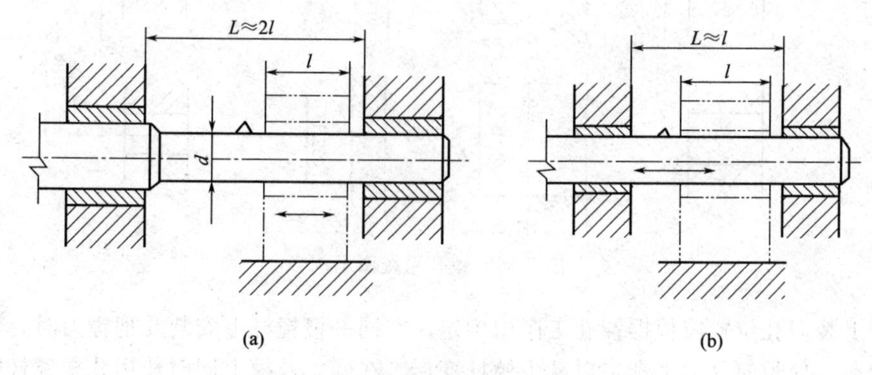

图 5-33　送进方式与镗杆长度的关系

当采用镗杆送进时［图 5-33(b)］，挠度 f_2 为

$$f_2=\frac{Fl^3}{48EJ}\ (\mathrm{mm})$$

式中 F——切削力，N；

E——材料的弹性模量，N/mm^2；

J——轴惯性矩，mm^4。

两式相比较 $f_2=f_1/8$。由此可见，设计镗杆时，应尽量缩短其工作长度 L（指两导套间的距离）。一般对于前后引导的镗杆，其长径比以 $L/d<10:1$ 为佳，最大不大于 20：1；对采用单支承引导的镗杆，$L/d<4\sim5$ 为好。

镗杆的轴向尺寸必须根据镗孔系统图上的有关尺寸来确定。图 5-34 是镗孔系统图示例。镗孔系统图是由工艺人员在编制镗孔工艺时绘制的、设计镗杆的重要原始资料之一。通过镗孔系统图，便可以知道切削每个孔的操作顺序、所用刀具、镗杆、镗套的规格、长度和直径尺寸以及刀具分布位置等，防止设计时发生错误。

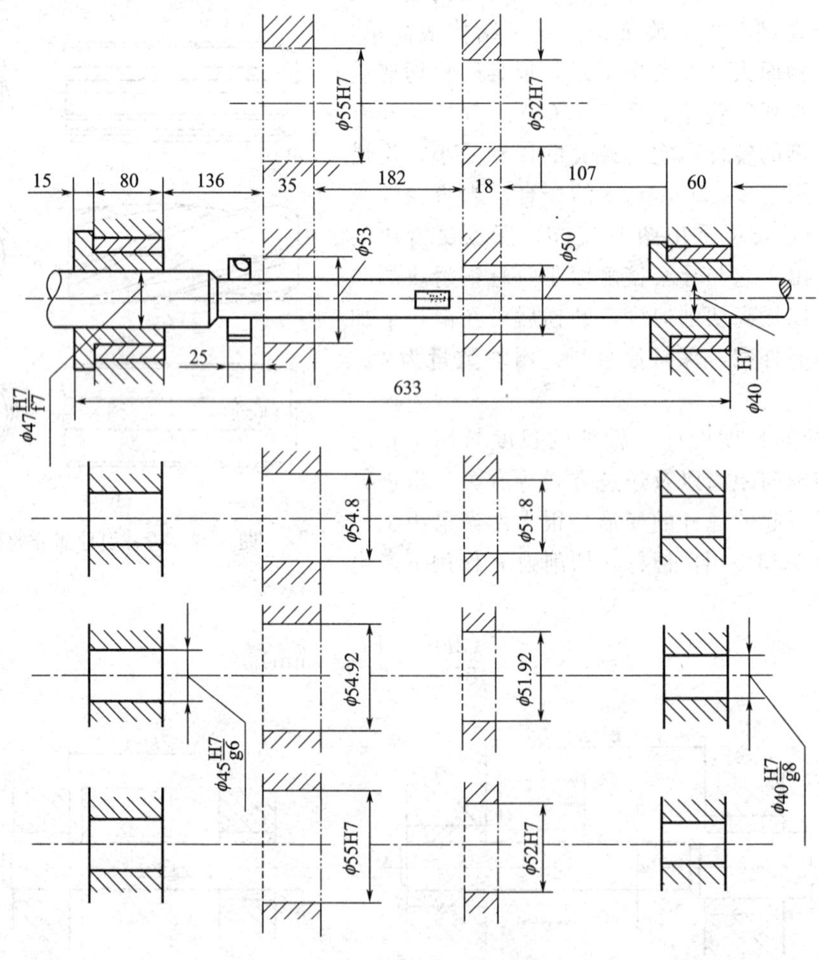

图 5-34 镗孔系统图示例

镗杆上装刀孔位置应根据镗孔工序图确定。在同一根镗杆上安装几把镗刀时，镗刀应尽量对称分布，使径向分力平衡，以减少镗杆变形。在同一镗模上同时使用几根镗杆时，其镗刀的方位应尽可能错开。

④ 镗杆的材料 镗杆要求表面硬度高而内部有较好的韧性。因此采用 20 钢、20Cr 钢

制造，渗碳后淬硬至61～63HRC，大直径镗杆也可用45钢、40Cr或65Mn钢制造。

⑤ 镗杆的技术要求

a. 镗杆导向部分的直径公差带。镗杆的制造精度对其回转精度有很大影响，故其引导部分直径公差带取g6（粗镗）或g5、n5（精镗）；表面粗糙度值为$Ra0.8\mu m$或$Ra0.4\mu m$。

b. 镗杆导向部分直径的圆度和锥度控制在直径公差1/2以内。

c. 镗杆在500 mm长度内的直线度公差为0.01mm。

d. 装刀的刀孔对镗杆中心的对称度公差为0.01～0.1mm，垂直度为100：0.02～100：0.01；刀孔表面粗糙度一般为$Ra1.6\mu m$。

e. 装刀孔不淬火。

由于镗杆制造工艺复杂、精度高，其制造成本远高于镗套，故在已有镗杆的情况下，一般是用镗套按镗杆尺寸配作，此时应保证两者的配合间隙小于0.01mm。

(3) 镗模支架和底座的设计　镗模支架是组成镗模的重要零件之一。它是供安装镗套和承受切削力用的。因此必须有足够的刚性和稳定性，在结构上应有较大的安装基面和设置必要的加强肋。

注意：支架上不允许安装夹紧机构和承受夹紧反力，以免支架产生变形而破坏精度。

① 支架　支架是组成镗模、供安装镗套并承受切削力的重要元件。因此，它必须具有足够的刚度和精度的稳定性。所以，在结构上应保证支架有足够大的安装基面和设置必要的加强筋。支架和底座的连接要牢固，一般用圆锥销和螺钉紧固，避免采用焊接结构。

结构上要注意不允许镗模支架承受夹紧反力，以免支架产生变形而影响导向精度。如图5-35(a)所示的设计是错误的，夹紧反力会使支架变形，应使用图5-35(b)的结构，使夹紧反力与支架无关。

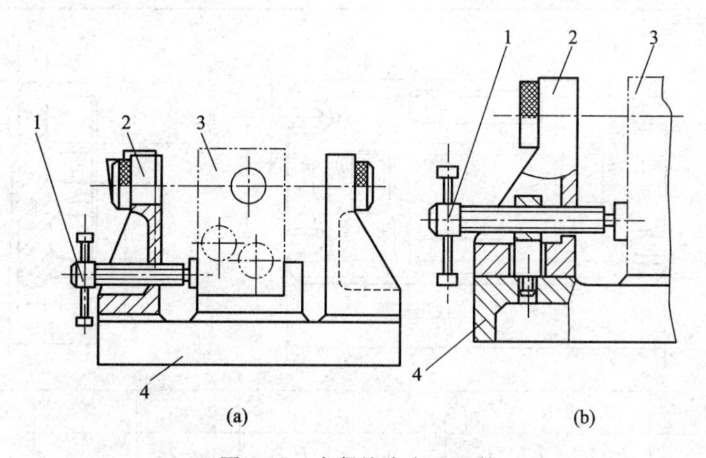

图5-35　夹紧施力方法比较

1—夹紧螺钉；2—镗模支架；3—工件；4—镗模底座

镗模支架的典型结构和尺寸可参阅表5-5。

② 底座　底座要承受安装在其上的各种装置、元件、工件的重量以及切削力和夹紧力的作用。因此，底座必须具有足够的强度和刚度。通常在结构上可采取合理的形状、适当的壁厚及内腔设置十字形加强筋等措施来满足上述要求。

表 5-5　镗模支架典型结构和尺寸　　mm

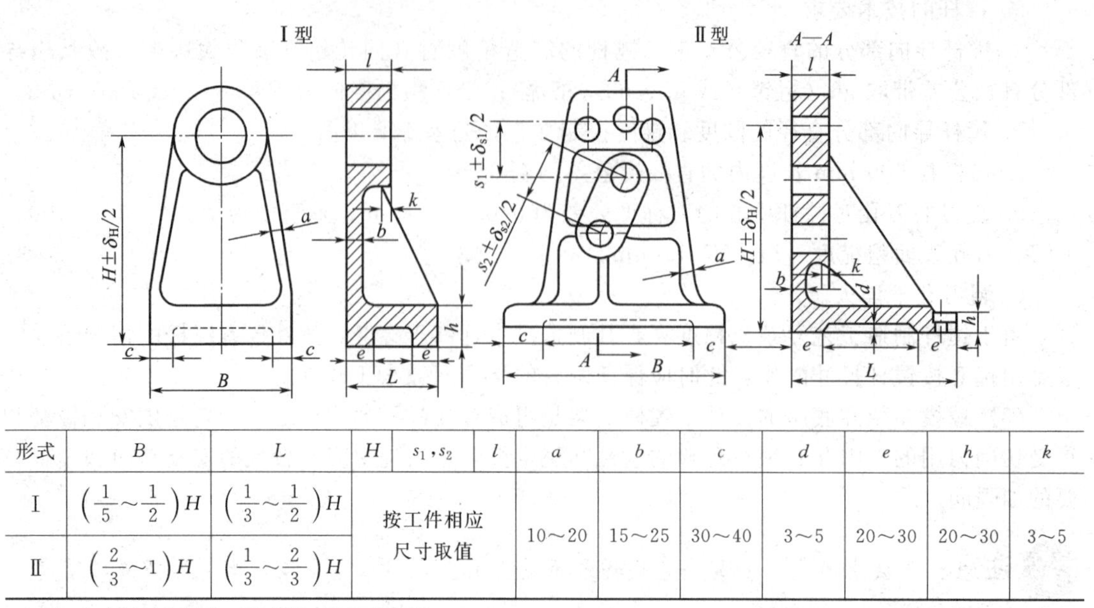

形式	B	L	H	s_1,s_2	l	a	b	c	d	e	h	k
Ⅰ	$\left(\frac{1}{5}\sim\frac{1}{2}\right)H$	$\left(\frac{1}{3}\sim\frac{1}{2}\right)H$	按工件相应尺寸取值			10～20	15～25	30～40	3～5	20～30	20～30	3～5
Ⅱ	$\left(\frac{2}{3}\sim1\right)H$	$\left(\frac{1}{3}\sim\frac{2}{3}\right)H$										

注：本表材料为铸铁，对铸钢件，厚度可减薄。

底座的上平面，应按连接需要做出高度约 3～5mm 的凸台面，加工后经过刮研，使有关元件安装时接触紧贴。凸台表面应与夹具底面平行或垂直。为了保证镗模在机床上的正确安装及定位元件相对安装基面位置的准确，应使安装基面经刮研后其平面度（只准凹）公差值控制在 0.05mm 范围内，表面粗糙度值为 $Ra1.6\mu m$。具体结构尺寸及技术要求可参阅表 5-6。

表 5-6　镗模底座典型结构尺寸及技术要求　　mm

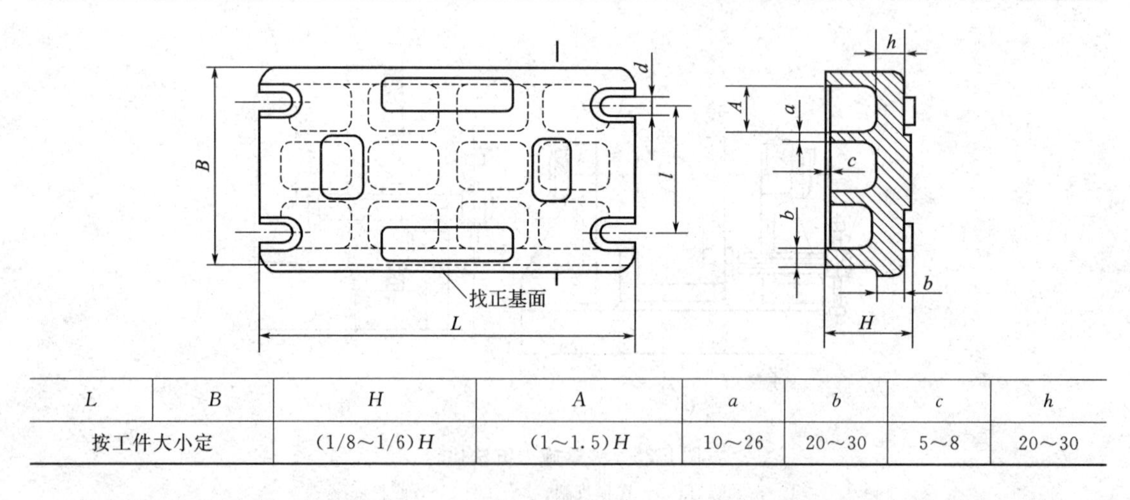

L	B	H	A	a	b	c	h
按工件大小定		(1/8～1/6)H	(1～1.5)H	10～26	20～30	5～8	20～30

镗模的结构尺寸一般较大，为在机床上安装牢固，底座上应设置适当数目的耳座。另外，还必须在适当位置设置起重吊环，以便镗模的搬运。

支架和底座常采用铸铁（HT200）毛坯。为保证其尺寸精度的稳定不变，铸件毛坯应进行时效处理，必要时在精加工后要进行二次时效。

镗杆的长度与被加工孔的长度、孔的轴向间距以及进给方式等有关。而镗杆的长度对镗杆挠曲变形的影响很大。因此，在设计镗杆时，应尽量缩短其工作长度。一般对于前后引导的镗杆，其工作长度与直径之比以不超过10∶1为宜。对于悬臂切削的镗杆，悬伸长度与导向部分的直径之比应以$L/d<4\sim5$为宜。

（4）浮动接头　双支承镗模的镗杆均采用浮动接头与机床主轴连接。如图5-36所示，镗杆1上拨动销3插入接头体2的槽中，镗杆与接头体之间留有浮动间隙，接头体的锥柄安装在主轴锥孔中。主轴的回转可通过接头体、拨动销传给镗杆。

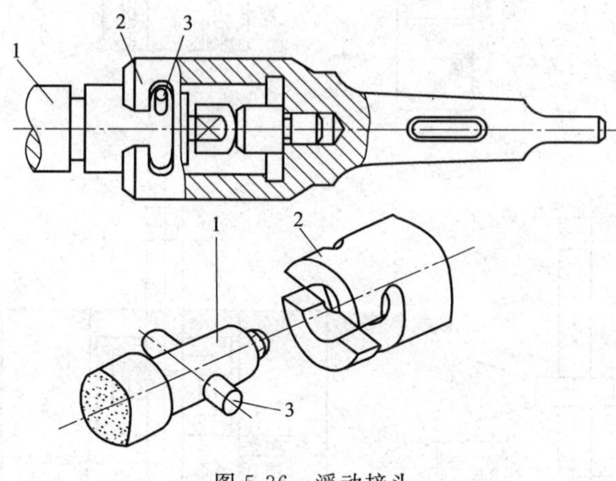

图5-36　浮动接头

1—镗杆；2—接头体；3—拨动销

三、实例思考

图5-37为某柴油机机体主轴承孔精加工的工序图。被加工表面为A—B轴线上的9挡同轴孔。各被加工孔本身的尺寸精度、表面粗糙度及各孔的位置度要求如图5-37所示。

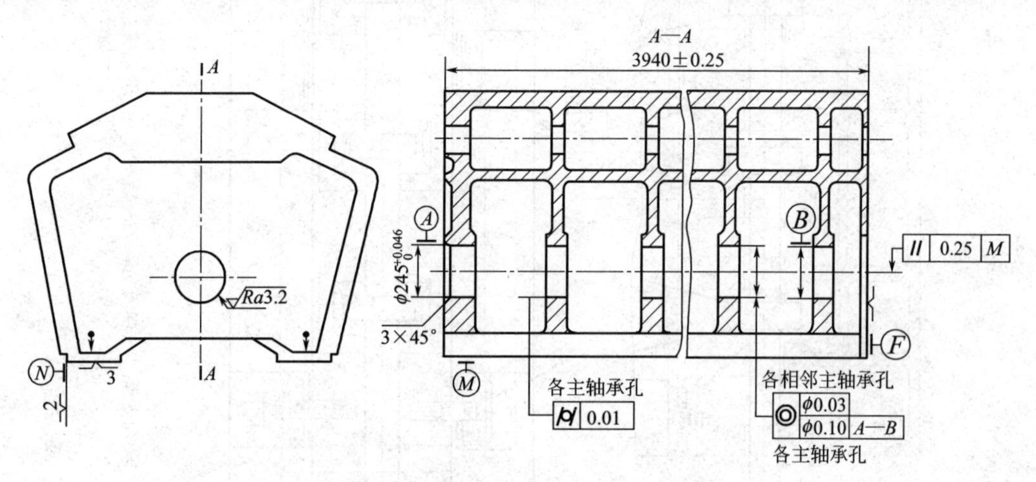

图5-37　机体主轴承孔精加工工序图

图5-38为该工序所用的镗模。试对其结构进行分析（定位、夹紧、导向装置及支承情况）。

四、支架壳体零件镗孔实例独立实践

如图5-39所示，对于支架壳体零件，本工序需加工$2\times\phi20$H7、$\phi35$H7和$\phi40$H7共四

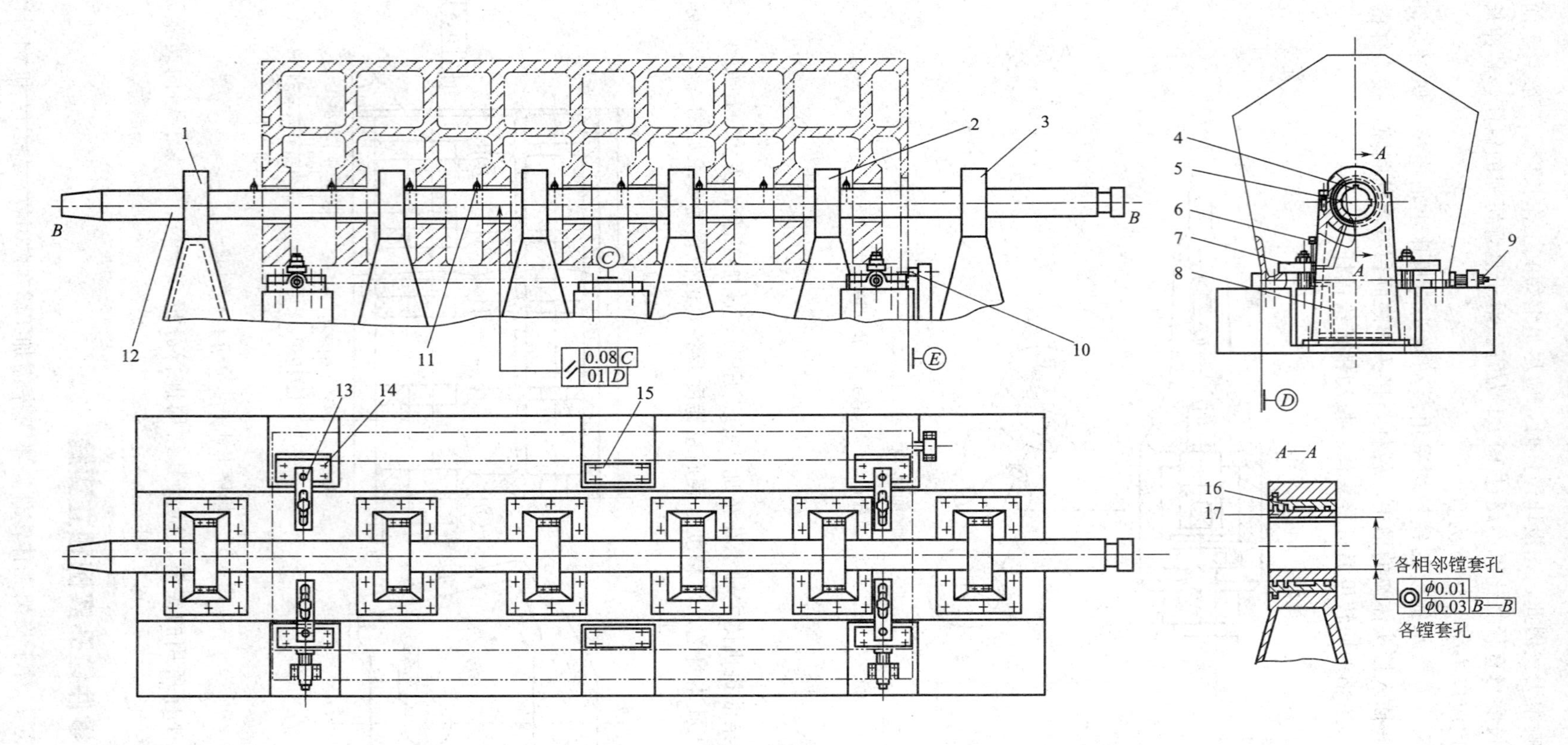

图5-38 机体主轴承孔精镗夹具

1—前支承；2—中间支承；3—后支承；4—让刀槽；5—弹性伸缩键；6—油压表；7—压板；8—油路；9—止推螺钉；10—支承钉；11—镗刀；12—镗杆；13—顶杆；14—直角定位块；15—直角支承板；16—衬套；17—镗套

个孔。其中 ϕ35H7 和 ϕ40H7 采用粗精镗，2×ϕ20H7 孔采用钻扩铰方法加工；工件材料为 HT200-250，毛坯为铸件；中批量生产。试设计该支架壳体零件镗孔镗床夹具。

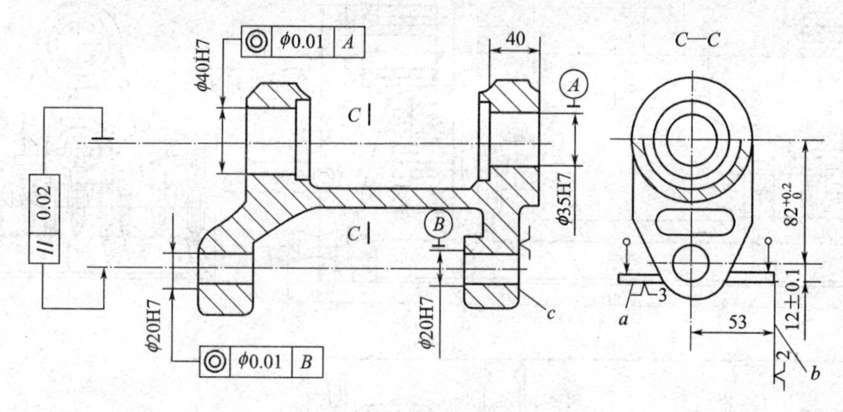

图 5-39　支架壳体零件工序图

1. 工件的加工工艺性分析

根据工艺规程，在 2×ϕ20H7、ϕ35H7 及 ϕ40H7 四个孔之前，其他表面均已加工好，本工序的加工要求如下。

① ϕ20H7 孔到ⓐ面的距离为 12mm±0.1mm，ϕ20H7 孔轴线与 ϕ35H7 孔轴线、ϕ40H7 孔轴线中心距为 $82^{+0.2}_{0}$mm。

② ϕ35H7 孔和 ϕ40H7 孔及 2×ϕ20H7 孔同轴度公差各为 ϕ0.01mm。

③ 2×ϕ20H7 孔轴线对 ϕ35H7 孔和 ϕ40H7 孔公共轴线的平行度公差为 0.02mm。

2. 定位方案与定位元件的设计

（1）确定支架壳体零件镗孔镗床夹具的类型　根据支架壳体零件镗孔工序的加工特点，支架壳体零件镗孔镗床夹具拟采用前后双支承镗模。支架壳体零件镗孔镗床夹具使用的机床是 T68 卧式镗床。

（2）确定夹具的定位方案　按照基准重合原则，选择 *a*、*b*、*c* 三面（见图 5-39）作为定位基准。*a* 面为主要定位基准。定位元件选用两块带侧立面的支承板限制工件的 5 个自由度，挡销限制 1 个自由度，从而实现完全定位。

（3）确定夹具的夹紧方案　夹紧力的方向指向主要定位基准面 *a*，为装卸工件方便，采用 4 块开槽压板，用螺栓螺母手动夹紧。

（4）确定镗套设计　由于切削速度的影响，同时为了易于保证 ϕ35H7 和 ϕ40H7 孔及 2×ϕ20H7 孔同轴度公差和 2×ϕ20H7 孔轴线对 ϕ35H7 孔和 ϕ40H7 孔公共轴线的平行度公差，加工 ϕ35H7 孔和 ϕ40H7 孔采用固定式镗套。加工 2×ϕ20H7 孔时，因需钻、扩、铰，故采用快换式钻套和铰套。

（5）确定镗床夹具的镗杆、浮动接头、支架和底座等　支架壳体零件镗孔镗床夹具的浮动接头锥柄锥度采用莫氏 5 号，与 T68 卧式铣镗床主轴孔锥度相同。

为了使镗模在镗床上安装方便，底座上加工出找正基面 *D*。镗模底座下部采用多条十字加强肋，以增强刚度。为了起吊镗模，底座上还设计了 4 个起吊螺栓。

（6）镗床夹具装配总图的绘制顺序以及总图中相关尺寸和公差的确定方法　如图 5-40 所示为支架壳体零件镗孔镗床夹具的装配总图。

支架壳体零件镗孔镗床夹具的装配总图应标注的主要尺寸和公差如下。

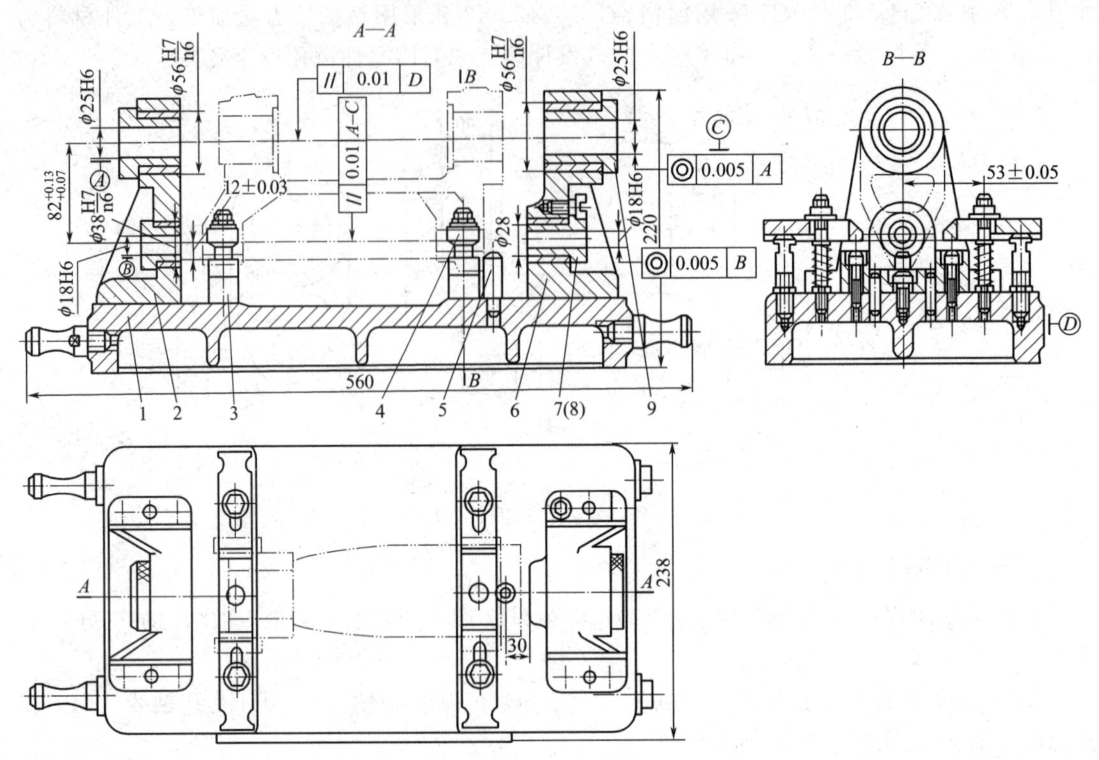

图 5-40　支架壳体零件镗孔镗床夹具图

1—夹具体；2,6—支架；3—支承架；4—压板；5—挡销；7,8—钻套、铰套；9—镗套

① 标注配合尺寸：ϕ38H7/n6，ϕ56H7/n6。

② 定位联系尺寸　53mm±0.05mm，12mm±0.03mm，$82^{+0.13}_{+0.07}$mm。

③ 导向尺寸：ϕ18H6mm，ϕ25H6mm。

④ 标注夹具轮廓尺寸：560mm×238mm×220mm。

⑤ 标注位置公差：镗套轴线与侧面找正面的平行度为 0.01mm；前后镗套轴线同轴度为 0.005mm；前后钻套轴线同轴度为 0.005mm；钻套轴线与前后镗套轴线的平行度为 0.01mm。

(7) 加工精度分析　影响 ϕ35H7 与 ϕ40H7 两孔同轴度 ϕ0.01mm 的加工精度的分析如下。

① 定位误差 Δ_D　两孔同轴度与定位方式无关，$\Delta_D=0$。

② 导向误差 Δ_T　镗套和镗杆的配合为 $\phi 25\dfrac{H6(^{+0.013}_{0})}{h5(^{0}_{-0.009})}$，其最大间隙为

$$X_{max}=0.013+0.009=0.022\text{mm}$$

两镗套间最大距离为 440mm，$\tan\alpha=0.022/440=0.00005$mm。

被加工孔的长度为 40mm。由镗套与镗杆的配合间隙所产的导向误差为

$$\Delta_{T1}=2\times40\times0.00005=0.004\text{mm}$$

由于前后两镗套孔轴线的同轴度公差 0.005mm 产生的导向误差为

$$\Delta_{T2}=0.005\text{mm}$$

故　$\Delta_T=\Delta_{T1}+\Delta_{T2}=0.004+0.005=0.009$mm

③ 夹具位置误差 Δ_A　因两孔同时镗削，且镗杆由两镗套支承，则两孔同轴度与夹具位

置误差无关，即 $\Delta_A=0$。

④ 加工方法误差 Δ_G　$\Delta_G=\delta_K/3=0.0033$（mm）。

总加工误差为

$$\sum\Delta=\sqrt{\Delta_D^2+\Delta_T^2+\Delta_A^2+\Delta_G^2}=\sqrt{0+0.009^2+0+0.0033^2}=0.0096\ (\text{mm})$$

所以，工件的该项精度要求能保证。

思考题

一、填空题

1. 对刀装置由______和______组成，用来确定________和________的相对位置。

2. 铣床夹具在机床的工作台上定位是通过夹具上的两个________来实现的。

3. 铣床夹具与其他夹具在结构上的不同之处是具有______和________。

4. 铣床上用来确定刀具相对于夹具上定位元件位置的元件有______________。

5. 铣床夹具与机床工作台的连接除了底平面外，通常还通过________与铣床工作台T形槽配合。

6. 通常铣床夹具分为三类：__________、__________、__________。

7. 常用标准塞尺有________和____________。

8. 对刀块通常制成单独的元件，用_________和_________紧固在夹具上。

9. 镗套的结构形式可分为_________和_________。

10. 双支承镗模的镗杆与镗床主轴的连接方式是镗杆和机床主轴用_______________，这样所镗孔的________主要取决于镗模精度，而不受机床主轴回转精度的影响，故两镗套必须严格同轴。

11. 回转式镗套可分为________和________。

12. 镗模的结构类型主要取决于镗套的布置方式。而在布置镗套时，主要考虑镗杆刚度对加工的影响。因此根据被加工孔的长径比（L/D）而分为__________、________和________等三种形式。

13. 镗模支架是供安装________和承受切削力用的。

14. 镗杆的轴向尺寸必须根据__________上的有关尺寸来确定。

15. 镗杆引导部分直径较大时（$d>50$mm）可采用______的引导结构。

16. 设计镗杆时，应尽量缩短其____________。

17. 带有压配式油杯的固定式镗套，内孔开有______，以便在镗孔中滴油润滑，使镗杆和镗套之间能充分润滑，故可适当提高切削速度。

二、判断题（正确的画"√"，错误的画"×"）

1. 铣床夹具多半设置有专门的快速对刀装置，以减少调刀、换刀辅助时间，提高刀位精度。（　）

2. 在铣床上调整刀具与夹具上定位元件间的尺寸时，通常将刀调整到和对刀块刚接触上就算调好了。（　）

3. 在铣床夹具上设置对刀块是用来调整刀具相对夹具的相对位置，但对刀精度不高。（　）

4. 定位键和对刀块是钻床夹具上的特殊元件。（　）

5. 采用对刀装置有利于提高生产率，但其加工精度不高。（　）

6. 由于铣削过程机动时间相对较短，铣削时切削力较大又周期变化，因此设计铣床夹具时，应注意减少辅助时间和提高铣床夹具的刚性。（　）

7. 对刀块是铣床夹具的特有元件，它是调整铣刀正确加工位置的依据。（　）

8. 使用时对刀塞尺插入对刀块工作面和铣刀切削刃之间，以避免刀刃损坏和磨损，因此工件被加工面到相应定位基面的位置尺寸与对刀块工作面到对应定位元件的定位工作面的调刀尺寸不相等，两者二者正好相差一个塞尺厚度的数值。（　）

三、简答题

1. 铣床夹具分哪几种类型？各有何特点？

2. 试述铣床夹具的设计要点。

3. 定位键起什么作用？它有几种结构形式？

4. 铣床夹具与通用铣床工作台的连接方式有哪几种？

5. 选择铣床夹具定位键规格尺寸的依据是什么？

6. 决定铣床夹具U形耳座尺寸的原始依据是什么？

7. 在铣床夹具中使用对刀块和对刀塞尺起什么作用？由于使用了塞尺对刀，对调刀尺寸的计算产生什么影响？

8. 对刀装置有何作用？有哪些结构形式？分别用于何种表面的加工？

9. 塞尺有何作用？常用标准塞尺结构形式有哪几种？

10. 多件加工的铣床夹具与加工同样工件同一表面的单件铣床夹具相比，其提高生产率的原因是什么？

11. 在圆周进给式转台铣床上装置了多个铣床夹具实现连续铣削时，是否还需单独计算装卸工件的辅助时间，为什么？

12. 镗床夹具可分为几类？各有何特点？其应用场合是什么？

13. 镗模按镗套的布置有哪些形式？各有何优缺点？镗套的结构形式有哪几种？各适用于什么场合？

14. 怎样避免镗杆和镗套之间出现“卡死”现象？

15. 在设计镗模支架时，应注意什么问题？

16. 镗杆的直径和轴向长度尺寸是如何确定的？

17. 钻模与镗模比较，在保证零件加工精度方面有何不同之处？

18. 试比较钻床夹具、镗床夹具、铣床夹具和车床夹具的夹紧装置的设计特点。

19. 试比较钻床夹具、镗床夹具、铣床夹具和车床夹具与机床连接的特点，其安装在机床上精度如何保证？

20. 镗模的设计特点有哪些？

21. 镗模底座设计有什么要求？

22. 采取哪些措施以减轻镗套与镗杆工作面之间的磨损？

23. 浮动接头结构主要由哪些元件组成？如何实现与机床主轴的连接？

四、综合题

1. 在题图 5-1 所示的接头零件上铣槽，其他表面均已加工好，试对工件进行工艺分析，设计所需的铣床夹具（只画草图）、标注尺寸、公差及技术要求，并进行精度分析。

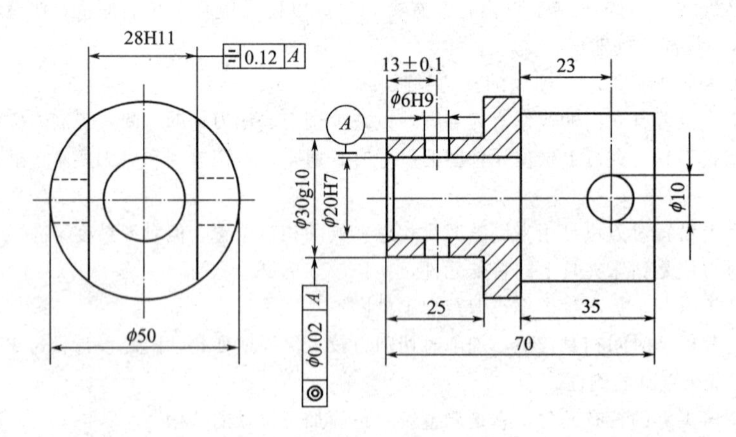

题图 5-1

2. 按题图 5-2(a) 所示工序要求，标注有关对刀尺寸。若夹具安装在 X62W 型万能卧式铣床上，试按照附表 13（机床联系尺寸）、附表 19（定位键）选择定位键。

3. 题图 5-3 所示为一箱体盖工序简图，在立式镗床上加工箱体盖上两个平行孔 ϕ100H9。工件以底平面和未加工的两个侧面，分别在如题图 5-4 所示的夹具体 1 平面和三个可调支承钉 5、6、7 上定位。拧

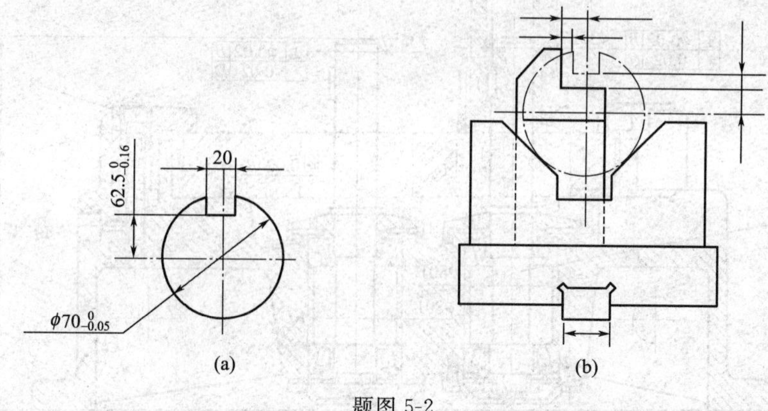

题图 5-2

紧四个螺母 4，通过四个钩形压板 3 夹紧工件。镗杆上端与镗床主轴浮动连接（图中未画出），下端以圆孔 ϕ35H7 与导向轴 2 相配合，镗刀在切削进给的同时，沿导向轴 2 向下移动，当一个孔加工后，镗杆再与另一个导向轴配合，加工第二个孔。本夹具采用导向轴代替镗套，使工件安装方便，夹具结构简单。

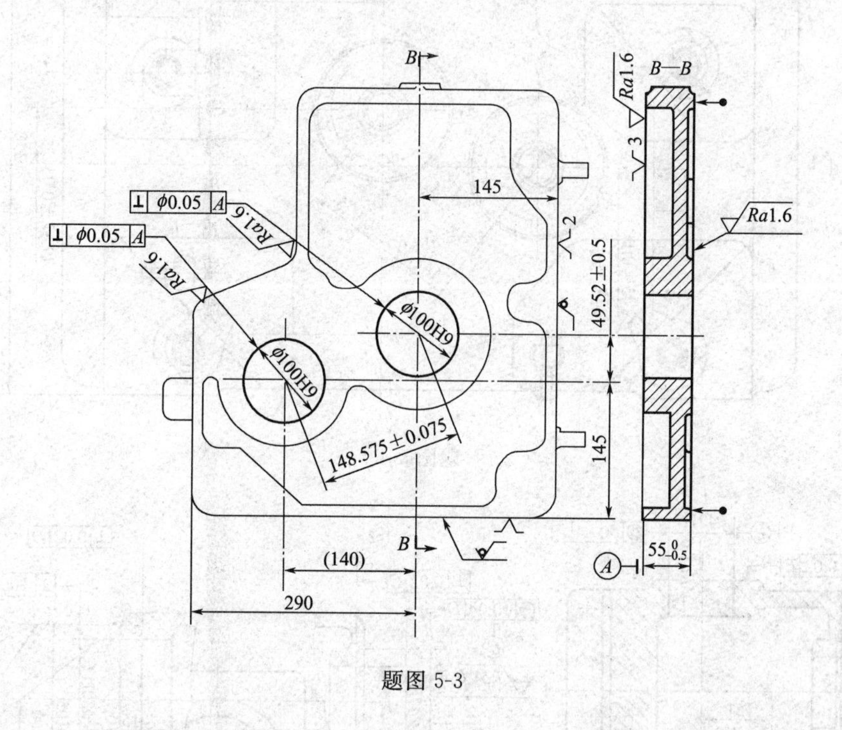

题图 5-3

试分析题图 5-4 所示镗床夹具结构，指出各定位元件、夹紧元件及其导向装置；通过此题图分析，是否任何镗床夹具一定要有镗套？请说明理由。

4. 题图 5-5 所示为减速箱体工序简图，在卧式镗床上加工减速箱体上两组相互垂直的孔系，夹具（如题图 5-4）经找正后紧固在镗床工作台上，可随工作台一起移动和转动。工件以耳座上面、ϕ30H7 孔和 K 面做定位基准。装工件时，首先拉出镗套，将工件放在具有斜面的支承板 6 上，向前推移，当工件上 ϕ30H7 孔与定位套 5 对齐时，插入可卸芯轴 4，然后推动斜楔 1 并适当摆动工件，使斜楔 1 与 K 面有良好的接触，拧紧四个螺钉 2，四个压板 3 将工件夹紧在定位块 7 上。推入镗套 8，即可加工。

指出题图 5-6 所示的前后双支承镗床夹具的定位元件、夹紧元件及导向装置。

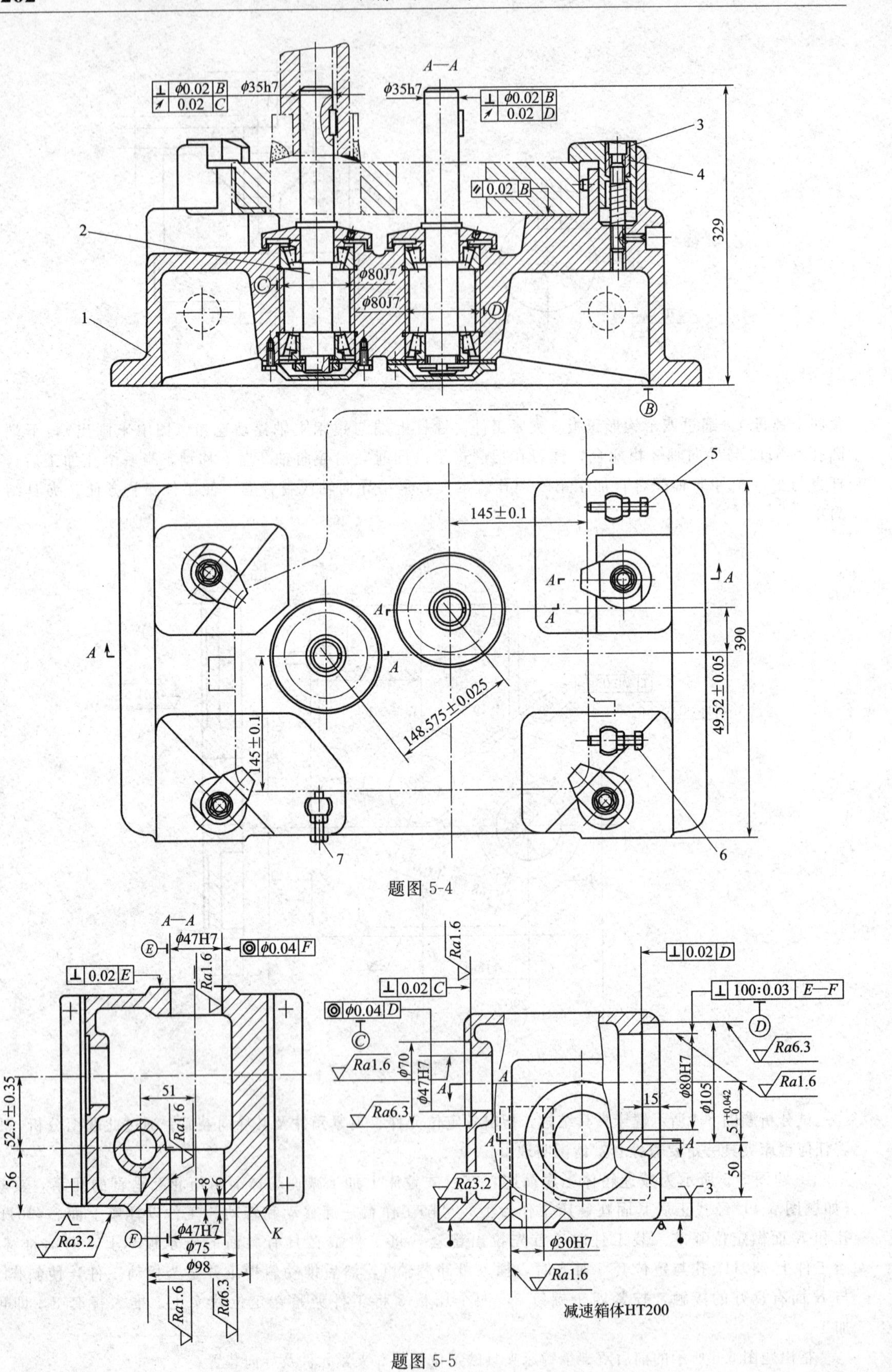

A—A
φ35h7
φ0.02 B
0.02 C
0.02 D
0.02 B
φ80J7
C
D
B
329
145±0.1
390
49.52±0.05
148.575±0.025
1
2
3
4
5
6
7

题图 5-4

A—A
φ47H7
φ0.04 F
0.02 E
Ra1.6
51
52.5±0.35
56
Ra3.2
φ75
φ98
Ra6.3
K
0.02 D
0.02 C
100:0.03 E—F
Ra6.3
φ70
φ80H7
φ105
15
50
φ30H7
减速箱体HT200

题图 5-5

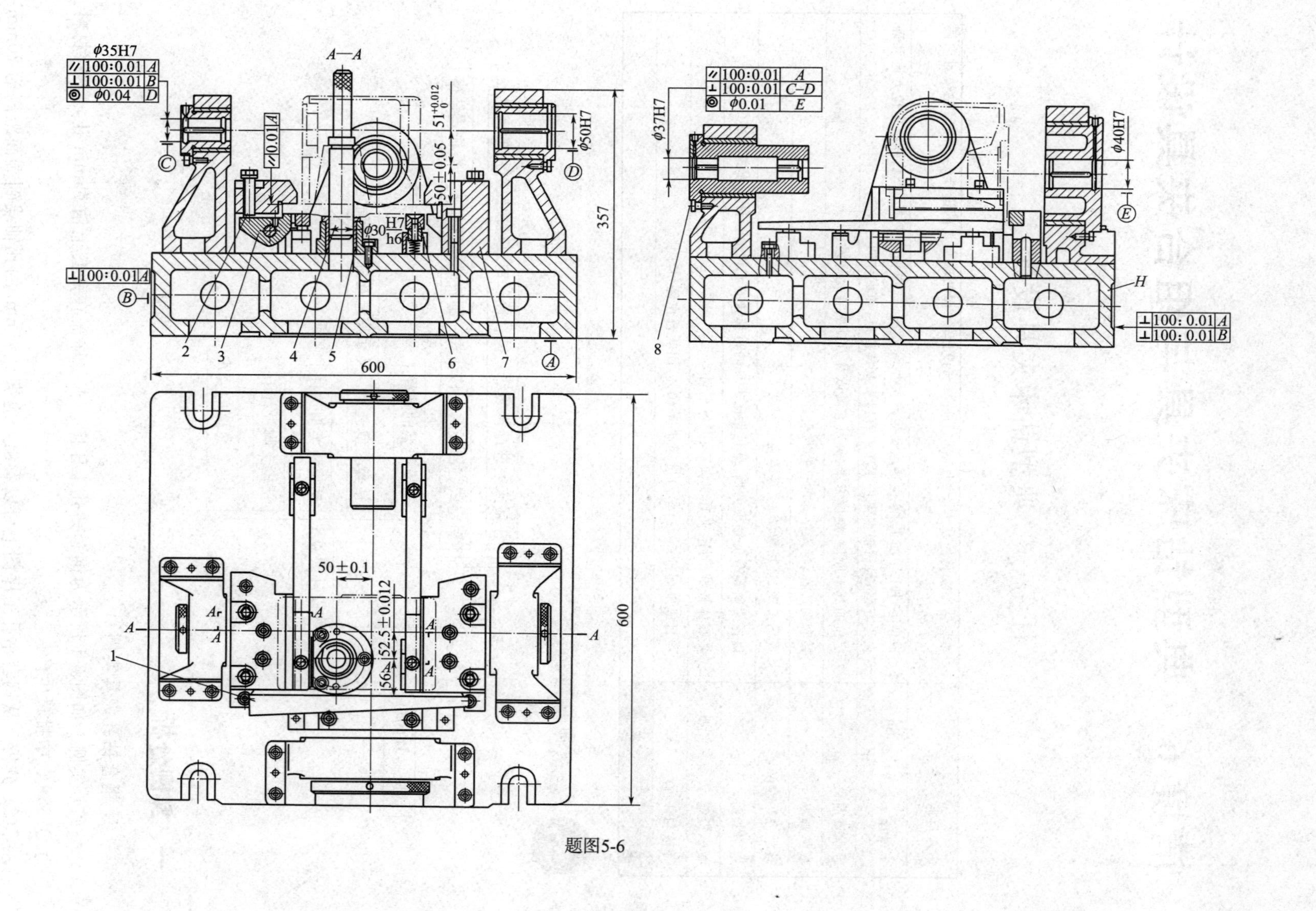
A—A
φ35H7
// 100:0.01 A
⊥ 100:0.01 B
◎ φ0.04 D
// 0.01 A
⊥ 100:0.01 A
51 +0.012 0
50±0.05
φ50H7
φ30 H7/h6
357
600
1
2
3
4
5
6
7
8
// 100:0.01 A
⊥ 100:0.01 C–D
◎ φ0.01 E
φ37H7
φ40H7
H
⊥ 100: 0.01 A
⊥ 100: 0.01 B
50±0.1
52.5±0.012
56
600

题图5-6

情境 6　典型钻床夹具与组合夹具设计

任务一　典型钻床夹具设计

学习目标	熟悉钻床夹具的基本类型、钻套的选择与设计，掌握钻床夹具的设计要点以及钻模对刀误差 ΔT 的计算
工作任务	根据零件工序加工、零件特点及生产类型等要求，选择钻床夹具类型、确定定位方案和确定夹紧方案；最后根据零件工序内容要求及其特点，确定导向方案
教学重点	定位的基本原理、定位方案、夹紧方案以及刀具引导元件设计
教学难点	钻套的选择、特殊钻套的选择与设计
教学方法建议	现场参观、现场教学、多媒体教学
选用案例	以托架斜孔分度钻模为例，分析钻床夹具的刀具导向元件的设计与实现方法等
教学设施、设备及工具	多媒体教学系统、夹具实训室、实习车间
考核与评价	项目成果评价 50%，学习过程评价 40%，团队合作评价 10%
参考学时	10

知识网络结构

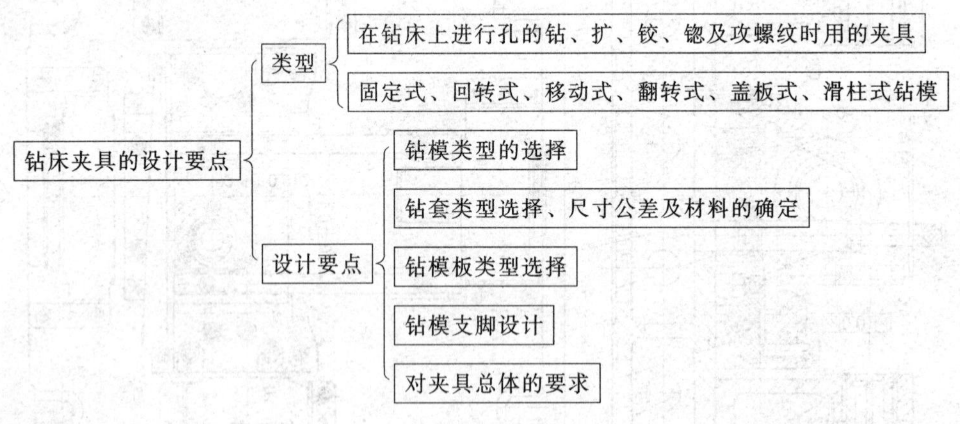

一、实例分析

1. 钢套钻孔夹具实例

(1) 实例　如图 6-1 所示为钢套钻孔工序图。本工序需在钢套上钻 ϕ5mm 孔，工件材料为 Q235A，中批量生产。

(2) 分析　从钢套钻孔工序图上可以看出，应满足 ϕ5mm 的孔轴线到端面距离为 20mm ±0.1mm，ϕ5mm 孔对 ϕ20H7 孔的对称度为 0.1mm。可按划线找正方式定位，在钻床上用

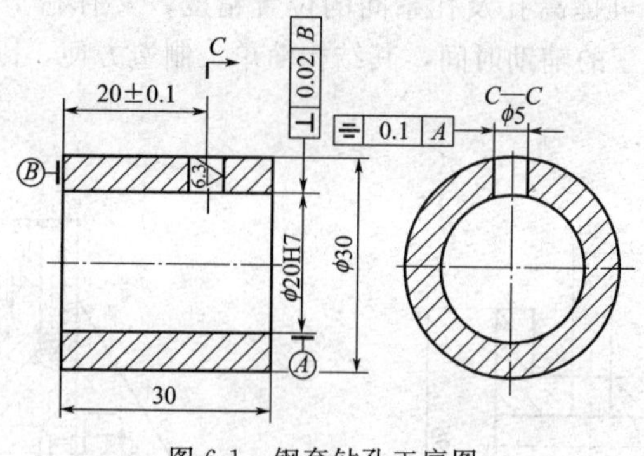

图 6-1　钢套钻孔工序图

平口虎钳进行装夹，但是效率较低，精度难以保证。采用机床夹具能够直接装夹工件而无需找正，达到工件的加工要求且效率高，ϕ5mm 孔需在钻床夹具钢套钻模（图 6-2）上加工。

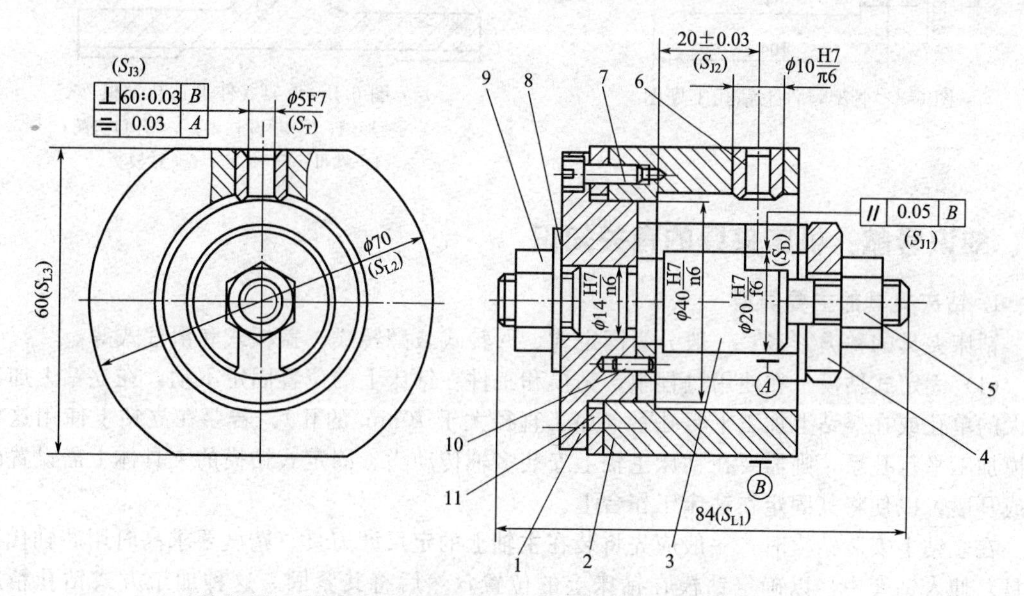

技术要求：装配时修磨调整垫片11，保证尺寸200mm±0.03mm。

图 6-2　钢套钻模

1—盘；2—套；3—定位销轴；4—开口垫圈；5—夹紧螺母；6—固定钻套；7—螺钉；8—垫圈；9—锁紧螺母；10—防转销钉；11—调整垫片

2. 骨架零件钻孔夹具实例

（1）实例　图 6-3 是在骨架零件上钻、铰 ϕ16H8 孔的工序图。要求所加工孔的轴心线与内孔 ϕ28H7 的轴心线相垂直，并与 ϕ12H8 孔的轴心线在一个平面内。大批量生产。

（2）分析　如图 6-4 所示为在骨架零件上钻、铰 ϕ16H8 孔的钻模。孔的技术要求是保证孔的轴线与工件内孔轴线相交并垂直，且与 ϕ12H8 孔错开 180°。工件以左端面、内孔 ϕ28H7 和 ϕ12H8 孔，分别在夹具上的垂直平面、短圆柱销 2 和菱形销 1 上定位；工件的夹紧是通过螺母 4、开口垫圈 3 实现的。松开螺母 4，抽出开口垫圈 3，就可以装卸工件；钻套 5 用以确定孔的位置并引导钻头。

钻床上用来钻孔、扩孔、铰孔、锪孔及攻螺纹的机床夹具称为钻床夹具，习惯称为钻模。使用钻模加工时，是通过钻套引导刀具进行加工。钻模主要用于加工中等精度、尺寸较小的孔或孔系。使用钻模可提高孔及孔系间的位置精度，又有利于提高孔的形状和尺寸精度，同时还可节省划线找正的辅助时间，其结构简单、制造方便，因此钻模在批量生产中得到广泛应用。

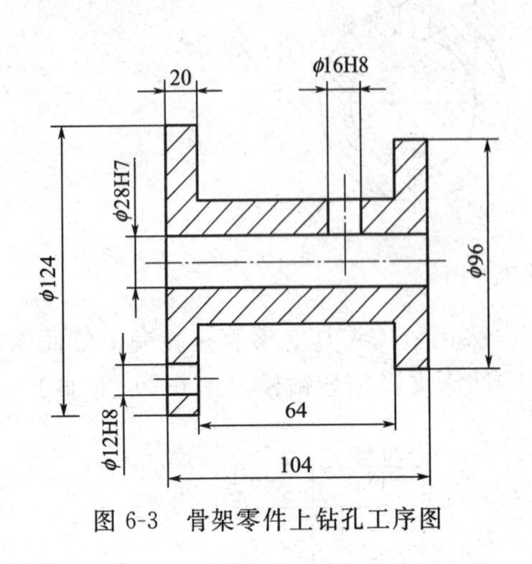

图 6-3　骨架零件上钻孔工序图

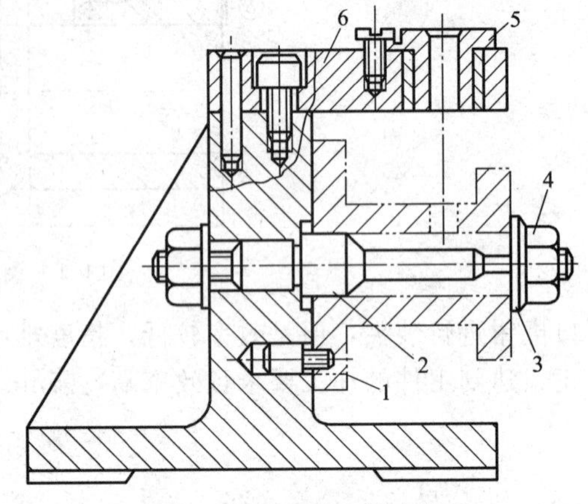

图 6-4　骨架零件上钻孔钻模

1—菱形销；2—短圆柱销；3—开口垫圈；4—螺母；5—钻套；6—钻模板

二、知识导航：机床夹具的有关知识

1. 钻床夹具的主要类型

钻床夹具的种类繁多，一般分为固定式、回转式、翻转式、盖板式和滑柱式等。

（1）固定式钻模　在使用过程中，钻模和工件在钻床上的位置固定不动，在立钻上加工较大的单孔或在摇钻上加工平行孔系（加工直径大于 10mm 的孔）。若要在立钻上使用这种钻模加工平行孔系，则需要在钻床主轴上安装多轴传动头。固定式钻模的夹具体上需设置凸缘或耳座，以便将其固定在钻床工作台上。

在立钻上安装钻模时，一般应先将装在主轴上的定尺寸刀具（精度要求高时用芯轴代替刀具）伸入钻套中，以确定钻模在钻床上的位置，然后将其紧固。这种加工方式钻孔精度较高。

图 6-5 为固定式钻模的结构，工件用一个平面、一个外凸圆柱及一小孔作定位基准，用开口垫圈和螺母夹紧。钻模的使用读者可自行分析。

（2）回转式钻模　又称分度式钻模，这类钻模主要用于工件被加工孔的轴线平行分布于圆周上的孔系。该夹具大多采用标准回转台与专门设计的工作夹具联合成钻模。图 1-19 即为一例，由于该钻模采用了回转式分度装置，可实现一次装夹进行多工位加工，既可保证加工精度，又提高了生产率。

回转式钻模的结构形式，按其转轴的位置可分为立轴式、卧轴式（图 1-19 和图 6-6）和斜轴式（图 6-7）三种。

（3）翻转式钻模　这类钻模主要用于加工小型工件分布在不同表面上的孔，如图 6-8 所示为加工套筒工件上四个互成 60°的径向孔的翻转式钻模。当钻完一组孔后，翻转 60°钻另一组孔。夹具的结构虽较简单，但每次钻孔前都需找正钻套对于钻头的位置，辅助时间较长，且翻转费力。因此钻模和工件的总重量不能太重，一般以不超过 10kg 为宜，且加工批量也不宜过大。

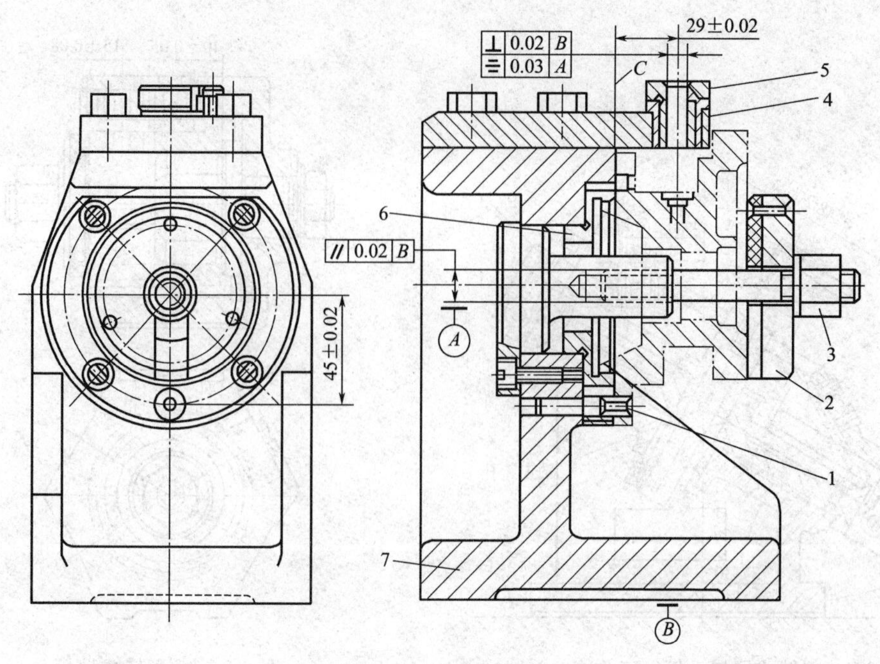

图 6-5　固定式钻模

1—削边定位销；2—开口垫圈；3—螺母；4—钻模板；5—钻套；6—定位盘；7—夹具体

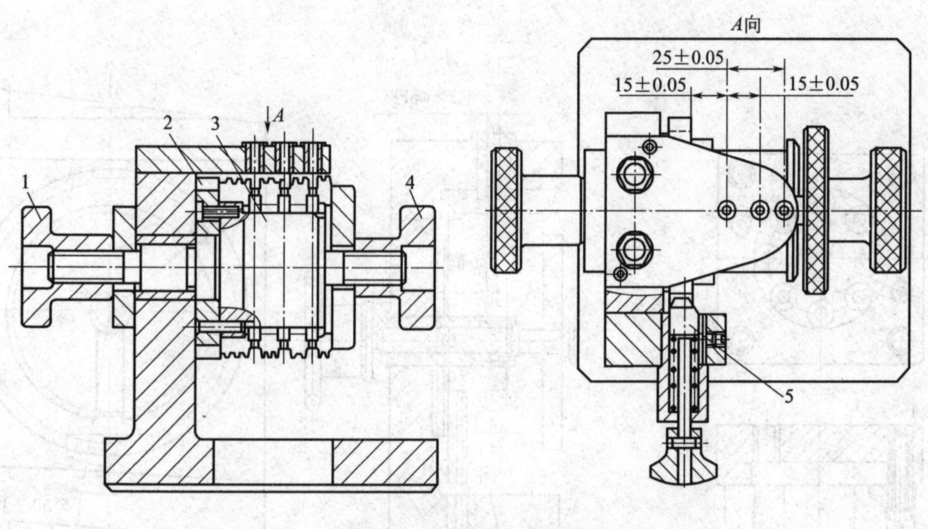

图 6-6　卧轴式回转钻模

1,4—滚花螺母；2—分度盘；3—定位芯轴；5—对定销

图 6-9 是适应小件钻孔的另一种翻转式钻模，它用四个支脚来支承钻模，装卸工件时，必须将钻模翻转 180°。

箱式和半箱式钻模是翻转式钻模的又一种典型结构，它们主要用来加工工件上不同方位的孔。其钻套大多直接装在夹具体上，整个夹具呈封闭或半封闭状态，夹具体的一面至三面敞开，以便于安装工件。

图 6-8 也是箱式翻转钻模。图 6-10 所示为半箱式翻转钻模，利用它加工某壳体工件上有 5°30′要求的两小孔 ϕ6F8。

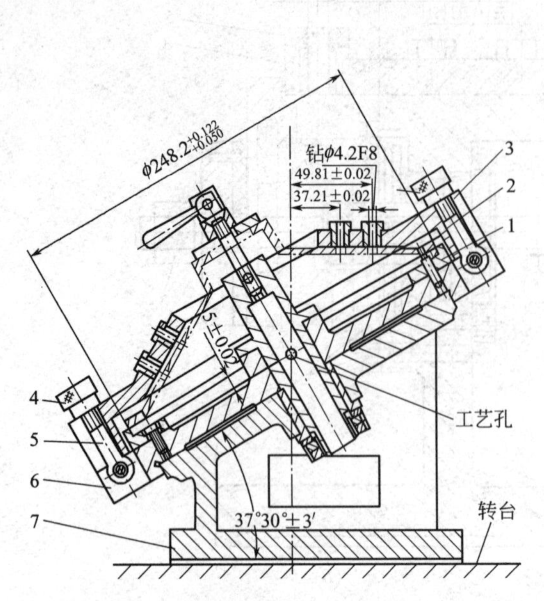

图 6-7　斜轴式回转钻模（工作夹具）

1—定位环；2—削边定位销；3—钻模板；4—螺母；5—铰链螺栓；6—转盘；7—底座

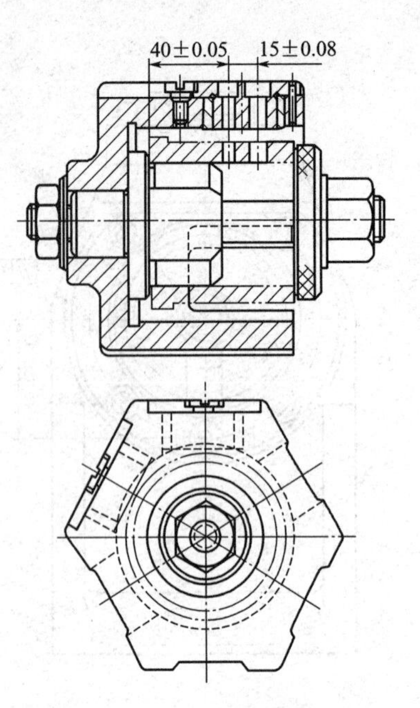

图 6-8　60°翻转式钻模

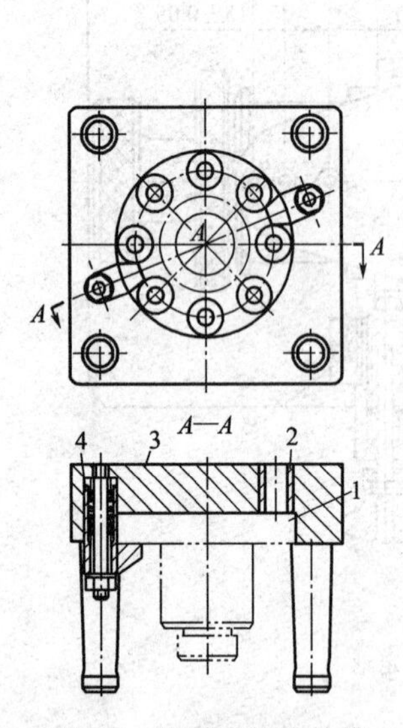

图 6-9　翻转支柱式钻模

1—工件；2—钻套；3—钻模板；4—压板

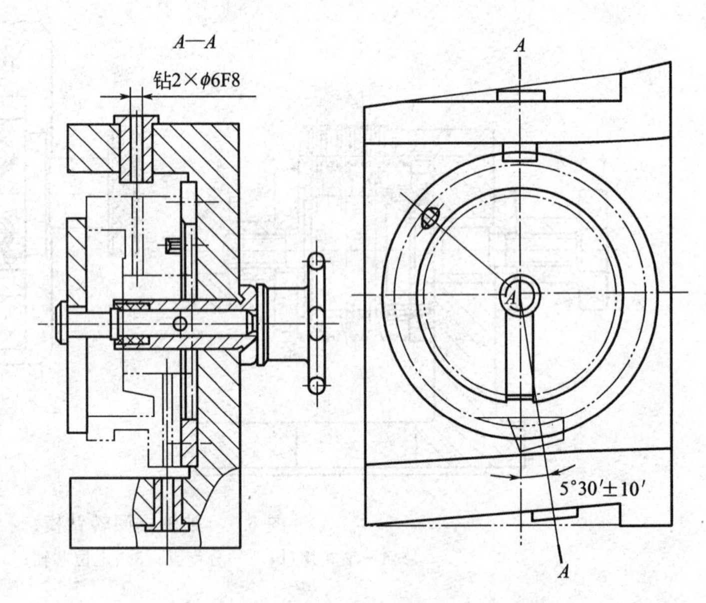

图 6-10　半箱式翻转钻模

图 6-11 所示为加工螺塞上三个轴向孔和三个径向孔的翻转式钻模。工件以螺纹大径及台阶面在夹具体 1 上定位，用两个钩形压板 3 压紧工件，夹具体 1 的外形为六角形，工件一次装夹后，可完成在两个不同平面上六个孔的加工。

设计翻转式钻模时，应处理好夹具任一安装位置的平稳性及排屑问题。

（4）盖板式钻模　盖板式钻模的特点是定位元件、夹紧装置及钻套均设在钻模板上，钻

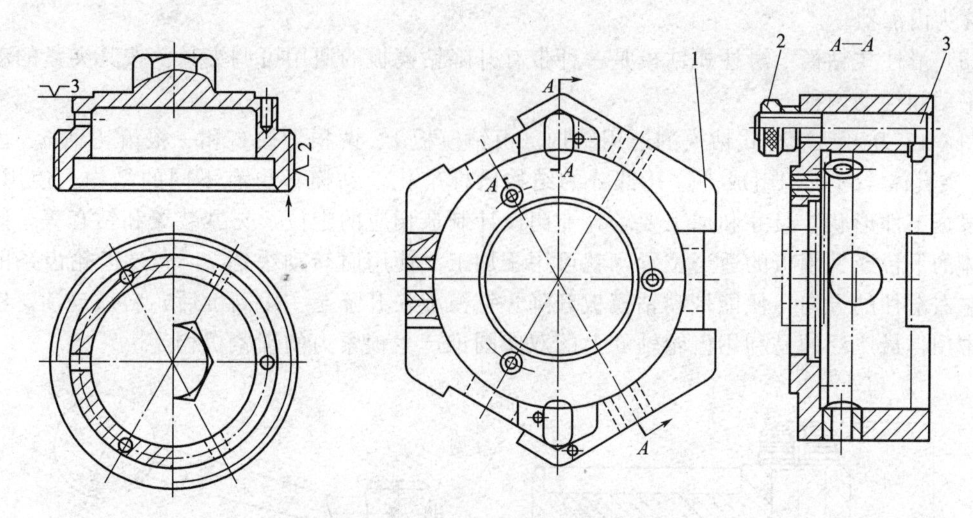

图 6-11　螺塞上加工六孔翻转式钻模

1—夹具体；2—夹紧螺母；3—钩形压板

模板在工件上装夹。它常用于床身、箱体等大型工件上的小孔加工，也可用于在中、小工件上钻孔。加工小孔的盖板式钻模，因钻削力矩小，可不设置夹紧装置。

此类钻模结构简单、制造方便、成本低廉、加工孔的位置精度较高，在单件、小批生产中也可使用，因此应用很广。

图 6-12 为主轴箱钻七孔盖板式钻模，右边为工序简图，需加工两个大孔周围的七个螺纹底孔，工件其他表面均已加工完毕。以工件上两个大孔及其端面作为定位基面，在钻模板的圆柱销 2、菱形销 6 及四个定位支承钉 1 组成的平面上定位。钻模板在工件上定位后，旋转螺杆 5，推动钢球 4 向下，钢球同时使三个柱塞 3 外移，将钻模板夹紧在工件上。该夹紧

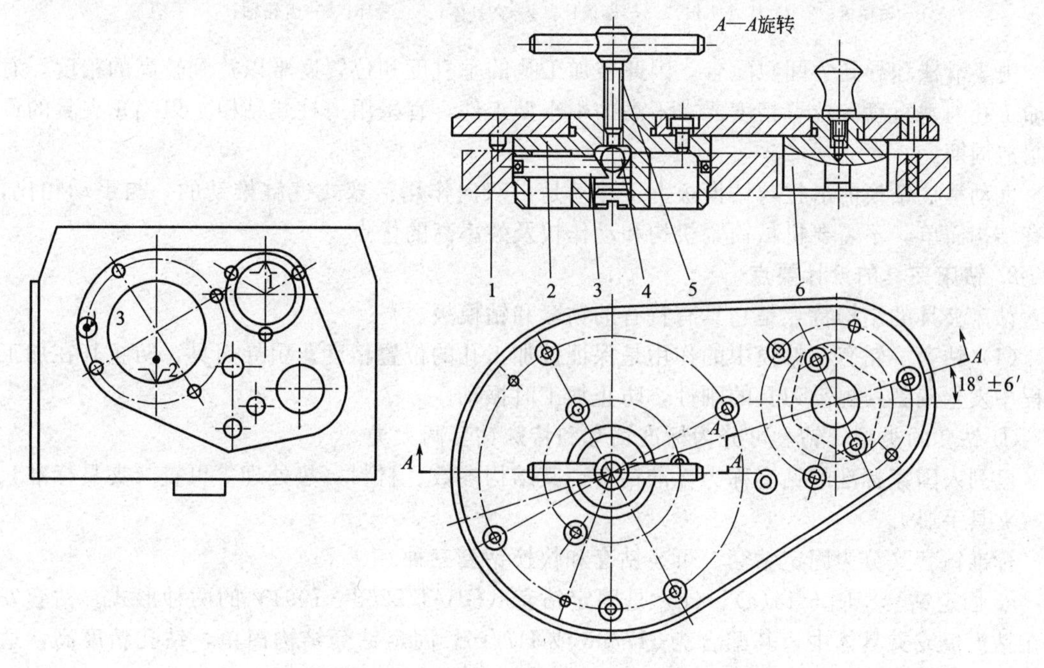

图 6-12　主轴箱钻七孔盖板式钻模

1—支承钉；2—圆柱销；3—柱塞；4—钢球；5—螺杆；6—菱形销

机构称为内涨器。

(5) 滑柱式钻模 滑柱式钻模是一种带有升降钻模板的通用可调夹具。按其夹紧的动力分有手动和气动两种。

图 6-13 为手动滑柱式钻模的通用结构。由钻模板 1、两根滑柱 2 和一根齿轮轴 6、齿条柱 3、夹具体 4 等机构组成。这几部分的结构已标准化，钻模板也有不同的结构。使用时，只要根据工件形状、尺寸和加工要求，专门设计制造相应的定位、夹紧装置和钻套等，装在夹具体的平台或钻模板的适当位置，就可用于加工。使用时转动手柄 7，经过齿轮齿条的传动和左右滑柱的导向，便能带动钻模板升降。钻模板在升降至一定高度后，必须自锁。锁紧机构中用得最广泛的是利用齿轮轴 6 上的双向圆锥产生锁紧力的锁紧机构。

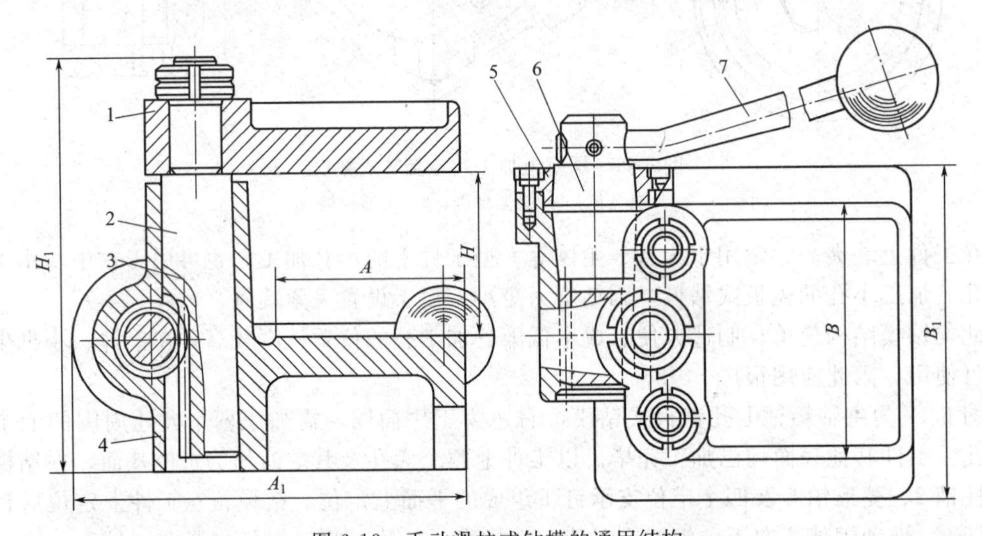

图 6-13 手动滑柱式钻模的通用结构

1—钻模板；2—滑柱（两根）；3—齿条柱；4—夹具体；5—套环；6—齿轮轴；7—手柄

由于滑柱和导孔为间隙配合，因此被加工孔的垂直度和位置度难以达到较高的精度。对于加工孔的垂直度和位置精度要求不高的中小型工件，宜采用滑柱式钻模，以缩短夹具的设计制造周期。

气动滑柱钻模的滑柱与钻模板上下移动是由双向作用活塞式气缸推动的，与手动相比，具有结构简单、不需要机械锁紧机构和动作快及效率高的优点。

2. 钻床夹具的设计要点

钻床夹具的结构特点是它具有特有的钻套和钻模板。

(1) 钻套 钻套在钻模中的作用是保证被加工孔的位置精度；引导刀具，防止其在加工过程中发生偏斜；提高刀具的刚性，防止加工时振动。

① 钻套的类型 钻套可分为标准钻套和特殊钻套两大类。

已列入国家标准的钻套称为标准钻套。其结构参数、材料、热处理等可查《夹具标准》、或《夹具手册》。

标准钻套又分为固定钻套、可换钻套和快换钻套三种。

a. 固定钻套 图 6-14(a)、(b) 是固定钻套（GB/T 2263—1991）的两种形式。钻套安装在钻模板或夹具体中，其配合为 H7/n6 或 H7/r6。固定钻套结构简单，钻孔精度高，适用于单一钻孔工序和小批生产。

b. 可换钻套 可换钻套（GB/T 2266—1991）如图 6-14(c) 所示。当工件为单一钻孔

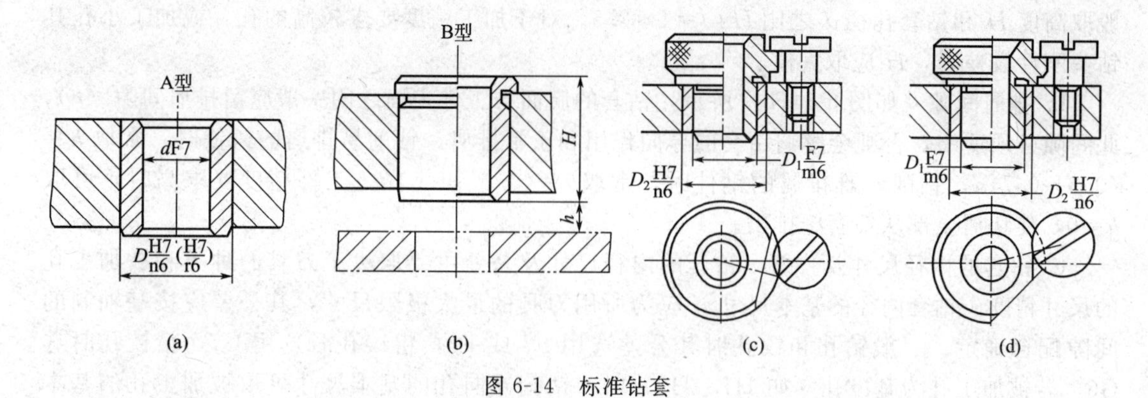

图 6-14　标准钻套

工步、大批量生产时，为便于更换磨损的钻套，选用可换钻套。钻套与衬套（GB/T 6623—1991）之间采用 H7/m6 或 H7/k6 配合，衬套与钻模板之间采用 H7/n6 配合。当钻套磨损后，可卸下螺钉，更换新的钻套。螺钉能防止钻套加工时转动及退刀时脱出。

c. 快换钻套　快换钻套（GB/T 2265—1991）如图 6-14(d) 所示。当工件需钻、扩、铰多工步加工时，能快速更换不同孔径的钻套，应选用快换钻套。更换钻套时，将钻套缺口转至螺钉处，即可取出钻套。削边的方向应考虑刀具的旋向，以免钻套自动脱出。

d. 特殊钻套　图 6-15 所示为特种钻套，可供设计专用钻套时参考。图 6-15(a) 为削扁钻套，用于被加工两孔距离很近的场合。图 6-15(b) 为加长钻套，用于当钻模板不能紧靠工件加工部位的场合。图 6-15(c) 为加工间断孔时用的特种钻套，其特点是带有中间钻套，以防刀具引偏。图 6-15(d)、(e) 为弧面和斜面上加工孔用的特种钻套。

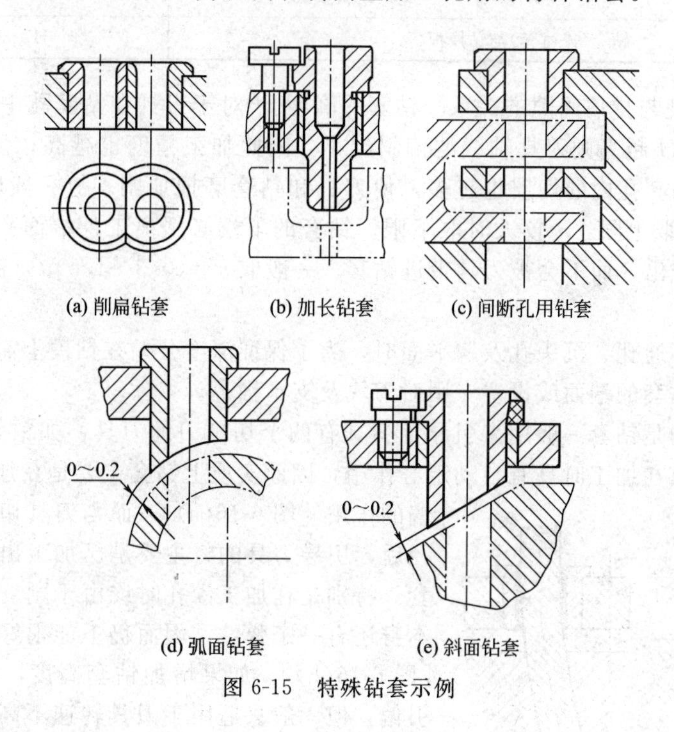

图 6-15　特殊钻套示例

② 钻套的设计

a. 钻套高度　钻套高度（H）对刀具的导向性能和刀具的寿命影响很大。如图 6-14(b) 所示，H 较大时，导向性能好，但刀具与钻套的摩擦较大。H 过小，则导向性能不良。一

般取高度 H 和钻套孔径 d 之比 $H/d=1\sim2.5$。对于加工精度要求较高的孔，或加工小孔其钻头刚性较差时，H 应取大值。

b. 排屑间隙 如图 6-14(b) 所示，钻套的底面与工件表面之间一般应留排屑间隙 (h)，此间隙必须适中，否则会影响钻套的导向作用和正常排屑。钻削易排屑的铸铁时，常取 $h=(0.3\sim0.7)d$；钻削较难排屑的钢件时，常取 $h=(0.7\sim1.5)d$；工件精度要求高时，可取 $h=0$，使切屑全部从钻套中排出。

c. 钻套的内径尺寸及公差 钻套的内径尺寸及公差主要取决于刀具的种类和被加工孔的尺寸精度。钻套内径的基本尺寸 d 应为所用刀具的最大极限尺寸，其公差应按基轴制的间隙配合确定。一般钻孔和铰孔时其公差选用 F7 或 F8，粗铰孔时选用 G7，精铰孔时选 G6。若被加工孔为基准孔（如 H7、H9）时，钻套导向孔的基本尺寸可取被加工孔的基本尺寸，钻孔时其公差取 F7 或 F8，铰 H7 孔时取 F7，铰 H9 孔时取 E7。若刀具用圆柱部分导向（如接长的扩孔钻、铰刀等）时，可采用 H7/f7(g6) 配合。

《夹具手册》中一般列有钻套内、外径尺寸及公差的数值，设计时可查取。

钻套内外径配合的选择可见表 6-1，其同轴度不大于 $\phi0.01$mm。

表 6-1 钻套的配合公差带的选择

配合关系		配合公差带
钻套与刀具(当孔径精度 IT8)		钻套孔径公差可选 F8、G7、G6
钻套与衬套	固定式	H7/g6、H7/f7、H7/h6、H6/g5
	可换式	F7/m6、F7/k6
	快换式	
钻套(或衬套)与钻模板		H7/n6、H7/r6

d. 钻套的高度与排屑间隙的关系 钻套的高度 H 对于刀具在钻套孔中的正确位置影响很大（图 6-16），H 越高则刀具轴线的偏斜越小，因此加工精度也越高；但高径比 H/d 越大，则刀具带入钻套孔内的切屑也越多，使刀具和钻套磨损加剧。故一般取 $H=(1\sim2.5)d$。内径 d 较小时取上限，d 较大时取下限。钻套的下端必须离工件端面有一定距离 h，以使大部分切屑易排出，而不会被刀具带进钻套。一般取 $h=(0.3\sim1.5)d$，被加工材料越硬，则 h 值应越小。

当钻斜孔、不通孔、沉头孔及锪平面时，为了保证深度公差在钻模上需设置对刀面。一般可利用带台肩钻套的端面或设置专用对刀块及支承销等。

特别要注意的是钻套一般用来引导至少具有两个切削刃的刀具，如钻头、锪钻、铰刀、丝锥等，这些刀具在加工时具有自动定心作用，因此实质上钻套主要是在加工初期起预防引偏的作用［图 6-16(a)］，而当刀具切入形成孔的全直径后，引导刀具的将主要是已加工出来的孔而不是钻套，特别是在加工深孔时或由于刚度较小的细长钻头本身还有一定弹性，因而仍不能很好地防止刀具引偏［图 6-16(b)］。如果增加钻套高度，有利于防止刀具引偏，但一般只适用于刀具转速不高的场合。这是因为防止引偏过程本身是使作用在刀具上的不平衡侧向压力由钻套壁来承受之故。此时刀具的转速越高，钻套的磨损也越严重。

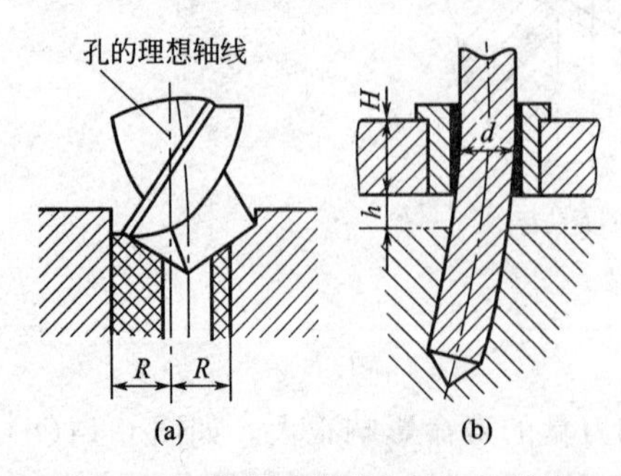

图 6-16 钻套的高度和钻头的引偏

刀具的引偏也和操作者有关，在刀具引入钻套之前，操作者应使刀具轴线足够准确地对准钻套轴线，此时可设法稍许移动一下钻模（对非固定式钻模），或微量移动摇臂主轴等调节手段。

知识回顾　具有两个以上切削刃的刀具：

如钻头、锪钻、铰刀、丝锥等，刀具在加工时具有自动定心作用。

注意：钻套一般引导至少具有两个切削刃的刀具。

钻套主要是在加工初期起到预防引偏的作用，当切入工件形成孔的全直径后，引导刀具的将主要是已加工出来的孔而不是钻套。

③ 钻套的材料与热处理　钻套的材料必须有很高的耐磨性，当孔径 $d \leqslant 25$mm 时，用优质工具钢 T10A 制造，热处理硬度为 60～64HRC。当孔径 $d > 25$mm 时，用 20 钢制造，渗碳深度 0.8～1.2mm，淬火后硬度达到 60～64HRC。

（2）钻模板　钻模板用于安装钻套，并确保钻套在钻模上的正确位置。常见的钻模板按其与夹具体连接的方式可分为固定式、铰链式、可卸式和悬挂式等几种。

① 固定式钻模板　固定式钻模板如图 6-17 所示，钻模板直接固定在夹具体上。固定的方法通常是采用两个圆锥销定位及螺钉紧固的结构，如图 6-17(a) 所示；对于简单的钻模，也可采用整体铸造［图 6-17(b)］，以及焊接结构［图 6-17(c)］。这种钻模的结构较简单，制造方便，钻套的位置精度较高，设计时要注意装卸工件的方便。

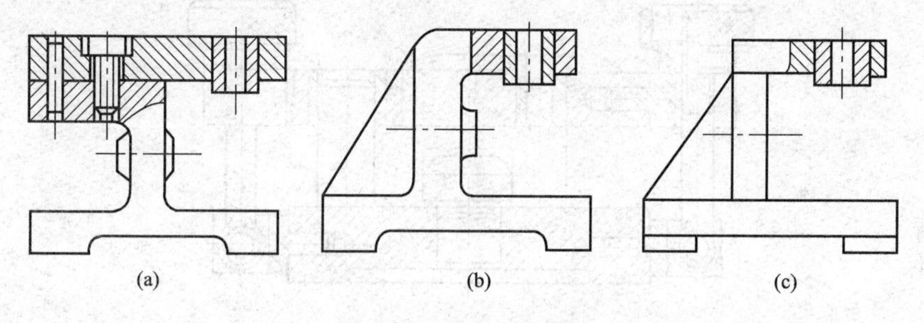

图 6-17　固定式钻模板

② 铰链式钻模板　当钻模板妨碍工件装卸或钻孔后需攻螺纹时，可采用如图 6-18 所示的铰链式钻模板。钻模板用铰链装在夹具体上，因此，它可以绕铰链轴翻转。铰链销 1 与钻模板 5 的销孔采用 G7/n6 配合，与铰链座 3 的销孔采用 N7/h6 配合。钻模板 5 与铰链座 3 之间采用 H8/g6 配合。钻套导向孔与夹具安装面的垂直度可通过调整两个支承钉 4 的高度加以保证。加工时，钻模板 5 由菱形螺母 6 锁紧。由于铰链存在间隙。所以其加工精度不如固定式钻模板高，但装卸工件较为方便。

③ 可卸式钻模板　如图 6-19 所示为可调式钻模上采用了可卸钻模板。钻模板以两个定位孔在夹具体上的圆柱销 2 和菱形销 4 上定位，并用铰链螺栓将钻模板和工件一起夹紧。加工完毕后需将钻模板卸下，才能装卸工件。使用这种钻模板时，装卸钻模板较费力费时，钻套的位置精度较低，一般多在使用其他类型的钻模板不便于装夹工件时才采用。

④ 悬挂式钻模板　在立式钻床上采用多轴传动头进行平行孔系加工时，所用的钻模板就连接在传动箱上，并随机床主轴往复运动，这种钻模板称为悬挂式钻模板。图 6-20 所示

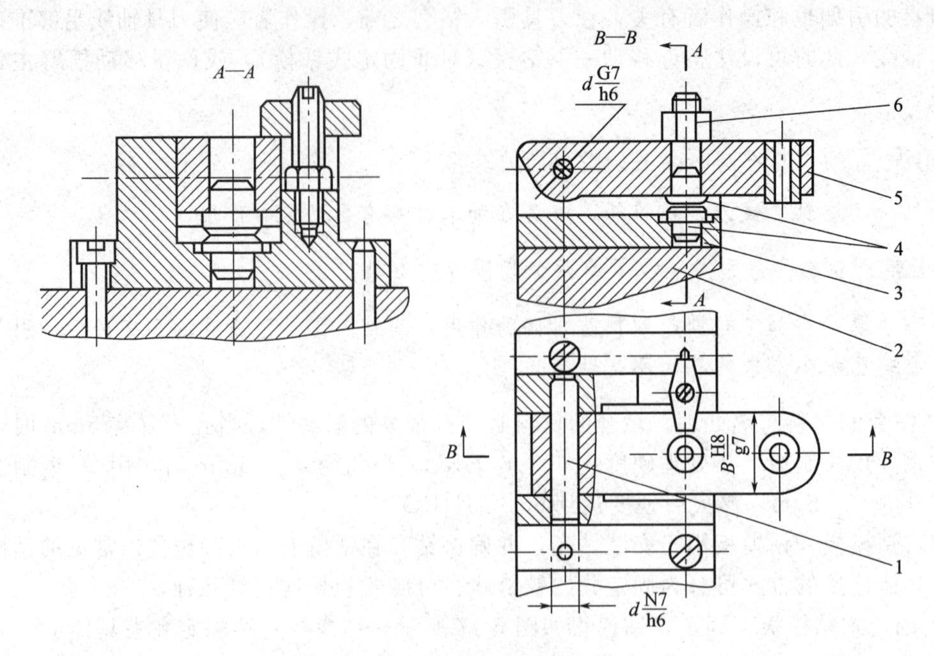

图 6-18　铰链式钻模板

1—铰链销；2—夹具体；3—铰链座；4—支承钉；5—钻模板；6—菱形螺母

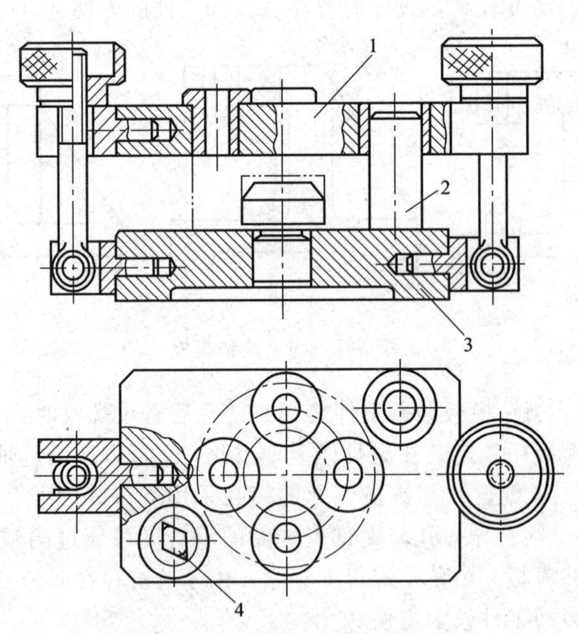

图 6-19　带可卸钻模板的可调式钻模

1—可卸钻模板；2—圆柱销；3—夹具体；4—菱形销

为在立钻上使用的多轴传动头及其钻模板。工件材料为铸铁，以其外圆 $\phi110.5_{-0.07}^{\ 0}$ 和端面在定位盘 6 上定位，加工 8×ϕ12.5 孔及 2×ϕ8.5 孔。传动头以锥柄和钻床主轴连接并用铁楔卡紧。

钻床工作时通过传动箱 1 内的内齿轮 2 带动十根工作主轴 8 转动并随机床主轴作进给运动。钻模板 4 装在两根平行导杆 3 上，导杆的一头与传动箱盖板 7，另一头与夹具体 5 的两

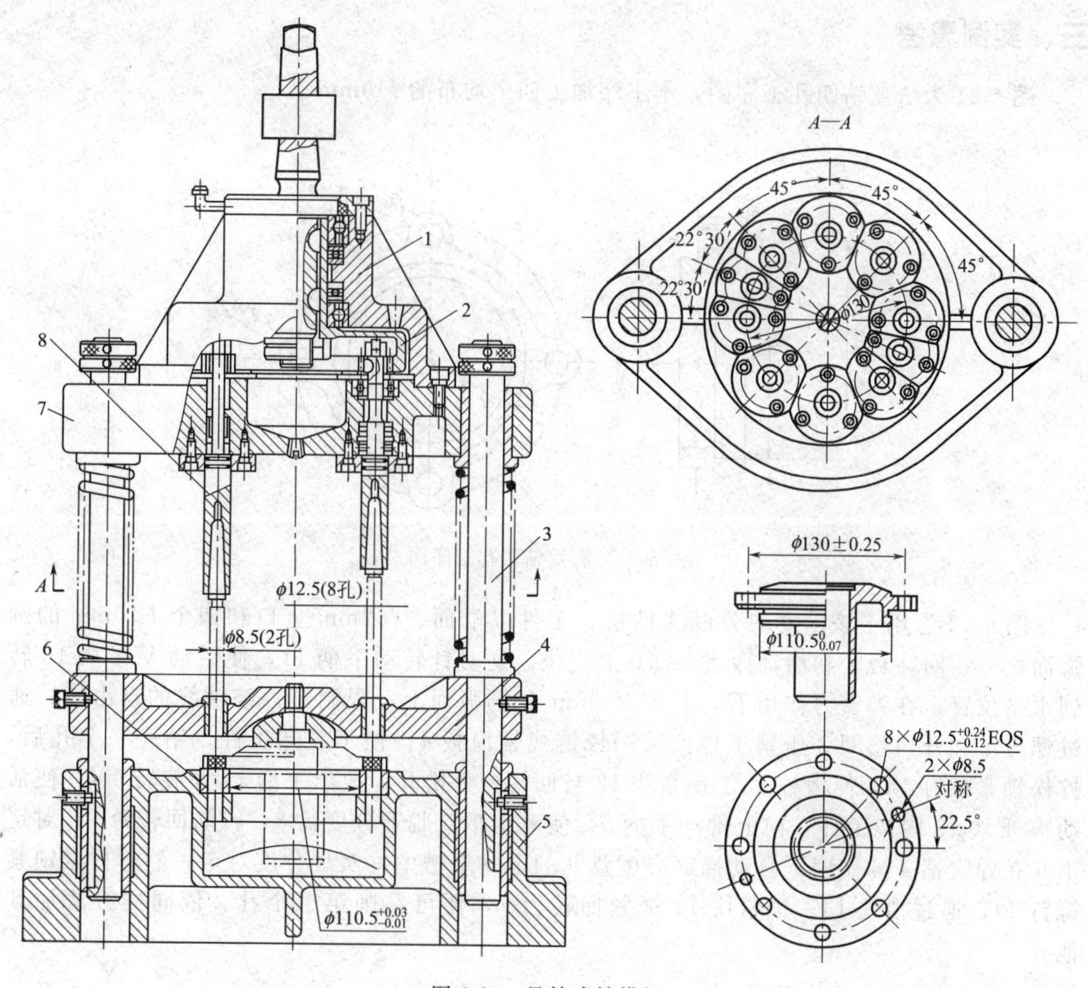

图6-20　悬挂式钻模板

1—传动箱；2—内齿轮；3—导杆；4—钻模板；5—夹具体；6—定位盘；7—盖板；8—主轴

孔作滑动配合，以确定钻模板与机床和夹具体的相对位置。随着机床主轴下降，钻模板4借助弹簧的压力通过浮动压块将工件压紧，并接着钻削十个孔。

钻削完毕机床主轴上升，钻模板离开工件并恢复到原始位置。因此省去了装卸工件时移开钻模板的时间。

注意：设计钻模板时应注意如下问题

① 钻模板上安装钻套的座孔距定位元件的位置应具有足够的精度。对于铰链式和悬挂式钻模板尤其应注意提高该项精度。

② 钻模板应具有足够的刚度，以保证钻套轴线位置的准确性。钻模板的厚度可按钻套高度确定，一般在15～30mm之间。如果钻套较高，也可将钻模板局部加厚、设置加强肋。钻模板不宜承受夹紧力。

③ 保证加工的稳定性。这对悬挂式钻模板特别重要，其导杆上的弹簧必须有足够的弹力来维持对工件的定位压力。对于立式悬挂式钻模板，若其本身重量超过80kg时，导杆上可不装弹簧。

三、实例思考

图 6-21 为法兰钻四孔工序图，本工序加工四个均布的 ϕ10mm 孔。

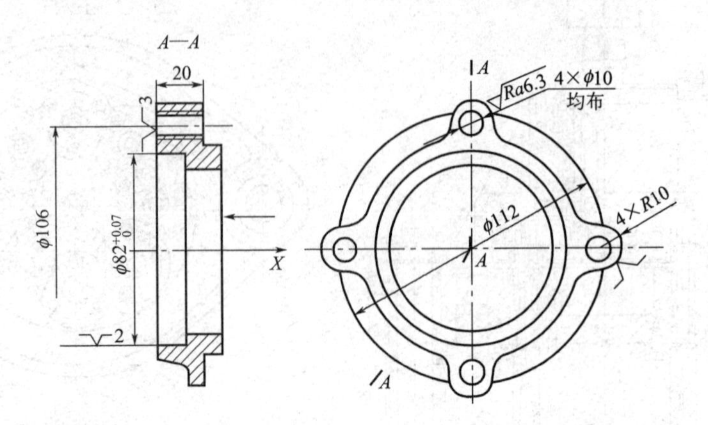

图 6-21　法兰钻四孔工序图

图 6-22 为用于该工序的分度式钻模。工件以端面、ϕ82mm 止口和四个 R10mm 的圆弧面之一在回转台 7 和活动 V 形块 10 上定位。逆时针转动手柄 11，使活动 V 形块 10 转到水平位置，在弹簧力作用下，卡在 R10mm 的圆弧面上，限制工件绕轴线的自由度；通过螺母 2 和开口垫圈 3 压紧工件。采用铰链式钻模板 1，便于装卸工件。钻完一个孔后，拧松锁紧螺钉 14，使滑柱 13、锁紧块 12 与回转台 7 松开，拉出手柄 11 并旋转 90°，使活动 V 形块 10 脱离工件，向上推动手柄 5，使对定爪 6 脱开分度盘 8，转动回转台 7，对定爪 6 在弹簧销 4 的作用下自动插入分度盘 8 的下一个槽中，实现分度对定；然后拧紧锁紧螺钉 14，通过滑柱 13、锁紧块 12 锁紧回转台 7，便可钻削第二个孔。依同样方法加其他孔。

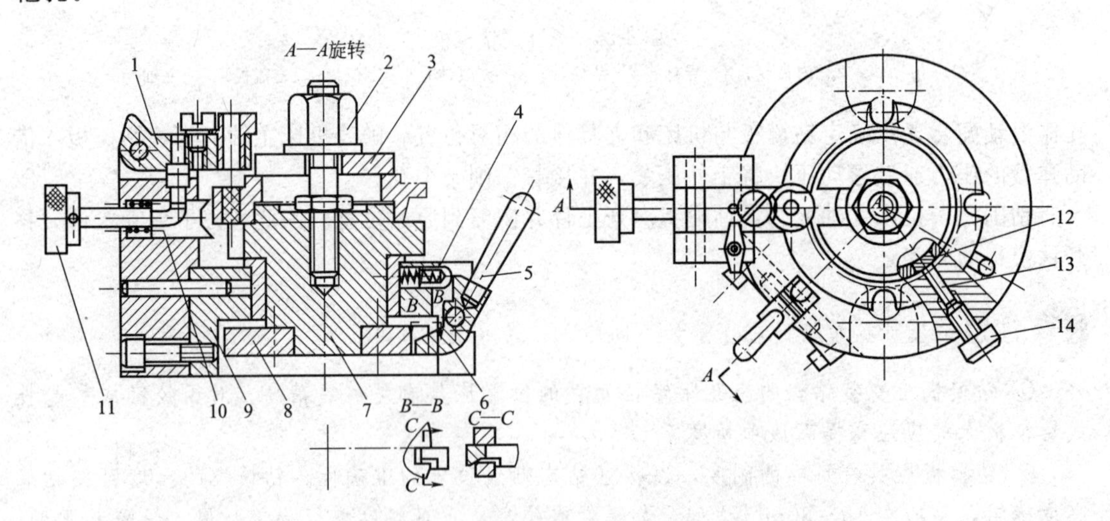

图 6-22　法兰盘钻四孔的分度式钻模

1—铰链式钻模板；2—螺母；3—开口垫圈；4—弹簧销；5,11—手柄；6—对定爪；7—回转台；8—分度盘；9—夹具体；10—活动 V 形块；12—锁紧块；13—滑柱；14—锁紧螺钉

试说明该分度式钻模的组成及其元件。

四、托架斜孔分度钻模设计实例

1. 托架斜孔分度钻模实例分析

（1）实例　如图 6-23 所示的钻削 2×M12mm 底孔 ϕ10mm 的托架工序图，工件材料为铸铝，年产 1000 件，已加工面为 ϕ33H7 孔及其两端面 A、C 和距离为 44mm 的两侧面 B。本工序需钻削 2×M12mm 底孔 ϕ10. 1mm。试设计：①选择和比较多种定位方案；②确定刀具导向、夹紧和分度方案；③绘制钻模总图并注明尺寸、公差及技术要求。

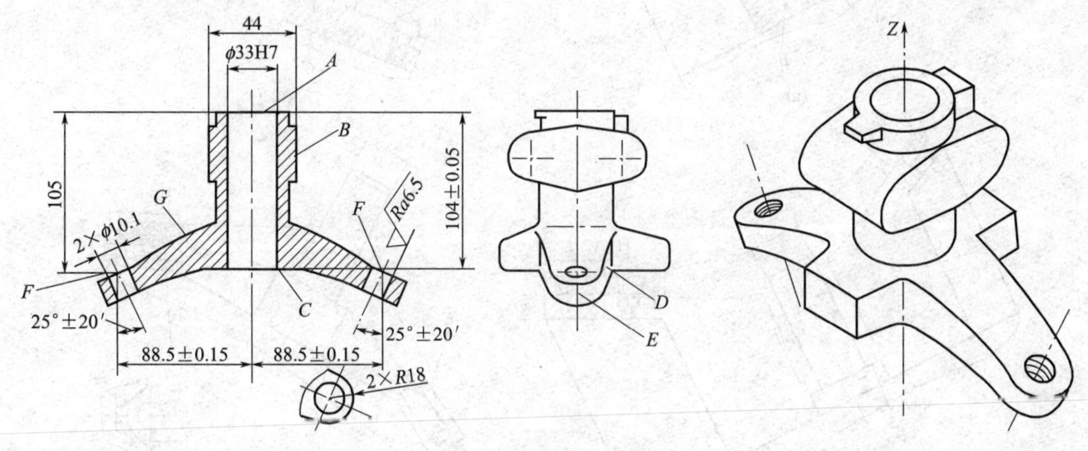

图 6-23　托架工序图

（2）分析

① 工件加工要求　根据实例要求，结合已经学过的定位与夹紧过程原理，同时依据图 6-23 工序要求，本工序钻削 2×M12mm 底孔 ϕ10mm 的加工要求如下。

a. 2×ϕ10. 1mm 孔轴线与 ϕ33H7 孔轴线夹角为 25°±20′。

b. 2×ϕ10. 1mm 孔到 ϕ33H7 孔轴线的距离为（88. 5±0. 15)mm。

c. 两加工孔对两个 R18mm 轴线组成的中心面对称（未注公差）。

此外，105mm 的尺寸是为了方便斜孔钻模的设计和计算而必须标注的工艺尺寸。

② 工序基准　根据以上要求，加工孔的工序基准为 ϕ33H7 轴线、A 面和 2×R18mm 的对称面。

由于主要工序基准 ϕ33H7 孔的轴线与加工孔 2×ϕ10. 1mm 轴线具有 25°±20′的倾斜角，因此主要限位基准轴线与钻套轴线也应倾斜相同角度。这种定位元件的轴线与钻套倾斜的钻模称为斜孔钻模。

③ 其他一些需要考虑的问题　为保证钻套及加工孔轴线垂直于钻床工作台面，主要限位基准必须倾斜，主要限位基准相对于钻套轴线倾斜的钻模称为斜孔钻模；设计斜孔钻模时，须设置工艺孔：2×ϕ10. 1mm 孔（即夹角 25°±20′）应在一次装夹中加工，因此钻模设置分度装置；工件加工部位刚度较差，设计时应予以注意。

2. 托架斜孔分度钻模的结构与技术要求设计

（1）定位方案分析

【方案 1】　选工序基准 ϕ33H7 孔、A 面、B 面为定位基面，其结构如图6-24(a) 所示，用定位芯轴及其端面限制$\vec{X}$、$\vec{Y}$、$\vec{Z}$、$\widehat{X}$、$\widehat{Y}$共五个自由度，活动定位支承板 1 限制$\widehat{Z}$一个自由度，实现完全定位。待加工部位加两个辅助支承钉 2，以增加加工工艺系统的刚性。

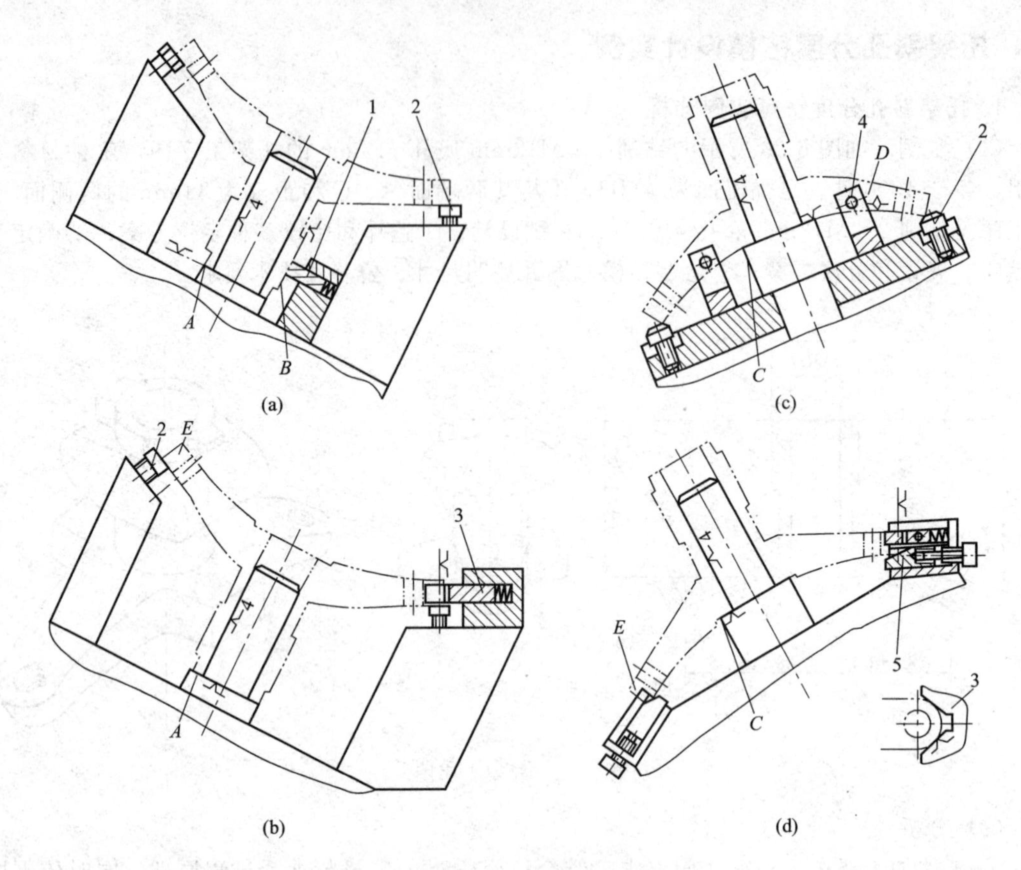

图 6-24 伞形托架的四种定位方案分析

1—活动定位支承板；2—辅助支承钉；3—活动 V 形块；4—调节螺钉；5—斜楔辅助支承

此方案的基面 A、B 与工序基准不重合，结构不紧凑，且夹紧装置与导向装置易互相干扰较难布置。

【方案 2】 选工序基准 ϕ33H7 孔、A 面、E 面为定位基面，其结构如图 6-24(b) 所示。芯轴及其端面限制五个自由度，在 R18mm 处用活动 V 形块 3 限制一个自由度，待加工部位仍设置两个斜楔作辅助支承。此方案的定位基准孔轴线及 R18mm 的对称面与工序基准重合，但定位基准 A 与工序基准不重合，且同样有方案 1 的缺点。

【方案 3】 选工序基准 ϕ33H7 孔、C 面、D 面为定位基面，其结构如图 6-24(c) 所示。定位芯轴及其端面仍限制五个自由度，两侧面设置四个调节螺钉 4，其中有一个起定位作用并限制 $\widehat{Z}$，另三个起辅助夹紧作用。待加工孔下方仍设置两个辅助支承钉 2。此方案结构紧凑，加了辅助夹紧装置，进一步提高了工艺系统的刚度，缺点是定位基准 C、D 与工序基准不重合，且工件装卸不便。

【方案 4】 选工序基准 ϕ33H7 孔、C 面及 E 面为定位基面，其结构如图6-24(d) 所示。定位芯轴及其端面仍限制五个自由度，仍用活动 V 形块 3 在 E 面处限制一个 $\overrightarrow{Z}$。在待加工孔下方仍设置两个斜楔作辅助支承。此方案结构紧凑，工件装卸方便，但定位基准 C 与工序基准不重合。

根据以上四个方案比较，工件宜选用 ϕ33H7、C 面及 E 面为定位基面。其结构如图 6-24(d) 所示，该方案的优点较多，可选取。其中芯轴及其端面限制五个自由度，用一个活动V形块3在E面处限制一个自由度$\overrightarrow{Z}$，在加工孔下方用两个斜楔作辅助支承。

(2) 导向、夹紧、分度方案设计

① 导向方案设计　由于两个待加工孔是螺纹底孔，可直接钻出，加之年产量也不大，夹具采用固定钻套。在工件装卸方便的情况下，选用了固定式模板，托架导向方案如图6-25(a) 所示。

② 夹紧方案设计　为便于快速装卸工件，夹具采用螺钉及开口垫圈夹紧机构，如图6-25(b) 所示。

③ 分度方案设计　由于2×ϕ10mm孔对ϕ33H7孔的对称度要求不高（自由公差），分度装置采用了一般精度的结构形式。如图6-25(c) 所示，回转轴1与定位芯轴作成一体，用销钉与分度盘3连接，在夹具体6的回转套5中回转。采用圆柱对定销2对准固定，锁紧螺母4锁紧。此分度装置结构简单、制造方便，能满足加工要求。

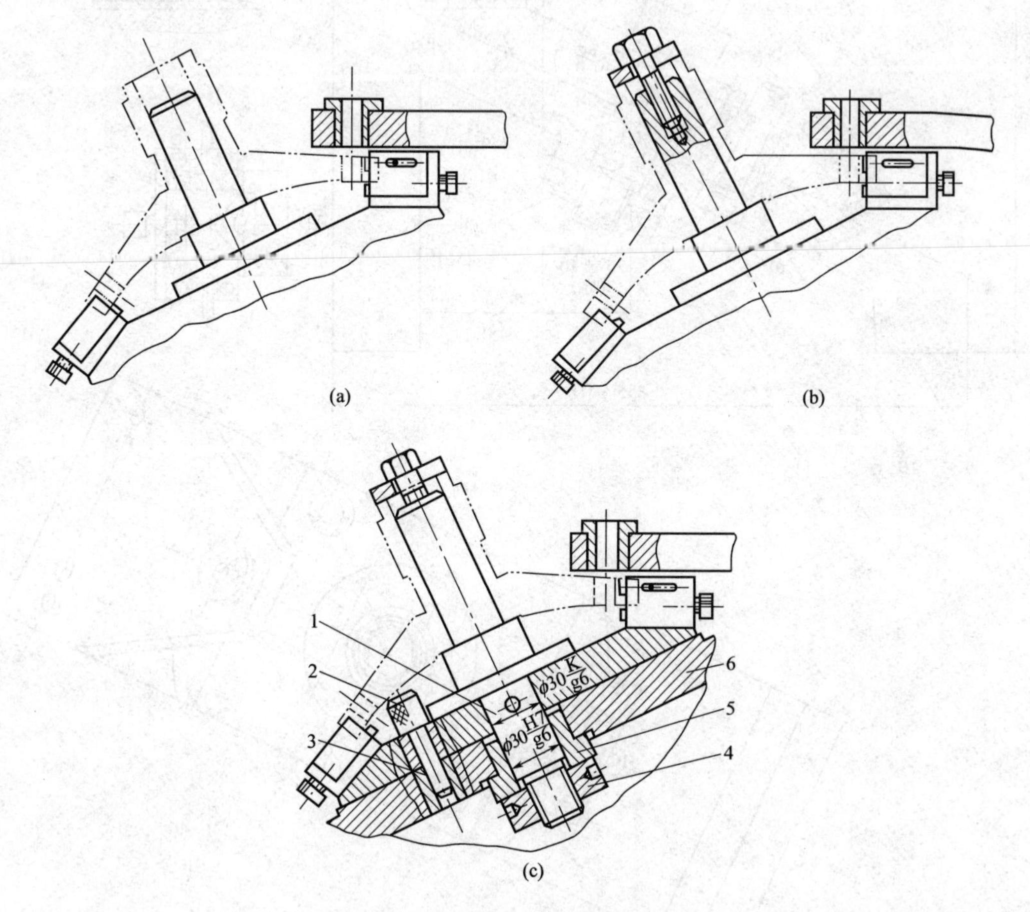

图6-25　托架导向、夹紧、分度方案

1—回转轴；2—圆柱对定销；3—分度盘；4—锁紧螺母；5—回转套；6—夹具体

④ 夹具体结构设计　选用焊接夹具体，夹具体上安装分度盘表面与夹具体底面成25°±10′倾斜角，夹具体底面支脚尺寸大于钻床T形槽尺寸。

由于工件可随分度装置的分度在工件的相应工序中将两个螺纹底孔加工完毕，所以装卸很方便。

(3) 斜孔钻模上工艺孔的设置与计算分析　在斜孔钻模上，钻套轴线与限位基准倾斜，其相互位置无法直接标注和测量，为此常在夹具的适当位置设置工艺孔，利用此孔间接确定钻套与定位元件之间的尺寸，以保证加工精度。如图 6-26 所示，在夹具体斜板的侧面设置

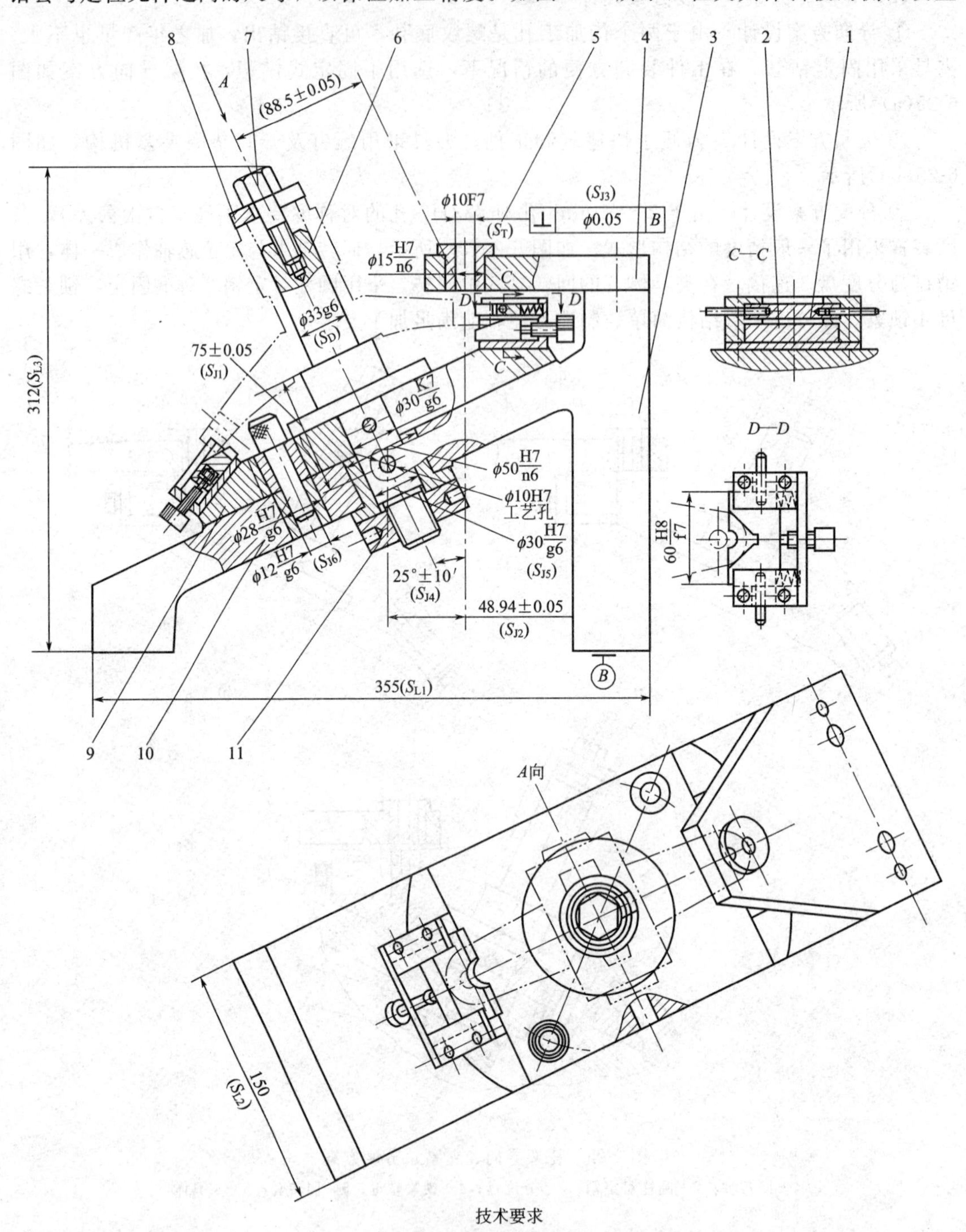

图 6-26　托架钻模

1—活动 V 形块；2—斜楔辅助支承；3—夹具体；4—钻模板；5—钻套；6—定位芯轴；7—夹紧螺钉；8—开口垫圈；9—分度盘；10—圆柱对定销；11—锁紧螺母

了工艺孔 ϕ10H7。

工艺孔的设置应注意以下几点。

① 工艺孔的位置必须便于加工和测量，一般设置在夹具体的暴露面上。

② 工艺孔的位置必须便于计算，一般设置在定位元件轴线上或钻套轴线上，在两点交点上更好。

③ 工艺孔的尺寸应选用标准芯棒的尺寸。

本夹具设计方案中的工艺孔符合上述各条原则。工艺孔到限位基面的距离取为 $L=75$mm。通过如图 6-27 所示的几何关系，可以求出工艺孔到钻套间的距离 l。

$$l=BD=BF\cos\alpha=[AF-(OE-EA)\tan\alpha]\cos\alpha$$
$$=[88.5-(75-1)\tan25^\circ]\cos25^\circ\text{mm}=48.94\text{mm}$$

在夹具制造中要求控制 (75±0.05)mm 及 (48.94±0.05)mm 这两个尺寸，即可间接地保证 (88.5±0.15)mm 的加工要求。

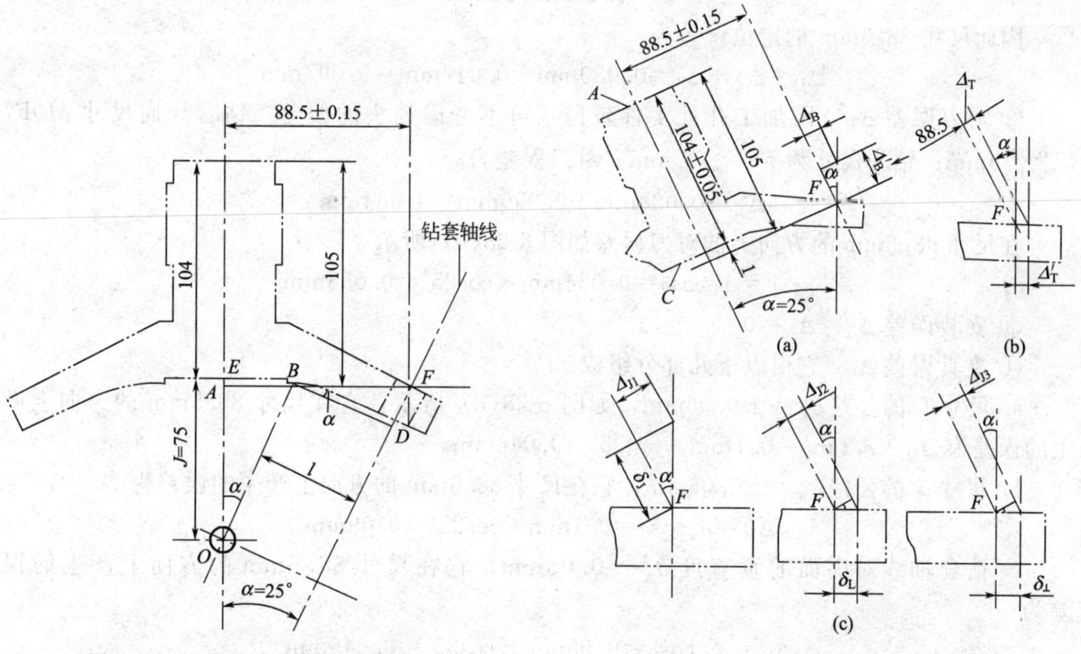

图 6-27　用工艺孔确定钻套位置

图 6-28　各项误差对加工尺寸的影响

(4) 总图上尺寸、公差及技术要求的标注　如图 6-26 所示，主要标注尺寸和技术要求如下。

① 最大轮廓尺寸 S_L　S_L 为 355mm、150mm、312mm。

② 影响工件定位精度的尺寸、公差 S_D　定位芯轴与工件的配合尺寸 ϕ33g6。

③ 影响导向精度的尺寸、公差 S_T　钻套导向孔的尺寸、公差 ϕ10F7。

④ 影响夹具精度的尺寸、公差 S_J　工艺孔到定位芯轴限位端面的距离 $J=(75\pm0.05)$mm；工艺孔到钻套轴线的距离 $l=(48.94\pm0.05)$mm；钻套轴线对安装基面 B 的垂直度 ϕ0.05mm；钻套轴线与定位芯轴轴线间的夹角 25°±10′。圆柱对定销与分度套及夹具体上固定套配合尺寸 ϕ12H7/g6。

⑤ 其他重要尺寸　回转轴与分度盘的配合尺寸 ϕ30K7/g6；分度套与分度盘 9 及固定衬套与夹具体 3 的配合尺寸 ϕ28H7/n6；钻套 5 与钻模板 4 的配合尺寸 ϕ15H7/n6；活动 V 形

块 1 与座架的配合尺寸 ϕ60H8/f7 等。

⑥ 需标注技术要求 说明工件定位、夹紧后才能拧动辅助支承的旋钮，拧紧力应适当。

(5) 工件的加工精度分析 本工序的主要加工要求是：尺寸 (88.5±0.15)mm 和角度 25°±10′。加工轴线与两个 R18mm 半圆面的对称度要求不高，可不进行精度分析。

① 定位误差 Δ_D 工件定位孔为 $\phi 33H7(^{+0.025}_{0})$mm，圆柱芯轴为 $\phi 33g7(^{-0.009}_{-0.025})$mm，在尺寸 (88.5±0.15)mm 方向上的基准位移误差 Δ_Y 为

$$\Delta_Y = x_{max} = (0.025 + 0.025)\text{mm} = 0.050\text{mm}$$

由于定位基准 C 和工序基准 A 不重合，在圆柱芯轴的轴线方向上存在基准不重合误差 Δ_B，其为定位尺寸 (104±0.05)mm 的公差，因此 $\Delta'_B = 0.10$mm。如图 6-28 所示，Δ'_B 给尺寸 88.5mm 造成的误差为

$$\Delta_B = \Delta'_B \tan\alpha = 0.10\text{mm} \times \tan 25° = 0.047\text{mm}$$

因此尺寸 88.5mm 的定位误差为

$$\Delta_D = \Delta_Y + \Delta_B = 0.050\text{mm} + 0.047\text{mm} = 0.097\text{mm}$$

② 对刀误差 Δ_T 因加工孔处工件较薄，可不考虑钻头的偏差。钻套导向尺寸 ϕ10F7 $(^{+0.028}_{+0.013})$mm；钻头尺寸为 $\phi 10^{\ 0}_{-0.036}$mm。对刀误差为

$$\Delta'_T = 0.028\text{mm} + 0.036\text{mm} = 0.064\text{mm}$$

在尺寸 88.5mm 的方向上的对刀误差如图 6-28(b) 所示

$$\Delta_T = \Delta'_T \cos\alpha = 0.064\text{mm} \times \cos 25° = 0.058\text{mm}$$

③ 安装误差 Δ_A $\Delta_A = 0$。

④ 夹具误差 Δ_J 它由以下几部分组成。

a. 尺寸 L 的公差 $\delta_L = \pm 0.05$mm，如图 6-28(c) 所示，它在尺寸 88.5mm 的方向上产生的误差为 $\Delta_{J1} = \delta_L \tan\alpha = 0.1\text{mm} \times \tan 25° = 0.046$mm。

b. 尺寸 x 的公差 $\delta_x = \pm 0.05$mm，它在尺寸 88.5mm 的方向上产生的误差为

$$\Delta_{J2} = \delta_x \cos\alpha = 0.1\text{mm} \times \cos 25° = 0.09\text{mm}$$

c. 钻套轴线对底面的垂直度 $\delta_{\perp} = 0.05$mm，它在尺寸 88.5mm 的方向上产生的误差为

$$\Delta_{J3} = \delta_{\perp} \cos\alpha = 0.05\text{mm} \times \cos 25° = 0.045\text{mm}$$

d. 回转轴与夹具体回转套的配合间隙给尺寸 88.5mm 造成的误差为

$$\Delta_{J4} = x_{max} = 0.021\text{mm} + 0.02\text{mm} = 0.041\text{mm}$$

e. 钻套轴线与定位芯轴线的角度误差 $\Delta_\alpha = \pm 10'$，它直接影响 25°±10′的精度。

⑤ 加工方法误差 Δ_G 对于孔距 (88.5±0.15)mm，$\Delta_G = 0.3/3\text{mm} = 0.1$mm；对于角度 25°±20′，$\Delta_{G\alpha} = 40'/3 = 13.3'$。具体计算列于表 6-2 中。

经计算该夹具有一定的精度储备，能满足加工尺寸要求。

3. 托架斜孔分度钻模的装配、安装及调试

(1) 夹具的装配 本夹具装配过程如下。

① 清点和清洗待装配的各种零件，去毛刺、倒棱边。

② 检验各主要零件的质量。

③ 刮削分度盘与定位芯轴连接面，保证连接可靠、有效。将芯轴装入分度盘孔中，并用销钉连接，组装成芯轴组件。

表 6-2　托架斜孔钻模加工精度计算

误差名称 \ 加工要求	角度 25°±20′	孔距 88.5mm±0.15mm
定位误差 Δ_D	0	$\Delta_D=\Delta_Y+\Delta_B=0.05mm+0.047mm=0.097mm$
对刀误差 Δ_T	0	$\Delta_T=\Delta_T'\cos25°=0.058mm$
夹具误差 Δ_J	$\Delta_{J\alpha}=\pm10'$	$\Delta_J=\sqrt{\Delta_{J1}^2+\Delta_{J2}^2+\Delta_{J3}^2+\Delta_{J4}^2}=\sqrt{0.046^2+0.09^2+0.045^2+0.041^2}mm=0.118mm$
加工方法误差 Δ_G	$\Delta_{G\alpha}=\pm13.3'$	$\Delta_G=0.1mm$
加工总误差 $\Sigma\Delta$	$\Sigma\Delta_\alpha=\sqrt{20'^2+13.3'^2}=24'$	$\Sigma\Delta=\sqrt{\Delta_D^2+\Delta_T^2+\Delta_J^2+\Delta_G^2}=\sqrt{0.097^2+0.058^2+0.118^2+0.1^2mm}=0.192mm$
夹具精度储备 J_c	$J_{cu}=40'-24'=16'>0$	$J_c=0.3mm-0.192mm=0.108mm>0$

④ 夹具体孔中压入回转套。刮削芯轴组件分度盘与夹具体的连接面，保证与芯轴 ϕ33g6 圆柱面轴线垂直。然后，将芯轴组件装入夹具体，并用锁紧螺母拧紧。

⑤ 按对定销位置在夹具体和分度盘上配钻、铰对定销孔（ϕ28H7）。压入相配对定销衬套（配合尺寸 ϕ28H7/n6），插入对定销，保证配合为 ϕ12H7/g6。同样在对角线方向上配作另一对定销孔，压入衬套（配合尺寸 ϕ28H7/n6），插入对定销，保证配合为 ϕ12H7/g6。

⑥ 以芯轴定位圆柱面 ϕ33g6 轴线为基准找平夹具，按尺寸（75±0.05)mm 配作工艺孔 ϕ10H7。

⑦ 钻套压入钻模板中，用螺钉预连接在夹具体 3 的上支承面上。夹具平放于平台上，钻套孔中插入标准芯棒，调整钻模板位置。根据调整的具体情况，刮削夹具体 3 的上支承面，保证钻套芯棒中心与 B 面垂直度 0.05mm 的要求（两个方向)，此时应满足 25°±10′的角度要求。

⑧ 夹具翻转 90°支承于平台上，用角尺靠正 B 面。钻套孔与工艺孔中分别插入标准芯棒，分度盘上用螺钉预连接活动 V 形块，V 形块上压装标准芯轴。用块规或活络块规、百分表等找平，使钻套芯棒轴线、活动 V 形块对称面和定位芯轴轴线等高（即三者在同一平面内)。然后按尺寸（48.94±0.05)mm 确定钻套位置。分别配钻模板、活动 V 形块定位销孔，打入定位销，销紧有关零件，拧紧螺钉，固定钻模板和活动 V 形块组件。

⑨ 安装另一辅助支承组件和夹紧螺钉 7。

(2) 夹具的安装　由于钻削力不大，夹具直接放置在摇臂钻床的工作台上即可。

(3) 夹具的调试

① 检查各活动件应灵活、到位，夹紧装置可靠、有效。主要定位表面无缺陷、毛刺。

② 试切验证。按图样将工件毛坯定位于夹具上，垫上开口垫圈，拧紧夹紧螺钉。调整辅助支承，有效支持零件两臂。钻孔 ϕ10mm，松开锁紧螺母 11，拔出圆柱对定销，旋转分度盘 180°，将圆柱对定销插入另一对定销孔，销紧分度盘，拧紧锁紧螺母，钻另一个 ϕ10mm 孔。检验工件精度指标。若有超差项目，应找出原因，重新对夹具进行调整。再试切、检查，直至合格。

任务二　法兰盘钻径向孔的组合夹具设计

学习目标	熟悉组合夹具的基本类型，会根据具体的零件工艺进行组合夹具结构规划和元件的选择、装配及其调试任务
工作任务	根据零件工序加工、零件特点及生产类型等要求，选择组合夹具类型、确定定位方案和确定夹紧方案；最后根据零件工序内容要求及其特点，选择合适的基础件、支承件、定位件、导向件及夹紧、固紧和其他件与合件等
教学重点	定位的基本原理、定位方案、夹紧方案
教学难点	组合夹具类型选择、组装、拆散及其夹具的规划设计
教学方法建议	现场参观、现场教学、多媒体教学
选用案例	法兰盘钻径向孔加工的夹具为例，分析组合夹具的8类元件的组合设计与实现方法等
教学设施、设备及工具	多媒体教学系统、夹具实训室、实习车间
考核与评价	项目成果评价50%，学习过程评价40%，团队合作评价10%
参考学时	4

一、法兰盘钻径向孔的组合夹具实例分析

1. 实例

图6-29为法兰盘上钻6×ϕ8mm的径向孔工序图。

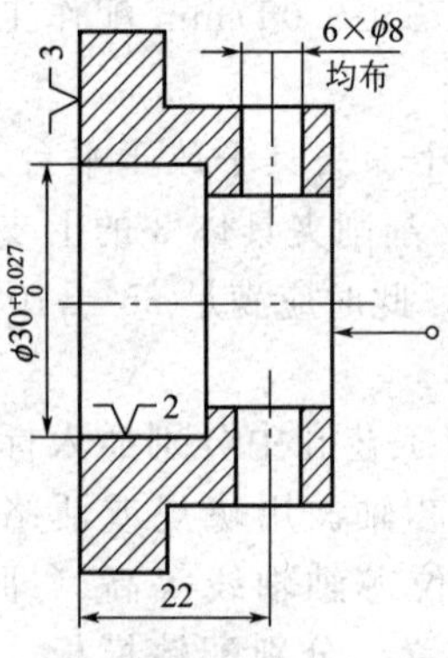

图6-29　法兰盘上钻径向孔工序图

2. 分析

图6-30为盘类零件钻径向分度孔组合夹具。它是由基础件1、支承件2、定位件3、导向件4、夹紧件5、紧固件6、其他件7和合件8组成的。

二、知识导航：组合夹具的有关知识

1. 组合夹具的分类

组合夹具早在20世纪50年代便已出现，现在已是一种标准化、系列化、柔性化程度很高的夹具。它由一套预先制造好的具有不同几何形状、不同尺寸的高精度元件与合件组成，包括基础件、支承件、定位件、导向件、压紧件、紧固件、其他件、合件等。使用时按照工件的加工要求，采用组合的方式组装成所需的夹具。

根据组合夹具组装连接基面的形状，可将其分为槽系和孔系两大类。

(1) T形槽系组合夹具　槽系组合夹具的连接基面为T形槽，元件由键和螺栓等元件定位紧固连接。槽系组合夹具系统的元件最初是仿照专用夹具元件功能并考虑到标准化的一些原则而设计的。T形槽系组合夹具按其尺寸系列有小型、中型和大型三种，其区别主要在于元件的外形尺寸、T形槽宽度和螺栓及螺孔的直径规格不同。目前应用较多的是中型系列。

小型系列组合夹具主要适用于仪器、仪表和电信、电子工业，也可用于较小工件的装夹。这种系列元件的螺栓直径为M8mm×1.25mm，定位键与键槽宽的配合尺寸为8H7/h6，T形槽之间的距离为30mm。

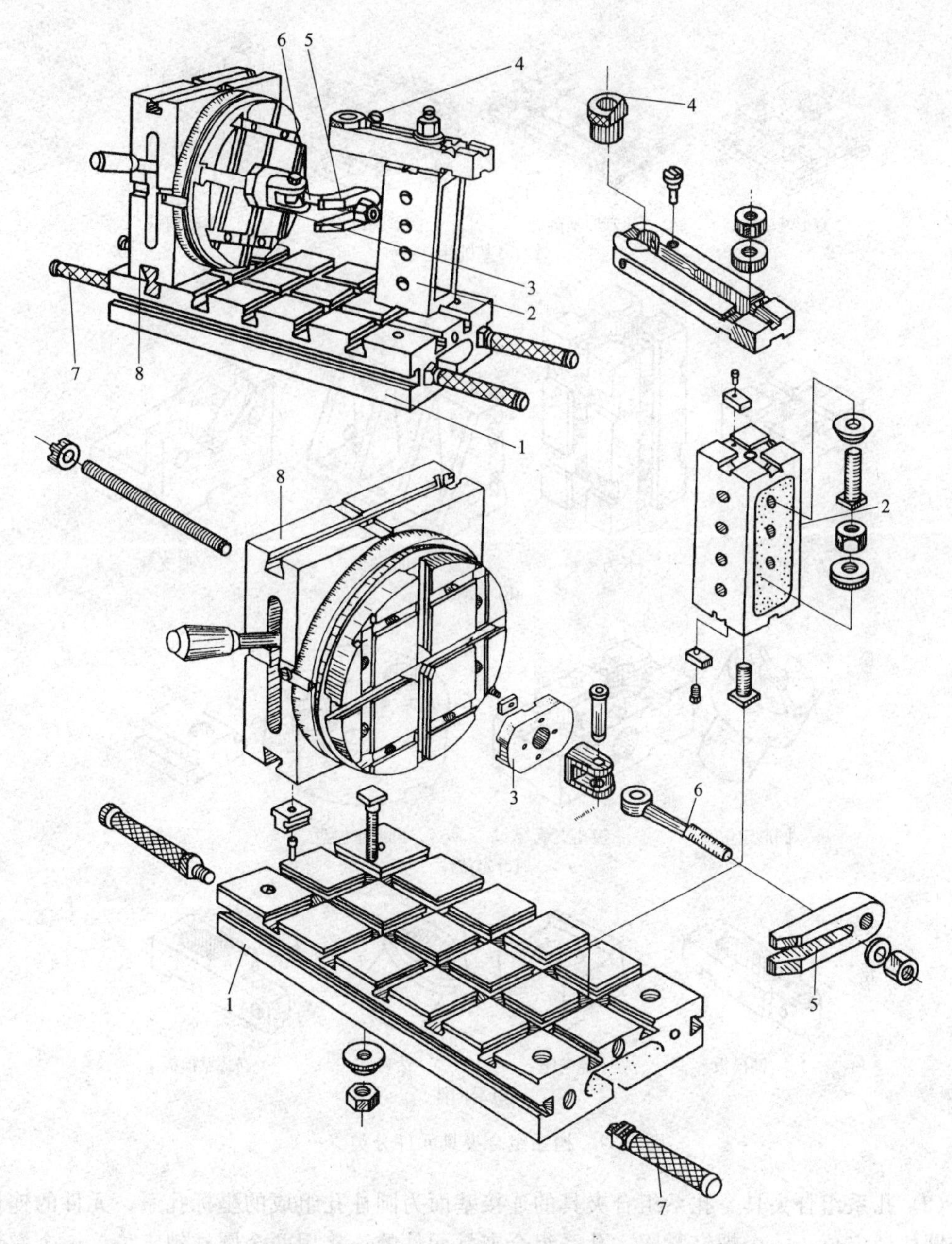

图6-30　盘形零件钻径向分度孔组合夹具

1—基础件；2—支承件；3—定位件；4—导向件；5—夹紧件；6—紧固件；7—其他件；8—合件

中型系列组合夹具主要适用于机械制造工业，这种系列元件的螺栓直径为M12mm×1.5mm，定位键与键槽宽的配合尺寸为12H7/h6，T形槽之间的距离为60mm。这是目前应用最广泛的一个系列。

大型系列组合夹具主要适用于重型机械制造工业，这种系列元件的螺栓直径为M16mm×2mm，定位键与键槽宽的配合尺寸为16H7/h6，T形槽之间的距离为60mm。

如图6-31、图6-32所示为T形槽系组合夹具的元件。

如图6-30所示为盘形零件钻径向分度孔的T形槽组合夹具的实例。

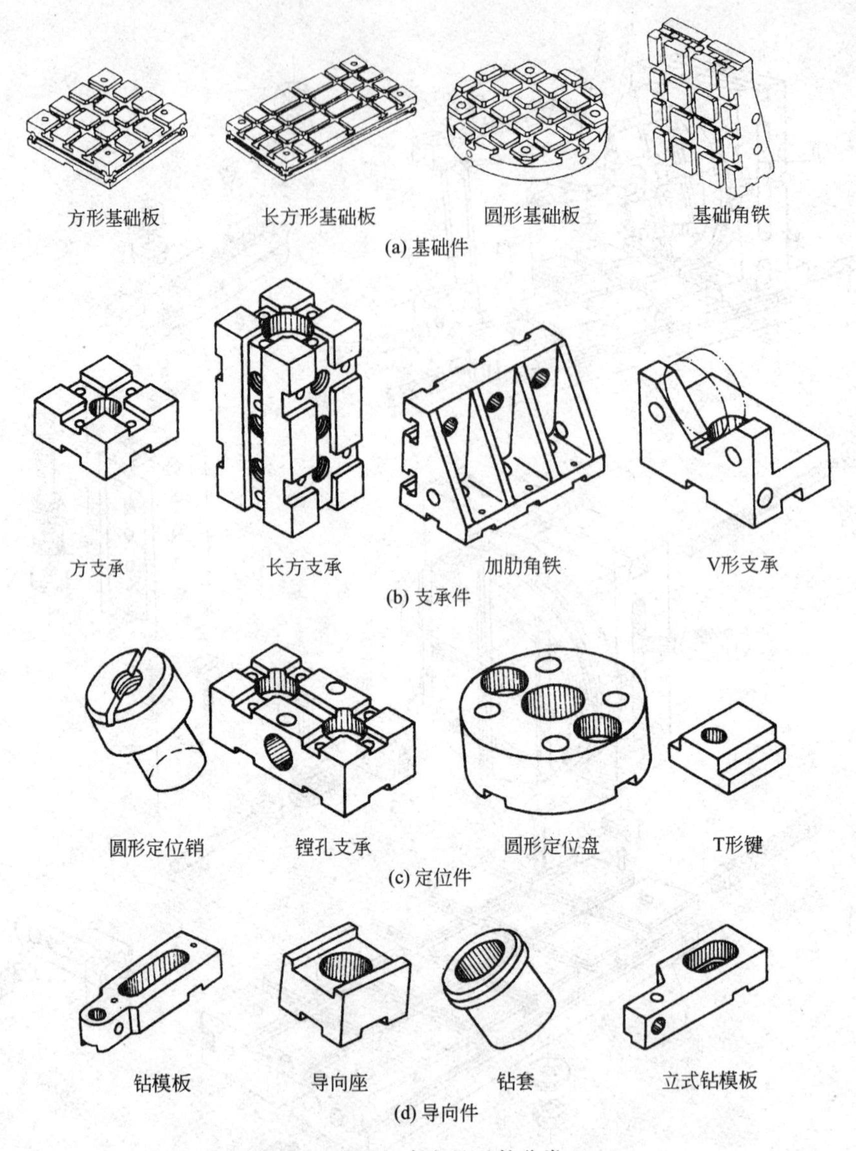

图 6-31 槽系组合夹具元件分类（一）

(2) 孔系组合夹具　孔系组合夹具的连接基面为圆柱孔组成的坐标孔系，元件的连接用两个圆柱销定位，一个螺钉紧固。孔系组合夹具元件的连接用两个圆柱销定位，一个螺钉紧固。孔系组合夹具较槽系组合夹具具有更高的刚度，且结构紧凑。如图 6-33 所示为孔系组合夹具元件、图 6-34 所示为我国近年制造的 KD 型孔系组合夹具。其定位孔径为 ϕ16.01H6，孔距为 (50±0.01)mm，定位销直径为 ϕ16k5，用 M16mm 的螺钉连接。孔系组合夹具用于装夹小型精密工件。由于它便于计算机编程，所以特别适用于加工中心、数控机床等。

(3) 组合夹具的特点

① 组合夹具元件可以多次使用　组合夹具在变换加工对象后，可以全部拆装，重新组装成新的夹具结构，以满足新工件的加工要求，但一旦组装成某个夹具，则该夹具便成为专用夹具。组合夹具适用于各类机床，但以钻模及车床夹具用得最多。

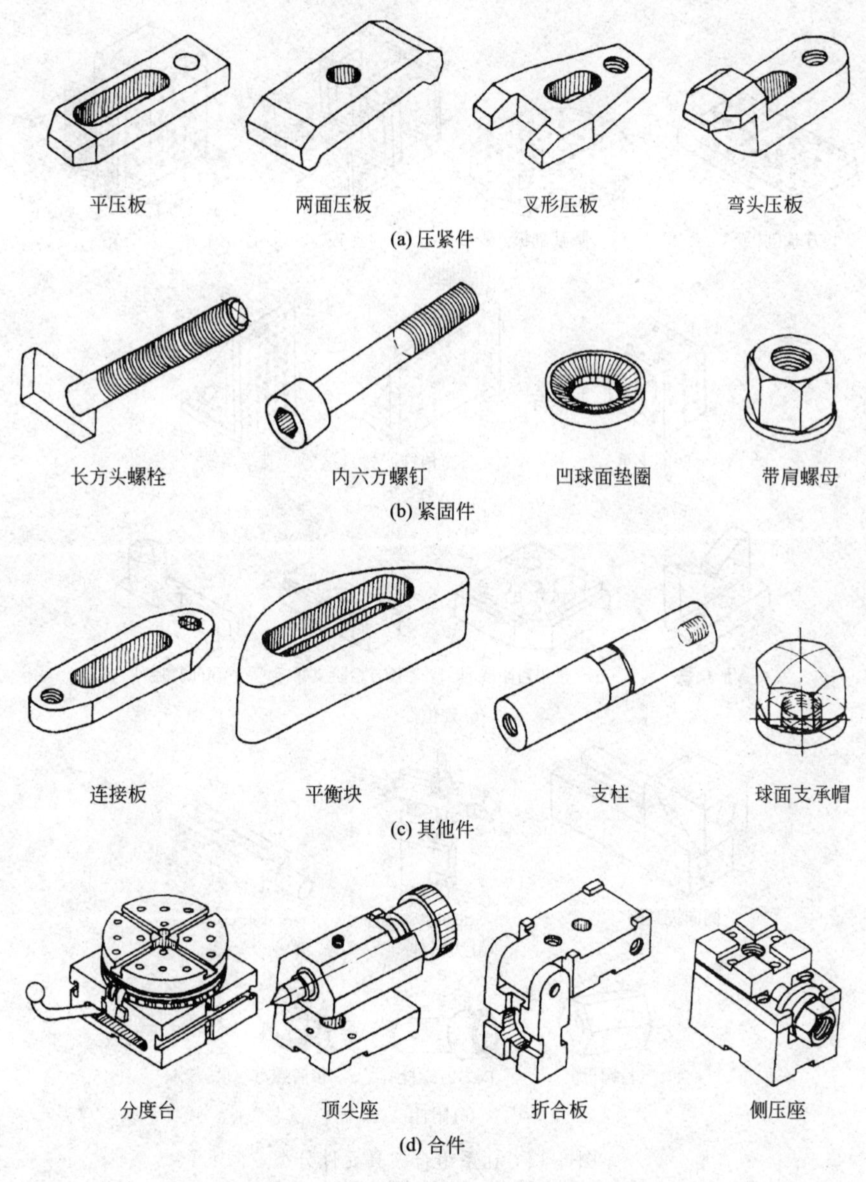

图 6-32　槽系组合夹具元件分类（二）

② 元件制造的精度高　和专用夹具一样，组合夹具的最终精度是靠组成元件的精度直接保证的，不允许进行任何补充加工，否则将无法保证元件的互换性，因此组合夹具元件本身的尺寸、形状和位置精度以及表面质量要求高。因为组合夹具需要多次装拆、重复使用，故要求有较高的耐磨性。

③ 组合夹具组装周期极短　组合夹具不受生产类型的限制，可以随时组装，以应生产之急，可以适应新产品试制中改型的变化等。组合夹具把专用夹具的设计、制造、使用、报废的单向过程变为组装、拆散、清洗入库、再组装的循环过程。可用几小时的组装周期代替几个月的设计制造周期，从而缩短了生产周期；节省了工时和材料，降低了生产成本；还可减少夹具库房面积，有利于管理。

④ 刚度差　由于组合夹具是由各标准件组合的，因此刚性差，尤其是元件连接的接合

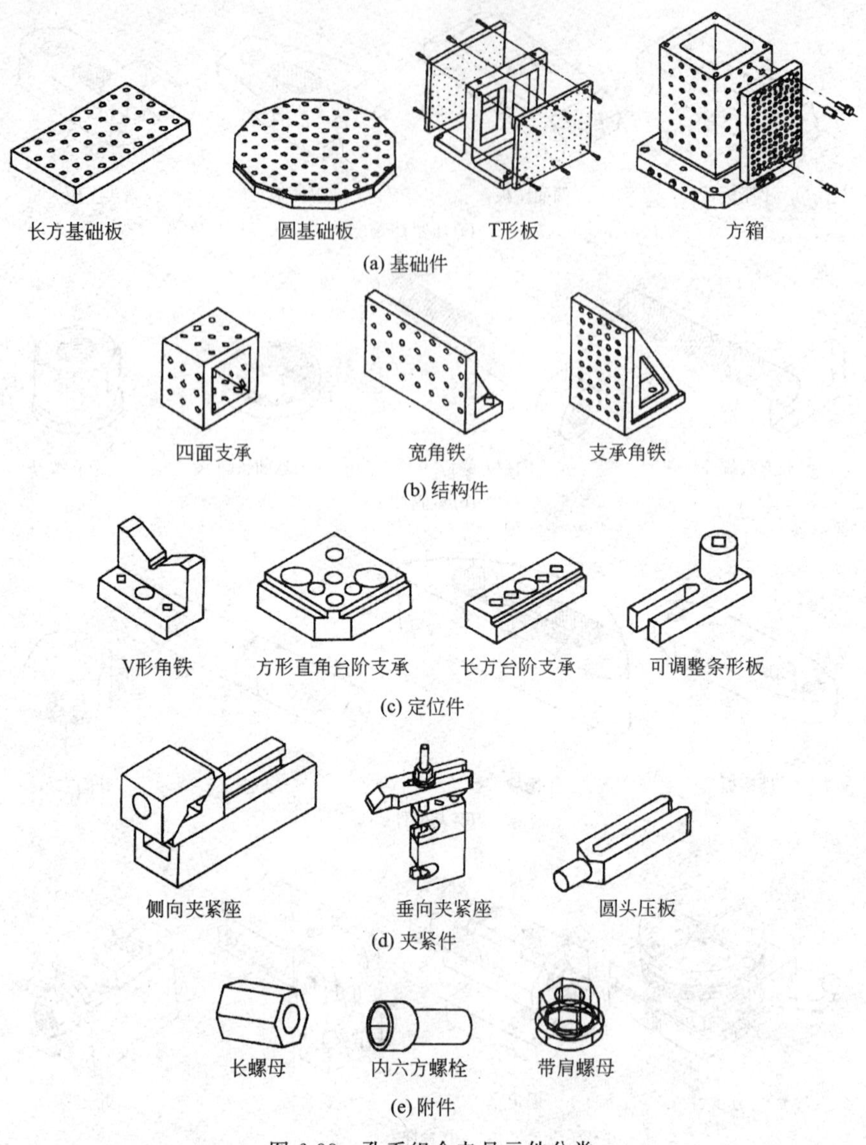

图 6-33　孔系组合夹具元件分类

面接触刚度对加工精度影响较大。

⑤ 体积大　一般组合夹具的外形尺寸较大，不及专用夹具那样紧凑。

2. 组合夹具元件

（1）槽系组合夹具元件　槽系组合夹具就是指元件上制作有标准间距的相互平行及垂直的 T 形槽或键槽，通过键在槽中的定位，就能准确决定各元件在夹具中的准确位置，元件之间再通过螺栓连接和紧固。图 6-35 所示为在轴上钻孔的钻模，系由基础底板、支承件、钻模板和 V 形块等元件组成，元件间相互位置都由可沿槽中滑动的键在槽中定位来决定，所以槽系组合夹具有很好的可调整性。通常，槽系组合夹具元件分为 8 类，即基础件、支承件、定位件、导向件、压紧件、紧固件、其他件和合件。图 6-30 为分类中典型的元件，各类元件分别说明如下。

① 基础件　用作夹具的底板，其余各类元件均可装配在底板上，包括方形、长方形、

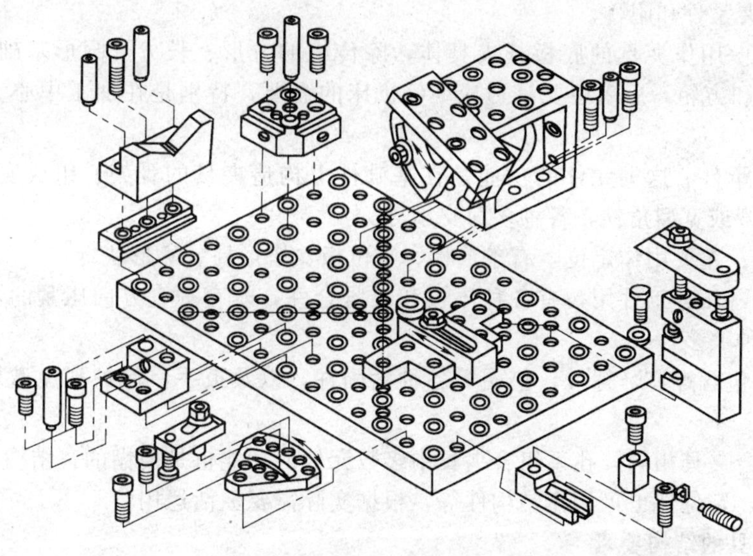

图 6-34　KD 型孔系组合夹具

圆形的基础板及基础角铁等。

② 支承件　从功能看也可称为结构件，和基础件一起共同构成夹具体，除基础件和合件外，其他各类元件都可以装配在支承件上，这类元件包括各种方形或长方形的垫板、支承件，角度支承、小型角铁等，这类元件类型和尺寸规格多、主要用作不同高度的支承和各种定位支承需要的平面。支承件上开有 T 形槽、键槽，穿螺栓用的过孔，以及连接用的螺栓孔，用紧固件将其他元件和支承件固定在基础件上连接成一个整体。

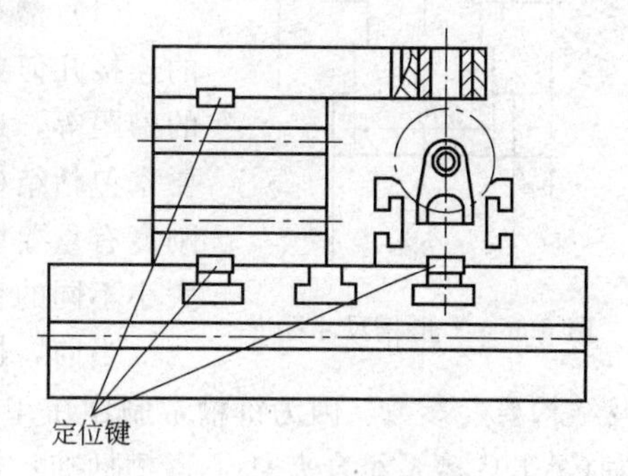

图 6-35　槽系组合夹具元件之间用键来定位

③ 定位件　其主要功能是用作夹具元件之间的相互定位，如各种定位键，以及将工件孔定位的各种定位销、菱形定位销，用于工件外圆定位的 V 形铁等。

④ 导向件　主要功能是用作孔加工工具的导向，如各种镗套和钻套等。

⑤ 压紧件　主要功能是将工件压紧在夹具上，如各种类型的压板。

⑥ 紧固件　包括各种螺栓、螺钉、螺母和垫圈等。

⑦ 其他件　不属于上述 6 类的杂项元件，如连接板、手柄和平衡块等。

⑧ 合件　是指夹具使用后不用拆散，成套使用的独立部件，按用途可分为：定位合件，如顶尖座等；分度合件，如分度盘等；夹紧合件等。

应该指出的是，虽然槽系组合夹具元件按功能分成各类，但在实际装配夹具的工作中，除基础件和合件两大类外，其余各类元件大体上按主要功能应用外，在很多场合，各类元件的功能都是模糊的，只是根据实际需要和元件功能的可能性加以灵活使用，因此，同一工件的同一套夹具，因不同的人可以装配出千姿百态的各种夹具。

随着组合夹具的推广和应用，为满足生产中的各种要求，出现了很多新元件和合件。例如密孔节距钻模板、带液压缸的基础板等。

(2) 孔系组合夹具元件　孔系组合夹具的元件大体上可分成 5 类，即基础件、结构支承件、定位件、夹紧件和附件。

① 基础件　用作夹具的底板或夹具体，除传统的方形、长方、圆形基础板和角铁外，增加了T形板和方箱，后者主要是适应NC机床的需要，特别是在加工中心上有着广泛的用途。

② 结构支承件　这类元件的功能是在基础件上构造夹具的骨架，组成实际的夹具体，如小尺寸的长型或宽型角铁，各种多面支承等。

③ 定位件　主要用作定位，有条形板、定位板、塔形柱、V形块等。

④ 夹紧件　压紧工件用，有各种压板和夹紧合件，既有垂直方向压紧的，也有水平方向压紧的，品种繁多。

⑤ 附件　包含螺钉、螺母、垫圈等各种紧固件，以及扳手，保护孔免遭切屑、灰尘落入的螺塞等。

和槽系组合夹具相同，孔系组合夹具中多数元件的功能也是模糊的，结构件和夹紧件可以充作定位件，定位件也可用作结构件等，根据实际需要灵活运用。

3. 组合夹具的结构要素

组合夹具是由一套标准化元件装配而成，各元件为了达到相互之间多次重复装配连接的目的，各种元件的装配连接部分除有严格的标准外，还必须有高度的互换性。

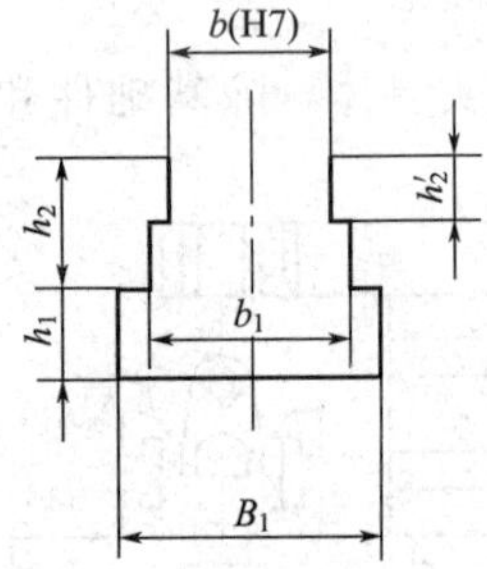

(1) 槽系组合夹具的结构要素　槽系组合夹具系统中，共同的连接几何要素是键槽、T形槽、连接螺纹、螺纹过孔、元件上的槽距等，这些几何要素称之为槽系组合夹具的结构要素，结构要素包括结构、几何形状和尺寸，对夹具元件的互换性、强度和刚度有重要影响，由于工件尺寸大小的不同，因而元件尺寸也有大小不同的系列。

图 6-36　T形槽尺寸标准

当前，槽系组合夹具共有4个不同系列，表6-3列出各系列及结构要素参数。因为键槽常制作在T形槽上，因此T形槽也必须标准化，图6-36及表6-4为CATIC槽系组合夹具T形槽标准，槽系组合夹具元件的设计必须符合结构要素标准，才有可能达到互换装配的目标。

表 6-3　槽系组合夹具系列和结构要素参数　mm

系列	T形槽宽度	工件最大轮廓尺寸	连接螺纹	键槽宽度	槽距	支承截面尺寸	
						方形支承	长方支承
1(6mm)	6	500×250×250	M6	$6^{+0.012}_{0}$	30±0.01	22.5×22.5	22.5×30
2(8mm)	8	500×250×250	M8	$8^{+0.015}_{0}$	30±0.01	30×30	30×45
3(12mm)	12	1500×1000×500	M12	$12^{+0.018}_{0}$	60±0.01	60×60	45×60, 45×90,60×90
4(16mm)	16	2500×2500×1000	M16	$16^{+0.018}_{0}$	75±0.01	75×75 90×90	75×112.5, 60×120,90×120

(2) 孔系组合夹具的结构要素　孔系组合夹具元件之间相互位置是由孔和销来决定的，为了准确可靠地决定元件相互空间位置，采用了一面两销的定位原理，即利用相连的两个元件上的两个孔，插入两根定位销来决定其位置，同时再用螺钉将两个元件连接在一起。对于没有准确位置要求的元件可仅用螺钉连接。因此部分孔系元件上都有网状分布的定位孔和螺孔。

表 6-4　槽系组合夹具 T 形槽标准　mm

系列 \ 尺寸代号	b	b_1	B_1	h_1	h_2	h_2'
6mm	$6^{+0.012}_{0}$	6	9.5	$3.2^{+0.18}_{0}$	3.0±0.125	3
8mm	$8^{+0.015}_{0}$	9	13	$4.3^{+0.18}_{0}$	4.8±0.150	3
12mm	$12^{+0.018}_{0}$	13	20	$7.3^{+0.36}_{0}$	6±0.15,10±0.18	4
16mm	$16^{+0.018}_{0}$	17	24	$8.5^{+0.36}_{0}$	9±0.18,12±0.35	5

为了达到孔系元件之间的互换性装配，必须对孔的尺寸、公差、孔距加以标准化才能达到目的，这就是孔系组合夹具的结构要素。

和槽系组合夹具一样，为了适应不同尺寸大小工件的加工，孔系组合夹具也有大型、中型、小型、微型 4 个系列，并有英制和米制两种标准。表 6-5 列出了孔系组合夹具系列。

表 6-5　孔系组合夹具系列

系列	定位孔尺寸		螺纹孔尺寸	
	mm	in	mm	in-牙/in
微型	6		M6	
小型	10	5/16	M10	5/16-18
中型	12	1/2	M12	1/2-13
大型	16	3/4,5/8	M16	3/4-10、5/8-11

(3) 孔系与槽系组合夹具的比较　与槽系组合夹具相比较，孔系组合夹具有如下的优缺点。

① 元件刚度高　因而装配出整体孔系组合夹具的刚度也高，从而满足了数控机床需要高切削用量的要求，提高了数控机床加工的生产率。

孔系组合夹具的刚度比槽系高是因为，孔系组合夹具的基础件，虽然其厚度较同系列槽系为薄，上面又加工了众多的孔，但仍为整体的板结构，故刚度高。而槽系组合夹具的基础件和支承件表面布满了纵横交错的 T 形槽，造成截面上的断层，严重削弱了结构的刚度。

② 制造和材料成本低　因为孔系元件的加工工艺性好，精密孔系的坐标磨削成本也高，但在采用粘接淬火定位衬套和孔距样板保证孔距后，工艺性能好，成本比 T 形槽的磨削降低。此外，槽系夹具元件为保证高强度性能都用合金钢的材料，而孔系夹具元件基体都用普通钢或优质铸钢，因而制造和材料成本大为降低。

③ 组装时间短　由于槽系组合夹具在装配过程中需要较多的测量和调整，而孔系组合夹具的装配大部分只要将元件之间的孔对准并用螺钉紧固，因而装配工作相对容易和简单，要求装配工人的熟练程度也比较低。

④ 定位可靠　孔系元件之间由一面双销定位，比槽系夹具中槽和键的配合，在定位精度和可靠性方面都高；同时，任何一个定位孔均可方便地作为数控机床加工时的坐标原点。

⑤ 孔系组合夹具装配的灵活性差　孔系组合夹具上元件位置不方便作无级调节，元件的品种数量不如槽系组合夹具多，从组装的灵活性来看，也不及槽系组合夹具好，因此，当前世界制造业中，是孔系和槽系并存的局面，但以孔系更具有优势，有关槽系和孔系两种组合夹具的全面比较见表 6-6。

表 6-6　槽系和孔系组合夹具的比较

比较项目	槽系组合夹具	孔系组合夹具
夹具刚度	低	高
组装方便和灵活性	好	较差
对工人装配技术要求	高	较低
夹具定位元件尺寸调整	方便,可作无级调节	不方便,只能作有级调节
夹具上是否具备NC机床需要的原点	需要专门制作元件	任何定位孔均可作原点
制造成本	高	低
元件品种数量	多	较少
合件化程度	低	较高

4. 组合夹具的装配

(1) 槽系组合夹具的装配　槽系组合夹具由元件装配成夹具是一项既需要广泛的制造知识又高度依赖于经验和技巧的过程。通常手工装配槽系组合夹具可按图 6-37 所示流程，其中包含 5 个步骤，每一步骤的要点如下。

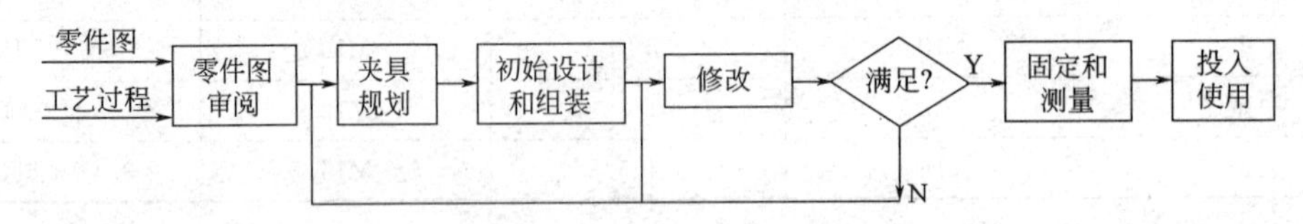

图 6-37　槽系组合夹具组装流程

① 熟读工件图样及有关技术要求　这是装配组合夹具的第一步，目的在于明确夹具的装配要求和相关的各种技术要求，这一步骤十分重要，装配完成的夹具是否能满足使用要求，常取决于此。主要内容为考虑定位方案，了解所使用的机床、刀具及车间现场条件。

② 拟订装配方案　这一步骤的内容为，从考虑定位方案和夹具上定位结构开始，到总体夹具结构和各部分的连接；也包括元件的选用和采用的调整测量方法。如需要专用件，也在此时提出。

③ 试装　根据上一步拟订的夹具结构方案，用实际元件在基础板上摆出一个夹具布局，用以验证是否能满足各方面的要求，也可以选用不同元件比较多种方案。

④ 修改　将试装中的问题分析清楚后，对现行结构布局作出修改，决定最终所用的夹具元件和结构装配方案。

⑤ 调整、固定并检验　根据最终方案，在元件上装上各种定位键，在调整到准确的位置后用螺栓将各元件连接在一起，夹具装配完毕后对夹具进行测量和检查，检测其定位精度是否满足要求，装卸工件是否方便等。多数情况下还应在机床上进行试切，以确保夹具合乎使用要求。图 6-38 所示为以上 5 个步骤所花费时间的比例。如果需要计算空间角度、坐标位置及其变换则拟订装配方案的时间就比图 6-38 中所列要更长一些。为了说明

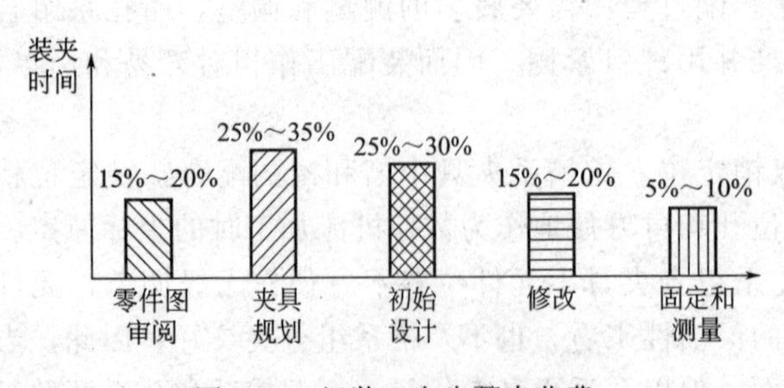

图 6-38　组装 5 个步骤中花费在每一步骤中的时间百分数

槽系组合夹具的装配过程，现举一实例。图 6-39 为待加工的连接杆零件，要加工的表面是与两孔轴心连线在空间相互垂直的 $\phi5$ 孔。在详细研究了连接杆图样和技术条件以后，决定用一个圆销和另一个菱形销在工件两孔中定位，再以此两孔的端面靠在夹具垂直面上定位，这样便于保证 $\phi5$ 孔轴线与工件上主孔轴线的垂直度。因待加工孔直径小，钻削力也小，故在工件大孔端面用 U 形垫圈压紧即可，然后选取各种元件在长方基础板上试装，如图 6-40(a) 所示。试装后认为满意，就在各需要准确位置的元件上装上定位键，再将各螺钉紧固，最后再调整和检验模板的位置，以保证 $\phi5$ 孔的位置尺寸 A，装配完成后的钻模如图 6-40(b) 所示。

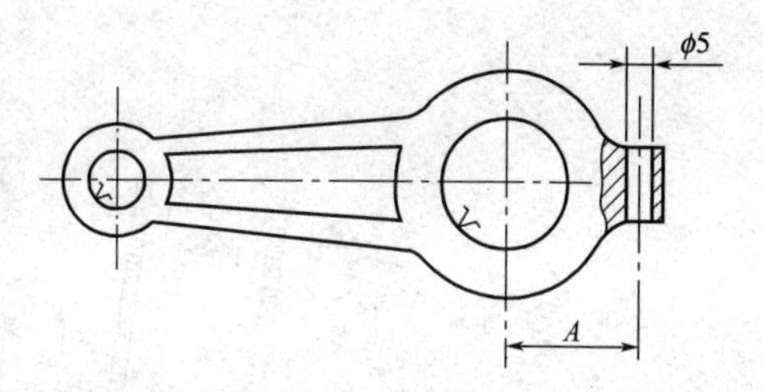

图 6-39　需要装配组合夹具的工件实例

(2) 孔系组合夹具的装配　手工装配孔系组合夹具和手工装配槽系组合夹具的过程完全一样（见图 6-37）。实践证明，装配孔系组合夹具在形成夹具结构方面比槽系夹具要方便和容易，这是因为现代孔系组合夹具系统元件及其品种都较少，同时合件的数量比较多；但是装配出夹具结构后，在对元件作尺寸调整使之满足工件尺寸要求方面，则不如槽系夹具迅速，因为槽系元件大都能作双向调整之故。所以用孔系元件手工装配较简单的孔系组合夹具时，可将图 6-37 所示装配过程简化为图 6-41 所示流程进行。

针对被加工的工件，需要在阅读图样及技术条件后，第一步先用六点定位原理选定必要的基准；第二步，根据实物毛坯选择定位元件及其在基础件上的布置；第三步，再在选定的定位元件上，安装夹紧件及夹紧合件；最后作检验。

特别要注意夹紧件的位置是否和刀具切削路径或换刀机械手换刀路径相冲突，这对加工过程高度自动化的 NC 机床特别重要，否则将产生严重事故。

目前孔系组合夹具已广泛用于 NC 铣床、立式和卧式加工中心上，也用于 FMS 上。图 6-42 是在卧式加工中心上加工阀体的孔系组合夹具，图 6-42(a) 为卸去工件后夹具结构的布局。

三、实例思考

图 6-43 为车削管状工件的组合夹具，组装时选用 90°圆形基础板 1 为夹具体，以长、圆形支承 4、6、9 和直角槽方支承 2、简式方支承 5 等组合成夹具的支架。工件在长、圆形支承 10、9 和 V 形支承 8 上定位用螺钉 11、3 夹紧。各主要元件由平键和槽通过方头螺钉紧固连接成刚体。

仔细阅读图 6-43，说明组合夹具的组成部分及其优缺点。

四、独立实践

1. 支座钻铰孔组合钻模实例独立实践

图 6-44(a) 为工件支承座的工序图。

试设计产品小批生产情况下，在立式钻床上钻铰 $\phi20$H7 孔的钻床组合夹具，并保证相关技术要求。

(1) 组装前的准备　如图 6-44(a) 所示为工件支承座的工序图。工件为一小尺寸的板块状零件。工件的 $2\times\phi10$H7 孔及平面 C 为已加工表面，本工序是在立式钻床上钻铰 $\phi20$H7 孔，表面粗糙度值 $Ra0.8\mu m$，保证孔距尺寸 (75 ± 0.2)mm、(55 ± 0.1)mm、孔轴线对 C

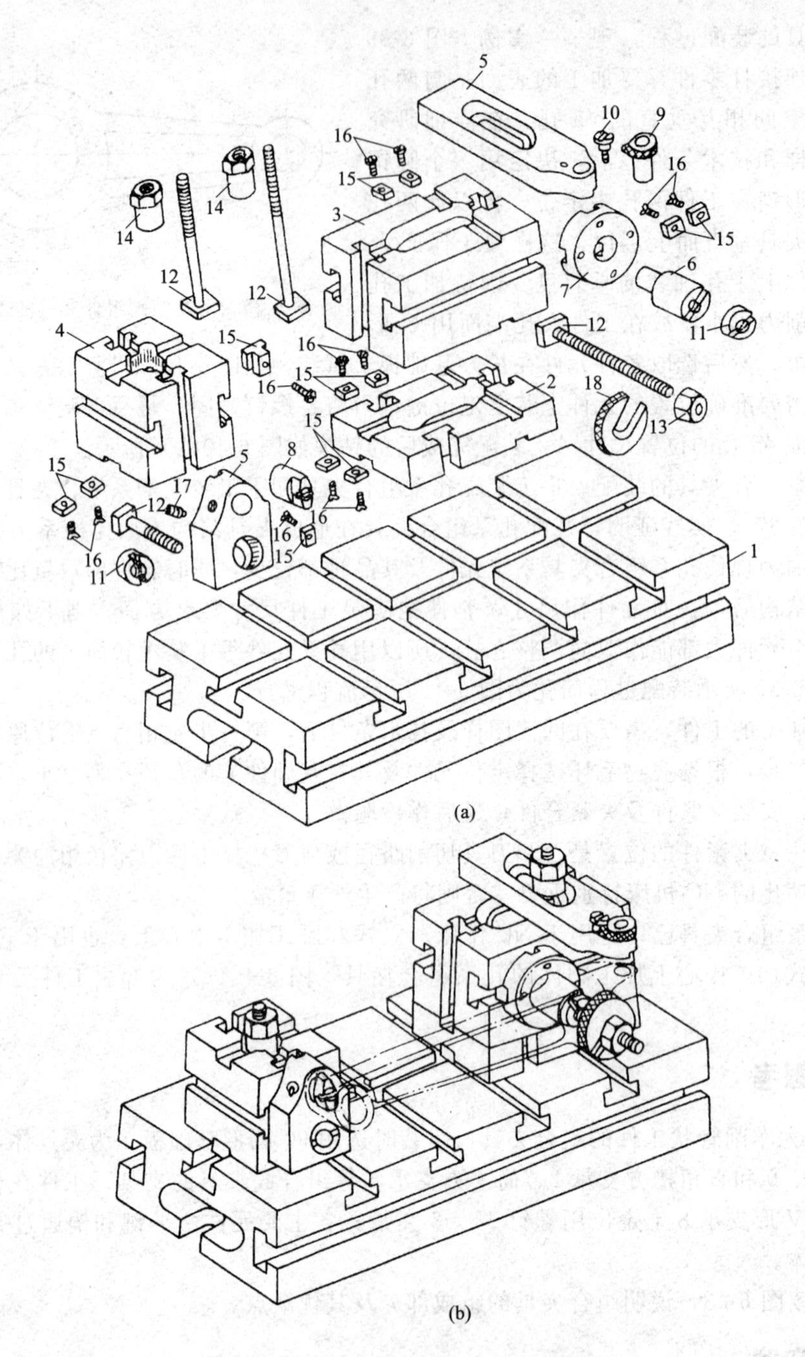

图 6-40　实例工件的组合夹具组装结构

基础件：1—长方形基础板；支承件：2—长方形垫板；3—长方形支承；4—方形支承；定位件：6—圆形定位销；7—圆形定位盘；8—菱形定位销；15—定位键；导向件：5—钻模板；9—快换钻套；紧固件：10—钻套螺钉；11—圆螺母；12—槽用螺栓；13—厚螺母；14—特殊螺母；16—埋头螺钉；17—定位螺钉；18—U 形垫圈

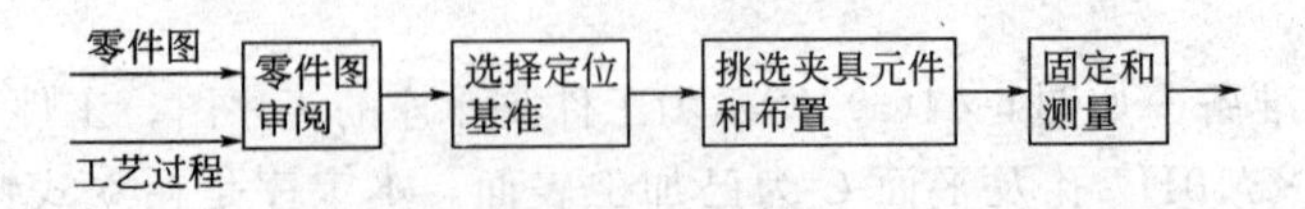

图 6-41　孔系组合夹具装配过程流程简图

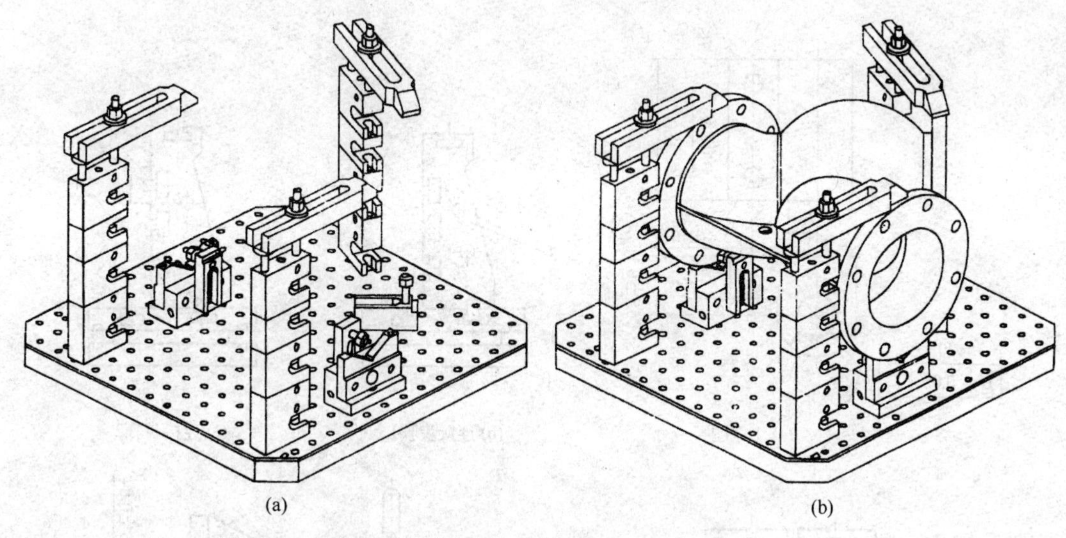

图 6-42　卧式加工中心上用孔系组合夹具

平面平行度 0.05mm。

(2) 确定组装方案　根据支承座的工序图，按照定位基准与工序基准重合原则，可采用工件底面 C 和 2×ϕ10H7 为定位基准（一面二孔定位方式），以保证工序尺寸（75±0.2)mm、(55±0.1)mm 及 ϕ20H7 孔轴线对平面的平行度公差为 0.05mm 的要求，选择 d 平面为夹紧面，使夹紧可靠，避免加工孔处的变形。

(3) 试装　选用方形基础板及基础角铁作为夹具体，为了便于调整 2×ϕ10H7 孔的间距 100mm 尺寸，将定位圆柱销和削边销分别装在兼作定位件的两块中孔钻模板上。按工件的孔距尺寸（75±0.2)mm、(55±0.1)mm 组装导向件，在基础角铁 3 的 T 形槽上组装导向板 11，并选用 5mm 宽腰形钻模板 10 安装其上，以便于组装尺寸的调整。

图 6-43　车削管状工件的组合夹具

1—90°圆形基础板；2—直角槽方支承；3,11—螺钉；4,6,9,10—长、圆形支承；5—筒式方支承；7,12—螺母；8—V 形支承；13—连接板

(4) 连接　对组合夹具连接可按如下顺序进行。

① 组装基础板 1 和基础角铁 3，如图 6-44(b) 所示。在基础板上安装 T 形键 2，并从基础板的底部贯穿螺栓将基础角铁紧固。

② 在中孔钻模板上组装 ϕ10mm 圆柱销 6，然后把中孔钻模板 4 用定位键 5 及紧固件装夹在基础角铁上，如图 6-44(c) 所示。

③ 组装 ϕ10mm 的菱形销 9 及中孔钻模板 8。用标准量块及百分表检测（100±0.02)mm 及两销与 C 面的垂直度，然后紧固中孔钻模板 8，如图 6-44(d) 所示。

④ 组装导向件。导向板 11 用定位键 12 定位装至基础角铁 3 上端，再在导向板 11 上装入 5mm 宽的腰形钻模板 10。在钻模板 10 的钻套孔中插入量棒 14，借助标准量块及百分表调整中心距（55±0.02)mm 及（75±0.04)mm，如图 6-44(e) 所示。

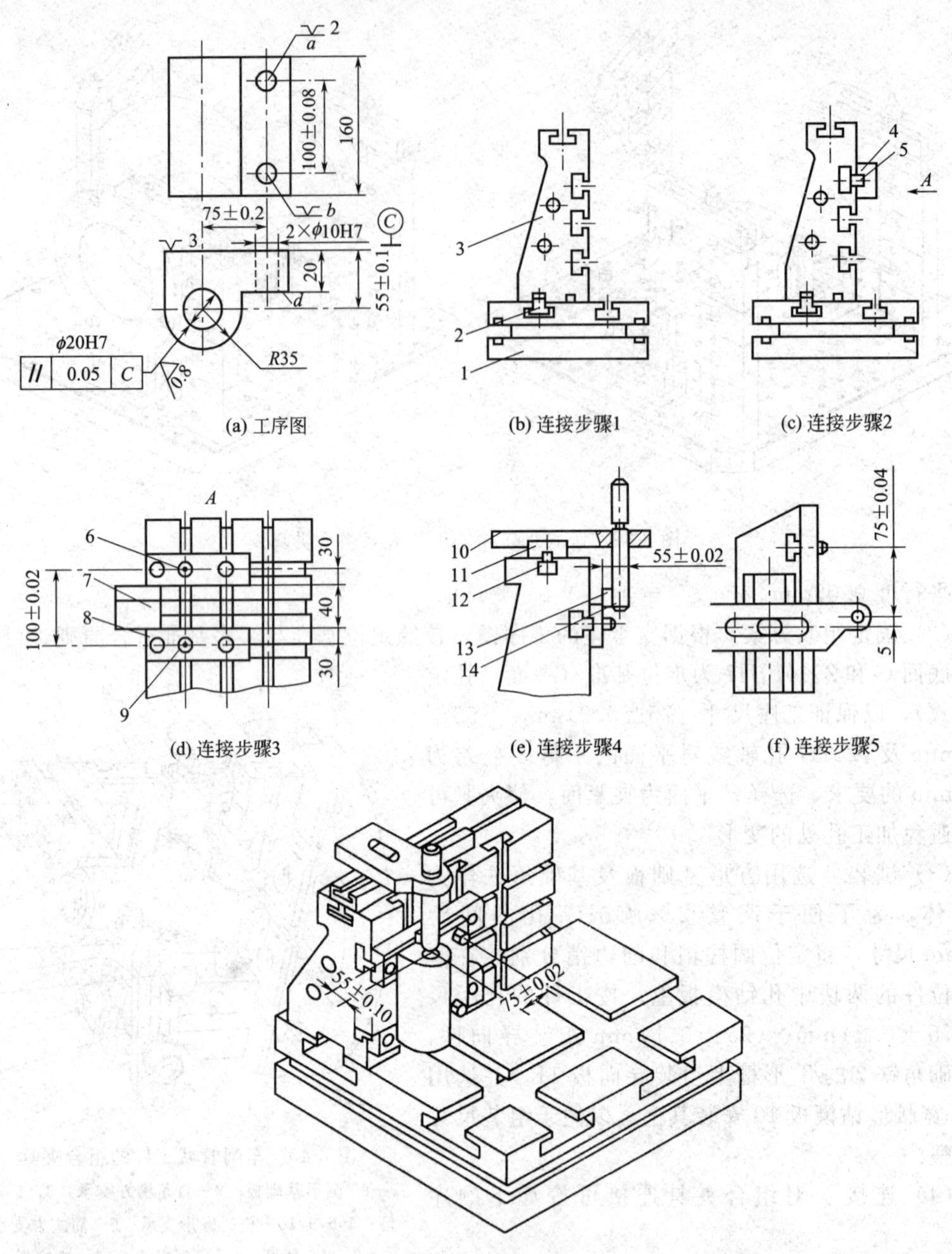

图 6-44 组装实训

1—基础板；2—T 形键；3—基础角铁；4,8—中孔钻模板；5,12—定位键；6—圆柱销；7,13—标准量块；9—菱形销；10—钻模板；11—导向板；14—量棒

⑤ 组装压板。从基础角铁 3 上固定两块压板，作用在 d 面上，指向 C 面压紧。

⑥ 检测。检测组装后的夹具精度。可根据工件的工序尺寸精度要求确定检测项目。

在上述实例中，可检测 (55±0.02)mm、(100+0.02)mm、(75±0.04)mm 尺寸及中孔钻模板支承面对基础板 1 底平面的垂直度公差 0.013mm（夹具元件尺寸公差取工件公差的 1/4)。组合夹具的精度由元件精度和组装精度两部分组成。组合夹具元件精度很高，配合面精度一般为 IT6～IT7，主要元件的平行度、垂直度公差为 0.01mm，槽距公差 0.02mm，工

作表面粗糙度 $Ra0.4\mu m$。为了提高组合夹具的精度，可以从提高组装精度的方面考虑，利用元件互换法来提高精度或利用补偿法来提高精度。

2. 轴端铣互相垂直的斜面组合夹具实例独立实践

图 6-45 所示为需要铣两个互相垂直的 10°斜面加工的示意图；并要求采用在一套夹具上安装两个工件，一次铣削两个工件不同的 10°斜面。

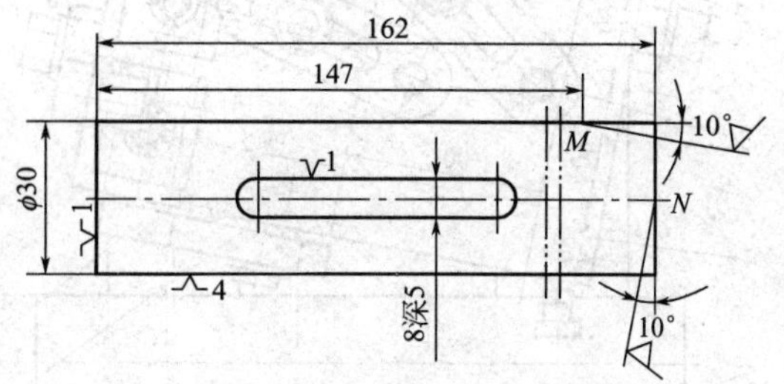

图 6-45 铣两个互相垂直的 10°斜面工序图

采用在一套夹具上安装两个工件，一次铣削两个工件不同的 10°斜面的方案，夹具结构见图 6-46。

夹具由定位体和支架两部分组成，定位体以筒式方形基础板 4 为基础，利用件 4 正面两条相交成 90°的 T 形槽，各安放一组 V 形角铁，工件以 $\phi30$mm 外圆在 V 形角铁上定位，两个工件分别用伸长压板压紧，平面支承帽 6 和连接板 8 分别限制两个工件的轴向移动（即一点定位面）。平面支承帽 7 和 15 分别限制工件绕自身轴线的转动（以 8mm 键槽侧面为参照）。在件 4 的背面，装两个 $\phi45$mm 圆形定位盘 12，并处在同一条纵向键槽线上，间距 180mm。以上元件构成夹具定位体。在长方形基础板 5 上采用不同高度的方支承垫高，装角铁形镗孔支承 16 和 17，构成支架。

令镗孔支承孔中心距 $OP=180$mm，$\angle POG=10°$，则

$PG=OP\sin10°=31.26$mm（元件 18 和 19 的高度差）

$OG=OP\cos10°=177.27$mm（调整尺寸）

定位体的两个 $\phi45$mm 圆形定位盘分别装入支架的件 16 和件 17 孔中，并用圆形压板将定位体和支架锁紧。这时，定位体和基础板平面构成 10°角。

在图 6-46 中，需要计算出铣削左面工件 10°斜面的对刀尺寸 H。为了在一次对刀后同时铣出右面工件的另一处 10°斜面，还需要计算出支承环 9 的厚度 h，以件 17 的孔中心为原点，作平面直角坐标系 xoy，该坐标系逆时针旋转 10°得到坐标系 $x'oy'$。

根据夹具结构和工件尺寸，M 点在 $x'oy'$坐标系的坐标值为

$$x'_M=147\text{mm}$$

$$y'_M=60+30/2=75\text{mm}$$

经坐标变换得：

$$y_M=x'_M\cos\angle yox'+y'_M\cos\angle yoy'=147\cos80°+75\cos10°=99.39\text{mm}$$

对刀尺寸 $H=105+y_M=204.39$mm

根据夹具结构，N 点在 $x'oy'$坐标系的坐标值为 $x'_N=180$mm

根据对刀需要，N 点在 $x'oy'$坐标系的坐标值为 $y_N=y_M=99.39$mm

为了计算件 9 的厚度 h，需要求出 y'_N，用坐标变换式列方程：

$$y_N=x'_N\cos\angle yox'+y'_N\cos\angle yoy'$$

解方程得

$$y'_N=\frac{y_N-x'_N\cos\angle yox'}{\cos\angle yoy'}=\frac{99.39-180\cos80°}{\cos10°}=69.18\text{mm}$$

$$h=162-y'_N-60-30=2.82\text{mm}$$

如图 6-46 所示，工件在第一次安装时，各铣削一个面，然后将两个工件互换位置再安

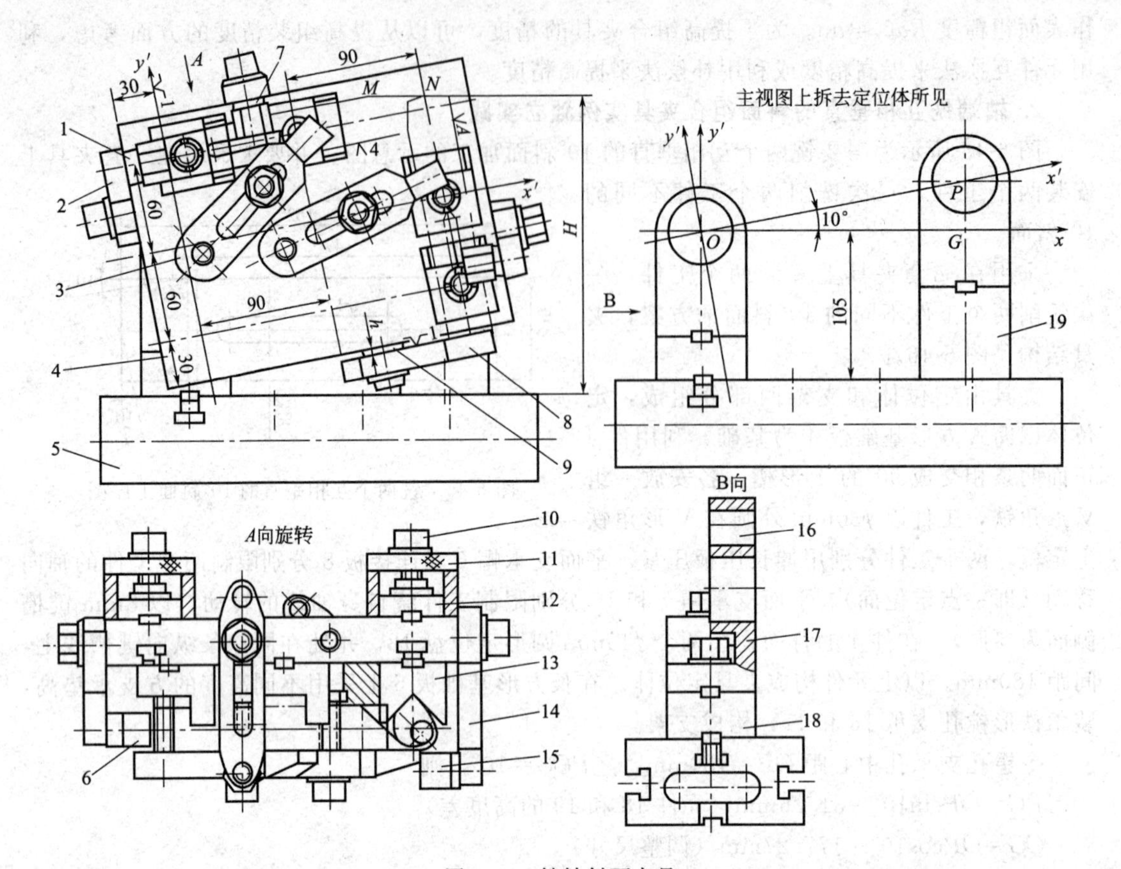

图 6-46　铣轴斜面夹具

1,9—支承环；2,8,14—连接板；3—伸长压板；4—简式方形基础板；5—长方形基础板；6,7,15—平面支承帽；10—六角螺母；11—圆形压板；12—ϕ45mm 圆形定位盘；13—V 形角铁；16,17—角铁形镗孔支承；18—方支承；19—方支承叠加

装一次，完成第二个面的铣削。

思　考　题

一、填空题

1. 钻套按其结构特点划分为 4 种类型，即________、________、________和特殊钻套。

2. 钻床夹具中的标准钻套可分为________、________和________。

3. 常用钻床夹具的主要类型有________、________、________、________和________。

4. 钻套设计中需要考虑的主要要素是________、________、________以及________。

5. 钻套常用的材料有________、________。

6. 钻模板可分为________、________、________和________等。

7. 组合夹具按组装连接基面的形状，可将其分为________和________两大类。

8. 按 T 形槽系组合夹具元件功能要素的不同可分为________、________、________、________、________、________、________。

二、简答题

1. 什么叫钻模？钻孔时是怎样通过钻模保证零件的尺寸精度、相互位置精度的？

2. 钻套按其结构形式分哪几种类型？各适用于什么场合？如何确定钻套的导向长度与钻套下端面至工件间的距离？

3. 钻套的设计有哪些要求？根据题图 6-1 的提示，试设计 ϕ20H7 的快换钻套的结构尺寸，其工艺过程为钻、扩、铰，并确定钻套外径的尺寸与衬套的配合，同时将铰套的尺寸填写在题图 6-1 中。

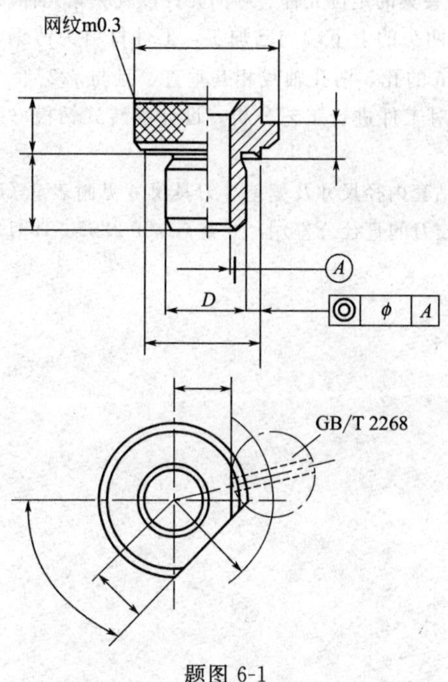

题图 6-1

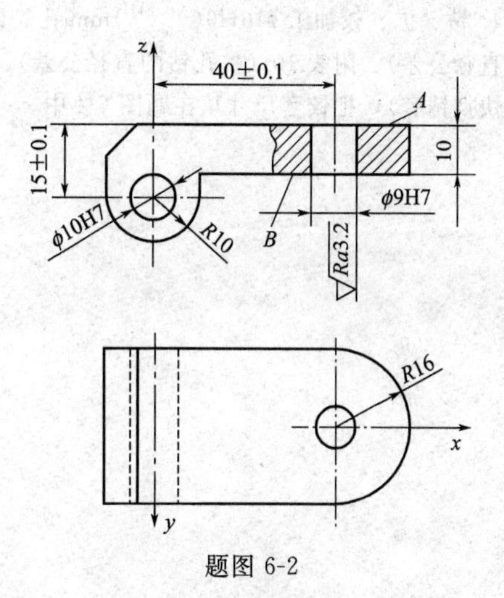

题图 6-2

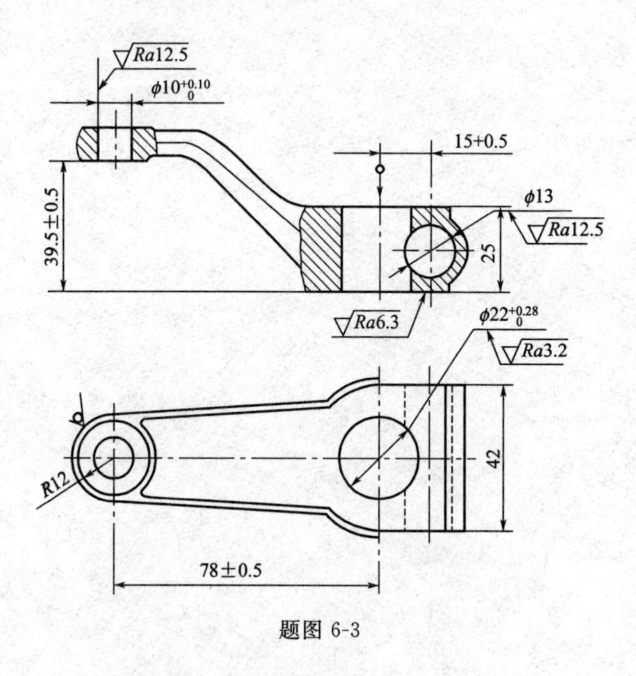

题图 6-3

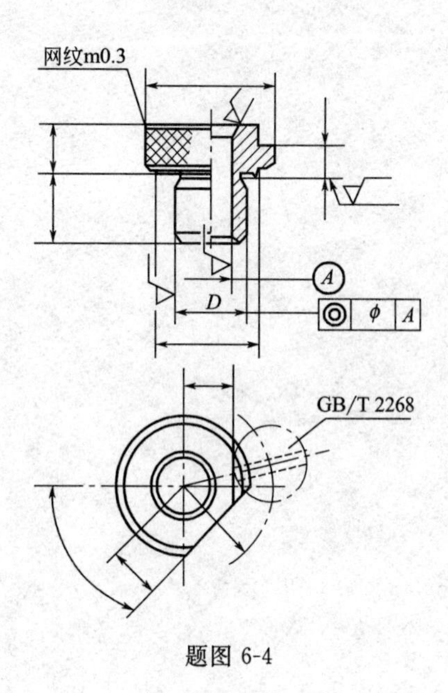

题图 6-4

4. 钻模的结构形式分哪几类？各适用于什么场合？

5. 斜孔钻模上为何要设置工艺孔？

6. 试比较钻床夹具和车床夹具的夹紧装置的设计特点。

7. 试比较钻床夹具和车床夹具与机床连接的特点，其安装在机床上精度如何保证？

8. 试述组合夹具的特点。T形槽系组合夹具由哪几部分组成？各组成部分有何功能？

9. 试述组合夹具的组装步骤。若组装车床夹具，工件两孔间的距离误差可达多少？

三、综合题

1. 设计题图 6-2 所示的支架工件钻、扩、铰 $\phi9H7$ 孔的钻模草图（或绘总图），并进行工序精度分析。

2. 图 3-7 为在拨叉上钻 $\phi8.4$mm 孔的工序图，指出该套夹具的定位元件、导向元件以及夹紧元件。

3. 题图 6-3 所示为杠杆臂的工序图。孔 $\phi22^{+0.28}_{0}$mm 及两头的上下端均已加工，工件材料为铸钢，年产 1000 件。本工序在立式钻床上加工 $\phi10^{+0.10}_{0}$mm 和 $\phi13$mm 的孔，两孔轴线相互垂直，且与 $\phi22^{+0.28}_{0}$mm 孔轴线距离分别为 78mm±0.50mm 及 15mm±0.5mm。试对工件进行工艺分析，设计翻转式钻模（画出草图）。

4. 钻、扩、铰加工 $\phi16H9(^{+0.043}_{0})$mm 孔。试计算快换钻套内径尺寸及偏差［刀具尺寸见附表 9（麻花钻的直径公差）、附表 10（扩孔钻的直径公差）、附表 11（铰刀的直径公差）］，并查 GB/T 2265—1991（附表 8 快换钻套），把铰套尺寸填在题图 6-4 中。

附　　录

一、机械加工定位、夹紧及常用装置符号

附表 1　定位支承符号（JB/T 5601—1991）

定位支承类型	符号			
	独立定位		联合定位	
	标注在视图轮廓线上	标注在视图正面	标注在视图轮廓线上	标注在视图正面
固定式				
活动式				

注：视图正面是指观察者面对的投影面。

附表 2　辅助支承符号（JB/T 5601—1991）

独立支承		联合支承	
标注在视图轮廓线上	标注在视图正面	标注在视图轮廓线上	标注在视图正面

附表 3　夹紧符号（JB/T 5601—1991）

夹紧动力源类型	符号			
	独立夹紧		联合夹紧	
	标注在视图轮廓线上	标注在视图正面	标注在视图轮廓线上	标注在视图正面
手动夹紧				
液压夹紧	Y	Y	Y	Y
气动夹紧	Q	Q	Q	Q
电磁夹紧	D	D	D	D

注：表中的字母代号为大写汉语拼音字母。

附表 4 常用装置符号（JB/T 5601—1991）

序号	符号	名称	简图
1		固定顶尖	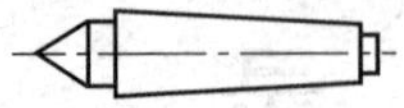
2		内顶尖	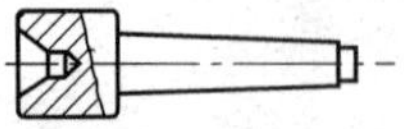
3		回转顶尖	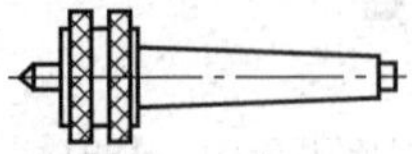
4		外拨顶尖	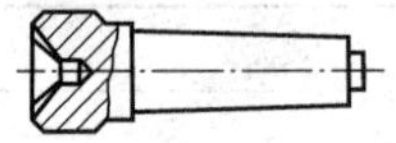
5		内拨顶尖	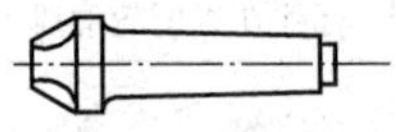
6		浮动顶尖	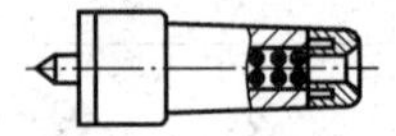
7		伞形顶尖	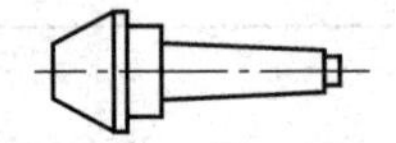
8		圆柱芯轴	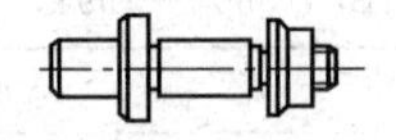
9		锥度芯轴	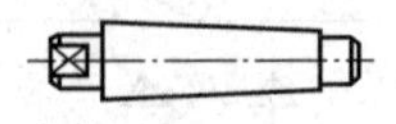
10		螺纹芯轴	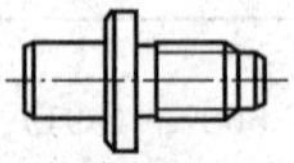 （花键芯轴也用此符号）
11		弹性芯轴	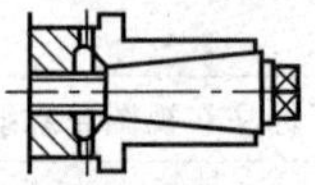 （包括塑料芯轴）
		弹簧夹头	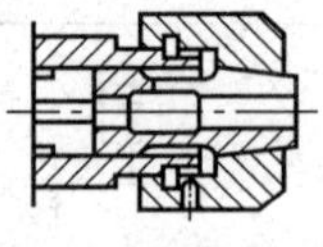
12		三爪卡盘	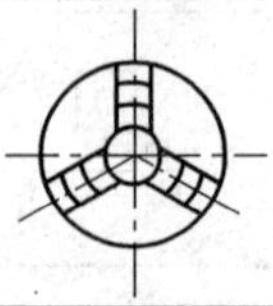
13		四爪卡盘	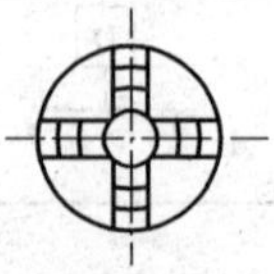
14		中心架	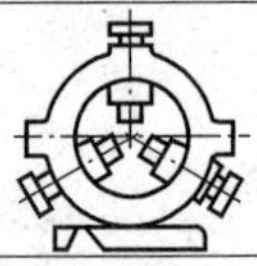
15		跟刀架	
16		圆柱衬套	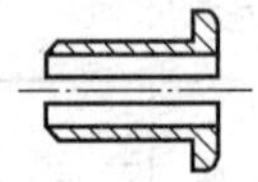
17		螺纹衬套	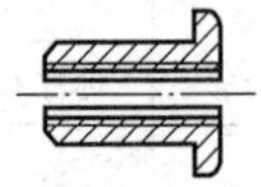
18		止口盘	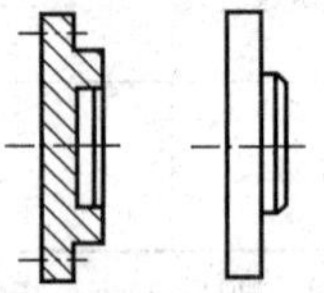
19		拨杆	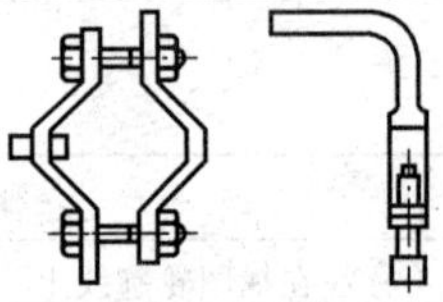
20		垫铁	
21		压板	
22		角铁	
23		可调支承	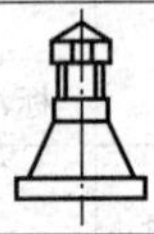
24		平口钳	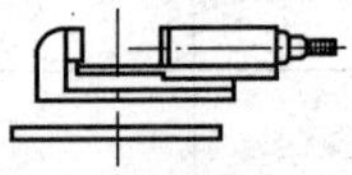
25		中心堵	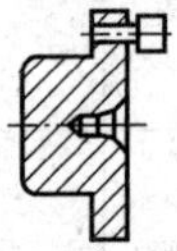
26		V形块	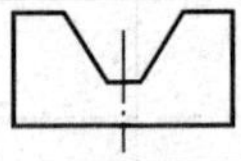
27		软爪	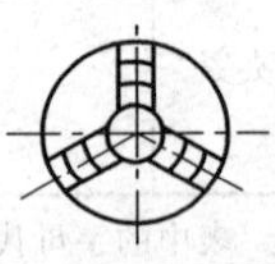

附表5　定位、夹紧符号与装置符号综合标注示例（JB/T 5601—1991）

序号	说　明	定位、夹紧符号标注示意图	装置符号标注或与定位、夹紧符号联合标注示意图
1	床头固定顶尖、床尾固定顶尖定位，拨杆夹紧	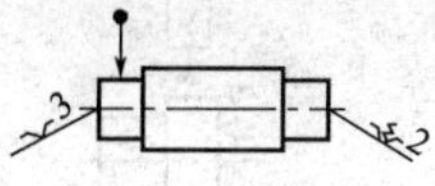	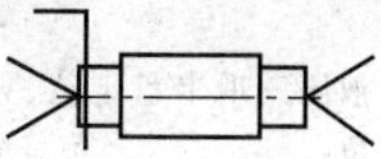
2	床头固定顶尖、床尾浮动顶尖定位，拨杆夹紧	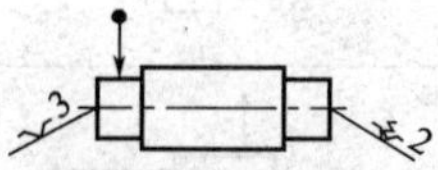	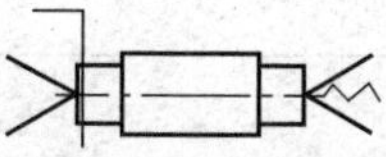
3	床头内拨顶尖、床尾回转顶尖定位、夹紧	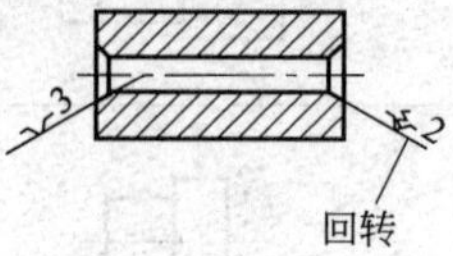	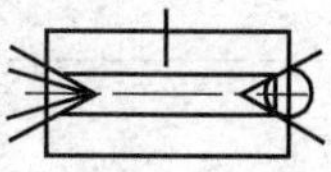
4	床头外拨顶尖、床尾回转顶尖定位、夹紧	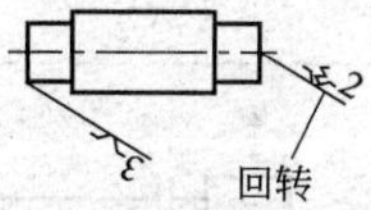	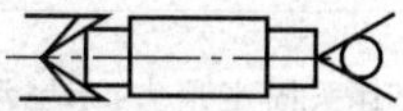
5	床头弹簧夹头定位夹紧，夹头内带有轴向定位，床尾内顶尖定位	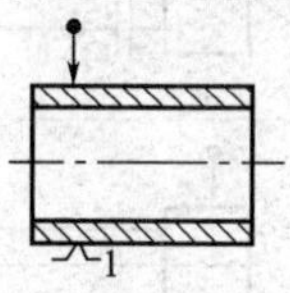	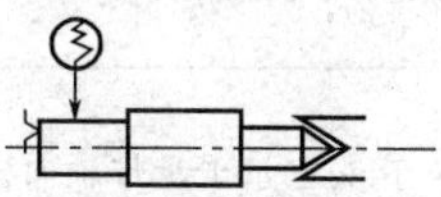
6	弹簧夹头定位、夹紧	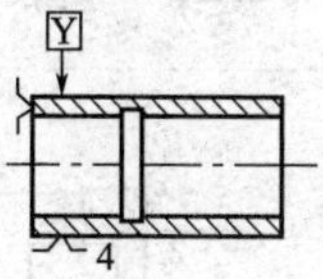	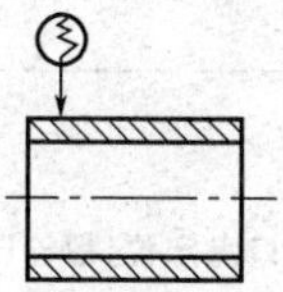
7	液压弹簧夹头定位、夹紧，夹头内带有轴向定位	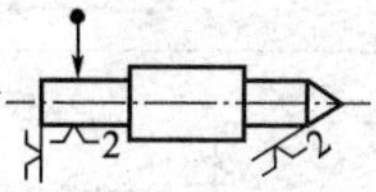	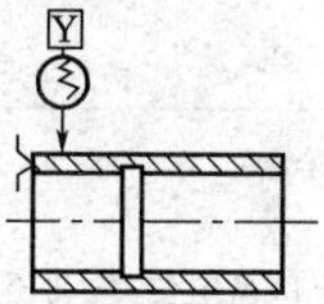
8	弹性芯轴定位、夹紧	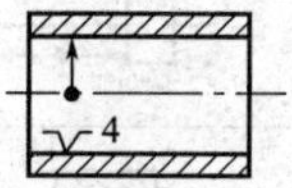	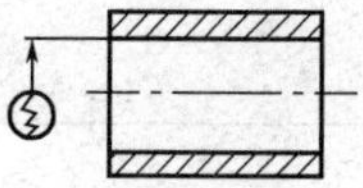
9	气动弹性芯轴定位、夹紧，带端面定位	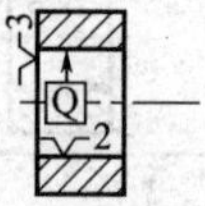	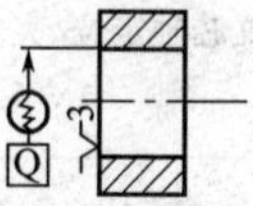
10	锥度芯轴定位、夹紧	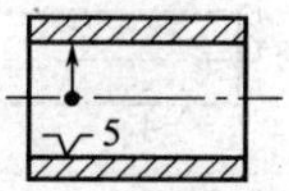	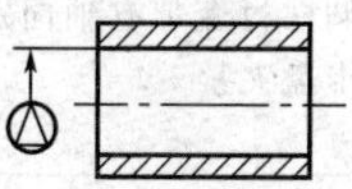
11	圆柱芯轴定位、夹紧带端面定位	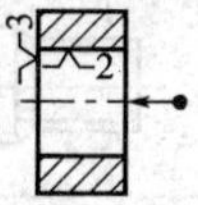	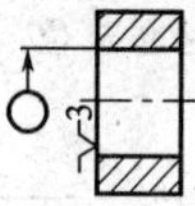
12	三爪卡盘定位、夹紧	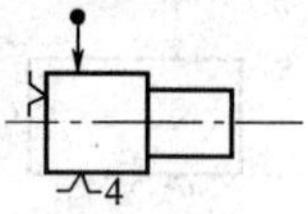	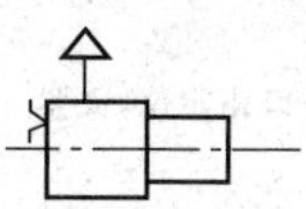

续表

序号	说明	定位、夹紧符号标注示意图	装置符号标注或与定位、夹紧符号联合标注示意图
13	液压三爪卡盘定位、夹紧，带端面定位	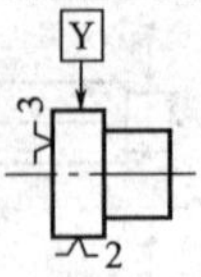 Y 3 2	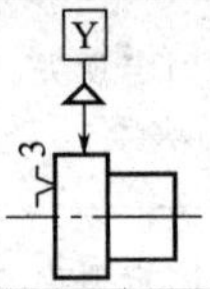 Y 3
14	四爪卡盘定位、夹紧，带轴向定位	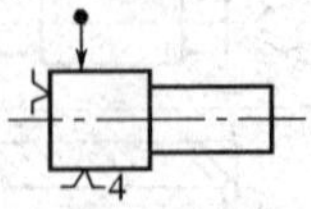 4	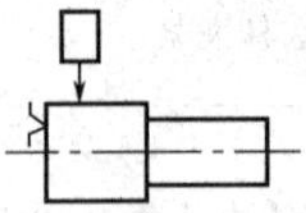
15	四爪卡盘定位、夹紧，带端面定位	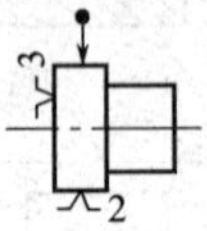 3 2	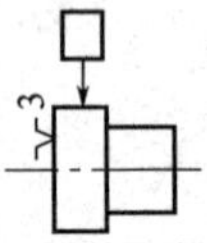 3
16	床头固定顶尖，床尾浮动顶尖定位，中部有跟刀架辅助支承，拨杆夹紧(细长轴类零件)	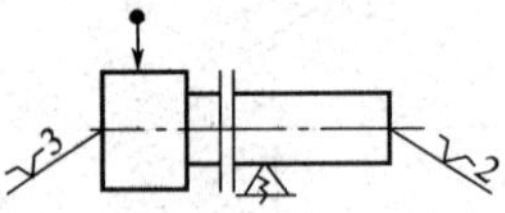 3 2	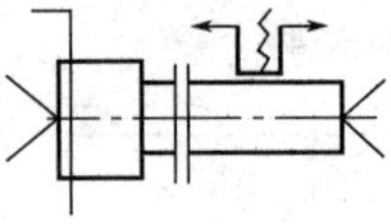
17	床头三爪卡盘带轴向定位夹紧，床尾中心架支承定位	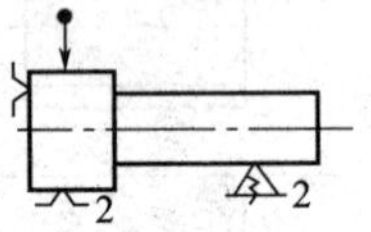 2 2	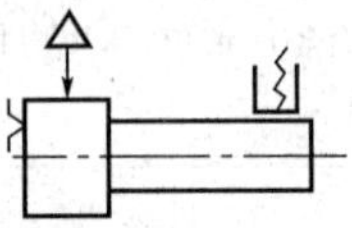
18	止口盘定位，螺栓压板夹紧	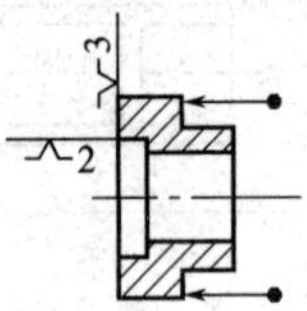 3 2	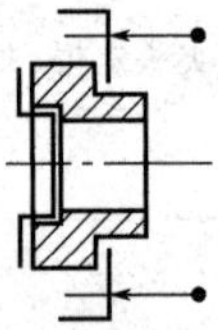
19	止口盘定位，气动压板联动夹紧	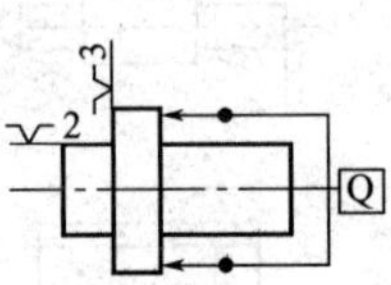 3 2 Q	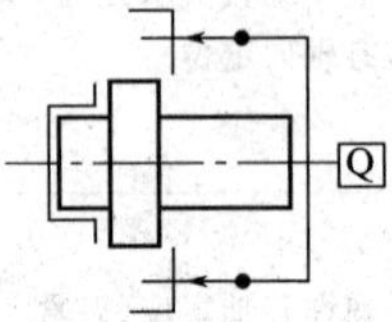 Q
20	螺纹芯轴定位、夹紧	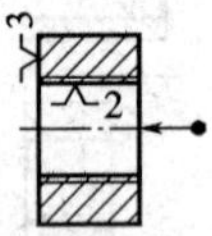 3 2	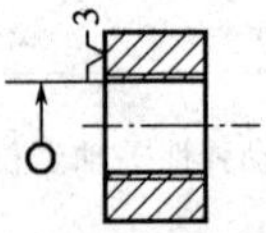 3
21	圆柱衬套带有轴向定位，外用三爪卡盘夹紧	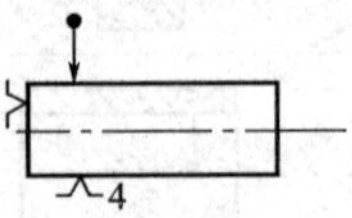 4	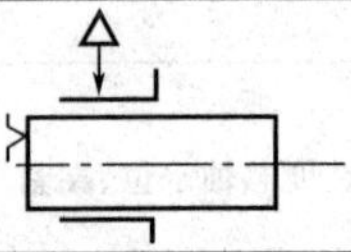
22	螺纹衬套定位，外用三爪卡盘夹紧	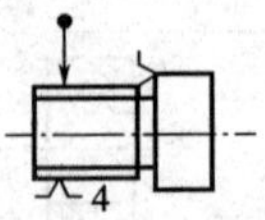 4	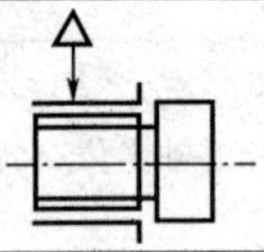
23	平口钳定位，夹紧	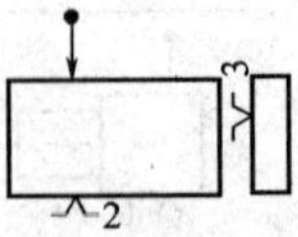 3 2	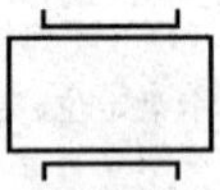

续表

序号	说　明	定位、夹紧符号标注示意图	装置符号标注或与定位、夹紧符号联合标注示意图
24	电磁盘定位、夹紧		
25	软爪三爪卡盘定位，卡紧		
26	床头伞形顶尖，床尾伞形顶尖定位，拨杆夹紧		
27	床头中心堵、床尾中心堵定位，拨杆夹紧		
28	角铁、V形块及可调支承定位，下部加辅助可调支承，压板联动夹紧		
29	一端固定V形块，下平面垫铁定位，另一端可调V形块定位、夹紧		

二、钻套与衬套

附表 6　固定钻套（GB/T 2262—1991）　　mm

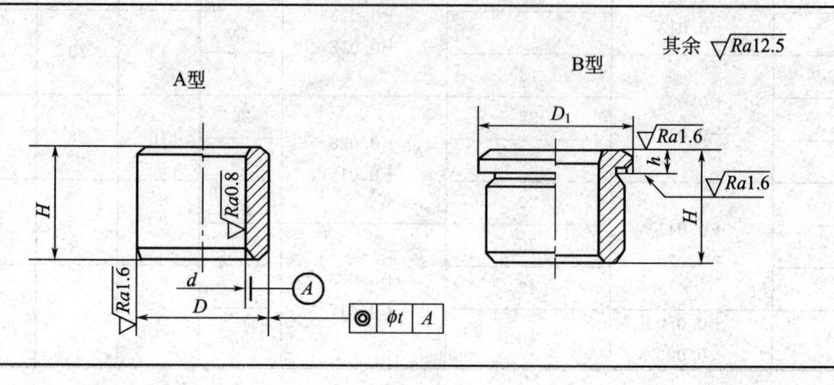

续表

d 基本尺寸	d 极限偏差 F7	D 基本尺寸	D 极限偏差 n6	D_1	H			t
＞0～1	+0.016 +0.006	3	+0.010 +0.004	6	6	9		0.008
＞1～1.8		4	+0.016 +0.008	7				
＞1.8～2.6		5		8				
＞2.6～3		6		9	8	12	16	
＞3～3.3	+0.022 +0.010							
＞3.3～4		7	+0.019 +0.010	10				
＞1～5		8		11				
＞5～6		10		13	10	16	20	
＞6～8	+0.028 +0.013	12	+0.023 +0.012	15				
＞8～10		15		18	12	20	25	
＞10～12	+0.034 +0.016	18		22				
＞12～15		22	+0.028 +0.015	26	16	28	36	
＞15～18		26		30				0.012
＞18～22	+0.041 +0.020	30		34	20	36	45	
＞22～26		35	+0.033 +0.017	39				

附表 7　钻套用衬套（GB/T 2263—1991）　　mm

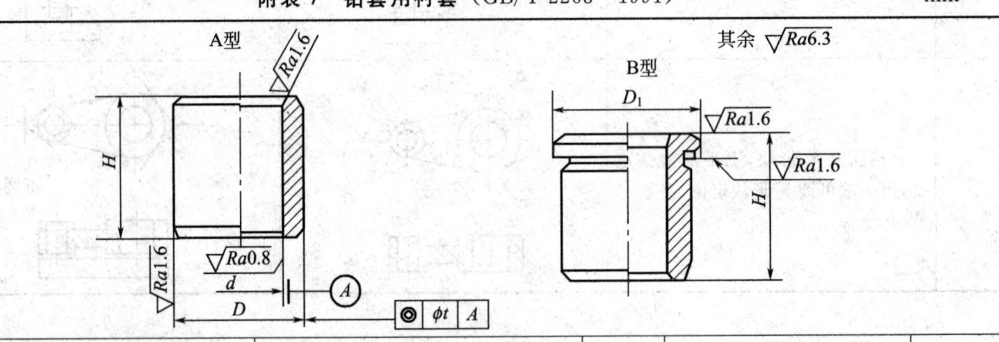

d 基本尺寸	d 极限偏差 F7	D 基本尺寸	D 极限偏差 n6	D_1	H			t
8	+0.028 +0.013	12	+0.023 +0.012	15	10	16	—	0.008
10		15		18	12	20	25	
12	+0.034 +0.016	18		22				
(15)		22	+0.028 +0.015	26	16	28	36	
18		26		30				0.012
22	+0.041 +0.020	30		34	20	36	45	
(26)		35	+0.033 +0.017	39				
30		42		46				
35	+0.050 +0.025	48		52				

附表 8　快换钻套用（GB/T 2265—1991）　mm

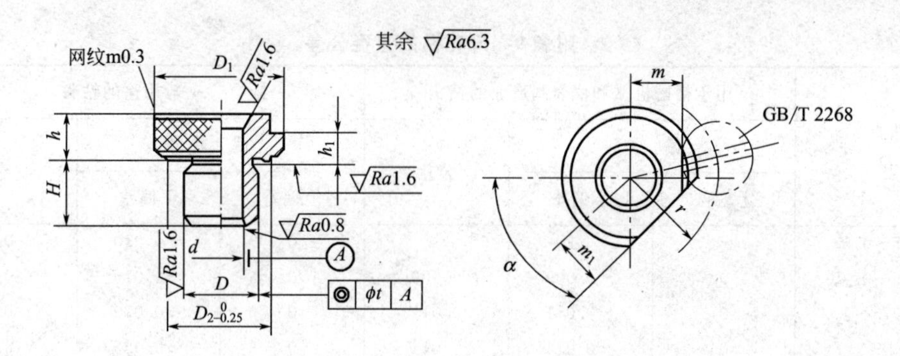

d 基本尺寸	d 极限偏差F7	D 基本尺寸	D 极限偏差m6	D 极限偏差n6	D_1 滚花前	D_2	H			h	h_1	r	m	m_1	α	t	配用螺钉（GB/T 2268）
>0～3	+0.016 +0.006	8	+0.015 +0.006	+0.010 +0.001	15	12	10	16	—	8	3	11.5	4.2	4.2	50°	0.008	M5
>3～4	+0.022 0.010																
>4～6		10			18	15	12	20	25			13	6.5	5.5			
>6～8	+0.028 +0.013	12	+0.018 +0.007	+0.012 +0.001	22	18				10	4	16	7	7			M6
>8～10		15			26	22	16	28	56			18	9	9			
>10～12	+0.034 +0.015	18			30	26						20	11	11			
>12～15		22	+0.021 +0.008	+0.016 +0.002	34	30	20	36	45			23.5	12	12	55°		
>15～18		26			39	35						26	14.5	14.5			
>18～22	+0.041 +0.020	30			46	42	25	45	56	12	56	29.5	18	18			M8
>22～26		35	+0.025 +0.009	+0.018 +0.002	52	46						32.5	21	21			
>26～30		42			59	53						36	24.5	25		0.012	
>30～35	+0.050 +0.025	48			66	60	30	56	67			41	27	28	65°		
>35～42		55			74	68						45	31	32			
>42～48		62	+0.030 +0.011	+0.021 +0.002	82	76	35	67	78	16	7	49	35	36			M10
>48～50		70			90	84						53	39	40	70°	0.040	
>50～55	+0.060 +0.030																
>55～62		78			100	94	40	78	105			58	44	45			
>62～70	+0.060 +0.030	85	+0.035 +0.013	+0.025 +0.003	110	104	40	78	105	16	7	63	49	50	70°	0.040	M10
>70～78		95			120	114						68	54	55			
>78～80		105			130	124	45	89	112			73	59	60	75°		
>80～85	+0.071 +0.036																

注：1. 当作铰（扩）套使用时，d 的公差带推荐如下：

采用 GB1132、GB1133 铰刀，铰 H7 孔时取 F7；铰 H9 孔时取 E7。

铰（扩）其他精度孔时，公差带由设计选定。

2. 铰（扩）套标记示例：d=12mm 公差带为 E7、D=18mm 公差带为 m6、H=16mm 的快换铰（扩）套：

铰（扩）套　12E7×18m6×16GB/T2265。

三、常用刀具的直径公差

附表 9　麻花钻的直径公差　　mm

钻头直径 D	用于精密机械和仪表制造业的钻头			一般用途的钻头		
	偏　差		公差	偏　差		公差
	上偏差	下偏差		上偏差	下偏差	
0.25～0.5				0	−0.010	0.010
>0.5～0.75	0	−0.009	0.009	0	−0.015	0.015
>0.75～1	0	−0.011	0.011	0	−0.020	0.020
>1～3	0	−0.014	0.014	0	−0.025	0.025
>3～6	0	−0.018	0.018	0	−0.030	0.030
>6～10	0	−0.022	0.022	0	−0.036	0.036
>10～18	0	−0.027	0.027	0	−0.043	0.043
>18～30	0	−0.033	0.033	0	−0.052	0.052
>30～50	0	−0.039	0.039	0	−0.062	0.062
>50～80	0	−0.046	0.046	0	−0.074	0.074

附表 10　扩孔钻的直径公差　　mm

扩孔钻直径 D 基本尺寸	D 基本尺寸的公差		
>3～6	−0.125 −0.150	−0.05 −0.085	+0.05 +0.025
>6～10	−0.130 −0.160	−0.05 −0.085	+0.06 +0.03
>10～18	−0.210 −0.245	−0.060 −0.100	+0.07 +0.035
>18～30	−0.245 −0.290	−0.070 −0.120	+0.08 +0.04
>30～50	−0.290 −0.340	−0.08 −0.14	+0.10 +0.05
>50～80	−0.350 −0.410	−0.10 −0.175	+0.12 +0.06

附表 11　铰刀的直径公差　　mm

铰刀直径 D 基本尺寸	H7 级精度铰刀			H8 级精度铰刀			H9 级精度铰刀			磨　损
	上偏差	下偏差	公　差	上偏差	下偏差	公　差	上偏差	下偏差	公　差	
1～3	+0.008	+0.004	0.004	+0.010	+0.006	0.004	+0.013	+0.006	0.007	−0.002
>3～6	+0.010	+0.005	0.005	+0.013	+0.008	0.005	+0.016	+0.008	0.008	−0.003
>6～10	+0.012	+0.006	0.006	+0.016	+0.009	0.007	+0.020	+0.010	0.010	0.004
>10～18	+0.015	+0.007	0.008	+0.020	+0.011	0.009	+0.024	+0.012	0.012	−0.005
>18～30	+0.017	+0.008	0.009	+0.024	+0.013	0.011	+0.030	+0.015	0.015	−0.006
>30～50	+0.020	+0.009	0.011	+0.028	+0.016	0.012	+0.035	+0.018	0.017	−0.007
>50～80	+0.024	+0.010	0.014	+0.033	+0.019	0.014	+0.040	+0.020	0.020	−0.008

四、机床联系尺寸

附表 12 车床联系尺寸

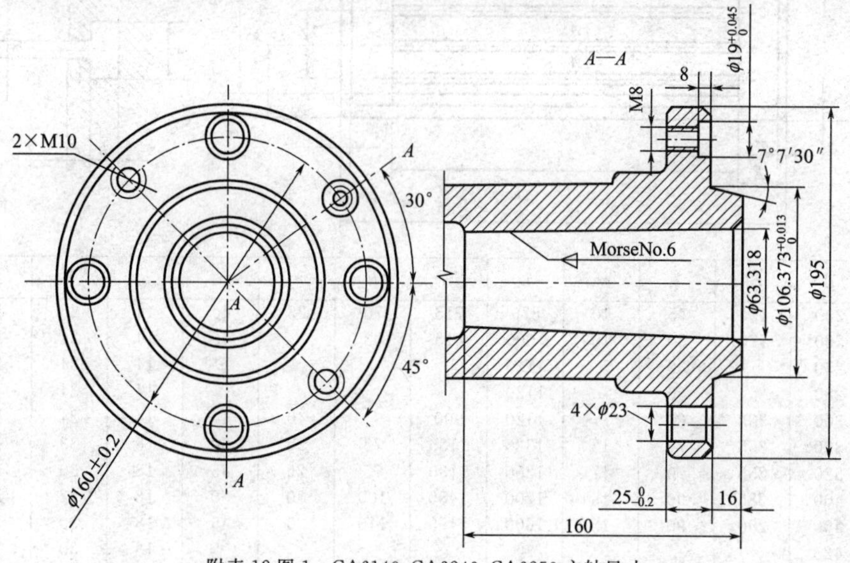

附表 12 图 1 CA6140、CA6240、CA6250 主轴尺寸

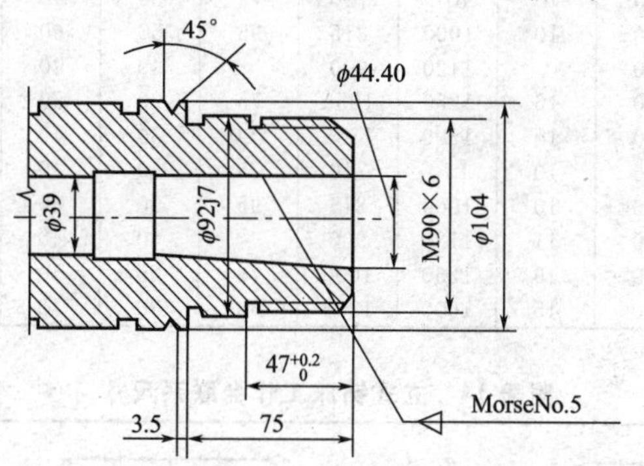

附表 12 图 2 C620-1、C620-3 主轴尺寸

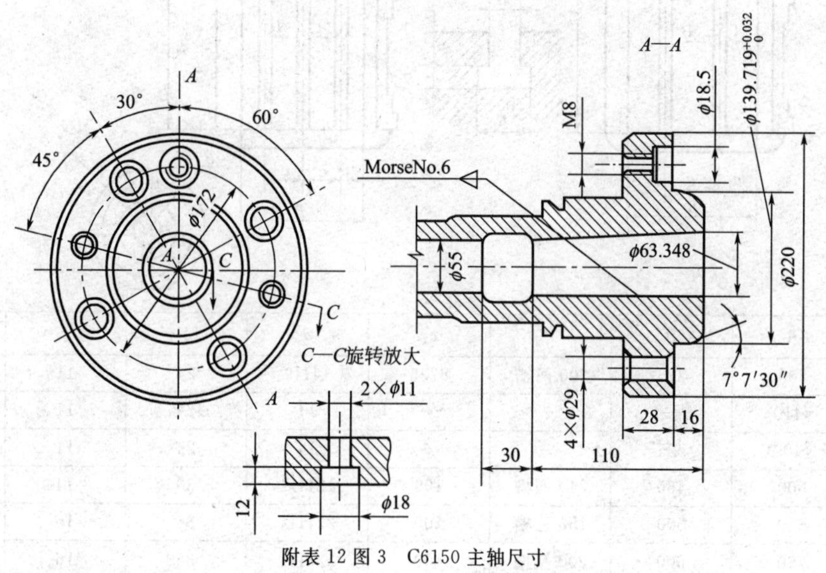

附表 12 图 3 C6150 主轴尺寸

附表 13　铣床工作台联系尺寸

mm

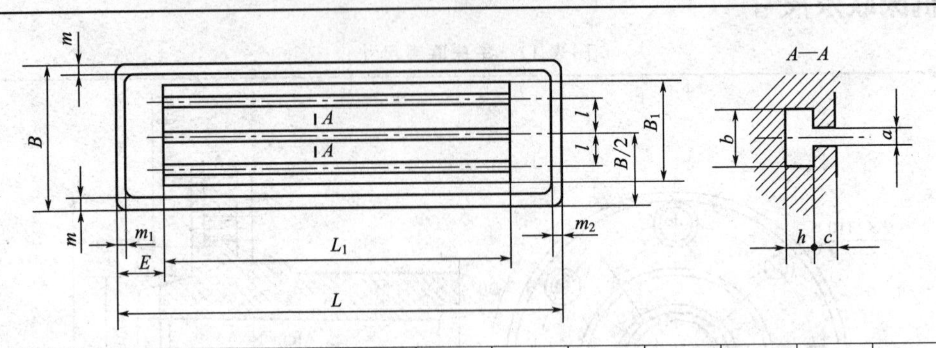

型　号	B	B_1	l	m	L	L_1	E	m_1	m_2	a	b	h	c
X50	200	135	45	10	870	715	70	23	40	14	25	11	12
X51	250	170	50	10	1000	815	93		45	14	24	11	12
X5025A	250		30		1120					14	24	11	14
X5028	280		60		1120					14	24	11	18
X5030	300	222	60		1120	900		40	40	14	24	11	16
X52	320	255	70	15	1325	1130	75	25	50	18	32	14	18
X52K	320	255	70	17	1250	1130	75	25	45	18	30	14	18
X53	400	285	90	15	1700	1480	100	30	50	18	32	14	18
X53K	400	290	90	12	1600	1475	110	30	45	18	30	14	18
X50T	425									18	30	14	18
X60	200	140	45	10	870	710	75	30	40	14	25	11	14
X61	250	175	50	10	1000	815	95	50	60	14	25	11	14
X6030	300	222	60		1120	900		40	40	14	24	11	18
X62	320	220	70	16	1250	1055	75	25	50	18	30	14	18
X63	400	290	90	15	1600	1385	100	30	40	18	30	14	18
X60W	200	140	45	10	870	710	75	30	40	14	23	11	12
X61W	250	175	50	10	1000	815	95	50	60	14	25	11	14
X6130	300	222	60	11	1120	900		40	40	14	24	11	16
X62W	320	220	70	16	1250	1055	75	25	50	18	30	14	18
X63W	400	290	90	15	1600	1385	100	30	40	18	30	14	18

附表 14　立式钻床工作台联系尺寸

mm

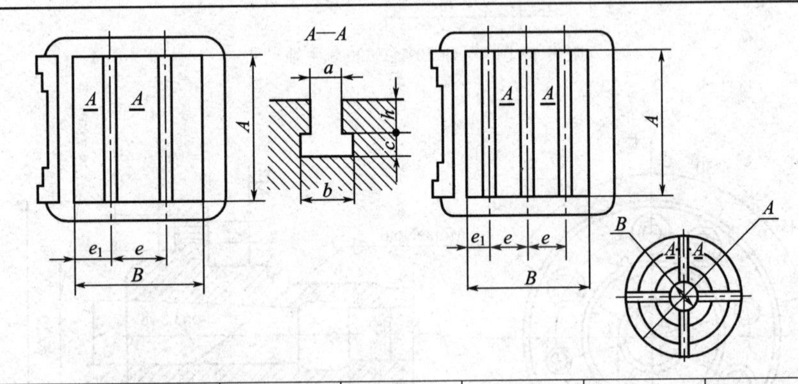

型号	A	B	e	e_1	a	b	c	h
Z525	500	375	200 两槽	87.5	14H9	24	11	15
Z525-1	ϕ410	—	—	—	14	24	11	15
Z525B	ϕ400	ϕ55	—	—	14	24	11	15
Z535	500	450	240 两槽	105	18H11	30	14	18
Z550	600	500	150 三槽	100	22H11	36	16	19
Z575	750	600	200 三槽	100	22H11	36	16	22

附表 15　摇臂钻床工作台联系尺寸　　mm

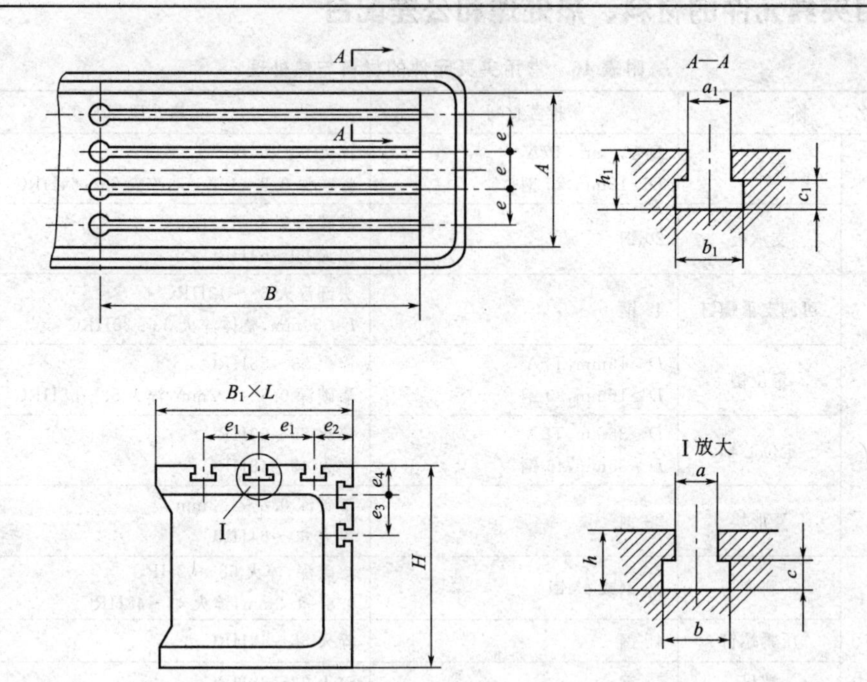

机床型号	Z3025	Z3025×10	Z33-1	Z3035B	Z3040×16	Z35	Z3063×20	Z37	Z310
A	694	654	750	740	840	780	1080	1300	1480
B	942	1057	1220	1270	1590	1545	1985	2000	3255
e	200	200	180	190	200	180	250	300	300
$B_1\times L$	450×450	450×450	50×500	50×60G	500×630	550×630	630×800	59×750	1000×960
H	450	450	500	500	500	500	500	500	600
e_1	140 三槽	150 三槽	150 三槽	150 三槽	150 三槽	150 三槽	150 四槽	150 四槽	200 五槽
e_2	85	75	100	100	100	100	90	50	100
e_3	140 两槽	150 两槽	150 两槽	150 两槽	150 两槽	150 两槽	150 三槽	150 三槽	200 三槽
e_4	85	75	100	75	100	100	105	100	100
a	18	18	22	24	22	22	22	22	22
b	30	30	36	42	36	36	36	36	36
c	14	14	16	20	16	16	16	16	16
h	32	32	43	41	43	43	43	43	43
a_1	22	22	28	24	28	28	28	28	28
b_1	36	36	46	42	46	46	46	46	46
c_1	16	16	20	20	20	20	20	20	20
h_1	38	38	48	45	48	48	48	48	48

五、常用夹具元件的材料、热处理和公差配合

附表 16 常用夹具元件的材料与热处理

名称		推荐材料	热处理要求
定位元件	支承钉	*D*≤12mm,T7A *D*>12mm,20 钢	淬火 60～64HRC 渗碳深 0.8～1.2mm,淬火 60～64HRC
	支承板	20 钢	渗碳深 0.8～1.2mm 淬火 60～64HRC
	可调支承螺钉	45 钢	头部淬火 38～42HRC *L*<50mm,整体淬火 33～38HRC
	定位销	*D*≤16mm,T7A *D*>16mm,20 钢	淬火 53～58HRC 渗碳深 0.8～1.2mm,淬火 53～58HRC
	定位芯轴	*D*≤35mm,T8A *D*>35mm,45 钢	淬火 55～60HRC 淬火 43～48HRC
	V 形块	20 钢	渗碳深 0.8～1.2mm 淬火 60～64HRC
夹紧元件	斜楔	20 钢或 45 钢	渗碳深,淬火 58～62HRC 0.8～1.2mm,淬火 43～48HRC
	压紧螺钉	45 钢	淬火 38～42HRC
	螺母	45 钢	淬火 33～38HRC
	摆动压块	45 钢	淬火 43～48HRC
	普通螺钉压板	45 钢	淬火 38～42HRC
	钩形压板	45 钢	淬火 38～42HRC
	圆偏心轮	20 钢或优质工具钢	渗碳深 0.8～1.2mm,淬火 60～64HRC 淬火 50～55HRC
其他专用元件	对刀块	20 钢	渗碳深 0.8～1.2mm 淬火 60～64HRC
	塞尺	T7A	淬火 60～64HRC
	定向键	45 钢	淬火 43～48HRC
	钻套	内径≤26mm,T10A 内径>25mm,20 钢	淬火 60～64HRC 渗碳深 0.8～1.2mm 淬火 60～64HRC
	衬套	内径≤25mm,T10A 内径>25mm,20 钢	淬火 60～64HRC 渗碳深 0.8～1.2mm 淬火 60～64HRC
	固定式镗套	20 钢	渗碳深 0.8～1.2mm 淬火 55～60HRC
夹具体		HT150 或 HT200 Q195,Q215,Q235	时效处理 退火处理

附表 17 常用夹具元件的公差配合

元件名称	部位及配合	备注
衬套	外径与本体$\frac{H7}{r6}$或$\frac{H7}{n6}$	
	内径 F7 或 F6	

续表

元件名称	部位及配合		备 注
固定钻套	外径与钻模板$\frac{H7}{r6}$或$\frac{H7}{n6}$		
	内径 G7 或 F8		基本尺寸是刀具的最大尺寸
可换钻套 快换钻套	外径与衬套$\frac{F7}{m6}$或$\frac{F7}{k6}$		
	内 径	钻孔及扩孔时 F8	基本尺寸是刀具的最大尺寸
		粗铰孔时 G7	
		精铰孔时 G6	
镗套	外径与衬套$\frac{H6}{h5}\left(\frac{H6}{j5}\right)$,$\frac{H7}{h6}\left(\frac{H7}{js6}\right)$		滑动式回转镗套
	内径与镗杆$\frac{H6}{g5}\left(\frac{H6}{h5}\right)$,$\frac{H7}{g6}\left(\frac{H7}{h6}\right)$		滑动式回转镗套
支承钉	与夹具体配合$\frac{H7}{r6}$,$\frac{H7}{n6}$		
定位销	与工件定位基面配合$\frac{H7}{g6}$,$\frac{H7}{f7}$或$\frac{H6}{g5}$,$\frac{H6}{f6}$		
	与夹具体配合$\frac{H7}{r6}$,$\frac{H7}{h6}$		
可换定位销	与衬套配合$\frac{H7}{h6}$		
钻模板铰链轴	轴与孔配合$\frac{G7}{h6}$,$\frac{F8}{h6}$		

六、对刀块尺寸

附表 18 对刀块尺寸 mm

1. 圆对刀块(GB/T 2240—1991)

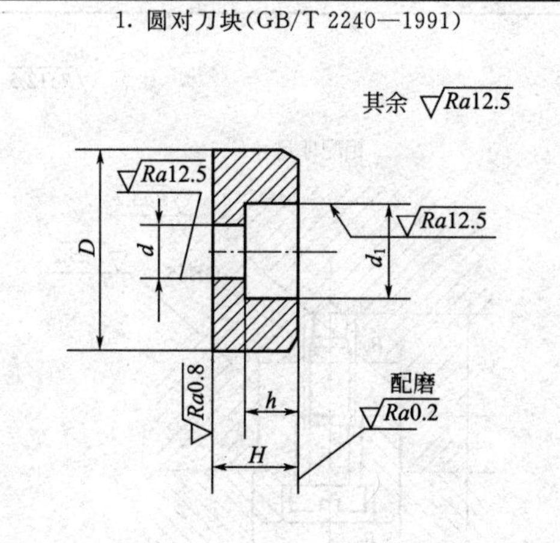

D	H	h	d	d_1
16	10	6	5.5	10
25	10	7	6.5	11

2. 方形对刀块(GB/T 2241—1991)

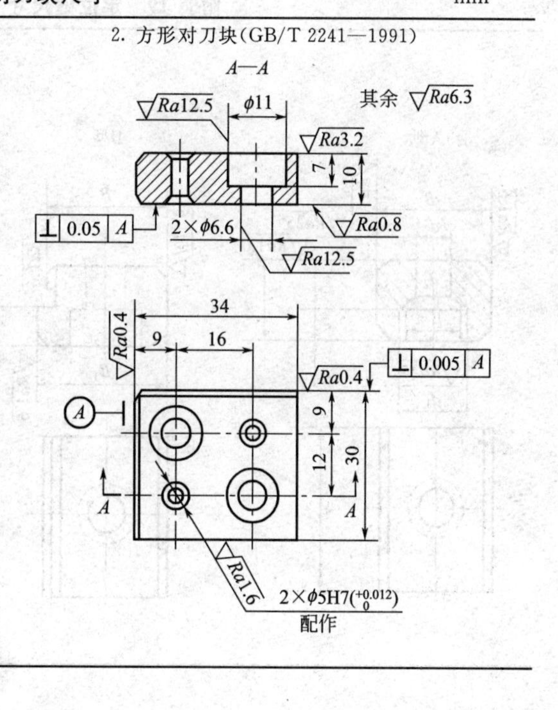

续表

3. 直角对刀块(GB/T 2242—1991)	4. 倒装对刀块(GB/T 2243—1991)

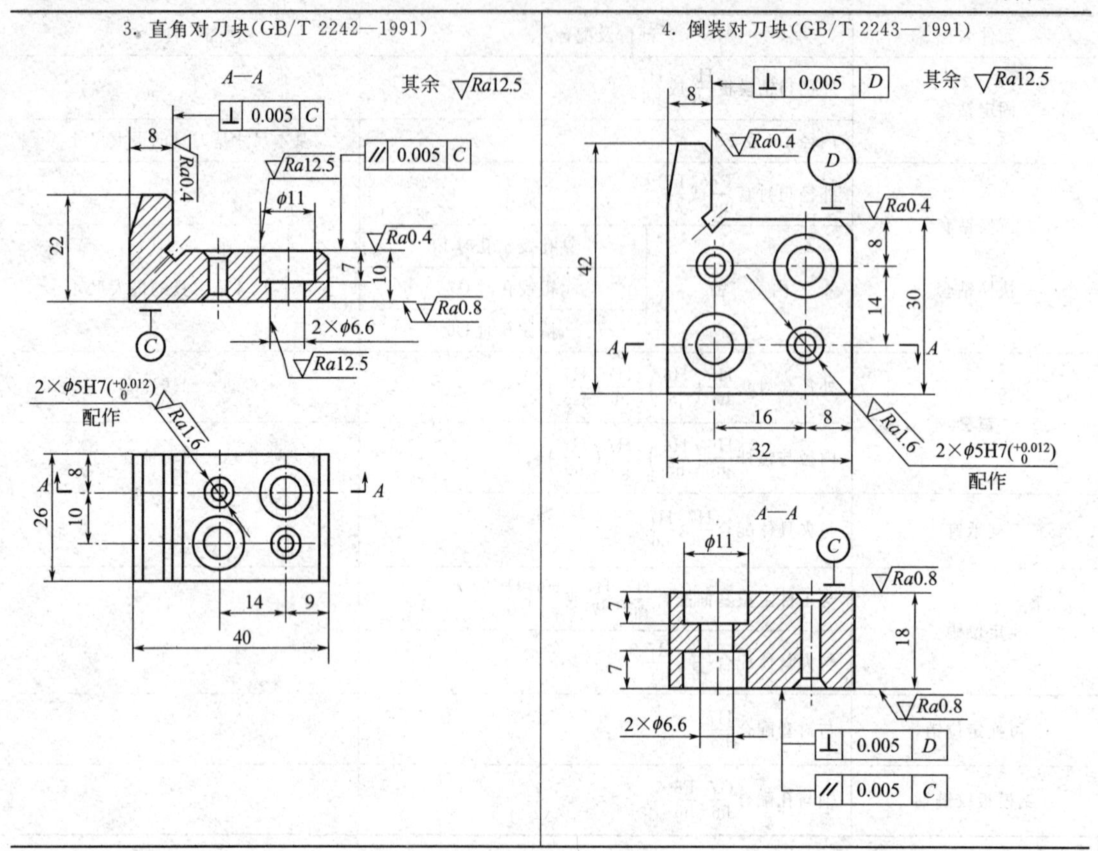

七、定位键尺寸

附表 19　定位键尺寸（GB/T 2206—1991）　　mm

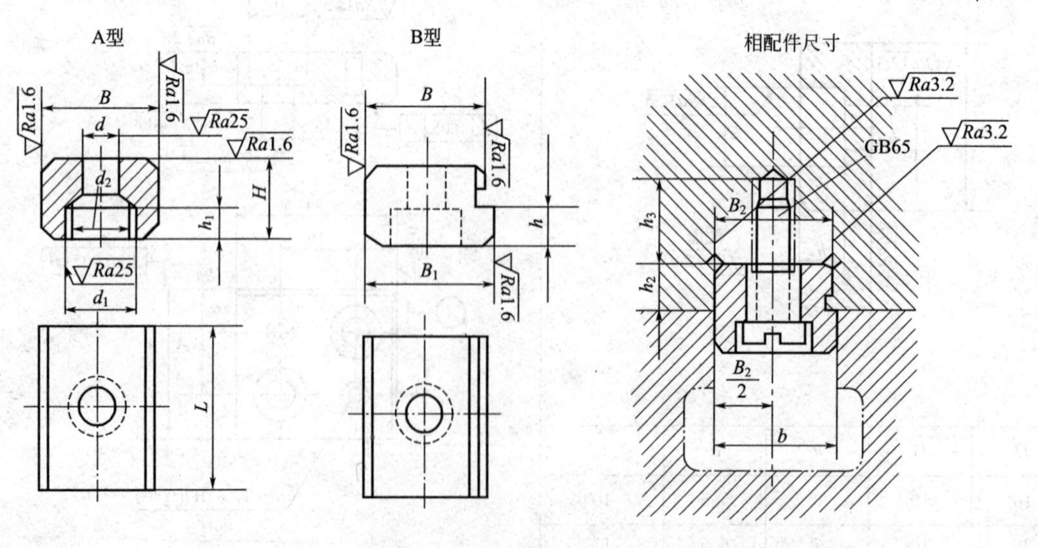

续表

<table>
<tr><th colspan="3" rowspan="2">B</th><th rowspan="3">B_1</th><th rowspan="3">L</th><th rowspan="3">H</th><th rowspan="3">h</th><th rowspan="3">h_1</th><th rowspan="3">d</th><th rowspan="3">d_1</th><th rowspan="3">d_2</th><th colspan="7">相　配　件</th></tr>
<tr><th>T形槽宽度</th><th colspan="3">B_2</th><th rowspan="2">h_2</th><th rowspan="2">h_3</th><th rowspan="2">螺钉
GB 65</th></tr>
<tr><th>基本尺寸</th><th>极限偏差 h6</th><th>极限偏差 h8</th><th>b</th><th>基本尺寸</th><th>极限偏差 H7</th><th>极限偏差 Js6</th></tr>
<tr><td>8</td><td rowspan="2">0
−0.009</td><td rowspan="2">0
−0.022</td><td>8</td><td>14</td><td rowspan="4">8</td><td rowspan="4">3</td><td>3.4</td><td>3.4</td><td>6</td><td rowspan="10">—</td><td>8</td><td>8</td><td rowspan="2">+0.015
0</td><td rowspan="2">±0.0045</td><td rowspan="4">4</td><td rowspan="2">8</td><td>M3×10</td></tr>
<tr><td>10</td><td>10</td><td>16</td><td>4.6</td><td>4.5</td><td>8</td><td>10</td><td>10</td><td>M4×10</td></tr>
<tr><td>12</td><td rowspan="4">0
−0.011</td><td rowspan="4">0
−0.027</td><td>12</td><td rowspan="2">20</td><td rowspan="2">5.7</td><td rowspan="2">5.5</td><td rowspan="2">10</td><td>12</td><td>12</td><td rowspan="4">+0.018
0</td><td rowspan="4">±0.0055</td><td rowspan="2">10</td><td rowspan="2">M5×12</td></tr>
<tr><td>14</td><td>14</td><td>14</td><td>14</td></tr>
<tr><td>16</td><td>16</td><td rowspan="2">25</td><td>10</td><td>4</td><td rowspan="4">6.8</td><td rowspan="4">6.6</td><td rowspan="4">11</td><td>(16)</td><td>16</td><td>5</td><td rowspan="4">13</td><td rowspan="4">M6×16</td></tr>
<tr><td>18</td><td>18</td><td rowspan="3">12</td><td rowspan="3">5</td><td>18</td><td>18</td><td rowspan="3">6</td></tr>
<tr><td>20</td><td rowspan="4">0
−0.013</td><td rowspan="4">0
−0.033</td><td>20</td><td rowspan="2">32</td><td>(20)</td><td>20</td><td rowspan="4">+0.021
0</td><td rowspan="4">±0.0065</td></tr>
<tr><td>22</td><td>22</td><td>22</td><td>22</td></tr>
<tr><td>24</td><td>24</td><td rowspan="2">40</td><td>14</td><td>6</td><td rowspan="2">9</td><td rowspan="2">9</td><td rowspan="2">15</td><td>(24)</td><td>24</td><td>7</td><td rowspan="2">15</td><td rowspan="2">M8×20</td></tr>
<tr><td>28</td><td>28</td><td>16</td><td>7</td><td>28</td><td>28</td><td>8</td></tr>
</table>

注：1. 尺寸 B_1 留磨量 0.5mm，按机床 T 形槽宽度配作。公差带为 h6 或 h8。

2. 括号内尺寸尽量不用。

八、组合夹具元件

附表 20　中型系列组合夹具元件

<table>
<tr><th>类别名称</th><th>品　种</th><th>外形尺寸/mm</th><th>说　明</th></tr>
<tr><td rowspan="4">1. 基础件</td><td>1. 圆形</td><td>$\phi240\sim\phi360$</td><td rowspan="4">作组合夹具底座基体用</td></tr>
<tr><td>2. 方形</td><td>180×180～420×420</td></tr>
<tr><td>3. 长方形</td><td>120×180～300×600</td></tr>
<tr><td>4. 角尺形</td><td>120×200～180×300</td></tr>
<tr><td rowspan="8">2. 支承件</td><td>1. 方垫片</td><td>60×60×1～5</td><td rowspan="8">此外尚有左右角铁垫板、左右角铁支承、宽角铁、加肋角铁、菱形板、V 形垫板、V 形块等</td></tr>
<tr><td>2. 方垫板</td><td>60×60×10～20</td></tr>
<tr><td>3. 方支承</td><td>60×60×40～120</td></tr>
<tr><td>4. 长方垫片</td><td>60×45×1～5
60×90×1～5</td></tr>
<tr><td>5. 长方垫板</td><td>60×45×10～20
60×90×10～20</td></tr>
<tr><td>6. 长方支承</td><td>60×45×40～120
60×90×40～120</td></tr>
<tr><td>7. 紧固支承垫板</td><td>90×45×10～20</td></tr>
<tr><td>8. 紧固支承</td><td>90×45×40～120</td></tr>
</table>

续表

类别名称	品 种	外形尺寸/mm	说 明
3. 定位件 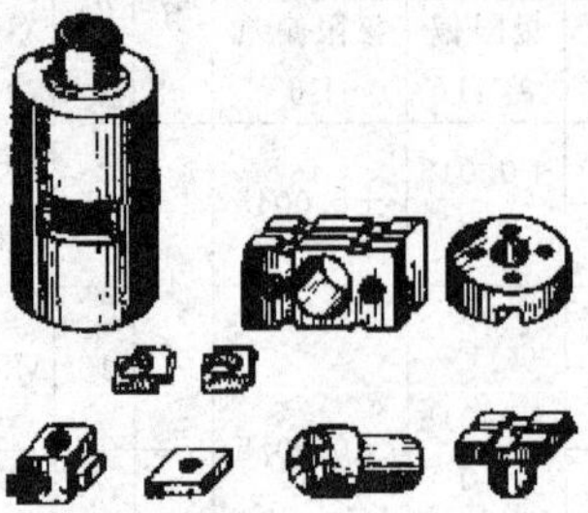	1. 直键	12×5×12.5～40 12×8×13.2 12×10×13.2	此外尚有轴销、顶尖、对位轴、角铁支座、三棱、六棱、方形支座、定位支承、定位板、调整块等
	2. T形键	20×12×12.15 30×12×22 12×15×30～40 12×19×20～40	
	3. 圆形菱形定位销	ϕ3～50	
	4. 圆形菱形定位座	ϕ45～120	
	5. 镗孔支座	ϕ18～90	
4. 导向件 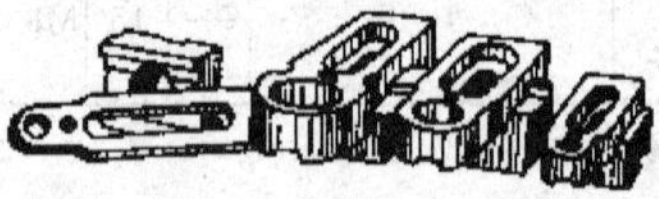	1. 钻模板	ϕ8×30×80～140 ϕ12×30×80～140 ϕ18×30×75～135 ϕ18×45×22.5～120 ϕ20×45×60～120 ϕ35 ϕ45 ϕ58	此外尚有偏心钻模板、立式钻模板、导向支承等
	2. 固定钻套	ϕ3～ϕ28	
	3. 快换钻套	ϕ3～ϕ48	
5. 压紧件 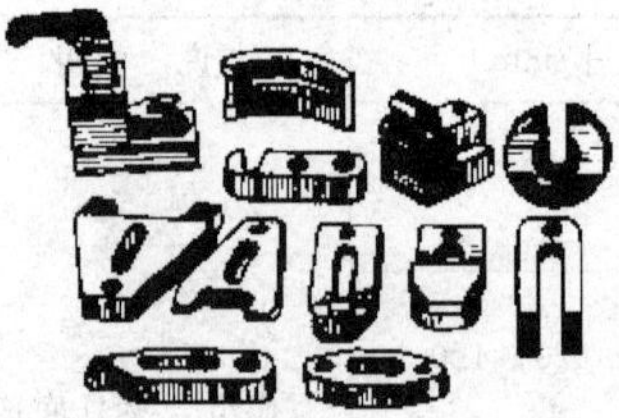	1. 平压板	35×28×12 80×35×16 95×40×18	此外尚有叉形压板、关节压板等
	2. 伸长压板	110×28×14 140×35×18 175×40×22	
6. 紧固件 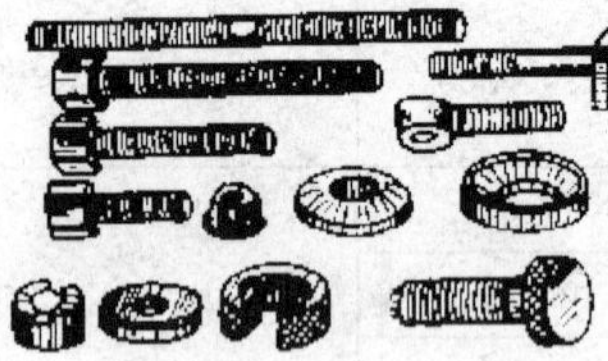	1. 双头螺栓	M12×1.5×50～300	此外尚有各种螺钉、螺母、垫圈等
	2. T形螺栓	M12×1.5×15～300	
	3. 关节螺栓	M12×1.5×40～200	
7. 辅助件 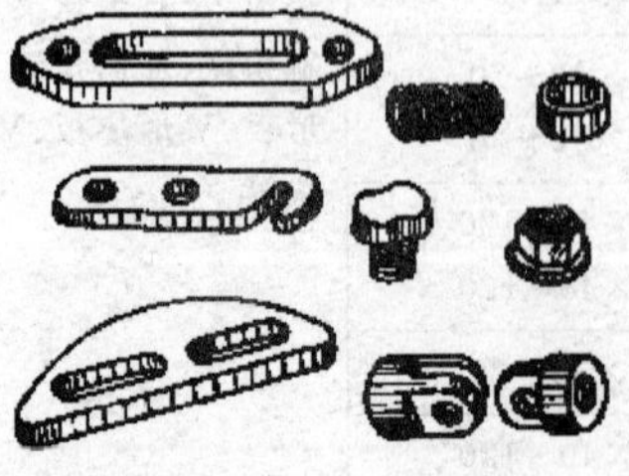	支承环	ϕ22×ϕ12.2×0.5～60	此外尚有各种手柄支钉、连接板、平衡铁、弹簧支承钉、接头、摇板等

续表

类别名称	品　种	外形尺寸/mm	说　　明
8. 组合件	1. 顶尖座	60,90,120(中心高)	此外尚有正弦规，可调角度转盘，可调角度支承、关节板等
	2. 回转顶尖	MorseNo. 1 MorseNo. 2	
	3. 可调V形块	140×45×35 165×60×40	
	4. 折合板	30×45×70 45×60×70	
	5. 多齿分度盘	$\phi 360\times\frac{240}{360}$ (外形直径×齿数)	

九、定位误差计算示例

附表 21　定位误差计算示例

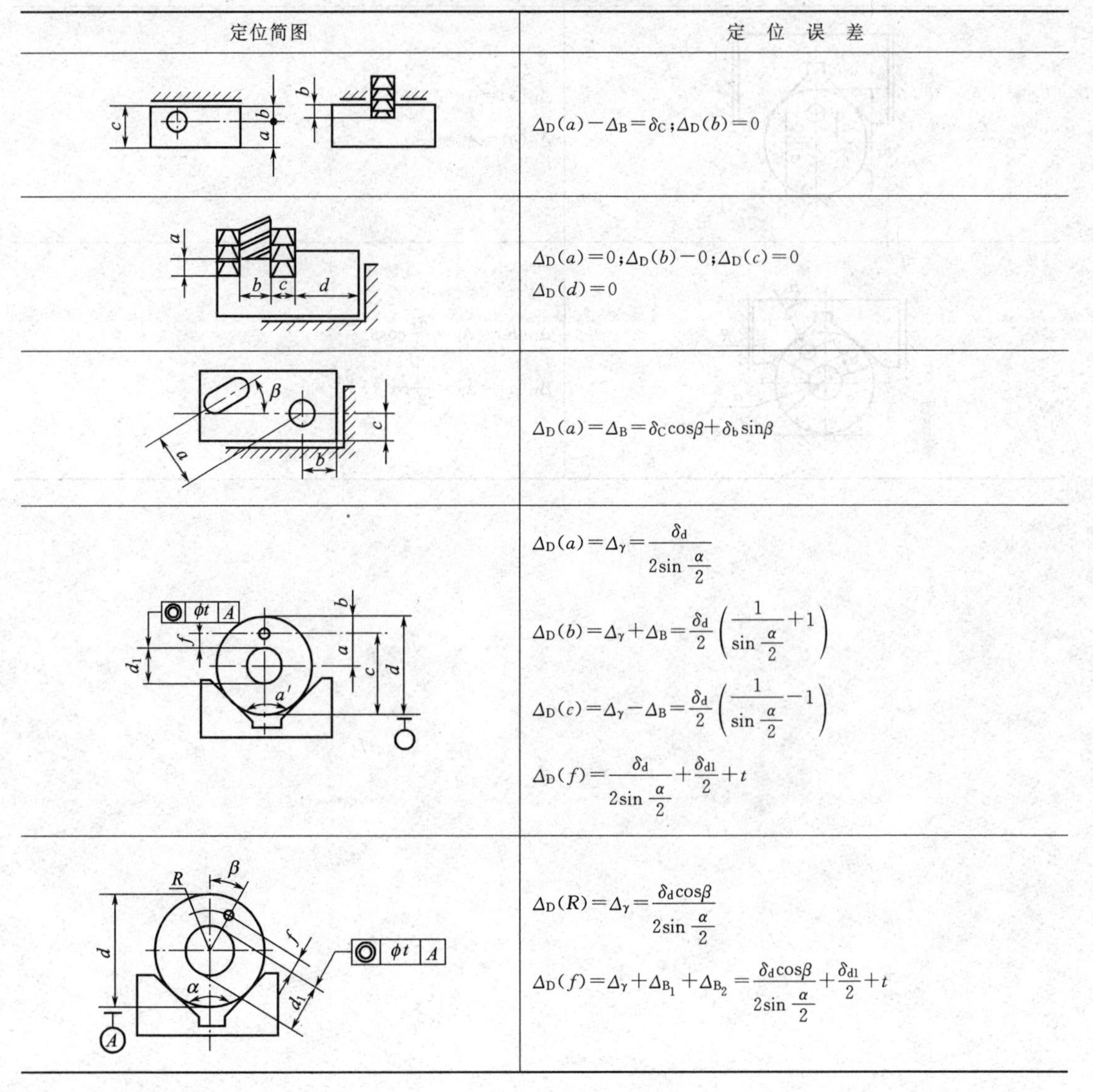

定位简图	定　位　误　差
	$\Delta_D(a)-\Delta_B=\delta_C$；$\Delta_D(b)=0$
	$\Delta_D(a)=0$；$\Delta_D(b)-0$；$\Delta_D(c)=0$ $\Delta_D(d)=0$
	$\Delta_D(a)=\Delta_B=\delta_C\cos\beta+\delta_b\sin\beta$
	$\Delta_D(a)=\Delta_\gamma=\frac{\delta_d}{2\sin\frac{\alpha}{2}}$ $\Delta_D(b)=\Delta_\gamma+\Delta_B=\frac{\delta_d}{2}\left(\frac{1}{\sin\frac{\alpha}{2}}+1\right)$ $\Delta_D(c)=\Delta_\gamma-\Delta_B=\frac{\delta_d}{2}\left(\frac{1}{\sin\frac{\alpha}{2}}-1\right)$ $\Delta_D(f)=\frac{\delta_d}{2\sin\frac{\alpha}{2}}+\frac{\delta_{d1}}{2}+t$
	$\Delta_D(R)=\Delta_\gamma=\frac{\delta_d\cos\beta}{2\sin\frac{\alpha}{2}}$ $\Delta_D(f)=\Delta_\gamma+\Delta_{B_1}+\Delta_{B_2}=\frac{\delta_d\cos\beta}{2\sin\frac{\alpha}{2}}+\frac{\delta_{d1}}{2}+t$

续表

定位简图	定 位 误 差
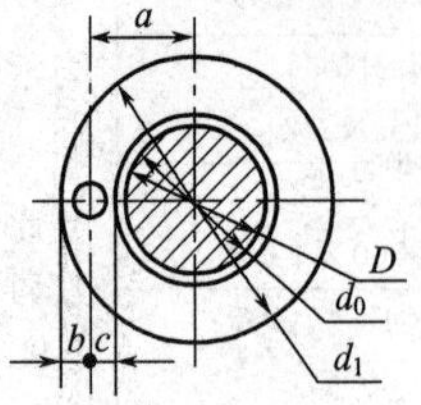	$\Delta_D(a)=\Delta_\gamma=\delta_D+\delta_{d0}+X_{min}$ $[\Delta_D(a)=\frac{\Delta_\gamma}{2}$,单边接触] $\Delta_D(b)=\Delta_B+\Delta_\gamma=\frac{\delta_{d1}}{2}+\delta_D+\delta_{d0}+X_{min}$ $\Delta_D(c)=\frac{\delta_{d0}}{2}$(单边接触)
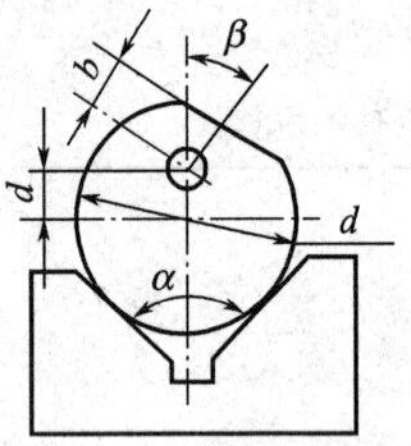	$\Delta_D(b)=\Delta_B+\Delta_\gamma=\left(\delta_a+\frac{\delta_d}{2\sin\frac{\alpha}{2}}\right)\cos\beta$
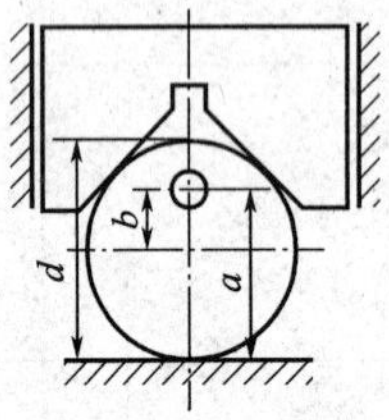	$\Delta_D(a)=0$ $\Delta_D(b)=\Delta_B=\frac{\delta_d}{2}$
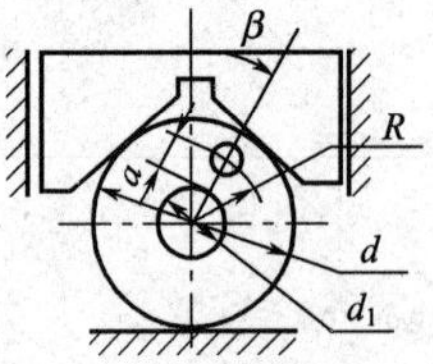	$\Delta_D(R)=\Delta_B=\frac{\delta_d}{2}\cos\beta$ $\Delta_D(a)=\Delta_B=\frac{\delta_d}{2}\cos\beta+\frac{\delta_{d1}}{2}$

参 考 文 献

[1] 李昌年．机床夹具设计与制造．北京：机械工业出版社，2008.

[2] 吴拓．现代机床夹具设计．北京：化学工业出版社，2009.

[3] 田培棠．夹具结构设计手册．北京：国防工业出版社，2011.

[4] 柳青松．机械装备制造技术．西安：西安电子科技大学出版社，2007.

[5] 徐鸿本．机床夹具设计手册．沈阳：辽宁科技出版社，2004.

[6] 孙丽媛．机械制造工艺及专用夹具设计指导．北京：冶金工业出版社，2002.

[7] 傅玲梅，吴慧媛．机床夹具设计与制作．北京：中国劳动和社会保障出版社，2010.

[8] 陈旭东．机床夹具设计．北京：清华大学出版社，2010.

[9] 吴慧媛．零件制造工艺与装备．北京：电子工业出版社，2010.